최신 발병 어류 질병

박성우 김형준 공저

(주)바이오사이언스출판

최신 발병 어류 질병

초판 인쇄: 2016년 8월 20일
초판 발행: 2016년 8월 30일

저　　자: 박성우 · 김형준
발 행 인: 문 정 구
발 행 처: (주)바이오사이언스출판
주　　소: 서울특별시 서초구 도구로 115 1층
전　　화: (02)581-4057~8　　팩스: (02)581-4059
이 메 일: inquiry@biosciencepub.com
홈페이지: http://www.biobooks.co.kr
I S B N: 978-89-6824-057-7
등록번호: 제22-3079호
값 13,000원

이 도서의 국립중앙도서관 출판예정도서목록(CIP)은 서지정보유통지원시스템 홈페이지(http://seoji.nl.go.kr)와 국가자료공동목록시스템(http://www.nl.go.kr/kolisnet)에서 이용하실 수 있습니다.
(CIP제어번호 : CIP2016018875)

서 문

최근 전 세계적으로 증가되는 있는 국가 간 무역협정에 따라 인적· 물적 교류가 활발해짐과 동시에 어류 질병에 대해서도 국가 간 전염병의 국내 유입 및 발병위험도 증가되고 있습니다. 현재 수산동물의 국가 간 이동은 세계동물보건기구(OIE) 및 수산생물질병관리법에서 지정한 병원체 위주로 관리되고 있는 실정이나, 세계적인 기후 및 환경 변화로 인해 그간 나타나지 않은 병원체가 새롭게 등장하여 신종 질병을 일으키고 있으며 또한 기존에 어류에 감염되지 않는 것으로 알려진 병원체들도 어류에 감염증을 유발할 가능성 또한 배제할 수 없는 실정입니다.

그 동안의 어류 질병에 대한 전문서적은 지속적으로 발간되고 있으나, 대부분 오래 진부디 양식 산업에 문제가 되어 온 병원체 위주로 구성되어 있기 때문에 국제적으로 지정된 질병 이외에 새로운 병원체 발견 시 기초 지식 및 자료 부족으로 인해 질병 진단과 치료에 어려움이 있다는 지적이 꾸준하게 제기되어 왔습니다.

이에 본 저자는 다양한 어류에서 새롭게 나타난 신종 질병에 대해 최근에 공표된 여러 연구자들의 연구 논문을 바탕으로 (1장) 바이러스성 질병, (2장) 세균성 질병, (3장) 기생충성 질병, (4장) 진균성 질병, (5장) 영양성 질병, (6장) 환경성 질병과 스트레스, (7장) 신생물의 순서로 구성했습니다.

본 저서의 수록된 내용은 최신의 자료이므로 아직 명확하지 않은 부분도 많이 있기 때문에 추후 보다 많은 연구 보고를 통해 밝혀지는 내용과 약간의 차이가 발생될 수 있음을 독자들에게 미리 말씀드리는 바입니다.

이 책은 새롭게 나타나는 신종 질병에 대한 기본 지식과 자료를 제공함으로써 우리나라의 어류 질병을 관리하는 검역기관과 방역기관 및 관련 대학에서 어류 질병에 전문지식을 익히는 학생들에게 유용하게 사용되었으면 하는 것이 본 저자의 바람입니다.

저자 일동

2016. 7

저자 약력

▣ 박성우(朴性佑)

- 부경대학교 양식학과 졸
- 농학박사(일본 동경대학교)
- 국립수산과학원 수산연구사 및 수산연구관
- 한국어병학회 회장
- 군산대학교 해양과학대학 수산생명의학과 교수(현)

e-mail: psw@kunsan.ac.kr
Homepage: http://cafe.daum.net/fishdoctor, http://cafe.daum.net/fishhealth
졸업생 모임: 수어회(守魚會): http://cafe.daum.net/FKAK

▣ 김형준(金亨埈)

- 부경대학교 수산생명의학과 졸
- 수산학박사(일본 홋카이도대학교)
- 국립수산물품질관리원(현)
- 한-덴마크간 OIE Twinning 프로젝트 담당자(현)

e-mail: hjkim1882@korea.kr
Homepage: http://www.nfqs.go.kr/2013/index.asp

차 례

1장. DNA 바이러스병 / 1

2장. 세균성 질병 / 67

4장. 진균성 질병 / 297

5장. 영양성 질병 / 333

6장. 환경성 질병과 스트레스 / 347

7장. 신생물 / 417

1 바이러스성 질병

1. DNA 바이러스병

1) Alloherpesvirus

(1) 떡붕어(*Carassius gibelio*)의 Herpesvirus성 조혈기괴사병(HVNV, CyHV-2)

봄철(수온 14~15°C)과 가을(수온 22~25°C)일 때 발병되며, 수온이 10°C 이하 또는 30°C 이상일 때는 폐사는 일어나지 않는다. 발병 적온은 20~28°C이며, 모든 크기의 개체에 발병한다.

발병수온은 20~30°C이며, 수온이 30°C를 넘으면 발병되지 않다가 수온이 다시 30°C 이하로 떨어지면 발병하는 경향이 있다. 떡붕어와 혼합사육하고 있는 백련어(*Hypophthalmichthys molitrix*), 대두어(*Aristichthys nobilis*), bluntnose black bream (*Carnis megalobramae*) 및 초어(*Ctenopharyngodon idella*)에는 발병하지 않는다.

병어는 식욕부진, 무기력하며, 아가미와 지느러미의 기부에 점상 또는 반상의 출혈이 생긴다. 아가미는 2차 새변의 일부가 퇴색되기 때문에 막대기 모양의 퇴색이 생긴다. 가장 현저한 외부 증상은 아가미의 반상의 출혈반과 꼬리지느러미 끝부분의 백화현상, 부레 벽의 점상의 출혈이라 할 수 있으며, 이러한 증상은 금붕어의 CyHV-2의 증상과 거의 동일하다.

병리조직학적으로는 신장과 비장의 조혈조직에 핵융해와 핵 농축을 동반한 심한 괴사가 일어나며, 염증세포의 침윤을 동반하고 있다. 비장의 비수 및 협동맥은 심하게 괴사되며, 간장의 유동은 국소적 혈행 정지가 생긴다. 소화관의 점막하조직 및 점막고유층에는 염증세포의 침윤을 동반한 괴사소가 형성된다. 아가미의 상피세포에는 명백한 환부는 형성되지 않는다.

Semi thin section을 70°C에 1분간 methylene blue 염색하면 가장 뚜렷한 변화는 아가미, 신장 비장의 출혈과 림프 세포의 침윤이다. 아가미는 염증과 핵 농축을 동반한 괴사가 뚜렷하며, 신장은 조혈조직 세포가 핵막과염과 핵융해를 나타낸다. 비수에서는 괴사소가 존재하며, 비장 세포는 핵의 변성과 세포질의 비대와 공포화가 나타난다. 또 비장 세포에는 혈철소의 침착이 일어난다. 그러나 간, 소화관 및 꼬리지느러미에서는 현저한 변화는 없다.

본 바이러스 유전자 검출법은 CyHVpol-FOR (5'-CCC AGC AAC ATG TGC GAC GG-3')와 CyHVpol-REV(5'-CCG TAR TGA GAG TTG GCG CA-3')의 특이 primer를 사용하여 94°C에 3분간 initial denaturation시킨 다음 94°C 30sec; 56°C 15sec; 72°C

10sec의 조건을 35회 증폭시킨 다음 72˚C에 10분간 최종 반응하면 362 bp의 밴드가 형성된다. 특이 밴드는 병어의 신장, 아가미 및 비장에서는 확인되지만, 간장과 꼬리지느러미 및 소화관에서는 발견되지 않는다.

또 다른 PCR primer인 CyHV-2F(5'-GAA CAC CGC TGC TCA TCA TC-3')와 CyHV-2R(5'- ACT CTT CGC AAG TCC TCA CC-3')를 사용하여 94˚C 30sec; 55˚C 30sec; 72˚C 30sec의 조건을 40회 증폭시킨 다음 72˚C 10분간 반응시켜 전기영동하면 357bp (helicase gene)의 특이밴드가 형성된다.

병어의 신장을 10배의 PBS (pH 7.2)로 균질액을 만든 다음 5,000g에 10분간 4˚C에서 원심분리하여 상층액을 0.45 μm로 여과한 바이러스액을 만든다. 이것을 복강 내에 0.2 ml주사하여 25˚C에 수용하면 5일째부터 폐사하기 시작하여 7일에 모두 폐사된다.

Order Herpesvirales는 3개의 과(family)로 구분되어졌다. 즉, Herpesviridae는 포유류, 조류 및 파충류에 감염되며, Alloherpesviridae는 어류 및 양서류에, Malaco-herpesviridae는 패류에 감염되는 바이러스로 구분되어졌다.

그림 1-1 **CyHV-2 감염 떡붕어의 증상. A:** 아가미와 지느러미 기부의 반점상의 출혈(흑색 화살), 지느러미의 백화(흰색 화살). **B:** 부레의 점상의 출혈.

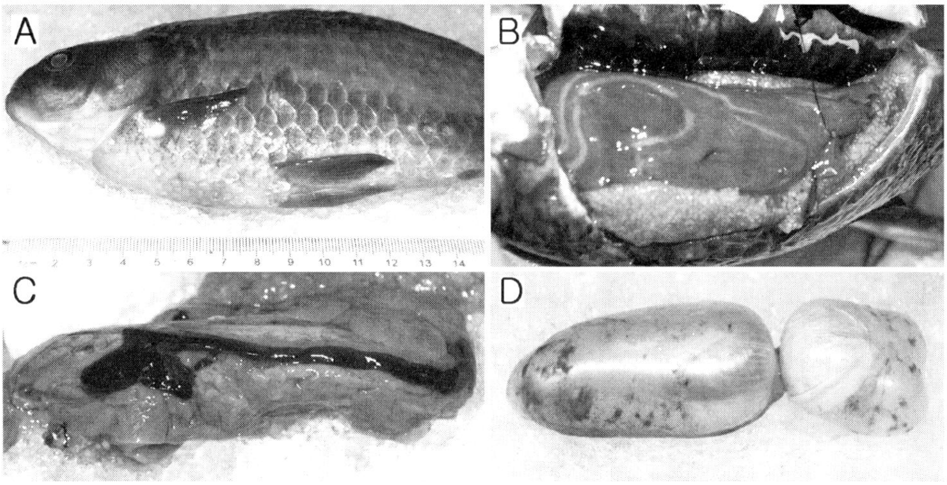

그림 1-2 **A:** 체표의 심한 출혈, 안구돌출, 노란색 또는 혈액이 혼재된 복수 축적에 의한 복부 팽만과 항문의 염종 및 부종. **B-C:** 내장기관의 심한 출혈. 간장의 출혈, 비장의 흑화 종대 및 심한 장염. **D:** 부레 벽의 점상 출혈.

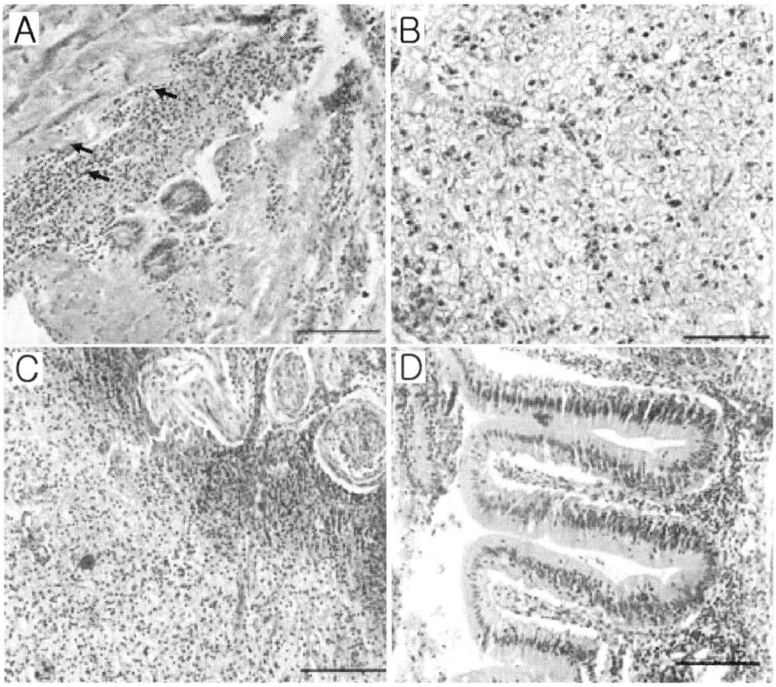

그림 1-3 **A:** 신장 조혈조직의 핵농축 및 핵융해를 동반한 괴사와 세뇨관 상피세포의 경미한 괴사. **B:** 간장의 유동의 국소적 혈행 정지. **C:** 비동맥의 현저한 괴사. **D:** 염증세포의 침윤을 동반한 점막고유층과 점막하조직의의 괴사 국소. HE. Bar=100 μm.

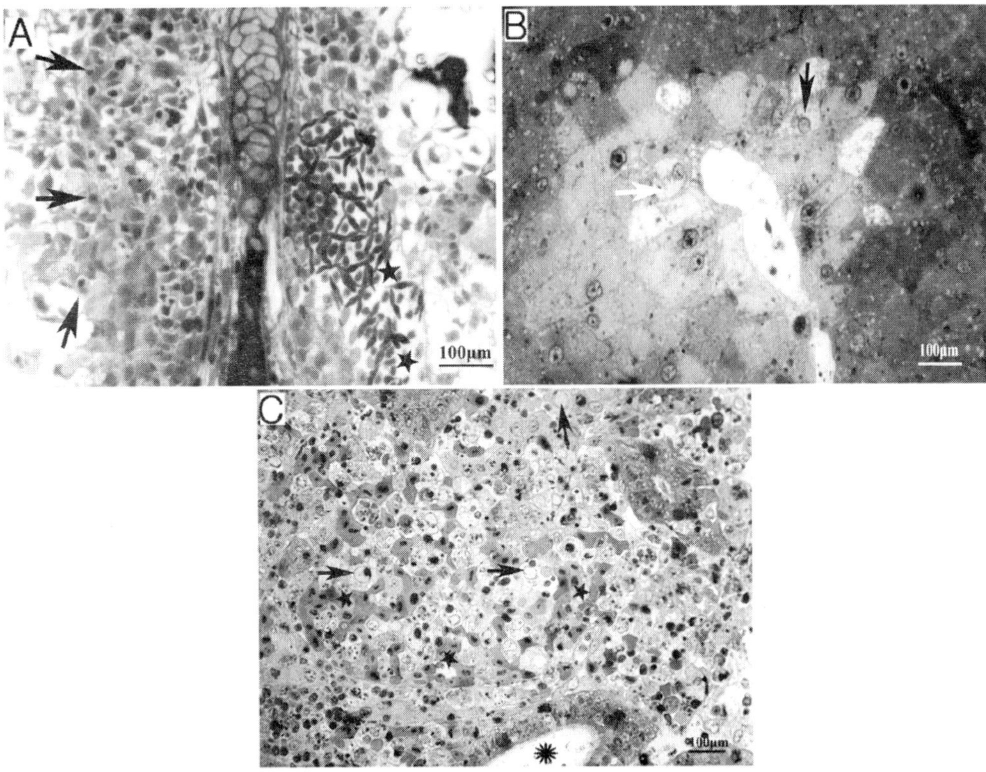

그림 1-4 아가미(A), 신장(B) 및 비장(C)의 semithin section의 lead citrate & uranyl acetate염색. 아가미와 신장의 혈구 침윤(*), 아가미 세포의 핵융해 및 핵 농축, 신장과 비장의 종대와 공포화(흑색 화살), 비장 세포의 세포질의 공포화(흰색 화살), 비장세포의 혈철소 침착(화살표).

(2) Turbot 및 Atlantic cod

Turbot와 Atlantic cod의 alloherpesvirus감염증은 다른 어종에서의 경우와 다른 독특한 병리상을 나타낸다.

감염된 turbot는 식욕부진으로 무기력하며 아가미, 피부 및 내장에 이상이 발견되지 않을 때도 있지만 일반적으로 복수가 축적되며, 때로는 항문이 돌출하며, 부종의 기미를 띤다.

병리조직학적으로는 감염어의 표피 또는 아가미에 거대 세포가 형성된다. 거대세포는 보통 원형이지만 크기는 변화가 심하며, 가장 큰 것은 직경이 80 μm정도인 것도 있다. 거대세포의 핵은 원형으로 중앙 또는 편재되어 있지만 때로는 불규칙한 형태의 핵도 발견된다. 세포질은 호염기성의 청색으로 염색되며 과립상을 띈다. 핵은 세포질보다 더 강한 호염기성을 띠며, 과립상은 세포질보다는 덜하다. 그러나 때로는 핵이 호산성의 적색으로 염색되는 것도 있는데, 이러한 핵의 염색성이 다른 거대세포가 동일 표본에서 종종 발견된다. 또한, 감염세포는 핵과 세포의 분열상도 보일 때도 있다. 거대세포의 핵의 주변에 빈 공간 또는 균질성의 호산성의 물질이 들어 있는 거대 공포들이 관찰될 때도 있다.

표피에서는 거대세포는 1개가 독립적으로 또는 2~3개의 세포가 집합체가 1개의 엷은 옆으로 길게 늘어난 상피세포의 층으로 싸여 있다. 표피에서는 괴사세포의 국소가 발견되지만 바이러스의 감염에 반응한 숙주 반응은 거의 없다.

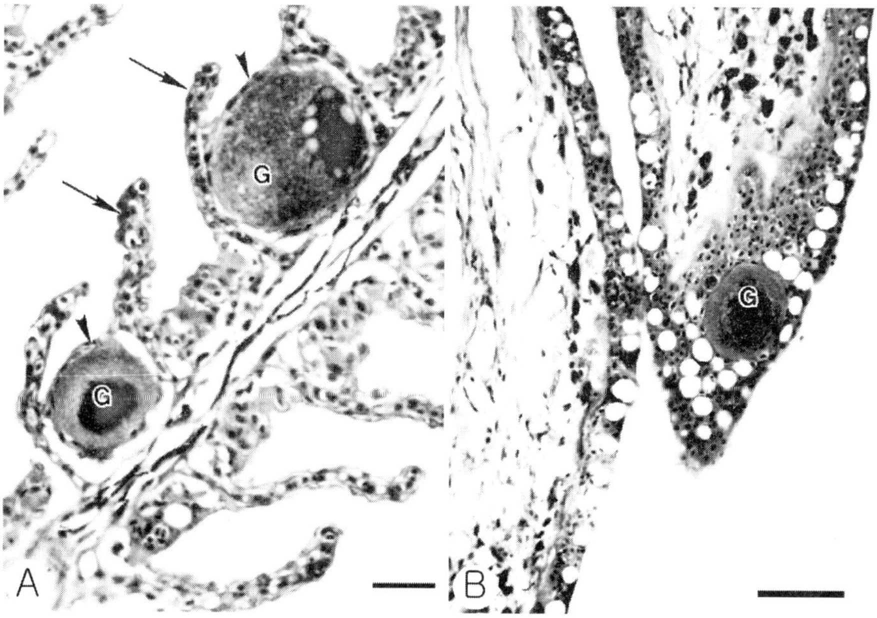

그림 1-5 **A:** 1~2층의 입방상피(화살표 머리)에 싸여 있는 아가미 2차 새변 사이의 거대세포(G). **B:** 표피내의 거대세포(G). HE. Bar=20 μm(A) 및 50 μm(B).

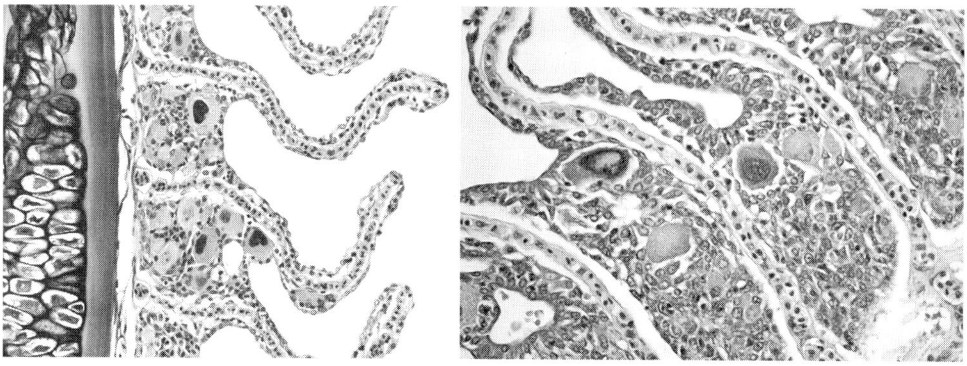

그림 1-6 **A:** 새변 기부의 증생과 거대세포. 거대세포는 핵과 세포질이 종대됨. **B:** A의 확대도. HE.

대서양 대구에서는 여러 기관에 육아종성 환부가 형성되지만 가장 심한 기관은 피부와 신장이다. 병리조직학적으로 아가미에 거대세포(cytomegalic cell, hypertrophied cell)이 발견되는데, 이러한 거대세포는 핵 비대와 세포질의 비대 및 핵내 봉입체가 관찰된다. 이러한 아가미의 거대세포(giant cell)는 모든 새변에 발견되는 것은 아니지만, 감염된 새변은 새변 기부와 상피세포의 증생이 생기며, 새변이 유착되게 된다. 그러나 이러한 비대세포는 다른 기관에서는 발견되지 않는다. 이러한 거대세포가 형성되는 Alloherpesvirus감염증은 다른 어류와는 차이가 나지만, turbot의 증상과는 거의 유사하게 나타남으로 주의를 요한다.

유사한 질병으로 림포시스티스는 거대세포의 바깥에 두터운 초자질의 막과 세포질내에 청색의 봉입체가 형성됨으로 혼돈하지 말아야 한다.

(3) 잉어의 폭스병

수온이 14°C 이하로 떨어진 동계에 pox병의 증상이 발견되며, 수온이 상승한 여름철에는 환부의 크기나 심각성도 줄어들어 치유되는 현상을 나타낸다. 수온 9°C에서 발병한 개체를 18.5°C의 수온에 순치한 다음 경시적으로 조직표본을 검경하여 고온에 따른 조직의 변화와 club cell의 변화를 조사한다.

병어를 온수에 사육하면 환부의 크기는 점차 감소하며, 색조도 적색에서 점차 우유빛으로 변하면서 부분적으로 투명해진다. 저수온에서 발병된 환부는 핑크색을 띄며 융기되어 있으며, 조직학적으로는 심한 상피세포의 증생에 의한 것으로 증생 부위에는 점액세포와 club cell이 발견되지 않는다. 또한 상피의 표면에 위치한 상피세포는 편평해져 있으며, 염증세포의 침윤은 없다.

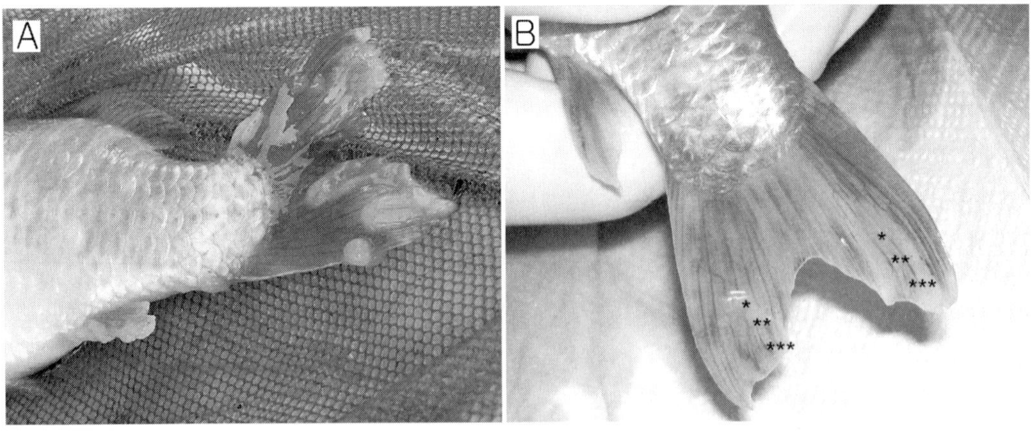

그림 1-7 **A:** 저온에서 발병하였을 때의 꼬리지느러미의 상피세포의 증생에 의한 pox병. **B:** 온수에 사육 62일 후의 환부의 회복상.

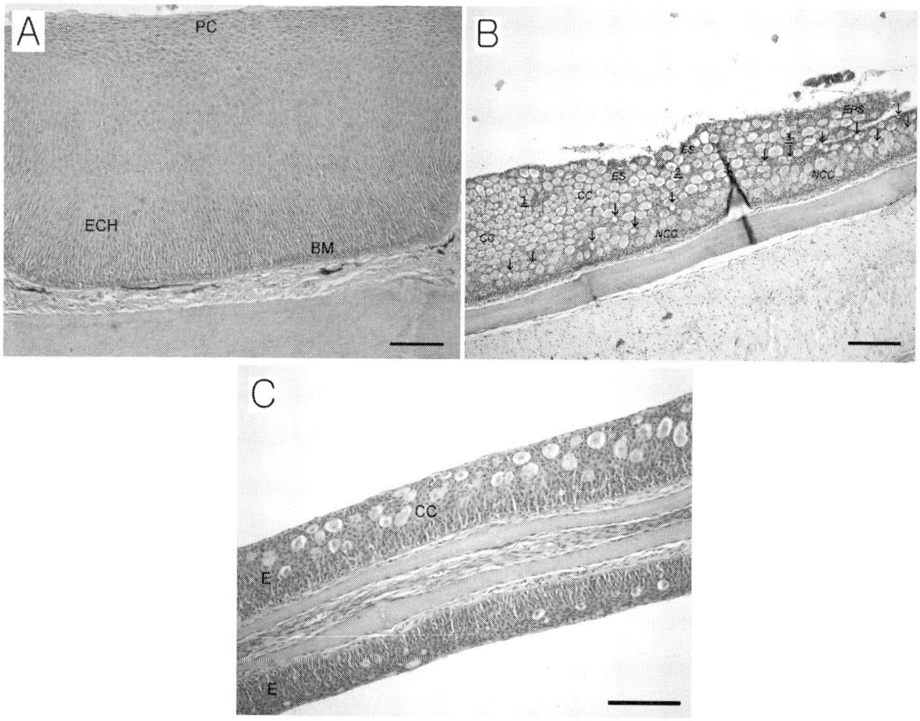

그림 1-8 **A:** 발병 초기의 환부. 현저히 증식한 상피세포(ECH)에는 점액세포와 club cell이 없고, 상피세포는 크기가 작고 압축된 형태(PC). **B-C:** 승온 62일 후의 환부. **B:** 상피조직의 붕괴(ES)와 상피의 박리(EPS). 1:호산성 club cell의 증식과 온전한 표면, 2: 표면의 부식(ES)와 CC의 방출, 3: 새로운 점액세포(화살표)와 club cell(NCC)가 형성되면서 증생 부위의 끝 부분의 박리가(EPC) 시작. **C:** 증생 환부의 박리 후의 지느러미의 치유상. E(표피), CC(club cell). BM(기저막). HE. Bar=50 μm(A) 및 100 μm(B, C).

온수로 옮긴 62일 후의 치유상을 보이는 증생 환부에는 호산성의 대형 club cell의 증식이 발견된다. 증생된 club cell은 직경이 38 μm로서 핑크색의 세포질과 중심 핵을 가지고 있다. 성숙 club cell의 수는 지느러미 피부의 양끝 부분에서 많다. 증생된 상피조직의 끝 부분에는 붕괴된 club cell이 박리되고 있다. 성숙 점액세포는 환부의 내측에서 발견되며, 기저막의 club cell의 증식부 아래에는 새로운 점액세포의 분화가 일어나고 있다.

온수 사육 78일 후에는 지느러미의 양측에 모두 환부는 보이지 않으며, 점액세포와 club cell이 발견된다. 그럼으로 잉어의 pox병의 환부의 회복은 club cell의 증식이 일어나고 이어서 환부의 증생된 세포가 박리됨으로서 치유로 진행된다는 것을 알 수 있다.

(4) 동남아산 메기 *Pangasius hypophthalmus*의 CCVD

동남아산 메기의 성장 적온은 22~26°C인데, 단지 차넬메기에서만 발병하던 Herpesvirus인 CCVD가 발병하고 있다. 차넬메기의 CCVD 증상은 이상 유영, 안구돌출, 복부팽만 및 지느러미 기부의 출혈을 특징으로 하고 있는 질병이다.

감염된 동남아산 메기는 체색의 흑화, 등지느러미, 뒷지느러미 및 배지느러미 주변의 염증, 윗 수염과 아래 수염의 염증이 나타나며, 심한 경우에는 지느러미가 괴사된다. 병어는 행동이 둔화되고 머리를 위로 꼬리를 아래로 한 상태로 힘없이 유영하고 있다.

내부 증상은 신장과 비장의 울혈, 간장의 퇴색이 생기며 때로는 이들 기관에 흰색의 결절이 형성되기도 한다.

병어의 이러한 증상은 세균성 질병과 유사하다. 지느러미의 부식과 등지느러미의 출혈 및 복부 팽만은 *Aeromonas hydrophila*, 신장과 비장의 백색 결절은 *E. ictaluri*와 매우 유사하다. 이는 차넬메기에서 *A. hydrophila*와 *Flavobacterium columnare* 및 CCVD가 혼합 감염되어 있는 것이 많이 발견되는데, 그 이유로서는 잠복하고 있던 CCVD에 세균성 질병이 2차적으로 감염되었기 때문으로 생각된다. 병어에서 세균을 분리하여 보면 *A. hydrophila*와 *Staphylococcus aureus*가 소량 검출된다.

병리조직학적으로 가장 뚜렷한 특징은 신장과 비장의 혈관 주변에 두터운 섬유화가 일어난 환부가 형성되며 환부 내부에는 단구가 침윤해 있다.

신장의 세뇨관은 단구의 침윤과 출혈을 동반하여 심하게 괴사되며, 비장은 출혈을 동반하면서 심하게 울혈된다. 뇌는 국소적으로 단구의 침윤을 동반한 뇌염이 특히 뇌실과 혈관 주변에 현저하게 나타난다.

병어의 신장을 OIE에서 규정한 primer인 (5′-TCA TCC GAA TCC GAC AAC TGA-3′)와 (5′ -CCA AGA TCG CGG AGA AAC-3′)를 사용하여 PCR하면 136 bp의 특이 밴드가 형성된다. PCR 반응 조건은 95°C에 4분간 initial denaturation, 35사이클(95°C 30sec; 60°C 30sec; 72°C 30sec) 반응 후 72°C 7분간 최종 반응시킨다.

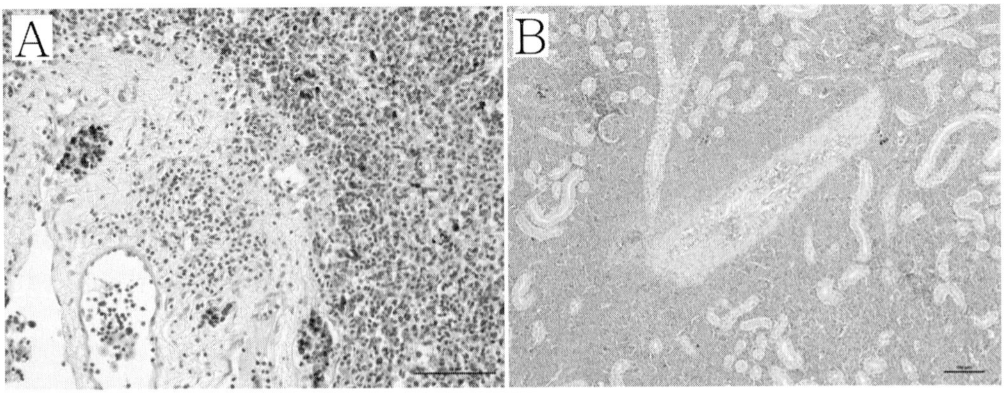

그림 1-9 **A:** 비장의 혈관을 싸고 있는 두터운 섬유조직 내에 단구가 침윤. **B:** 신장의 혈관 주변의 두터운 섬유조직. HE.

2) Iridovirus

(1) Lymphocystis

가. 흰점꺼끌복(*Arothron hispidus*)

25°C에서 사육중인 체장 25~30 cm 크기의 흰점꺼끌복의 가슴지느러미 위에 최대 1x1 cm정도의 백색 결절이 형성된다. 백색결절은 시간이 경과함에 따라 점차 크기가 감소하여 작은 반점으로 변해간다.

백색 결절은 최대 직경 400 μm로 진피의 결합조직 내에 형성된다. 백색 결절의 주변에는 결합조직이 풍부하지만, 결합조직의 섬유는 상당수가 파괴되어 있다. 결절 주위와 결합조직 내에는 많은혈구가 침윤한다. 백색 결절의 대형세포는 핵막과염상을 나타내는 불규칙한 모양의 핵을 가지고 있으며, 세포질은 호염기성으로 균질하게 염색된다.

강한 호염기성은 세포질의 테두리 부근에 형성되며, 세포막의 외부에 두터운 초자막을 가지고 있다. 봉입체의 확인을 위해 Mann's법으로 염색하면 HE염색에 테두리 부근에 강한 호염기성으로 보이던 부분은 호염기성으로 염색됨으로 봉입체라는 것을 알 수 있나. 봉입체와 염색질은 Feulgen양성으로 DNA임을 알 수 있다. 초자막은 PAS에 자주색으로 염색됨으로 다당류를 함유하고 있음을 알 수 있다.

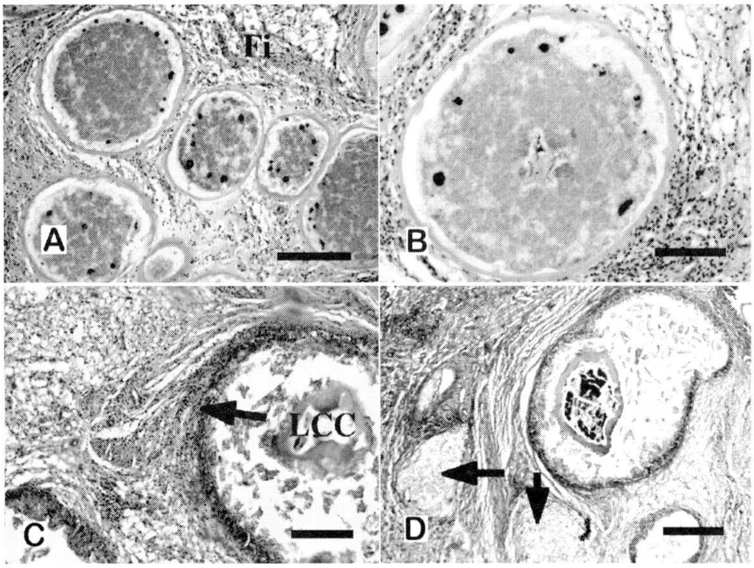

그림 1-10 **A:** 진피 결합조직내의 림포시스티스세포와 섬유(Fi). **B:** 발육한 림포시스티스세포. **C:** 노쇠 림프시스티스세포의 붕괴와 주변의 염증세포(↑). **D:** 림포시스티스세포가 붕괴되어 소실된 빈 공간(↑). HE. Bar=100 μm(B)를 제외하고 200 μm.

백색 결절을 채취하여 DNA를 추출하여 P1(5'-CAT CAT GCC TTT GAC AGC-3')와 P2(5'-GGA TCA GCA ATA CCC-3')와 P3(5'-TCC ACC GTC AAA GAT TAC-3')와 P4(5'-CAA TTC CAC CGT CAA AGA-3')를 사용하여 nested pcr을 실시한다. PCR의 조건은 94°C에 5분간 denaturation시킨 다음 30사이클(94°C 2분; 49°C 1분; 72°C 1분)증폭시킨 다음 최종적으로 72°C 5분간 신장시키면 첫 번째 PCR에서는 384 bp, 두 번째에서는 173 bp의 특이밴드가 형성된다.

림포시스티스의 진행은 수온과 밀접한 관계가 있기 때문에 환부는 22°C이하일 때는 발견되지만, 20°C이상인 고수온기에는 발견되지 않는다. 감염어를 수온 25°C에 수용하면 환부는 3~5주후에 현저하게 크기가 감소한다.

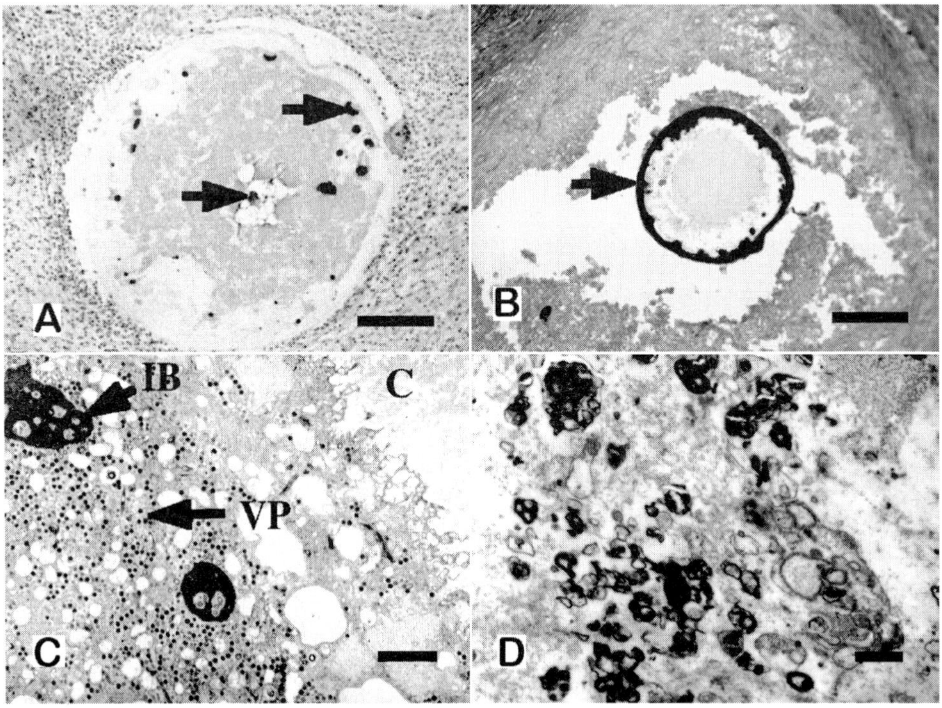

그림 1-11 **A:** Feulgen양성반응의 세포질. 핵의 염색질 및 봉입체(↑). **B:** PAS양성반응의 초자막. **C:** 초박편 표본의 세포질내의 바이러스 입자(VP)와 봉입체(IB) 및 세포 외부의 초자막(C). **D:** 결합조직내의 세포의 붕괴. Bar=150 μm(A), 200 μm(B), 2 μm(C) 및 500 nm(D).

나. anemonefish(*Amphiprion ocellaris*)

피부, 지느러미 및 입 위에 직경 1~2 mm의 백색의 단단한 유두종이 형성된다. 림프시스티스세포는 대부분이 표피 아래의 결합조직에서 발견된다. 진피의 결합조직, 비늘 사이의 결합조직에서 호염기성의 세포질 봉입체를 가진 거대세포가 발견되는데, 이러한 세포는 근육, 새변, 비장, 신장과 같은 내장기관에서도 발견된다. 신장과 비장에서는 림포시스티스 세포가 만성육아종성염을 유발한다.

비대 림프시스티스세포는 1층의 두터운 초자성의 막에 싸여 있고, 핵은 종대되어 불규칙한 형상이며, 염색질은 핵막과염상을 나타낸다. 호염기성의 세포질내 봉입체는 감염세포의 테두리 부근에서 주로 발견된다. 세포질은 헤마톡시린에 불균질하게 염색된다. 노쇠한 감염세포는 불규칙한 붕괴된 모양의 초자막을 가지고 있고 핵은 소실되며, 세포질은 전체 또는 일부가 세포 밖으로 방출되어 있다.

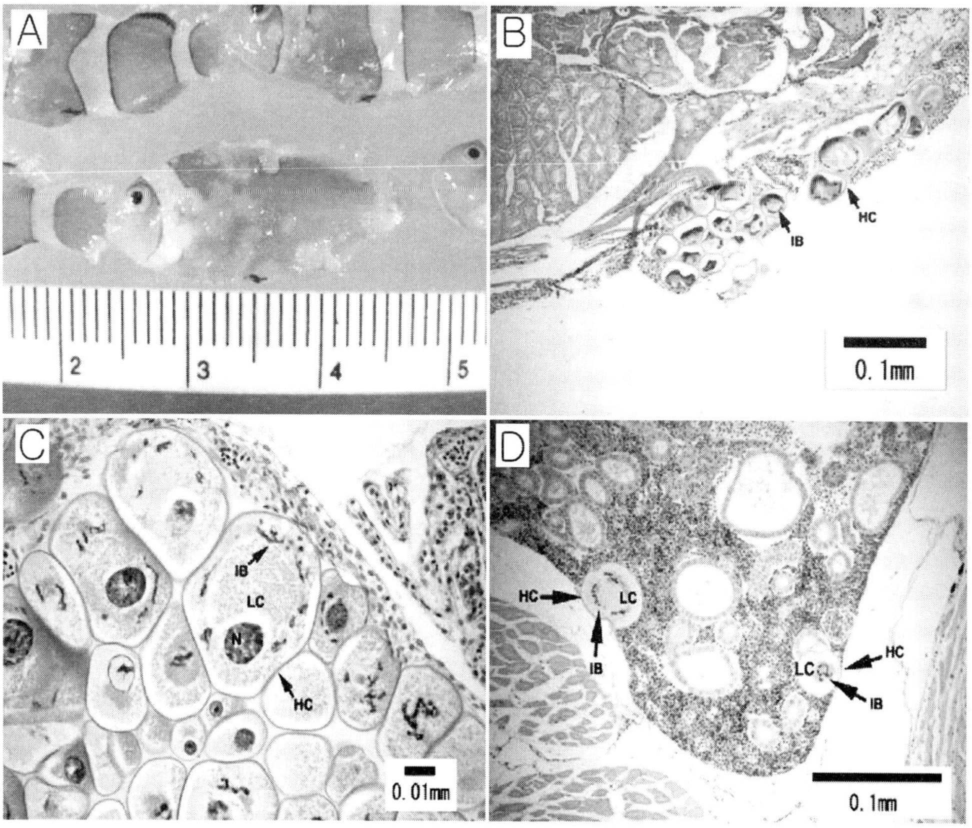

그림 1-12 **A:** 피부, 지느러미 및 입에 직경 1~2 mm의 백색의 불규칙한 결절이 형성된 병어. **B:** 두터운 초자성의 막(HC)과 호염기성의 세포질내 봉입체(IB)를 가진 비대 림포시스티스세포. **C:** 안구 주변의 림포시스티스세포(LC)의 확대도. 불규칙한 모양의 핵(N), 핵막과염, 불규칙하게 염색되는 세포질, 테두리 부근의 봉입체 및 두터운 초자성의 막(HC). **D:** 체신. 세뇨관의 외곽 부분의 2개의 림프시스티스세포(LC). 림포시스티스세포는 두터운 초자성의 막(HC)와 호염기성의 세포질내 봉입체(IB) 및 핵막과염상을 나타내는 불규칙한 모양의 핵.

다. orange-spotted grouper(*E. coioides*)와 tiger grouper(*E. fuscoguttatus*)

능성어에 감염되는 Iridovirus는 Ranavirus와 Megalocytivirus가 있다. 능성어의 Iridovirus감염증은 Brown-spotted grouper(*Epinephelus tauvina*)의 Singapore grouper iridovirus (SGIV), Yellow grouper(*Epinephelus awoara*)에서 분리된 grouper iridovirus (GIV)는 Ranavirus에 속한다.

Orange-spotted grouper(*Epinephelus coioides*)에서 분리되는 orange-spotted grouper iridovirus (OSGIV), Malabar grouper(*Epinephelus malabaricus*)의 grouper sleepy disease iridovirus (GSDIV), giant grouper(*Epinephelus lanceolatus*)의 king grouper iridovirus (KGIV) 및 grouper iridovirus in Taiwan (TGIV)는 megalocytivirus에 속한다.

능성어도 Iridovirus의 또 다른 속인 Lymphocystis virus에 감염되는데, 감염 능성어는 피부와 지느러미위에 많은 결절이 형성되며, 피부에는 유두종 모양의 환부도 형성된다. 결절은 발육중인 림포시스티스세포의 집합체로 구성되어 있다. 세포막의 주변부에 헤마톡시린에 진하게 염색되는 많은 봉입체가 발견된다. 이것은 림프시스티스의 특징적인 병리상인 세포질내에 봉입체가 존재하는 것과 일치하고 있다.

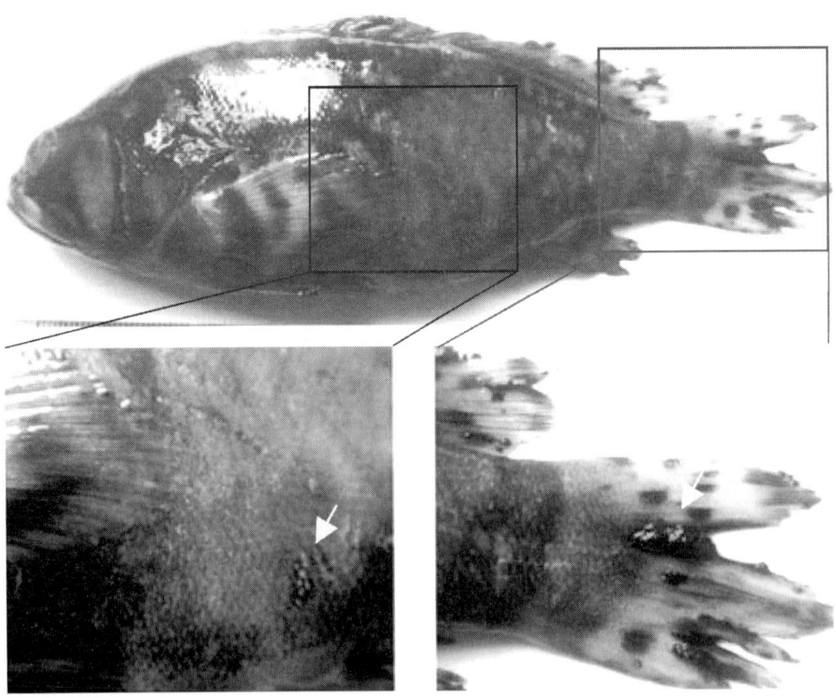

그림 1-13 갈색둥근바리(*Epinephelus coioides*)의 피부와 지느러미의 결절(화살표).

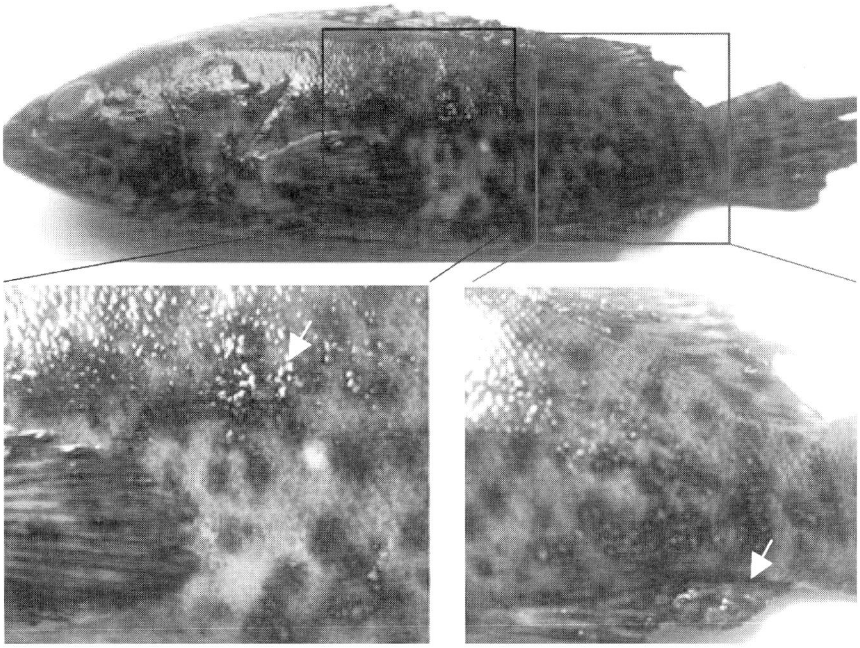

그림 1-14 **Tiger grouper(*E. fuscoguttatus*)의 피부와 지느러미의 결절(화살표).**

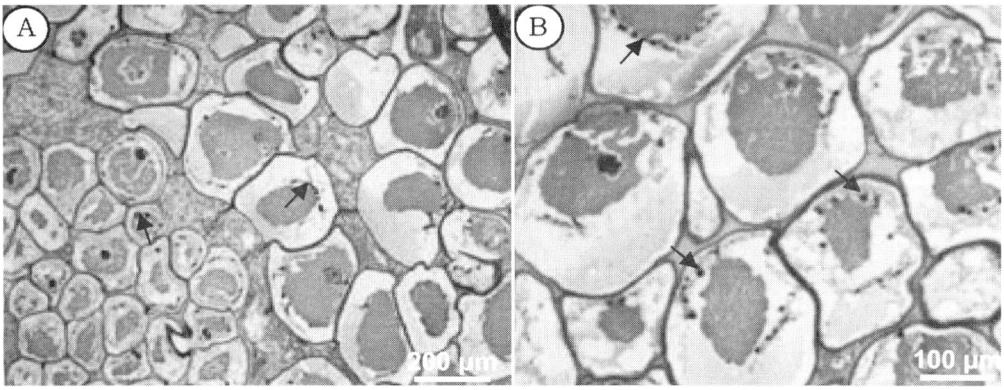

그림 1-15 **피부 또는 지느러미에 형성된 결절의 조직상.** 발육 중인 lymphocystis세포로 이루어져 있으며, 세포질의 테두리 부근에 헤마톡시린에 진하게 염색되는 봉입체를 가진 전형적인 조직상. HE.

분자생물학적으로는 MCP (MCP-PF: 5′-ATG ACT TCT GTA GCG GGTT CAA GTG-3′ 및 MCP-PR: 5′- AAT TCA AAR TTT TGW GCA TCT TTA TAA CC-3′) 또는 DNA polymerase primer(DNA Pol-PF: 5′-ATG ATA GTT TTT ATT TTT CAA TGG-3′ 및 DNA Pol-PR: 5′-AGCTGA TAT TTT ACA TGC TAA TTG-3′)를

사용하여 95°C 3분간 initial denaturation시킨 다음 35사이클(95°C 45sec; 47°C 45sec; 47°C 45sec) 반응시킨 다음 72°C에 최종 배양한다.

(2) Megalocytiviurs

가. 모래무치

구굴무치(*Oxyeleotris marmonratus*)는 일명 모래무치(sand goby)라 불리는 담수어이다. 병어는 수온 20-30°C무렵의 체장 15-18 cm인 어류가 복부 팽만, 무기력 및 양어지의 표면에 유영하는 이상 행동을 나타낸다. 내부적으로는 간, 신장, 비장 및 장이 종대되어 있다.

병리조직학적으로 비장의 종대세포는 세포질이 투명화된다. 신장에는 많은 림프구가 침윤해 있고, 세뇨관 상피세포는 기저막이 박리되어 상피세포는 괴사된다.

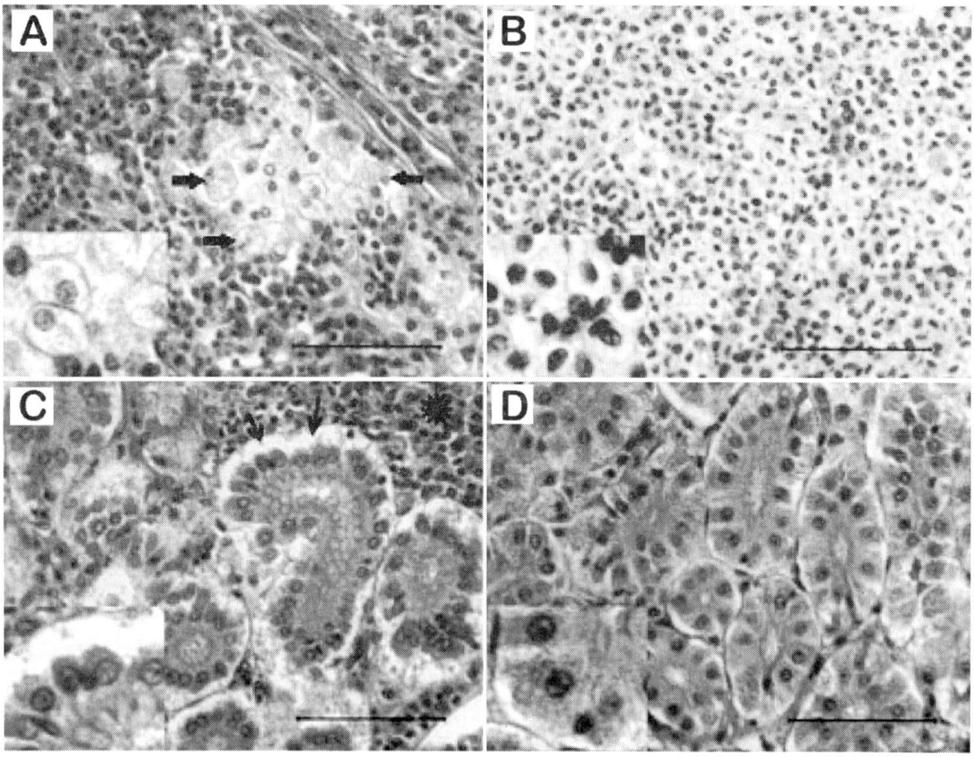

그림 1-16 신장과 비장의 병리조직학적 변화. A: 비장 세포의 종대. **B:** 건강한 모래무치의 비장. **C:** 신장 세뇨관의 기저막의 박리와 상피세포의 괴사 및 림프구의 침윤(*). **D:** 건강한 모래무치의 신장. HE, Bar=50 μm.

나. 부세

발병은 여름철에 수온이 27~30°C일 때 주로 치어(10-14 cm)에 발생하며 누적 사망률은 75% 정도이다. 감염어는 무기력하며, 체색의 흑화, 이상 유영 및 수조 표면에서의 입 올림 현상이며, 내부 증상으로는 아가미의 빈혈, 간의 붉은 반점 및 비장 과 신장의 종대 등이 생긴다.

병리조직학적으로 가장 현저한 특징은 비장과 신장의 광범위한 괴사와 감염세포의 비대이지만, 이러한 변화는 아가미, 간 및 소화관 상피에서도 일어난다.

감염어의 비장을 적출하여 10배량의 PBS(pH 7.2)를 첨가하여 균질액을 만든 다음 1500 g에 15분간 원심하여 상층액을 회수하여 여과한 다음 어류 당 0.2 ml를 접종하면 접종 6일후에 자연 발생어와 유사한 증상이 발현하게 되며, 15일후에는 접종어는 모두 폐사된다.

감염어의 비장 또는 신장에 10배량의 PBS를 첨가하여 호모게나이즈한 다음 1500 g에 15분간 원심하여 상청액을 0.22 μm 필터로 여과한 다음 penicillin과 streptomycin을 1,000 IU/ml 첨가하여 균액을 만들어, 0.2 ml를 주사하면 질병이 재현된다. 주사어는 28~30°C에 수용하여 사육하면 주사 후 6일째에 증상이 나타나고, 11일째에 사망이 발생하며 15일째에 80%가 폐사한다.

감염어의 비장 또는 신장에서 DNA를 추출하여 특이 primer인 5′-ATG GAA ATC CAA GAG TTG TCC C-3′과 5′-GCC AGG TGC TGT GCA CTT GCT TA-3′을 사용하여 95°C 3분간 initial denaturation시킨 다음 30사이클(94°C 45sec; 52°C 60sec; 72°C 60sec) 반응시킨 다음 72°C 60sec간 final extension시킨 후 gel 전기 영동하면 740 bp의 특이 밴드가 형성된다.

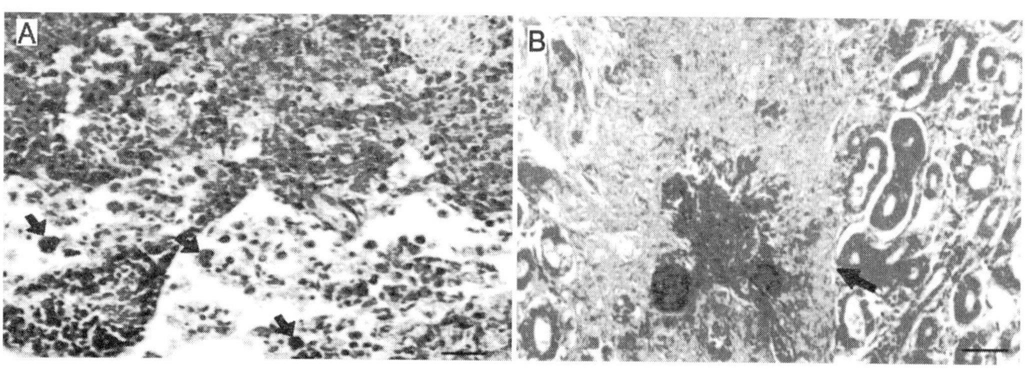

그림 1-17 **A:** 이형비대세포의 출현(화살표)을 동반한 광범위한 괴사. **B:** 신장의 광범위한 괴사. HE. Bar=10 μm(**A**)와 5 μm(**B**).

다. 철갑상어

감염 어류는 머리를 위로 하고 꼬리를 밑으로 한 이상 유영을 하거나 또는 바닥에 정지하여 움직임이 없거나 힘없이 헤엄치다가 폐사한다. 아가미를 잘라내어 검경하면 2차 새변에 소형의 출혈 반점이 관찰된다. 해부하여 보면 간의 퇴색 및 소화관내에는 먹이가 없이 비어 있는 상태이다.

병리조직학적으로는 아가미와 피부 표본을 검경하면 상피조직에 호염기성의 비대 세포가 발견된다. 이러한 비대세포의 세포질에는 결정상의 막대기 모양의 구조물이 들어 있는 세포도 발견되며, 감염 세포의 핵은 일반적으로 비대되어 있다. 감염세포에서 멀리 떨어져 있는 세포에서는 핵의 종창과 확대가 관찰된다. 이 때문에 상피세포는 기저막에서 박리되게 된다. 질병이 진행되면 아가미의 상피세포는 증생을 일으키고 이어서 벽주세포가 붕괴하게 됨으로 아가미에 소형의 출혈반점이 생기게 된다. 이러한 특징적인 이형 비대세포는 아가미뿐만 아니라 후각기관 및 수염의 상피세포에서도 쉽게 발견할 수 있다.

인두의 상피세포가 호염기성을 띄면서 비대되고 형태는 부정형으로 된다. 감염 세포의 비대 핵의 내부에는 결정상의 구조물이 관찰된다. 아가미에는 epitheliocystis의 감염에 의한 과립상의 물질의 균질하게 들어 있는 거대세포 또는 *Trichodina*가 발견될 때도 있다.

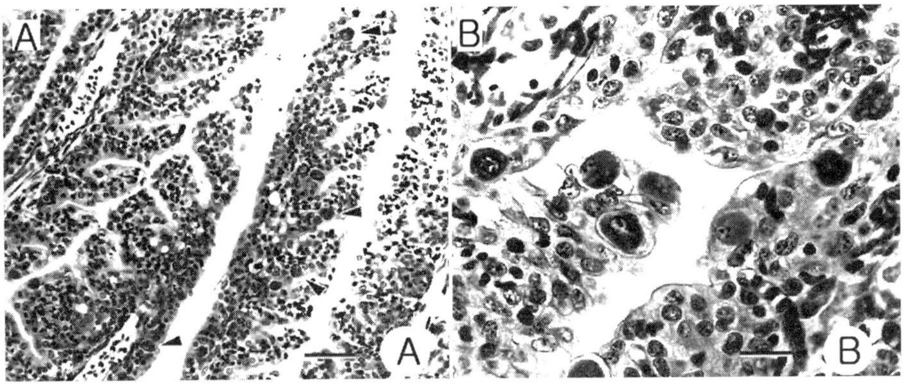

그림 1-18 **감염 아가미의 감염세포는 진한 호염기성의 비대세포.** Bar=100 μm과 10 μm(**B**).

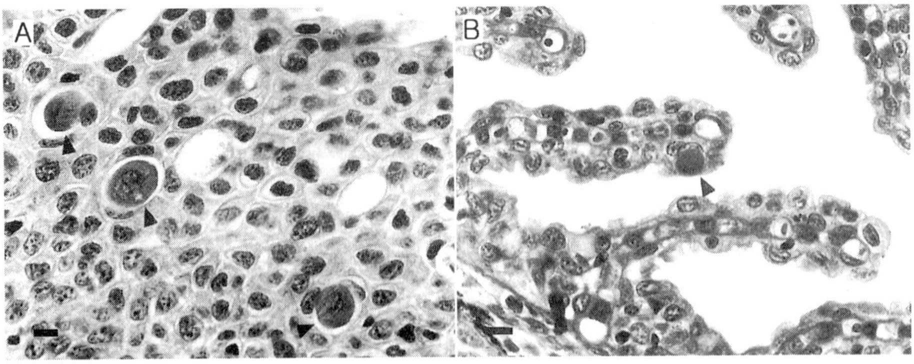

그림 1-19 **A:** 인두 상피의 감염 세포는 종대되고 세포질의 내부에는 진하게 염색되는 결정체 모양의 물체가 들어 있다. **B:** Epitheliocystis의 감염 아가미 상피세포의 비대. HE. Bar=10 μm.

라. humpback grouper(*Cromileptes altivelis*)의 grouper sleepy disease iridovirus (GSDIV, Megalocytivirus)

자연 발병한 orange-spotted grouper의 GSDIV 병어(RSIV)의 신장과 비장을 적출하여 −80°C에 보관하고, 필요한 경우 10배량의 PBS (pH 7.4)를 첨가하여 균질액을 만든 다음 3,000g에 15분간 원심하여 상청액을 0.45 μm에 필터로 여과하여 조직여과액으로 한다. 조직여과액의 원액 또는 10,000배 희석액 0.1 ml를 근육에 주사한 다음 28~31°C에 사육한다. 빈사 상태의 종대된 비장을 적출하여 PCR로 GSDIV임을 확인하고 −80°C에 보존한다.

조직여과액 원액을 접종한 어류는 8-9일에 폐사가 시작되어 10~12일 후에 30~60%가 폐사된다. 반면 10,000배 희석액을 접종한 경우 폐사는 10일째에 시작하여 15일 이내에 폐사율은 90~100%이다.

감염된 어류는 식욕을 상실하고 폐사하기 직전에 수조의 바닥에 가슴지느러미를 밑으로 하여 누워있는 잠자는 행동을 나타낸다. 빈사상태의 어류는 모두 체색이 검어지고, 비장이 현저하게 종대된다. 조직 여과액을 접종한 어류 중에서 생잔한 개체는 먹이도 섭취하며, 잠자는 행동도 나타나지 않는다.

빈사상태의 어류는 모두 비장에 inclusion body-bearing cells(IBCs)의 형성과 비장 세포가 괴사되었다. 신장의 조혈조직에서도 IBCs가 형성되지만, 간장과 소화관에서는 거의 형성되지 않는다. 초기의 IBCs는 비대된 blast모양의 세포로 호염기성의 세포질의 중앙에 핵인이 분명한 종대된 핵을 가지고 있다. 성숙한 IBCs는 종대된 모양으로 호염기성의 봉입체를 가지고 있으며, 숙주세포의 세포질과 핵은 주변으로 밀려난다. 풍선모양의 변성 IBCs는 과립상의 봉입체가 주변으로 밀려나 매우 좁은 세포질만이 남은 세포질속에 들어있고, 핵은 농축되거나 분절화되어 있다. 비정형의 IBCs는 진하게 염색되는 세포질과 종대된 핵을 가진 심하게 종대된 세포이다.

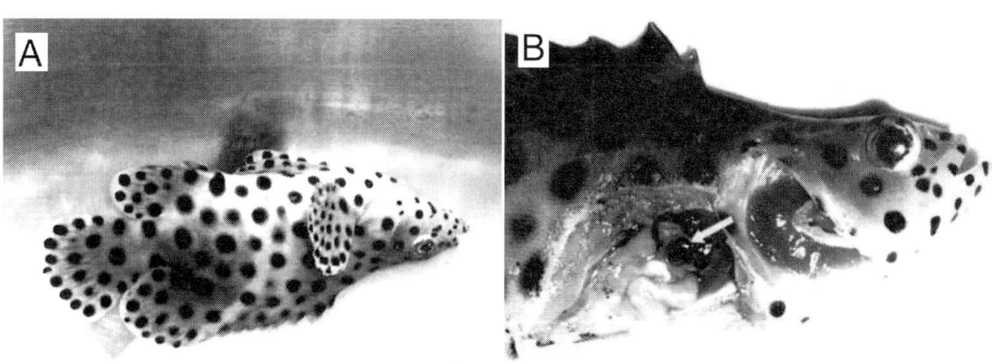

그림 1-20 인위감염 펜드구루퍼. A: 폐사직전 바닥에 횡으로 누워있는 빈사상태의 감염어. **B:** 비장이 심하게 종대(화살표)된 빈사상태의 감염어.

한편 조직여과액을 접종한 개체 중에서 생잔한 개체의 비장과 신장은 풍선 모양으로 변성된 IBCs와 닮은 매우 종대된 세포의 집합체가 발견되며, 이들 세포는 봉입체가 분명하다. 이러한 집합체는 세포의 집합체로서 간장과 소화관에서는 이러한 집합체가 발견되지 않는다.

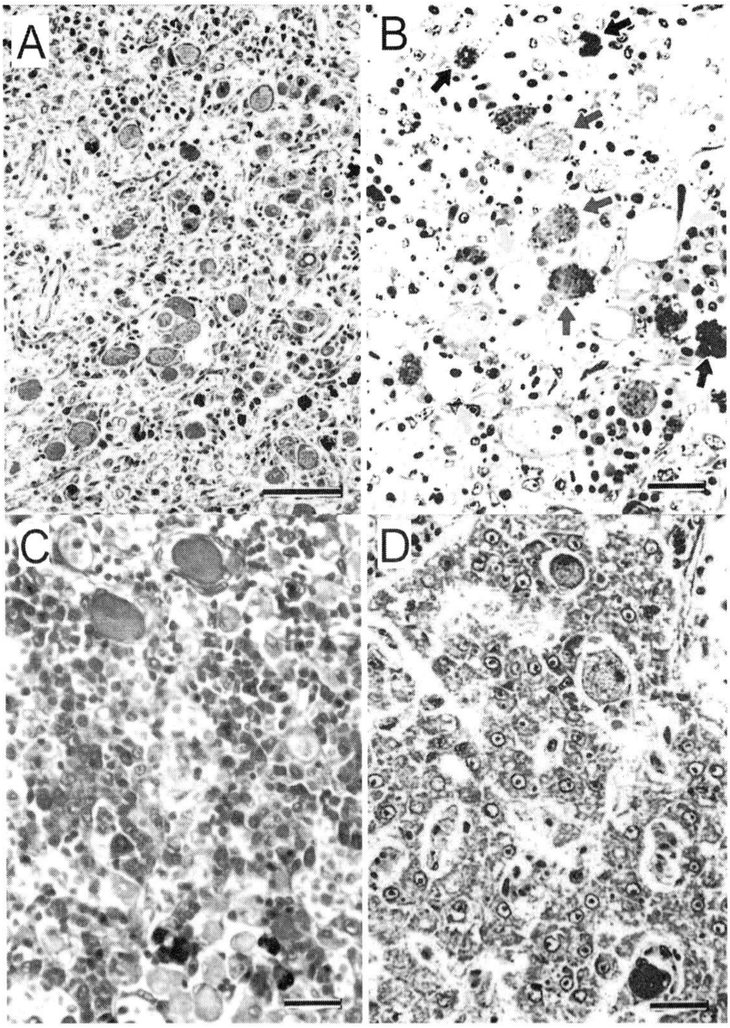

그림 1-21 **A:** 1차 조직여과물을 접종한 빈사상태의 비장. 많은 inclusion body-bearing cells(IBCs)의 형성과 비장세포의 괴사. **B:** 10,000배 희석액을 접종한 비장. 종대된 모양의 비정형 IBCs(황색 화살), 성숙 IBCs(흑색) 및 풍선 모양으로 부풀은 변성 IBCs(적색) 등 다양한 모양의 IBCS. **C:** 10,000배 희석액을 접종한 빈사상태의 신장의 조혈조직 내의 많은 IBCs. **D:** 10,000배 희석액을 접종한 폐사어의 간장 내의 소수의 IBCs. B(Tolidine blue)를 제외하고 HE. Bar=25 μm(**A**) 및 50 μm(**B-D**).

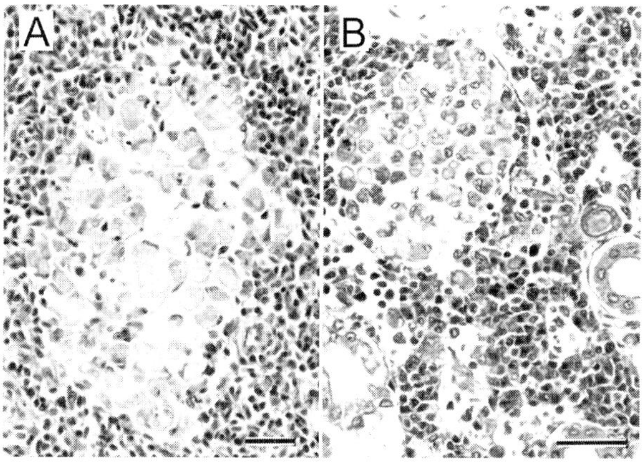

그림 1-22 **A:** 1차 조직여과액을 주사한 생잔어의 비장 내의 변성 IBCs. **B:** 생잔어의 신장 내의 변성 IBCs의 집합체. HE. Bar=50 μm(**A**) 및 25 μm(**B**).

마. Zebrafish의 ISKNV

28°C에 사육중인 어류에 감염된 zebrafish에서 수출한 추출액을 접종한다. 발병이 확인된 어류의 신장과 비장을 PBS(pH 7.4) 10배량을 첨가하여 균질액을 만든 다음 12,000g에 10분간 4°C에 원심분리한다. 상청액을 0.45 μm의 필터를 통과시켜 penicillin 50 IU/ml와 streptomycin 50 μg/ml 첨가한 여과액 25 μl를 주사한다. 여과액의 1 ml는 DNA를 추출하여 PCR반응에 사용한다.

인위주사하면 폐사는 3일후에 폐사하기 시작하여 10일간 지속되며, 암컷은 65%, 수컷은 80%이 폐사하여 수컷이 암컷에 비해 감수성이 높다. 감염 개체는 수조 표면에서 이상 유영을 하며 등지느러미와 가슴지느러미, 꼬리지느러미, 복부, 수염 및 입 주변에 점상의 출혈이 생긴다. 또 다른 증상으로는 비늘이 서는 것(scale protrusion)도 특징이다.

감염 개체의 증상은 기본적으로는 쏘가리의 증상과 같이 점상의 출혈과 신장과 비장의 종창(tumefaction)이지만, 감염의 말기 상태는 비늘이 일어서게 되는 것이 특징이다. 이러한 비늘은 잉어나 zebrafish의 *Aeromonas hydrophila*의 증상과 유사하다. 그러나 zebrafish의 *A. hydrophila*병과는 달리 지느러미와 꼬리의 부식 및 궤양이 형성되지 않는 것이 두병의 차이점이다. Zebrafish는 소형임으로 전체를 고정액에 고정한 다음 파라핀 포매하여 등쪽에서 배쪽으로 절단하는 절편을 만들어 HE염색한다. 이처럼 절편을 만듬으로서 비장, 신장 및 간장을 동시에 관찰할 수 있다.

건강한 개체의 비장은 백수와 적수에 의해 구획되어지는 marginal zone이 분명하며, marginal zone에는 많은 적혈구가 들어있다. 비장의 갈색 입자는 손상된 적혈구 유래로 주로 혈관 주변에 분포한다. 감염 개체의 비장은 괴사되어 종대되며, 적수와 백수는 구분이 불분명(blurry)하게 된다. 또한 적혈구의 수도 감소하고 혈관은 확장되며, 갈색 입자의 부분이 드물어지면 감소한다.

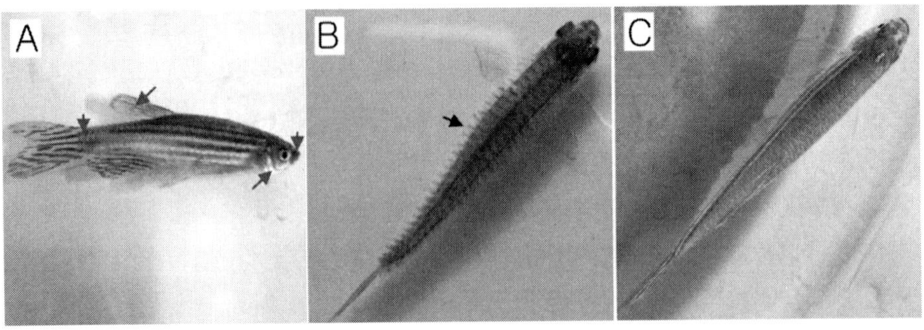

그림 1-23 **ISKNV 인위 감염 zebrafish. A:** 꼬리지느러미와 가슴지느러미의 기부, 복부, 아가미 뚜껑, 아래턱의 점상 출혈. **B:** 비늘의 돌출. **C:** 정상어.

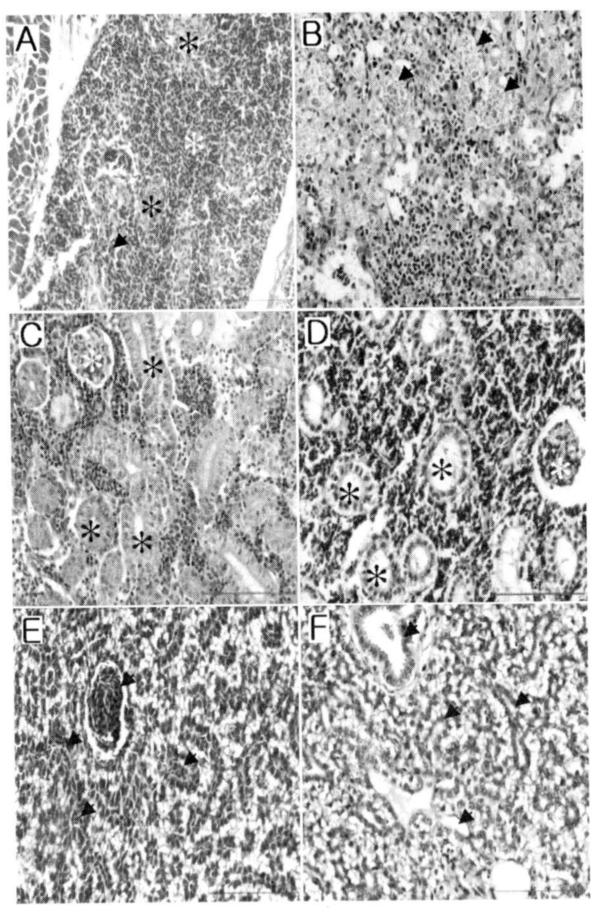

그림 1-24 **A:** 건강한 비장. 백수(*)와 적수(흰색 *) 및 갈색과립(화살표). **B:** 병어의 비장. 적수와 백수의 구분이 불분명해지며, 노쇠한 적혈구인 갈색 부분(화살표)이 감소. **C:** 건강어의 신장. 세뇨관(*)과 사구체(흰색 *). **D:** 병어의 신장. 신장의 조혈조직(*)과 사구체(흰색 *)가 종대되고 내부에는 건강어에 비해 적혈구의 수가 현저히 적다. **E:** 건강어의 간장. 유동 내의 많은 적혈구(화살표). F: 병어의 간장. 유동 내에 적혈구가 감소하거나 거의 없음(화살표). HE.

신장은 건강 개체에 비해 세뇨관에 괴사된 상피세포의 부스러기가 발견되며, 정상적인 세뇨관 관공의 형태가 상실된다. 신장의 간질과 사구체도 역시 종대된다.

건강 개체의 간세포는 중심정맥을 싸고 있는 방사상으로 배열하고 있으며, 유동에는 적혈구가 많다. 감염 개체의 간장은 유동에 적혈구가 없거나 감소되어 있다.

이러한 조직학적 변화를 보아 ISKNV는 피하조직과 표피가 주요 감염 부위이기 때문에 *A. hydrophila*처럼 비늘이 일어섰다고 생각된다. 쏘가리의 ISKNV처럼 조직학적 변화는 신장과 비장 세포의 비대이지만, 비장세포가 신장보다 더욱 비대되며, 거대세포는 거의 모든 기관에서 발견된다. 이처럼 다양한 기관이 감염되기 때문에 ISKNV는 혈류를 통하여 전신으로 확산된다고 생각되며, 이는 전자현미경적으로 혈관 내에 많은 바이러스입자가 발견되는 것으로 입증되었다.

ISKNV감염 세포의 거대화는 봉입체를 가진 세포내의 봉입체의 성장에 의해 종대되지만, zebrafish에서는 ISKNV감염세포의 특징이라 할 수 있는 봉입체 형성세포는 발견되지 않는다.

바. 망둥어(*Oxyeleotris marmoratus*)

Marble goby (*Oxyeleotris marmorata*)는 열대성 담수어류로 부가 가치가 높기 때문에 동남아시아에서 주로 양식되고 있다. 이 어류는 최대 최장 65 cm 체중 1 kg까지 성장하는 대형어류이다. 지하수를 사용하여 노지에서 양어지 당 5,000~8,000마리의 밀도로 사육되고 있다.

병어는 외부의 자극에 반응이 없는 비정상적인 행동을 하면서 갑자기 폐사된다. 외부 증상은 체색의 흑화, 피부의 궤양 및 지방간을 특징으로 한다. 병어의 아가미에서는 *Dactylogyrus*의 난이 발견되기도 한다.

병리조직학적으로는 아가미의 벽주세포에 봉입체 형성, 괴사 및 비대가 발견되며 아가미의 세포가 현저하게 증생된다.

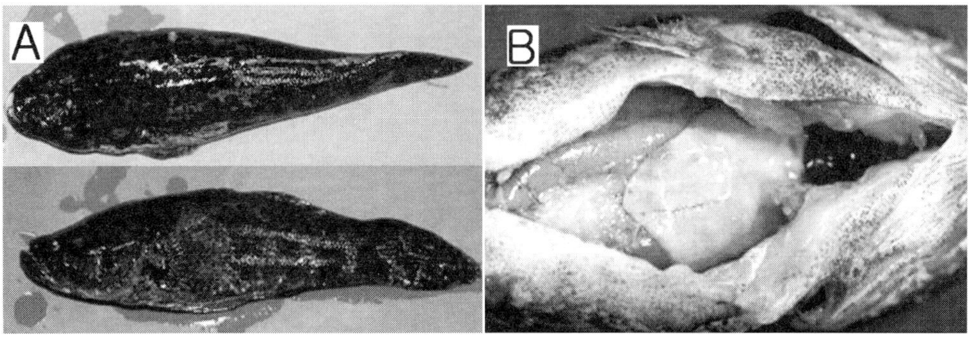

그림 1-25 **RSIV 감염 담수 망둥어의 증상. A:** 체색흑화, 몸통 및 체측 부의 궤양 형성. **B:** 현저한 지방간.

비장은 림프조직의 감소, 마크로파아지의 증식 및 비세포의 세포질내에 공포가 형성되며, 신장은 멜라노마크로파아지센터의 수와 조혈조직이 감소하는 것이 특징이다.

발병의 원인은 PCR로 해산어인 참돔의 RSIV와 같은 Megalocytivirus의 감염에 의한 것이 확인된다.

사. 큰가시고기(*Gasterosteus aculeatus*)

8~10.5°C의 해수에서 사육중인 개체를 임의로 채취하여 조직학적으로 조사한 결과 이형비대세포가 발견된다. 이형비대세포는 피하 특히 측선주변에 많으며, 인접하고 있는 진피와 골격근에도 침입하여 있다.

이형비대세포는 epaxial 근육과 hypaxial 근육 사이에 있는 horizontal septum에도 발견된다. 특히 척수와 척색 및 등쪽 혈관을 싸고 있는 median septum에 다량으로 발견된다. 신장의 사구체와 신장 조혈조직 및 소화관의 점막하조직에도 발견되지만 다른 기관에서는 발견되지 않는다.

이형비대세포는 호염기성의 비대세포로 세포질에는 엷은 과립 상으로 보이며 때로는 핵이 편재되어 있다. Feulgen 반응시키면 감염세포는 양성의 적자색의 세포질 내 봉입체가 확인되며, 정상세포는 녹색으로 염색된다.

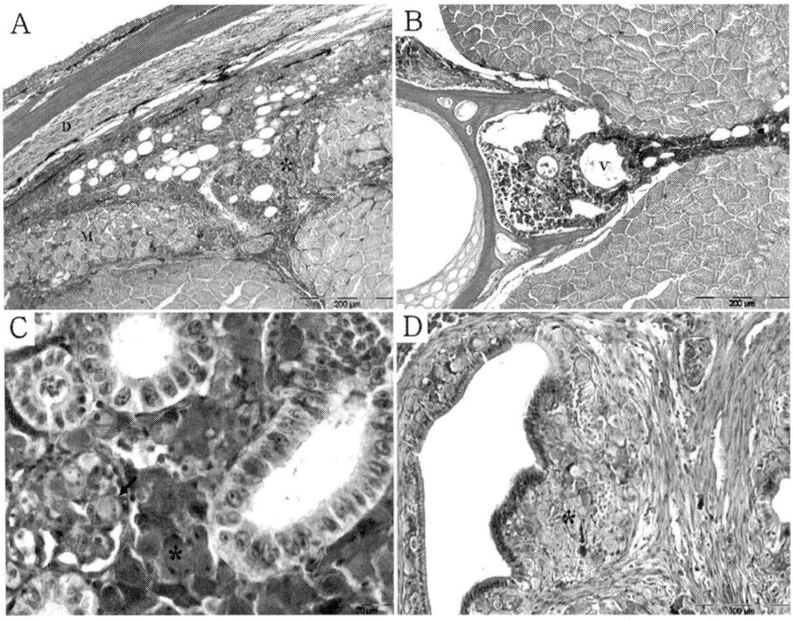

그림 1-26 **A:** 피하 및 인접 진피와 골격근 내의 이형비대세포. **B:** Medium septum의 대부분과 등쪽 혈관을 싸고 있는 이형 비대세포. **C:** 신장 실질(*)과 사구체(화살표) 내의 이형비대세포. **D:** 소화관 점막상피의 이형비대세포. HE.

(3) Turbot의 Iridovirus감염 VEN(=EIBS)

감염어는 두부, 입 및 지느러미의 출혈, 안구돌출, 아가미와 간의 빈혈이 생기지만 내장기관에 출혈은 없다. 말초혈액을 채혈하여 검경하면 적혈구의 세포질 내에 1-3개의 봉입체가 관찰된다. 봉입체는 엷은 청색으로 크기는 0.3~1.0 μm이지만 대부분이 0.5 μm보다 소형이다. 감염어에서 채혈한 적혈구의 10~60%에서 봉입체가 발견된다.

건강한 어류에서 말초혈액을 채혈하여 400g에 5분간 원심분리하여 침지된 적혈구는 FBS 5%와 penicillin 100 IU와 streptomycin 100 μg/ml를 첨가한 Leivovitz medium(L-15)에 현탁시켜 혈구계산판으로 계수하여 10^6 cells/ml의 적혈구 부유액을 만든다.

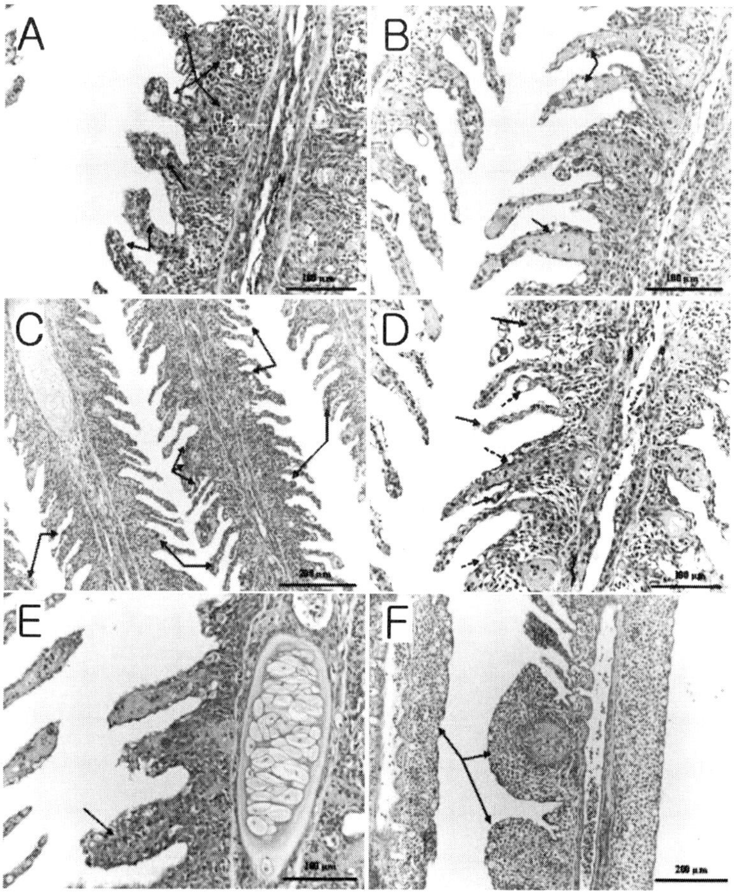

그림 1-27 **병어 아가미의 조직학적 변화. A:** 2차 새변의 울혈(화살표). **B:** 혈관내의 혈전과 혈관 벽의 염증(화살표). **C:** 벽주세포 내의 봉입체(화살표). **D:** 벽주세포의 괴사(실선)과 비대(점선). **E:** 아가미 세포의 현저한 증식. **F**: 벽주세포의 증식(화살표).

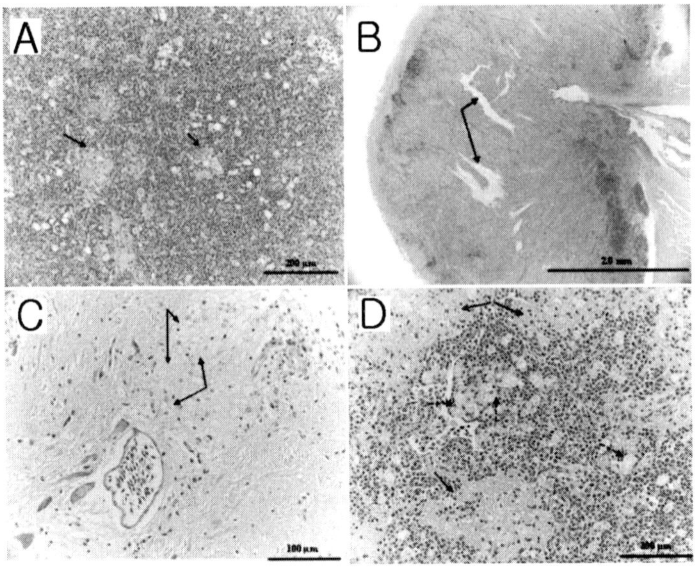

그림 1-28 **A:** 신장의 멜라노마크로파아지와 조혈조직의 감소(화살표). **B:** arterial ball의 내막의 증생. **C:** 뇌의 medulla와 stem부분의 림프조직의 감소. **D:** 비장의 림프조직의 감소(실선), 마크로파아지의 증생(점선) 및 세포질 내에 공포를 가진 비장세포의 비대(점선 화살표).

적혈구 부유액 0.5 ml를 24 well plate에 넣고 냉장고에서 30분간 저온 처리한 다음 적혈구 1개당 100 unit의 바이러스를 접종하고 다시 냉장고에서 천천히 교반하면서 30분간 저온 처리한 다음 15°C에서 배양한다. 적혈구를 May-Grunwald Giemsa염색하면 미감염어의 적혈구는 다양한 단계의 성숙도의 적혈구가 관찰된다. 그러나 감염시킨 적혈구는 감염 1분 후(15°C에 배양)에 적혈구의 세포질의 공포 내에 바이러스와 같은 입자가 발견된다. 5분 후에는 세포막에 흡착 또는 적혈구의 표면에 가까운 세포질내 공포 속에서 발견된다. 배양시간이 길어짐에 따라 세포질내의 공포는 점차 커지고 더 많은 바이러스입자가 함유되게 된다.

3) Poxvirus

(1) 은어의 Poxvirus성 이형세포성 아가미병(=증식성 아가미염)

수온 16~28°C일 때 발병하지만 특히 17~20°C 부근에서 빈발하는 경향이다. 발병어류의 크기는 치어와 성어를 불문하고 발병한다. 새박판의 유착과 새변의 곤봉화에 의해 아가미의 호흡면적이 감소함으로서 먹이 섭취 불량 및 유영능력의 저하가 생겨 폐사하는 질병이다.

유사한 질병으로 *Flavobacterium branchiophilum*의 감염에 의한 세균성 아가미병과 혼합감염의 경우가 많은데, 세균성 아가미병은 아가미를 검경하면 새변에 많은 장간균이 부착되어 있는 것이 발견되며, 1.0~1.2% 소금욕을 1~2시간 시키면 치유 가능하지만, 이형세포성 아가미병은 치유되지 않는다.

감염 초기에는 어군에서 이탈하여 아가미 뚜껑을 일고 헤엄치는 개체가 관찰되며, 먹이 섭취가 불량하며 먹이 섭취 후에는 튀어 오르거나 몸을 비스듬하게 하여 완만히 유영하는 등의 이상 증상을 보이다가 먹이 섭취 후에 폐사 개체가 증가하게 된다. 빈사어는 아가미가 종창되어 충혈되어 검은 반점으로 보이며, 체색이 흑화 또는 황색으로 변하며, 사망 직전의 개체는 사후 경직이 일어나지 않았음에도 불구하고 어체가 단단한 느낌이 든다.

진단 방법은 새변을 무염색으로 관찰하면 새변의 유착과 점상의 출혈이 관찰되며, 절취한 새변의 스탬프표본을 만들어 Diff-Quick하여 관찰하면 이형세포가 관찰된다. 그러나 염색표본에서 이형세포증으로 단정하기 위해서는 상당수의 이형세포가 발견되어야만 한다. 아가미의 염색표본에서 이형세포는 크기가 적혈구의 7~10배 정도인 대형세포로 세포질은 엷은 청색, 핵은 불균일한 적자색으로 염색되는 마크로파아지에 닮아 있는 세포, 이형세포의 세포질 주변과 경계가 불분명한 공포가 관찰되는 수가 있으며, 핵은 대형으로 여러 개 있는 경우도 있고, 이형세포가 합쳐져서 다핵인 경우와 핵에 공포가 관찰되는 경우도 있다.

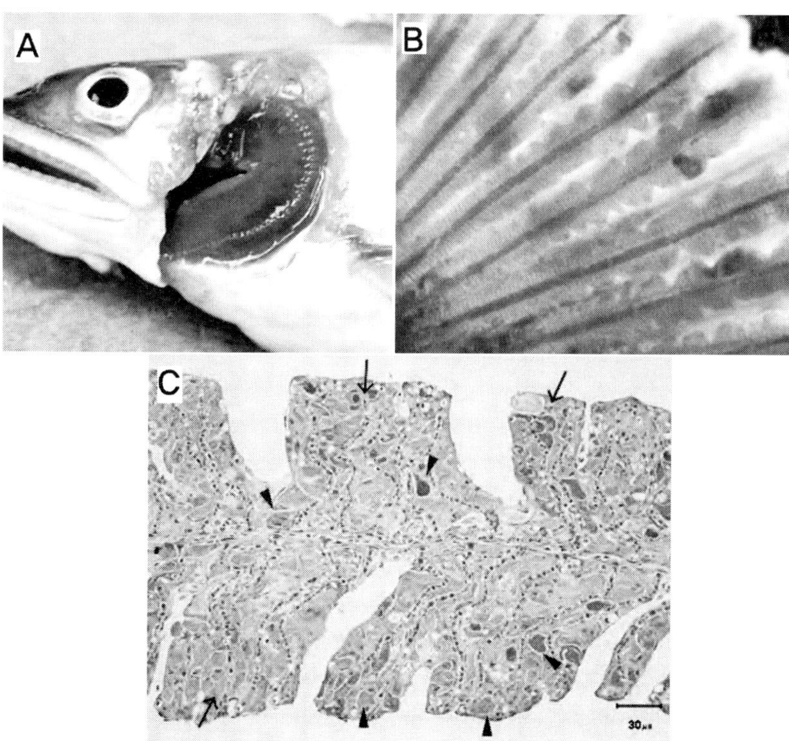

그림 1-29 **A:** 아가미의 충혈. **B:** 새변 도말표본. 새변의 유착과 출혈 반점. **C:** 아가미의 이형세포.

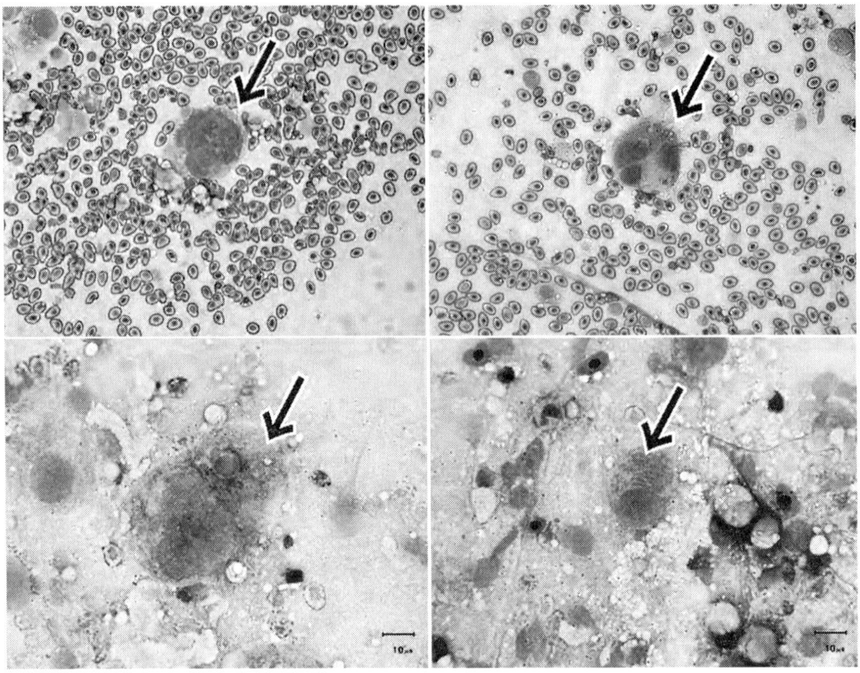

그림 1-30 **새변 스탬프 표본의 Diff-Quick염색.** 다양한 형태의 이형비대세포. 염색할 때는 적혈구가 선명하게 염색되도록 하는 것이 이형세포의 관찰에 용이.

PCR로 진단할 때는 특이 primer인 BOKE30-F(5′-CGA TAT CAT ATC TGT GAT CG-3′)와 BOKE30-R(5′-AAT GTT GAT GTG TCC AGGAT-3′)를 사용하여 95˚C에 2분간 initial denaturation시킨 다음 35사이클(95˚C 15sec; 58˚C 30sec; 72˚C 30sec) 반응시킨 다음 72˚C에 3분간 final extension시켜 gel 전기영동하면 302 bp의 특이 밴드를 확인할 수 있다. 아가미의 표본에서 이상이 없는 경우에도 PCR로는 검출이 가능함으로 최종적인 진단은 PCR로 확인할 필요가 있다.

현장에서의 치료 방법은 아가미에서 장간균이 발견될 때는 염수욕을 실시하고, 폐사 개체수가 줄어 들 때까지 매일 반복 실시한다. 또한 염색표본에서 이형세포가 관찰된 경우에도 염수욕을 실시한다. 그러나 세균성 아가병과는 방법을 달리하여야 한다. 염수욕을 실시하기 하루 전에 사료 투여를 중지하고 수온의 변화가 없을 때는 식염을 0.5~0.9%는 첨가하여 12시간 정도 약욕시키는 과정을 폐사가 감소할 때까지 반복 실시한다.

약욕 동안에 수온이 상승할 우려가 있을 경우에는 1.2~1.3% 식염을 첨가하여 2~4시간 약욕한다. 식염으로 약욕할 때는 DO의 변화에 유의하여 8 ㎎/ℓ가 유지되도록 관리하여야 하며, 약욕 종료 후에 급수할 때도 수온의 급격한 변화를 방지하기 위하여 적절한 주수 관리가 필요하다. 또한 치료 후에도 재발하는 경우가 있음으로 사료의 투여 양을 서서히 증가시켜 약 1주일에 걸려 본디의 급이량으로 올려주어야만 한다. 치료 후 폐사가 정지된 경우에도 한꺼번에 다량의 사료를 투여하면 대량으로 폐사하는 경우가 종종 발생한다.

4) Ranavirus

(1) 유럽산 메기(*Silurus glanis*) 치어

발병 시의 수온은 25°C이며 1주일 내에 100% 폐사한다. 비장, 신장 및 혈관계에서 변화가 가장 현저하며, 그 중에서도 가장 특징적인 것은 비장과 신장 조혈조직의 급성 괴사이다. 유동은 붕괴되어 구조를 식별하기 어렵고, 내피세포는 종대되어 돔(dome)모양이며, 세포질 내에는 공포가 형성되어 있다. 세망내피계세포도 공포화 또는 괴사된다. 비장의 협조직은 부종으로 심하게 종대된다. 바이러스는 협조직의 세포질 내에서 발견되기도 한다.

신장 배설계의 세뇨관과 집합관 상피세포의 변성이지만 때로는 사구체가 감염될 때도 있다. 세뇨관 상피세포에는 혼탁종창, 초자적 변성 및 괴사가 명백하며, 보우만주머니는 종대되거나 호산성의 물질로 채워져 있다.

아가미 상피세포는 증생되며 부종을 일으킨다. 상피세포와 염세포의 증생에 뒤이어 변성과 염증세포가 침윤한다. 상피세포는 괴사되어 기저막에서 박리되기도 한다. 때로는 감염 상피세포의 세포질 내에 호산성의 봉입체가 발견되기도 한다.

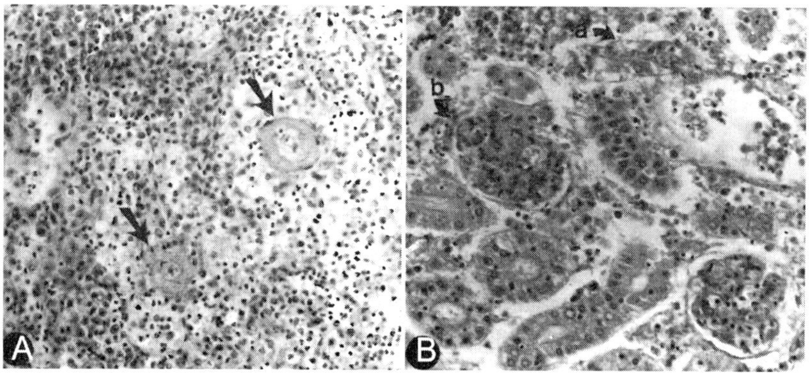

그림 1-31 **A:** 신장 혈관벽(화살표)의 변성과 조혈조직의 괴사. **B:** 세뇨관(a)과 사구체(b)의 변성.

(2) 메기(*Ictalurus melas*)

조혈조직과 순환계를 표적기관으로 하는 바이러스의 감염으로 감염어는 식욕이 소실되며, 부종, 출혈이 가슴지느러미 주변, 복부 중앙, 내장 기관에 점상으로 출혈이 생기며 복강에 복수가 축적된다. 아가미는 빈혈로 백탁된다.

병리조직학적으로는 신장이 표적기관으로 신장의 조혈조직과 세뇨관에 변성과 괴사를 초래하며, 이러한 변화는 혈관 벽에서도 발견된다. 대개의 경우 조혈조직은 거의 파괴된다.

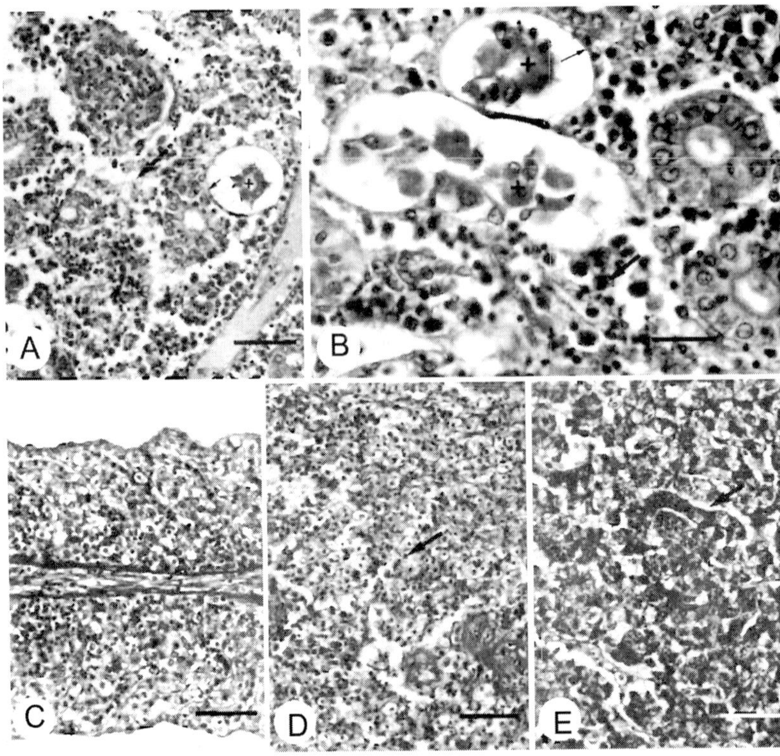

그림 1-32 **A-B:** 신장 조혈조직의 괴사(화살표)와 세뇨관 상피세포는 기저막에서 박리되어 진하게 염색되는 집합체 형성(+). **C:** 상피세포의 증생과 새변의 유착으로 새변간의 공간이 없음. **D:** 비장의 광범위한 괴사. **E:** 유동의 확장(화살표)을 동반한 간의 부종. HE. Bar = B(20 μm)를 제외하고 50 μm.

비장에서도 세망계가 감소되며, 간장은 부종 때문에 유동이 확장된다. 아가미에서는 증생과 유착으로 새변 간의 공간이 거의 소실된다. 병명은 유럽산 메기에 감염되기 때문 European catfish virus(ECV) 등으로 불린다.

(3) 큰입베스

감염어는 어체에 궤양이 형성되는 것이 특징으로 그 외에 출혈, 지느러미 기부의 종창과 궤양 형성이며, 비장과 신장이 종대된다. 때로는 안구 백탁, 아가미와 신장의 빈혈에 의한 퇴색, 아가미 동맥의 종대 등이 관찰되며 발병시의 수온은 25°C 부근이다.

MCP forward primer(5´-GAC TTG GCC ACT TAT GAC-3´)와 MCP reverse primer(5´-GTC TCT GGA GAA GAA GAA-3´)를 사용하여 94°C 4min후 35 cycle(94°C 30sec; 50°C 45sec; 72°C 0.5min)후 72°C 7min간 final extension시키면 500 bp의 특이 밴드가 형성된다. 한편 MTase forward primer(5´-TGT GGG CCA GTC CAC CTT

G-3′)와 MTase reverse primer(5′-GTA AGC GCA GTA ATC CAA C-3′)를 사용하여 94°C 4min간 initial denaturation시킨 다음 28사이클(94°C 30sec; 58°C 45sec; 72°C 0.5min)후 72°C에 7분간 final extesion시키면 240 bp의 특이 밴드를 확인할 수 있다.

그림 1-33 **감염어의 체표에 출혈과 궤양.** 주 증상은 체표의 궤양 형성과 노출된 근육 내의 출혈 및 지느러미의 종창과 출혈.

(4) 올챙이

감염 올챙이는 이상 유영, 무기력, 식욕감퇴, 바닥에 정지, 복부 팽만 등의 증상이 보이지만 말기에는 다리와 몸체의 종대, 발과 ventrum의 발적, 항문과 urostyle 부근의 적색 반점, 피부와 내장기관(신장과 비장)의 점상 출혈 및 피부에 불규칙한 모양의 퇴색 반점이 형성된다.

변태기 또는 성체에서는 먹이를 먹지 않았기 때문에 소화관이 비어 있거나 부레가 종대되어 있다. 출혈과 종대는 올챙이 시기에 현저한 증상이지만, 성체에서는 피부의 부식 또는 궤양이 발견되기도 한다. 대량폐사가 유발되지만 바이러스보다는 세균과 곰팡이의 2차 감염에 의한 폐사가 주된 원인이라 할 수 있다.

Xenopus sp. A6세포에 배양하면 감염세포는 초기에는 원형으로 변하지만 점차 수축되어 길게 늘어나거나 별모양으로 변한다. 감염된 세포의 세포질은 예정세포사의 특징인 과립화가 현저하게 되며 최종적으로는 배양용기의 바닥에서 박리된다.

Ranavirus는 감염 2~3주내에 전신적 출혈과 세포의 괴사를 초래하는 것이 특징으로 신장이 주된 표적기관이다. 인위 감염시키면 3시간 이후에 상피세포에서 바이러스가 발견되기 때문에 소화관의 상피세포를 통한 감염이 일어난다고 생각되고 있다. 많은 기관에 병변이 생기지만 간장, 신장 및 비장에 변화가 가장 현저하다. 신장 세뇨관 상피세포가 주요 표적기관으로 생각되지만 그 외 섬유모세포, 마크로파아지, 신경절 등도 감염된다.

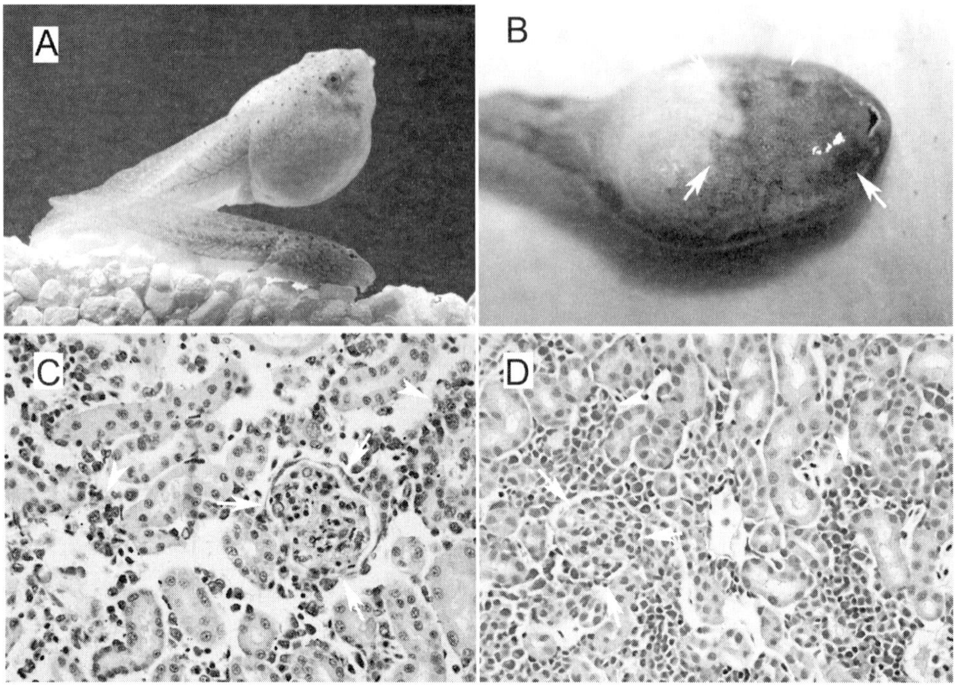

그림 1-34 **A:** 감염 올챙이의 두부의 종대(위)와 건강한 올챙이. **B:** 환부의 심한 출혈. **C:** 조혈조직의 괴사(화살표 머리)와 사구체의 변성(화살표). **D:** 정상 올챙이의 신장. HE.

조직의 상피세포에 괴사와 출혈이 생기지만 특히 신장과 소화관 부분이 현저하며, 조혈조직의 괴사 또한 현저하다고 할 수 있다. 다양한 크기의 호염기성의 핵내 봉입체가 일반적이지만 감염단계와 숙주에 따라서 호산성이 봉입체가 형성되기도 한다. 그러나 괴사소에서는 괴사물 때문에 봉입체의 관찰은 불가능한 것이 보통이다

(5) 개구리의 Ranavirus

우리나라 서식 개구리의 일종인 *Rana temporaria*(한국산 개구리 또는 북방산 개구리)의 Ranavirus병의 증상은 크게 피부에 궤양이 형성되는 궤양형과 골격근 및 내장기관에 전신적 출혈이 생기는 출혈형의 2가지로 대별할 수 있다. 이 중 피부 궤양형은 육안적으로 쉽게 구분될 뿐만 아니라 궤양 이외에 발에도 궤양에 의해 근육이 현저히 줄어들어짐으로 쉽게 진단할 수 있다.

황소개구리(*Rana catesbeiana*)의 경우 동일 저수지에서 서식하고 있는 잉어류의 폐사는 없지만 개구리는 폐사가 발생한다. 일본에서의 폐사 경향은 9~10월에 걸쳐 발병하며 최대 피크는 9월경이다. 황소개구리는 무기력, 눈꺼풀의 충혈, 복부의 수종, 점상출혈, 등쪽 피부의 출혈반점, 피부 궤양, 발과 꼬리의 괴사 등이 생긴다. 해부해 보면 피하에 수종, 복수의 축적, 간의

종대 등이 관찰된다. 병리조직학적으로는 사구체의 괴사와 세뇨관 상피의 초자적 변성, 간세포의 변성과 괴사 등이 생긴다.

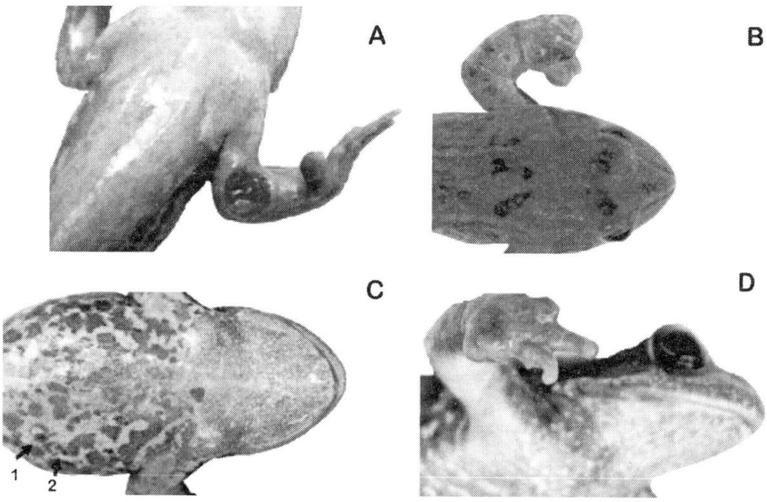

그림 1-35 **우리나라산 개구리. A–B:** 피부(발)의 궤양 형성을 특징으로 하는 피부 궤양형. **C–D:** 치유에 따른 딱지 형성. 환부의 진행 부분(1)와 치유에 의한 딱지 형성 부분(2) 및 발의 궤양부위의 치유에 의한 딱지(D).

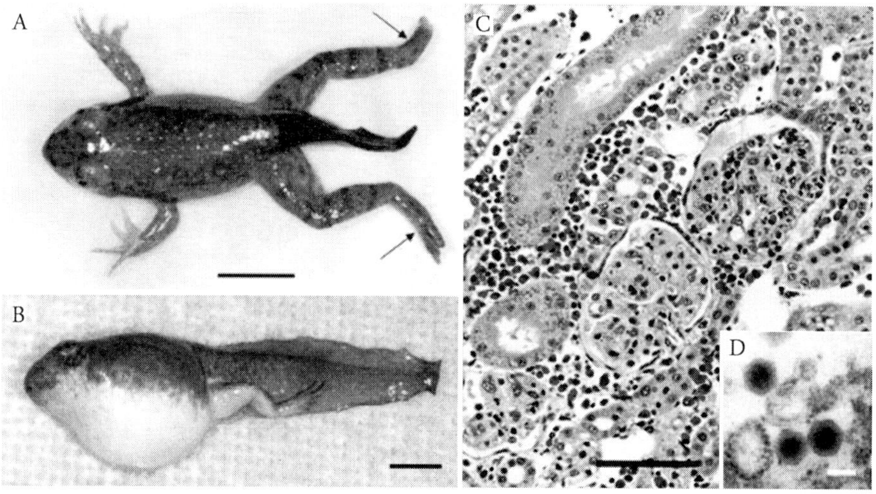

그림 1-36 **A:** 변태 중인 올챙이의 발끝부분의 괴사(화살표)와 종대. **B:** 복수의 축적에 의한 복부 팽만 올챙이. **C:** 사구체의 괴사와 세뇨관 상피의 초자적 변성. HE. **D:** 바이러스 입자. Bar=1 cm(A&B), 100 μm(C). 100 nm(D).

(6) 와와어(중국왕도롱뇽, *Andrias davidianus*)의 Ranavirus

중국왕도롱뇽은 세계에서 가장 큰 종으로서 생물학적, 영양학적 및 의학적으로 가치가 높은 종이지만, 멸종 위기 동물로서 중국에서는 상업적으로 양식되고 있는 종이다. 증상은 매우 다양하며, 외부 증상이 전혀 없는 개체도 폐사된다. 발병 개체는 피부 궤양, 식욕부진, 무기력 및 부종이 생기면서 때로는 피가 섞힌 구토를 하며, 피부에 융기환부 또는 궤양이 형성된다. 또한 두부, 복부, 다리에 부종을 동반한 반상의 출혈반이 형성되며, 발에는 괴사소가 형성되어 부식되기도 한다. 때로는 체색의 흑화와 등쪽이나 꼬리 부분에는 다량으로 분비된 점액이 덕지덕지 부착되어 있다.

해부하여 보면 복강에는 혈액이 혼합된 복수가 있고, 색조가 퇴색되어 종대된 간장에는 여러 개의 출혈반점이 있다. 위도 부종성으로 출혈이 생긴다. 소화관의 벽은 얇아지면서 투명한 액체 또는 혈액이 충만되어 약간 확장되며, 장막의 표면에 출혈이 생긴다.

병리조직학적으로는 신장, 간장, 비장, 피부 및 소화관에 심한 병소가 발견된다. 환부에는 단세포 괴사 및 다양한 크기의 다세포괴사소가 산재하고 있다. 괴사소에 인접하고 있는 변성세포 또는 괴사세포에는 거의 대부분에서 대형의 호산성의 세포질내 봉입체가 발견된다.

신장은 세뇨관 상피세포의 공포변성, 관공의 국소적 괴사 및 사구체염이 생기며, 세뇨관 상피세포에는 봉입체가 형성된다.

간장은 간세포의 종대와 공포화가 기본적인 변화이며, 국소적으로 괴사소가 형성되며, 간세포에는 특이하게 변성 단세포 또는 국소적 괴사소의 세포에는 봉입체가 형성되기도 한다.

피부는 변성, 괴사 및 상피세포의 박리, 점막하조직과 점막고유층의 울혈과 부종이 생긴다. 피부의 소성결합조직의 부종에 의해 소위 ballooning degeneration이 일어난다. 소화관에는 궤양이 형성되어 소화관 관공내로 출혈이 생긴다. 이 때문에 감염 개체는 혈액이 혼합된 구토와 혈변이 생긴다. 비장은 괴사소와 섬유소의 침착이 생기며, 비장의 고유의 조직이 붕괴된다.

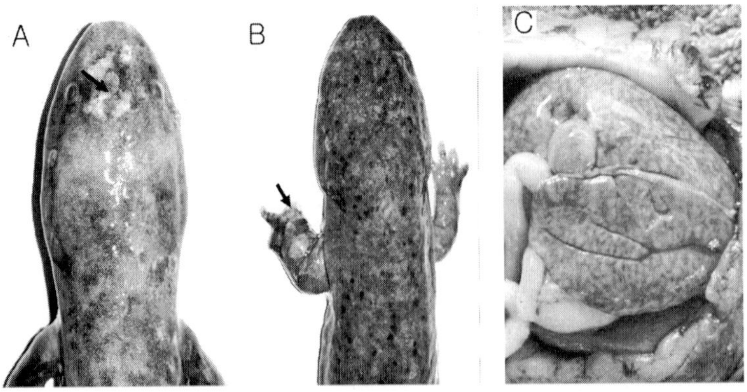

그림 1-37 **A:** 두부의 피부 부식(화살표)와 종창. **B:** 앞발의 반상출혈(ecchymosis), 종창 및 괴사. **C:** 간장의 퇴색과 반상 출혈을 동반한 종대.

그림 1-38 **A:** 복부 표면의 종대와 궤양. **B:** 앞발의 괴사. **C:** 뒷발의 괴사.

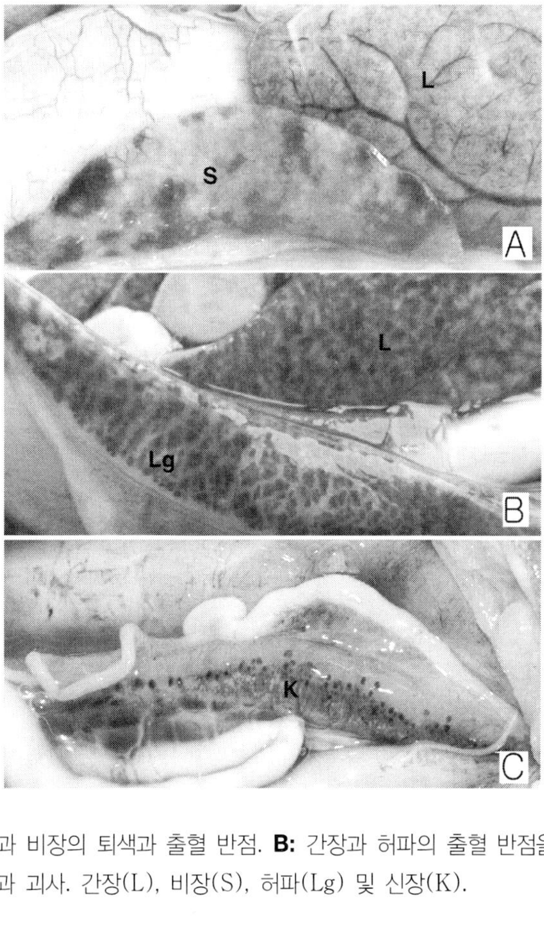

그림 1-39 **A:** 간장과 비장의 퇴색과 출혈 반점. **B:** 간장과 허파의 출혈 반점을 동반한 부종. **C:** 비장의 출혈과 괴사. 간장(L), 비장(S), 허파(Lg) 및 신장(K).

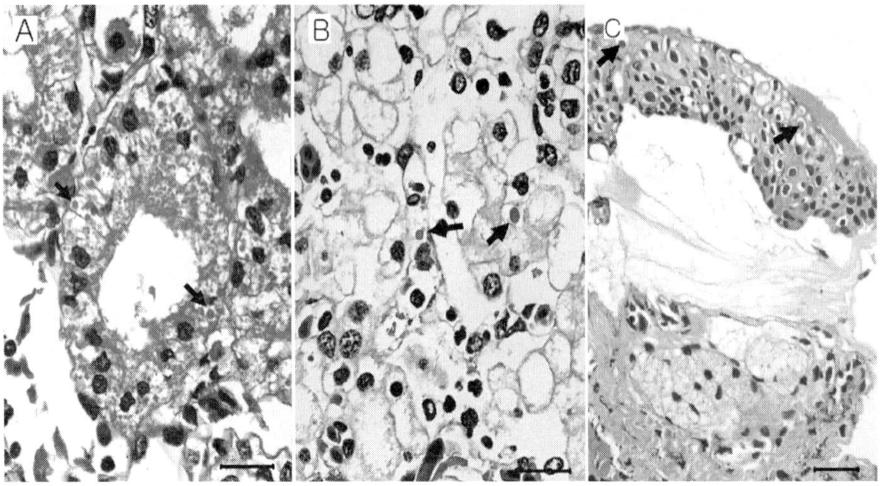

그림 1-40 **A:** 신장 세뇨관 상피의 세포질내 봉입체(화살표)와 괴사. **B:** 간장의 세포질내 봉입체(화살표)와 간세포의 공포화. **C:** 피부의 세포질내 봉입체(화살표)와 상피세포의 부종. HE. Bar=40 μm(**A** & **B**) 및 60 μm(**C**).

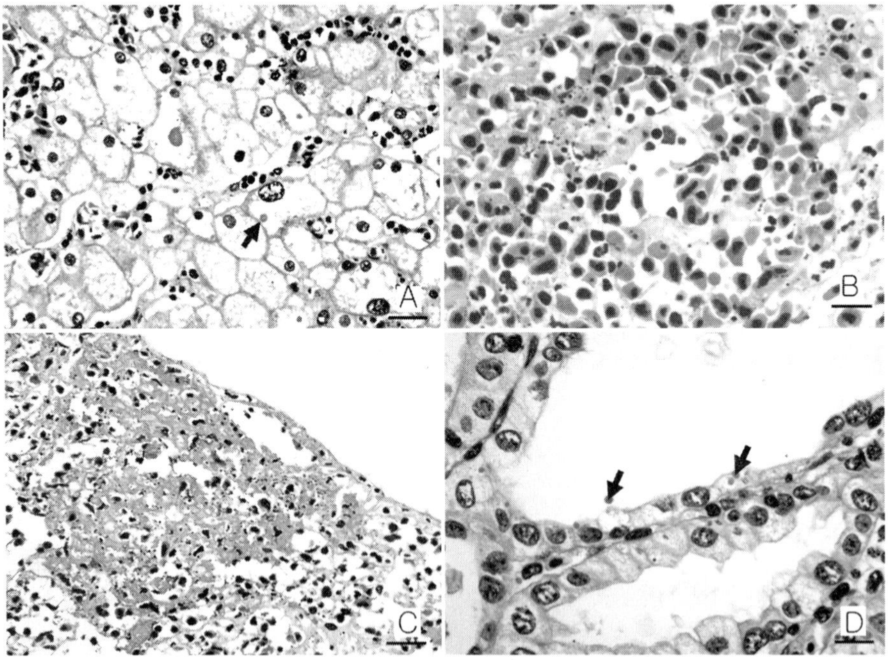

그림 1-41 **A:** 간세포의 호산성의 봉입체(화살표) 및 공포 변성. **B:** 허파의 염증세포의 침윤을 동반한 국소적 괴사와 출혈. **C:** 비장의 림프구 용해와 림프조직의 감소를 동반한 괴사. **D:** 신장 세뇨관 상피세포의 공포변성과 호산성의 봉입체(화살표). HE. Bar=25 μm(**A** & **D**), 12.5 μm(**B** & **C**).

5) 미동정 DNA 바이러스

(1) 아시아산 농어의 바이러스성 비늘 탈락증(scale drop syndrome, SDS)

동남아산 농어류에 감염되는 질병으로 치어보다는 성어에 감염되는 경향이며, 전염성이 있는 질병으로 1개월간의 사망률은 약 1~2% 정도이다. 심한 감염인 경우에는 무리에서 이탈하여 회전유영과 같은 이상 유영을 하며, 방치하면 40~50% 정도가 폐사한다.

병어는 체색이 퇴색되며 퇴색된 부위에는 검은 반점이 형성되고 비늘이 탈락되며, 꼬리 및 지느러미의 부식, 간의 지방간화 및 점상의 출혈, 신장의 종대 또는 위축 등이 관찰된다.

병리조직학적으로 가장 현저한 변화는 모든 기관에서의 혈관염과 조직의 변성, 출혈 및 괴사가 생긴다는 것이다. 때로는 혈전이 형성되기도 하며, 아가미, 간장, 신장 및 비장 등의 혈관 내에는 심한 염증반응이 생겨 관공이 좁아진다.

비늘이 탈락한 피부의 진피는 괴사되며, 아가미의 상피세포도 괴사된다. 비장의 협조직도 색전과 출혈을 일으키며 괴사되고, 신장의 사구체와 세뇨관의 괴사, 간의 관상동맥 및 눈의 chroid rete도 괴사된다. 간장에서도 간세포의 감수와 핵융해를 동반한 괴사에 의해 색구조의 붕괴에 의한 괴사가 일어난다.

비장, 신장, 간장, 위 및 소화관에는 핵막과염을 동반한 핵이 관찰된다. 신장, 비장, 간장, 심장 및 맥락막에서 봉입체의 형성은 현저한 것은 아니지만 호염기성의 초자성의 봉입체가 형성되기도 한다. 봉입체는 괴사된 사구체, 신장의 간질, 비장과 심내막에서 흔히 관찰된다. 봉입체는 항상 혈관주변 또는 심장에서 관찰되며, 비대된 심내막과 구분할 수 있다.

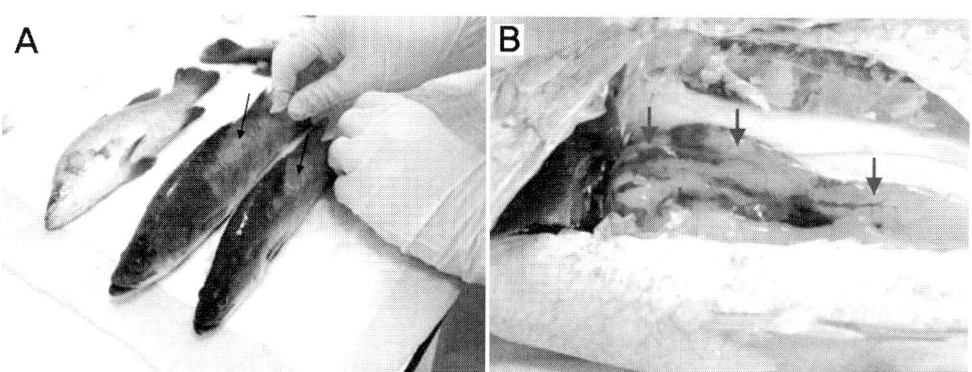

그림 1-42 **A:** 체색의 흑화와 체측 부분의 광범위한 비늘 탈락(화살표). **B:** 지방간(화살표).

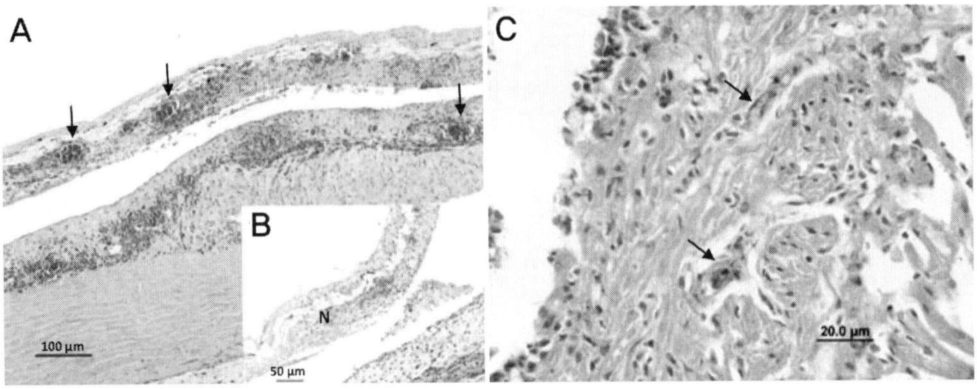

그림 1-43 **A:** 비늘 주머니 주변의 심한 혈관 주변염(화살표)에 의한 비늘의 탈락. **B:** 비늘주머니의 괴사(N). **C:** 심실의 관상동맥(화살표)의 괴사. HE.

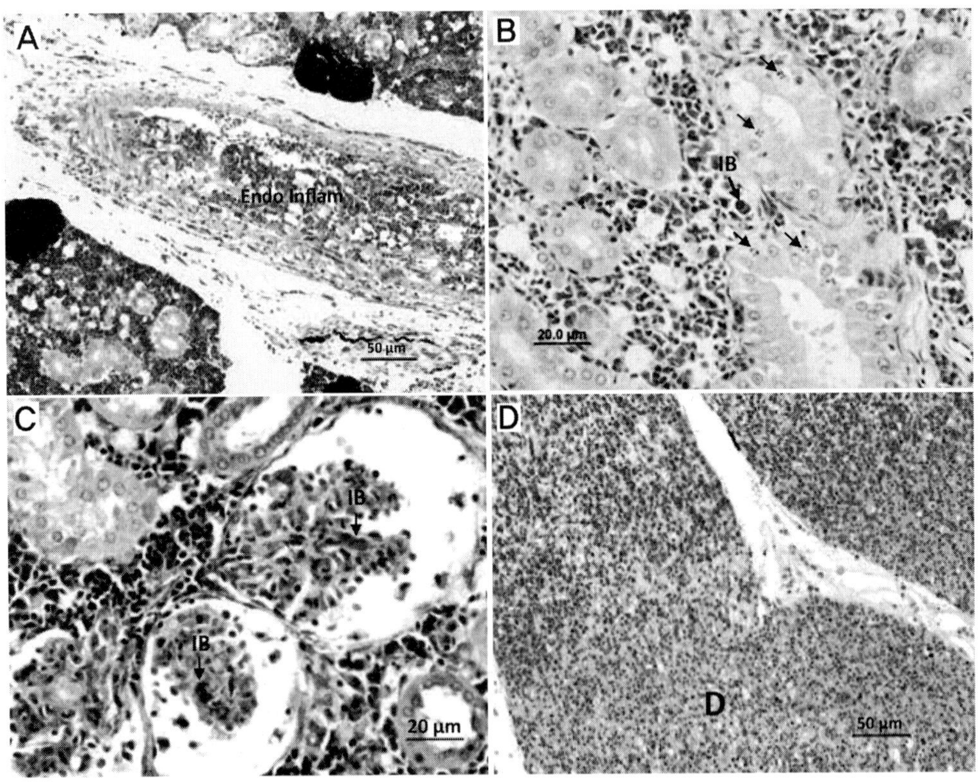

그림 1-44 **A:** 신장 동맥의 상피세포의 심한 염증(Endo inflam)에 의해 신장의 혈액공급이 장애를 받아 심한 괴사를 유발. **B:** 신장 간질의 세포질내 봉입체(IB)는 조혈조직 때문에 식별이 곤란하며, 세뇨관의 핵융해(화살표)는 상피세포가 표적세포라는 증거. **C:** 사구체내의 이리도바이러스 추정 호염기성 초자모양의 봉입체(IB). **D:** 맥락막의 공포변성(D). HE.

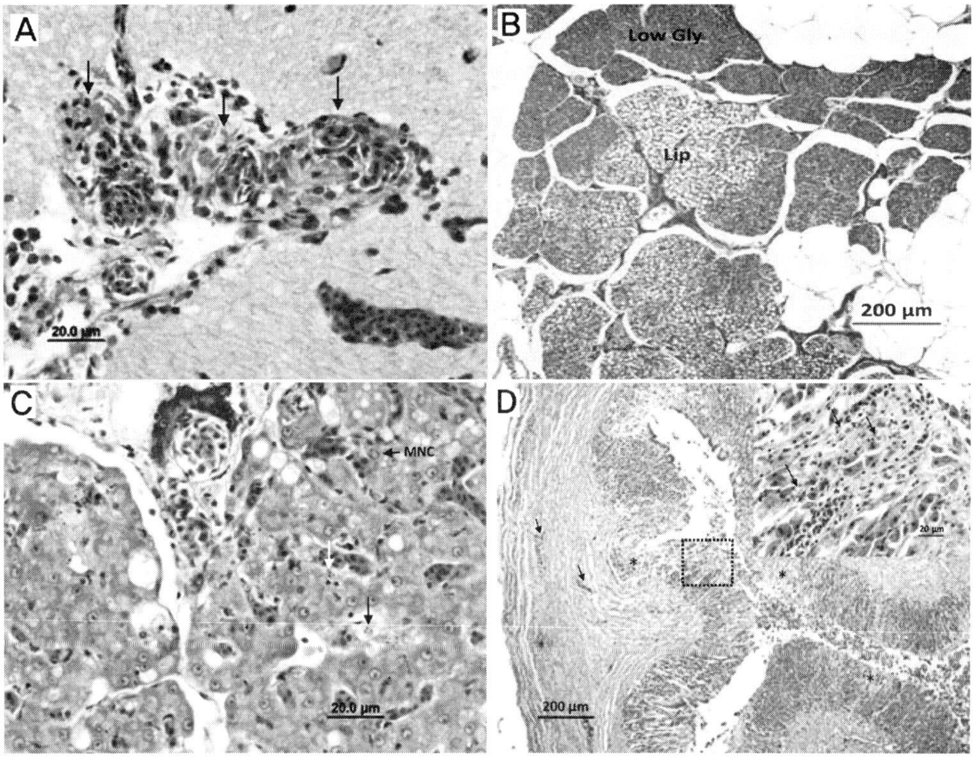

그림 1-45 **A:** 뇌의 혈관 주변염(화살표). **B:** 괴사세포의 증가에 의한 간장의 현저한 분엽화와 공포화를 특징으로 하는 지방간(Lip). 글리코겐의 감소에 의한 간세포의 호염기성의 농염(Low Gly). **C:** 간장의 핵 융해(화살표)와 핵막 과염(MNC). **D:** 혈관 주변염에 의한 위선의 괴사(*). 삽입(사각형 부분): 위선 점막상피의 괴사와 핵 융해(화살표).

SDS는 iridovirus 감염증과는 달리 색전에 의한 혈관염에 의해 조직이 괴사된다는 것이 가장 차이가 나는 점이다. 피부에서 혈관의 폐쇄는 비늘 주머니에 영향을 미쳐 비늘이 탈락하게 하는 것이 이 병의 가장 특징이라 할 수 있다. 또한 간장, 신장, 비장, 위 및 소화관에서의 핵융해는 병원체의 표적기관이 상피성 세포라는 것을 알 수 있다. 원인 바이러스는 형태적으로 iridovirus에 유사하지만 RSIV의 primer를 사용한 PCR에서 음성을 나타낸다.

병리학적으로 혈관염에 의한 괴사가 iridovirus와는 차이가 나는 특징적인 병리상이지만, 감염 세포의 핵막 과염상은 herpesvirus의 조직 변화와 매우 유사하다.

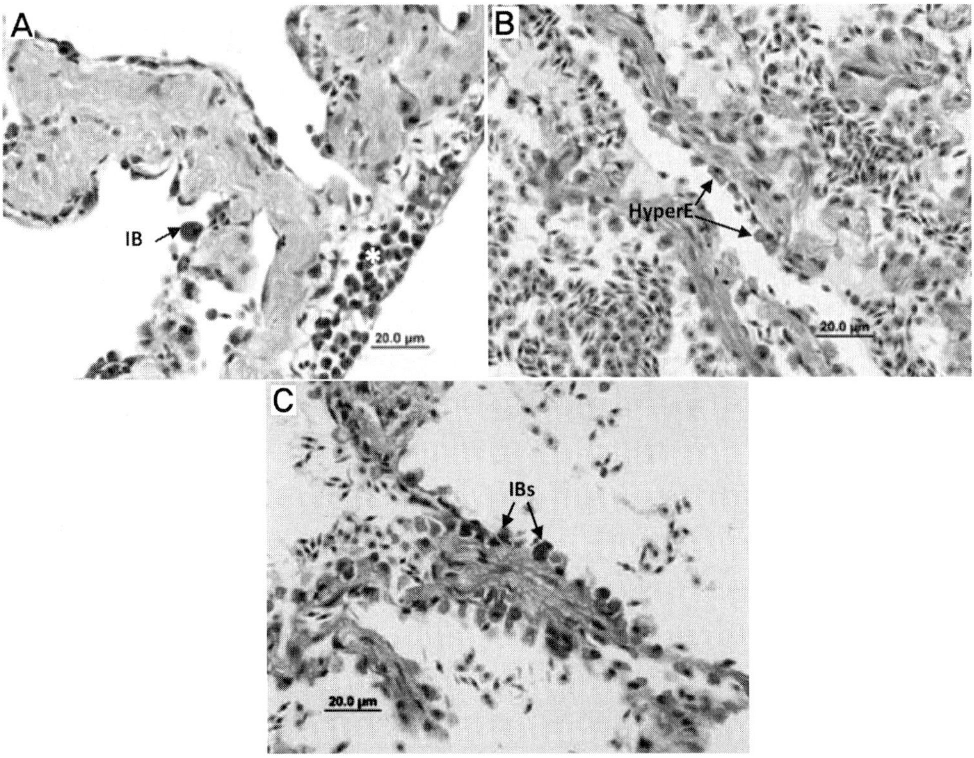

그림 1-46 심장은 조혈조직의 방해가 없음으로 봉입체의 확인이 용이한 기관임. **A:** 아급성 또는 만성이 심외막염(*)이 생긴 심장의 심내막에서 돌출하고 있는 종대된 호염기성의 세포질내 봉입체(IB). 비대된 심내막(B, HyperE)는 내피세포에 생긴 호염기성 봉입체(C, IBs)와 염색성으로 식별 가능. HE.

(2) 박대(*Cynoglossus semilaevis*)의 바이러스성 비장괴사병

박대에는 *Vibrio*와 *Photobacterium* 등의 세균병이 알려져 있지만 전신감염의 경우는 드물다. 바이러스성 비장괴사병에 감염된 박대는 외견상으로는 아무런 증상이 없고, 세균도 분리되지 않으며, 기생충도 발견되지 않으면서 치어 또는 성어에 상관없이 폐사율은 96%이상의 대량폐사가 초래된다.

해부해 보면 신장과 비장이 종대되어 있고, 비장과 신장에서는 흰색의 과립이 발견된다. 비장의 TEM 표본을 만들어 검경하면 비장의 과립구에 세포질 내에 바이러스 입자가 발견된다. 바이러스 입자는 거의 원형으로 직경은 30 nm정도이다. 바이러스의 모양으로 보면 Megalocytivirus와 유사하지만 쏘가리에 감염되는 바이러스는 직경이 150 nm인 반면, 박대는 30 nm로 큰 차이가 있다.

그림 1-47 **A:** 감염 박대의 내장. 신장과 비장의 종대 및 비장의 흰색 과립. **B:** 정상의 비장(좌측)과 감염 신장(우측). 병어의 신장은 종대되며 많은 흰색 과립의 존재가 특징임.

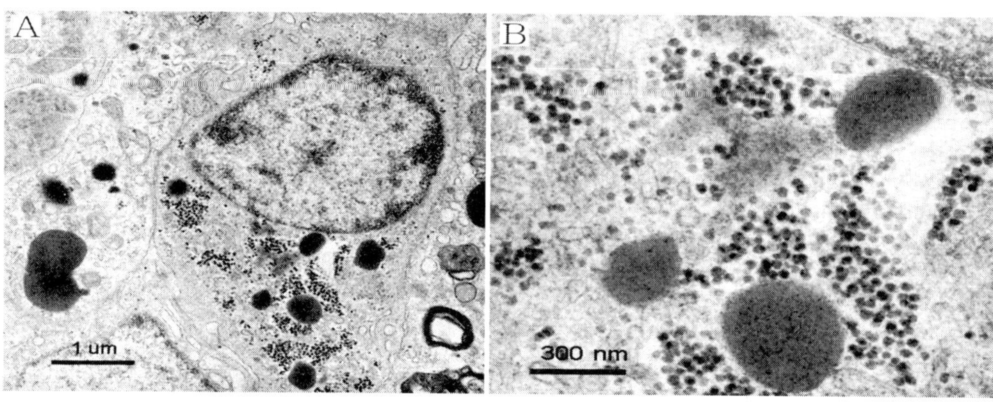

그림 1-48 **비장의 전자현미경의 저배율(A)과 고배율(B).** **A:** 비장의 과립구 세포질내의 바이러스 입자. **B:** 바이러스입자의 원형으로 직경은 30 nm.

2. RNA 바이러스병

1) Rhabdovirus

(1) 가물치의 유행성 궤양병(EUS)

유행성궤양병은 *Aphanomyces*에 의한 감염으로 담수어나 기수어에 육아종을 유발하는 질병이지만, 가물치의 경우에는 이 곰팡이이외에 rhabdovirus, *Aeromonas hydrophila* 등의 감염이 관여하고 있으며, 1차 원인이 무엇인지는 아직 명백하게 밝혀지지 않았다.

실험 감염에 의하면 수온이 20~22.5°C에서는 발병하지만 고수온인 28~32°C에서는 발병되지 않는다. 또한 고수온기에서는 바이러스의 분리도 불가능하다. 감염 초기에는 피부에 융기된 소형 적색 출혈 반점이 형성되고 이어서 융기환부가 붕괴되면서 궤양화된다. 감염 경로는 경구감염은 성립되지 않으며, 경피감염이 확인되었다. 또한 rhabovirus는 기본적으로는 가물치에 대한 병원성은 약하며, 저수온(20~22.5°C)이 발병과 관련이 있는 것으로 추정되고 있다.

그림 1-49 가물치의 유행성궤양병.

(2) Turbot의 VHS

수온이 14°C 이하일 때 빈발하여 급성 또는 만성으로 진행된다. 모든 연령의 turbot에 감염되지만 어린 개체일수록 감수성이 높으며, 일반적인 증상은 송어의 증상과 거의 비슷하다고 할 수 있다.

감염어는 체색 흑변, 아가미 빈혈, 복수, 안구돌출 및 회전 유영을 한다. 눈, 피부의 출혈이 생기며, 소화관의 점막하지방조직 및 근육에 출혈이 생긴다.

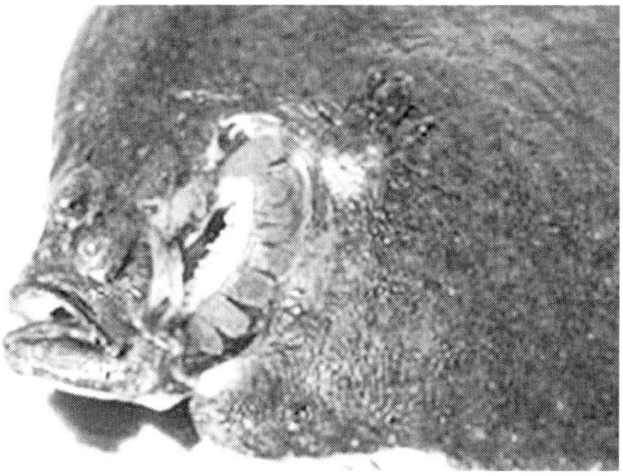

그림 1-50 **아가미의 출혈이 현저한 VHS 감염 turbot.**

(3) Zebrafish(*Danio rerio*)의 viral haemorrhagic septicemia (VHS)

감염 zebrafish의 증상은 무지개 송어나 연어의 증상과 매우 유사하다. 감염 개체는 방향성이 없는 이상 유영, 복부 팽만, 안구돌출, 안구 주변의 출혈이 관찰된다. 감염 zebrafish는 사망률이 높음에도 불구하고 조직학적 변화는 무지개송어의 VHS에 비해 현저하지 않다.

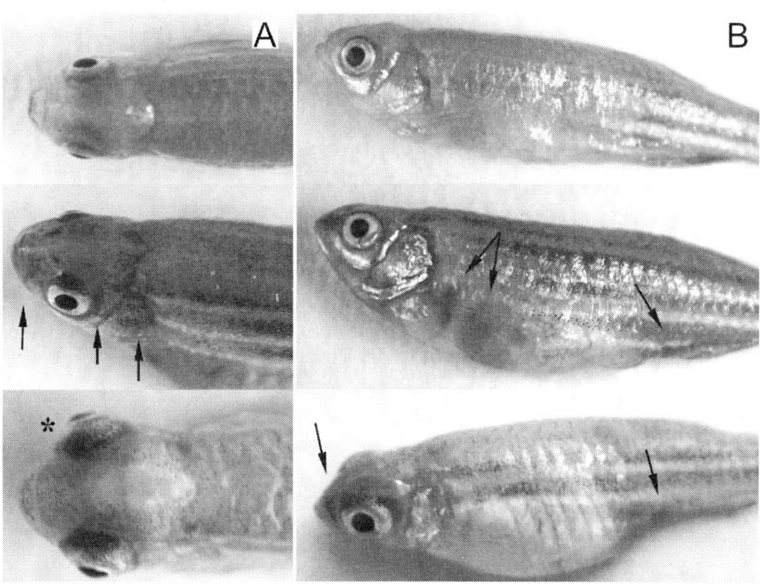

그림 1-51 **건강 개체(위)와 VHSV 감염 개체(중간 및 아래). A:** 두부, 입 및 아가미의 출혈(화살표)와 안구돌출(*). **B:** 복부 팽만, 지느러미 기부, 복부 및 항문 부근의 점상 출혈(화살표).

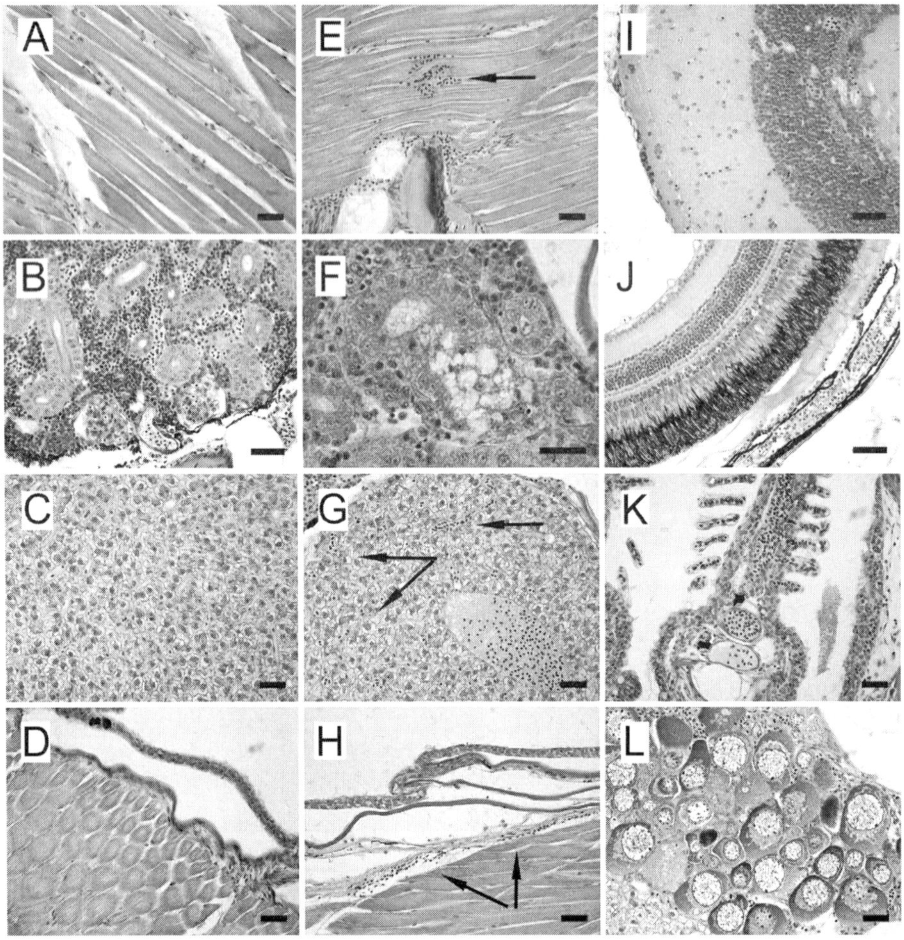

그림 1-52 **A-D:** 건강 개체의 근육, 신장, 간장 및 피부. **E:** 감염어의 근육. 복강 주사 1, 3, 5일 후에 적혈구의 집합체가 발견. **F:** 신장에는 변화가 없음. **G:** 접종 1~3일 후에 신장의 점상출혈(화살표). **H:** 접종 5일 후의 피부에 점상의 출혈(화살표). **I-L:** 뇌(I), 아가미(K)와 난세포(L)에는 변화 없음. HE. Bar=20 μm.

감염 1~3일 후에 간장과 근유에 소형의 출혈이 발견되며, 표피 아래에 적혈구의 집합체가 발견된다. 그러나 신장에서는 변화가 없지만 5일 후에는 핵농축 세포와 세뇨관의 괴사가 생긴다. 뇌, 눈, 아가미 및 비장과 난세포는 감염되지 않는다.

(4) 유럽산 뱀장어의 랩도바이러스 eel virus European X(EVEX)

어류의 바이러스성 질병의 발생은 항상 스트레스와 온도와 관련되어 있다. 뱀장어에 발병하는 바이러스성 질병은 *Anguillid herpesvirus* 1 (AngHV-1, Alloherpesvirus), Eel virus European(EVE, Birnavirus) 및 Eel virus European X (EVEX, Rhabdovirus)가 가장

빈번히 보고되는 바이러스성 질병이다. 랩도바이러스인 EVEX를 비롯한 뱀장어의 바이러스성 질병은 뱀장어의 산란회유에 영향을 끼쳐서 현재의 유럽산 뱀장어의 자원량 감소와 관련이 있는 것으로 추정되고 있다. EVEX에 감염된 유럽산 뱀장어는 산란 회유를 하는 동안 출혈과 빈혈의 증상이 발현되어 1000~1500 km 이동한 다음에 폐사하지만 미감염 개체는 5500 km를 회유하여 산란지에 도착하여 산란하는 것으로 알려져 있다. 특히 EVEX는 외관상 건강한 개체 또는 유두종을 가진 개체에서 종종 분리되고 있다. 특히 뱀장어를 수온 15°C에 사육하면 국산 뱀장어에서도 EVEX가 발병됨으로 발병과 수온은 밀접한 관계가 있음이 확인되었다.

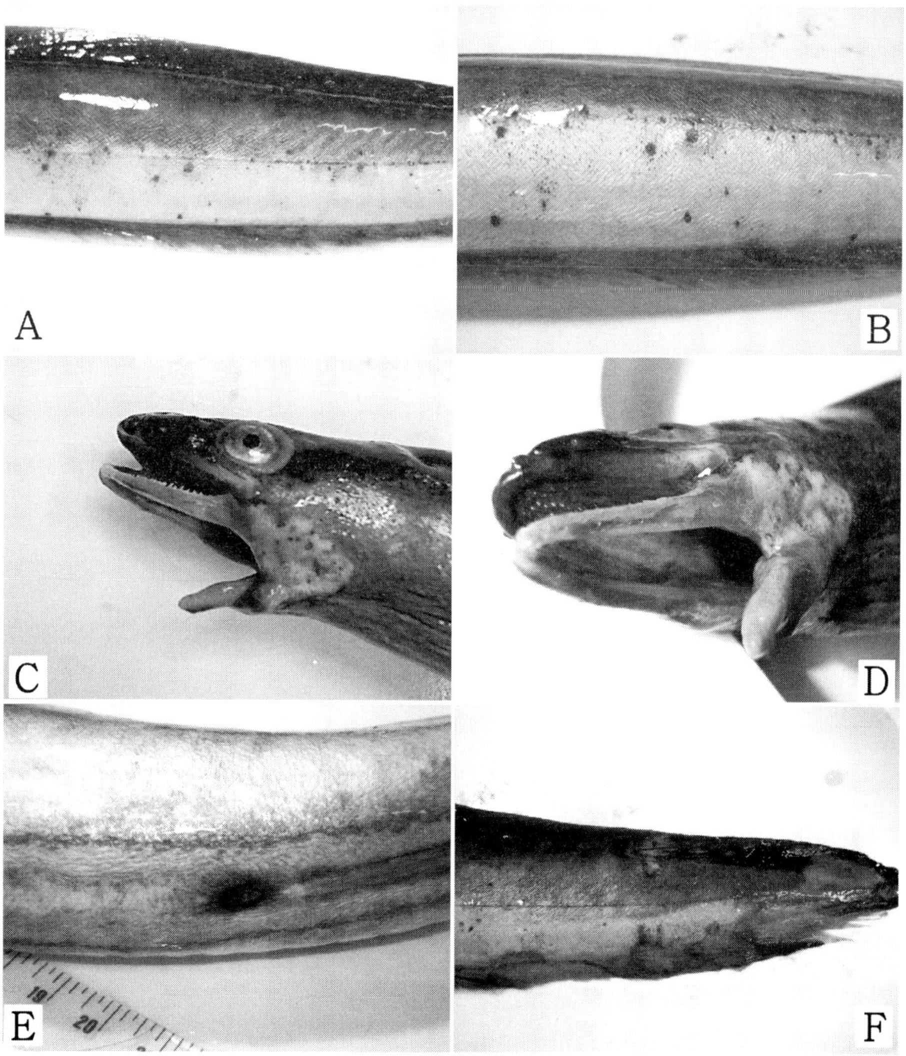

그림 1-53 유럽산 뱀장어의 랩도바이러스 EVEX(eel virus European X). **A-B:** 측선과 복부의 점상의 출혈 및 부식성 출혈 환부. **C-D:** 턱의 괴사와 출혈. **E:** 복부의 출혈성 적변(suffusion) 및 항문의 울혈. **F:** 점상 출혈을 동반한 꼬리지느러미의 괴사.

종묘생산용 친어 사육에 사용되고 있는 해수 수조에서 15.5˚C로 사육중인 자연산 뱀장어 71~950 g를 수조에 사육하기 위하여 수조에 넣은 7일 후에 증상이 나타나기 시작하여 4개월간 지속되었다. 병어의 증상은 무기력하며, 측선, 피부 및 두부에 출혈성 환부가 형성되는 것이 대부분이다.

병어는 모두 피부에 점상의 출혈이 있고 때로는 측선, 지느러미 및 두부에 출혈을 동반한 부식성의 환부가 형성되며, 또한 개체에 따라서는 결절성 또는 궤양성의 환부가 형성되기도 한다. 안구돌출이 생기는 개체는 없으며 꼬리의 괴사와 턱의 부드러운 조직을 포함한 두부의 앞부분에 심한 괴사가 생기지만 내장기관에는 이상이 없는 것이 일반적이다. 어류의 병원체로서는 기생충과 비장에서 *Pseudomonas putita*가 분리되기도 한다.

분자생물학적 방법으로 조직에서 RNA를 추출한 다음 추출한 RNA는 50 μl의 RNase-free 순수에 용해시킨 다음 RT PCR을 실시한다. c-DNA의 합성은 25˚C 10분간 배양한 다음 37˚C 120분, 최종으로 85˚C에 5분간 배양하여 신장시킨다. PCR 반응은 EVEX의 L-gene을 표적으로 하는 primer인 EVEX.F04 (5'-GGA CAA GGA GAG GAT GAT TAC GA-3')와 EVEX.R04 (5′-AAA TTG TCC CAT GAC TCT GAA CAC-3′)를 사용하여 증폭시키면 120 bp의 특이밴드가 형성된다. PCR의 반응조건은 50˚C 2분, 40사이클(95˚C 15sec; 60˚C 30sec)반응시킨다.

친어 사육 중에 발병한 이유는 체포, 수송 등의 스트레스가 수조에 방양한 다음에 또 다른 발병 요인인 15˚C의 수온과 관련하여 발병한 것으로 추정된다. 스트레스에 의한 증거로서 기회성 병원체인 *Pseudomonas putida*가 분리되는 것이 좋은 증거라 할 수 있다.

2) Nodavirus

(1) 틸라피아의 VER

부화 직후부터 7일 이내에 부화조의 표층에 부유하거나 이상 유영을 한다. 병리조직학적으로는 소뇌, 후구, 척색 및 안구의 망막에 병변이 초래된다. 즉 이 들 기관에 핵농축 핵융해를 동반한 세포질내의 공포가 확인되며 특히 후구에서 세포가 붕괴를 특징으로 하는 병변이 가장 현저하지만 신경교세포의 변화는 거의 없다. 망막에서는 내외과립층의 공포화가 현저하며, 척색도 변성을 동반한 공포화가 현저하다. 이러한 세포질내의 공포화는 간세포에서도 관찰되지만 세포의 괴사나 염증반응은 일어나지 않는다.

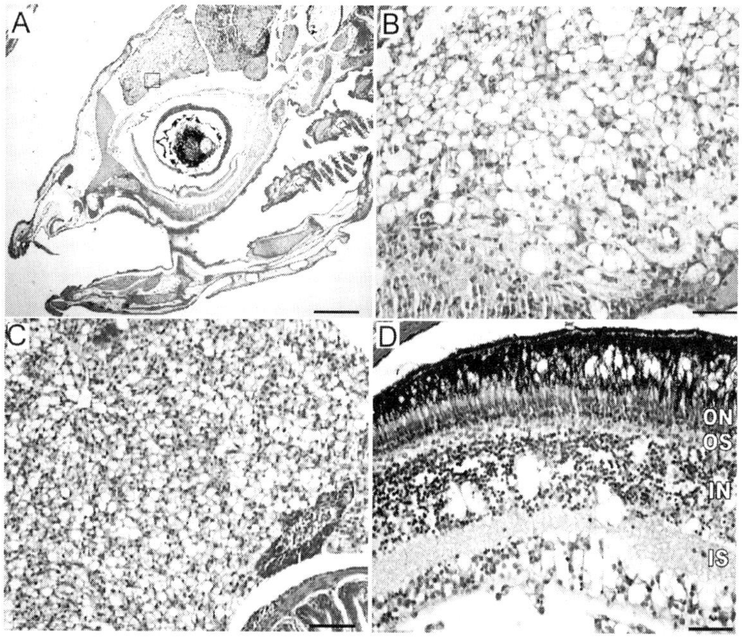

그림 1-54 **A:** 뇌의 공포화. **B:** A의 확대도. 소뇌의 공포화. **C:** 간장의 심한 공포화. **D:** 망막의 뇌과립층(IN)과 내망상층(IS)의 공포화. **ON**: 외과립층, **OS**: 외망상층. HE. Bar=400 μm(A), 40 μm(B&D), 160 μm(C).

(2) 종묘생산 옥돔(*Branchiostegus japonicus*)의 VER

옥돔은 참돔 및 넙치에 버금가는 고급어종으로 온수성의 저서성 어류이다. 종묘생산은 체중 1 kg 정도의 암컷에 HCG (human chorionic gonadotropin)을 300 IU 정도로 등쪽의 근육에 주사하여 성숙을 유도한다. 채란한 난은 자연산 수컷에서 채정한 정자와 매정하여 수정난을 만든다. 이 때 채취한 정액은 인공정장에 넣어 냉장 보관하면서 72시간 이내의 것만을 사용한다.

수정란은 100 L의 수조에 자외선(量1×10^5 mw·sec/cm^2)을 조사한 해수를 넣은 수조에 넣고 떠오르는 난 만을 500 KL의 부화조에 0.9~2.8만립/KL 수용하지만 현재는 대부분이 수정란을 직접 부화조에 0.3~3.5만립/KL의 밀도로 수용하여 부화시킨다.

부화 자어는 S형 윤충을 3일령부터, L형 윤충은 부화 12일부터 급이하면서 그 후부터는 성장에 맞추어 *Artemia*유생 또는 시판의 냉동 copepoda유생(*Apocyclops royi*), *Neomysis intermedia* 또는 *Plesionika semilaevis*의 민치한 육질을 투여하면서 최종적으로 배합사료로 전환한다. 사육수온은 20~23°C로 조정하여 부화 후 43~75일령 (전장 19~59 mm)에 도달하면 방류할 때까지 별도의 수조에 옮겨 배합사료를 투여하면서 수온을 20°C에서 16°C에서 다시 12°C로 낮추어 사육한다.

발병은 부화 49~52일령(전장 20 mm)로 성장한 것을 방류할 때까지 육성하는 과정에 발생한다. 병어는 수면 부근이나 바닥에 회전유영 등의 이상유영을 하다가 폐사하게 된다.

병리조직학적으로는 뇌에 VER의 특징인 공포변성이 확인되며 E-11을 이용한 세포배양에서는 눈과 뇌에서 고농도의 CPE가 나타난다.

예방대책으로는 친어를 PCR로 조사하여 음성인 것을 확인한 다음 채란하여 전해질 분해해수(전해옥시더트 약 0.5 mg/l)에 1분간 수정란을 세척한 다음 전해질처리 해수로 사육하면 바이러스는 검출되지 않는다.

3) Birnavirus

(1) 뱀장어의 Birnavirus 감염 EVE(eel virus European, 새신염)

폐사어 및 빈사어는 아가미가 종창되어 암적색을 띄고 점액분비가 많은 것 이외에 뚜렷한 증상은 없다. 병리조직학적으로는 아가미의 새박판의 주로 끝부분이 상피세포가 증생되기 시작하여 인접의 새박판이 유착되어 새박판 전체 또는 새변이 곤봉화된다. 이러한 새박판의 유착이 일어나는 동안 새박판의 뒤틀리는 현상이 흔히 발생한다.

완전히 곤봉화된 새변에서는 새박판 사이에 빈 공간이 형성되고, 그 속에는 세포 또는 세포의 붕괴물이 들어 있다. 증생된 상피세포층에는 림프구의 현저한 침윤, 출혈 또는 새박판의 부종이 생기는 수도 있다.

신장은 세뇨관의 상피세포의 혼탁종창 및 초자적변성이 뚜렷하다. 초자방울이 클 때는 상피세포가 종창되어 관공이 폐쇄되는 경우도 있다. 그러나 상피세포의 핵에는 변화가 없으며, 상피세포가 괴사 붕괴되는 경우도 없다. 이러한 세뇨관의 변화는 일부의 세뇨관에만 발생하며, 나머지는 대부분 정상으로 남아 있는 경우가 대부분이다.

사구체는 종창되며, 기저막이 비후되며, 내피세포와 상피세포도 종대되며, 모세혈관의 내외에 호산성의 방울모양의 입자가 들어있는 경우도 있다. 반대로 사구체가 위축되어 보우만 주머니에는 박리된 상피세포, 혈구 및 단백질 모양의 물질이 출현하는 경우가 많다. 이러한 사구체의 변화도 세뇨관과 마찬가지로 일부만 변화가 있고 나머지는 정상인 경우가 많다. 그러나 신장의 조혈조직에는 변화가 없다.

병리학적으로는 아가미에 우선 병변이 생기고 이어서 신장에 변화가 생기는 경향으로, 아가미의 변화가 심한 경우에도 신장은 전혀 변화가 없는 경우도 많다.

그 외 간장에는 심한 울혈이 생기며, 혈관주변에는 림프구의 침윤이 생기는 경우가 많지만, 이병의 특징적인 변화는 아니다. 소화관과 심장에는 변화가 없다.

병어는 혈장의 Cl^-가 현저히 감소하는 것이 특징임으로 수온을 30°C 정도로 올린다음 식염을 0.6~0.8% 첨가하면 폐사가 중지하는 방법이 사용되고 있다. 식염을 첨가하면 저하된 혈장의 Cl^-가 급속히 회복될 뿐만 아니라 증가된 혈당치와 혈청단백질의 농도가 정상으로 회복됨으로 현재로서는 가장 유효한 방법이라 할 수 있다.

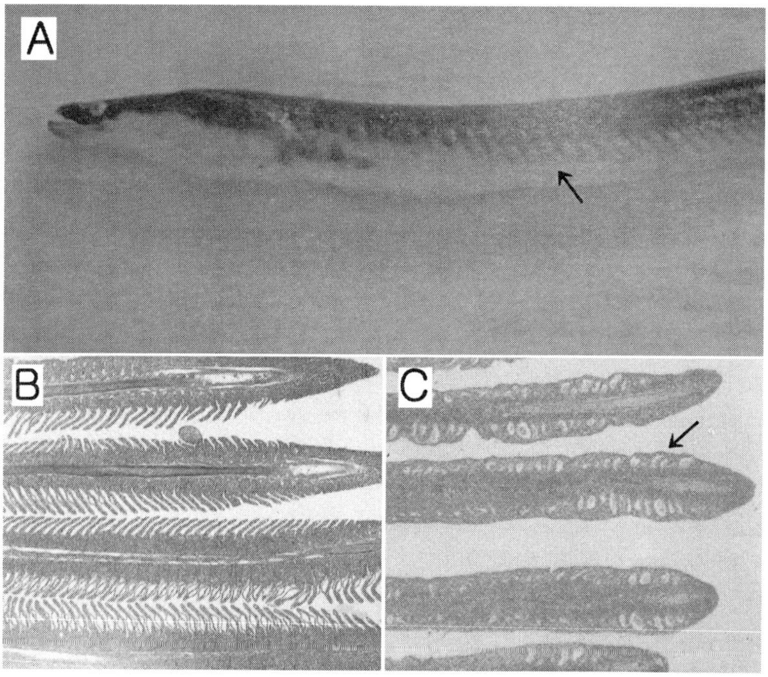

그림 1-55 **A:** 간장 부분을 제외한 복부가 줄어들고, 체측의 근절이 명확하게 부풀어 돌출(화살표). **B:** 감염 초기는 2차 새변의 끝부분이 증생하여 비후되면서 새변의 유착 및 곤봉화로 진행됨. **C**: 증생된 새변의 2차 새변과 2차 새변 사이에 형성된 빈공간(화살표).

(2) 대서양 연어의 IPN

담수에서 종묘생산하여 사육중인 대서양 연어의 치어는 먹이를 투여하기 시작한 3~4주 후부터 발생하기 시작하며 사망률은 사육밀도에 따라 다르긴 하지만 90% 이상이다. 증상은 담수 양식 무지개송어와 마찬가지로 감염어는 체색의 흑화, 수조 표면에서 유영, 옆으로 드러눕거나, 호흡이 빨라진다(hyperventilating).

조직학적으로는 소화관의 점막상피과 간의 괴사를 동반한 췌장의 외분비부의 심한 괴사를 특징으로 한다. 췌장의 내분비부와 지방조직은 온전하게 남아있는 것이 보통이다.

자어가 먹이에 적응하여 점차적으로 성장한 치어는 IPN에 대한 저항성이 증가하여 폭발적인 발병은 없지만 성장함에 따라 감염되어도 사망률이 감소하여 10~20%의 폐사가 발생한다. 이때는 체색흑화, 회전유영과 드러눕는 유영하거나 머리를 위로하는 이상유영 및 호흡수가 빨라지는 특징적인 증상이 나타난다.

폐사어는 모두 복부의 앞쪽 부분이 부풀어 올라 있고, 가슴지느러미 주변의 모세혈관의 확장, 등지느러미의 부식 및 항문이 돌출되어 있다. 간장에서의 변화는 항상 일어나는데 엷은 노란색을 띄면서 종대되어 쉽게 붕괴된다. 장은 점막의 박리에 의해 흰색 또는 노란색의 물질로 채워진다.

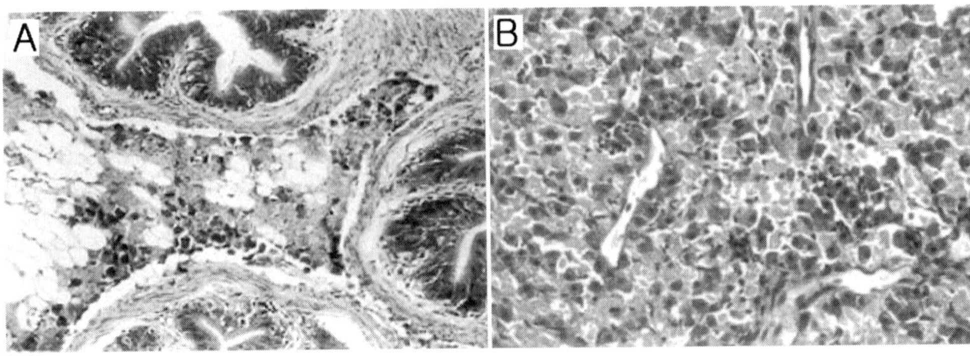

그림 1-56 담수 사육 자어기의 급성 IPN. A: 먹이 순치기의 IPN. 췌장 외분비부는 붕괴되지만 내분비부와 지방조직은 온전. **B:** 간장의 광범위한 괴사. HE.

병리조직학적으로는 바이러스성 급성으로 광범위한 췌장의 외분비부의 괴사가 유발되어, 괴사 부분은 HE 염색에 엷게 염색되는 곳에 붕괴된 핵이 진하게 염색되게 된다. 간장도 괴사되어 염증세포의 침윤을 유발하지만 이것보다 더 특징적은 것은 간장의 구조가 소실되는 것이라 할 수 있다. 대서양연어의 간장의 구조가 심하게 붕괴되는 것은 무지개송어에서는 간장에서 변화가 거의 없는 것과는 커다란 차이점이라 할 수 있다. 소화관도 감염되어 상피세포가 박리되어 소위 카타르성 물질이 소화관의 관공 내에 형성되지만, 보통은 소화관이 온전하게 남아 있는 경우도 많다. 그러나 유문수에는 항상 점막에 국소적 괴사가 생겨, 박리되어 관공으로 떨어져 나와 관공 내에서 강호산성의 초자성으로 염색된다. 이것은 매우 독특한 변화로서 예정세포사를 일으킨 상피세포가 기저막으로부터 박리되어 떨어져 나온 것으로 McKnight cell이라고 부르고 있다. McKnight cell은 급성의 IPN에서는 자주 발견되지만 치어기에는 점차 그 검출 빈도가 줄어들게 된다.

이 단계에서 생존한 개체는 두 가지 형태의 성장을 나타낸다. 즉, 하나는 비교적 잘 자라기 시작하지만 성장의 상태는 불량하여 여위며, 체색이 검거나 복부가 종대되어 있다. 이처럼 여윈 어류는 해부하여 보면 체지방이 감소되어 있고, 조직학적으로는 췌장의 외분비조직이 완전히 소실되어 있다는 것을 알 수 있다.

또 다른 형태는 해수에 옮길 크기까지 잘 성장하는 것처럼 보인다. 그러나 해수에 옮기면 48시간 이내에 죽거나 수주 동안 비실거린 다음 폐사한다. 이러한 어류는 먹이를 먹는 것처럼 보이지만 곧 뱉어버리는데 이는 만성 췌장병에 감염된 개체에서는 항상 관찰되는 현상이다.

폐사어는 장에 소화되지 않은 먹이가 축적되어 심하게 확장되어 있고, 췌장 외분비부도 덜 괴사되어 있으며, 체지방의 함량도 많다. 살아남은 개체는 장에 먹이가 축적되기 때문에 정상에 비해 7~8배 더 확장되며, 융모의 높이가 낮아지며, 근육층의 두께가 매우 줄어들어 있다.

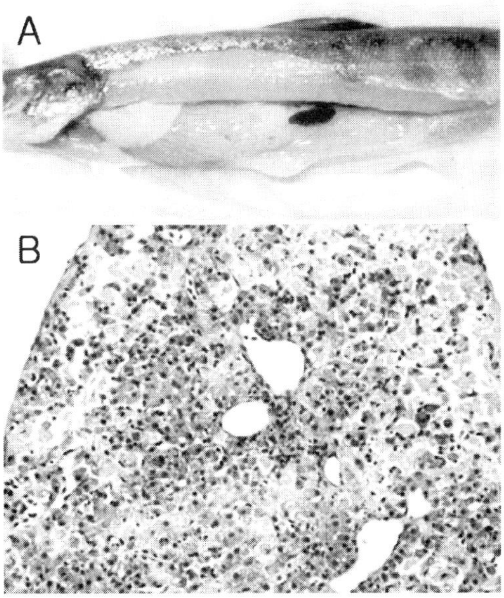

그림 1-57 해수로 옮기기 전의 담수 사육 치어의 급성 IPN. A: 간장의 퇴색과 빈혈성의 췌장의 점상 출혈. **B:** 간장의 구조의 붕괴. 자어기보다 간장의 붕괴가 현저한 것이 특징적임. HE.

연어 치어를 해수로 옮겨 사육하는 것은 연어에게는 심한 스트레스 요인으로 작용한다. 해수 환경에 적응하기 위해서는 스테로이드호르몬의 양이 증가하게 됨으로 어류는 취급에 따른 스트레스나 절창병과 같은 세균성에 대한 감수성이 증가하게 된다. 담수에서 발병한 다음 치유된 어류는 해수에 사육하면 다시는 발생하지 않는 경향이지만, 담수에서 발병되지 않은 개체도 해수에 옮기면 옮긴 3개월 후에 폐사가 발생하게 되는데 이것을 3 m(3-month post transfer)라고 한다. 3 m의 폐사는 돌발적으로 해수에서는 옮긴 2~3개월 후에 발병하며 폐사율은 50% 이상인 경우도 있지만 대개 10~25% 정도이다.

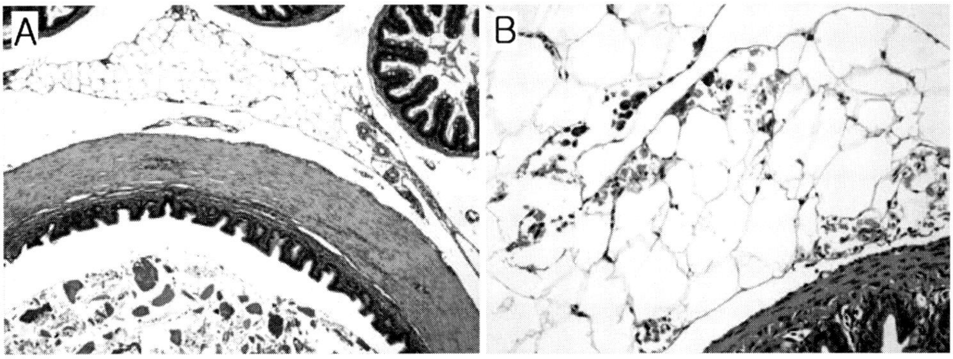

그림 1-58 A: 해수로 옮기기 전의 치어의 확대된 장. 먹이의 축적, 융털의 높이 감소 및 췌장의 괴사. **B:** 무감염 치어를 해수 사육 3개월 후의 IPN(3 m). 간췌장의 완전한 붕괴. HE.

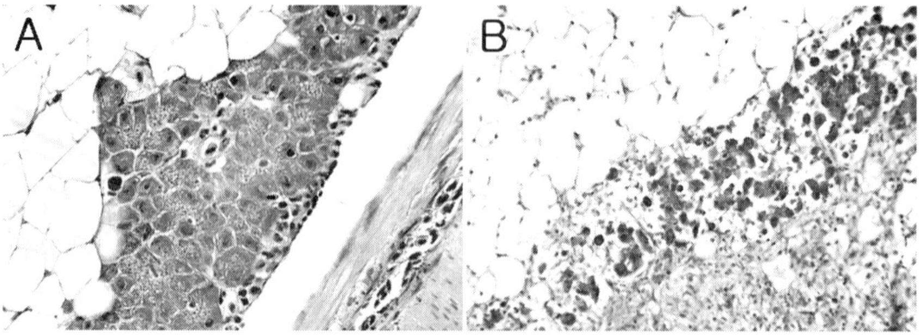

그림 1-59 **A:** 해수 사육 대서양 연어의 IPN감염 초기의 췌장 외분비의 핵농축. **B:** 췌장 외분비부의 급성괴사, 완전히 붕괴되어 호산성의 초자성의 형태.

발병어는 먹이를 먹지 않고 체색이 은색으로 되며 머리를 위로하고 이상 유영을 하다가 폐사한다. 폐사어의 가장 뚜렷한 증상은 복부 앞쪽의 종대 및 항문이 부종이다. 내부 증상은 퇴색되어 부스러지기 쉬운 간장과 유문수위에 핑크색의 반점이 생성되는 것을 제외하면 거의 정상이다. 그러나 장의 조직표본에서는 먹이가 없는 장의 내부에 소위 카타르성축적물이 축적되는 것은 보통이다.

조직학적으로는 담수에서의 치어기의 상태와 유사하지만 더욱 심한 것이 보통이다. 특히 간장에 국소적으로 심한 괴사가 생기며, 신장 조혈조직에서도 괴사소가 발견된다. 췌장의 외분비부는 광범위하게 괴사되어, 진한 핵 붕괴물을 가진 세포 부스러기가 대부분을 차지하게 되는 것이 뚜렷한 특징이라 할 수 있다.

장은 점막상피가 소실되거나 온전한데, 온전한 경우에는 점막에서 떨어져 나오는 많은 McKnight cell이 발견된다. McKnight cell은 IPN 감염의 특징으로 점막상피세포가 예정세포사를 일으킨 것이다. McKnight cell은 조직학적으로는 세포성 또는 무세포성의 congery의 혼합물로서 소화관 관공을 전체를 채우고 있다. IPN 감염 후 생존한 개체의 췌장 외분비부는 섬유성으로 대체된다.

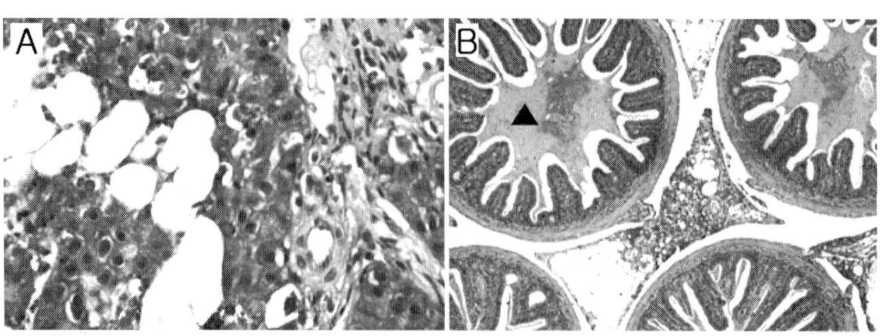

그림 1-60 **해수 사육 IPN. A:** 3 m의 IPN. 반월형의 halo를 가진 농축 핵이 특징적임. **B:** 유문수의 관공내에 McKnight cell(▲)이 존재. HE.

4) Togavirus

(1) 송어류의 EIBS(viral erythrocytic inclusion body syndrome)

EIBS(viral erythrocytic inclusion body syndrome)는 1982년 미국에서 처음 발생하였으며, 인공 감염 실험의 결과 감염(incubation), 봉입체 형성(inclusion body formation), 세포 융해(cell lysis), 회복(recovery) 및 정상 회복(return to normal)의 5단계가 존재한다는 것이 확인되었다. 또한 EIBS는 수온과 밀접한 관계가 있어 수온이 오르면 질병의 진행이 빨라지지만 심각도는 감소한다.

증상은 경미한 것에서부터 심각한 상태 등 매우 다양하며 때로는 BKD, 냉수병 및 진균병 등과 혼합감염되어 있는 경우가 대부분이다.

가장 손쉬운 진단법은 혈액의 도말표본을 만들어 Giemsa염색한 다음 현미경으로 검경하여 적혈구의 세포질 내에 특징적인 호염기성의 봉입체가 존재하는 것을 확인하면 된다. 또 다른 방법으로 pinacyanol chloride염색하면 봉입체는 자주색으로 염색된다.

혈액도말표본은 공기 중에서 건조한 다음 무수 메탄올로 고정한 다음 Giemsa염색하여 광학현미경으로 검경한다. 혈액의 전자현미경표본은 원심관에 넣어 12,500g에 5분간 원심하여 혈청을 제거한 다음 pellet을 2.5% 글루탈알데하이드에 30분간 고정한다. 그 후 원심관에서 꺼내어 새로운 글루탈알데하이드액에 넣어 4˚C에서 24시간 고정한다.

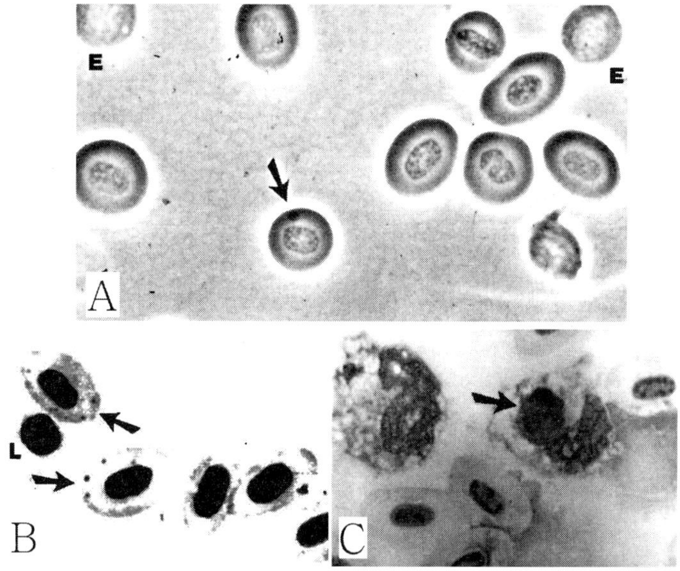

그림 1-61 **A:** 무염색 혈액의 위상차 검경. EIBS봉입체(화살표) 및 적아구(E). **B:** Giemsa염색 도말표본. 세포질내에 산재된 소형의 봉입체(화살표) 및 림프구(L). **C:** Giemsa염색 도말표보 내의 2개 마크로파아지. 변성된 핵(화살표)을 탐식하고 있는 마크로파아지(화살표).

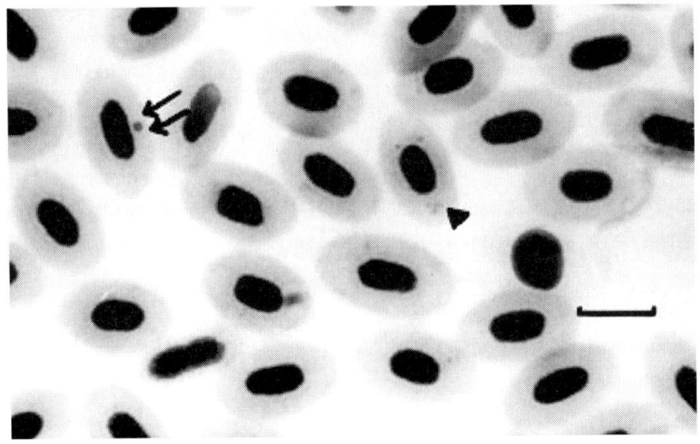

그림 1-62 **Pinacyanol chloride염색 말초혈액.** 적혈구의 세포질내의 봉입체는 1개의 대형(Type A)와 여러 개의 소형(Type B)가 존재. Bar=10 μm.

말초혈액의 무염색 표본을 위상차현미경으로 검경하면 세포질내의 봉입체가 쉽게 확인된다. 이때 미토콘드리아는 가늘고 길게 늘어난 형태의 막대기 모양으로 보이며, 때로는 봉입체처럼 원형으로 보이는 경우도 있지만 일반적으로 봉입체에 비해 크기가 작다.

Giemsa염색 표본을 위상차현미경으로 검경하면 세포질내 봉입체가 더 적게 보이는 수가 있는데 이는 도말표본을 만드는 과정에서 적혈구가 붕괴되거나 파괴되었기 때문으로 실제의 검출률보다 낮은 것이 보통이다. Giemsa염색표본에서는 항상 직경 1~2 μm인 1개의 엷은 푸른색(호염기성)의 봉입체가 발견되지만, 때로는 직경이 0.5~1.0 μm인 소형의 봉입체가 여러 개 흩어져서 발견되는 경우도 있다. 봉입체가 발견되는 적혈구는 방추형, 2분엽의 핵 또는 핵의 분절화 등이 생기며 대부분이 미숙세포인 것으로 추정된다. 봉입체가 거의 발견되지 않는 어류는 미숙의 적혈구의 숫자가 많은데 이는 감염에서 회복된 것으로 생각된다. 감염 개체에서 적혈구는 변성이 생기는 것이 일반적인 현상으로 세포질의 공포화, 핵의 종대 또는 농축이 생긴다. 호중구는 핵의 분절화가 더욱 현저해지며, 마크로파아지의 세포질에는 세포 잔해가 들어있을 때도 있다.

대책으로서는 지하수를 사용하여 수온을 13˚C 보다 높게 유지하면 폐사가 중지되면서 회복되는 개체수가 증가하게 된다.

5) Totivirus

(1) 연어류의 cardiomyopathy syndrome(CMS)

Piscine myocarditis virus(PMCV)라는 RNA 바이러스의 Totivirus의 감염에 의한 것

으로, 감염어는 일반적으로 외부 증상이 없지만, 말기에는 무기력, 복부 팽만, 안구돌출이 생긴다. 내부증상은 섬유성 복막염복수 내장 기관의 점상출혈 및 간장과 신장 표면 또는 주변에 혈액이 응고되어 있다. 병리조직학적으로는 심장의 심방과 심실의 스펀지층의 변성과 응고 괴사, 림프구와 마크로파아지의 침윤 및 심내막의 증식을 특징으로 한다.

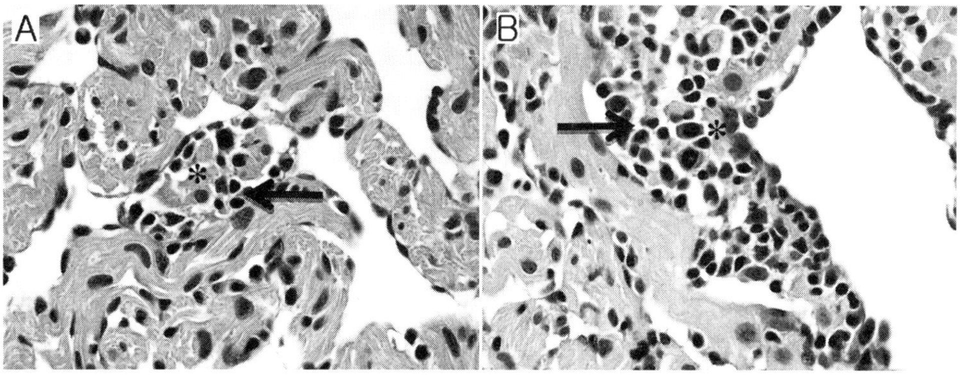

그림 1-63 **A:** 심방의 근섬유의 변성과 림프구의 침윤 국소. **B:** 근섬유(*)의 변성과 괴사 및 림프구와 마크로파아지의 주체로 한 염증세포의 침윤. HE.

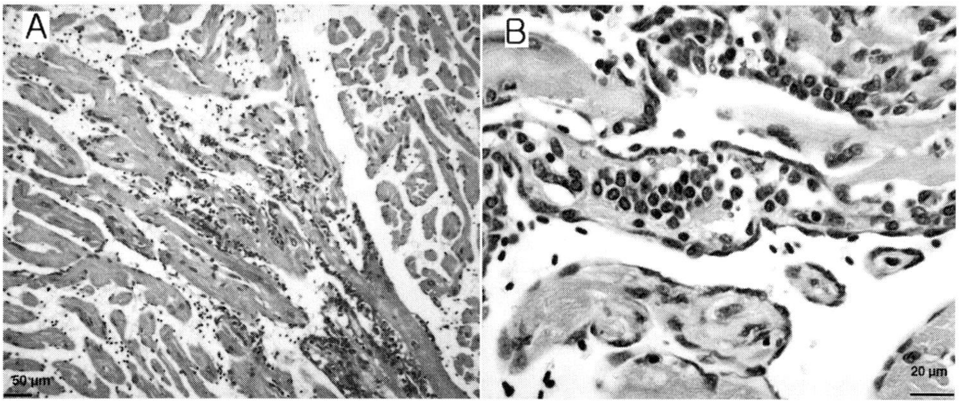

그림 1-64 **심실의 스펀지층에 심근섬유의 변성과 마크로파아지 및 림프구의 침윤. B**는 **A**의 확대도. HE.

6) Reovirus

(1) 해수 양식 연어 및 송어의 heart and skeletal muscle inflammation (HSMI)

담수에서 인공 종묘생산한 치어를 해수에 이송하여 사육하면 해수 사육 5~9개월 후에 발생하며, 해수 사육 첫해에 많이 발생하며 사망률은 약 20% 정도 된다. 최근에는 연어류 이외의 great silver smelt (*Argentina silus*), capelin (*Mallotus villosus*), Atlantic horse mackerel (*Trachurus trachurus*), 및 Atlantic herring (*Clupea harengus*) 등의 해산어에서도 발병되고 있다.

해부하여 보면 순환장애가 있음을 알 수 있으며, 위심강에 혈액이 응고되어 있는 것이 가장 공통적인 특징이다. 때로는 복수, 노란색 또는 갈색의 간장, 신장 비대 및 지방조직에 점상의 출혈 및 심장의 표면에 섬유성의 피막이 생기기도 한다.

그 외의 장기에서의 변화는 경미한 편으로 췌장에는 변화가 없으며, 신장, 비장 및 아가미에는 국소적 출혈과 적혈구의 축적이 관찰된다. 비장의 실질에는 psuedolobuation현상이 생기며, 이러한 곳에는 호산성의 초자성 물질을 가지고 있는 마크로파아지가 발견된다.

병리조직학적으로 심장은 단구의 현저한 침윤을 특징으로 하는 외막염이 현저한 것이다. 심외막에 섬유상의 물질이 침착하기도 한다. 심장 중에서도 심방의 변화가 가장 현저하여 심방의 스펀지층과 치밀층에 마크로파아지, 림프구 및 형질세포로 구성된 단핵구의 침윤이 현저한 것이 가장 특징적이다. 침윤한 염증세포는 근섬유의 사이 또는 주변에 산재 또는 국소적으로 분포하는데, 치밀층에서 가장 뚜렷하다.

감염된 심근세포는 위축, 호산성의 증가 및 층상 구조의 소실, 공포 및 핵의 중심화 등의 변성이 생기며, 핵농축 및 핵융해를 일으키는 근세도 있다. 때로는 스펀지층의 근세포에서는 핵비대가 발견되기도 한다.

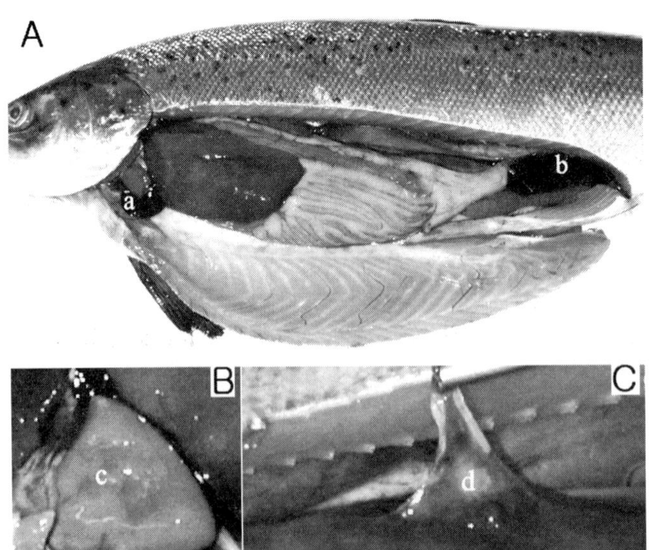

그림 1-65 감염 대서양 연어. A: 심장이 퇴색되고 심외막에 출혈. **B:** 퇴색 간장의 확대. **C:** 심장의 표면에 섬유성의 피막. a: haemopericardium, b: spleen, c: heart, d: fibrinous layer.

중간 정도의 심근에 변화를 초래하는 어류에서는 골격근에 이상은 없다. 그러나 심한 심근에 변화가 있는 어류는 골격근 섬유 내부 또는 사이에 단핵구의 침윤을 주체로 하는 염증세포의 침윤이 현저하게 되고, 골격근 세포의 공포화, 호산성의 증가 및 층상구조의 소실 등의 변화가 생긴다. 그러나 피부나 비늘에는 변화가 없다.

심근에 심한 변화가 초래되는 어류에서만 간세포에 여러 개소의 괴사소가 형성된다. 괴사소는 크기와 형태의 변화가 많고, 감염된 간세포는 공포화, 핵농축 및 핵융해를 일으킨다. 괴사소에서는 간세포의 탐식현상도 있지만 현저한 세포 반응이 없는 것이 일반적이다.

HSMI의 증상은 PD(pancreatic disease)와 CMS(cardiomyopathy syndrome)과 유사하기 때문에 식별이 곤란하다.

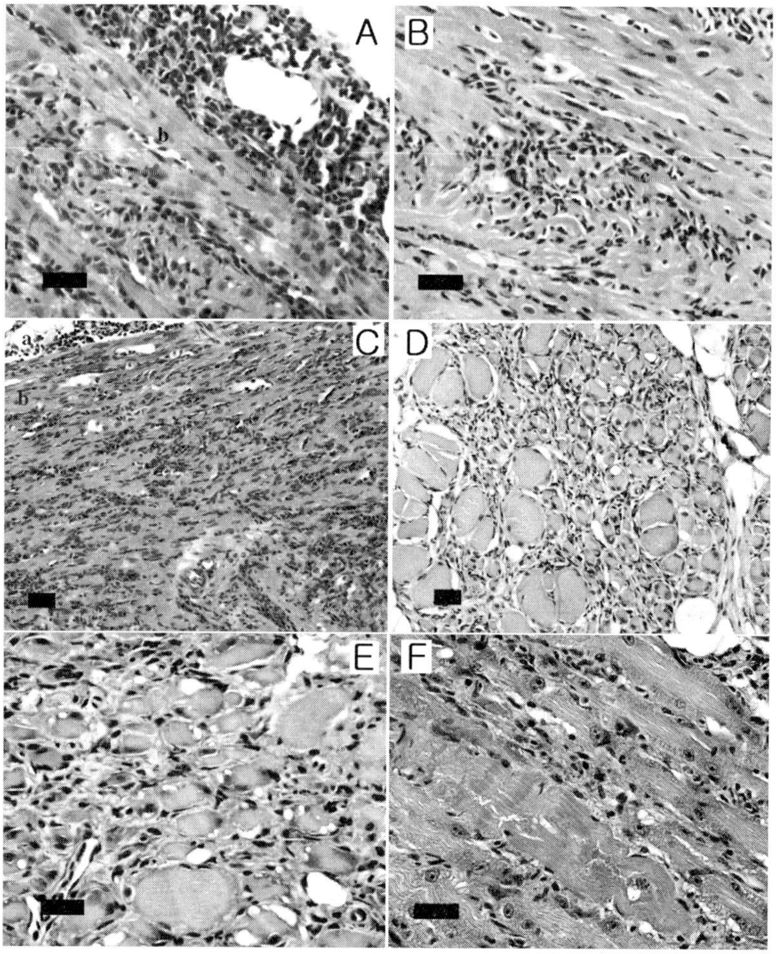

그림 1-66 **A:** 심실의 심한 심외막염(epicarditis)과 치밀층 아래의 심근염(myocarditis). **B:** 치밀층의 혈구의 침윤. **C:** 심근 치밀층의 심한 심근염. **D:** 적색근의 횡단면. 심한 근염(myositis). **E:** 적색근 섬유의 공포화와 변성 및 단구의 침윤. **F**: 적색근의 종단면. 근섬유의 변성. a: epicardium, b: compact myocardium, c: focal cellular infiltration. HE. Bar=20 μm.

PD와 HSMI는 해수에 옮긴 첫해에 주로 발생하는 경향이 있으며, CMS는 해수에 옮겨 사육한지 14~18개월 후에 잘 발생하며, 아무런 증상이 없이 갑자기 폐사한다. PD의 생잔어는 성장이 극도로 느려지게 된다.

PD와 HSMI는 심방의 심근염이 현저한 조직학적 변화로서 감염의 초기에 심근에 변성이 생기지만, HSMI는 보통 여러 곳에 단구의 침윤이 현저한 것이 특징이다. CMS는 심근의 스펀지층에 주로 한정적으로 생기는 경향이다.

3병의 심방과 심실의 스펀지층의 변화는 유사하기 때문에 식별하기 곤란하며, 특히 CMS와 HSMI는 매우 비슷하기 때문에 특히 곤란하다. 또한 HSMI에 돌연사가 생기는 것은 CMS와의 혼합감염에 의할 가능성이 높다.

골격근의 변화에서도 3종류의 병은 유사하지만, 특히 HSMI와 PD는 매우 유사하다. HSMI와 PD는 적색근이 심하게 감염되지만, CMS는 단지 골격근에서만 변화가 생긴다.

HSMI는 간세포의 광범위한 괴사가 생기지만 PD에서는 생기지 않는다. CMS는 혈관에서 멀리 떨어진 부분의 간세포의 변성과 괴사가 생긴다. PD에서 주된 조직학적 변화는 췌장의 외분비부의 급성괴사로 인한 외분비부의 붕괴라고 할 수 있다.

HSMI의 치료 방법은 없지만 사료의 조성을 조정함으로서 폐사율을 감소시킬 수 있다. 즉 사료 중의 지방의 함량을 감소시키고 장쇄 불포화지방산의 비율을 변화시킨 기능성 사료이다.

사료에 변화에 의한 사망률을 감소 또는 예방하기 위한 방법으로 사료에 tetradecylthioacetic acid(TTA)를 0.25% 첨가하여 해수에 옮긴 다음 6주간 투여하면 폐사율이 대조군의 45%에 비해 2.5%로 현저하게 감소하게 된다.

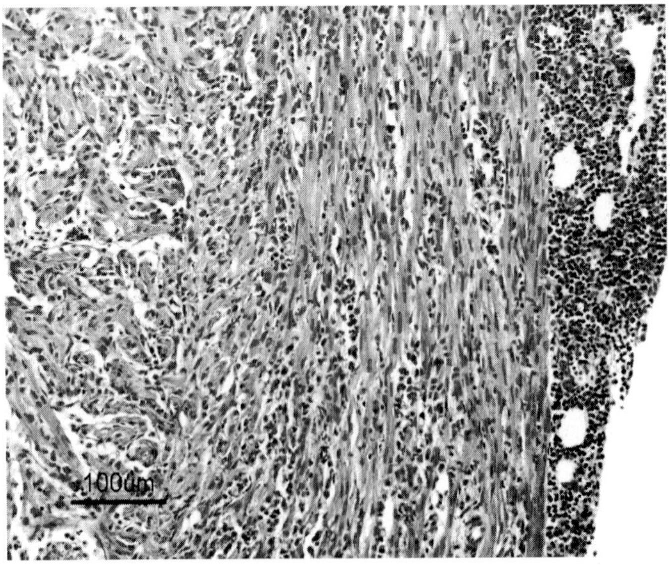

그림 1-67 대서양 연어의 심실의 스펀지층(좌), 치밀층(중간) 및 심외막(우)의 염증.

표 1-1 **대서양 연어의 heart and skeletal muscle inflammation (HSMI),** pancreas disease (PD) 및 cardiomyopathy syndrome (CMS)의 병리조직학적 변화의 비교

	HSMI	PD	CMS
해수 사육후의 발병기	첫해(5~9개월)	첫해	14~18개월
심외막염	+	+	+
심근염과 치밀층의 변성	+	+	−
심근염과 스펀지층이 변성	+	+	+
골격근의 염증과 변성	+	+	−
간세포의 괴사	+	+	+/−
췌장 외분비부의 괴사	−	+	−
병원체	RNA, Reovirus	RNA, Alphavirus	RNA, Totivirus

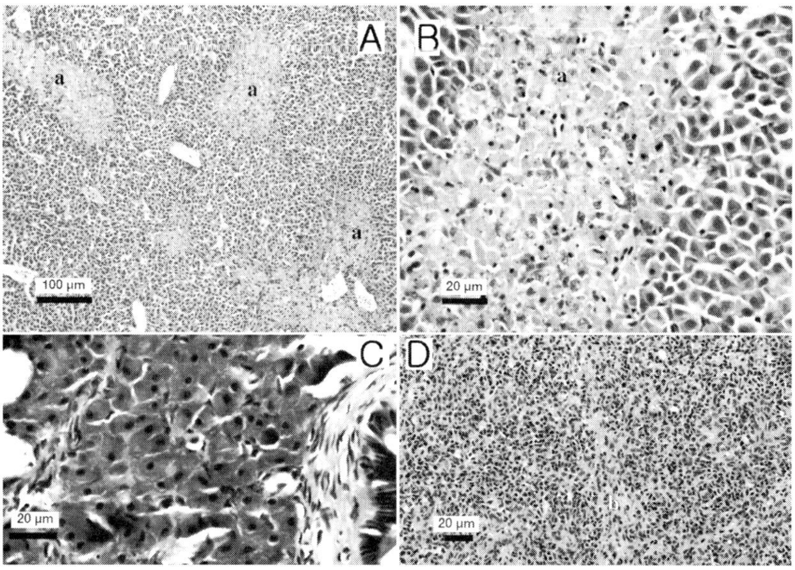

그림 1-68 **A:** 심한 심근의 환부를 가진 간세포의 괴사. **B:** 간장의 괴사 국소. **C:** 감염어의 췌장 외분비부는 정상. **D:** 비장의 pseudolobulation. a: necrotic foci, b: splenic pseudolobulation. HE.

(2) 차넬메기

수온 28°C에서 사육중인 크기 12 cm 이하의 차넬메기 치어에 출혈을 특징으로 하는 질병이다. 출혈 부위는 아가미 뚜껑, 아래 턱(lower jaw), 피부, 지느러미 기부이며, 안구돌출 및 복수가 축적되며 사망률은 약 60% 정도이다.

그림 1-69 **Reovirus감염 차넬메기 치어의 아가미 뚜껑,** 지느러미 기부, 복부팽만 및 안구돌출.

감염어는 무기력하게 수조 표면에서 회전 유영을 하며 24시간 내에 폐사한다. 빈사 상태의 병어는 아가미가 빈혈을 일으켜 퇴색되며, 간장도 빈혈을 일으키며 소형의 출혈 반점이 형성된다. 비장은 검어지면서 종대된다. 소화관에는 먹이가 없고, 소화관 벽에 출혈이 있다. 복수는 노란색 또는 혈액이 혼합된 것으로 복부가 팽만된다.

CCK(catfish kidney)에 접종하여 배양하면 48시간 후에 세포의 수축과 세포질에 소형의 흑색 반점이 생기는 CPE가 나타나면서, 구형화되어 공포가 형성되면서 탈락하게 된다. 96시간 후에는 거의 대부분의 세포가 CPE가 나타난다.

병어의 신장과 조직을 혼합하여 PBS로 균등액을 만들어 4,000g에 4˚C에서 30분간 여과한 다음 상청액을 0.22 μm 여과막으로 여과한 액을 접종하여 28˚C에서 사육하면 2일 후에 폐사가 시작되며, 7일 후에 50% 정도가 폐사된다.

PCR 진단법은 비장과 신장에서 RNA를 추출하여 PF (5'-GGC GAG ACC CAG TCC TAT-3') PR (5'-CGG GTG ATT GTG GCA GTT-3')의 primer를 사용하여 RT-PCR하면 327 bp의 특이밴드가 형성된다.

7) Orthomyxovirus

(1) 담수 사육 무지개송어의 ISA(infectious salmon anemia, Orthomyxovirus)

ISAV는 RNA 바이러스의 Orthomyxovirus에 속하는 바이러스로 주로 해수 사육 대서양 연어에 감염되어 복수, 안구돌출, 내장 지방조직의 점상출혈, 간장과 비장의 울혈과 종대의 증상을 나타내면서 누적 사망률이 50%에 달하는 질병이다.

병리조직학적으로는 신장의 출혈과 세뇨관 상피세포의 괴사, 새변의 울혈, 위와 소화관의 점막고유층의 울혈을 나타내며, 비장의 적혈구 탐식을 동반한 울혈이 생긴다.

무지개송어는 해수 사육할 때 외부 증상이 없는 개체에서 ISAV가 분리되고 있지만 담수 사육 무지개송어에 발병한 경우에는 대서양 연어의 증상과 현저한 차이가 난다. 발병의 초기에는 이렇다 할 외부 증상은 없지만 질병이 진행되면 지느러미의 부식이 생긴다. 대서양 연어는 간장의 울혈, 내장 지방조직의 출혈, 비장의 종대 및 아가미의 빈혈이지만, 무지개송어는 내장 지방조직의 점상출혈만이 일반적으로 관찰되며, 지느러미 기부의 출혈과 안구돌출과 같은 증상은 거의 나타나지 않는다.

병리조직학적으로 무지개 송어는 간장의 괴사가 거의 없고 단지 신장의 조혈조직에 불확실한 세포의 변성이 생기는 것이 가장 보편적인 변화이다. 또한 대서양 연어는 심외막염과 심내막염이 거의 없지만 무지개송어는 심실의 치밀층의 변성을 동반한 심외막염과 심내막염이 생긴다. 이러한 심근의 변화는 무지개 송어의 특징적인 ISAV의 변화라 할 수 있다. 무지개송어의 이러한 변화는 바이러스의 침입에 대한 숙주 반응으로 무지개송어는 ISAV에 저항성이 높다는 것을 의미한다.

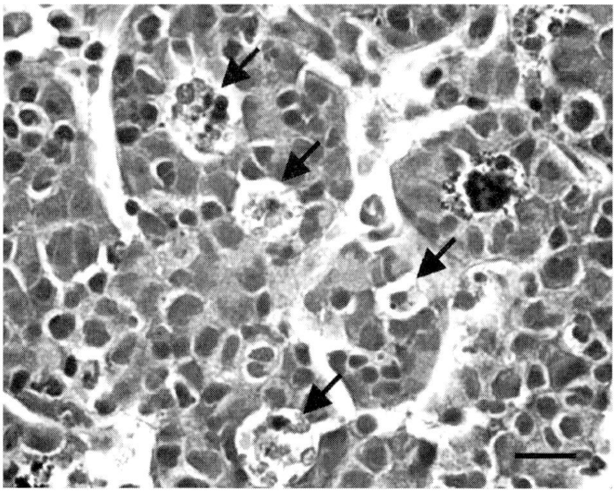

그림 1-70 **대서양 연어의 ISAV 감염증.** 두신 조혈조직 세포의 변성(화살표)과 정상인 변성 주변 조직. HE. Bar=20 μm.

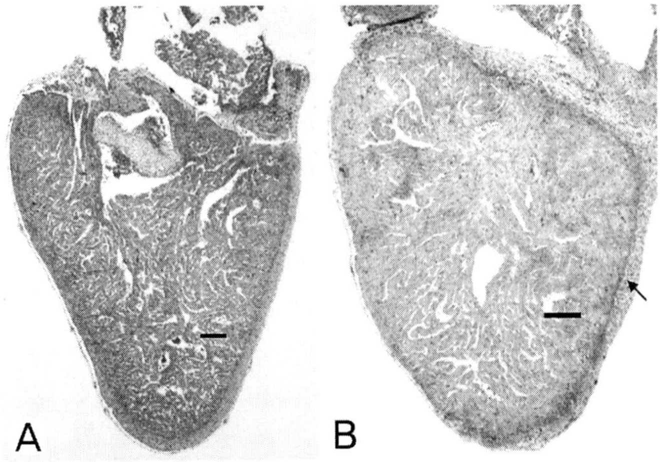

그림 1-71 **정상어(A)와 ISAV감염어(B)의 심실.** 감염어의 심실은 심외막에 염증세포의 침윤과 인접한 치밀층의 소실(화살표). HE. Bar=200 μm.

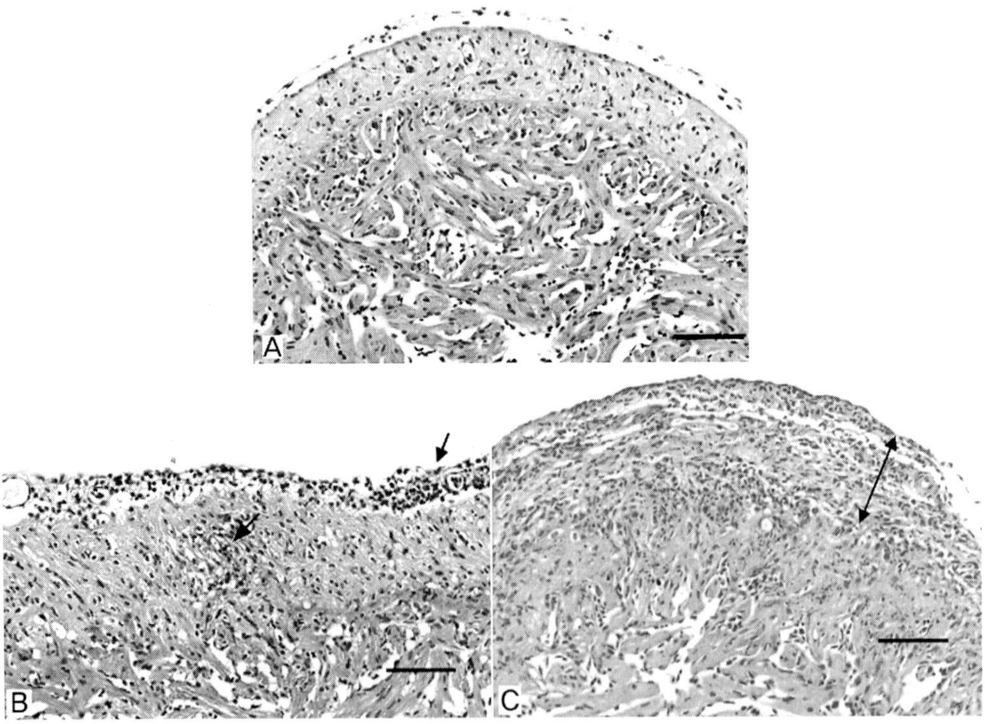

그림 1-72 **건강어(A)와 ISAV 감염어(B & D)의 심실. A:** 건강한 어류의 심실의 심외막, 치밀층 및 스펀지층. **B:** 심외막의 염증세포의 침윤(화살표) 및 치밀층의 근염. **C:** 심외막염과 심내막염이 치밀층의 확산(화살표). HE. Bar=100 μm.

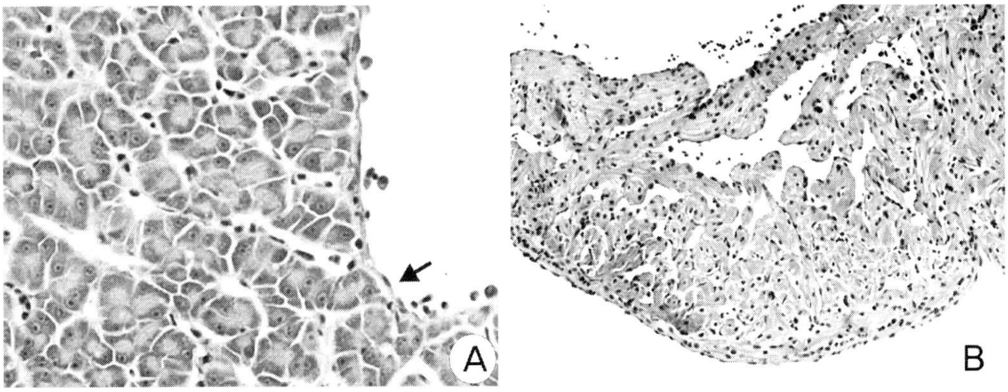

그림 1-73 인위 감염 12일 후의 간장(A)와 심방(B).

[참고문헌]

Adkinson, M. A., Cambre, M., and Hedrick, R. P.(1998): Identification of an iridovirus in Russian sturgeon (*Acipenser guldenstadi*) from northern Europe. Bull. Eur. Ass. Fish Pathol., 18: 29-32.

Alne, H., Thomassen, M. S., Takle, H., Terjesen, B. F., Grammes, F., Oehme, M., Refstie, S., Sigholt, T., Berge, R. K., and Rorvik, K-A.(2009): Increased survival by feeding tetradecylthioacetic acid during a natural outbreak of heart and skeletal muscle inflammation in Atlantic salmon, *Salmo salar* L. J. Fish Dis., 32: 953-961.

Bagarre, L., Cabon, J., Baud, M., Heimann, M., Body, A., Lieffrig, F., and Castric, J.(2009): Outbreak of betanodavirus infection in tilapia, *Oreochromis niloticus* (L.), in fresh water. J. Fish Dis., 32: 667-673.

Block. B. and Larsen, J. L.(1994): A case of severe general oedema in young farmed turbot associated with a herpes virus infection. Bull. Eur. Ass. Fish Pathol., 14: 130-132.

Bruno, D. B.(2004): Changes in prevalence of clinical infectious pancreatic necrosis among farmed Scottish Atlantic salmon, *Salmo salar* L. between 1990 and 2002. Aquaculture, 235: 13-26.

Caruso, C., Peletto, S., Gustinelli, A., Arsieni, P., Mordenti, O., Modesto, P., Acutis, P.L., Masoero, L., Fioravanti, M.L., and Prearo, M. (2014): Detection of a phylogenetically divergent eel virus European X (EVEX) isolate in European eels (*Anguilla anguilla*) farmed in experimental tanks in Italy. Aquaculture, 434: 115-120.

Chen, M-H., Hung, S-W., Chang, C-H., Chen, P-Y., Lin, C-C., Hsu, T-H., Cheng, C-F., Lin, S-L., Tu,C-Y., Tsang, C-L., Lin, Y-H., and Wang, W-S.(2013): Red sea bream iridovirus infection in marblegoby (Bleeker, *Oxyeleotris marmoratus*) in Taiwan. Afr. J. Microbiol. Res., 7: 1009-1014.

Chen, X. H., Lin, K. B., and Wang, X. W.(2003): Outbreaks of an iridovirus disease in maricultured large yellow croaker, *Larimichthys crocea* (Richardson), in China. J. Fish Dis., 26: 615-619.

Deng, G., Li, S., Xie, J., Bai, J., Chen, K., Ma, D., Jiang, X., Lao, H., and Yu, L. (2011): Characterization of a ranavirus isolated from cultured largemouth bass (*Micropterus salmoides*) in China. Aquaculture, 312: 198-204.

Gantress, J., Maniero, G. D., Cohen, N., and Robert, J. (2003): Development and characterization of a model system to study amphibian immune responses to iridoviruses. Virol., 311: 254–262.

Geng, Y., Wang, Y. Y., Zhou, Z. Y., Li, C. W, Wang, J., He, M., Yin, Z. Q., and Lai, W. M.(2011): First report of a ranavirus associated with morbidity and mortality in farmed Chinese giant salamanders (*Andrias davidianus*). J. Comp. Path., 145: 95-102.

Gibson-Kueh, S., Chee, D., Chen, J., Wang, Y. H., Tay, S., Leong, L. N., Ng, M. L., Jones, J. B., Nicholls, P. K., and Ferguson, H. W.(2012): The pathology of 'scale drop syndrome' in Asian seabass, *Lates calcarifer* Bloch, a first description. J. Fish Dis., 35: 19-27.

Hedrick, R. P., Groff, J. M., McDowell, T., and Wingfield, W. H. (1990): An iridovirus infection of the integument of the white sturgeon *Acipenser transmontanus*. Dis. Aquat. Org., 8: 39-44.

Hellberg, H., Koppang, E. O., Torud, B., and Bjerkas, I.(2002): Subclinical herpesvirus infection in farmed turbot *Scophthalmus maximus*. Dis. Aquat. Org., 48: 27-31.

Huang, X., Huang, Y., Xu, L., Wei, S., Ouyang, Z., Feng, J., and Qin, Q. (2014): Identification and characterization of a novel lymphocystis disease virus isolate from cultured grouper in China. J. Fish Dis., doi:10.1111/jfd.12244

Kongtorp, R. T., Taksdal, T., and Lyngoy, A.(2004): Pathology of heart and skeletal muscle inflammation (HSMI) in farmed Atlantic salmon *Salmo salar*. Dis. Aquat. Org., 59: 217-224.

Lamas, J., Cepeda, C., Dopazo, C., Toranzo, A. E., Anadon, R., and Barja, J. L.(1996): Occurrence of an erythrocytic virus infection in cultured turbot *Scophthalmus maximus*. Dis. Aquat. Org., 24: 159-167.

Lop-Po, G. D., Albright, L. J., Traxler, G. S., and Leano, E. M.(2001): Pathogenicity of the epizootic ulcerative syndrome (EUS)-associated rhabdovirus to snakehead *Ophicephalus striatus*. Fish Pathol., 36: 57-66.

Luo, Y. Z., Lin, L., Liu, Y., Wu, Z. X., Gu, Z. M., Li, L. J., and Yuan, Y. F. (2013): Haematopoietic necrosis of cultured Prussian carp, *Carassius gibelio* (Bloch), associated with *Cyprinid herpesvirus* 2. J. Fish Dis., doi:10.1111/jfd.12110.

MacWilliams, C., Johnson, G., Groman, D., and Kibenge, F. S. B.(2007): Morphologic description of infectious salmon anaemia virus (ISAV)-induced lesions in rainbow trout *Oncorhynchus mykiss* compared to Atlantic salmon *Salmo salar*. Dis. Aquat. Org., 78: 1-12.

Mahardika, K.(2009): Susceptibility of juvenile humpback grouper to grouper sleepy disease iridovirus (GSDIV; Megalocytivirus). Graduate School of Bioresources Mie University.

Mao, J., Tham, T. N., Gentry, G. A., Aubertin, A., and Chinchar, V. G. (1996):Cloning, sequence analysis, and expression of the major capsid protein of the iridovirus frog virus. Virol., 216: 431-436.

Mao, J., Wang, J., Chinchar, G. D., Chinchar, V. G. (1999): Molecular characterization of a ranavirus isolated from largemouth bass *Micropterus salmoides*. Dis. Aquat. Org., 37: 107-114.

Marcos-Lopez, M., Feist, S. W., Hicks, R., and Noguera, P. A. (2011): Systemic megalocytivirus infection in three-spined stickleback *Gasterosteus aculeatus*. Bull. Eur. Ass. Fish Pathol., 31: 227-234.

Marcos-Lopez, M., Waltzek, J. B., Hedrick, R. P., Baxa, D. V., Garber, A. F., Liston, R., Johnsen, E., Forward, B. S., Backman, S., and Ferguson, H. W.(2012): Characterization of a novel alloherpesvirus from Atlantic cod (*Gadus morhua*). J. Vet. Dign. Invest., 24: 65-73.

Martinez-Rubio, L., Morais, S., Evensen, Q., Wadsworth, S., Ruohonen, K., Vecino, J. L. G., Bell, J. G. and Rocher, D. R.(2012): Functional feeds reduce heart inflammation and pathology in Atlantic salmon (*Salmo salar* L.) following experimental challenge with Atlantic salmon Reovirus (ASRV). Plos One, 7.

Michak, P., Smith, C.E., and Hopper, K. (1992): Erythrocytic inclusion body syndromE: a light and electron microscopic study of infected erythrocytes of chinook *Oncorhynchus tshawytscha* and coho *0. kisutch* salmon. Dis. Aquat. Org., 12: 229-233.

Miller, D., Gray, M.,and Storfer, A. (2011): Ecopathology of ranaviruses infecting amphibians. Viruses, 3: 2351-2373.

Nishioka, T., Mori, K., Sugaya, T., Takeuchi, H., Tsuzaki, T., Masuma, S., Oka, M., and Nakai, T. (2011): Viral nervous necrosis (VNN) in seed production of Red Tilefish *Branchiostegus japonicus* and its control. Aquaculture Sci., 59: 275-282.

Novoa, B., Romero, A., Mulero, V., Rodriguez, I., Fernandez, I., and Figueras, A. (2006): Zebrafish (*Danio rerio*) as a model for the study of vaccination against viral haemorrhagic septicemia virus (VHSV). Vaccine, 24: 5806-5816.

Ogawa, M., Anhe, W., Fischer-Scherl, T., Hoffmann, R. W., and Schlotfeldt, H. J.(1990): Pathomorophological alterations in sheatfish fry *Silurus glanis* experimentally infected with an iridovirus-like agent. Dis. Aquat. Org., 9: 187-191.

Pakk, P., Hussar, P., Jarveots, T., and Paaver, T. (2011):Club cells active rome in epidermal regeneration after skin hyperplasisa of koi carp *Cyprinus carpio*. AACL Bioflux, 4: 455-462.

Palacios, G., Lovoll, M., Tengs, T., Hornig, M., Hutchison, S., Hui, J., Kongtorp, R. T., Savji, N., Bussetti, A. V., Solovyov, A., Kristoffersen, A. B., Celone, C., Street, C., Trifonov, V., Hirschberg, D. L., Rabadan, R., Egholm, M., Rimstad, E., and Lipkin, W. I.(2010): Heart and skeletal muscle inflammation of farmed salmon is associated with infection with a novel Reovirus. Plos One, 5.

Piacentini, S. C., Rohovec, J. S., and Fryer, J. L. (1989): Epizootiology of erythrocytic inclusion body syndrome. J. aquat. Anim. Health, 1: 173-179

Pirarat, N., Pratakpiriya, W., Jongnimitpaiboon, K., sajjawiriyakul, K., Rodkhum, C. and Chansue,N.(2011): Lymphocystis disease in cultured false clown anemonefish (*Amphiprion ocellaris*). Aquaculture, 315: 414-416.

Poppe, T. T., and Seierstad, S. L.(2003): First description of cardiomyopathy syndrome (CMS)-related lesions in wild Atlantic salmon *Salmo salar* in Norway. Dis. Aquat. Org., 56: 87-88.

Pozet, F., Morand, M., Moussa, A., Torhy, C., and de Kinkelin, P.: Isolation and preliminarycharacterization of a pathogenic icosahedral deoxyribovirus from the catfish *Ictalurus melas*. Dis. Aquat. Org., 14: 35-42.

Roberts, R. J. and Pearson, M. D.(2005): Infectious pancreatic necrosis in Atlantic salmon, *Salmo salar* L. J. Fish Dis., 28: 383-390.

Sheng, X-Z., Zhang, W-B., and Wang, Y.(2007): Whitespotted puffer *Arothron hispidsus*, a new host for lymphocystis in Qingdao aquarium of China. Dis. Aquat. Org., 75: 23-28.

Siti-Zahrah, A., Zamri-Saad, M., Firdaus-Nawi, M., Hazreen-Nita, M.K., and Nur-Nazifah, M.(2014):Detection of channel catfish virus in cage-cultured *Pangasius hypophthalmus* (Sauvage, 1878) in Malaysia. J. Fish Dis., 37: 981-983.

Smith, P. A., Larenas, J., Contretas, J., Cassigli, J., Venegas, C., Rojas, M. E., Guajardo, A., Perez, S., and Diaz, S.(2006): Infectious haemolytic anaemia causes jaundice outbreaks in seawater-cultured coho salmon, *Oncorhnychus kisutch* (Walbaum), in Chile. J. Fish Dis., 29: 709-715.

Ume, Y.,Sakuma, A., Matsueda, H., Nakai, K., and Murakami, M(2009): Ranavirus Outbreak inNorth American bullfrogs (*Rana catesbeiana*), Japan, 2008. Emerging Infectious Diseases, 15: 1146-1147.

Van Beurden, S.J., Voorbergen-Laarman, M.A., Roozenburg, I., Boerlage, A.S., Haenen, O.L., and Engelsma, M.Y. (2011): Development and validation of a two-step real-time RT–PCR for the detection of eel virus European X in European eel *Anguilla anguilla*. J. Virol. Methods, 171: 352–359.

Wang, Q., Zeng, W. W., Li, K. B., Chang, O, Q., Liu, C., Wu, G. H., Shi, C. B., and Wu, S. Q.

(2011): Outbreaks of an iridovirus in marbled sleepy goby, *Oxyeleotris marmoratus*(Bleeker), cultured in southern China. J. Fish Dis., 34: 399-402.

Wu, T., Ding, Z., Ren, M., An, L., Xiao, Z., Liu, P., Gu, W., Meng, Q., and Wang, W.(2013): The histo- and ultra-pathological studies on a fatal disease of Prussian carp (*Carassius gibelio*) in mainland China associated with cyprinid herpesvirus 2 (CyHV-2). Aquqculture, 412-412: 8-13.

Xiao, P., Jiang, M., Liu, Y., Sun, M., Zhang, L., Jie, L., Li, G, and Mo, Z.(2015): Splenic necrosis signs and pathogen detection in cultured half-smooth tongue sole, *Cynoglossus semilaevis* Gunther. J. Fish Dis., 38: 103-106.

Xu, J., Zeng, L., Luo, X., Wang, Y., Fan, Y., and Gong, S.(2013): Reovirus infection emerged in cultured channel catfish, *Icatalurus punctatus*, in China. Aquaculture, 372-375: 39-44.

Xu, J., Zeng, L., Zhang, H., Zhou, Y., Ma, J., and Fan, Y. (2013): Cyprinid herpesvirus 2 infection emerged in cultured gibel carp, *Carassius auratus gibelio* in China. Vet. Microbiol., 166: 138-144.

Xu, X., Zhang, L., Weng, S., Huang, Z., Lu, J., Lan, D., Zhong, X., Yu, X., and He, J.(2008): A zebrafish (*Danio rerio*) model of infectious spleen and kidney necrosis virus (ISKNV) infection. Virol., 376: 1-12.

Zhou, Z. Y., Geng, Y., Liu, X. X., Ren, S. Y., Zhou, Y., Wang, K. Y., Huang, X. L., Chen, D. F., Peng, X., and Lai, W. M.(2013): Characterization of a ranavirus isolated from the Chinese giant salamander (Andrias davidianus, Blanchard, 1871) in China. Aquaculture, 384-387: 66-73.

2 세균성 질병

1. Gram 음성균

1) 운동성 *Aeromonas*

(1) 붕어의 *Aeromonasa sobria*

병어는 거의 대부분이 암컷으로 성적으로 성숙된 산란기에 발생한다. 몸통과 지느러미의 출혈, 항문의 종대, 아가미와 안구의 출혈이 생기며, 해부하면 심장, 신장, 부레 및 난소 등의 내장기관에 출혈을 동반한 전신적 패혈증이 생기며, 비장에 육아종이 형성되는 경우도 있다.

병어의 신장, 뇌 및 비장을 TSA에 접종하여 25°C에 36시간 배양하면 운동성이 있는 그람음성의 원인균이 분리된다. API 20NE의 profile은 7176755로 *Aeromonas sobria*와 99.2%의 유사성으로 동정된다. 원인균은 MacConkey에서도 발육하며, TCBS에 황색의 집락이 형성된다. 0/129 10 μg/ml와 150 μg/ml에 저항성을 나타낸다. 식염 3%까지는 발육하지만 8%에서는 발육하지 못한다.

병리조직학적으로 아가미는 2차 새변 상피세포가 중간 정도 및 심하게 괴사되며, 새변의 유착이 생긴다. 또한 새변의 기부에 심한 울혈, 출혈 및 림프구의 침윤이 발견되기도 한다. 신장은 조혈조직에 세포 부스러기 및 핵융해를 동반한 여러 군데의 괴사와 부종 및 섬유소의 석출이 생긴다. 비장은 림프조직에 세포의 부스러기가 산재하는 대형 또는 융합된 형태의 괴사소가 형성된다.

병어의 아가미를 시료에서 DNA를 분리하여 PCR반응시키면 CyHV-2가 혼합 감염되어 있다. *Aeromonas*병은 스트레스가 발병과 밀접한 관계가 있는데, 붕어의 경우에도 산란기에 접어든 암컷이 주로 감염된 것으로 보아 산란 스트레스가 발병요인으로 작용한 것으로 추정된다.

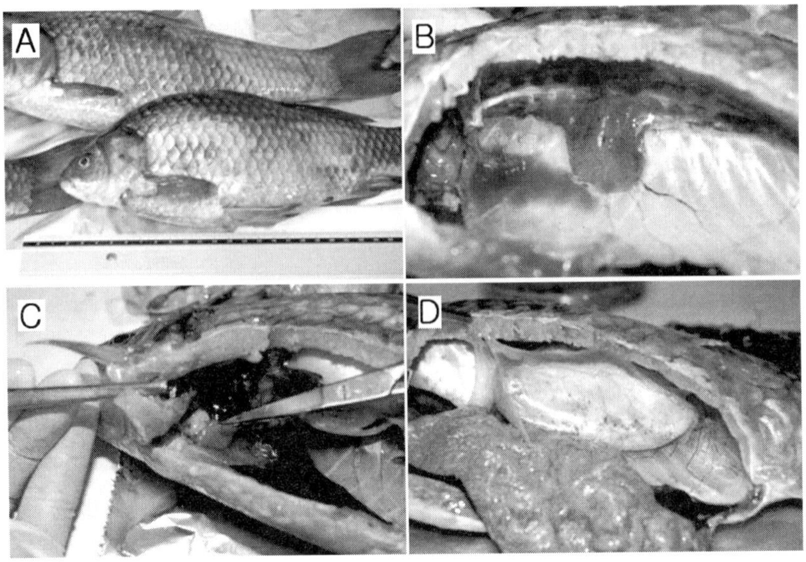

그림 2-1 **A:** 몸통 및 지느러미의 출혈과 항문의 종대. 신장(**B**), 심장(**C**) 및 부레(**D**)의 출혈. 아가미의 출혈도 현저.

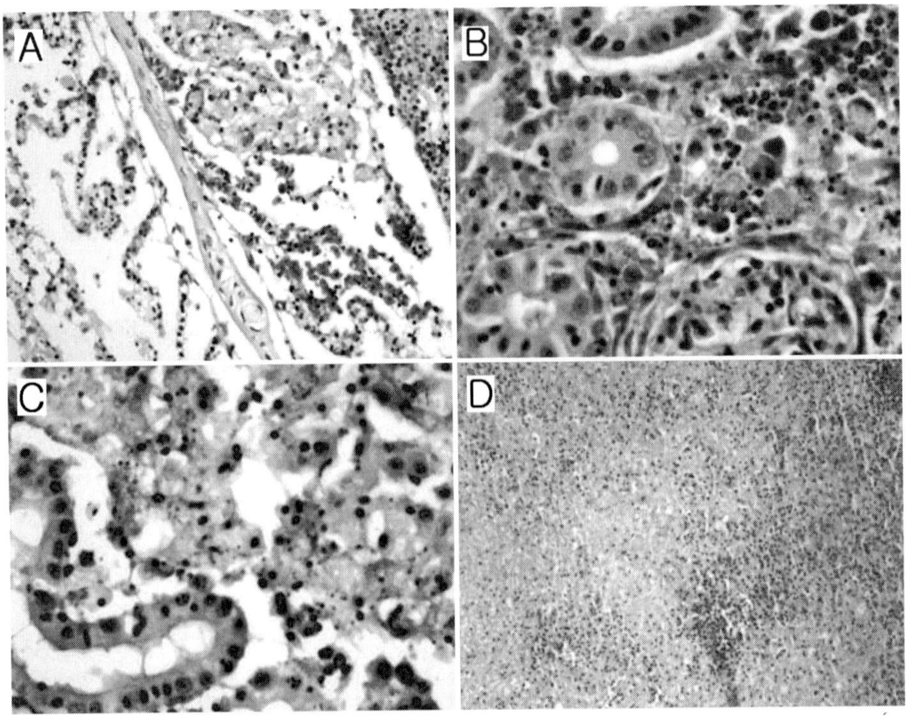

그림 2-2 **A:** 새변 상피세포의 괴사와 출혈 및 새변의 유착. **B-C:** 신장 조혈조직의 괴사, 부종 및 섬유소 석출. **D:** 비장 림프조직의 수개소의 융합된 괴사소와 괴사소 내의 산재된 세포 부스러기. HE.

(2) *Aeromonas sobria-A. veronii* 감염 자라의 갑각연화증(soft shell disease)

발병 개체는 부화 후 5~7개월의 자라로서 갑각 연화와 성장이 매우 느린 것이 특징이다. 복부의 갑각에는 물결무늬 모양이 형성되며, 질병이 진행됨에 따라 등쪽의 갑각이 솟아오르기도 한다. 해부하여 보면 간장은 짙은 노란색의 부분이 있고, 신장은 종대되어 있다. 병어의 간장과 신장에서 원인균을 BHI에 배양한다.

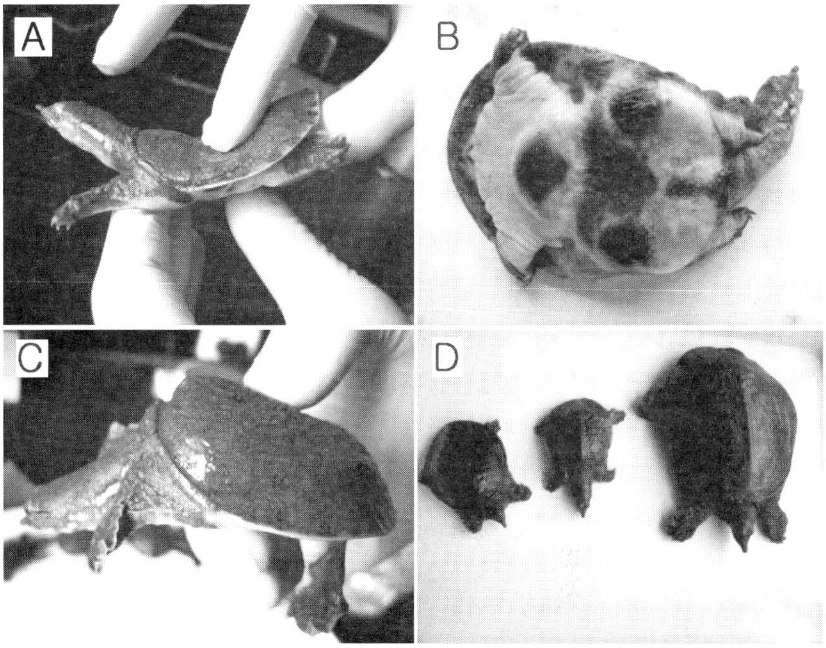

그림 2-3 **A:** 감염 개체의 갑각 연화. **B:** 복부 갑각의 물결 모양의 무늬. **C:** 등쪽 갑각의 돌출. **D:** 정상 개체와 비교해 느린 성장.

2) 비정형 *Aeromonas*

(1) 도로묵(*Arctoscopus japonicus*)의 비정형 *Aeromonas salmonicida*

병어는 빛, 소리 및 진동과 같은 외부의 자극에 과민반응을 나타내며 수조의 벽을 향해서 돌진하는 이상행동을 나타내며, 피부에 부식이 생기는데 특히 아래턱, 두부의 종창과 발적이 생긴 다음에 폐사가 나타난다. 저수온성 어류인 도로묵에서 3월경에 발생하며, 식욕을 상실하고 무리에서 이탈하여 호흡이 빨라지며 유영력이 저하된다. 수조의 표면이나 배수구 부근에 모이는 경향이지만 체표에 궤양이 형성되지는 않는다.

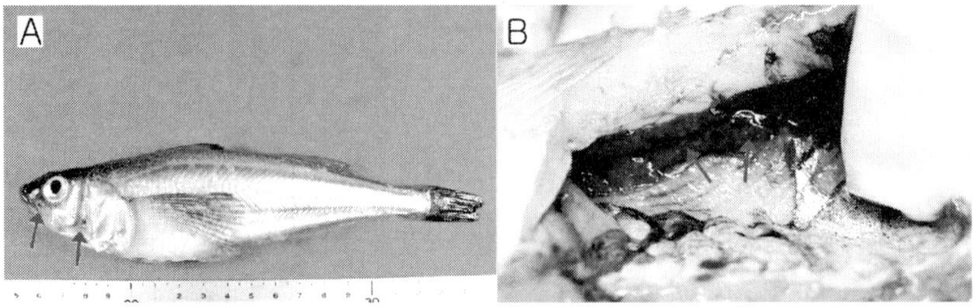

그림 2-4 **A:** 아래턱과 두부가 발적을 일으키면서 부식. **B:** 두신의 종대와 백색 결절(화살표).

해부하여 보면 종대된 두신에 백색의 결절이 관찰되며, 비장도 종대되고 백색 결절이 형성된다. 사망률은 낮은 편이지만 장기간에 걸쳐 폐사하기 때문에 누적 폐사율은 약 50%이다.

병어의 두신과 신장을 BHI에 도말하여 20°C에 2일간 배양한 원인균은 정형 *A. salmonicida*와는 인돌 생산과 sucrose의 이용에서 차이가 난다.

병리조직학적으로 가장 현저한 변화는 심장, 두신, 비장, 간장, 소화관 및 생식소를 비롯한 내장기관에 다수의 세균의 집합체가 형성되는 것이다. 두신과 심장에서의 세균의 집락 주변에는 괴사 조직은 소수이지만 세균 집합체의 주변을 간질의 대체하고 있다. 그러나 모든 내장기관에서 세균의 집합체가 존재함에도 불구하고 염증반응은 거의 일어나지 않고 단지 소수의 림프구의 침윤만이 있을 뿐이다.

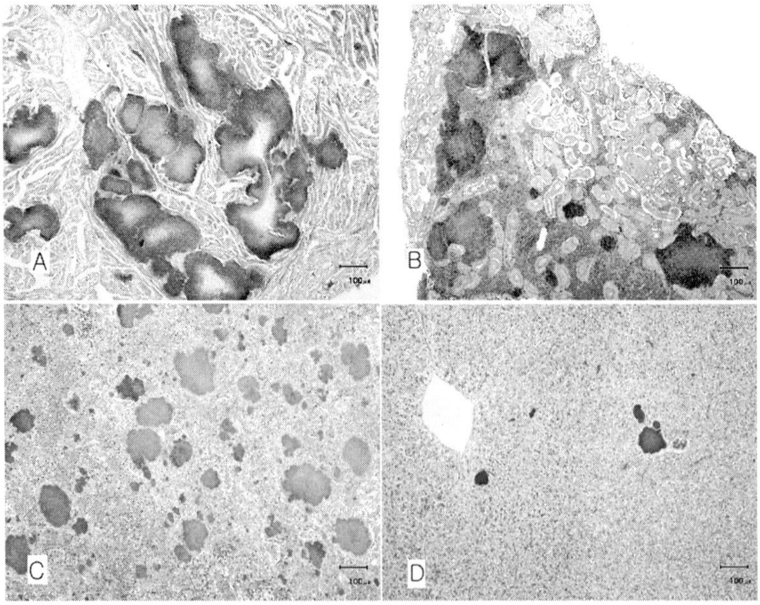

그림 2-5 **병어의 심장(A), 두신(B), 비장(C) 및 간장(D).** 모든 내장기관에는 수많은 세균의 집합체가 형성되며, 특히 심장과 두신에서는 실질과 간질이 대형의 세균 집합체로 대체되어 있지만 세균 집합체 주변의 괴사는 미미한 상태임. HE. Bar= 100 μm.

병어에서 발견되는 아래턱과 두부의 피부 부식은 진피의 소성결합조직에 많은 수의 세균이 집합체가 형성되기 때문에 생기는 변성에 기인한 것이다.

(2) Turbot의 비정형 *Aeromoans salmonicida* subsp. *acromogenes*

조직학적으로 진피의 부종과 증생이 생긴다. 또한 근육에는 심한 출혈과 액화괴사가 생기며, 근육 내에는 세균의 집락이 관찰된다.

아가미는 2차 새변이 유착을 일으키며, 점액세포는 증생 비대된다. 세균의 집락이 2차 새변에서 관찰되며 1차 새변에 멜라노마크로파아지의 숫자가 증가한다.

신장은 조혈조직에 출혈, 세뇨관의 변성이 생기며, 심장은 초자변성과 공포변성이 생기며 심근내에 세균의 집락이 형성된다.

비장은 충혈, 출혈 및 단구의 침윤과 멜라노마크로파아지의 숫자가 증가한다. 간장에서는 세균의 집락이 형성되지만 숙주 반응은 거의 없고, 소화관에서는 변화가 발견되지 않는다.

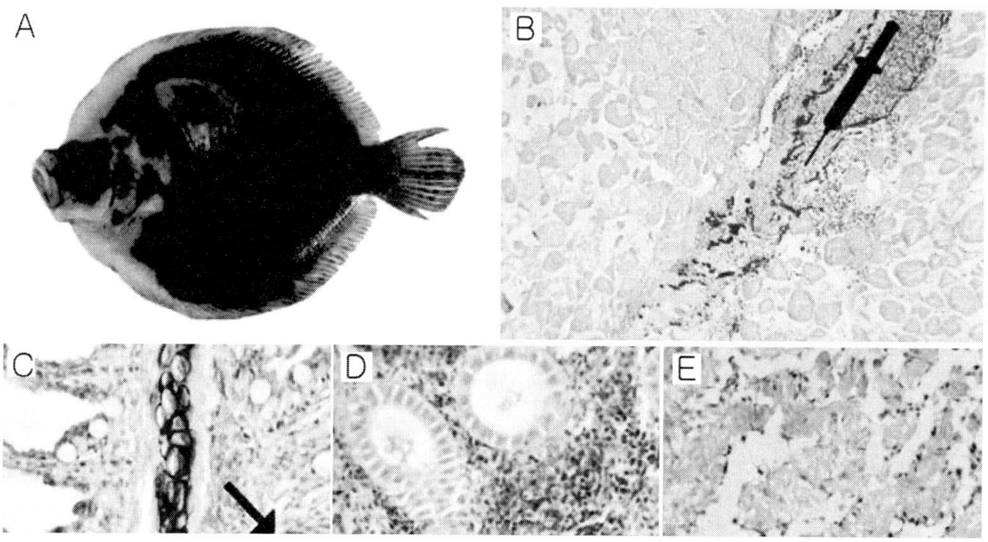

그림 2-6 **A:** 체표의 궤양. **B:** 근육 부위의 액화괴사, 출혈, 세균의 집락. **C:** 2차 새변 혈관내의 세균 색전. **D:** 신장의 세뇨관 주변의 출혈. **E:** 심방 심근의 초자화 및 공포 변성. Giemsa stain.

3) Edward병

(1) 무지개송어의 *Edwardsiella tarda*

*E. tarda*는 온수성어류의 대표적인 질병이지만 냉수성 어류인 연어류에도 수온 17~20°C의 범위에서 순환여과식으로 사육할 경우 낮은 환수율 때문에 발병하기도 한다. *E. tarda*는 수온 17°C 이하에서도 인위 감염시키면 무지개 송어나 연어류의 경우 12°C에서도 감염이 성립하는 것으로 알려져 있다. 그럼으로 냉수성 어류라 할지라도 고수온, 수질 불량 및 유기물의 축적 등에 의한 스트레스에 의해 발병할 가능성은 충분하다고 할 수 있다.

그림 2-7 **간의 심한 출혈을 나타내고 있는 병어.**

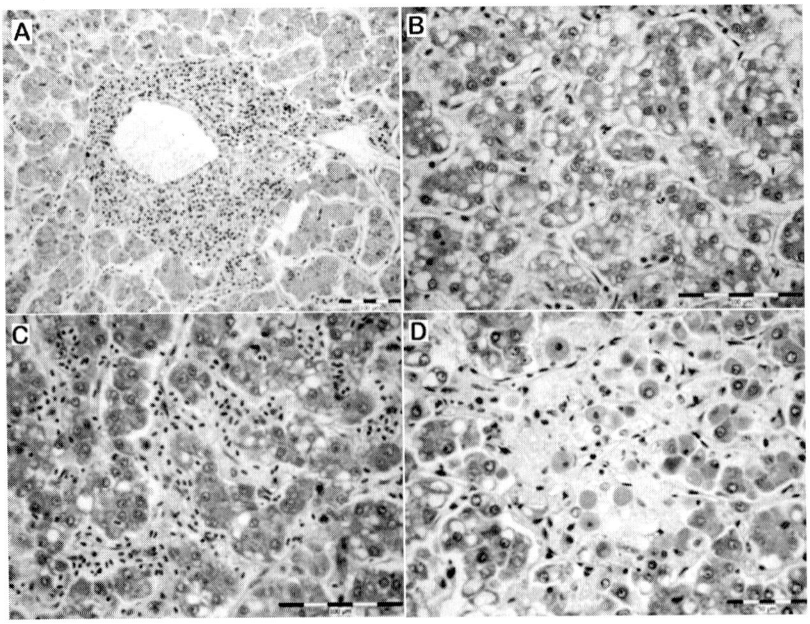

그림 2-8 **A:** 간 문맥의 염증 반응. **B:** 간의 지방조직염. **C:** 간 유동의 확장. **D:** 간 실질세포의 국소적 괴사. HE.

수온 15°C 전후에서 발생하며 병어는 무기력하며 내부 증상으로는 간의 울혈과 점상의 출혈의 특징적이며, 원인균은 간장 또는 신장을 시료로 하면 분리 가능하다. 병리조직학적으로 간에는 만성 간염 및 괴사와 유동의 확장 및 유동세포의 활성화가 생긴다.

자연 발생어의 경우 피부의 출혈, 복수의 축적, 아가미의 점상 출혈 등이 없는 것은 발병시의 수온이 저온이기 때문이라 생각되며, 만성적으로 장기간 진행되었을 경우에는 이러한 증상이 발현할 가능성도 있다.

(2) Turbot의 *Edwardsiella tarda*

발병시의 수온은 14~16°C이며 폐사율은 10% 정도이다. 감염어의 가장 특징적인 증상은 피부에 소형의 궤양이 형성되는 것과 안구 주변의 부종(tumefaction, edema)이며, 그 외 입 주변과 지느러미 기부의 발적을 나타낸다. 안구 주변의 종창된 부분은 절개하면 화농성의 액체가 들어있다. 때로는 두부의 근육내에 출혈이 생기는 어류도 있다.

복부는 섬유소가 썩혀 있는 복수의 축적에 의해 팽만되며, 간장은 지방간처럼 퇴색 종대된다. 비장은 충혈을 동반하여 종대되며, 위에는 출혈성의 액체로 충만되며, 근육에는 점상의 출혈이 관찰된다. 심한 감염에서는 신장이 점상의 출혈을 일으키며 종대된다. 신장과 비장을 도말하여 Giemsa염색하여 검경하면 세균을 탐식하고 있는 백혈구를 발견할 수 있다.

신장, 간장, 피부 환부를 TSA에 접종하여 20°C에 배양하여 API 20E로 동정하면 4144000, 4744000, 4344000의 profile을 나타낸다.

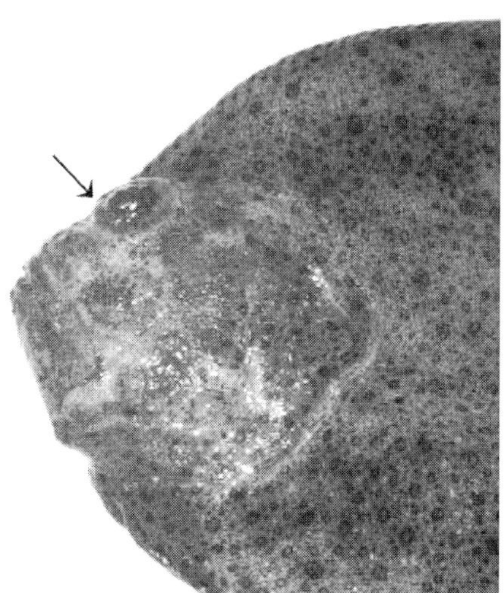

그림 2-9 **감염어의 특징적인 눈 주변의 종창(umefaction).**

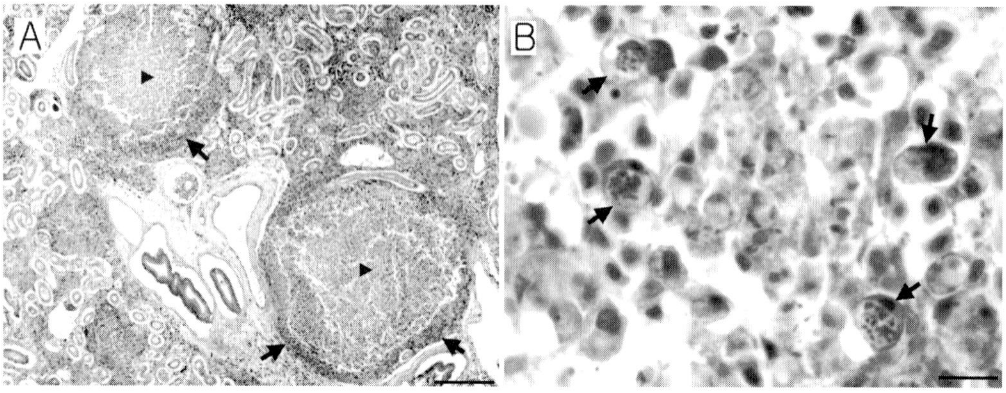

그림 2-10 **A:** 체신내의 대형 농양. 중앙부에 괴사물(화살표 머리)이 있고, 주변은 염증세포가 피포(화살표). **B:** 두신. 세포질내에 세균을 탐식한 마크로파아지가 독립 또는 소형 집합체로 존재. HE. Bar=215 μm(**A**) 및 21 μm(**B**).

병리조직학적으로 신장에서 가장 뚜렷한 변화는 농양이 존재한다는 것이다. 농양은 두신 또는 체신의 조혈조직에 다양한 크기와 형태로 발견된다. 소형의 농양은 세포질에 세균을 탐식한 마크로파아지의 집합체로서 관찰되는 반면, 대형의 농양은 중앙부에 괴사 물질과 세균이 이 들어 있고, 주변에는 현저한 염증반응이 일어난다. 소형 농양 병소는 모든 병어에서 발견되지만 대형은 발견되지 않을 때도 있다. 이러한 염증 부위에는 세균을 탐식한 마크로파아지의 수가 증가되어 있고, 호중구 및 섬유소층으로 구성되어 있으며, 농양병소 주변에는 보통 출혈이 관찰된다.

육아종은 전혀 발견되지 않으며, 잔존 조혈조직에도 변화가 초래되어 많은 세균을 탐식한 마크로파아지가 한 개 또는 소형의 집합체를 형성한다. 신장의 유동은 변화가 거의 없고 간질의 혈관내에 소수의 세균이 관찰되기도 한다. 사구체와 세뇨관은 거의 변화가 없지만 농양에 인접하고 있는 경우에는 손상이 생긴다.

비장은 유동내에 세균을 탐식한 마크로파아지가 관찰되지만, 세포 간질과 혈관내에는 소수의 세균만이 확인된다. 협조직이 확장되어 세망세포의 세포질에는 많은 세균이 탐식되어 있다. 그러나 멜라노마크로파아지센터에는 소수의 세균만이 발견될 뿐이다.

(3) Tilapia의 *Edwardsiella ictaluri*

비대화된 두신과 비장에 백색의 결절이 형성되는 것이 내부적인 특징이며, 간의 비대 및 간과 복강의 지방이 감소한다. 병리조직학적으로는 심한 만성 염증의 형태로 비장, 두신 및 간장에 염증세포의 침윤이 현저하며, 괴사소와 육아종이 형성된다. 실질의 약 40% 정도가 다양한 크기의 마크로파아지 집합체로 대체되어 있다. 마크로파아지 집합체의 중앙에는 융해된 물질이 들어있다. 또한 소수의 마크로파아지의 세포질에는 간상의 세균이 들어 있다

아가미는 염증세포의 침윤과 2차 새변의 증생과 유착이 생긴다. 침윤한 세포는 대부분이 원형의 마크로파아지로 소수의 림프구와 육아종세포와 혼재되어 있다. 심장과 소화관은 단지 가벼운 염증반응이 일어난다. 또한 아가미, 심장, 간장, 비장, 두신 및 소화관에서 발견되는 식세포(마크로파아지 및 육아종세포)의 내부와 외부에 그람 음성의 항산성 음성 간균이 발견되기도 한다.

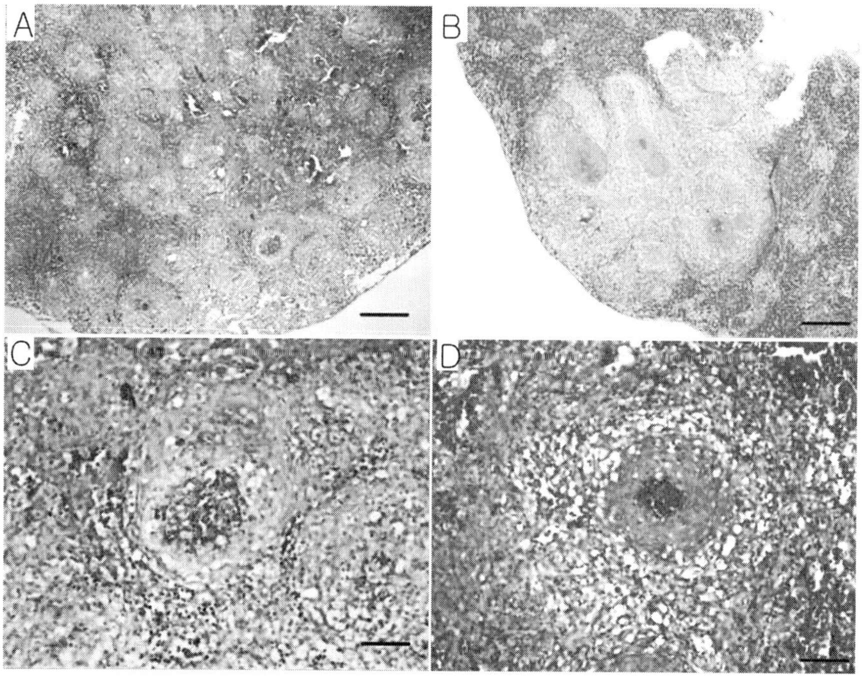

그림 2-11 **자연 발병어(A & C)와 10^3 cell을 침지시킨 감염어(B & D).** **A** & **B:** 비장의 여러 개의 육아종성 염증반응. **C** & **D:** 마크로파아지와 림프구로 구성된 염증세포로 둘러싸인 괴사의 중앙부의 육아종. Bar=100 μm(**A** & **B**)와 50 μm(**C** & **D**).

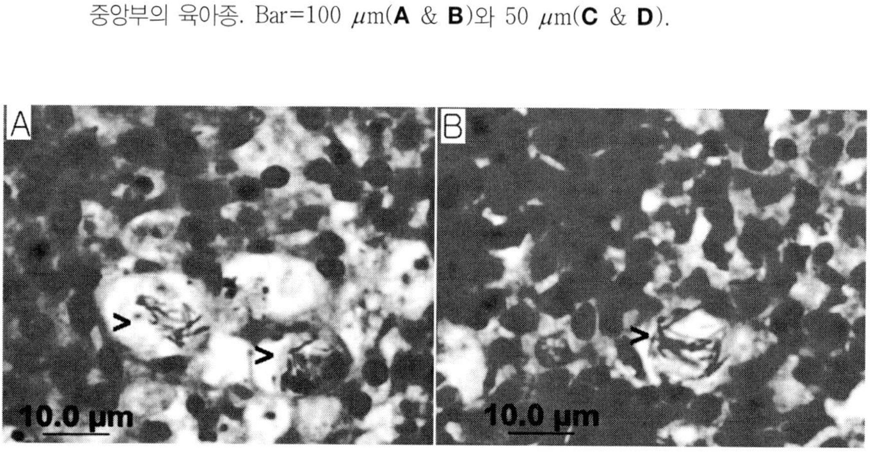

그림 2-12 자연 감염어(**A**) 및 인위감염어(**B**)의 비장 마크로파아지 내의 그람음성 간균(화살표).

(4) Zebrafish(*Danio rerio*)의 *Edwardsiella ictaluri*

병어는 눈과 아가미 뚜껑 부근 및 지느러미 기부의 피부에 출혈과 복부의 표면이 출혈이 생긴다. 아가미와 간은 퇴색되며, 비장은 종대되며 개체에 따라서는 복수의 축적에 의해 복부가 팽만되기도 한다.

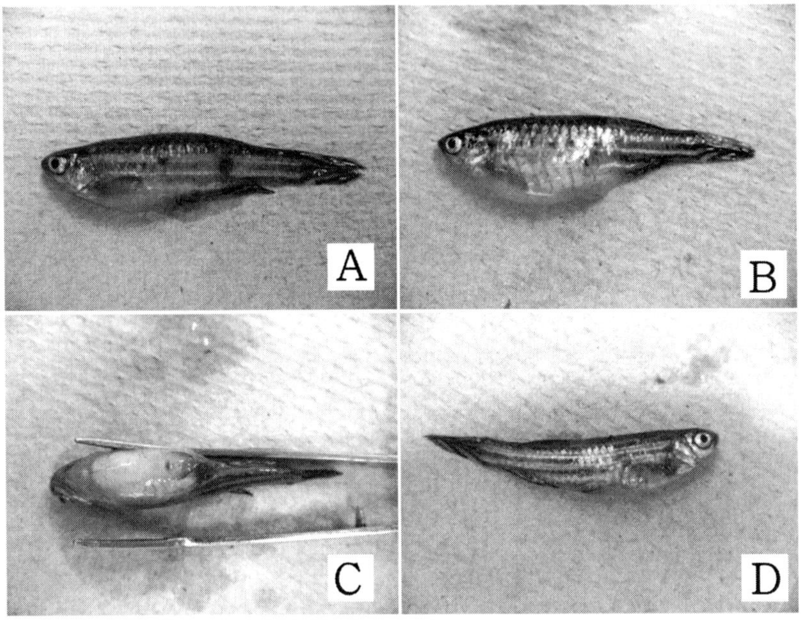

그림 2-13 **A:** 피부의 출혈과 궤양. **B:** 복수의 축적에 의한 복부 팽만. **C:** 복부 팽만과 복부 피부의 출혈. **D:** 지느러미 기부의 출혈.

병어의 신장, 비장 및 뇌를 TAS에 접종하여 28°C에 배양하면 보통은 *Aeromonas hydrophila, Pseudomonas fluorescens* 또는 *Plesimonas shigelloide*가 *E. ictaluri*보다 발육이 빠르고 집락의 크기가 커기 때문에 우점종으로 배양되지만 조직학적으로 조사하면 *E. ictaluri*가 원인임을 알 수 있다. *E. ictarui*는 차넬메기 유래의 전형적인 균주의 code number는 4004000과는 달리 4204000으로 나타난다.

병리조직학적으로는 심한 전신 감염으로 조직의 괴사와 마크로파아지 내에 많은 세균의 존재를 특징으로 한다. 신장과 비장이 가장 심하게 감염되며, 감염 조직 특히 신장, 비장, 후구에는 마크로파아지, 호중구 및 호산구와 소수의 림프구로 구성된 염증세포가 침윤한다.

비장은 종대되고 실질의 95% 이상이 괴사되고 마크로파아지 내에는 많은 세균이 발견된다. 신장에도 염증반응과 괴사가 명확하며, 신소체가 괴사되기 전에 조혈조직이 우선 감염된다. 간장은 소형의 염증국소가 발견되며, 코, 뇌도 감염된다.

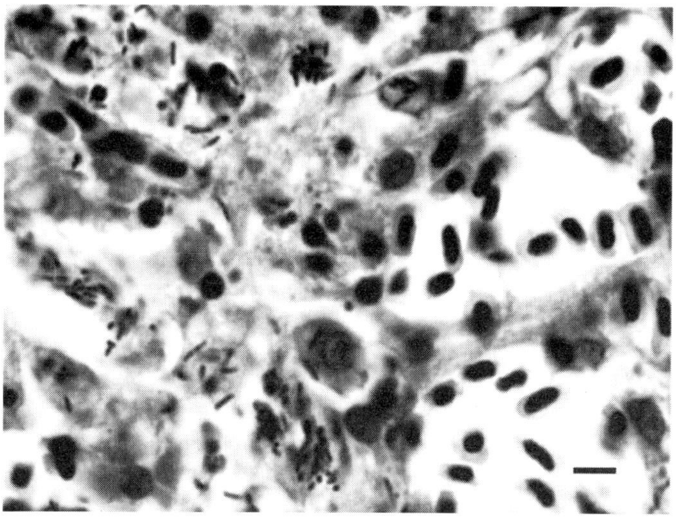

그림 2-14 **두신의 마크로파아지 내의 *E. ictaluri*.**

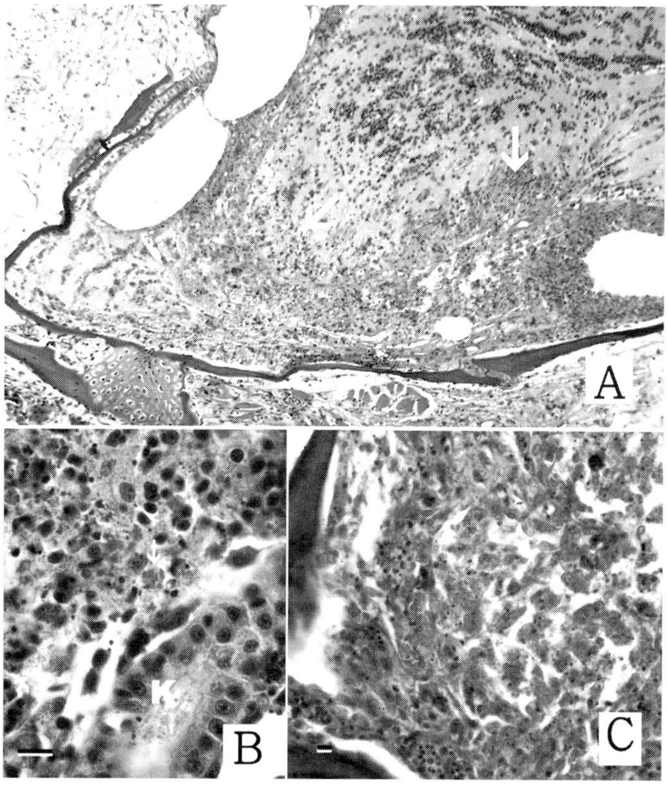

그림 2-15 **A:** 전뇌(화살표)의 심한 만성 염증이 후구로 확대. **B:** 신장 간질의 심한 괴사와 식세포 내의 세균(화살표). **C:** 심한 만성 염증에 의해 코 내의 olfactory rosette가 소실. 세뇨관(K). Bar=10 μm.

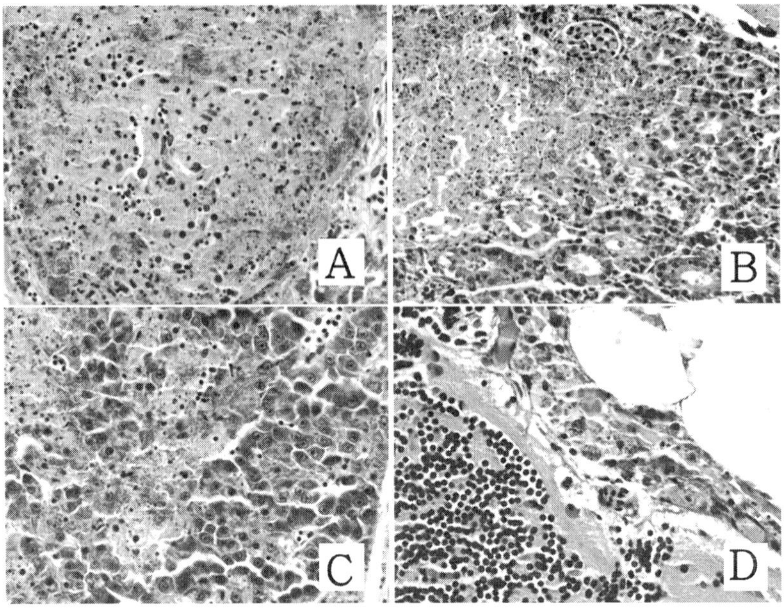

그림 2-16 **A:** 실질의 95% 이상이 괴사되어 많은 괴사 마크로파아지와 세포 사이에 간균의 존재. 췌장 외분비부(오른쪽 아래). **B:** 신장의 염증과 괴사. 신소체가 괴사되기 전에 조혈조직에 우선 괴사소 형성. 좌측엔는 핵농축 핵융해 괴사세포가 많은 세균과 혼재. **C:** 많은 세균이 들어 있는 간장의 괴사 국소. **D:** 괴사성의 백혈구와 세균의 축적으로 인해 endomeninges 이 정상 크기의 3배정도로 확대. 좌측하부(뇌), 우측 상부(지방조직).

4) 비브리오병

(1) 황복의 *Vibrio harveyi*

여름철 수온이 25°C 무렵에 발병하며, 누적 사망률은 30% 정도이다. 병어는 체표에는 이렇다 할 이상이 없지만, 체색이 약간 검어지며 무리에서 이탈하여 유영한다. 또 특징적으로 새강과 아가미 뚜껑의 안쪽에 결절 모양의 병소가 형성되어 있다. 결절은 직경 1 cm 이상의 원형으로, 편평한 형태로 종대되어 있다. 이러한 결절이 형성된 환부에는 많은 백색 반점과 출혈부위가 발견된다. 결절 모양의 환부는 아가미 표면을 덮고 있는 점액이 과잉분비에 의한 것이다. 그러나 내장에는 육안적 변화가 없고, 원인균은 식염 1.5%를 첨가한 BHI를 사용하여 22°C에서 배양하면 이러한 결절 환부와 신장에서만 분리되어진다.

병리 조직학적으로는 결절상의 환부에서는 원인균이 진피, 피하지방조직 및 근육 부위에 까지 침투하여 있다. 감염된 조직은 괴사되어, Giemsa염색 표본에서는 세포질 내에 호중성의 과립을 가진 과립구인 호중구가 많이 침윤하여 있다. 호중구가 많이 침윤한 곳에서는 화농성 병소가 형성된다.

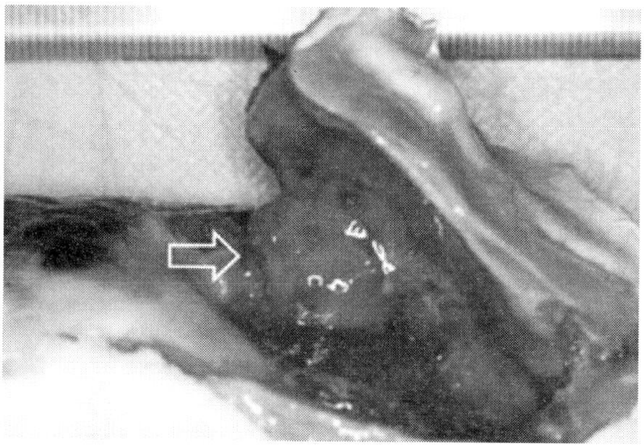

그림 2-17 **새강의 내측 벽에 형성된 결절 모양의 환부(화살표).** 환부의 내부에는 많은 점 모양의 백색이 들어 있다.

결절 모양의 병소에서는 진피, 피하지방조직 및 그 아래의 근육을 대체하는 육아종이 형성되어 있다. 육아종 조직에는 많은 농양과 육아종이 형성되어 있다. 형성 초기의 농양은 침윤한 호중구에 의해 형성되지만, 액화괴사를 일으키고 있는 중앙 부분에는 세균의 증식이 현저하다.

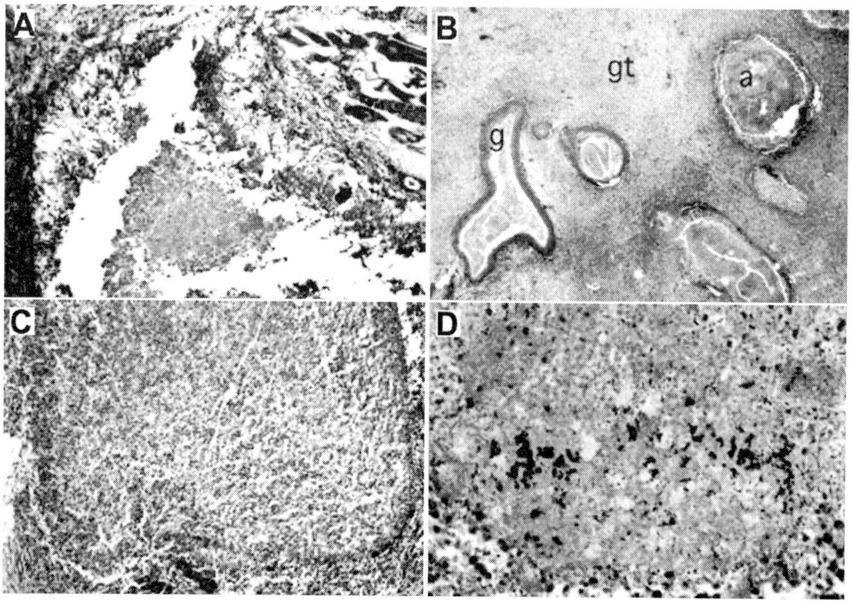

그림 2-18 **A:** 감염 초기의 편평하면서 종대된 환부에는 농창과 세균 및 괴사 근육이 들어 있다. **B:** 많은 농양 (a)과 육아종(g)를 포함한 육아종(gt)으로 구성된 결절 모양의 환부. **C:** 초기 결절 모양의 환부 내부에는 세균의 증식이 현저하지 않음. **D:** 결절 모양의 환부내의 액화된 농양, 액화물의 내부에는 세균의 증식이 현저함. HE(**A-C**), Giemsa(**D**).

육아종의 형성은 마크로파아지와 유상피세포가 화농병소를 피포함으로서 형성되기 시작하여 두터운 유상피로 피포된 잘 발달된 육아종으로 진행되며, 육아종의 내부에는 응고성 물질이 들어 있다.

결절 환부의 주변부에는 육아종 조직이 근섬유를 부분적으로 대체하고 있고, 소형의 육아종성 결절이 진피나 그 아래의 근육조직을 대체하고 하고 있다.

아가미의 새변과 2차 새변에는 세균의 증식 및 출혈과 많은 호중구가 침윤하여 있다. 때로는 심근에도 몇 개의 농양 병소와 육아종이 관찰되는데, 출혈은 있지만 세균은 발견되지 않는다.

병리학적으로 가장 변화가 심한 곳은 비장, 신장 및 간으로 염증세포를 피포하고 있는 육아종성 조직이 엷은 섬유세포 층에 의해 쌓여 응고되어 있다. 이러한 육아종이 형성된 비장은 비주가 종대되어 있다. 또한 신장에서는 조혈조직의 유동에 심한 울혈이 발생한다.

병리조직학적 변화는 감염 초기에는 침입 부위로의 염증세포인 호중구의 침윤에 의한 조직의 괴사와 뒤이은 화농성 병소의 형성을 거쳐, 최종적으로 괴사소와 화농성 물질을 피포하는 육아종의 형성으로 진행된다.

분자생물학적진단법으로는 종 특이 primers인 VH-1 (5'-AAC GAG TTA TCT GAA CCT TC-3') and VH-2 (5'-GCA GCT ATT AAC TAC ACT ACC-3'). PCR 반응 조건은 94°C 2분간 initial denaturation시킨 다음 40사이클(94°C 1 min; 65°C 1 min; 72°C 2 min) 반응시킨다. PCR 결과 산물은 413 bp의 특이 밴드가 형성된다.

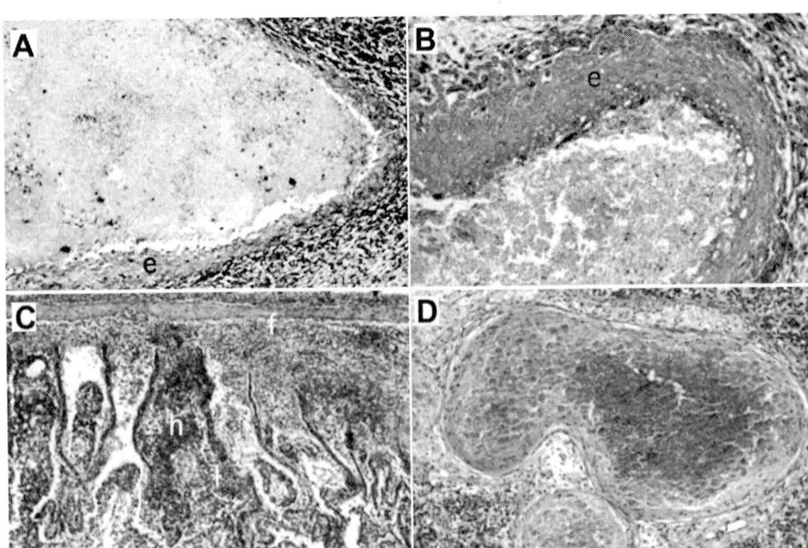

그림 2-19 **A:** 결절성 환부의 초기 육아종. 엷은 유상피세포(e)가 중심부의 건락 괴사물과 세균을 피포하고 있다. **B-C:** 결절 모양 환부의 발육중인 육아종. 두터운 유상피세포(e)로 쌓여 있고, 내부에는 건락 괴사성 물질이 들어 있다. **D:** 비장 내의 육아종. Giemsa (**A-C**) 및 HE (**D**). Bar=200 μm(**A-C**)와 160 μm(**D**).

(2) *Vibrio anguillarum* 감염 turbot의 지느러미 부식병

Vibrio anguillarum 감염증은 turbot의 대표적인 세균성 질병이지만 기존의 증상과 달리 지느러미의 부식을 특징으로 하는 감염증이 발병된다. 주로 치어(2~12 cm)를 시멘트수조에서 유수식으로 사육할 경우에 빈발하는 경향으로 발병시의 수온은 17~23°C 정도이며 누적 폐사율은 30~100% 정도이다.

발병은 3 cm 미만의 치어로 처음에는 지느러미가 불투명해지면서 희게 변색되면서 무기력해지며 체색이 검게 변하면서 내장이 발적된다. 발병 후 5~6일 동안은 뚜렷한 출혈이 없이 누적 폐사율이 90% 이상이 된다.

좀더 큰 개체인 6 cm 이상의 개체에서는 지느러미 부식현상이 더욱 뚜렷해지며 초기 감염부위는 희게 변하면서 출혈에 의해 발적되다가 부식되면서 폐사된다. 감염 개체는 체색이 검어지고, 아가미도 회색을 띄며, 간장은 붉어진다. 때로는 입 주변과 체표에 출혈이 보이기도 하지만 지느러미 부식이외에 피부에 궤양이 형성되는 경우는 드물다. 이러한 증상을 나타낼 때는 병의 전파가 매우 빨라 일주일 이내에 거의 100%가 폐사된다. 주로 치어에 감염되지만 드물게는 성체에도 발병되며, 수온이 20°C 이상인 5~9월에 발병 빈도가 가장 높다.

병리조직학적으로는 지느러미, 아가미, 신장, 비장, 간장, 소화관 및 뇌에 심한 변성과 괴사가 초래되며, 감염된 조직 특히 비장, 신장 및 근육에는 출혈이 동반되며, 원인균은 감염조직에서 발견된다.

전신감염이기 때문에 quinolone을 경구와 침지를 동시에 실시하면 좋은 효과를 기대할 수 있다.

*V. anguillarum*에 의한 지느러미 부식병의 특징은 주로 치어에 발생하며, 발병시의 수온이 넙치의 적온 보다 높은 고온(20°C 이상)이라는 것이 특징으로 고수온이 발병과 밀접한 관계가 있음을 알 수 있지만 또 다른 요인으로 고밀도 사육과 저급사료의 투여와 같은 관리 부실도 발병과 관련이 있다.

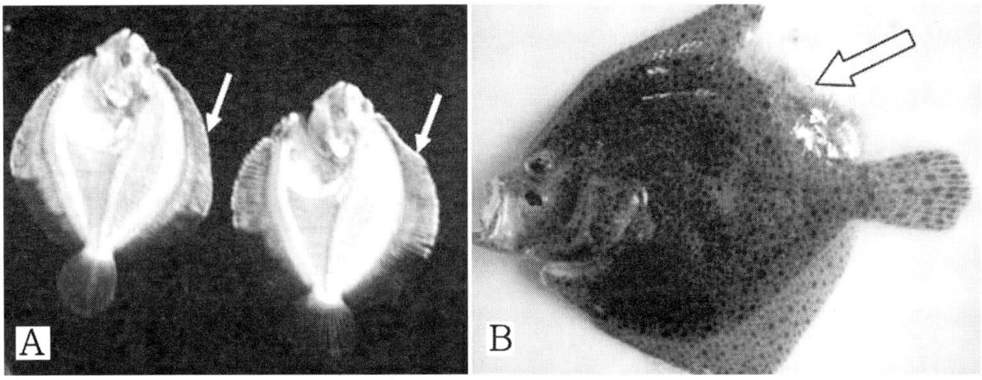

그림 2-20 **A**: 불투명하며 희게 변한 지느러미(화살표). **B**: 지느러미가 부식된 병어.

(3) Turbot자어의 대량 폐사 원인 *Vibrio pelagius*

Turbot에 감염되는 *Vibrio*균은 *V. anguillarum, V. alginolyticus, V. spelendidus, V. scophthalmi*와 *Photobacterium damelae* susp. *damselae*가 있지만 *V. pelagius*도 turbot의 자치어 및 성어에서도 흔하게 분리되고 있다. *V. plegius*는 eicosapentaenoic acid를 생산하기 때문에 turbot자어의 영양에 유익한 것으로 알려져 있지만 때로는 자어에 대량폐사를 초래하기도 한다.

인위 감염시키면 고농도로 감염시켰을 때(10^6 cells)는 폐사율이 높음에도 불구하고 균은 분리되지 않는다. 감염 4일 후부터 아가미 새변의 상피세포가 종대되는 변화가 생기는데, 모든 혈관이 적혈구로 충만되어 있지만 출혈은 발생되지 않는다. 6일 후에는 아가미, 신장, 심장에 심한 변화가 초래되지만 가장 변화가 심한 것은 새변에 세균의 집락이 형성되어 상피세포가 괴사된다는 것이다. 또한 소화관에도 점막상피에 심한 변성과 상피세포의 박리가 일어나며, 점막고유층에 출혈이 생긴다. 신장은 조혈조직의 괴사와 세뇨관의 심한 종대가 일어난다.

*V. pelagius*에 의한 turbot의 폐사는 연령과 상관관계가 있어 자어는 저농도에도 폐사가 유발되지만 후기 자어는 더 많은 균량과 폐사에 소요되는 일수가 길어지며 치어는 감수성이 없어 폐사가 유발되지 않는다.

Turbot은 부화 3일 후의 자어는 면역계가 발달이 미약하여 단지 마크로파아지의 전구체, 세망세포 및 과립세포만이 발견되며, 림프구는 무지개송어나 잉어에 비해 늦게 형성된다. 치어는 면역계가 상당히 발달되어 있다.

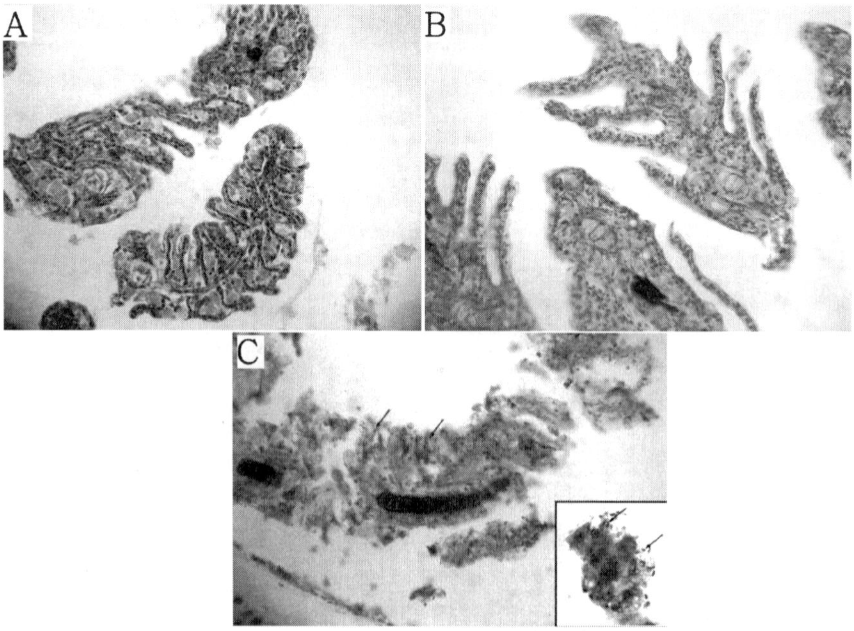

그림 2-21 **후기 자어의 아가미. A:** 2차 새변 상피세포가 붕괴된 감염 개체. **B:** 미감염 개체의 아가미. **C:** 감염 아가미의 Giemsa염색 표본 내의 세균(화살표).

*V. pelagius*는 영양분이 없는 해수에서도 2개월간 생존가능하며 turbot의 조직에 대한 친화성이 다른 균에 비해 높게 나타난다. 인위감염 초기에 균이 발견되지 않음에도 불구하고 폐사가 유발되는 것은 ECPs의 의한 것으로 추정할 수 있다.

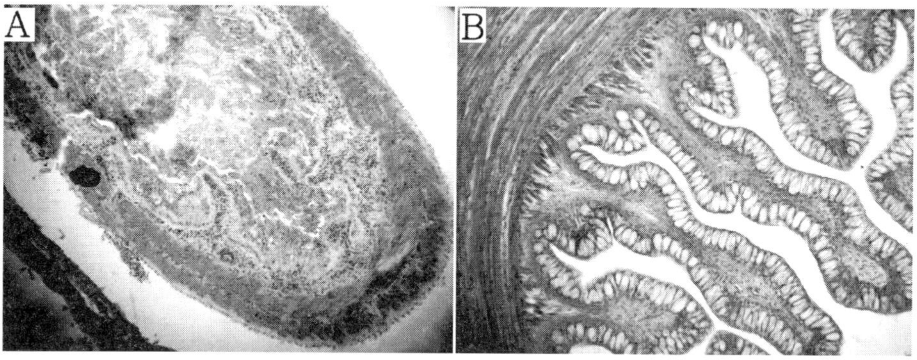

그림 2-22 **후기자어의 소화관. A:** 점막상피의 심한 손상과 점막고유층의 적혈구의 현저한 증가를 나타내는 벙어. **B:** 미감염 개체의 소화관.

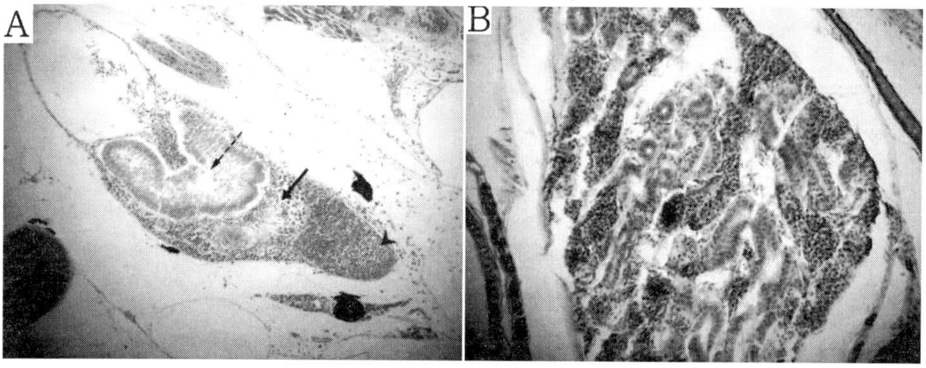

그림 2-23 **후기자어의 신장. A:** 출혈국소(화살표 머리), 괴사(화살표), 및 신장 세뇨관의 심한 종대를 나타내는 병어. **B:** 건강한 개체의 세뇨관.

(4) 동자개의 *Vibrio mimicus*

*Vibrio mimicus*는 생화학적으로 비정형의 non-O1 *Vibrio cholera*라고 불리어지는 균으로 사람의 장염의 원인이 되지만 어류에서 질병의 원인이 되는 예는 극히 적지만, 해수나 담수 서식 수산생물에 질병을 유발하는 것이 보통이다. 최근에 피부에 환부의 테두리가 명확하며 비교적 형태가 균형잡힌 궤양이 형성되는 질병이 발생하여 1달 동안의 폐사율은 70~100%에 달하는 새로운 질병이 발병하고 있다.

*V. mimicus*감염어는 식욕이 소실되어 무기력하며 먹이를 먹지 않고 폐사하게 되는데, 가장 뚜렷한 증상은 피부에 형성되는 특징적인 궤양 환부이다. 내부 증상은 복강 벽의 심한 출혈, 간장, 신장, 담낭, 비장 및 신장을 비롯한 내장기관의 종대로서 사육어류의 약 20% 정도가 이런 증상을 나타낸다.

원인균은 피부 궤양아래의 근육, 뇌, 비장, 신장 및 간장을 혈액배지 또는 TCBS에 접종하여 28°C에 48시간 배양하면 혈액배지에서는 흰색집락, TCBS에서는 녹색집락이 형성된다.

복강 주사로 인위 감염시키면 LD_{50}은 3.39×10^6 CFU/fish이며, 감염어 모두가 특징적인 피부의 궤양이 형성된다. 4.97×10^6 CFU/fish의 경구감염, 침지감염은 4.97×10^5 CFU/ml에 30분 노출시킨 경우에도 복강주사와 마찬가지로 특징적인 궤양환부가 형성된다.

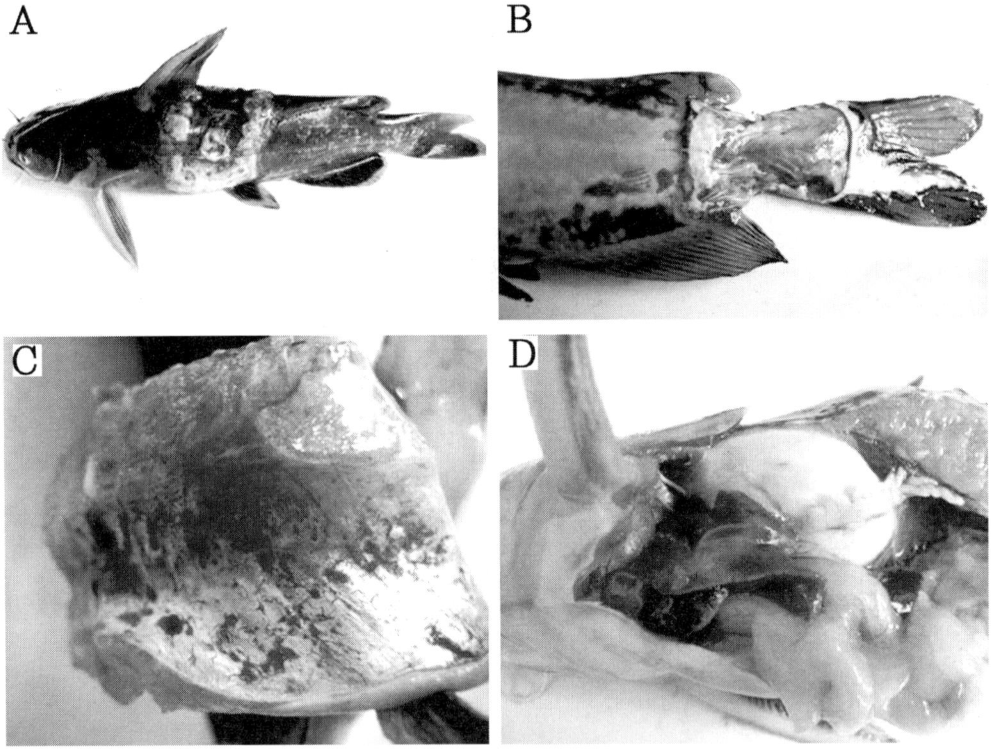

그림 2-24 **A:** 등지느러미 부근에 테두리가 명확한 균형잡힌 형태의 특징적인 궤양. **B:** 꼬리지느러미 부근에 테두리가 명확한 균형잡힌 형태의 궤양. **C:** 복강 벽의 현저한 출혈. **D:** 간장, 담낭, 비장 및 신장 등의 내장기관의 종대.

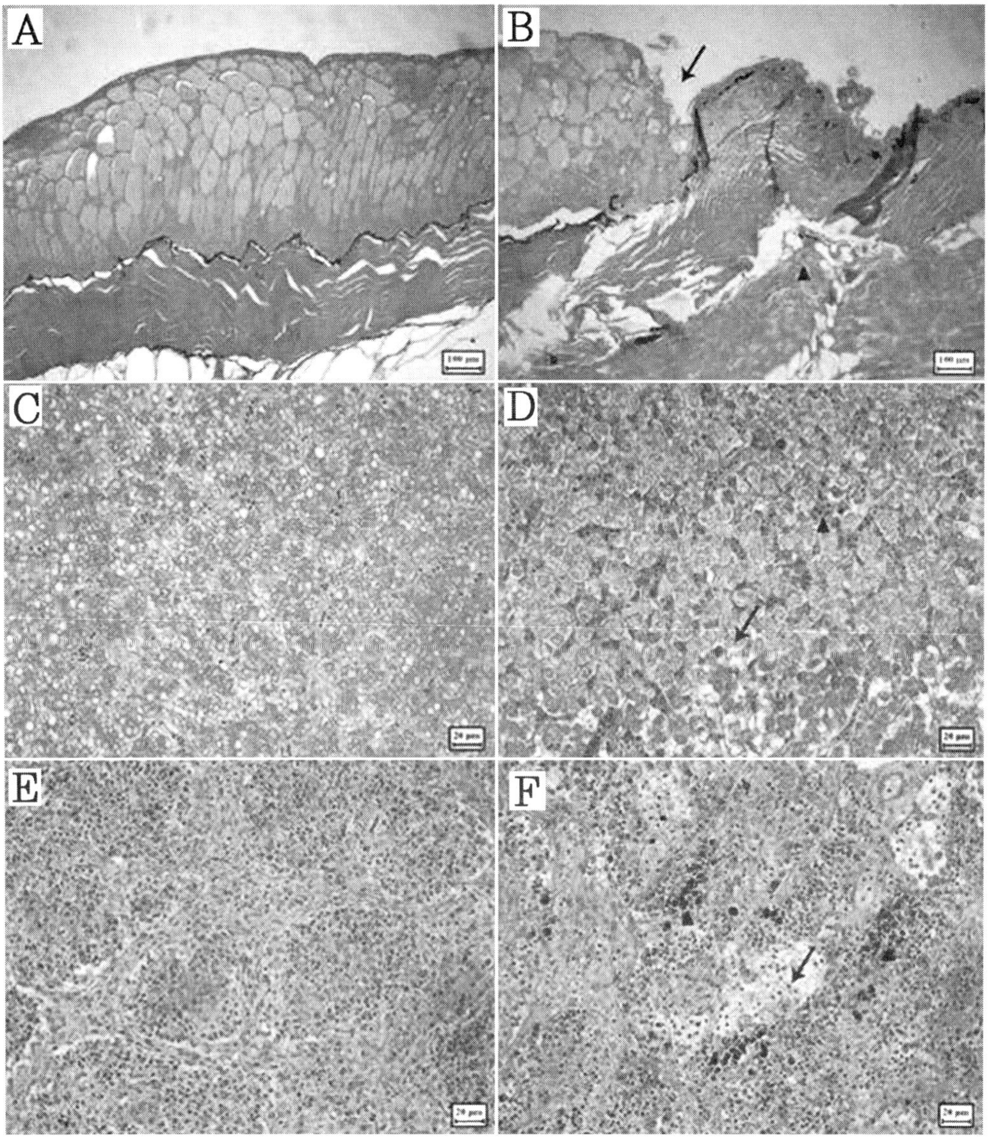

그림 2-25 건강개체(A, C, E)와 병든 개체(B, D, F)의 피부, 간장, 비장. B: 상피의 붕괴와 진피의 섬유세포의 괴사(화살표 머리) 및 치밀 결합조직의 염증세포(화살표). **D:** 출혈(화살표), 간세포의 종창(화살표 머리) 및 세포질의 투명화(cytoplasm rarefaction). **F**: 멜라노마크로파아지의 집합(화살표 머리), 림프조직의 괴사(화살표).

병리조직학적으로는 표피의 붕괴와 진피의 섬유소의 괴사 및 치밀결합조직의 염증세포의 현저한 침윤이 일어난다. 간세포는 종대되며 심한 출혈이 일어난다. 비장은 조혈조직의 괴사와 멜라노마크로파아지의 집합이 일어난다. 신장의 사구체도 종대되고, 세뇨관 상피세포는 변성되어 신장의 현저한 괴사가 유발된다.

소화관의 점막상피도 괴사되며, 아가미의 2차 새변에 부종과 박리가 일어난다.

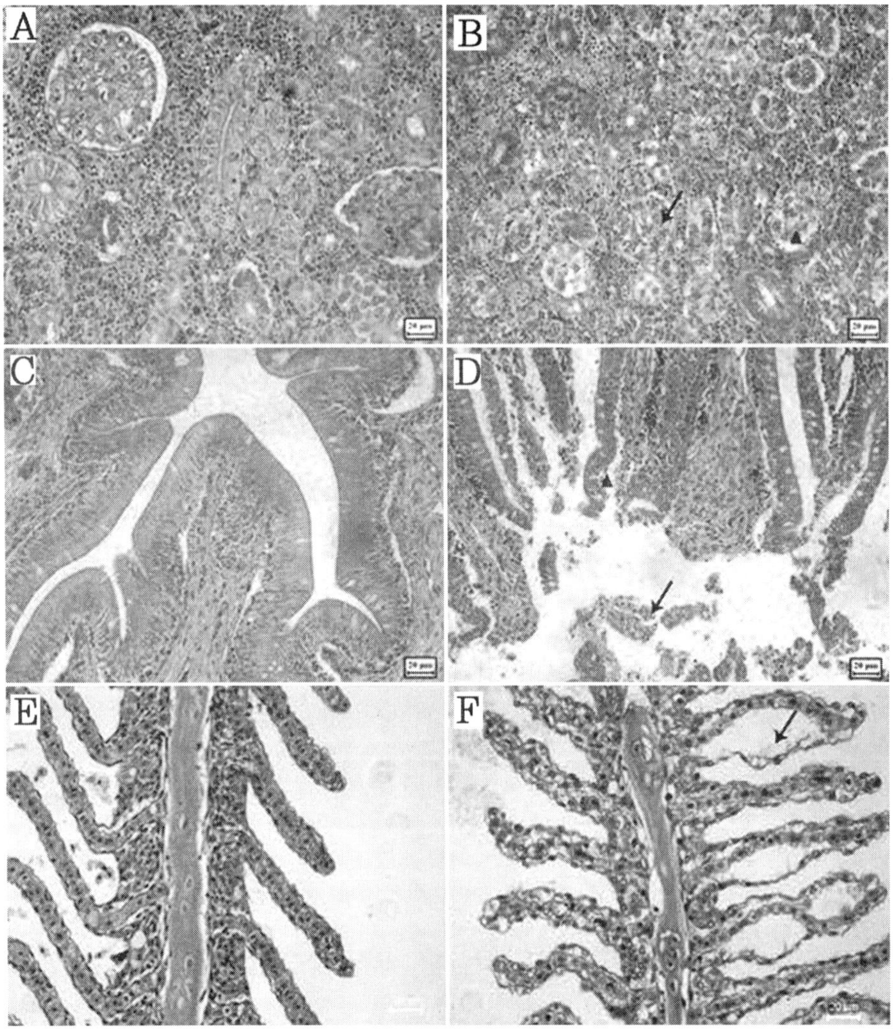

그림 2-26 **건강개체(A, C, E)와 병든 개체(B, D, F)의 신장, 소화관 및 아가미. B:** 사구체의 종창(화살표), 세뇨관 상피세포의 변성과 괴사(화살표). **D:** 괴사(화살표)와 점막 주름 구조의 붕괴(화살표 머리). **F**: 2차 새변 상피세포의 부종과 박리(화살표 머리).

5) *Pseudomonas*

(1) 기수역 사육 송어류(대서양연어, 무지개 송어 등)의 *Pseudomonas anguilliseptica*

비중 5~6.5‰, 수온 15~18°C의 기수역에서 가두리로 사육중인 송어류에 발생하는 경우가 있으며, 사망률은 최대 50%이며 oxytetracycline을 75 mg/어체중 kg으로 8일간 경구 투여하여도 효과가 없다.

병어는 피부 특히 복측의 피부, 입 부분 및 항문 부분에 점상의 출혈이 생기는 것이 특징이다. 점상의 출혈은 복벽, 간장 및 내장 지방조직에도 생기며, 비장은 종대되어 있다.

병리조직학적으로는 간의 색구조가 붕괴되고 부종이 생기며, 간세포의 혼탁종창, 간세포의 핵농축을 동반한 괴사가 생긴다. 신장에도 사구체 및 세뇨관에 부종이 생기며 때로는 상피세포가 박리되기도 한다. 세뇨관에는 상피세포에 초자적 변성이 생기며 심한 감염일 때는 세뇨관 관공내에 호산성의 물질이 축적되기도 하며, 조혈조직은 현저히 감소한다. 뱀장어의 적점병과 유사하지만 신장의 변화는 뱀장어에 비해 심한 편은 아니다.

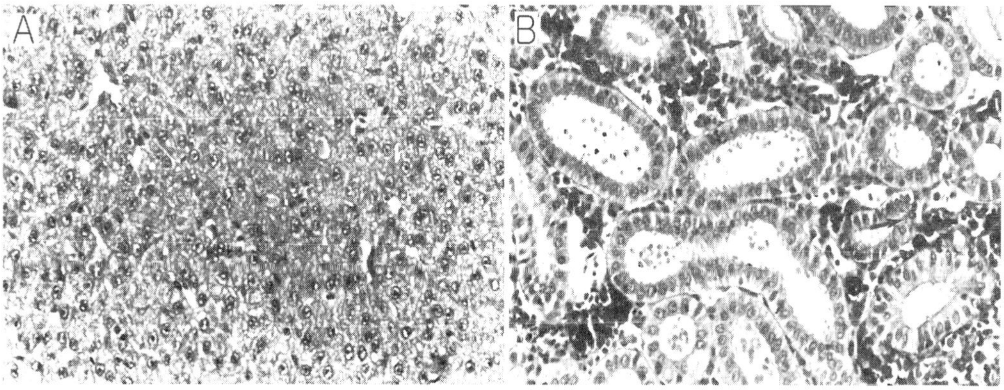

그림 2-27 **A:** 간장의 색구조의 붕괴와 부종. **B:** 신장의 세뇨관 상피세포의 초자적 변성(화살표), 관공내의 호산성의 물질 축적 및 조직내의 melanin의 축적. HE.

(2) 무지개송어의 *Pseudomonas putida*

*Pseudomonas*는 기회성 병원체로서 어류의 소화관내의 상재균임으로 수중에도 상재한다. 어류에서 분리되는 종류로서는 *Pseudomonas fluorescens, P. angulliseptica, P. aeruginosa, P. luteola*와 *P. putida*가 있다. *Pseudomonas*병의 일반적인 특징은 체색 흑화, 점상 출혈, 특히 등지느러미 기부에 부식, 복수의 축적, 안구돌출, 아가미와 간장의 빈혈 및 가슴지느러미와 꼬리지느러미의 심한 부식 등을 특징으로 한다.

무지개송어의 *Pseudomonas putida*감염은 *F. columnare, F. psychrophilum*, motile *Aeromonas* septicemia (MAS)와 증상이 유사하다. 또한 환부에 명확한 적색의 테두리에 둘러싸인 환부를 형성하는 *Aeromonas hydrophila*와도 유사하다.

그러나 *P. putida*감염은 특징적으로 등쪽의 피부에만 환부인 궤양이 형성되는 것이 특징이다. 이러한 증상을 나타내는 개체의 환부 도말표본에서는 길게 늘어난 활주세균은 발견되지 않으며, 발병시의 온도는 11.2~19.5°C 범위로 11°C는 *F. columnare*가 번식하기에는 너무 낮은 온도이며, *F. psychrophilum*이 발육하기에는 너무 높은 온도이다.

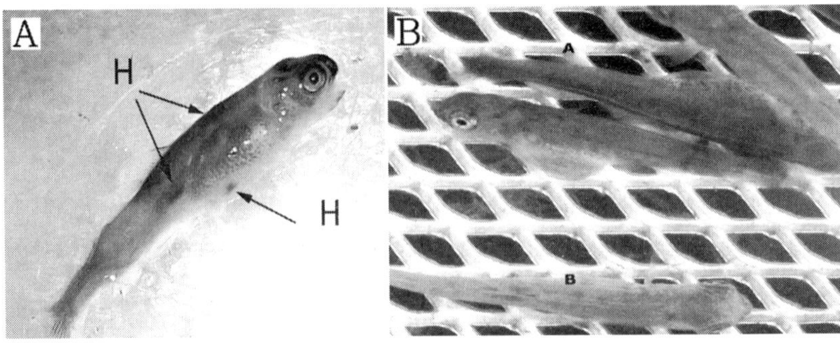

그림 2-28 **A:** 체표의 여러 군데의 출혈(H). **B:** 체색이 흑화된 감염개체(**A**)와 건강개체(**B**)의 비교.

무지개송어의 *Pseudomoans putida*감염의 특징으로는 등쪽의 근육부에 깊은 환부가 형성되기 때문에 근육이 노출되며, 등지느러미의 기부에 궤양형성으로 심할 때는 척추가 노출되어 신장을 외부에서 볼 수 있을 정도로 된다. 또한 안구돌출, 체색 흑화, 등지느러미가 갈라지며 등쪽의 피부에 궤양이 형성되는 것이 무지개송어의 *Pseudomoans putita*의 특징이라 할 수 있다. *Pseudomoans putida*와 *Pseudomonas fluorescens*의 API 20NE profile은 각각 *P. putida*: 0142457 또는 0140455이며, *P. flourescens*; 2056555이다.

*P. fluorescence*와 구분하기 위해서는 gelatin분해 음성, sucrose이용 음성 및 denitrification이 음성임을 확인하여야 한다. *P. putida*는 부패세균으로 산소가 존재하는 곳에서는 빨리 증식하는 세균이다. 양어지에서는 저질 속에 존재할 수 있기 때문에 물을 통하여 어체에 감염할 가능성이 높다. 감염환부에는 다른 세균도 존재할 가능성이 높지만 *P. putida*환부에서는 다른 균의 번식을 억제하기 때문에 단지 *P. putida*만이 분리되게 된다. *P. fluorescence*는 *V. anguillarum*과 *Aeromonas salmonicida*와 철의 이용을 경쟁함으로 억제하는 기능이 있으며, *P. fluorescence, P. putida* 및 *P. aeruginosa* 등의 *Pseudomonas*균은 *A. hydrophila*의 증식을 억제하는 능력이 있다.

그림 2-29 **A:** 무지개 송어의 등지느러미의 괴사. **B:** 등지느러미 기부의 괴사로 궤양의 척추 부근에 도달하여 신장이 보이는 경우도 있다.

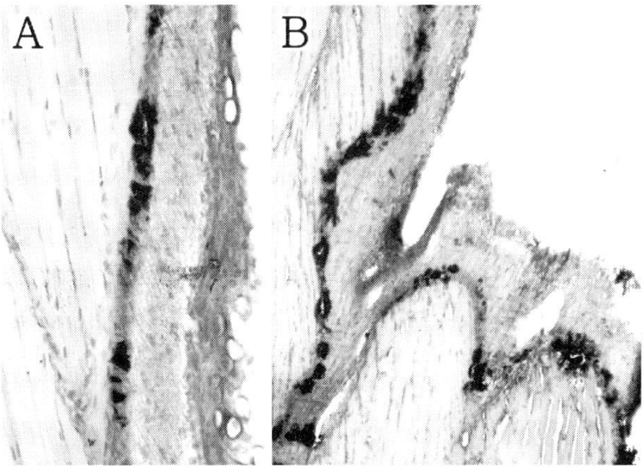

그림 2-30 ***Pseudomonas putida* 감염 환부**. 무지개송어의 정상 피부는 표피, 진피, 피하조직으로 구성되어 있으며, 표피에는 빈 공간의 형태로 보이는 단세포의 점액세포가 존재하는 것이 정상임. **A:** 감염 초기. 표피의 상피세포는 대부분이 괴사되어 박리 탈락. **B:** 표피의 대부분이 박리되어 표피 층이 박리.

분자생물학적으로는 진핵세균의 16S rRNA gene의 5′과 3′말단을 증폭시키기 위한 16S rRNA gene에 특이적인 universal primer인 1492R (5′-GGT TAC CTT GTT ACG ACT T-3′)와 27F (5′-AGA GTT TGA TCC TGG CTC AG-3′)를 사용하여 94°C 5min 반응 후, 30 cycles(94°C 30s; 50°C 30s; 72°C 90s) 증폭시킨 다음 최종적으로 72°C에 10분간 배양하여 전기영동하면 1492의 특이 밴드가 형성되며, *Pseudomonas fluorescence*는 이 밴드가 형성되지 않는다.

6) 활주세균병

(1) Sole과 turbot의 *Tenacibaculum soleae*

발병 시의 수온은 10~22°C로 감염어의 주된 증상은 몸통부와 꼬리의 궤양이 형성되는 질병이다. 이러한 증상이외에 간의 출혈과 퇴색, 지느러미, 턱 및 복부의 점상 출혈, 빈혈과 이상유영이 관찰되지만 외부 증상이 전혀 없는 개체도 있다.

병어의 궤양, 간장 및 신장을 *Flexbacter maritimus*배지에 접종하여 20°C 24~96시간 배양하면 *Vibrio harveyi*와 *T. maritimum*과 혼재되어 *T. soleae*가 분리되어진다. *T. soleae*는 선명한 노란색의 집락으로 그람 염색하면 5~15 μm의 간균이 분리되어진다.

PCR을 이용한 진단은 Sol-Fw(5′-TGC TAA TAT GTG GCA TCAC AA-3)와 Sol-Rv (5′-CAA CCC ATA GGG CAG TCA TC-3′)를 사용하여 95°C 5min간 initial denaturation시킨 다음 30사이클(95°C 30s; 60.8°C 20s; 72°C 20s) 반응시킨 후, 72°C 5 min간 final extension시킨 산물을 전기영동시키면 248 bp의 산물이 얻어신다.

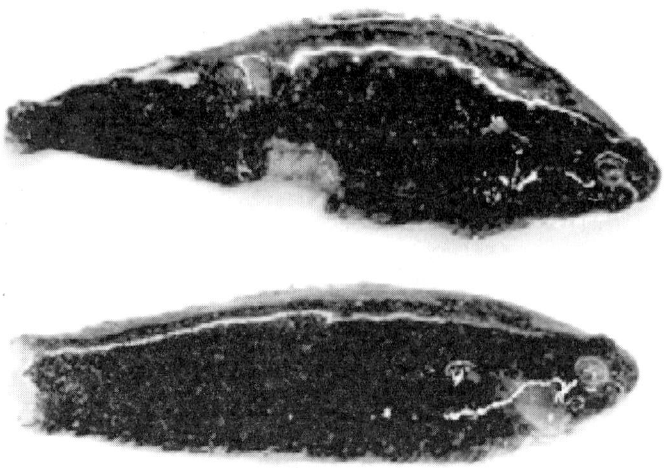

그림 2-31 ***Tenacibaculum soleae* 감염어.** 몸통부의 궤양, 꼬리의 부식 및 아가미 뚜껑에 궤양이 형성되는 것이 주요 증상임.

(2) Senegalese sole(*Solea senegalensis*)의 *Tenacibaculum maritimum*

인위 감염시키면 감염 24시간 후에 주사한 피부에 접종 부위에 종대가 일어나고 이어서 표피가 괴사되어 부식되면서 환부에서는 비늘이 소실되고 주변부에는 충혈이 생기는 괴사성의 환부가 형성된다. 또한 등지느러미의 기부에 충혈과 지느러미의 막에 점상의 출혈이 생긴다.

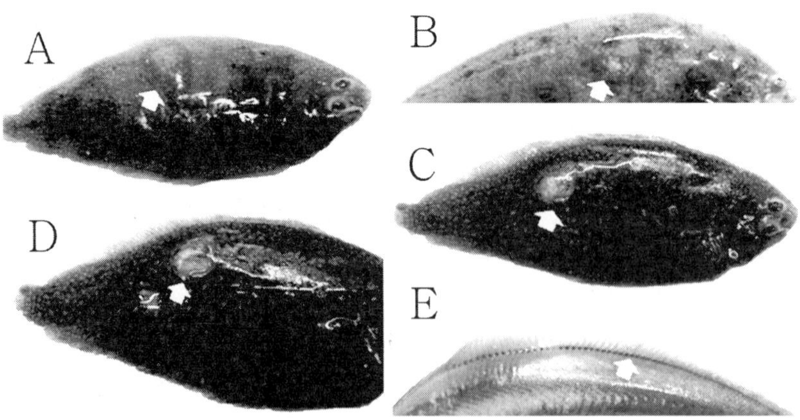

그림 2-32 **A:** 근육주사 24시간 후의 변화. 주사 부위의 종대. **B-C:** 48시간 후. 접종 부위의 표피가 괴사 박리됨으로 인해 비늘이 탈락되고 환부의 주변부에 충혈이 형성. **D:** 7일 후. 궤양 환부가 아래 부분의 근육층에 까지 도달. **E:** 48시간 후. 등지느러미 기부의 충혈 및 지느러미 막의 점상출혈(화살표).

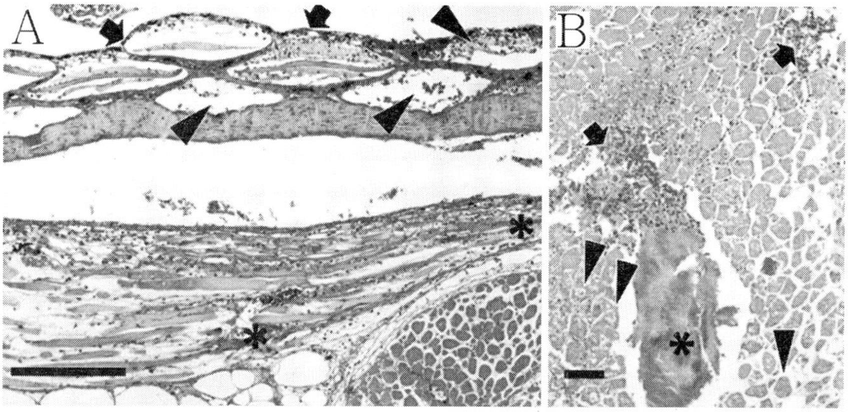

그림 2-33 **A:** 궤양 주변의 피부는 표피가 소실(화살표), 비늘 주머니의 확장, 비늘의 탈락 및 염증과 수종이 형성(화살표 머리). 피하 지방조직의 괴사와 근육층상층부의 가벼원 염증(*). **B:** 접종 부위의 괴사(*)와 근육의 변성(화살표 머리). 염증반응(화살표). HE. Bar=500 μm(A), 150 μm(B).

병리조직학적으로는 접종 부위에 비늘이 박리되면서 표피가 소실되고, 비늘 주머니는 수종성의 액체와 염증세포로 채워져 종대된다. 괴사는 피하의 결합조직으로 확대되어 근육의 바깥층에 가벼운 염증반응이 일어난다. 그러나 내장기관에는 아무런 이상이 발견되지 않는다.

(3) 은어의 흉부 궤양병의 *Flavobacterium psychlophilum*

폐사어는 거의 대부분이 흉부의 궤양이 형성되어 있으며, 유영하고 있는 개체도 폐사어보다는 크기가 작지만 역시 흉부에 궤양이 형성되어 있다. 궤양이 심한 경우에는 심장이 보이는 개체도 있다. 아가미, 궤양, 가슴지느러미, 꼬리지느러미의 도말표본을 만들어 검경하면 진균 또는 기생충은 확인되지 않으며, 궤양 부위에서는 많은 장간균이 확인되며, 다른 내장기관에는 이상이 없다.

원인균의 분리는 modified cytophaga agar(MCY: tryptone 0.2%, yeast extract 0.02%, sodium acetate 0.02%, beef extract 0.02%, calcium chloride 0.02%, agar 1.5%)에 신장과 환부를 접종하여 15°C에 5일간 배양하면 신장과 환부에서 원인균이 분리된다.

침지 감염실험에서 흉부에 인위적 상처를 낸 어류는 재감염이 성립하지만, 상처가 없는 개체는 감염되지 않는 것으로 보아 흉부의 궤양형성은 조직의 손상과 밀접한 관련이 있다. 궤양병이 발생하는 양어장은 고밀도 사육(ton당 2~3 kg)을 하고 있기 때문에 양어지의 바닥이나 벽면에 흉부를 포함한 체표에 접촉 빈도가 높아지기 때문에 피부에 상처가 났을 것으로 추정할 수 있다. 침지 감염 실험은 동결보존한 균액 0.5 ml를 해동하여 CGY broth (casitone 0.5%, gelatain 0.3%, yeast extract 0.1%)를 2배 희석한 액 200 ml에 첨가하여 15°C에 24시간 전 배양한다. 이 배양액 40 ml를 다시 같은 조성의 배지 1 L에 첨가하여 15°C 16시간 배양한다. 배양액을 지하수로 4배로 희석하여 총 4 L의 공격균액을 만들어 18°C에 30분간 어류를 침지하여 감염시킨다. 증상이 나타낸 개체는 수온을 27~28°C로 올려 사육하면 폐사는 방지할 수 있다.

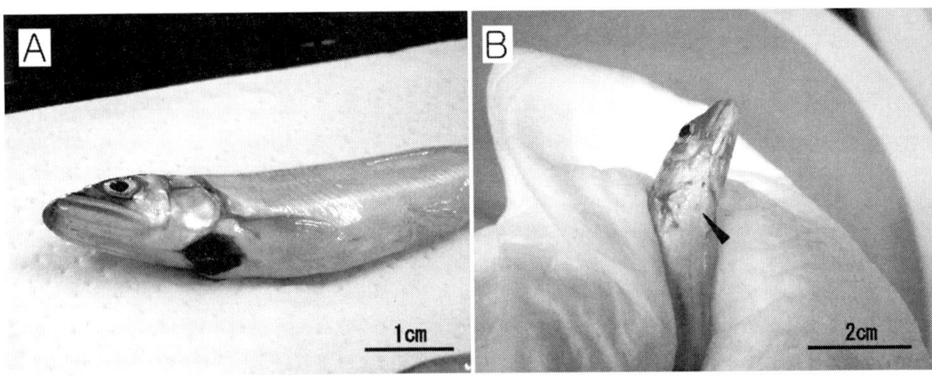

그림 2-34 **A**: 복부의 가슴 부위에 궤양이 형성된 자연 발생어. **B**: 인위감염실험에서 감염시키기 전의 인위적 찰과상(화살표). 기존의 냉수병의 증상과 동일하게 아래턱의 결손 및 턱 주변부에 발적이 생기는 개체도 존재.

(4) Russian sturgeon(*Acipencer gueldenstaedtii*)의 *Flavobacterium hydatis* 감염 출혈성 패혈증

감염어는 체색이 검어지며, 두부의 복측 피부와 지느러미의 기부 및 ganoid 비늘의 주변에 출혈이 생긴다. 아가미는 울혈, 출혈 및 괴사되며, 아가미의 상피세포는 증생, 괴사되어 박리된다. 해부하여 보면 내장기관에 울혈이 생기며, 개체에 따라서는 간장이 검은 색으로 변하는 것도 있다.

병리조직학적으로는 신장과 비장의 조혈조직의 감소가 일어나며, 비장의 세포는 괴사된다. 신장의 세뇨관 상피와 세뇨관은 부종을 일으키며, 상피세포는 변성되어 괴사된다. 감염된 간장에는 여러 곳의 액화괴사소와 출혈소가 발견되며, 심근에도 국소적 괴사소가 형성된다.

간장에는 여러 개의 멜라노마크로파아지센터와 액화괴사소가 발견된다. 소화관과 위의 점막 상피는 괴사되어 관공으로 박리된다.

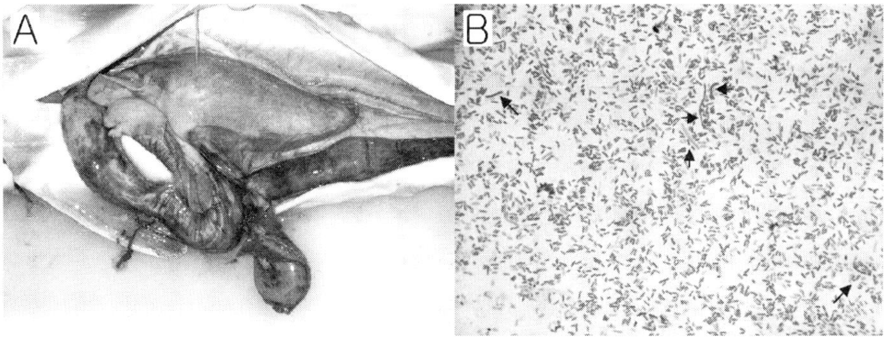

그림 2-35 **A**: 내장기관의 울혈과 출혈. **B**: 배양 초기의 긴 실 모양(화살표)의 *Flavobacterim hydatis* 의 그람 염색.

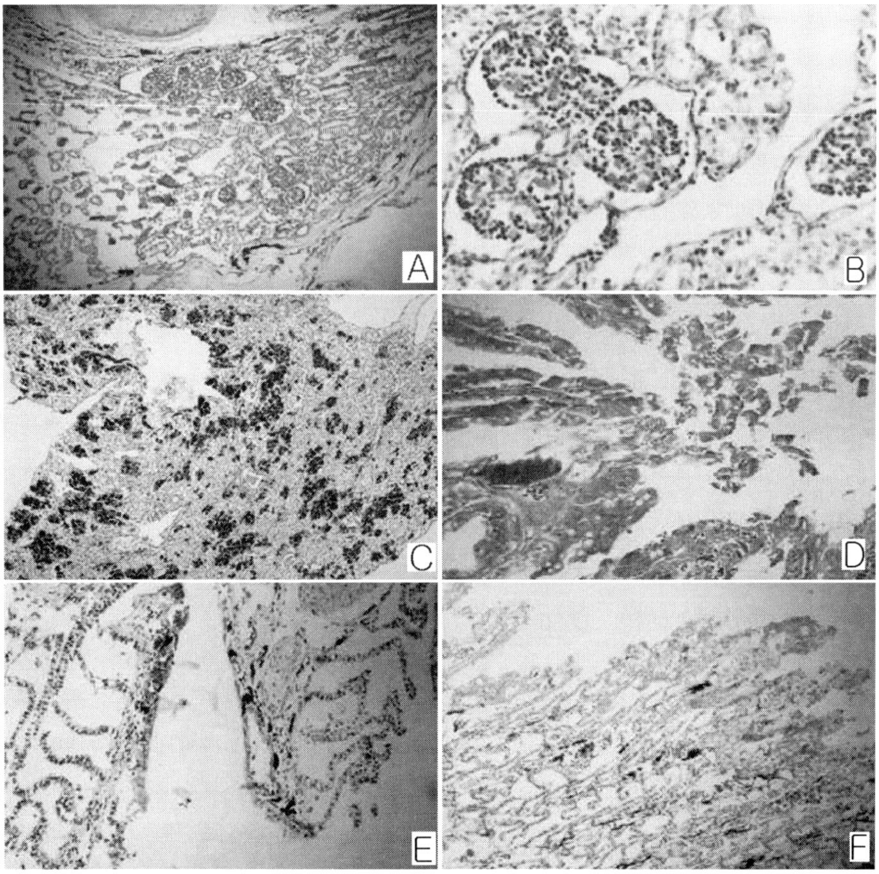

그림 2-36 **A:** 신장 조혈조직의 감소와 변성되어 괴사되는 세뇨관. **B:** 사구체 주변의 수종(periglomeruler oedema)과 출혈. **C:** 감염 간장의 여러 곳의 멜라노마크로파아지센터. **D:** 소화관의 괴사성 점막상피와 상피세포의 관공으로 박리. **E:** 새변의 울혈과 출혈. F: 괴사성 새변 끝 부분의 출혈과 상피세포의 증생.

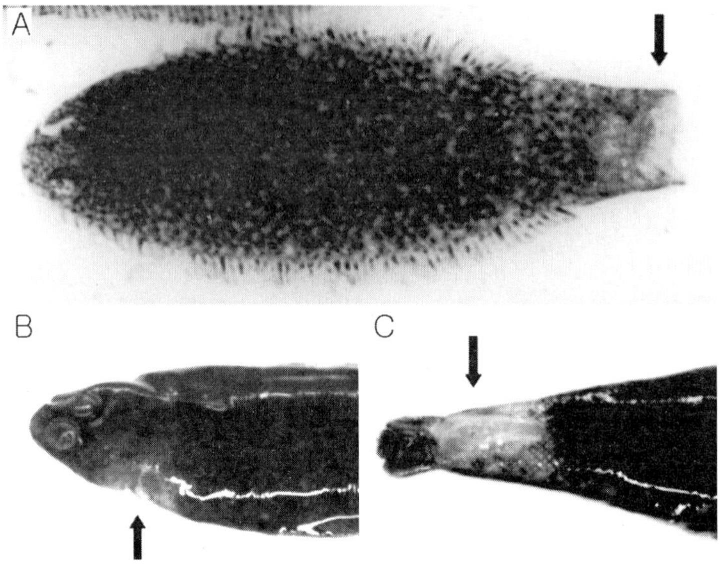

그림 2-37 **전형적인 외부 증상.** 지느러미 부식(**A**)과 피부(**B**) 및 미병부(**C**)의 궤양.

(5) Sole(*Dicologoglossa cuneata*)의 *Tenacibaculum maritimum*

감염어는 피부와 꼬리에 궤양이 형성되지만, 내부 증상은 없지만 때로는 간장이 퇴색되거나 출혈이 생긴 경우도 있다. 환부의 도말표본에서는 많은 사상균이 발견된다. 발병 시의 수온은 20.5°C였으며, 1~3주 동안의 폐사율은 18% 정도이다. 환부를 FMM에 접종하여 20°C에 배양하면 균의 분리가 가능하다. 또한 꼬리의 궤양 부위에서는 항상 *Vibrio*균이 함께 분리되어진다.

7) *Photobacterium*

(1) *Photobacterium damsalae* subsp. *damselae*

Photobacterium damselae subsp. *damselae*는 온대성 및 냉수성 어류에 피부 궤양을 유발하는 호염성 세균으로 분리 당시에는 *Vibrio damsela*로 분류되었던 세균이다. *Photobacterium*에는 방어의 유결절증 원인균인 *Pasteurella piscicida*로 분류되었다가 *Photobacterium damsalae* subsp. *piscicida*가 있지만 형질적으로 2종은 차이가 나지 않기 때문에 같은 종으로 취급해야 한다는 주장도 있었다. 그러나 분자생물학적 기법이 발달함에 따라 2종은 16S rRNA와 urease C genes의 primer를 사용한 PCR로서 구분할 수 있다. 즉 *P. damsalae* subsp. *damselae*는 16S rRNA와 urease C genes의 primer를 이용한 PCR에 각각 267 bp와 448 bp의 밴드가 형성되지만, *P. damsalae* subsp. *piscicida*는 urease gene이 없기 때문에 448 bp는 형성되지 않고 단지 267 bp의 밴드만이 형성됨으로 구분할 수 있다.

표 2-1 ***Photobacterium*의 BHIA와 TCBS-1에서의 발육.**

Bacterial strains	Growth on BHIA	Growth on TCBS-1
P. damselae ssp. *piscicida* (lab isoalte)	+	–
P. damselae ssp. *piscicida* (Taiwan)	+	–
P. damselae ssp. *piscicida* (CCRC 17065)	+	–
P. damselae ssp. *damselae* (CCRC 13854)	+	G
P. damselae ssp. *damselae* (CCRC 15429)	+	G

G, green colonies.

Histamine을 생산하는 종으로 *Photobacterium histaminum*라는 균도 보고되었지만 *Photobacterium damselae* subsp. *damselae*도 histamine을 생산함으로 같은 종으로 합쳐졌다.

Photobacterium damselae subsp. *damselae*와 *P. damselae* subsp. *piscicida*의 구분법은 TCBS-1배지를 이용할 수 있다. 즉, *Photobacterium damselae* subsp. *damselae*는 TCBS-1에 녹색의 집락이 형성되지만(Love, 1981; Thyseen et al, 1998), *P. damselae* subsp. *piscicida*는 발육하지 못한다(Toranzo et al., 1991; Zirrilla et al., 1998). 그럼으로 2종을 구분하기 위해서는 식염을 1% 첨가한 TCBS-1이 유용하다.

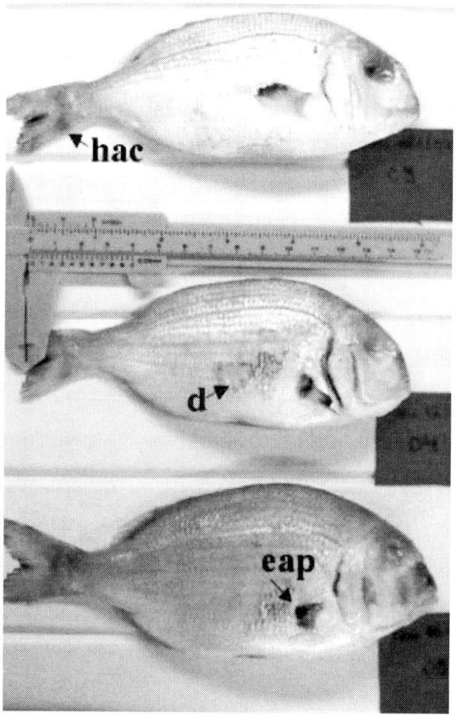

그림 2-38 병어의 내부 증상. 꼬리지느러미의 출혈(hac), 체표 박리((d), 가슴지느러미 부식(eap).

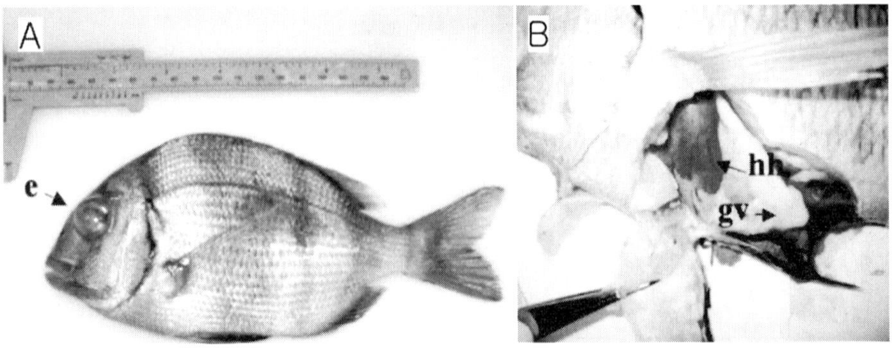

그림 2-39 병어의 내외부 증상. 안구돌출(e), 간의 출혈(hh), 내장지방의 축적(gv), 신장 종대.

P. damselae subsp. *damsellae*는 식염을 1% 첨가한 TSA-1과 TSB-1에 전배양하고, *P. damselae* subsp. *piscicida*는 식염 1% 첨가한 BHIB-1 또는 BHIA-1에 전배양한다. 또한 PCR법으로 진단하고자 할 때 세균을 식염수에 부유시켜서 DNA를 추출하면 식염의 영향 때문에 증폭이 안 될 경우도 있기 때문에 멸균증류수에 현탁시켜 사용하는 것이 좋다.

또한 *Photobacterium damselae* subsp. *damselae*는 TCBS에 녹색의 집락이 형성되지만, *P. damsalae* subsp. *piscicida*는 발육하지 않는 것도 차이점이다.

병어의 신장과 비장 또는 출혈을 일으키고 있는 눈 주변의 근육을 식염 1% 첨가한 TSA 또는 TCBS에 접종하여 배양하면 원인균을 분리할 수 있으며, TCBS에 녹색 집락이 형성된다. 분리균은 그람 음성의 운동성 균으로 다형성을 나타냄으로 때로는 기다랗게 휘어 있는 연쇄상을 띄는 경우도 있다. 옥시다제와 카타라제에 양성, 0/129(10과 150 μg/disc)에 감수성, MR-VP 양성, urease양성, gelatin액화 음성, sucrose이용 음성을 나타낸다.

증상은 *Vibrio*병과 매우 유사하지만, 주된 증상은 안구돌출(exophthalmia), 체색흑화(dark skin pigmentation), 체표에 출혈과 궤양형성이며, 내부적으로는 복수의 축적에 의한 복부 팽만, 점상의 출혈을 동반 또는 비대된 지방간, 신장의 종대 및 내장 지방의 축적 등이라 할 수 있다.

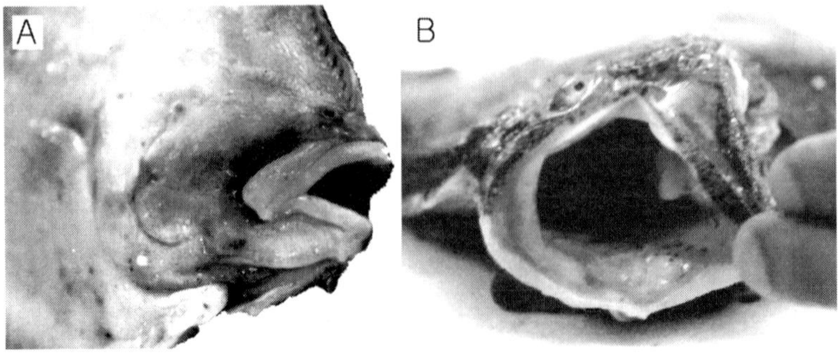

그림 2-40 감염 turbot. 입주변(**A**)과 구강내 및 턱부분(**B**)의 출혈.

농어의 증상은 복수의 축적에 의한 복부 팽만, 아가미의 흑변, 항문 주변의 노란색으로 변성, 안구돌출이 생기며, 해부하면 노란색의 젤라틴성의 복수가 축적 및 간장의 출혈이 생긴다.

Turbot의 가장 현저한 특징은 복부의 팽만과 안구, 입 주변 및 항문 주변의 출혈이다. 입 주변에 출혈이 생긴 경우에는 입 내부와 턱에도 출혈이 생긴다. Turbot의 이러한 증상은 송어류의 *Yersinia ruckeri*감염에 의한 enteric red mouth병과 유사하다. 내부증상은 적색의 점액성 복수가 축적되며, 간의 퇴색과 점상출혈이 보인다.

(2) *Photobacterium damsalae* subsp. *piscicida*

빨판매가리속 황금매가리(*Trachinotus ovatus*)의 *Photobacterium damselae* subsp. *piscicida* 성장이 빠르기 때문에 최근 중국에서 해상 가두리로 양식하기 시작한 황금매가리는 *Pseudomonas maltophila, Nocardia seriolae* 및 *Vibrio vulnificus* 등이 발병하는 것으로 알려져 있다.

감염어는 외부 증상은 거의 없이 대량 폐사가 유발된다. 해부하면 신장 및 비장에 직경 2~3 mm의 결절이 발견된다.

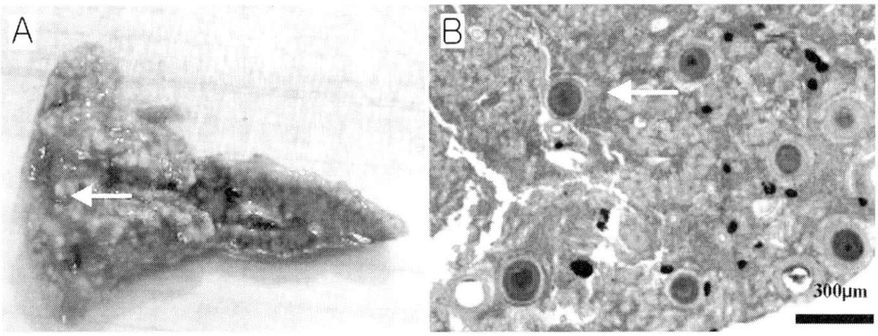

그림 2-41 **A:** 신장 표면의 백색 결절. **B:** 신장 내의 결절(화살표). HE.

8) *Mycobacterium*

어류에서의 *Mycobacterium*에 의한 육아종의 형성과정 즉 육아종이 형성되어 가는 단계는 3단계, 즉 cellular granuloma(=recent granuloma), necrotic-core granuloma (=intermediate granuloma) 및 laminar granuloma(=late/older granuloma)의 3단계로 나눌 수 있다.

Cellular granuloma는 약한 호산성의 과립상의 세포질과 난원형의 엷게 염색되는 원형세포인 마크로파아지가 집단을 이루에 타원형으로 배열되어 있는 상태가 특징이다. 항산성균은 마크로파아지의 내외에서 많이 발견된다.

Necrotic-core granuloma는 육아종의 중심부에 응고 괴사된 국소가 있고 그 바깥을 1층의 엷은 편평세포가 싸고 다시 그 외곽을 마크로파아지가 싸고 있다. 주변을 싸고 있는 마크로파아지 내에서보다는 중앙부의 괴사소에 더 많은 항산성균이 발견된다.

Laminar granuloma는 여러 층의 강한 호산성의 치밀한 괴사물질이 소용돌이 또는 나선형으로 배열되어 있고, 그 외각을 1층의 엷은 편평세포가 싸고 있는 것이 특징이다. 층상육아종의 초기에는 중심부의 괴사 국소에 항산성균에 더 많지만, 후기 층상 육아종에서는 중심부 층에서도 항산성균이 발견되지 않는다.

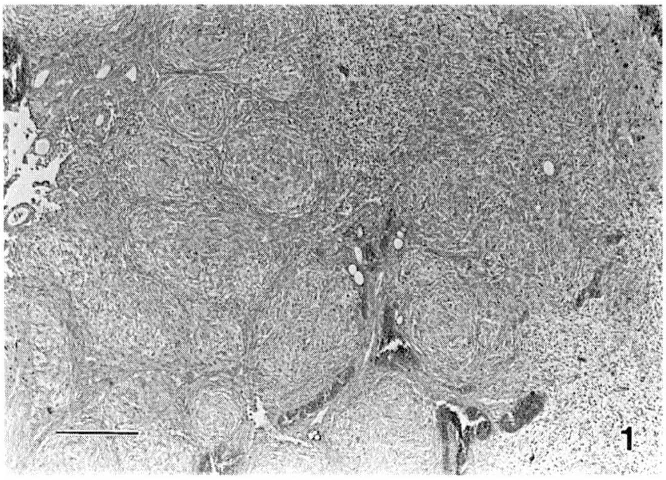

그림 2-42 비장의 육아종이 형성되기 이전의 cellular granuloma(=pre-granulomatous lesion). 원형의 유상피세포가 원형 또는 타원형으로 배열. Ziehl-Neelsen stain. Bar=200 μm.

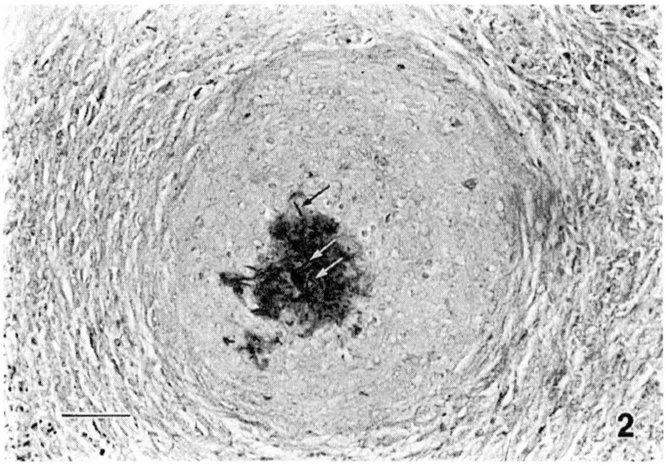

그림 2-43 신장에서 발육 중인 육아종 내부의 드문드문하며 길게 늘어난 원인균. Ziehl-Neelsen stain. Bar=20 μm.

*Mycobacterium*이 감염되면 감염 4주까지는 표적기관인 신장과 비장 특히 비장에 균이 없는 상태의 육아조직이 광범위하게 출현하기 시작하는데, 육아종을 형성하기 이전 단계의 환부로서 유상피성의 마크로파아지가 현저하게 침윤하여 원형 또는 나선형의 집합체를 형성하기 때문에 cellular granuloma 또는 육아종 형성 이전의 환부(pre-granulomatous lesion)라고 한다.

4~6주 동안에는 육아종의 중심부에 세균이 출현하지만 섬유세포는 발견되지 않으면서 결절을 형성하기 시작한다. 이때의 세균은 길게 늘어난 모양, 직선 및 구부러진 모양이다.

8주 이후부터는 서로 다른 발육 단계에 있는 육아종이 서로 융합되어 다소성의 육아종(multifocal granuloma)가 출현하면서 비장 조직은 심하게 붕괴된다. 유상피세포는 변성을 일으켜 육아종 중앙부의 괴사 부스러기의 치밀한 중심부로 되지만, Ziehl-Neelsen염색의 carbol fuchsin에 대한 염색성은 유지하고 있다. 이러한 중심을 유상피세포가 피포하고, 그 외곽을 신장된 모양의 방추형의 섬유아세포 형태가 다시 피포하게 된다. 이 단계에서부터 육아종의 중심부에 있는 점액세균은 응축되어 중심의 주변부에 있는 세균에 비해 1~3 μm 정도로 현저하게 짧아진다. 섬유아세포와 교원섬유가 육아종 환부 전체를 피포하게 된다. 이때에 비장의 모세혈관은 고유의 구조를 상실하면서 비장이 종대되어 비대하게 된다.

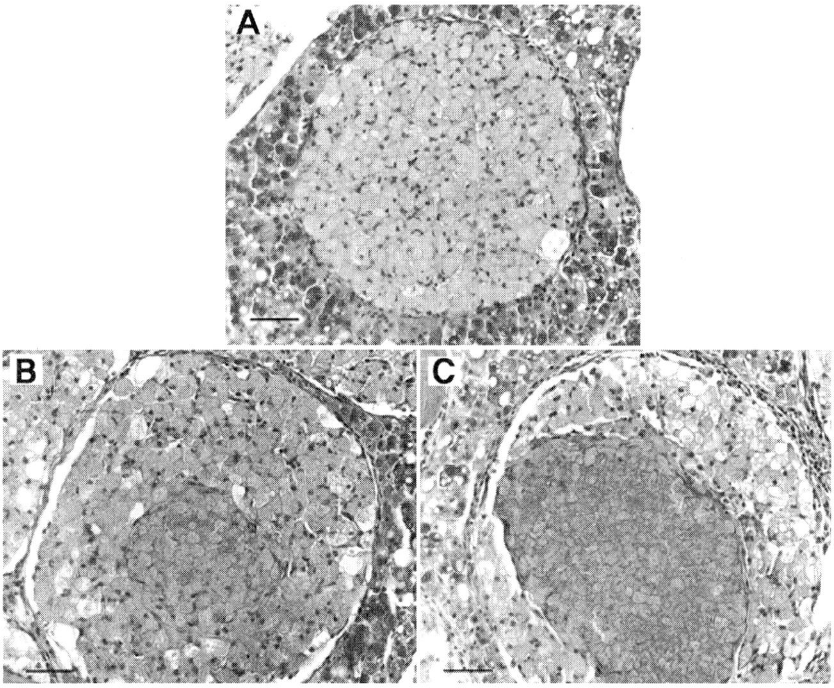

그림 2-44 **A:** 간장의 세포성 육아종(cellular granuloma). 타원형으로 배열된 마크로파아지. **B-C:** 육아종의 중심. 육아종의 형성 초기에는 중심부에 응고 괴사소가 존재. **C:** 간장 성숙된 육아종의 중심은 대형의 응고괴사소가 편평세포에 연결되어 있고 다시 마크로파아지에 의해 피포. HE. Bar=25 μm.

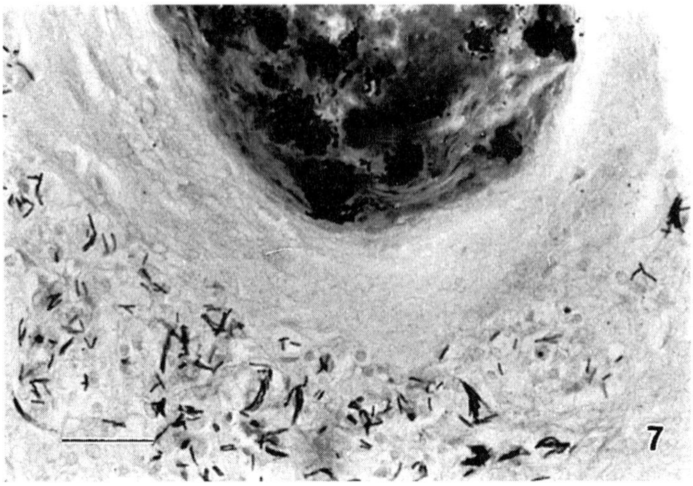

그림 2-45 **20주 후.** 육아종의 중심부는 여러 층의 유상피세포에 피포. 불규칙한 모양을 한 육아종의 중심부에 원인균이 응축되어 중앙부를 싸고 있는 주변부에 있는 세균보다 크기가 현저히 짧아짐. Ziehl-Neelsen stain. Bar=20 μm.

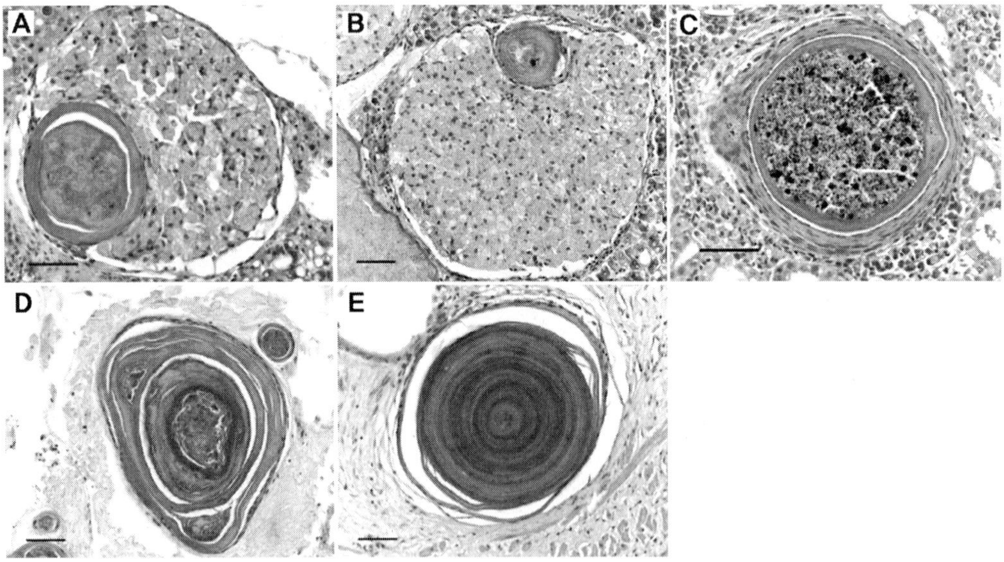

그림 2-46 **층상의 육아종(laminar granuloma).** 육아종의 중심의 괴사소가 층상의 육아종으로 변화는 과정을 표시. **A:** 중심부의 응고 괴사소는 점차 융해괴사에 의해 부정형의 호산성의 물질로 바뀌면서 여러 층의 호산성의 물질에 싸이게 되고 그 바깥을 편평한 모양의 방추형의 세포가 피포함. **B:** 괴사소 중심이 테두리로 밀려나서 최종적으로 육아종에서 방출. **C-D:** 육아종 중에는 lithic necrosis의 중심부가 대형(D)이지만, 때로는 더욱 육아종이 진행되어 층상의 괴사 물질의 뚜렷해짐(D). **E:** 성숙한 층상의 육아종은 중심부의 부정형의 중심부가 없이 완전히 층상의 물질로만 구성. 간장(**A**. **B**), 신장(**C**), 위(**D**) 및 소화관(**E**). Bar=25 μm.

18주 이후부터는 육아종은 점차 숫자가 줄어들면서 육아종의 중심부는 응축되어 교원섬유가 싸고 있는 부분에서 점차 주변의 정상의 비장 조직과 분리되게 된다. 또한 일부의 육아종은 유상피세포와 마크로파아지로 대체되어, 단지 소수의 점액세균만 내부에 가지고 있고, 어떤 경우에는 조직학적으로 점액세균의 발견되지 않는 경우도 있다.

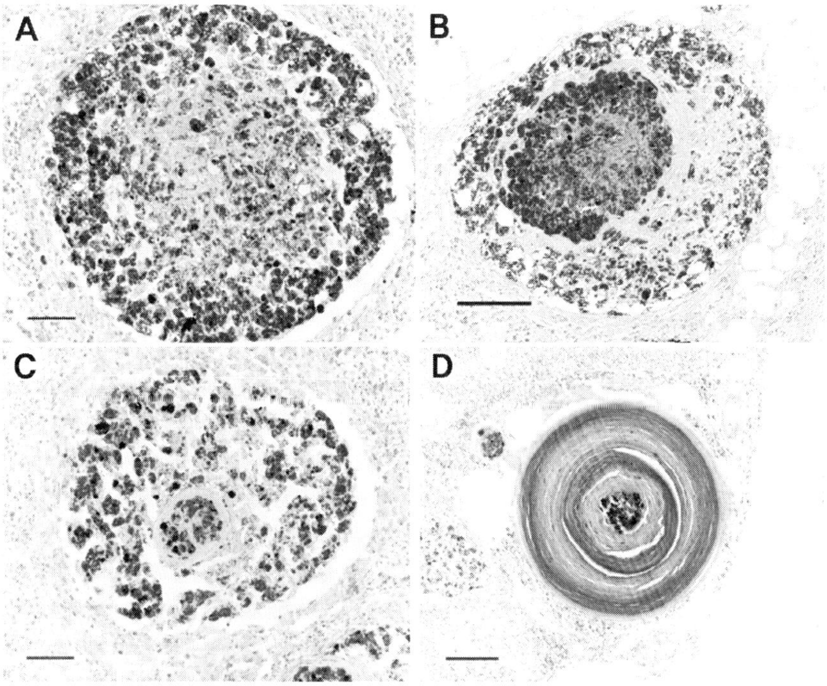

그림 2-47 간장 육아종의 발육단계별 항산성균의 변화. Cellular granuloma 내의 마크로파아지 내외(**A**), necrotic-core granuloma의 괴사 중심(**B**) 및 laminar granuloma의 초기 단계(**C**)에는 수많은 항산성 간균이 존재하지만, 후기 laminar granuloa(D)에는 항산성균이 존재하지 않음. Ziehl-Neelsen stain. Bar=25 μm(**A**, **C**) 및 50 μm(**B**, **D**).

(1) Turbot

병어는 대부분 외관상 증상이 없지만 때로는 지느러미 기부에 결절이 형성되며, 한쪽 또는 양쪽의 눈이 돌출한다. 내부 증상은 신장, 비장 때로는 간장의 표면에 회백색의 결절이 형성되어 있다. 소화관이나 생식소에 결절이 형성되지만 매우 드물다. 조직별로는 신장과 비장에 결절이 형성되는 빈도가 가장 높다.

증상이 있는 병어 또는 증상이 없는 병어의 환부를 Lowenstein-Jensen (L-J) medium에 접종하여 25°C에 배양하면 7~10일 후에 크림색의 거친 집락이 형성된다. 이러한 집락에 빛을 쪼이면 노란색으로 변한다. 집락의 형태와 빛을 쪼였을 때 집락의 색깔이 변하는

photochromogenic character는 *Mycobacterium*의 특징이다.

Mycobacterium 종특이 프라이머인 T39 (5′-GCG AAC GGG TGA GTA ACA CG-3′)와 TI3 (5′-TGC ACA CAG GCC ACA AGG GA-5′)를 사용하여 PCR 반응시키면 924 bp의 밴드가 형성된다. PCR 조건은 95°C 5분간 denaturation시킨 다음 30 cycles(of 94°C 1min; 50°C 1min; 72°C 1min) 후 72°C 10분간 final extension시킨다.

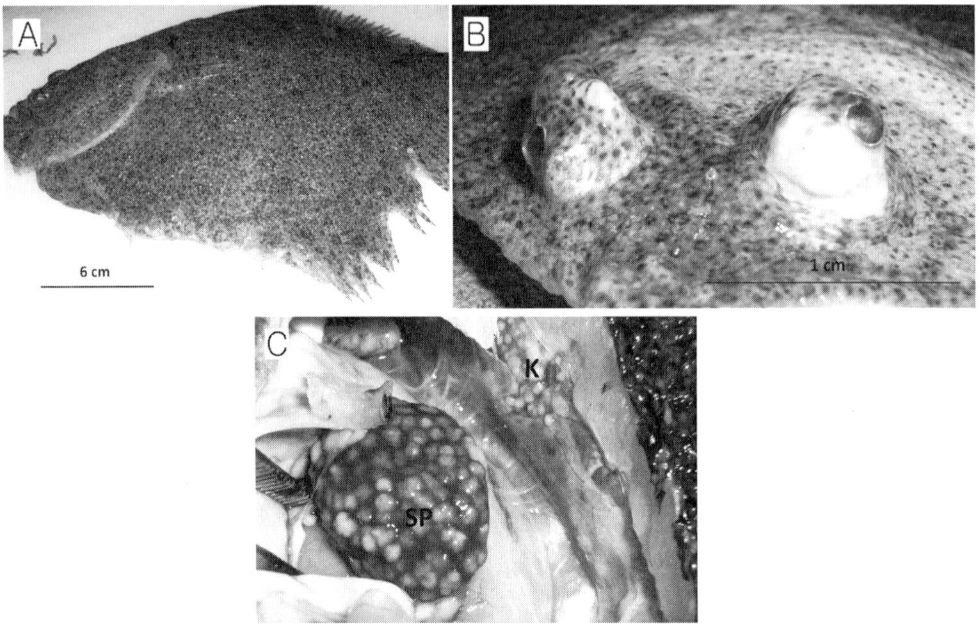

그림 2-48 **A:** 지느러미 기부에 황백색 결절 형성과 출혈. **B:** 대형의 백색 결절에 때문에 안구가 돌출된 병어. **C:** 비장(SP)와 신장(K)의 회색 결절.

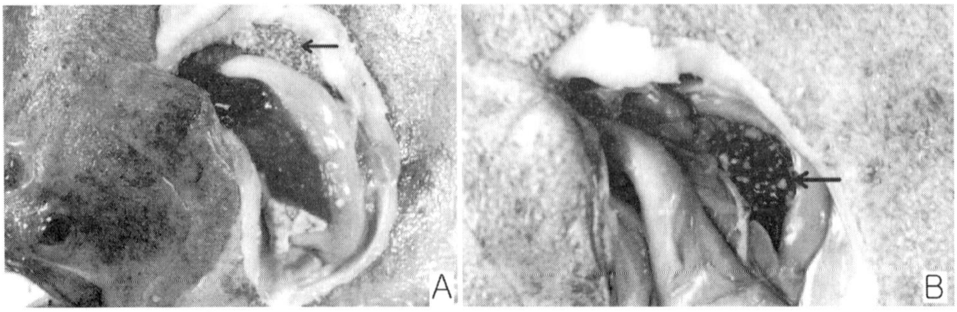

그림 2-49 **신장(A)과 비장(B)의 백색 결절인 육아종.**

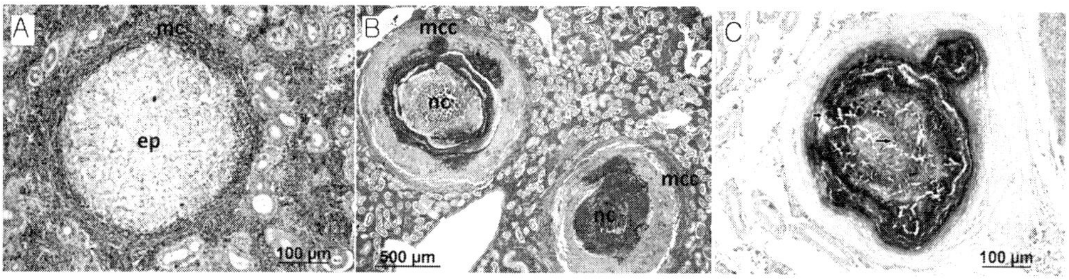

그림 2-50 **A:** 유상피세포(ep)와 단구(mc)로 구성된 신장의 초기 육아종. **B:** 중심부의 괴사물질(nc)와 단구(mcc)에 피포된 신장의 육아종. **C:** 육아종 내의 항산성균(화살표). HE(**A** & **B**), Ziehl-Neelsen(**C**).

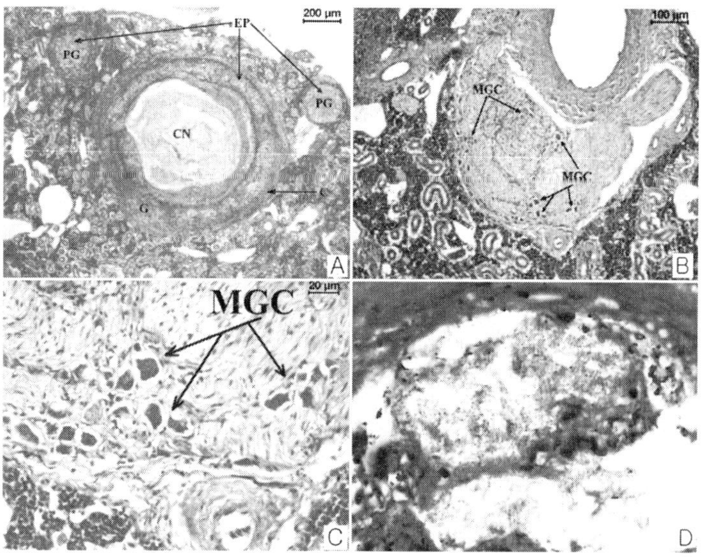

그림 2-51 **A:** 신장의 여러 가지 발육단계의 육아종. 섬유성의 피막(C); 응고괴사(CN); 유상피세포(EP); 성숙육아종(G); pregranulomatous lesions(PG). **B-C:** 비정형의 단핵의 거대세포(atypical mononucleated giant cell, MGC). **D:** 폐사어의 신장. 항산성균은 많은 지질의 존재에 의해 과립상을 띈다. HE(**A-C**), Ziehl-Neelsen(**D**).

병리조직학적으로는 육아종성의 환부가 형성되며, 육아종의 중앙부는 유상피세포가 있고 그 주변을 염증성의 단구 또는 림프구가 싸고 있는 형태이다. 육아종의 대부분은 중앙부가 괴사되고 단구가 많은 피막을 형성하는 형태로 발견된다. 조직표본 중에는 Ziehl-Neelsen염색에 양성인 항산성균이 육아종의 중심부에서 발견되기도 한다.

성숙한 육아종은 유상피의 집합체로 주변은 엷은 섬유성의 피막에 싸여 있고, 때로는 중앙부가 응고괴사되어 있다. 랑거한스형의 거대세포는 발견되지 않지만 때로는 육아종의 유상피층에 비정형의 단핵의 거대세포가 발견된다.

(2) 철갑상어(*Acipenser gueldenstaedtii*)

병어는 간장과 신장에 여러 개의 백색 결절이 형성된다. 간장과 신장에서 여러 곳의 융합된 결절이 주로 마크로파아지, 유상피세포 및 소수의 림프로 구성된 육아종성 염증세포로 구성되어 있다.

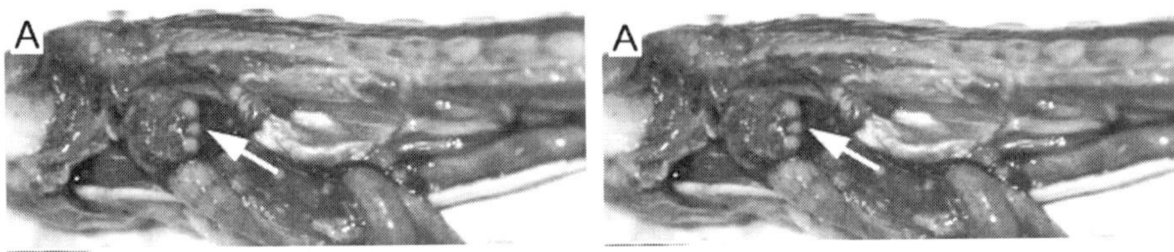

그림 2-52 ***Mycobacterium salmoniphilum* 감염 철갑상어의 내장기관.** 간장(**A**)과 신장(**B**)의 다양한 크기(2~3 mm)의 백색 결절(화살표).

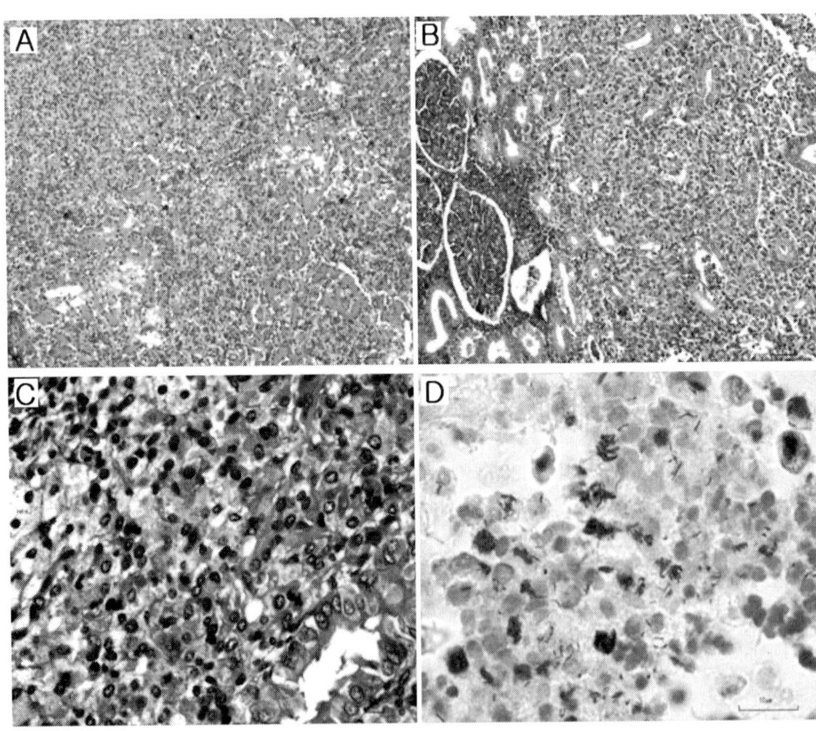

그림 2-53 **A:** 변성 간세포에 싸인 수개소의 융합된 불규칙 또는 원형의 육아종. **B:** 육아종성 염증세포에 싸인 신장의 세뇨관. 사구체와 조혈조직. **C:** 신장의 간질에는 단구와 림프구의 침윤이 현저. **D:** 마크로파아지에 탐식당한 항산성균. HE(**A-C**) 및 Ziehl-Neelsen(**D**). Bar=50 μm(**A**, **B**) 및 10 μm(**C**, **D**).

신장에는 mineralized material의 국소가 산재되며, 간장과 신장의 마크로파아지에 탐식당한 균을 항산성염색으로 확인할 수 있다. 원인균인 *M. salmoniphilum*은 연어류나 대서양 대구에서 분리되었다.

점액세균병의 감염은 어류 양식에 심한 경제적 손실을 초래하는 것은 아직 뚜렷한 치료대책이 없기 때문이다. 점액세균병의 주요 감염 경로는 공식을 포함한 먹이를 통한 원인균의 섭취가 주된 원인이지만, 사육수 중에 존재하는 병원체가 체표에 형성된 상처를 통하여 직접 감염되기도 한다. 높은 고영양가의 사료 투여, 환부의 불량, 수온의 급변과 같은 비정상적인 환경에서 유발되는 스트레스가 점액세균병의 감염 기회를 제공한다는 이론도 있지만 현 단계에서 최선의 예방 대책은 철저한 소독 이외에는 없다고 하겠다.

9) *Moritella viscosa*

(1) 송어류

원인균인 *M. viscosa*는 1990년에 처음으로 확인된 질병으로 2000년도에 *Vibrio viscosus*로 보고된 균이다. 이 균은 10 μg의 0/129에 음성 또는 약 양성반응을 나타내지만, TCBS에서는 발육하지 못하는 호염성세균이며, 24°C 이상에서는 발육하지 못하는 저온세균이다. 분리 균주에 따라 lysine 탈탄산 반응과 maltose 및 mannose에서 산을 생성하는 성상에서 차이가 난다.

수온 10°C 이하일 때 해수 사육중인 대서양 연어에 처음으로 발병하고 이듬해 봄철까지 생존한 개체는 수온이 8°C 이상으로 상승하면 자연적으로 회복되기 때문에 동계 궤양병(winter ulcer)라 부르고 있다. 그 후 대서양 대구, 대서양 가자미, halibut 및 turbot에도 감염되는 것으로 보고되었다. 또한 현재는 무지개 송어에도 발병하는 것으로 밝혀진 새로운 질병이다.

동계 궤양병의 특징적인 증상은 체색의 흑변, 아가미 빈혈, 무기력, 먹이 섭취불량, 복수의 증상이 나타나지만 가장 특징적인 증상은 피부의 궤양과 근육과 아가미 지주세포의 퇴행성 변화 및 지느러미 부식으로 간장, 유문수, 복강 내 지방조직에 점상의 출혈이 생기며, 비장과 신장에 울혈과 괴사가 발생한다.

병리조직학적으로 대구의 경우는 두부와 꼬리 및 지느러미의 기부에 출혈이 생기지만, 체측에 불규칙한 모양의 궤양이 형성된다. 체표의 궤양은 피부와 근육에 액화괴사에 기인하는 것으로 진피와 근육에도 출혈과 액화괴사가 생기기도 하며 골격근 내에는 세균의 집락이 발견된다. 신장과 비장에도 변성과 괴사가 발생하며, 간, 피부 및 근육에 여러 개의 육아종이 형성되며, 신장과 유문수에서도 발견될 때도 있다.

육아종은 세포의 붕괴물이 육아종의 중심부에 존재하고 그 주변을 유상피세포가 쌓고 있다. 시간이 경과된 육아종의 바깥에는 섬유소와 결합조직으로 구성된 피포막이 형성되고 그 안쪽에 있던 유상피세포는 응고괴사를 일으킨다. 이러한 육아종은 대구에서만 형성되며, 송어나 halibut에서는 형성되지 않는다.

그림 2-54 **동계 궤양병 감염 대서양 연어 체표의 궤양.**

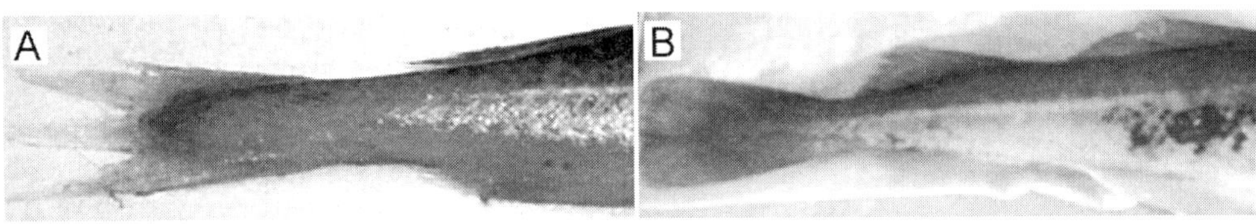

그림 2-55 **인위 감염 대구. A:** 인위감염 7일후의 병어는 꼬리와 배지느러미 기부에 확산된 출혈 및 꼬리지느러미의 부식과 비늘의 탈락. **B:** 감염 20일 후는 진피와 근육에 이르기 까지 궤양이 형성됨.

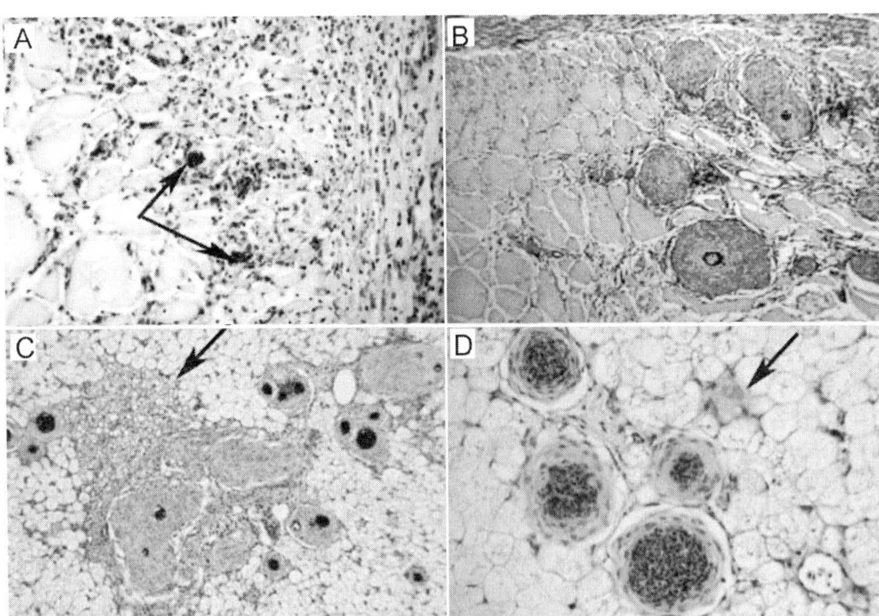

그림 2-56 **대구의 병리 조직상. A:** 괴사 골격근내의 세균의 집락과 단구의 침윤. 마크로파아지와 섬유아세포는 주변에 위치. **B:** 근육내의 육아종. **C:** 간장의 육아종과 만성 염증반응(화살표). **D:** 간장 육아종의 확대도. 중심부에 괴사물이 있고 그 주변을 유상피세포, 그 외부를 섬유소아세포가 쌓고 있다. 결절은 육아조직 내에서만 발견됨.

원인균은 신장을 5% horse blood와 2% NaCl을 첨가한 blood agar (BA-S)에 접종하여 15°C에 3일간 배양한다. 감염실험은 BA-S에 3일간 배양한 균을 1.5% NaCl과 0.1% peptone 첨가한 PBS (PBS-PS)에 현탁시킨 다음 다시 BA-S에 접종하여 15°C에 1시간 배양한다.

한천 배지상의 균체를 PBS-BS로 세척하여 모은 다음 접종할 때까지 얼음 위에 보존한다. 또한 식염을 2% 첨가한 BHIB에 접종하여 균액을 만드는 방법도 있다. 이 균액의 10배~10^5의 희석액을 복강 또는 근육주사하거나 2배 희석액의 균액에 1~2시간 침지시킨다.

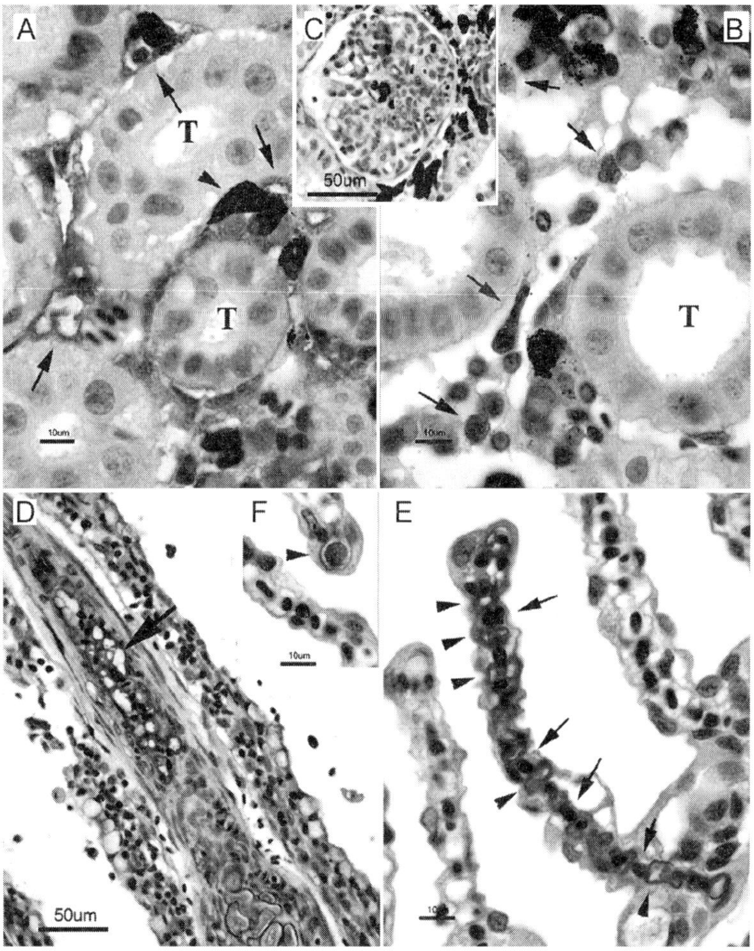

그림 2-57 아가미와 신장 파라핀 조직표본을 이용한 조직화학적 진단. A: 감염 4일 후의 신장에서는 세뇨관 주변의 모세혈관은 적색의 양성이지만 멜라노마크로파아지와 세뇨관은 음성. **B:** 7일 후의 신장. 단구내의 양성(화살표). 양성세포는 적색과 헤마톡시린에 염색되는 청색의 내용물을 함유하고 있어 탐식당한 직후의 세균임(청색 화살표)을 의미. **C:** 감염 7일 후의 신장. 사구체 모세혈관내의 양성반응. **D:** 7일 후의 아가미. 1차 새변의 대형 혈관 내에 양성 반응. **E:** 감염 4일 후의 아가미. 2차 새변의 모세혈관내의 양성 반응. 벽주세포는 음성(화살표). **F**: 감염 7일 후의 아가미. 2차 새변의 끝부분의 단구내의 양성 반응.

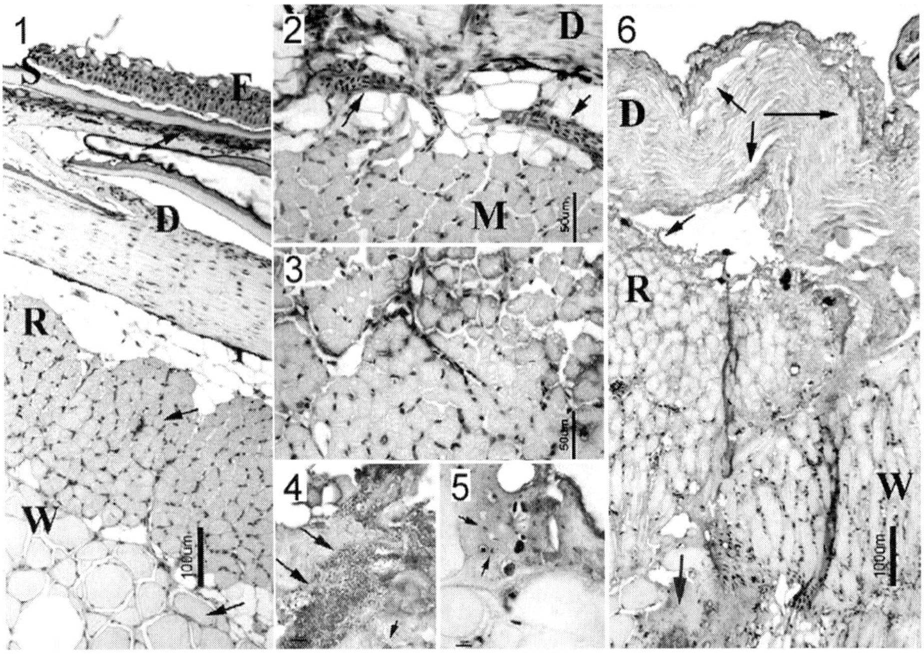

그림 2-58 피부와 근육의 변화. 1: 미감염 피부와 근육. **2:** 궤양이 형성된 4일 후의 변화. 모세혈관과 혈관의 양성반응. **3:** 근육내의 모세혈관의 양성반응. **4:** 7일 후. 음성반응(청색, 큰 화살표)의 세균과 양성반응의 세균. **5:** 7일 후. 괴사근육내의 양성반응의 세균. **6:** 7일 후. 피부의 바깥 부분의 양성 반응이지만 진피와 근육내의 세균은 음성인 청색임.

조직화학적으로 진단하는 방법은 포르말린에 고정하여 파라핀 포매 조직절편을 2~3 μm로 절단하여 poly-L-lysine코팅한 슬라이드글라스에 부착시킨 다음 탈파라핀 및 함수과정을 거친다. 슬라이드글라스는 Tris-HCl (pH 7.6)에 5%로 용해시킨 bovine serum albumin으로 20분, 항 *M. voscpsa*토끼 혈청으로 30분, biotinylated goat-anti-rabbit serum으로 30분만재한 다음 실온에서 습윤 상자에 넣어 배양한다. 각 배양 사이에는 Tris-HCl로 3회 세척한다. 최종적으로 Streptavidin-alkaline- phosphatase complex와 FastRed TR/naphtol AS-MX로 발색시킨 다음 Mayer hematoxylin으로 대비 염색하여 검경한다.

감염 2일 후에 신장 세뇨관 주변과 조혈조직의 모세혈관 관공 내에서 양성반응이 나타나며, 때로는 사구체의 모세혈관 내에서도 양성반응이 발견된다. 이러한 양성반응은 시간이 경과함에 따라 점차 거의 모든 혈관 내에서 양성 반응이 나타나게 된다.

아가미는 감염 1일 후에 1차 및 2차 새변의 모세혈관에서 양성반응이 나타나기 시작하여 7일 후에는 거의 모든 혈관에서 양성반응이 나타나지만 특히 1차 새변과 새궁의 혈관에서 양성반응이 현저하다.

피부와 근육은 체표에 궤양이 형성되는 접종 4일 후까지는 양성반응이 나타나지 않지만 궤양이 형성됨과 동시에 진피와 근육의 혈관 내에서 양성반응이 현저해진다.

(2) Turbot

아가미의 퇴색, 피부에 출혈 특히 두부에 현저한 출혈이 생긴다. 인위 감염시키면 내장기관의 출혈과 노란색의 복수가 축적된다. 근육을 통하여 감염시키면 피부 궤양과 결합조직 및 근육의 변성이 생긴다. 지느러미 부식 또한 공통적인 증상이다. 심한 궤양인 경우 골격근에까지 확대되어 있다. 궤양은 주사 부위에서만 형성되며, 입 주변과 지느러미 기부에 출혈, 복부 팽만, 비늘의 탈락이 생긴다.

병리조직학적으로는 진피의 괴사, 염증성 부종, 출혈이 생기며, 골격근에는 접종한 세균, 액화괴사와 출혈이 생긴다. 감염 부위의 근육에는 염증성 단구의 침윤과 변성 및 섬유화가 일어난다.

아가미에서는 비대와 점액세포, 소금세포, 상피세포의 증생과 2차 새변이 유착된다. 또한 1차 새변에서 멜라노마크로파아지의 숫자가 증가하게 된다. 간장과 신장에서는 액화괴사와 출혈이 일반적이며, 신장 세뇨관의 종대가 생기는 경우도 있다. 심장은 심외막에 초자 변성과 단구의 침윤이, 비장은 변성과 충혈이 생기지만 장과 췌장에는 변화가 없다. 접종한 균은 조직학적으로 피부와 근육이외에서는 발견되지 않지만 세균의 분리는 두신에서도 분리됨으로 전신감염이라 할 수 있다.

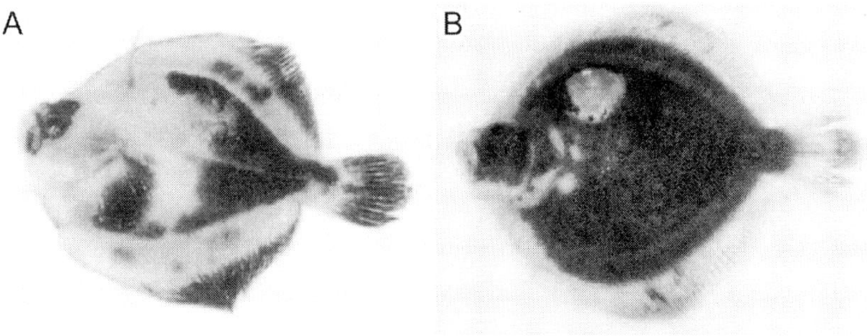

그림 2-59 **Turbot. A:** 침지 7일 후의 피부의 출혈. **B:** 근육 주사 13일 후의 궤양 형성.

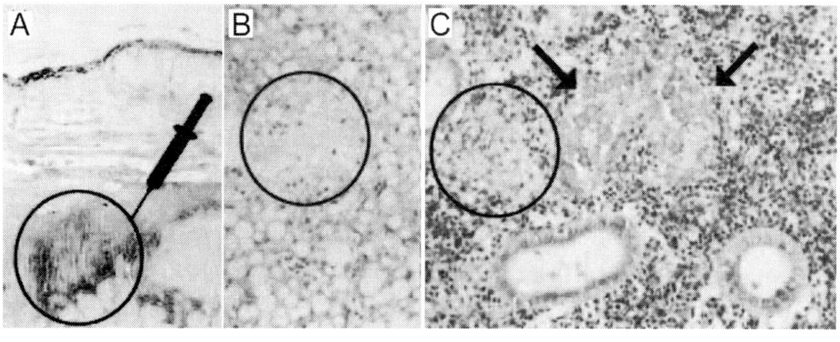

그림 2-60 **A:** 근육접종 부위의 골격근내의 세균, 액화괴사. 표피의 박리와 소성결합조직의 부종. **B:** 간장 실질세포의 괴사. **C:** 세뇨관 주변과 조혈조직의 괴사와 출혈.

10) *Brucella*

(1) 청백돌고래의 *Brucella ceti*

감염 고래는 신경장애가 유발되어 부력 조절의 장애로 몸을 제대로 가누지 못하며, 후궁반장(opisthotonus), 경련(tremors), 발작(seizures) 등의 이상을 나타낸다. 뇌수막의 충혈, 뇌의 울혈 및 뇌척수액의 조성변화 등이 명백하다.

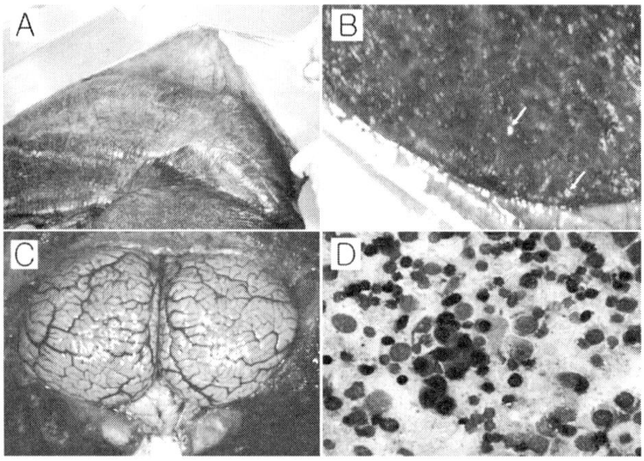

그림 2-61 **A:** 태반(placenta)내의 태아(fetus). **B:** 태반내의 농양. **C:** 뇌와 소뇌의 울혈과 충혈. **D:** Giemsa염색 뇌척수액내의 단구수의 증가.

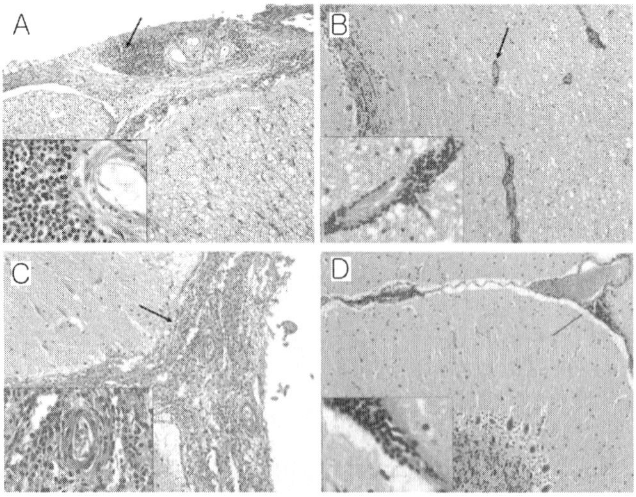

그림 2-62 **A:** 척색을 싸고 있는 수막(화살표)내의 단구 침윤. **B:** 소뇌(cerebellum)내의 혈관 주변의 단구 침윤. **C:** 뇌의 수막내의 단구 침윤(화살표). **D:** 소뇌의 충혈과 수막내의 단구 침윤. 삽입은 단구 침윤상의 확대도.

그람 음성의 비운동성 단간균으로 세포내 감염 세균인 *Brucella*는 고래류의 주요한 질병이다. *Brucella ceti*의 가장 현저한 변화는 뇌와 뇌수막(menings)의 변화로 특징적인 수막뇌척수염(meningoencephalomyelitis)을 유발한다. 뇌와 수막의 충혈 및 뇌척수액내의 세포수가 증가된 혼탁이 생긴다. 또한 뇌의 회색질과 백색질에 단구의 침윤이 현저하다.

11) *Francisella*

그람음성세균인 *Francisella*는 호기성으로 세포내 기생, 비운동성의 구균이다. 카타라제 양성, 옥시다제 음성으로 사람의 야토병(tularaemia)의 병원체인 *F. tularensis*과 만성괴사성육아종의 원인인 *F. philomiragia*가 잘 알려져 있다.

*Francisella*는 α-Proteobacteria아강의 Thiotrichales목에 속한다. Thiotrichales목에는 Piscirickettsiaceae과도 들어 있다. 또한 γ-Proteobacteria아강에는 *E. coli, Yershinia* 및 *Salmonella*와 같은 장내세균과 및 *Aeromonas*와 *Vibrio*과도 여기에 속한다.

*F. noatunensis*와 *F. noatunensis* subsp. *orientalis*는 시판의 일반배지에서 발육하지 않기 때문에 cysteine과 철을 함유한 배지를 필요로 한다. 5% sheep blood를 첨가한 cysteine heart agar(CHAB) 또는 0.1% cysteine과 1% 포도당을 첨가한 blood agar(BCG) 등이 널리 사용된다. 2종 모두 CHAB와 BCG에 잘 발육한다. 그러나 틸라피아에서 분리되는 *F. noatunensis* subsp. *orientalis*는 Thayer-Martin이 좋다.

액체배양은 Bacto Eugon broth에 2 mM의 $FeCl_3 \cdot 6H_2O$와 medium B1817(Marine Broth + foetal bovine serum + yeast extract ultrafiltrate + cysteine + glucose)를 첨가한 것을 사용하고 있다. 세포내에 감염되기 때문에 SHK-1, ASK 및 CHSE-214 등의 주화세포를 사용하여 배양하기도 한다. 또한 발육이 느리기 때문에 세균의 번식을 억제하기 위하여 암피실린(50 μg/ml)와 polymyxin B (100 unit/ml)를 첨가하여 배양하고 있다.

15~34°C에서 가장 잘 발육하지만, *F. noatunensis*와 *F. noautunensis* subsp. *orientalis*는 37°C에서 자라지 못한다. *F. philomiragia*는 20~37°C에서 발육한다. *F. noatunensis*와 *F. noautunensis* subsp. *orientalis*는 대구 유래의 *F. noatunensis*의 항혈청과 응집반응을 나타냄으로 혈청학적으로 유사하다고 할 수 있다. 그러나 *F. noatunensis*는 *F. tularensis*의 단크론항체 및 다가크론항체와는 반응하지 않지만, *F. philomiragia*는 대구 유래의 *F. noaunensis* 혈청과는 반응한다.

(1) 대서양 대구의 *Francisella noatunensis*

양식 대서양 대구에 심한 육아종성염을 유발하는 질병의 원인균으로 노르웨이에서 빈발하고 있다. 종묘 생산장에서 생산한 것을 해수의 가두리에 옮겨 6개월 사육한 다음 자연해수 웅덩이에 옮기면 발병하여 40% 정도 폐사한다.

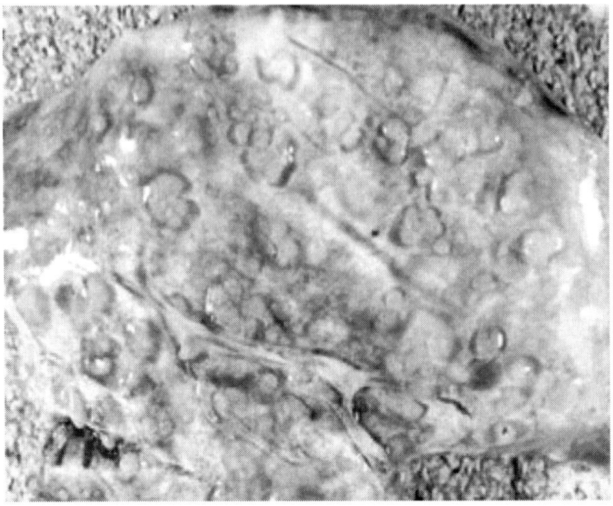

그림 2-63 **대서양 대구의 간장의 표면.** *Francisella*의 전형적인 육아종성을 나타내는 모양.

감염 대구는 내장의 환부가 백색 또는 크림색으로 보이는 돌출환부가 비장, 심장 및 간장에 다양한 크기로 형성된다. 감염어는 무기력하며 피부에 출혈성의 결절이 형성되며, 복수가 축적되기도 한다.

병리조직학적으로는 만성육아종성염이 감염기관의 여러 군데에서 형성된다. 활성 마크로파아지의 축적되는 초기 환부와 유상피세포층과 그 외각의 1층의 섬유아세포층, 공포화세포, 림프구 및 모세혈관으로 싸인 중심부가 괴사된 진행된 환부와 혼재하고 있다. 육아종 내의 마크로파아지와 유상피세포의 세포질 내의 공포에는 타원형의 세균과 같은 봉입체가 발견된다.

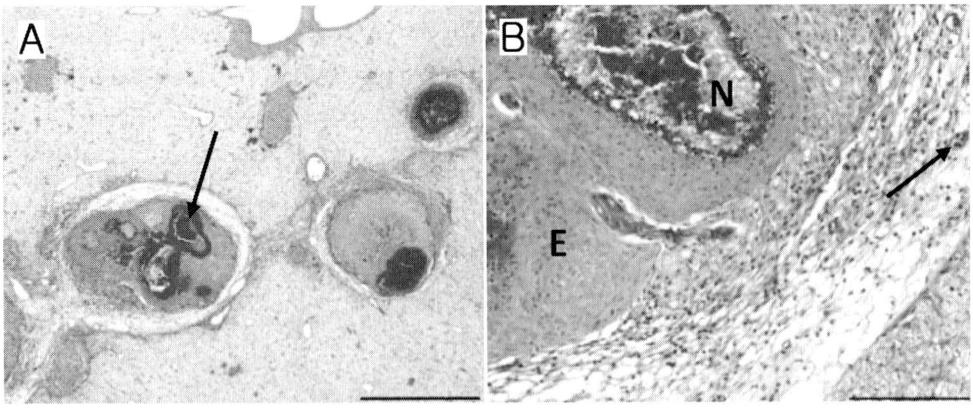

그림 2-64 **A:** 간장 내에 괴사물(화살표)를 함유하고 있는 다양한 크기의 육아종. **B:** 육아종의 확대도. 괴사물(**N**)이 유상피세포(**E**)에 싸여 있고, 외부에는 공포세포, 모세혈관(화살표) 및 림프구가 존재. HE. Bar=0.5 mm(**A**) 및 100 μm(**B**).

(2) 야생 종묘 대구의 *Francisella noatunensis* subsp. *noatunensis*

대구 양식장에서 중요한 질병 중의 하나가 *Francisella* 감염증으로 대구에서는 전신적인 육아종성염증을 유발하는 질병으로 자연상태에서는 만성으로 진행되며 특징적인 증상은 내장기관에 수많은 백색 결절이 형성된다. 원인균인 *Francisella noatunensis* susp. *noatunensis*은 그람음성의 호기성의 세포내 감염 coco-bacilli이다.

원인균의 분리는 10% vancomycin을 첨가한 cysteine heart agar (CHA)에 접종하여 22°C에 배양하면 백색의 집락이 형성된다. 옥시다제와 카타라제 모두 양성이며 API ZYM으로 esterase, esterase lipase, acid phosphatase, naphtol-AS-biphosphohydrolase가 양성이다.

일반배지를 사용하면 일반의 세균인 *Aeromonas salmonicida, Vibrio* 및 *Pseudomonas* sp.도 분리되지만, 증상이 내장 기관에 백색인 육아종성염이 형성됨으로 이들 세균과는 무관하다. 병어를 조직학적으로 조사해보면 복수의 축적과 비장의 표면에 육아종이 명백하다. 항산성염색하면 음성이지만 Giemsa염색에는 염색된다.

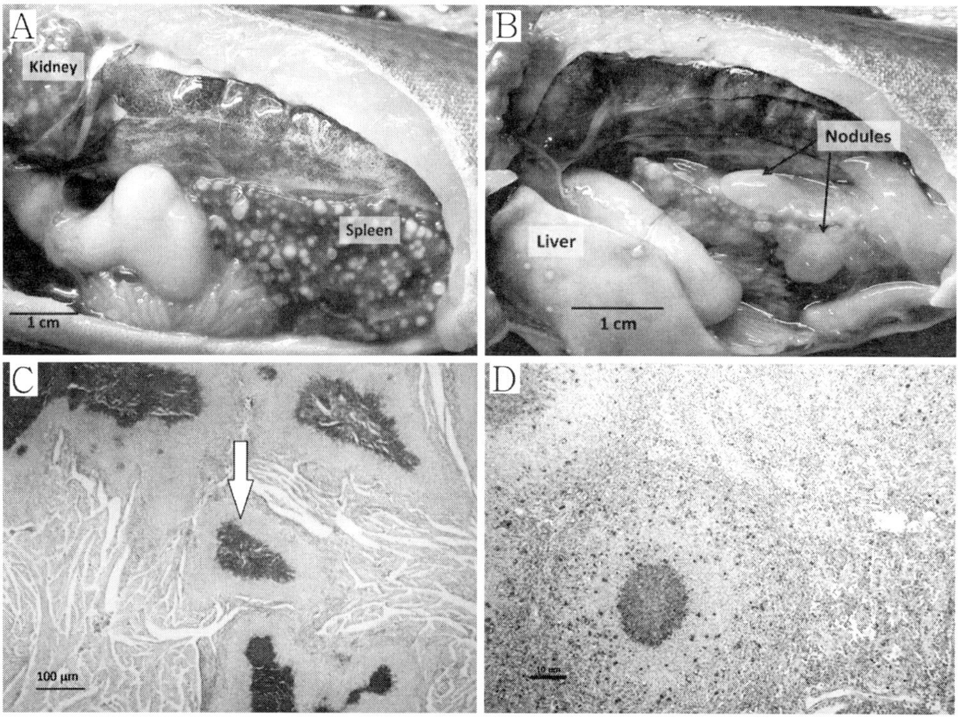

그림 2-65 **A:** 내부 증상. 신장, 비장 및 간장의 표면에 전형적인 여러 개의 육아종(흰색 결절)이 형성. **B:** 비장에서는 때때로 액체로 채워진 결절이 비장에서 발견됨. **C:** 육아종의 중심부. **D:** 면역화학염색한 균(검은색 점).

(3) 틸라피아의 *Francisella noatunensis* subsp. *orientalis*(=*Francisella asiatica*)

틸라피아에서 *Rickettisa*의 증상과 유사함으로 리케치아병이라고 보고되었다. 감염어는 무기력하며, 체색의 퇴색 및 이상 유영을 한다. 체표에는 궤양이 형성되지 않지만 국소적 출혈, 점상출혈, 비늘의 탈락 및 부식이 관찰된다. 또 안구돌출, 신장과 비장이 종대된다. 아가미는 상피세포의 증생이 일어나지만 신장, 비장 및 간장 등에 백색의 결절이 형성된다.

초기 병소는 세포질에 구균이 들어 있는 대형의 거품 모양의 세포(foamy cell)가 축적되기 시작하여 괴사를 동반하면서 점차 더 심하게 진행된다. 괴사성 혈관염이 일반적이지만 특히 신장과 비장이 현저하여 만성염증 세포의 침윤과 육아종이 형성된다. 근육에는 병소가 형성되지 않는 것이 일반적이지만, 때로는 근육 내에 환부가 형성될 때도 있다.

봄과 여름보다는 겨울에 잘 발생하는 경향임으로 냉수성질병이라고 여겨지고 있다. 담수, 기수 및 해수 사육 등 사육조건에 상관없이 발병하고 있으며, 순환 여과식으로 사육중인 경우에는 더욱 감수성이 높아진다. 21~26.5°C에 사육하면 폐사율이 높은 반면 26.5~29.2°C에 사육하면 폐사는 거의 없다. 또한 수송 후나 사육수의 탁도가 높을 때, 온도가 높아지거나 낮아질 때 사망률이 높아지는 경향이다.

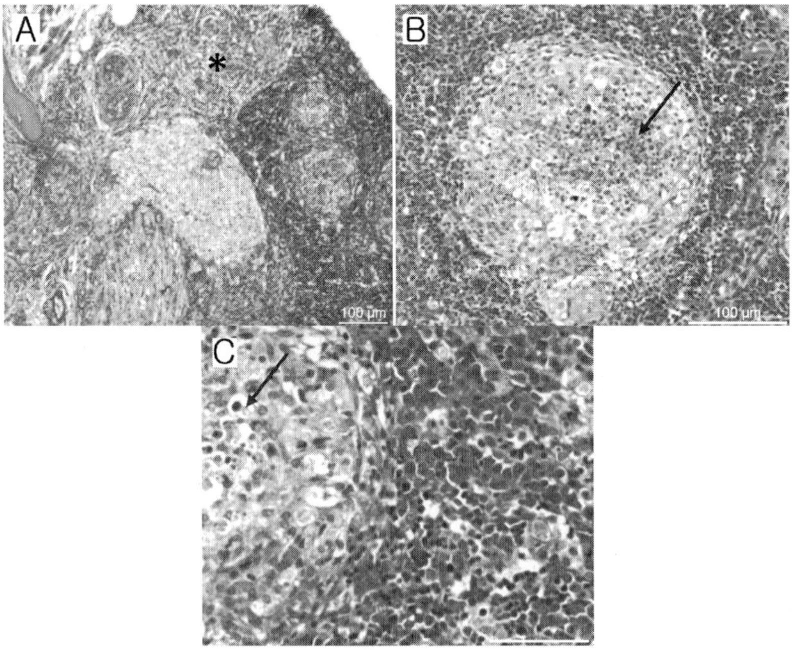

그림 2-66 **틸라피아. A:** 두신의 조혈조직 내에서 발육중안 다양한 크기의 육아종. 확산된 염증반응(*). **B:** 마크로파아지의 축적과 조직 부스러기를 함유한 변성 공포화세포로 구성된 육아종과 육아종에 의한 주변 조직의 압박. 중심부에는 호산성의 괴사 부스러기(화살표). **C:** A의 육아종의 확대. 마크로파아지로 추정되는 변성세포는 호산성의 조직 부스러기를 탐식. HE. Bar=100 μm(**A** & **B**) 및 50 μm(**C**).

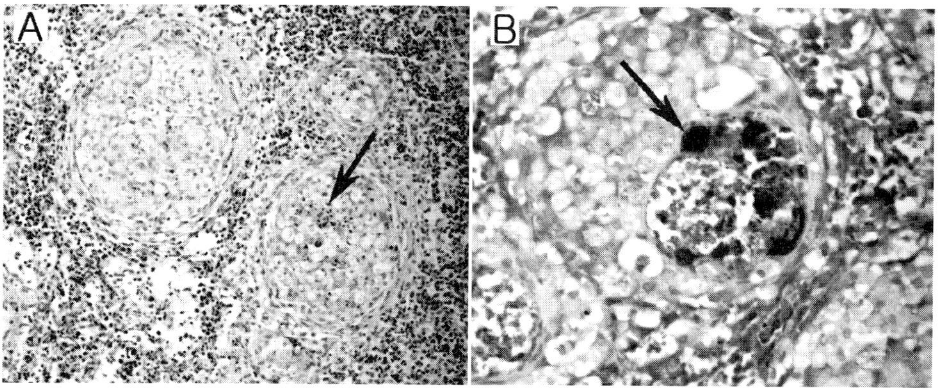

그림 2-67 **순환여과식 사육 틸라피아. A:** 비장내의 육아종. 크기는 다양하며, 내부에 괴사물질(화살표)이 함유. **B:** 육아종의 확대도. Francicella균(세균)이 들어있는 괴사소. HE(**A**) 및 Gram(**B**).

순환여과식 수조에서 발병한 경우 안구돌출, 가슴지느러미 주변의 점상출혈 및 아가미의 빈혈이 있다. 소화관은 먹이가 없이 비어있으며, 담낭 및 비장이 매우 종대되어 있다. 병리조직학적으로는 신장, 간장 및 비장에 여러 군데에 육아종이 형성되어 있다. 또한 눈에도 육아종이 형성되며, 그람음성의 간균이 발견된다.

(4) 해산 관상어 fairy wrasse(*Cirrhilabrus* sp.)와 damselfish(*Chromis viridis*)의 *Francisella orientalis*

감염어는 식욕 부진으로 무기력하며, 회전 이상 유영을 한다. 감염어는 비장이 종대되고 비장에 1 mm의 융기된 백색 결절이 형성된다. 조직학적으로는 비장과 두신에 여러 곳의 육아종이 형성되며, 드물게는 간장, 소화관, 근육, 심근 및 척색에도 형성되기도 한다.

육아종은 유상피세포와 세포질내 대형의 공포 속에 1 μm의 구균을 가지고 있는 마크로파아지로 구성되어 있다. 근육에서는 육아종성의 침윤성 환부가 형성된다. Giemsa 표본에서 세균의 확인이 가장 용이하며, 항산성염색에는 음성이다.

또 다른 육아종은 중앙부에 응고 또는 건락괴사물이 있고 이것을 유상피성의 마크로파아지가 피포하고 있는 형태이다. 이러한 어종이외에 orangeback (*C. aurantidorsalis*), solor (*C. solorensis*), exquisite (*C. exquisitus*), Lubbock's (*C. lubbocki*)에도 발병된다.

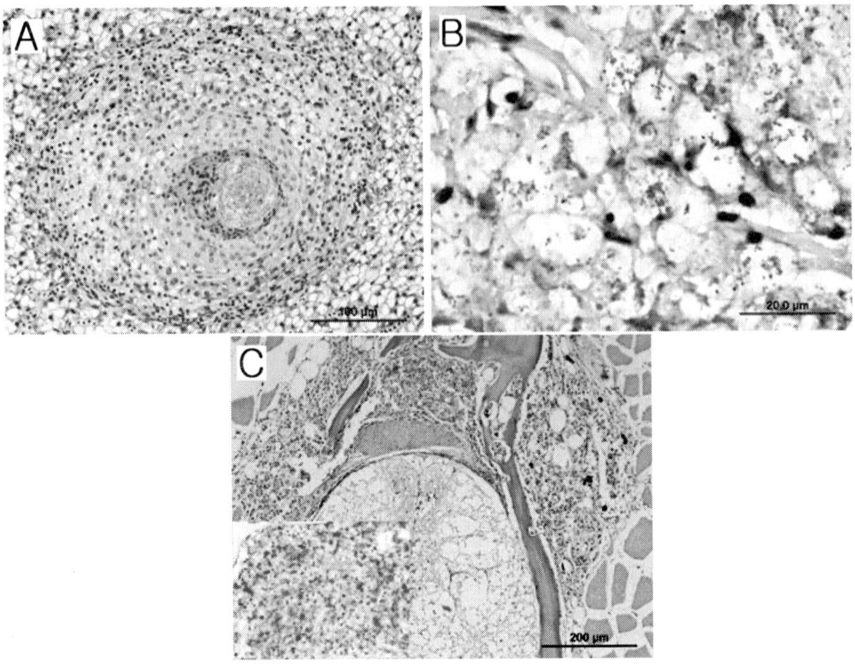

그림 2-68 **A:** Fairy wrass의 간장의 육아종. 유상피성의 마크로파아지가 내부의 괴사물을 피포하고, 주변부에는 탐식 공포를 가진 마크로파아지와 림프구가 침윤. **B:** Damsella fish의 신장. 세포질내에 공포 속에 원인균을 가진 마크로파아지가 심근섬유를 분리하고 있는 전형적인 병리상. **C:** 마크로파아지가 침윤한 척추 주변의 근육과 경골. 삽입은 조직화학 양성반응. HE(**A**) 및 Giemsa(**B**).

12) *Shewanella*

(1) 유럽바다베스(*Dicentrarchus labrax*)의 *Shewanella putrefaciens* 감염

감염어는 식욕부진, 무기력, 등쪽 부분에 궤양 형성, 간장의 출혈, 비장의 종대, 신장과 비장 및 간장의 퇴색, 복수의 축적을 증상으로 한다.

피부의 궤양, 신장, 비장, 간장 및 혈액으로부터 그람음성의 비운동성, H_2S 생산균이 분리된다. 조직학적으로는 비장의 적수와 백수가 감소하며, 멜라노마크로파아지센터에 hemosiderin이 침착된다. 신장은 세뇨관의 괴사되며, 소화관은 점막상피가 박리되며, 간장은 공포변성과 괴사가 일어난다.

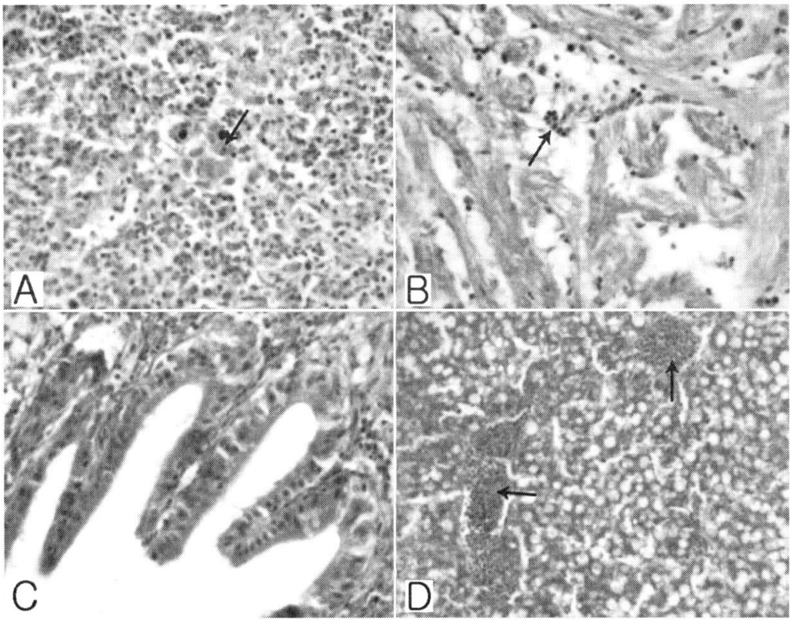

그림 2-69 **A:** 비장의 적수와 백수의 감소와 멜라노마크로파아지센터 내의 hemosidrin 침착(화살표 머리). **B:** 심외막의 출혈(화살표). **C:** 소화관 점막상피는 박리되어 관공내로 떨어져 나옴. **D:** 간장의 공포변성과 출혈(화살표 머리). HE.

(2) *Shewanella putrefaciens*

가. 금붕어

감염 금붕어는 식욕 부진, 운동이 불활발하며 이상 유영, 복부 팽만 및 양쪽 안구가 돌출한다. 해부하면 복수가 축적되어 있고, 간장은 퇴색되어 있고, 비장이 비정상적으로 종대되어 있다. 복수가 축적되어 있기 때문에 신장은 찾기가 어려울 정도이다.

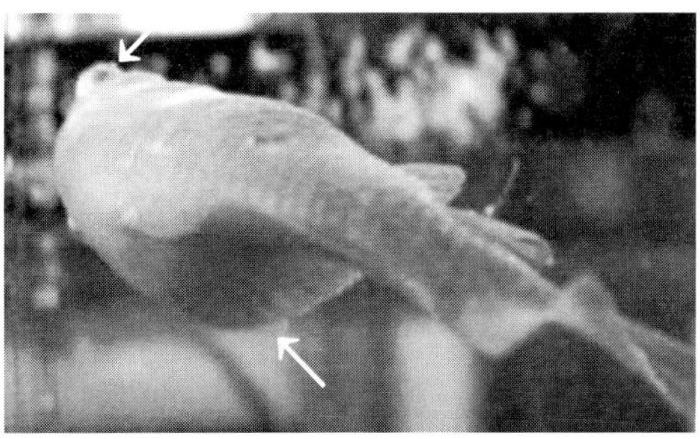

그림 2-70 **복수의 축적.** 체형의 비대칭 및 양쪽 안구의 돌출의 증상을 나타내는 감염 금붕어.

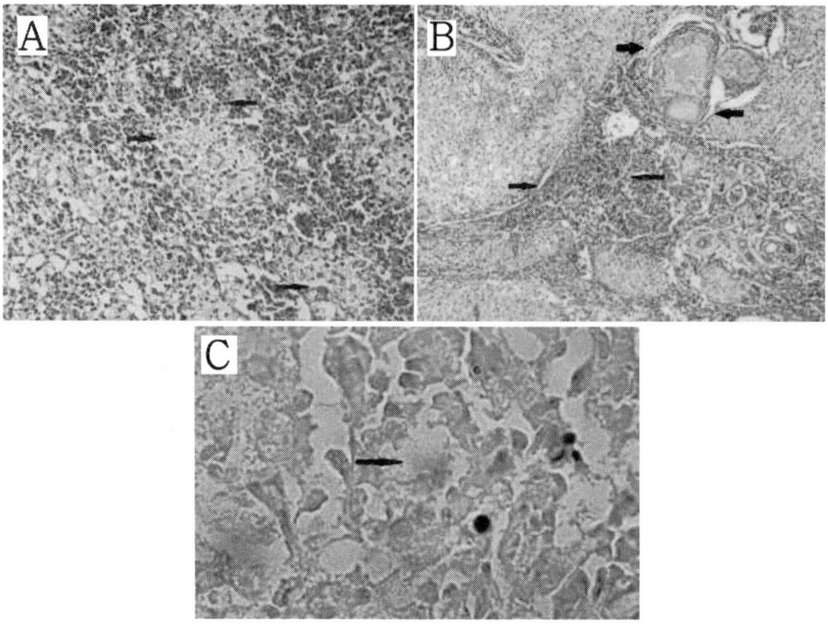

그림 2-71 **A:** 비장의 멜라노마크로파아지센터의 hemosiderin침착(화살표). **B:** 신장의 괴사소(굵은 화살) 및 주변 조직의 단구 침윤(가는 화살). **C:** 신장 조직내의 원인균. HE(**A**, **B**) 및 그람(**C**).

TSA에 접종하여 22°C에 48시간 배양하면 직경 1~2 mm의 핑크색을 띈 원형 집락이 형성된다. 분리균은 옥시다제와 카타라제는 양성이며, 운동성이 있는 그람 음성의 간균이며, OF시험에서는 비산화적이며, 0/129에 감수성을 나타낸다.

병리조직학적으로는 비장의 적수 및 백수가 소실되고, 멜라노마크로파아지센터에 hemosiderin이 침착되어 있다. 신장은 심하게 감염되어 종대되며, 세뇨관이 괴사되고 괴사 부분의 주변에 있는 결합조직에는 단구가 침윤해 있다. 간장도 신장과 유사한 병리상을 나타낸다.

나. Sea bass

병어는 식욕의 상실로 무기력하며, 아가미의 빈혈, 안구돌출, 체측의 등지느러미 부근이 궤양형성, 지느러미와 아가미 뚜껑이 출혈을 나타낸다. 해부하면 간장의 출혈, 비장의 비정상적 종대가 관찰되며, 신장, 간장 및 비장은 퇴색되어 있고, 소화관은 먹이가 없이 비어있고 복강에 복수가 축적되어 있다.

병리조직학적으로는 금붕어의 경우와 마찬가지로 비장의 적수와 백수가 소실되고 멜라노마크로파아지센터에 hemosiderin이 침착되어 있다. 새변의 끝 부분의 증생과 상피세포의 괴사 및 출혈이 생기며, 신장의 세뇨관은 괴사된다. 심장의 심외막에 출혈이 생기며, 소화관의 점막상피는 박리되어 관공으로 떨어져 나오고, 간장의 간세포는 공포변성과 괴사소가 형성된다.

(3) 잉어와 무지개송어의 *Shewanella putrefaciens*

*Shewanella puterefaciens*는 *Alteromonadaceae*에 속하는 그람 음성의 비용혈형의 운동성 간균으로 주로 해산 및 기수어에서 분리된다. *Shewanella puterefaciens*는 특히 해산어의 소화관에 많이 분리되지만, 담수어의 소화관에서는 많이 분리되지 않는다. 빙장한 어류의 부패와 밀접한 세균이며, 인간의 피부나 부드러운 조직에 감염원으로 중요하다.

양식 잉어나 무지개송어가 수온이 7~10°C인 봄철에 피부에 환부가 형성되면서 폐사가 유발되는 질병이 최근에 발생하고 있으며, 병어의 환부나 조직에서 오렌지색의 *Shewanella puterefaciens*의 특징적인 집락이 분리된다.

병어는 천천히 유영하며, 자극에 반응이 미약한 매우 둔한 행동을 하며, 여윔, 체색 흑화, 항문의 확장, 아가미의 퇴색 및 국소적 괴사가 생기며, 잉어나 무지개 송어 모두 피부에 환부나 궤양이 생기며 복부가 팽만된다. 해부해 보면 내장기관의 출혈과 울혈, 신장의 종대 및 비장의 비정상적 종대가 뚜렷하다.

병어로부터 원인균의 분리는 피부 환부, 신장 비장을 PBS와 1:1로 균등액을 만든 다음 TSA에 접종하여 27°C 48시간 배양한다. 특히 아가미에서 거의 순수상태로 분리되는 것이 매우 특징적이다. Aeromonas agar에서는 중앙부가 흑색인 노란색 또는 황녹색의 집락이 형성된다. API 20E와 API NE로 동정하면 거의 동정 가능하지만 API 20E가 정확도가 높다. API 20E의 0702004는 sea bass의 분리균과 일치하고 있다. API 20NE에서 1450744는 *Aeromonas salmonicida* subsp. *salmonicida*로 잘못 동정되며, 1450754는 *Shewanella puterefaciens*로 동정되지만 정확한 결과는 아닌 것으로 추정된다. 원인균은 식염의 첨가와 무관하게 발육함으로 담수어에 감염할 수 있는 균이라 할 수 있다.

인위감염 실험은 TSB에 27°C에 24시간 배양한 균을 2500 rpm에 10분간 원심하여 최종농도가 10^7 cell/ml가 되도록 PBS에 부유시킨다. 흡광도로 측정할 때는 540 nm에서 측정한다. 균액 0.5 ml를 복강에 주사하여 잉어는 20°C 무지개송어는 12°C에 21일간 사육한다.

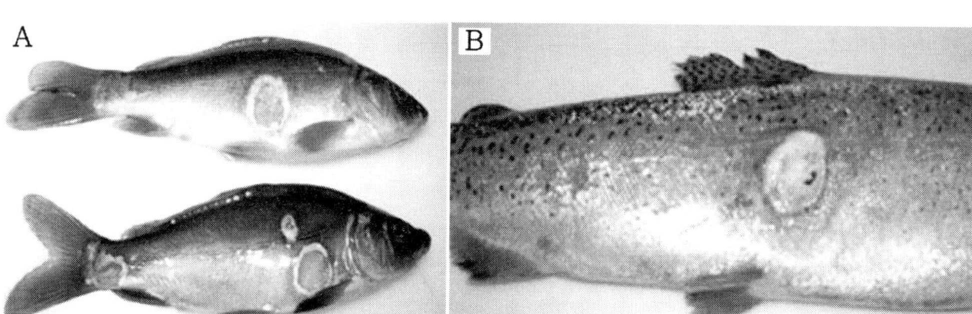

그림 2-72 **자연 발생 잉어(A)와 무지개 송어(B)의 피부의 괴사성 환부와 궤양의 형성.**

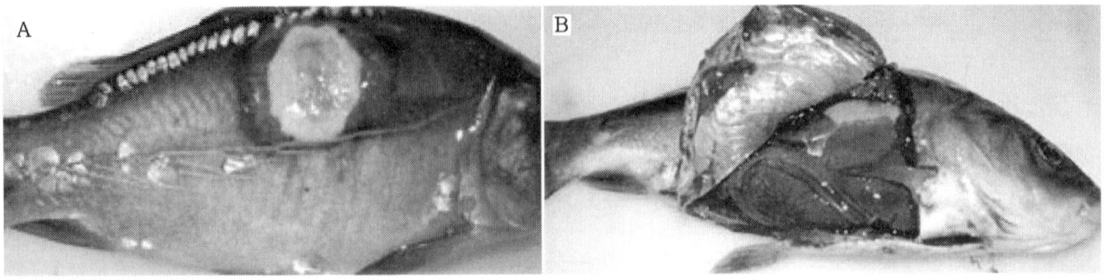

그림 2-73 복강 주사에 의한 인위감염 잉어. A: 피부의 괴사환부 및 궤양 형성. **B:** 내장기관의 울혈, 신장의 종대.

인위 감염시킨 잉어나 무지개송어는 체색흑화, 아가미 빈혈, 피부에 환부나 궤양 형성, 복부의 팽만이 생긴다. 때로는 안구돌출과 복수의 축적에 의한 복부 팽만이 생기며, 내장기관의 심한 울혈, 내장기관의 연화 및 복벽과 내장기관의 심한 출혈, 비장의 종대 등이 확인된다. 폐사율은 어종과 크기에 따라 20~75% 정도이며, 감염 조직과 혈액에서 원인균이 재분리된다. 증상은 감염 4~5일 후에 형성되는데, 담수어에서는 10^8 cell/fish의 고농도를 접종하여야 함으로 잉어와 무지개송어와 같은 담수어는 해산어에 비해 감수성이 낮은 것을 알 수 있다.

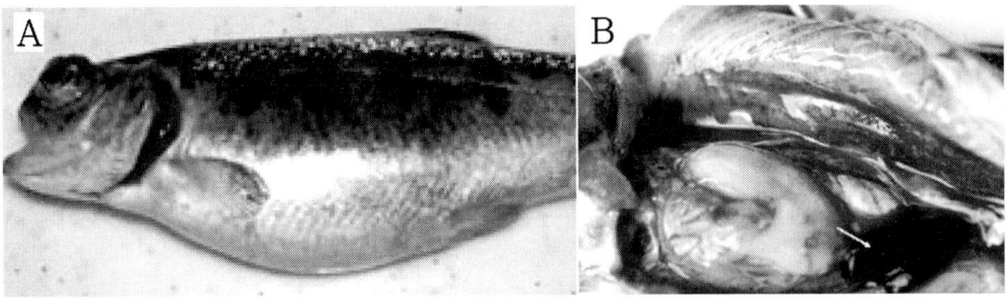

그림 2-74 복강 주사에 의한 인위감염 무지개 송어. A: 안구돌출과 복부의 팽만. **B:** 복강과 내장기관의 심한 출혈 및 특징적인 비장의 비정상적 종대(화살표).

13) *Chryseobacterium*

(1) 대서양 연어의 *Chryseobacterium piscicola*

병어는 *Flavobacterium psychrophilum*감염에 의한 세균성 냉수병 또는 무지개송어 치어의 미병병과 유사한 증상을 나타낸다. 병어의 체표 궤양, 몸통부의 피부 및 근육의 환부 또는 미병부의 환부에서 modified Anacker & Ordal agar (AOA; 0.5% tryptone, 0.05% yeast extract, 0.02% beef extract, 0.02% sodium acetate, pH 7.2)에 접종하여 15°C에 배양하면 노란색의 테두리가 일정한 원형의 광택이 있는 집락의 원인균이 분리된다. 발육온도는 4~28°C(최적 15°C)이며, 식염은 0~3%(최적은 0.5%)이다.

원인균은 길이 1.6~3.5 μm, 폭 0.8~1.2 μm의 그람 음성의 간균, 활주운동과 운동성이 없으며, 카타라제와 옥시다제 양성이며, flexirbin은 생산하지만 congo red 흡수 능력은 없다. Blood agar에 α-용혈을 나타내며, nutrient agar와 tryptone soy agar에 발육하지만 MacConkey, marine 2216 및 Simmons' citrate agar에서는 발육하지 못한다. AOA를 기초배지로 하여 분해능을 조사하면 Gelatin(1%)과 aesculin은 가수분해하지만 Tween 80(1%), tyrosine(0.1%), agar(3%), starch(1%) 및 casein(1%)은 분해하지 못한다. 또한 대서양 연어나 무지개 송어에서 분리된 균은 API ZYM으로 검사하면 효소활성이 동일하다. Alkaline phosphatase, esterase, esterase lipase, lipase, leucine arylamidase, valine arylamidase, cystine arylamidase, α-chymotrypsin, acid phosphatase, naphthol-AS-BI-phosphohydrolase, β-glucuronidase, aglucosidase, β-glucosidase and N-acctyl β glucosaminidase는 양성이지만, trypsin, α-galactosidase, bgalactosidase, α-mannosidase와 α-fucosidase는 음성이다.

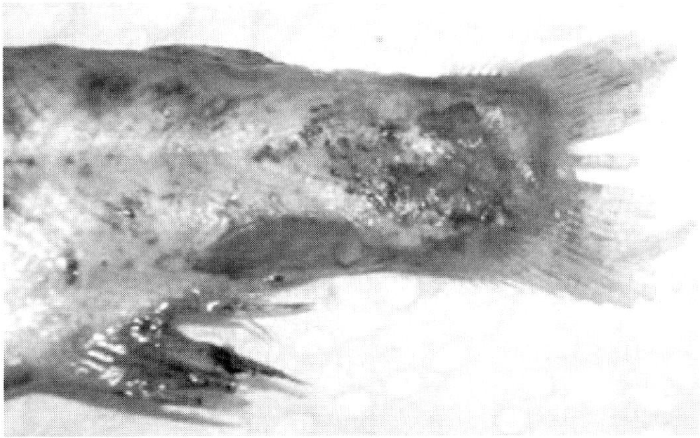

그림 2-75 대서양 연어의 *Chryseobacterium piscicola*의 특징적인 증상인 기조 부분의 출혈과 체표 궤양.

(2) Yellow perch (Perca flavescens)의 Chryseobacterium indologenes

*Chryseobacterium*은 *Flavobacteriaceae*에 속한다. *Chryseobacterium*은 토양, 식물, 담수, 해수, 하수, 우유와 같은 식품, 닭 등에서 발견된다. 어류에서는 turbot, 무지개 송어에서

Chryseobacterium shigense, 대서양 연어에서 *Chryseobacterium piscicola* 등이 보고되었다.

병든 yellow perch의 환부는 노란색으로 매우 심한 냄새가 난다. 등지느러미와 미병부에 피부 환부가 형성된 yellow perch의 환부를 *Flavobacterium columnare* 선택배지인 tobramycin(1 μg/ml)을 첨가한 Shieh agar에 접종하여 배양하면 대부분은 *Flavobacterium*과 유사한 노란색 집락과 흰색의 집락이 형성된다.

Shieh agar의 조성은 peptone 5 g, yeast extract 0.5 g, sodium acetate, 0.01 g, $BaCl_2(H_2O)_2$, 0.01 g, K_2HPO_4, 0.1 g, KH_2PO_4, 0.05 g, $MgSO_4 \cdot 7H_2O$, 0.3 g, $CaCl_2 \cdot 2H_2O$, 0.0067 g, $FeSO_4 \cdot 7H_2O$, 0.001 g, $NaHCO_3$, 0.05 g, agar (Difco), 10 g, distilled water (pH 7.2), 1,000 ml이다.

*Chryseobacterium*로 동정되어지는 노란색 집락은 병원성이 있는 반면 흰 집락은 병원성이 없었다. 원인균은 API 20NE로 동정하면 67.2~99.9%의 상동성으로 *C. indologenes*로 동정되어진다.

Chry-16S-F (5′-GCA TCA GCC ATG GCG CGG TG-3′)와 Chry-23S-R (5′-CCT TAA CGA TTT CTT TCC TA-3′)를 사용하여 94°C 5분 initial denaturation시킨 다음 35사이클(94°C 45sec; 53°C 45sec; 72°C 2min)시킨 다음, 72°C 10분간 final extension 시켜 전기영동하면 800~1,000 bp의 밴드가 형성된다.

그림 2-76 Yellow perch의 피부 환부. A: 감염 개체. 등지느러미 아래(**B**)와 미병부의 피부(**C**)의 환부. 환부에서 심한 악취가 나는 것이 특징임.

14) Adjuvant 첨가 백신 투여 후의 틸라피아

어류에 감염되는 그람음성의 세포내 감염 *Francisella*에는 *Francisella asiatica* (syn. *F. noatunensis* subsp. *orientalis*), and *F. noatunensis* (syn. *F. noatunensis* subsp. *noatunensis*, *F. piscicida*, *F. philomiragia* subsp. *noatunensis*)가 있다.

Adjuvant 첨가 백신을 처리한 틸라피아에 발생한 경우는 신장의 앞쪽 부분과 비장의 정상보다 10배 정도 종대되어 있고, 두신과 신장에는 육아종의 결절이 산재하고 있다. 또한 체신에도 상당수의 결절이 발견된다. 감염된 신장에는 직경 2 μm의 액체가 채워진 cyst가 전체적으로 산재하여 있다. Cyst 내의 액체는 투명, 황갈색 또는 장액 모양이다. 체강 벽에는 백색, 불투명한 기름 모양의 물질인 adjuvant가 존재하거나 이물질이 엷은 섬유상의 막에 싸인 경우도 있다. 아가미는 빈혈상이며 약간 두터워져 있다.

두신은 심하게 종대되고 실질의 90% 이상이 육아종성염으로 대체되어 있다. 육아종의 중심부가 괴사되어 그 속에는 구형의 세균이 들어있을 때도 있다. 수적으로 적기는 하지만 유상피층의 내부 또는 마크로파아지 내에서 발견된다.

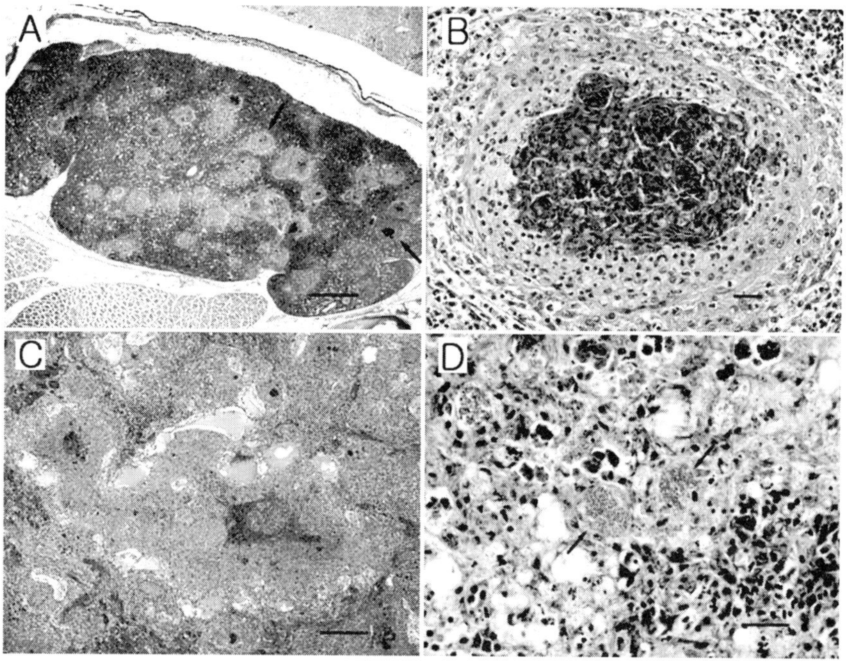

그림 2-77 **A:** 수많은 육아종이 산재하는 두신의 확장(화살표). **B:** 유상피성 마크로파아지, 림프구 및 괴사세포에 의해 싸인 괴사성의 과염성 중심부를 가진 신장의 전형적인 육아종. **C:** 액체로 채워진 빈공간이 존재하는 육아종성비장염. 비교적 정상인 비장조직은 염색성이 진함. **D:** 마크로파아지 내에 구균을 가진 육아종성 비장염. 핵농축의 변성세포와 괴사세포의 부스러기가 산재. **D**(Giemsa) 이외는 HE. Bar=500 μm(**A**), 20 μm(**B** & **D**) 및 200 μm(**C**).

비장도 종대되고 육아종성염이 발생하여 있다. 마크로파아지가 들어 있는 혈관 부정형의 혈관내피세포와 단백질성의 액체가 괴사소나 빈 공간에 혼재하고 있다. 신장의 육아종은 두신에 비해 덜 명확하지만 전체적으로는 마크로파아지가 매우 많이 존재한다. 감염조직에는 혈전이 형성된 혈관염이 발견된다. 혈관염은 육아종에 인접한 곳에 많다. 간은 덜 감염되지만 소형의 괴사소와 세균 탐식 마크로파아지가 발견된다. 아가미는 상피세포의 증생되고 증생 부위에는 육아종 또는 마크로파아지가 들어 있다.

2. Gram 양성균

1) *Streptococcus*

(1) 대서양 연어(*Salmo salar*)의 *Strepococcus phocae*

해수 양식 대서양연어에 수온이 15°C 이상일 때 발병한다. 병의 진행은 매우 빨라 1~2일 내에 증상이 나타나지만, 급성인 경우에는 외부 증상은 거의 없고 누적 폐사율은 3~25% 정도이다.

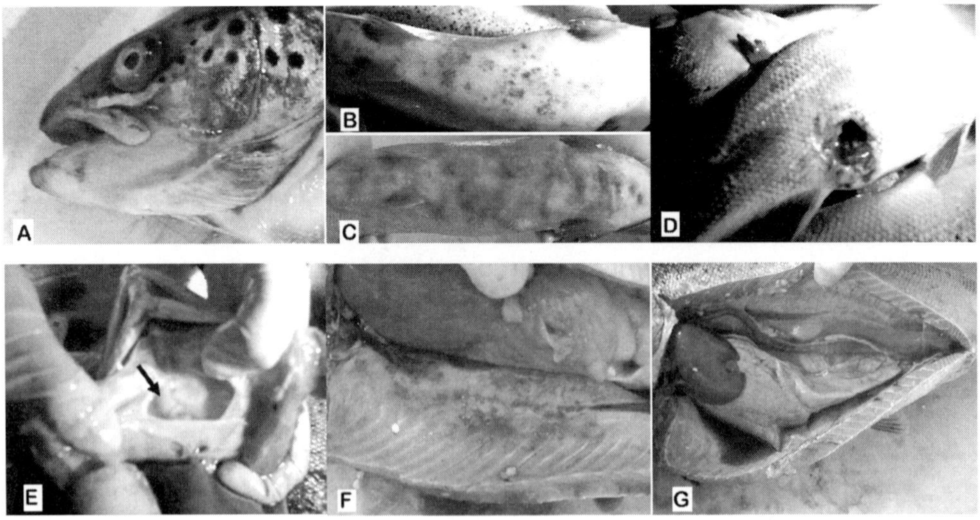

그림 2-78 **A:** 눈 주변의 출혈. **B:** 복부의 점상 출혈. **C:** 복부 피부의 농양 병소. **D:** 근육 액화에 의한 궤양. **E:** 위심강의 백색 액상 물질(화살표)의 축적을 동반한 심외막염. **F:** 복부 지방 조직의 출혈. **G:** 간장과 비장의 종대.

표 2-2 **Rapid ID 32 Strep를 이용한 연쇄구균의 성상 비교.**

생화학적 성상	연쇄구균			
	S. parauberis	*S. iniae*	*S. difficilis*	*S. phocae*
Acid from				
Mannitol	+	+	−	−
Sorbitol	+	−	−	−
Lactose	+	−	−	−
Trehalose	+	+	−	−
Raffinose	+	−	−	−
Sucrose	+	+	+	−
Glycogen	−	+	−	−
Melezitose	−	+	−	−
Tagatose	+	−	−	−
Arginine hydrolysis	+	v	+	
Acetoin	+	−	+	−
Production of				
β-Glucoronidase	−	+	−	−
α -Galactosidase	+	−	−	−
Pyroglutaimic acid arylamidase	+	+	−	−
N-Acethyl-β-glucosaminidase	+	+	+	−

*β-glucosidase에 *S. phocae*는 음성, *S. iniae*는 양성.

**CAMP에 *S. difficilis*와 *S. iniae*는 양성, *S. parauberis*와 *S. phocae*는 음성.

병어는 안구 주변에 화농성의 출혈을 동반한 안구돌출, 복부의 점상 출혈, 피부에 농양 병소가 생기며, 때로는 근육의 액화에 의한 체측근의 깊은 궤양 병소가 형성된다. 해부 증상은 복부 지방 조직의 출혈, 위심강에 백색 액체가 축적되는 심외막염, 간의 황변 종대 등이 생긴다.

병어의 신장, 비장 및 뇌와 궤양병소를 Colombia sheep blood agar (CBA, Oxoid)에 22~25˚C에서 48시간 배양하면 직경 0.5 mm의 백색 집락이 형성된다. Gram 양성의 연쇄를 형성하는 구균으로 β 용혈, 카타라제와 aesculin 가수분해는 음성, 25˚C와 37˚C에 발육, pH 9.6에서 발육하지만, 식염 6.5%와 40% bile salt에서 발육하지 않는 수달이나 바다표범의 병원체로 알려져 있는 *Streptococcus phocae* (phocae = seal)이다.

(2) 아무르 철갑상어(*Acipenser schrenckii*)의 *Streptococcus dysgalactiae*

발병 수온은 28~30°C이며, 병어는 복수의 축적에 의한 복부 팽만, 소화관의 점상의 출혈이 생기며, 무기력해지면서 이상 회전 유영을 한다. 복강내의 복수는 혈액이 혼재된 노란색의 복수이다. 병이 상당히 진행된 병어는 때로 아가미의 빈혈과 간장의 종대가 발견된다.

병어의 신장, 간장 또는 복수를 BHI에 접종하여 25~28°C에 48시간 배양하여 분리한 원인균인 *Streptococcus dysgalactiae*는 그람 양성의 연쇄상의 구균으로 lactose와 arabinose는 이용하지만 esculin, sorbitol, inulin 및 raffinose는 이용하지 못한다.

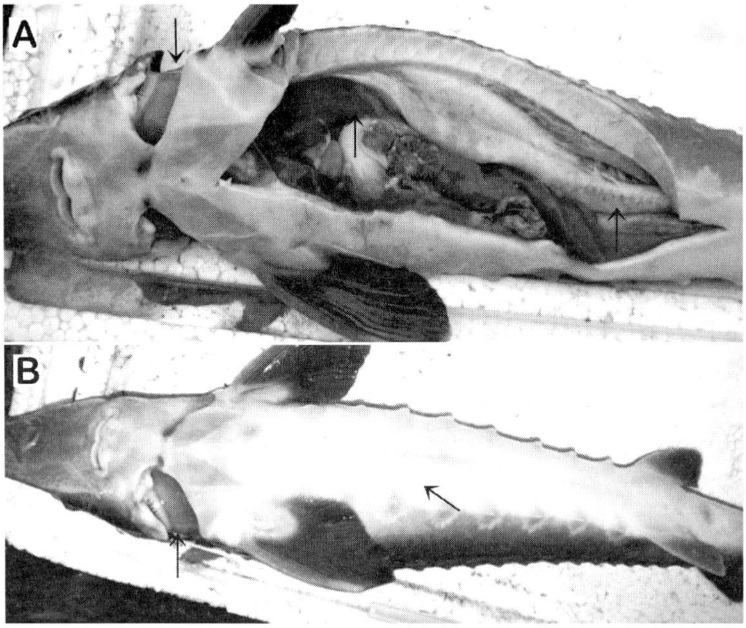

그림 2-79 **A:** 아가미 빈혈, 간의 종대 및 소화관의 점상출혈. **B:** 아가미의 빈혈과 복수의 축적에 의한 복부 팽만.

(3) 차넬메기의 β-용혈성 *Strepococcus ictaluri*

증상은 턱, 지느러미 기부 및 척추에 변화가 특징적으로 턱과 지느러미에 소형의 출혈성 궤양이 형성, 지느러미에 부식이 생긴다. 출혈 궤양 환부는 직경이 3~5 mm 정도이며, 주로 아래턱의 복부와 지느러미의 기부에 형성된다. 이러한 환부를 움직여 보면 골절성의 파열음(crepitus)이 들린다.

해부하여 보면 아래턱의 관절 표면과 두개골의 방형골(quadrate bone)의 관절 표면에 궤양이 형성되어 있다. 갈색의 삼출물이 들어 있는 출혈성의 누공성의 관(fistulous tracts)이 관절과 피부의 궤양을 연결하고 있다. 이러한 관은 지느러미의 환부에서도 마찬가지로 발견된다. 관절 부위와 척추의 삼출물의 도말표본을 Giemsa염색하여 검경하면 마크로파아지의 세포질 내에 구균이 발견된다.

그림 2-80 척추 후반부의 육질부의 현저한 감소와 척추 후만증을 나타내는 차넬메기.

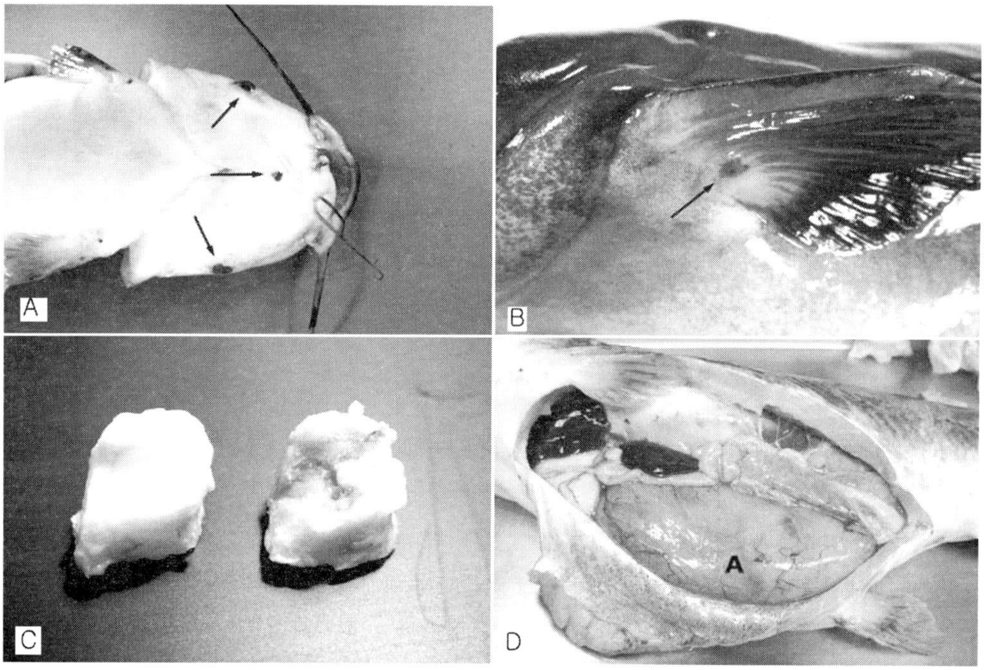

그림 2-81 **A:** 아래 턱 복부와 수염의 출혈성 궤양 환부. **B:** 가슴지느러미 기부의 궤양. 1개의 누공성의 관이 환부 아래의 관절에 연결됨. **C:** 환부 아래의 아래턱 관절의 연골성 궤양(우)와 정상 관절(좌). **D:** 1개의 대형 복강 농양 때문에 앞뒤의 내장의 뒤바뀜.

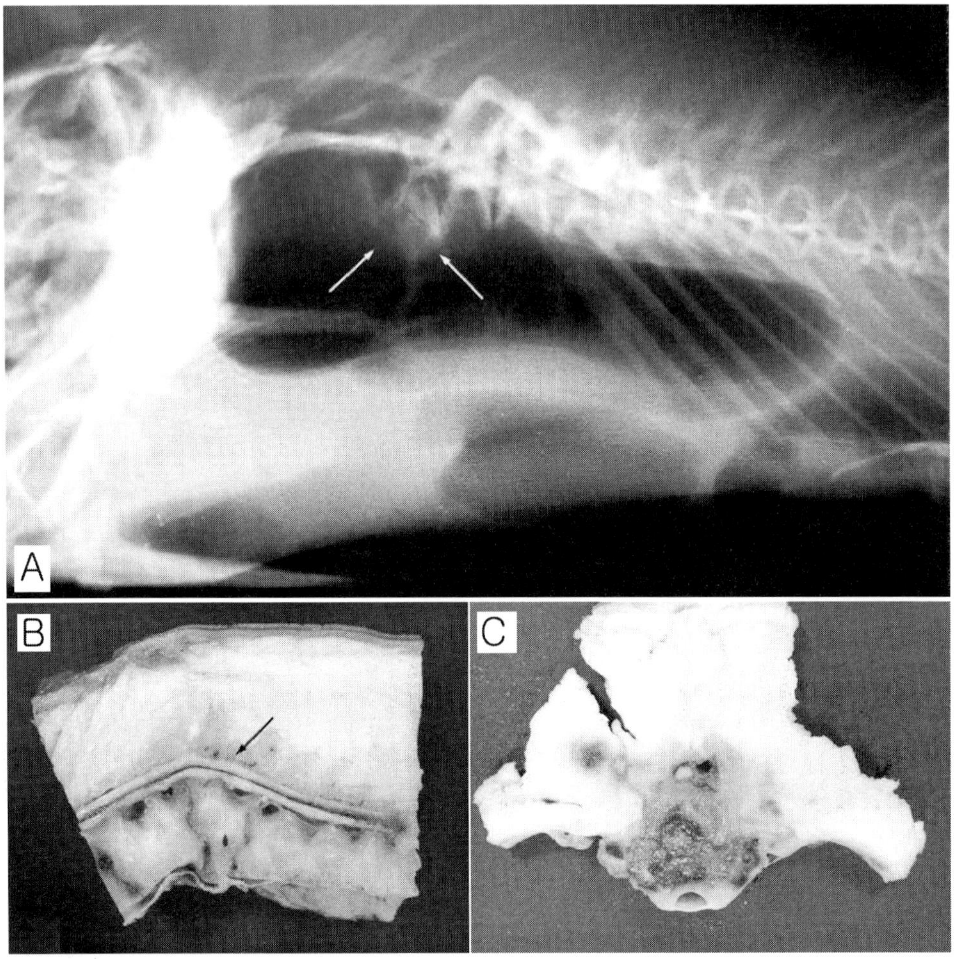

그림 2-82 **A:** Sustentaculum와 근위 척추 부분의 배쪽면을 따라서 경골의 증식과 척추 중앙부의 용해성의 벌레 먹은 모양의 변화. **B:** 추체의 붕괴와 등쪽으로 만곡 및 척수의 압박에 의한 척추의 아탈구(veterbral subluxation). **C:** 척수 주변의 삼출과 인접 근육의 출혈, 염증 및 괴사.

내부 증상은 뚜렷한 것이 없지만 대형의 복강내 농양이 발견되는 경우도 있는데, 농양의 도말표본하여 검경하면 마크로파아지 내에 탐식당한 구균을 발견할 수 있다. 대부분의 병어에 척추후만증(kyphosis)가 생긴다.

조직학적인 변화는 경골과 경골에 인접한 피부, 골격근 및 척색에서 발견된다. 염증성 삼출물에는 구균을 탐식한 마크로파아지와 소수의 호중구로 구성되어 있다. 그러나 간, 심장, 위, 췌장 및 뇌에는 이렇다할 변화가 발견되지 않는다.

원인균은 *St. iniae*처럼 상피세포의 괴사, 세포염(cellulitis), 근육염을 유발하지만, 내부 실질장기에 환부가 형성되지 않으며, 환부에 많은 수의 세균이 발견되지 않는다는 점에서 차이가 난다.

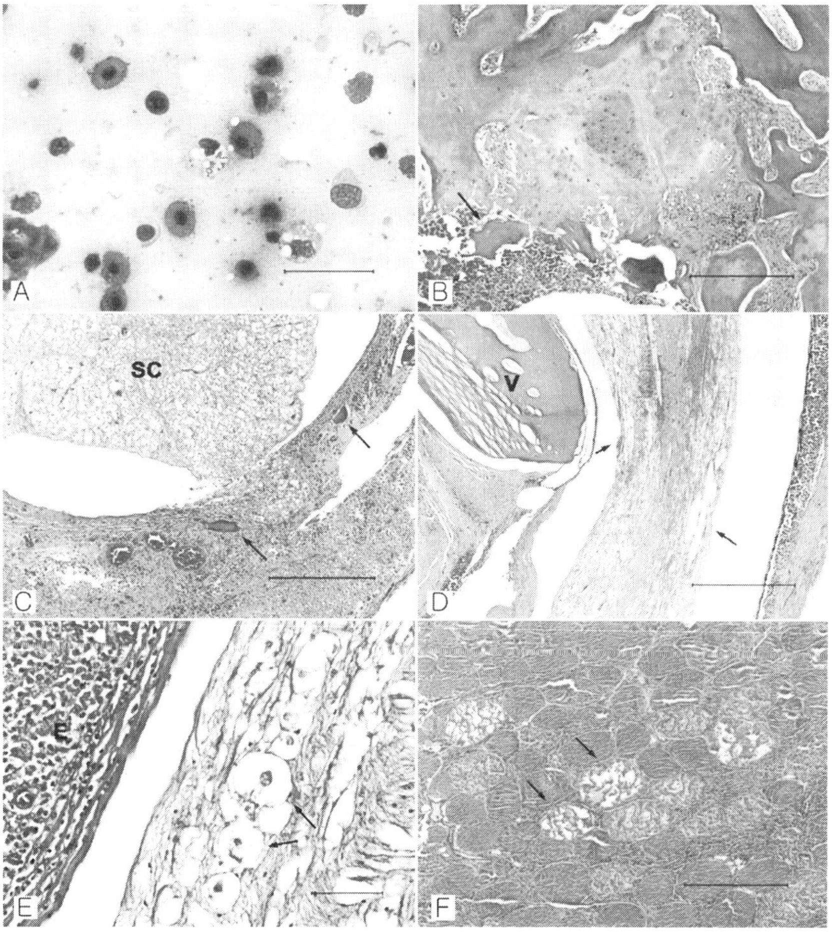

그림 2-83 **척추 주변 삼출물 도말표본 중의 마크로파아지 공포내의 탐식 원인균. A:** Giemsa 염색. **B:** Chondrodysplasia (중앙), 염증세포로 채워진 bony septa사이의 공간, fibroblast의 증식, 염증세포로 싸인 괴사 경골(화살표)의 부골편(sequestrum). **C:** 마크로파아지, 호중구 및 다핵거대세포(화살표) 등의 염증세포에 싸인 척수(SC). **D:** 척수(SC)의 압박과 axon sheaths의 종대(화살표). **E:** 척수의 meningeal surface와 종대 xon sheaths(화살표)의 염증세포의 삼출(E). **F**: 응고괴사로 진행 중인 공포화된 근원섬유(화살표), endomysial areas의 염증세포 침윤 및 섬유화. HE. Bar=25 μm(**A**), 300 μm(**B**, **C**, & **F**), 750 μm(**D**) 및 50 μm(**E**).

(4) *Streptococcus agalactiae*

가. 틸라피아

병어는 안구 백탁 및 안구돌출을 일으키며, 퇴색 및 가슴 지느러미와 배지느러미 기부의 충혈을 일으키며 사망률은 58~83% 정도이다. 내장기관은 울혈을 일으키며, 아가미, 간장, 비장 및 신장은 종대되며, 뇌는 부종성으로 연화된다.

병리조직학적으로 간장은 현저한 울혈을 일으키며, 혈관의 내피세포는 종대되며 공포화된다. 혈관 벽에는 염증세포의 침윤이 있으며, 혈관 벽의 내외에는 세균의 집락이 형성되어, 혈관내에는 세균의 집락에 의한 색전이 생긴다.

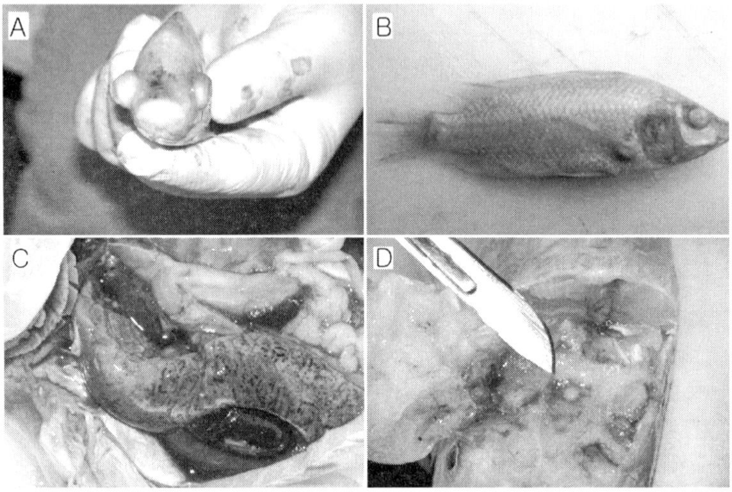

그림 2-84 **A:** 안구돌출. **B:** 안구 백탁. **C:** 내장의 울혈. **D:** 뇌의 연화.

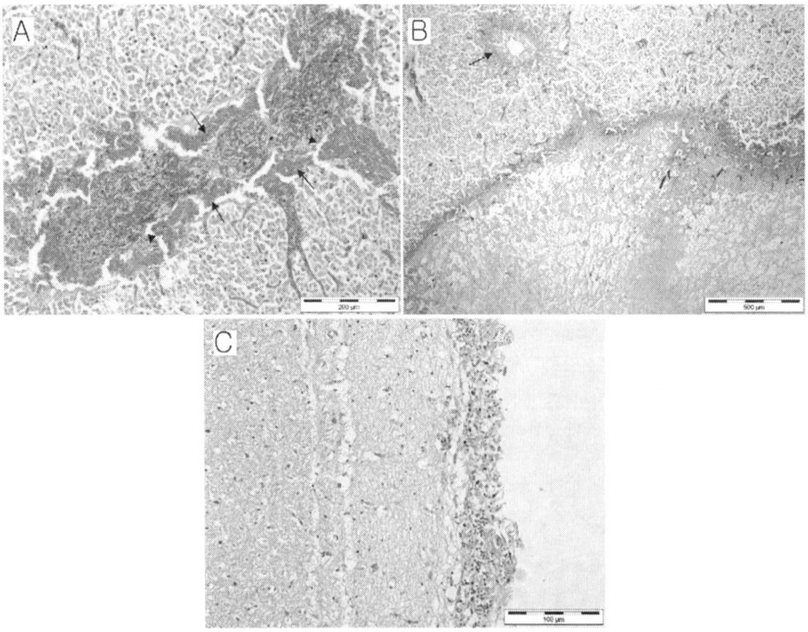

그림 2-85 **A:** 혈관 내피의 종대(화살표)와 혈전을 동반한 간장 혈관의 울혈. 자주색(화살표 머리)는 세균의 집락에 의한 퇴색. **B:** 간장의 감염 혈관(화살표)에 인접한 조직의 심한 색전. **C:** 호중구의 침윤에 의해 두터워진 뇌수막. HE.

이러한 변화는 비장의 혈관에서도 발견되며, 신장은 출혈을 동반한 울혈이 생긴다. 신장과 아가미의 혈관은 울혈, 신장 조혈기관의 현저한 염증반응이 생기며, 뇌는 호중구의 침윤에 의해 뇌수막(meninges)이 두터워져 있지만 뇌의 실질에는 변화가 없다. 소화관의 점막고유층과 상피세포에 호중구의 침윤이 발견된다.

나. 능성어(giant Queensland grouper, Epinephelus lanceolatus)

감염 개체는 여위어 있으며, 단측 또는 양측의 안구가 돌출, 안구 백탁, 안구 주변의 출혈 또는 안구내 출혈이 생겨 있으며, 때로는 안구가 탈락되기도 한다. 또한 혈액이 혼재된 복수의 축적 및 비장의 종대가 일어난다. 드물기는 하지만 아가미 뚜껑에 농양, 지느러미 기부와 두개골에 궤양이 형성되기도 한다.

병리조직학적으로는 만성의 육아종성 세균성 패혈증의 증상을 나타낸다. 뇌의 수막(meninges)은 염증세포의 침윤에 의해 두터워진다. 여러 조직에서 소형의 육아종성 환부가 형성되는데, 특히 뇌의 수막, 척색, 눈의 맥락막, 간장, 아가미 및 심실의 육아종은 섬유성 조직의 엷은 피막으로 싸여 있다. 눈, 뇌, 척색, 심장, 간장, 신장, 비장, 아가미, 복강 및 소화관에서는 원인균을 탐식한 마크로파아지 또는 세균의 집합체가 발견된다. 모든 세균은 마크로파아지의 내부 또는 육아종 내부에 존재하며 그람 양성, 항산성 음성을 나타낸다. 일부의 개체에서는 신장과 비장에서는 세균의 집합체가 존재하는 부위에서는 조직이 부분적으로 괴사되어 있다.

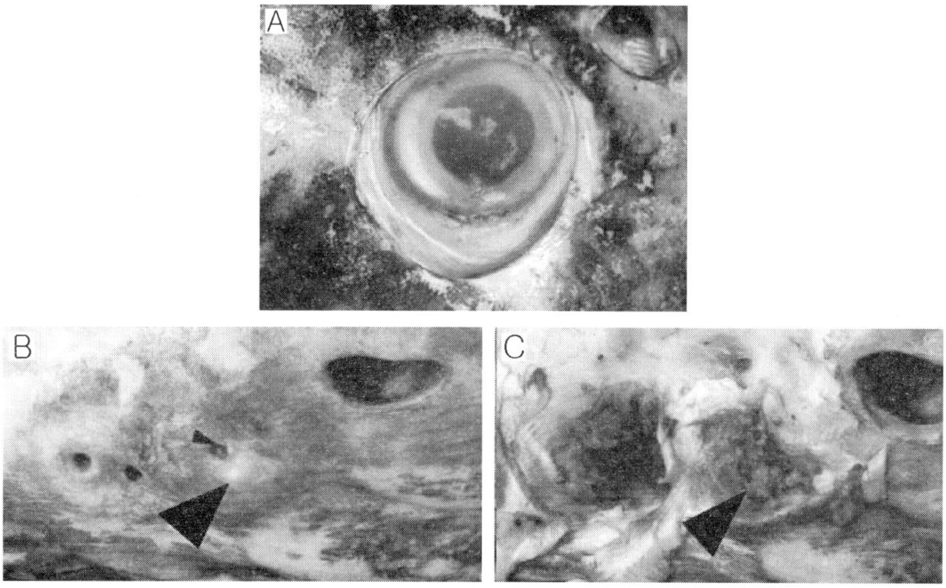

그림 2-86 **A:** 안구 백탁. **B:** 피부 궤양에 인접한 농양(큰 화살) 및 농양이 유출되고 있는 환부(작은 화살). **C:** 피부를 제거한 후의 B의 확대도. 흑색의 괴사조직(좌측)과 농양환부의 농양성의 삼출물(화살표 머리)가 있는 출혈성의 진피와 근육.

눈이 가장 심하게 감염되는 기관으로 맥락막, 망막, 홍체, 전실, 연골성의 결합조직 및 동안근 섬유 등에 만성육아종성염증을 동반한 안염(ophtalmitis)이 생긴다. 맥락막은 눈 중에서도 가장 심하게 감염되는 부위로서 섬유성 조직에 의해 두터워져 있고, 육아종을 형성하는 마크로파아지의 소형 집합체가 발견된다. 염증세포의 현저한 침윤에 의해 망막염이 유발되어 망막이 박리된다.

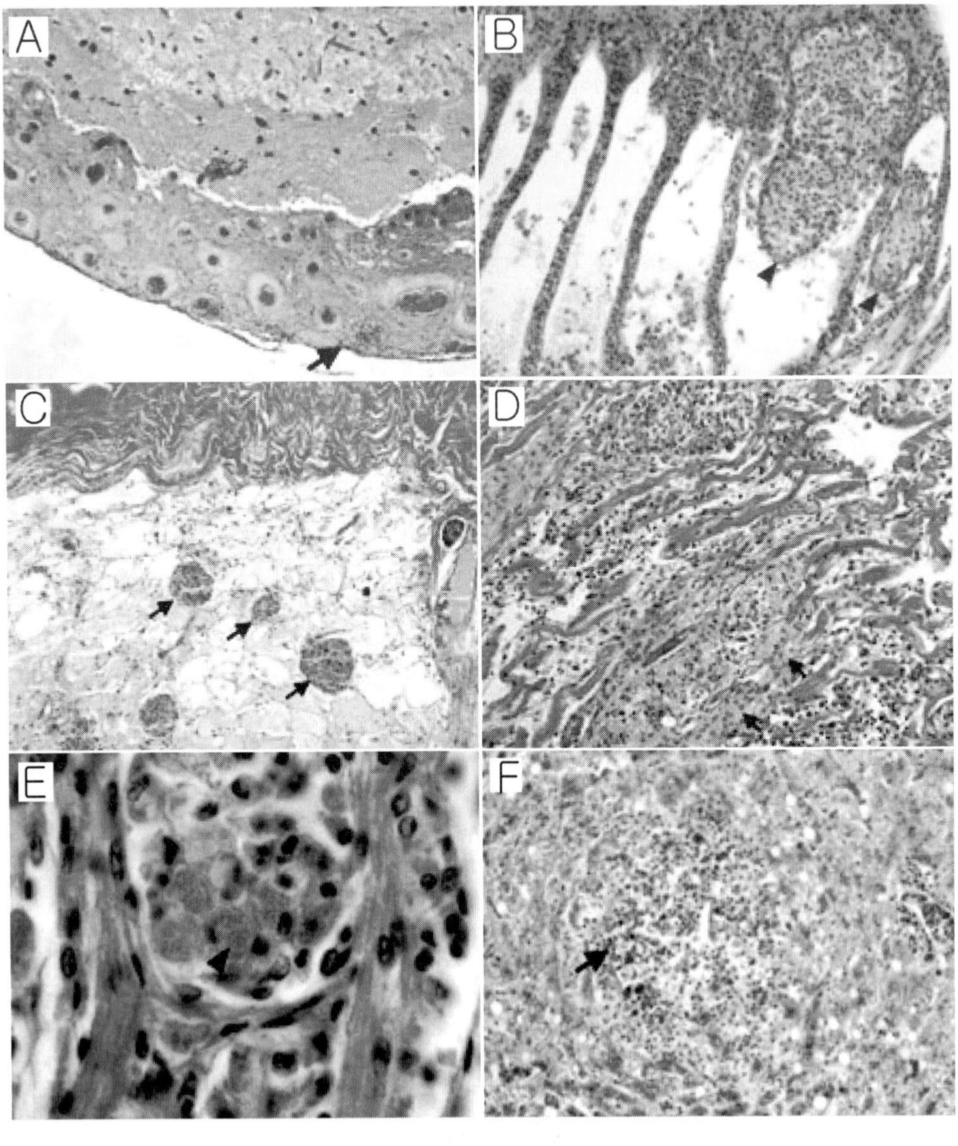

그림 2-87 **A:** 뇌의 뇌수막염(meningitis). 림프구의 침윤(화살표)에 의해 노수막이 두터워짐. **B:** 인접 새변 사이의 육아종성염(화살표 머리). **C:** 맥락마의 육아종성 환부(화살표). 마크로파아지의 집합체로 구성된 환부 내에는 원인균이 존재. **D:** 심실의 심근의 육아종성염(화살표)와 myositis. **E:** 심실의 육아종과 종대된 마크로파아지 내의 원인균(화살표). **F**: 간장의 괴사. 세포질 내에 원인균을 탐식한 마크로파아지의 집합체(화살표). **F**(Gram) 이외는 HE.

다. Barcoo grunter(*Scortum barcoo*)의 *Streptococcus agalactiae*

Barcoo grunter(*Scortum barcoo*)는 호주의 Eyre lake 원산의 담수어로서 성장이 빠르고, 질병에 저항성이 강하며, 맛이 좋기 때문에 중국에 이식되어 고밀도 순환 양식법으로 양식되고 있는 종이다. 수온은 27~29°C로 유지하면서 방양밀도는 60마리/ton으로 사육되고 있다.

9월경에 치어(20~40 g), 성어(100~300 g)에 질병이 발생하여 폐사율은 5~10%에 도달하였다. 병어는 안구 백탁, 출혈 및 안구 돌출 등의 안구 이상과 꼬리 부분의 발적, 출혈 및 궤양이 형성되었다.

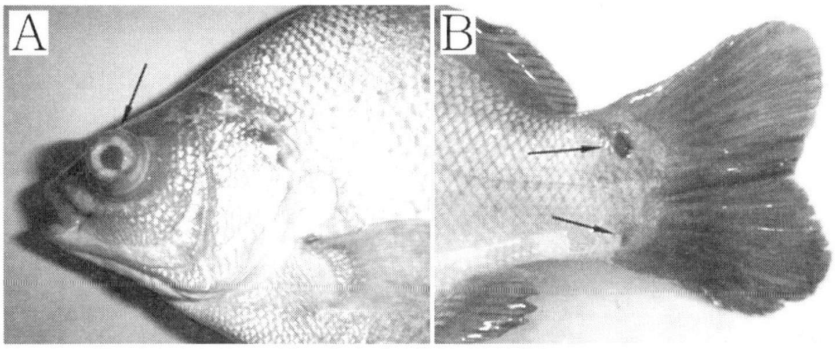

그림 2-88 **병어의 외부 증상. A:** 안구 백탁, 출혈 및 안구돌출(화살표) 등의 안구 이상. **B:** 미병부에 형성된 발적, 출혈 및 궤양환부.

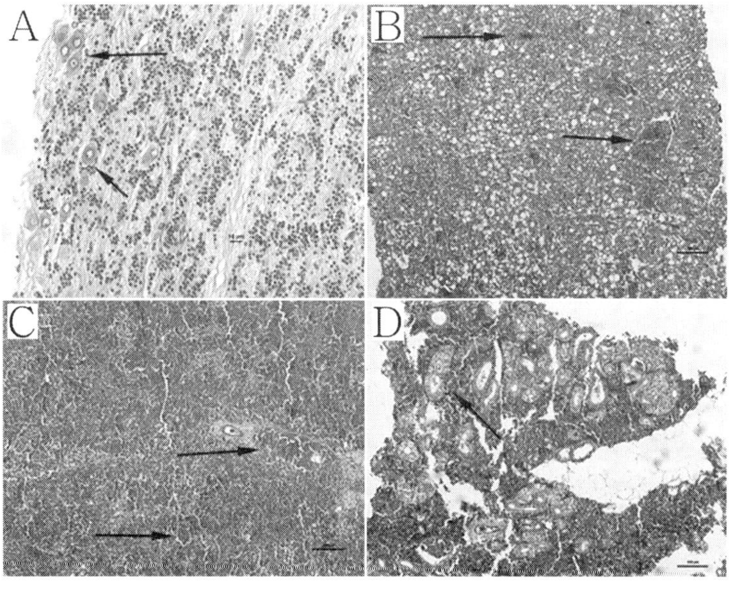

그림 2-89 **자연 발병어의 병리조직학적 변화. A:** 뇌의 뇌염과 혈관의 증식(화살표). **B:** 간장의 현저한 염증세포의 침윤 및 간 유동의 출혈. **C:** 비장의 출혈(화살표). **D:** 신장 세뇨관의 확장과 출혈. HE.

병어의 뇌, 간장, 신장 및 비장을 BHI에 접종하여 28°C에 24시간 배양하면 원인균이 거의 순수상태로 분리되어진다. 집락은 백색의 주변 원활한 집락이 형성되며 gram 염색하여 보면 쌍구균 또는 연쇄상의 구균 형태를 하고 있다. API 20 Strep을 사용 또는 PCR 반응시키면 *S. agalcatiae*로 동정된다.

분자생물학적으로는 GBS-특이 dltS gene의 특이 프라이머(dltS-F: 5′-AGG AAT ACC AGG CGA TGA ACC GAT-3′와 dltS-R: 5′-TGC TCT AAT TCT CCC CTT ATG GC-3′)를 사용하여 PCR 반응시키면 952 bp의 특이밴드가 형성된다.

*S. agalactiae*의 항체는 어류에 면역성을 부여하지만, 항체는 blood-brain의 장벽을 통과할 수가 없는 반면 *S. agalactiae*는 blood-brain barrier를 통과할 수 있기 때문에 뇌가 다른 내장기관에 비해 가장 감수성이 높인 기관임을 알 수 있다.

인위 감염시키면 안구돌출, 충혈, 가슴 부위의 종대, 피부 궤양 및 복부에 출혈이 생기면서 접종 2일 째부터 폐사가 유발된다.

(5) Turbot의 *Streptococcus parauberis*

수온 12~14°C의 콘크리트수조에서 유수식으로 사육 중인 turbot에 발병한 예로서 병어는 다른 어류의 연쇄구균감염증과 유사하다. 식욕의 감소, 이상 유영을 나타내며 한쪽 눈 또는 양쪽 눈의 안구돌출 및 안구 주변에 출혈이 생긴다. 등쪽의 부분과 지느러미 기부에 수종이 생기며, 등지느러미와 꼬리지느러미 기부의 출혈 때로는 입 주변에 출혈, 복부에 점상의 출혈이 생긴다.

해부하면 내장기관은 퇴색되며, 간장의 비대, 신장의 출혈 및 복강 내에 복수가 축적된다. 간장, 신장, 비장, 뇌 및 눈을 식염을 0.5% 첨가한 blood agar 또는 TSA에 접종하여 22°C에 배양하면 집락이 형성되지만, TCBS에 배양하면 집락은 형성되지 않는다. Blood agar에서는 α용혈을 나타내며, TSA에서는 직경 1~3 mm의 정원형의 백색 집락이 형성된다.

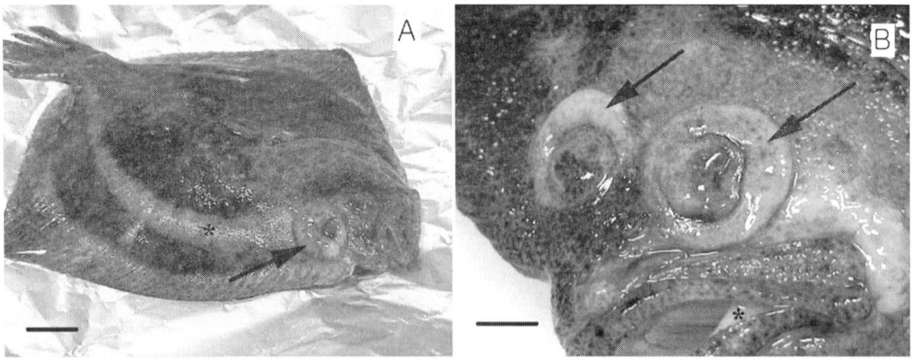

그림 2-90 **A:** 안구돌출(한 쪽만 돌출), 안구 내출혈 및 등쪽 부분의 체액 축적(*). **B:** 안구돌출 및 안구 주변의 농창, 안구(화살표) 내와 입 주변(*)의 출혈.

병리조직학적으로는 아급성 또는 만성의 감염증으로 피부에서는 진피의 스펀지층에 세균의 집락이 형성되면서 괴사가 일어나 괴사는 근육에 까지 확대되고 있다. 뇌의 수막(뇌막)에 세균의 집락이 확인되며, dura-mater에 증생, 수포 변성 및 많은 수의 그람 양성균과 백혈구의 침윤 및 단구의 세포질 내에 많은 그람 양성균이 관찰된다. 그러나 연쇄구균 감염어에서 관찰되는 뇌수막염은 turbot에서는 발견되지 않는다. 병어의 이상 유영과 무기력은 수막의 감염에 의한 것으로 추정된다. 심하게 감염된 눈에서는 세균과 염증에 의해 맥락막 결합조직의 비대와 염증이 관찰된다. 간장과 신장의 결합조직에서 원인균이 확인된다. 염증반응에 관여하는 백혈구는 마크로파아지로서 다른 어류에서 감염의 초기에 주로 침윤하는 호중구라는 것과는 대조적으로 호중구는 거의 발견되지 않는다.

Turbot의 *Streptococcus parauberis*의 저항성 증가시키기 위해서는 L-carnitine을 경구투여하면 효과적이다. L-carnitine은 성장촉진, 발암성물질로 부터의 방어력 증가, 수질 변화에 대한 저항성 증가 등의 특성을 지닌 생리활성물질로서 여러 가지 세균성 질병에 대한 면역반응을 증가시켜 저항성을 높여준다.

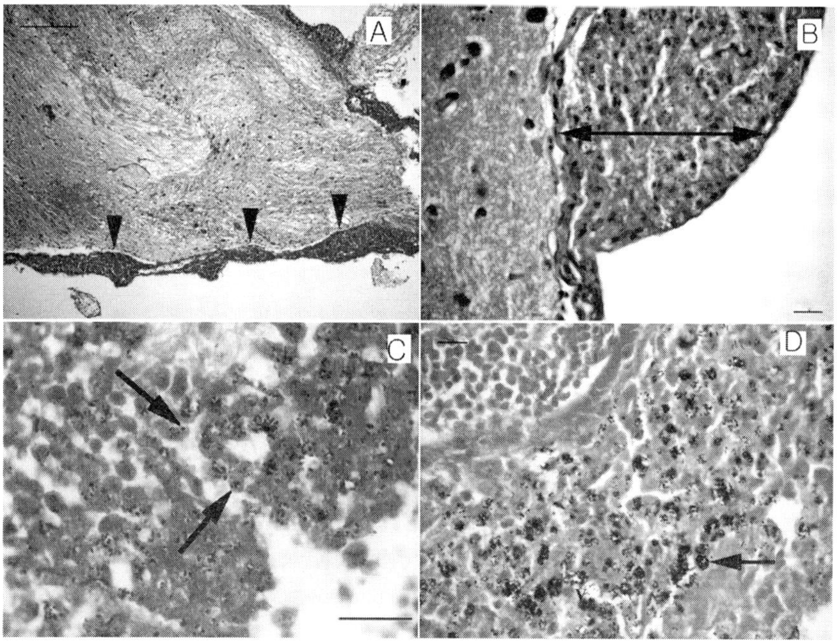

그림 2-91 **A:** 뇌의 뇌막(meninges)의 증생. **B:** 많은 세균이 들어있는 증생된 뇌막-dura mater(화살표). **C-D:** 뇌막의 단구의 침윤(화살표 머리)와 괴사. HE(**A**, **B**) 및 PAS(**C**, **D**). Bar=200 μm(**A**), 20 μm(**C**), 10 μm(**B**, **D**).

Turbot에 사료 Kg당 40 mg 또는 240 mg을 첨가하여 16주간 투여하였을 때 투여 농도에 비례하여 근육 중의 L-carnitine농도는 증가한다. 경구투여 후 어류를 0.03% ethylene glycol monophenyl ether에 마취시킨 다음 10^6 cells의 *S. parauberis*를 복강주사하여 인위감염시켰을 때 240 mg의 상대 생잔율은 78%인 반면, 40 mg을 투여한 경우는 11%이다. 경구투여를 중지하면 사망률은 급증하게 됨으로 연속적으로 투여함으로서 면역증강제로서 작용하게 된다. 해산어뿐만 아니라 담수어에도 효과가 현저하지만 가격이 비싸다는 것이 결점이다.

(6) 홍민어(*Sciaenops ocellatus*)의 *Streptococcus iniae*

Streptococcus iniae 감염증은 패혈증과 meningoencephalitis를 특징으로 하는 질병으로 병어는 여위며, 무기력하게 이상 유영을 하며, 안구돌출, 지느러미 기부의 출혈이 생기며, 신장과 비장에 울혈이 생긴다.

원인균의 분리는 50% 해수로 제조한 BHIA에 신장, 비장 및 간장을 도말하여 24°C에 48시간 배양한다. 원인균은 β 용혈의 그람 양성균으로 API 20 Strep로 동정한다.

복강주사하면 LD_{50}은 9.65×10^6 cfu/fish로 20~100%의 폐사가 나타내며, 침지감염은 1.93×10^7 cfu/fish에 40%, 경구감염은 1.93×10^8 cfu/fish에 40%의 폐사를 나타낸다. 홍어에 대한 병원성은 낮은 편이다.

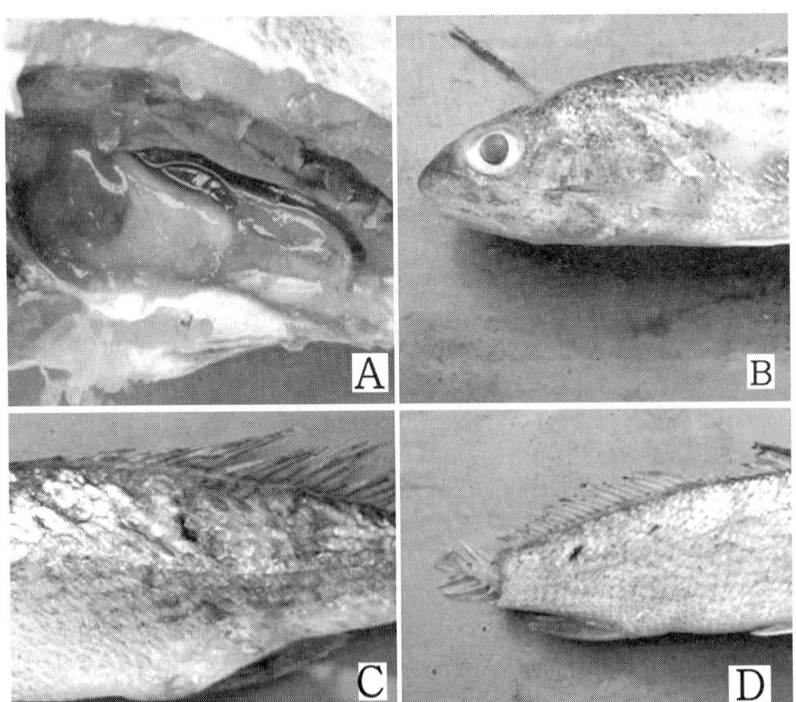

그림 2-92 ***Streptococcus iniae*감염 홍민어. A:** 신장과 비장의 종대. **B:** 안구의 백탁 및 안구돌출. **C:** 지느러미 기부의 출혈. **D:** 등지느러미와 꼬리지느러미의 부식.

병리조직학적으로는 아급성의 섬유성 및 화농성 뇌수막염이 일어나 호중구와와 조직구가 뇌수막의 외곽에 두터운 층을 형성하여 뇌수막을 덮고 있다. 고배율로 검경하면 마크로파아지의 세포질내에는 탐식당한 구균이 확인되며, 뇌의 혈관은 염증세포로 채워져 있고, 호중구와 단구를 주체로 하는 염증세포에는 많은 공포가 형성되어 있다.

심외막은 두터워지며 많은 호중구와 조직구가 침윤해 있다. 때로는 심외막염이 심근에 까지 확산되어 괴사성의 심근염과 혈관에 혈전이 형성되어 있다. 비장은 정상의 구조가 붕괴되고 많은 괴사소가 형성되며, 출혈이 생기고 괴사소에는 많은 그람 양성균이 발견된다. 신장도 비장과 유사한 조직 변화를 보인다.

간장은 정상의 구조는 유지하고 있지만 췌장의 외분비부에 단구를 주체로 하는 염증세포의 침윤이 췌관의 주변에 생겨 있다.

피부에는 상피층의 광범위한 괴사소가 형성되어 피하조직 및 근육에 까지 영향을 미쳐 근육에는 응고괴사가 생겨있다. 피부의 괴사소와 근육의 괴사소에는 많은 그람 양성균이 확인된다.

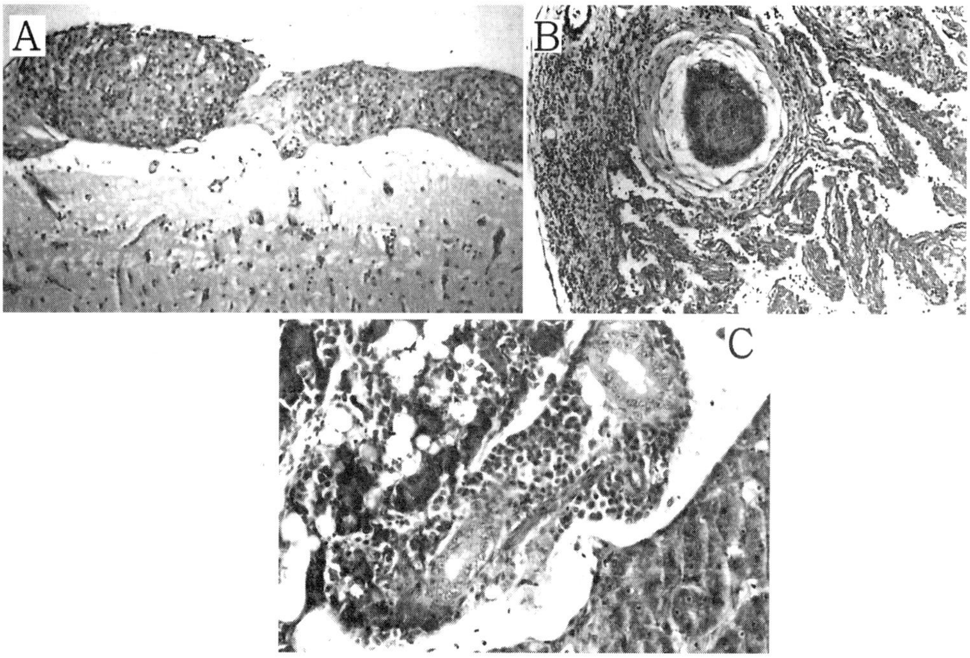

그림 2-93 **A:** 급성의 뇌수막염. 뇌수막을 섬유성 화농성의 삼출물이 피포. **B:** 심외막염이 심근에 까지 미쳐 있고 혈관 내에는 혈전이 형성. **C:** 췌장. 췌관의 인접 부이에 단구를 주체로 하는 염증세포의 침윤. HE.

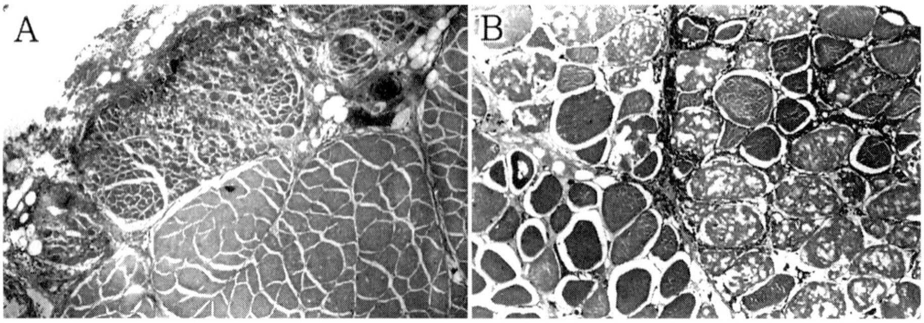

그림 2-94 **A:** 피부의 환부는 기저막과 결합조직에 까지 확산. **B:** 근육의 응고괴사. HE.

2) *Lactococcus*

(1) 조피볼락의 *Lactococcus garvieae*

수온이 26°C무렵에 병어는 옆으로 드러누워 입올림을 하는 등의 이상 유영을 하며, 체색의 퇴색, 안구돌출 및 탈락과 항문의 발적을 특징으로 한다. 또한 일부의 개체는 체표에 농양 병소의 형성과 아가미 두껑 내부의 발적을 나타내는 것도 있다.

내부적으로는 아가미와 간장의 빈혈이 관찰되는 것 이외에 이렇다 할 증상은 없다. 원인균의 분리는 개량 TSA(MTSA,TSA 20 g/l; Mueller Hinton agar 19 g/l; lactose monohydrate 10 g/l; saccharose10 g/l; dextrose 1 g/l; sodium citrate 1.25 g/l; iron (III) ammonium citrate 1.25 g/l; sodium thiosulphate 0.025 g/l; bromocresol purple 0.02 g/l; phenol red 0.005 g/l)에 접종하여 25°C에 24시간 배양하면 노란색의 원형 집락이 형성된다. 특히 비장과 뇌에서는 그람 양성의 *Lactococcus garvieae*가 분리되어진다.

병리조직학적으로 비장의 협조직에 다량의 세균이 침입하여 식세포를 괴사시키며 세균의 집락을 형성한다. 원인균의 대부분은 협조직내에 식세포 내부에 증식하여 식세포는 균구화되어 공포를 형성하면서 괴사되어 다시 세균을 방출하게 된다.

심장은 심외막에 세균이 침투하여 호중구와 마크로파아지의 침윤, 출혈 및 섬유소 침착이 생긴다. 침윤한 식세포는 균구로 되며, 심외막의 괴사소는 섬유소가 침착되어 심외막이 두터워진다. 그러나 심근에는 세균의 침투는 거의 없다.

안구돌출의 병어는 맥락막, 동안근 및 안와지방조직에 세균이 침투하여 있고, 안와지방조직에는 호중구의 침윤과 출혈이 생겨 있다.

간장은 실질세포에 세균의 침투는 업지만 간세포의 위축, 유동의 확장, 글리코겐과 지방의 감소 등이 관찰된다.

뇌 수막에 세균이 침투와 마크로파아지와 호중구의 침윤이 관찰되는 뇌수막염이 국소적으로 발생하지만 뇌의 실질에는 세균과 염증세포의 침윤은 발견되지 않는다. 그 외 아가미 상피세포나 결합조직 및 소화관 점막고유층에서 장막층에 걸쳐 세균의 침투와 염증세포의 침윤이 산발적으로 발생한다.

병리조직학적으로는 비장의 협조직의 괴사와 심외막이 현저하며, 뇌수막염도 관찰되지만 어느 장기에서도 육아종은 형성되지 않기 때문에 질병이 급성으로 진행되었다는 것을 알 수 있다. 이러한 병리상은 조피볼락에 감염되는 육아종의 형성을 특징으로 하는 또 다른 연쇄구균인 *S. iniae*와 거의 유사하지만, *L. garvieae*에는 육아종이 형성되지 않는 것이 차이점이다. 이것은 *L. garvieae*의 전신 감염의 속도가 빨라서 육아종이 형성되기 전에 감염어가 폐사하기 때문이라 생각된다.

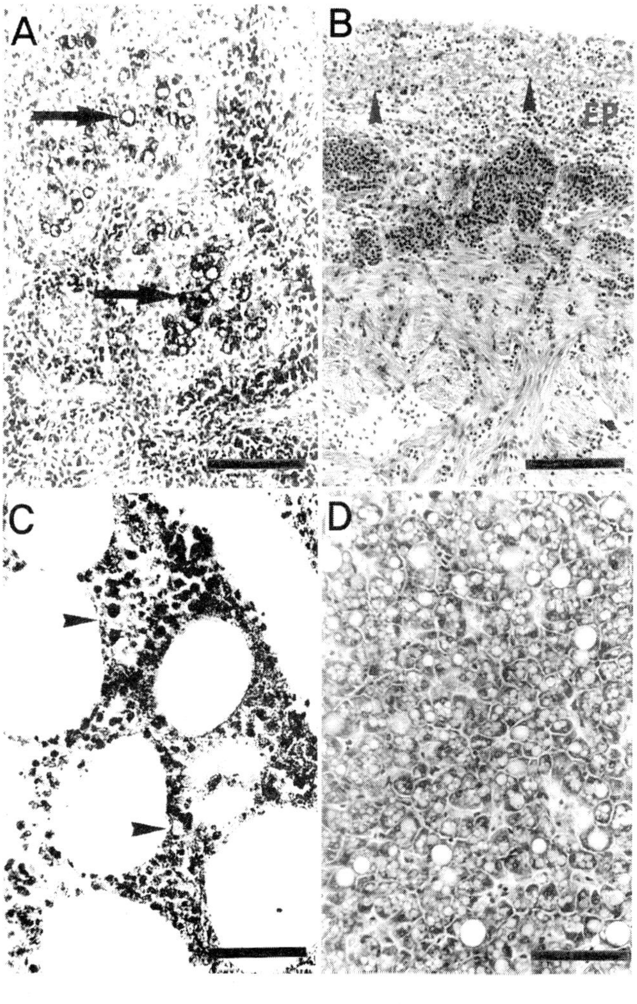

그림 2-95 **A:** 세균의 침투로 인한 비장 협조직내의 식세포의 괴사(화살표). **B:** 심외막(EP)의 염증세포의 침윤과 섬유소의 침착(화살표). **C:** 세균의 침투(화살표)로 인한 안와지방조직의 염증세포의 침윤과 출혈. **D:** 간세포의 위축. Giemsa(**A**)와 HE(**B-D**). Bar=50 μm.

(2) 철갑상어의 *Lactococcus lactis* subsp. *lactis*

감염어는 식욕이 저하되어 무기력하며, 체색이 퇴색되며, 복부에 적색의 반점이 형성되고, 복수의 축적, 장염 및 호흡이 빨라진다.

가장 현저한 외부 증상은 악액질(cachexia)이지만, 지느러미와 복부에 여러 개의 출혈성 궤양병소가 형성된다, 복강에는 약 4 ml 정도의 노란색 또는 적색의 복수가 축적되어 있다. 소화관은 표면에 혈관이 확장되어 피하 수종이 생겨있으며 소화관에는 내용물이 들어 있지 않다.

간장과 비장에는 직경 0~0.3 cm인 중심부가 백색인 적색의 환부가 70개소 이상 산재하거나 환부가 합쳐져서 있는 것도 있다. 또한 비장은 거의 액화되어 진흙 색으로 변화된다.

병리조직학적으로는 비장, 간장에 추혈성 괴사 환부가 다수 형성되며, 비장이 신장보다 더욱 괴사되는 경향이다. 괴사소에는 세포의 붕괴물과 섞인 섬유소가 HE 염색에 적색으로 염색되는 괴사소의 중심부를 형성하고 있다.

간장의 괴사소의 크기는 매우 다양하며, 괴사소의 중심부는 응고괴사 또는 액화괴사되어 있으며, 적혈구, 염증세포가 바깥을 싸고 있다. 또한 소형의 괴사소가 합쳐져서 대형의 괴사소를 형성하며 농양과 같은 괴사소의 중심부에는 세포 붕괴물과 세균의 집합체가 보인다. 간장의 대형 괴사소는 대부분이 간장의 테두리 부분에서 솟아 있는 형태이다. 변성된 간세포는 종대되며, 세포질에는 공포, 지방 방울 및 글리코겐 과립이 관찰된다.

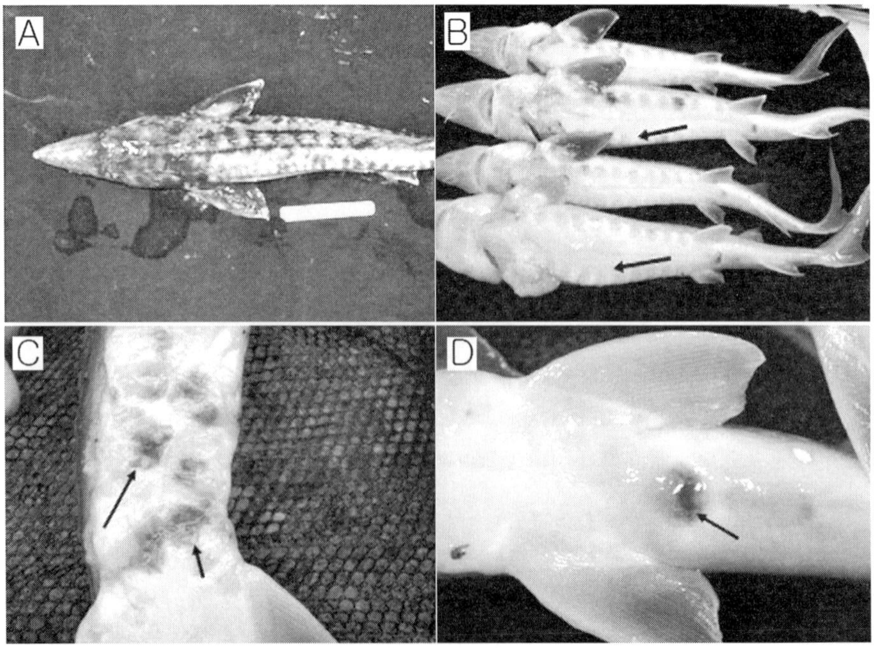

그림 2-96 **A:** 등쪽의 체색이 흑색에서 회색으로 변색된 병어. **B:** 노란색 또는 적색의 복수 축적에 의한 복부 팽만. **C:** 복부의 출혈 환부. **D:** 항문의 출혈 종대.

비장과 간장의 괴사소 주변에는 세균의 집락이 존재한다. 신장의 세뇨관 상피세포는 종대되어 수포변성을 일으키며, 수적으로는 적지만 신장에도 괴사소가 산재하고 있다.

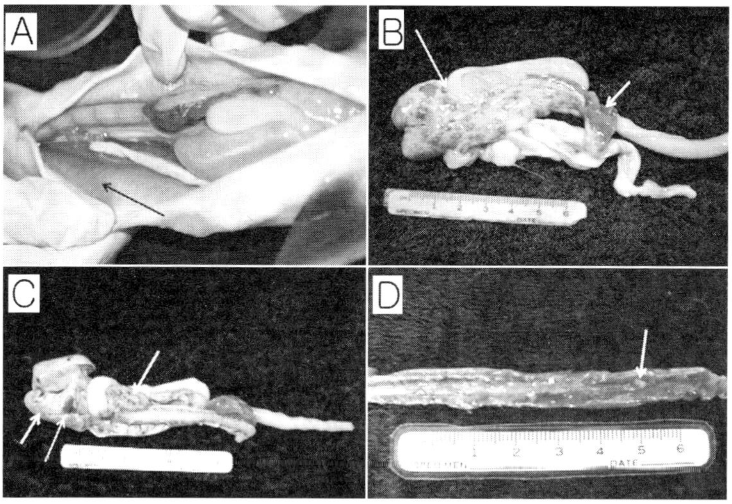

그림 2-97 **A:** 황적색의 복수. **B:** 소화관의 내용물은 없고, 혈관이 확장되어 점막하에 수종 형성. **C:** 간장과 유문수의 출혈 환부. **D:** 신장의 출혈과 종대.

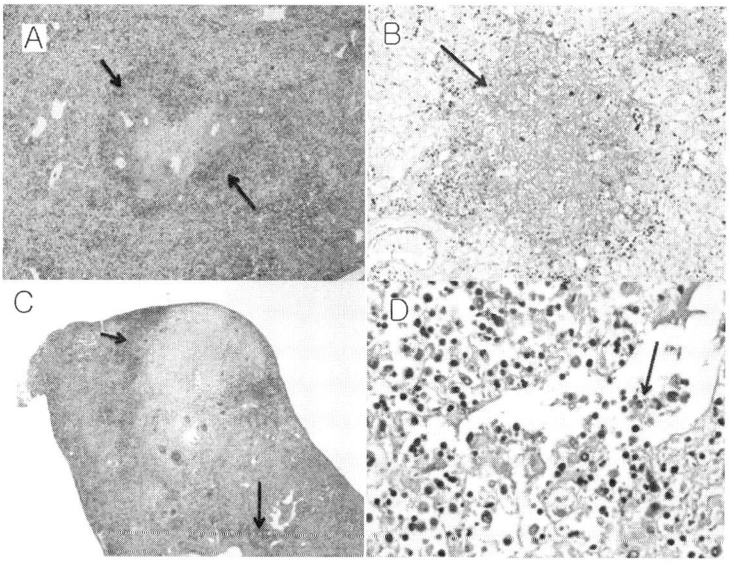

그림 2-98 **A:** 비장의 괴사소. **B:** 간장의 괴사소의 중심부는 세포 융해와 섬유소 축적. 간세포의 지방과 글리코겐 축적. **C:** 간장의 테두리로 돌출되는 대형 괴사소. **D:** 간장 괴사소 주변의 세균의 집합체.

3) *Rhodococcus*

(1) Oil adjuvant 백신 투여 연어류의 *Rhodococcus erythrpolis*

원유 분해세균으로 중요한 *Rhodococcus erythropolis*는 그람 양성균으로, 육상 및 수계에 널리 분포할 뿐만 아니라 원유에서도 분리된다. 어병학에서 지니는 의미는 oil adjuvant를 사용한 백신을 투여한 어류인 대서양 연어에 감염되어 1.3~35%의 폐사가 발생하게 된다는 것이다. 분리된 *R. erythropolis*를 연어에 주사하여도 oil adjuvant로 백신처리하지 않는 어류에서는 폐사가 발생하지 않는다는 것이다. 발병은 단일항원 또는 여러 개의 항원을 혼합한 복합백신에서도 oil adjuvant를 혼합하여 제조한 백신 투여 후에는 발병한다. 해수 사육어 또는 해수에 옮기기 전에도 발병한다.

발병시의 수온은 2~20°C로서 병어는 비늘의 탈락, 복부에 출혈 점상 출혈, 가슴지느러미와 배지느러미 주변의 출혈 또는 미병부에 출혈이 생긴다. 미병부에 생긴 출혈 환부는 점차 확대되면서 꼬리가 완전히 부식하는 경우도 있다. 혈액 함유 복수를 동반한 복부팽만 등이 생긴다. 가장 전형적인 내부 소견은 내장에 백색의 막 모양으로 내장을 덮고 있는 복막염으로 내장의 유착이 특징적이다. 때로는 안구가 돌출하는 경우도 있다.

해부하여 보면 oil adjuvant백신 복강 주사어류의 전형적인 숙주 반응인 내장 지방에 울혈과 내장의 흑색화(melanosis)를 비롯하여 비장의 울혈과 종대가 생기며 소화관에는 먹이가 들어있지 않다.

병어의 신장, 비장 및 간장을 식염 2% 첨가 TSA에 접종하여 배양하면 옥시다제 음성, 카타라제 양성의 그람 양성의 간균이 분리되어지는데, 특히 비장과 피부의 환부에서는 모든 개체에서 균의 분리가 가능하다.

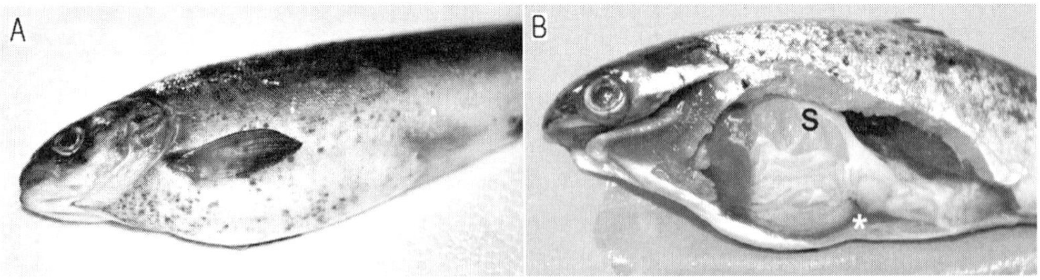

그림 2-99 **대서양 연어. A:** 피부의 출혈과 복부의 팽만. **B:** *R. erthropolis*와 oil adjuvant를 복강접종한 후의 위의 팽만(S)과 혈액 함유 복수(*).

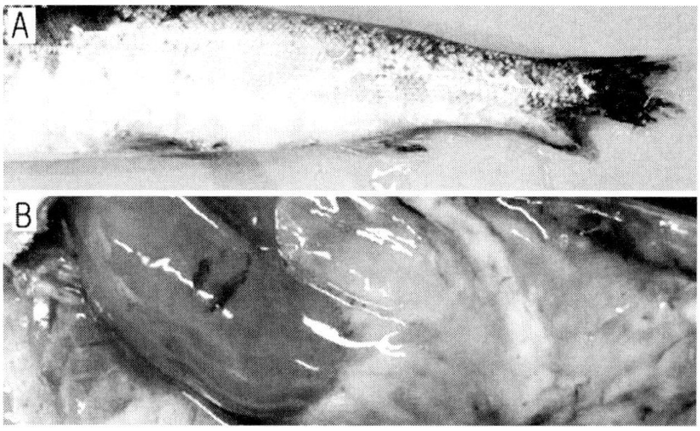

그림 2-100 **A:** 비늘의 탈락, 미병부 부식 및 지느러미 주변의 출혈. **B:** 내장의 울혈과 비장의 멜라닌화.

또 4% 적혈구를 첨가한 blood agar에 신장을 도말하여 배양하면 원형의 광택이 있는 다갈색의 비용혈성 집락이 형성된다. 균의 성장은 15°C보다 30°C에서 발육이 양호하며, blood agar에 식염을 1.5% 첨가하면 발육은 불량해진다.

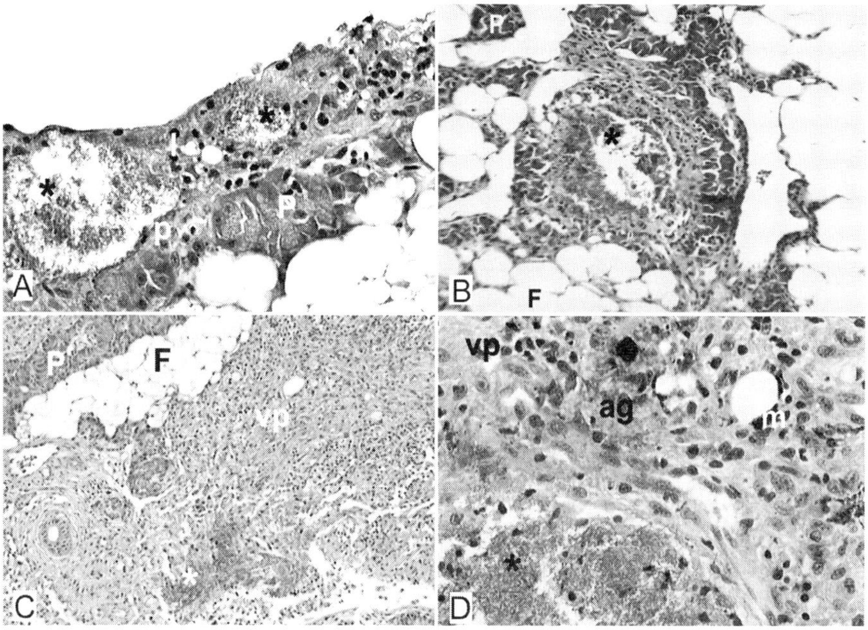

그림 2-101 **A:** 자연 감염어의 복강내의 많은 세균(*)과 백혈구(**l**). **P**(정상인 췌장의 외분비부), **p**(복강의 테두리). **B:** 혈관내의 세균. **F**(지방 소직), **P**(췌장 외분비부). **C:** 백신 투여 후의 만성 육아종성 복막염(vp)가 유발된 병어. **F**(내장 지방 조직), **P**(췌장 외분비부), **C**(유문수), *(세균의 집합체). **D:** 멜라노마크로파아지(m)의 침윤을 동반한 만성 복막염(**vp**). 백신균인 *A. salmonicida*는 면역화학적 염색에 의해 적색으로 염색(**ag**). *R. erythropolis*(*)는 복강에 인접한 곳에 대형의 집합체 형성. HE. Bar=200 μm(**A** & **B**), 40 μm(**C**) 및 400 μm(**D**).

병리조직학적으로는 백신 접종에 따른 현저한 복막염이 동반되면서 그람 양성의 간균을 확인할 수 있다. 심장 외막과 골격근 등에서 염증세포의 침윤을 동반한 균의 집합체가 발견된다. 또한 균은 혈관내와 심장의 근육에 색전의 형태로 발견되며 백혈구에 의한 탐식상도 발견된다.

(2) 대서양 연어의 *Rhodococcus*

가. *Rhodococcus qingshengii* 감염 내장기관의 가성막증(pseudomembrane)

양식 대서양 연어에 adjuvant함유 백신을 주사한 어류에 비장, 간장 및 신장 등의 내장기관에 가성막이 형성되는 증상이 발견되어, adjuvant함유 백신의 부작용이라 생각되었다. 그러나 현재는 그람 양성균인 *Rhodococcus qingshengii*의 감염에 의한 것으로 밝혀졌다.

감염어의 외부증상은 입과 아가미 뚜껑 주변의 피부에 점상의 출혈이 생기며, 눈 주변에 현저한 출혈이 생기는 것이 특징이다. 내부 증상은 심한 복막염으로 비장, 심장, 간장 및 유문수 등의 내장 주변에 백색의 가성막이 형성되거나 때로는 적색-흑색의 삼출물이 모여 있는 것이 특징이다. 또한 간장의 퇴색, 신장의 비대, 복수 및 복강의 흑화 등이지만 역시 가장 현저한 증상은 내장기관 표면의 가성막 형성이다.

내장기관의 도말표본을 만들어 검경하면 많은 단간균이 발견되며, 그람염색하면 그람양성균임을 알 수 있다. 내장기관의 가성막을 시료로 하여 배양하면 2-3일 후에 순수상태의 분리가 가능하다.

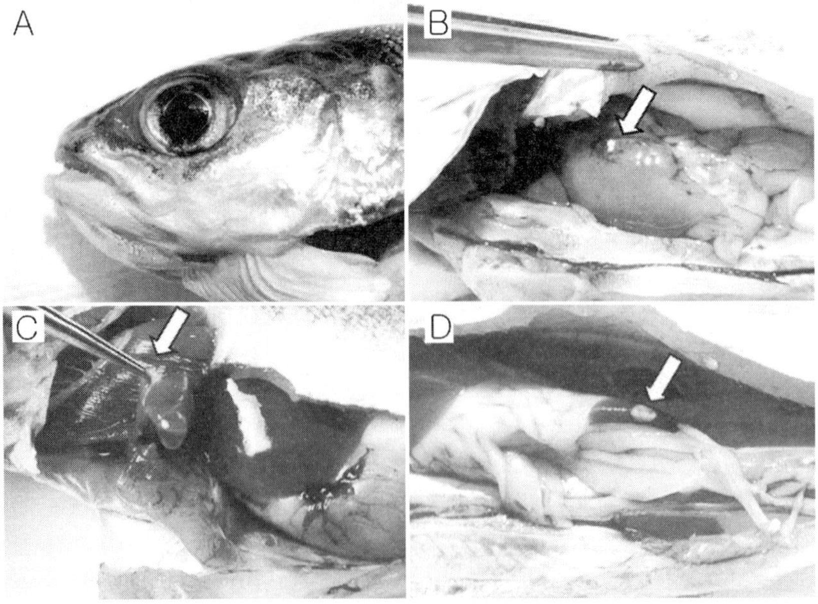

그림 2-102 눈 주변(A)의 출혈과 간장(B), 심장(C) 및 비장(D) 표면의 특징적인 가성막(화살표)과 출혈을 나타내는 인위 감염어.

집락은 색조가 건조한 크림모양으로 원인균은 비운동성, 카타라제와 옥시다제는 음성이며, McConkey, TCBS 및 Simmon's citrate agar에 발육하지 못한다. 15~37°C에서 0~3%의 식염의 존재 하에 발육한다. 분리균을 API 20 STREP로 조사하면 *Streptococcus salivarius*로 동정된다.

병리조직학적으로는 비장이 혈관 주변의 백혈구의 침윤(perivascular leucocyte infiltration), 육아종의 형성 및 섬유성의 세망세포의 증가가 뚜렷하다. 아가미에서는 새변과 새변 사이의 증생에 의해 새변이 유착된다. 그러나 심장과 간장에서는 변화가 없다.

4) *Candidatus*

(1) 무지개 송어의 위장염(rainbow trout gastroenteritis, RTGE)

여름철에 수온이 15°C 이상으로 상승한 이후에 선별, 수송 등이 스트레스가 가해진 다음 갑자기 발병하는 질병으로 소화관내에 계통 분류학상 *Clonostrium*과 유사한 분절이 있는 사상세균(segmented filamentous bacteria, SFB)인 *Candidatus arthromus*가 대량으로 축적되기 때문에 생기는 질병이다. 모든 크기의 어류에 발병하지만 800 g 이하의 어류에 빈발하며, 일간 폐사율은 보통 0.5~1%인 것이 일반적이지만 심한 경우에는 3~4%일 때도 있다.

감염어는 배수구 부근에 모이는 경향이며, 옆으로 드러누운 눕거나 천천히 유영하고 있다. 체색은 검은 반점이 불규칙하게 흩어진 상태의 체색이상을 나타내며, 항문에서 황색의 점질물질을 분출되고 있다. 가장 발견하기 쉬운 방법은 이러한 황색의 점질의 변이 수조내에서 발견되면 이 병의 감염을 인지할 수 있다.

대표적인 증상은 복부팽만과 소화관 끝 부분의 종대와 울혈과 소화관벽의 부종을 특징으로 한다. 감염어의 소화관내에는 황색의 점조성의 액체로 충만되어 있고, 이것을 현미경으로 관찰하면 많은 SFB가 발견된다. 이것이 다른 질병에서 발병하는 장염과의 구분의 기준으로 된다.

황색 점질물질을 검경하면 섬유상의 물체가 엉겨서 덩어리를 형성하고 있으며, 필라멘트의 폭은 0.8~1.2 μm로 분지되지 않은 segment상을 하고 있으며, 성숙 단계에 따라 다양한 형태가 발견되며, tolidine blue를 적하하면 이염색성을 나타낸다. 개개의 세포는 거의 동일하게 염색되며, 껍질 부분에 굴광성의 물질이 있지만 대부분은 필라멘트의 끝부분의 중앙에 난형의 투명대를 쉽게 발견할 수 있다.

이러한 필라멘트내의 포자는 균체가 붕괴되면 완두콩 모양의 포자가 연결되어 방출되지만 곧 연결이 떨어지면서 흩어지게 된다. 그러나 이러한 소화관내의 필라멘트상의 물질은 채취한 다음 사육수 또는 PBS에 부유시킨 직후에만 식별할 수 있지만 필라멘트는 수 시간 내에 붕괴되며 시료를 4°C에 보존하여도 마찬가지로 붕괴되어 섬유상의 형태는 점차 소실되게 된다.

조직표본에서 SFB는 직경 0.6~1.2 μm, 길이는 60 μm이며, 각 segment는 1.2~1.6 μm이다. 그람염색은 변화가 있지만 대부분이 그람 양성으로 염색된다. 병리조직학적으로는 장상피의 현저한 주름 형성과 박리, 점막고유층과 장막내의 혈관의 울혈로서 소화관의 끝 부분에서의 변화가 유문수에서의 변화보다 현저하다. SFB는 소화관의 관공내에 자유 상태로 있거나 점막 상피에 부착되어 있다. 장상피에 부착하고 있는 SFB는 모든 부분이 아닌 특정 부분에만 부착하는 것처럼 보인다. 소화관의 끝부분에서는 필라멘트의 끝부분에 출아에 의해 번식하는 것과 같은 모양을 한 SFB도 발견된다.

SFB는 건강한 어류의 소화관에서도 발견되지만 별다른 이상을 초래하지 않는다. SFB는 소화관의 끝부분에서 많이 발견되지만 그 속의 SFB는 변성이 생겨 있기 때문에 감염의 확인에는 유문수가 적합하다.

균의 배양이 불가함으로 감염어를 해부하여 소화관의 내용물을 제거하고 1 g을 시료로 하여 2시간 내에 DNA를 분리하여야 한다. PCR는 nested PCR로 첫 번째 primer는 CA Forward(5′-ATG GAA CTG AGA TAC GGT CCA T-3′)와 CA Reverse(5′-GGA TTG TTC ACA ACC C-3′)를 사용하여 95°C에 5분간 initial denaturation시킨 다음 30사이클(95°C 1min; 57°C 1min; 72°C 1min) 반응시킨 후 72°C에 7min간 final extension시킨다.

2번째 primer는 NEST-F(5″-GGA AAC CCT GAT GCA GCA-3″)와 NEST-R(5″-ACA CAG TTT TAT ATG CTT-3″)를 사용하여 95°C에 5min간 initial denaturation시킨 다음 30사이클(95°C 1min; 45°C 1min; 72°C 1min) 반응시킨 다음 72°C 7min간 final extension시키고 전기 영동하면 270 bp의 특이 밴드가 형성된다.

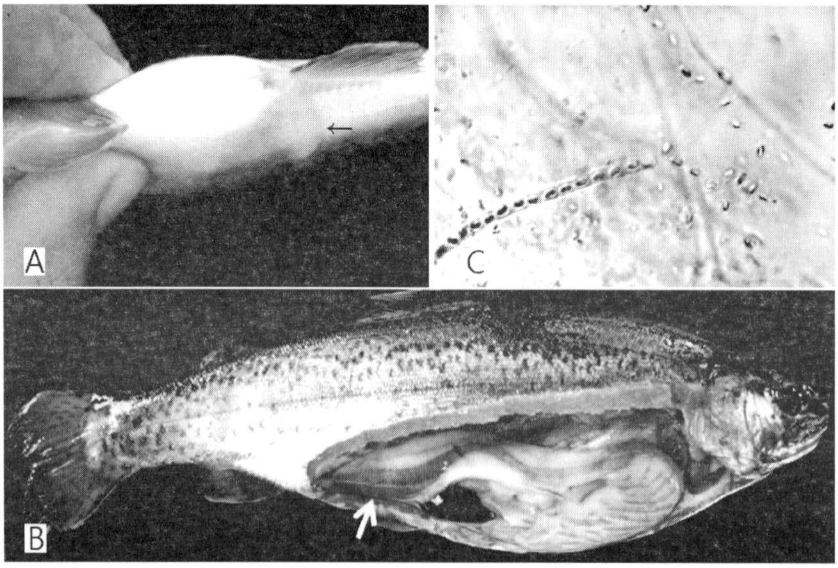

그림 2-103 **A:** 복부의 팽만과 소화관의 끝 부분의 종대와 소화관 내부의 황색 점질물질(화살표). **B:** 소화관벽의 울혈과 부종. **C:** 소화관 내용물의 무염색 검경표본내의 SFB.

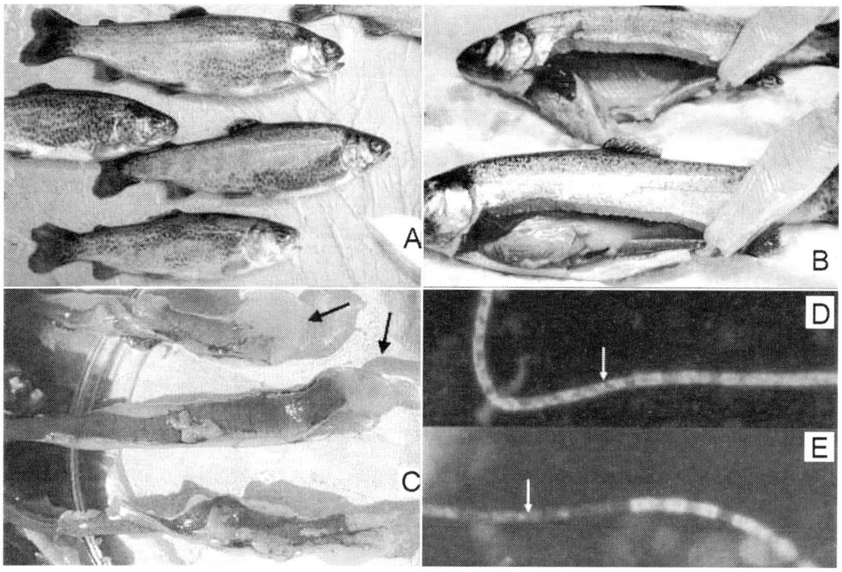

그림 2-104 **A:** 체측 피부의 불규칙한 흑화에 의한 체색이상(dyschromia). **B:** 급성 장염에 의한 소화관의 심한 울혈과 출혈. **C:** 장내용물을 제거한 소화관의 점막의 출혈. **D-E:** 형광염색한 장내의 SFB. **D:** 성숙한 단계, 균체내로 propodium iodide가 확산됨에 따라 포자의 윤곽이 드러남. **E:** 어린 균체.필라멘트의 내부의 prespore형성(화살표).

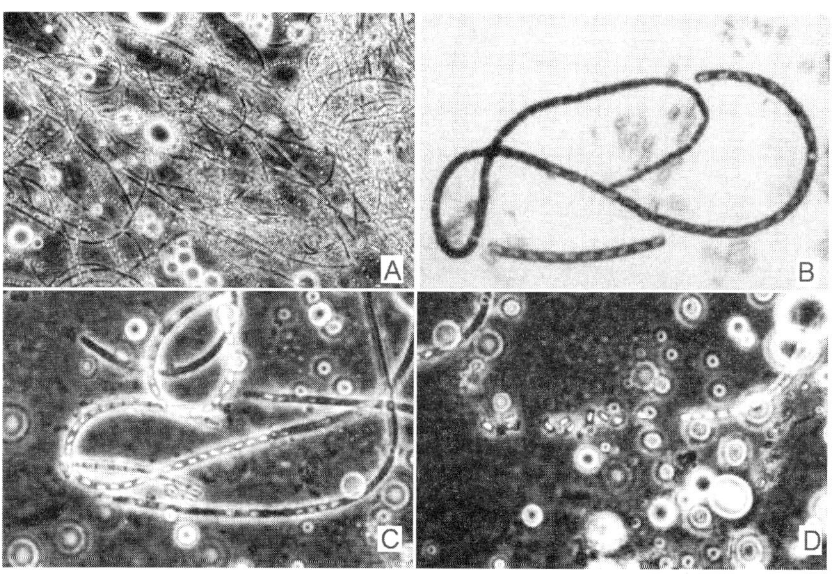

그림 2-105 **소화관 내용물의 위상차 현미경 검경상. A:** 섬유상 물질의 축적. 400배. **B:** 필라멘트 끝부분의 성숙 포자 형성과 방출된 포자. Tolidine blue 적하. 1000배. **C:** 성숙 포자. 1000배. **D:** 균체 붕괴 후의 포자. 1000배.

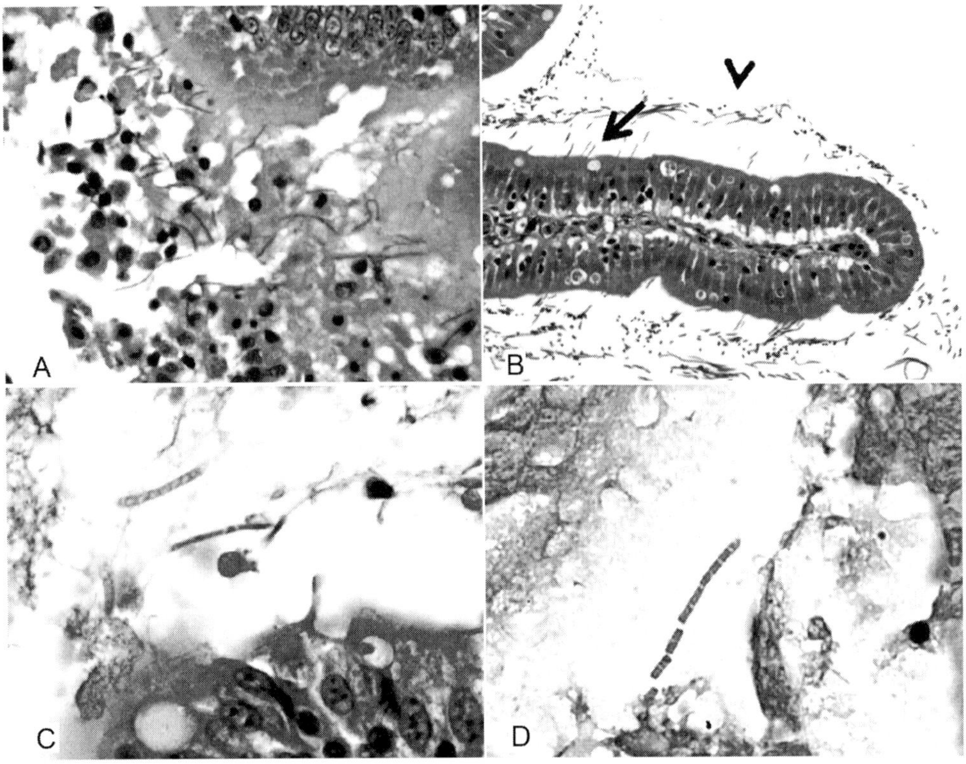

그림 2-106 **A:** 소화관 관공내의 SFB와 박리된 점막 상피. **B:** SFB는 관광에 유리된 형태 또는 점막상피에 부착되어 존재. **C:** 손상당한 SFB는 염색성이 저하됨. **D:** 손상당한 SFB는 segment가 절단됨. HE.

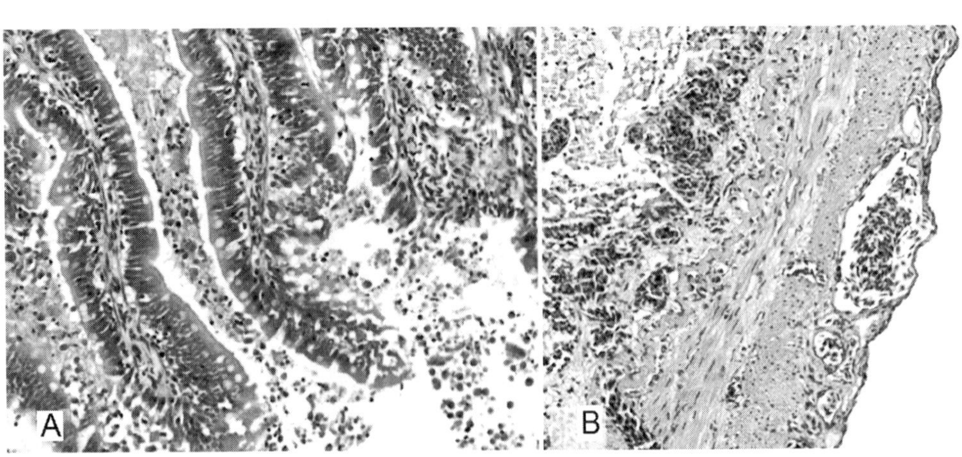

그림 2-107 **A:** 소화관 점막상피의 현저한 박리. **B:** 소화관 점막 고유층과 장막층(adventitial layer)의 울혈. HE

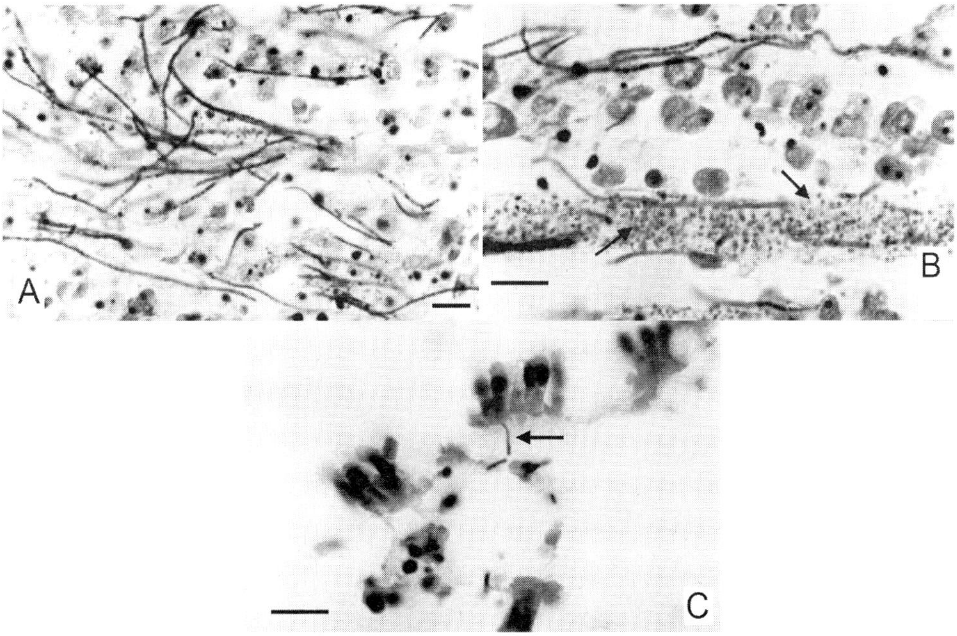

그림 2-108 **소화관 관공의 Giemsa염색상. A:** 괴사 장상피와 혼재된 SFB. **B:** SFB 사이에 흩어져 있는 난형의 불투명 포자. **C:** 장 상피는 박리되고 미숙의 SFB가 관공 내에 발견됨.

5) *Nocardia*

(1) 개꼴고기(*Cynoscion regalis*)

병어는 외부에 괴사성의 환부를 가지고 있다. 이러한 괴사소는 미병부, 아래 턱 및 가슴 지느러미 기부 주변 또는 두부의 등쪽에 형성된다. 내장기관에는 신장의 후반부에 여러 개의 융기된 백색 결절이 형성된다. 병어의 유래는 자연산을 채포하여 순환여과식으로 사육한 어류로서 채포와 고밀도 사육에 따른 스트레스 및 높은 암모니아 농도가 발병과 원인이 있을 것으로 추정된다.

신장의 후반부를 무균적으로 채취하여 marine agar에 접종하여 21°C에 2주간 배양하면 *N. seriolae*의 특성을 지닌 원인균이 분리된다. 병리조직학적으로는 비장에 장간균의 분지된 세균이 들어 있는 육아종이 형성된다. 원인균은 Ziehl-Neelsen의 항산성 염색에 음성이며, 그람 양성, Fite-Farraco염색에 적색으로 염색된다.

분자생물학적으로 *Nocardia*와 *Mycobacterium*을 구분하기 위하여 5′-TTA ACA CAT GCA AGT CGA RCG-3′와 5′-ACC AAC AAG CTG ATA GGC CG-3′를 사용하여 PCR반응시키면 *Nocardia*는 201 bp, *Mycobacterium*은 203 bp의 밴드가 형성된다.

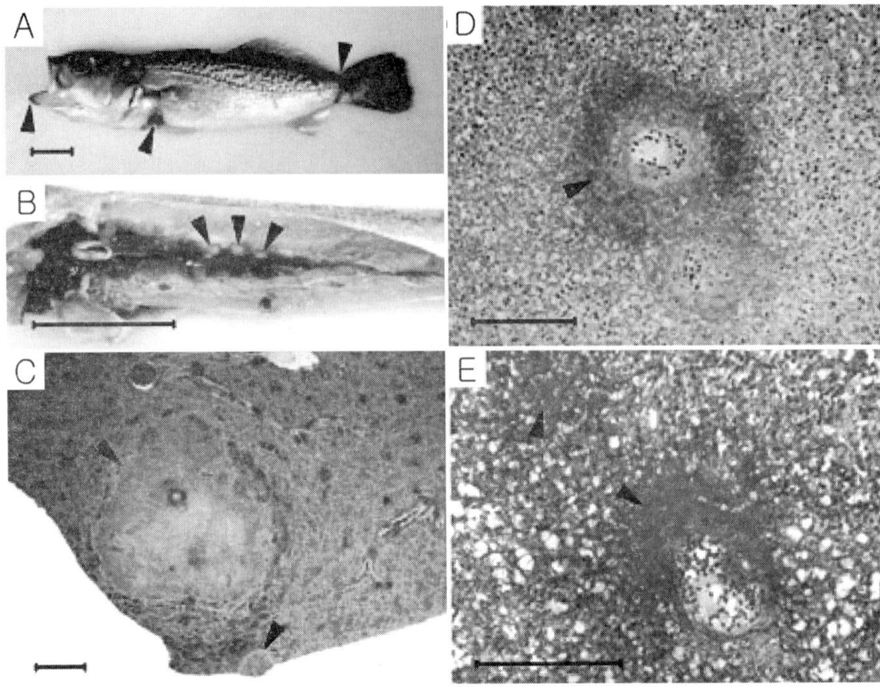

그림 2-109 **A:** 아래턱, 가슴지느러미의 뒷쪽 및 미병부의 피부 궤양(화살표). **B:** 내장을 제거한 어류의 신장 표면에 직경 0.1−0.2 ㎝의 백색 결절. **C:** 비장내의 육아종. **D:** 비장 육아종 내의 분지상의 원인균(화살표 머리). **E:** Fite−Faraco염색 비장 육아종 내의 분지상의 원인균(화살표 머리). Bar=2 cm(**A** & **B**) 및 100 μm(**C-E**).

(2) 살벤자리(*Terapon jarbua*)의 *Nocardia seriolae*

살벤자리(three striped tigerfish)는 피부에 환부와 궤양이 형성된다. 내장기관 특히 아가미, 심장, 비장, 부레, 신장 및 간장의 표면에 직경 0.1~0.5 cm의 황백색 결절이 형성된다. 발병 60일 동안의 누적 사망율은 약 2.4% 정도이다.

병리조직학적으로 황백색의 결절은 육아종으로서 육아종의 중앙에는 괴사된 조직의 부스러기와 세균의 집합체로 구성되어 있고 주변을 유상피세포가 싸고 있는 형태이다. 소형의 결절에는 마크로파아지 및 유상피세포가 있지만, 거대세포와 결합조직는 발견되지 않는다. 항산성의 세균의 결절의 내부 특히 육아종의 중앙 또는 마크로파아지 내에서 발견된다.

원인균은 비장, 신장 또는 심장을 접종한 TSA, blood agar, BHI에 접종하여 25°C에 배양하면 3일후에 집락이 형성되지만 37°C에서는 집락이 형성되지 않는다. *N. seriolae* 특이 프라이머인 NS1(5′-ACT CAC AGC TCA ACT GTG-3′)와 NG1(5′-ACC GAC CAC AAG GGG G-3′)를 사용하여 94°C 3분간 initial denaturation시킨 다음 30사이클(94°C 1분; 57°C 20초; 72°C 1분) 반응시킨 후 72°C에 10분간 final extension시킨 후의 PCR 반응물에서는 432 bp의 특이 밴드가 형성된다.

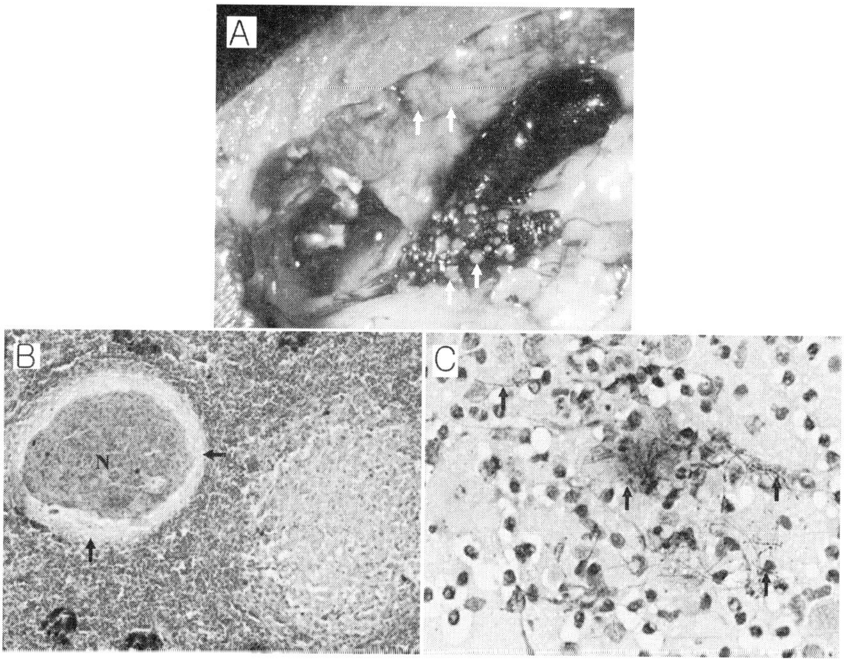

그림 2-110 **A:** 비장과 신장(화살표) 표면의 백색 결절. **B:** 신장의 육아종(화살표)과 육아종 중심부의 괴사(N). **C:** 비장의 도말표본 내의 섬유상의 세균(화살표). HE(**B**) 및 Ziehl-Neelsen(**C**).

(3) 레지우스보구치(*Argyrosomus regius*)의 *Nocardia*

2004년도부터 유럽에서 가두리 양식되기 시작한 레지우스보구치(*Argyrosomus regius*)에 *Nocardia*병이 발생하고 있으며, 사망률은 1~4%로 낮은 편이다. 감염어는 피부, 지느러미 및 턱에 환부가 형성되며, 질병이 진행된 상태에서는 피부가 괴사되어 부식 및 궤양이 형성된다. 내부 증상은 직경 1~5 mm의 황백색 결절이 내장기관의 표면 특히 아가미, 신장, 비장, 신장 및 소화관 등에 형성된다.

병리조직학적으로는 전형적인 육아종성 염증이 일어나는 것이 특징이다. 육아종의 내부에는 괴사세포와 섬유성의 분지된 세균의 집합체가 존재한다. 때로는 세균의 존재는 확인되지 않는 반면 마크로파아지와 유상피세포에 싸인 육아종이 형성되지만 거대세포는 발견되지 않는다. 육아종의 내부에 괴사소와 세균을 가진 육아종은 피부와 근육에서 많이 발견된다. 간장, 비장, 신장, 소화관의 육아종은 불규칙한 형태인 것이 많지만, 잘 발육된 전형적인 육아종도 발견된다. 근육의 육아종은 피부와 근육의 경계 부위에 근육의 융해가 일어남으로 병원체는 피부에서 근육으로 전파됨을 알 수 있다. 환부를 그람 염색하면 섬유상의 분지된 세균이 발견된다.

피부, 근육, 신장 및 간장을 TSA 또는 식염 2% 첨가 TSA, Lowenstein-Jensen medium agar (LJA), corn meal agar 등에 접종하여 25°C에 배양하면 3일 후에 황백색의 세균 집락이 형성된다. TSA에 배양한 균의 집락은 갈색이며 배지의 표면에 밀착되어 쭈글쭈글하다.

PCR법으로는 20F (5′-AGA GTT GAT CAT GGC TCA G-3′)와 1500R (5′-CGA TCC TAC TTG CGT AG-3′)를 사용하여 94°C에 2분간 initial denaturation시킨 다음 35사이클(94°C, 2min; 45°C, 1.5min; 72°C 1min)간 반응시킨 PCR산물 5 μl를 사용하여 NG1(5′-ACC GAC CAC AAG GGG G-3′)와 NG2(5′-GGT TGT AAA CCT CTT TCG A-3′)의 *Nocarida* 특이 primer를 사용하여 94°C에 1분간 initial denaturation시킨 다음 30사이클(94°C, 1min; 55°C, 20 sec; 72°C 1min) 반응시키는 nested PCR을 실시하면 600 bp의 특이 밴드가 형성된다.

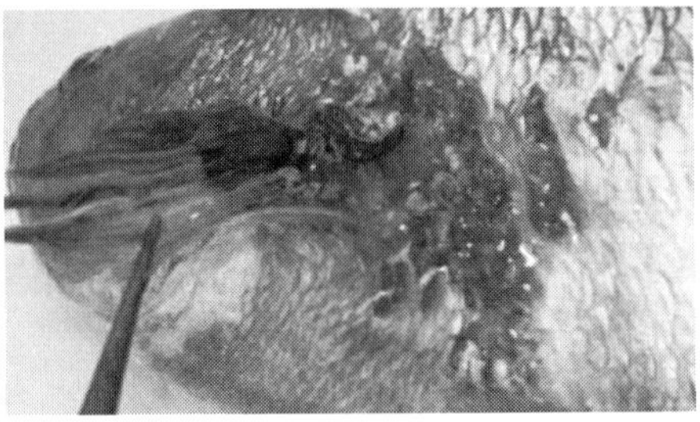

그림 2-111 **감염 보구치(체중 2 kg)의 피부의 환부와 육아종.**

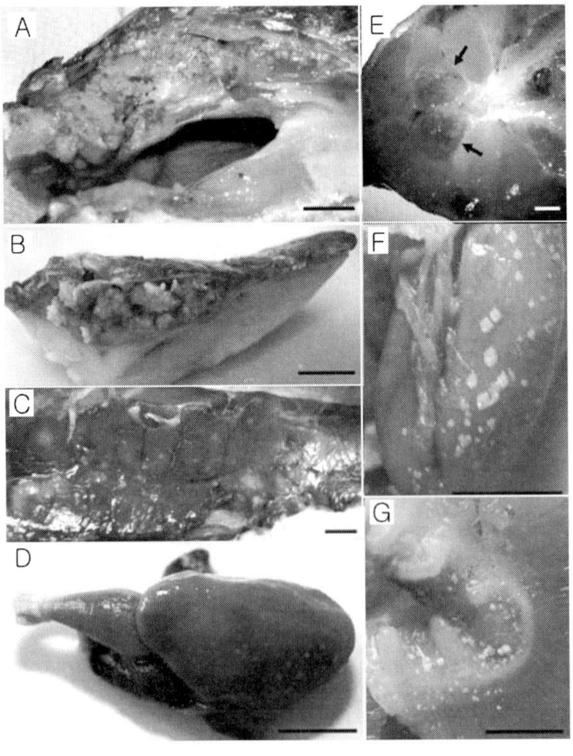

그림 2-112 **A:** 위턱의 괴사와 부식. **B:** 피부내의 결절. **C:** 신장 표면의 수 많은 황백색의 결절. **D:** 심장 표면의 결절. **E:** 미병부의 근육의 괴사(화살표). **F:** 새궁과 새변의 결절. Bar=1 cm.

API-ZYM을 이용한 생화학적 성상을 조사하면 tigerfish에서 분리되는 *Nocardia seriolae*와 비슷하다.

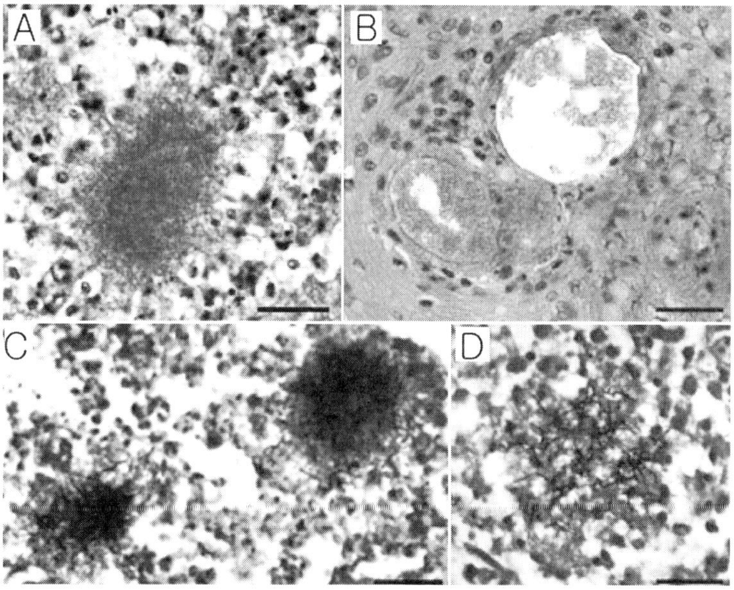

그림 2-113 **A:** 마크로파아지와 유상피세포에 싸인 피부 내의 세균 집락. **B:** 마크로파아지와 유상피세포에 싸인 세균 집락. **C:** Fite-Faraco염색 후의 항산성 세균. **D:** 피부 환부 내의 그람 양성 분지상의 세균. Bar=20 μm.

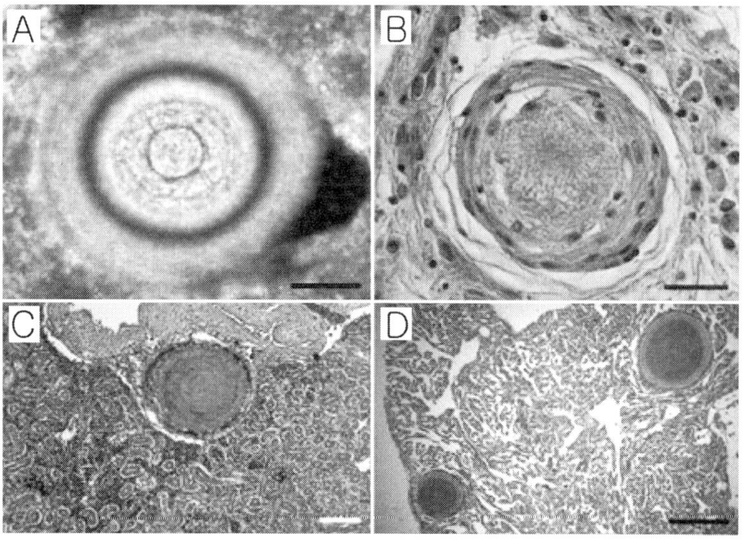

그림 2-114 **A:** 간장의 도말표본 내의 특징적인 육아종. **B:** 섬유세포에 피포된 괴사 조직내의 세균집락과 염증반응. **C:** 신장내의 육아종과 육아종 주변의 흑색대식세포층. **D:** 심실의 육아종과 육아종 내부의 괴사소. Bar=250 μm(**A**), 20 μm(**B**), 100 μm(**C**) 및 500 μm(**D**).

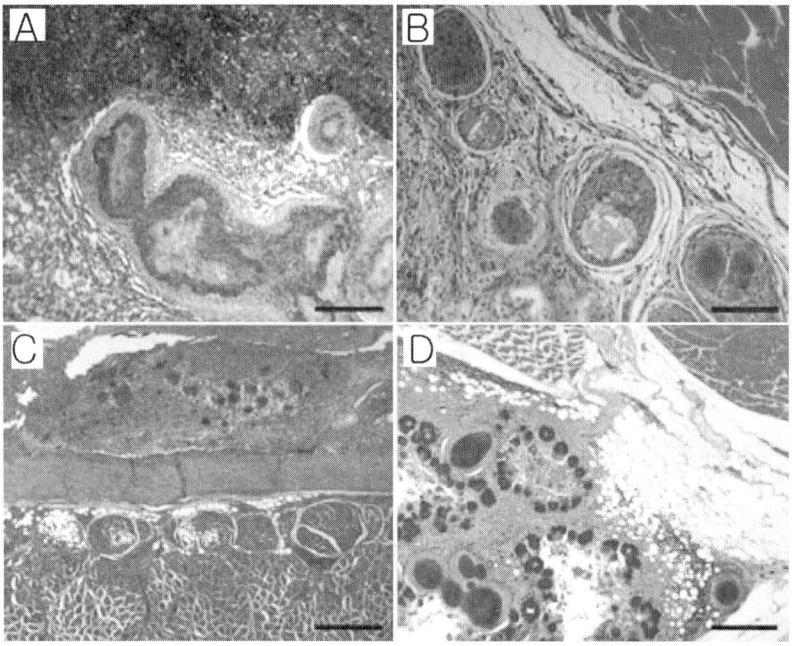

그림 2-115 **A:** 비장 내의 불규칙한 형태의 육아종 및 육아종 주변의 조직 괴사. **B:** 여러 가지 발육 단계의 표피 내의 육아종. **C-D:** 피부 내의 육아종과 심한 피부염. Bar=200 μm(**A**), 100 μm(**B**) 및 500 μm(**C** & **D**).

3. Rickettsia

1) 무지개 송어의 딸기병(strawberry disease, red mark syndrome)

수온 15°C 이하일 때 무지개 송어에 리케치아가 감염되어 피부에 염증반응이 일어난 것으로 폐사율도 거의 없고, 행동, 체중에도 영향을 미치지 않을 뿐 아니라 발병 8주 후에는 자연 치유된다. 그러나 외관상 보기가 흉하여 상품성에 문제가 있을 뿐 아니라 심할 경우에는 전체 사육의 80% 이상이 감염되는 예도 있기 때문에 문제시되는 질병이다.

발병초기에는 피부에 소형의 원형 또는 타원형의 종대 부위가 형성되지만 시간이 경과하면 확대되어 간다. 중증어에서 피부의 적변 부분은 출혈과 혈관계의 울혈을 의미하는 것으로 진피층에 염증반응이 일어난다. 피부에 형성된 궤양 부위에서는 림프구의 침윤이 현저하며 피하조직에는 마크로파아지와 호중구가 침윤해 있다. 가장 현저한 변화는 콜라겐 섬유가 치밀하게 분포하는 진피의 치밀층으로, 심한 염증반응이 일어나며 단지 소수의 미숙 교원섬유만 남아 있게 된다.

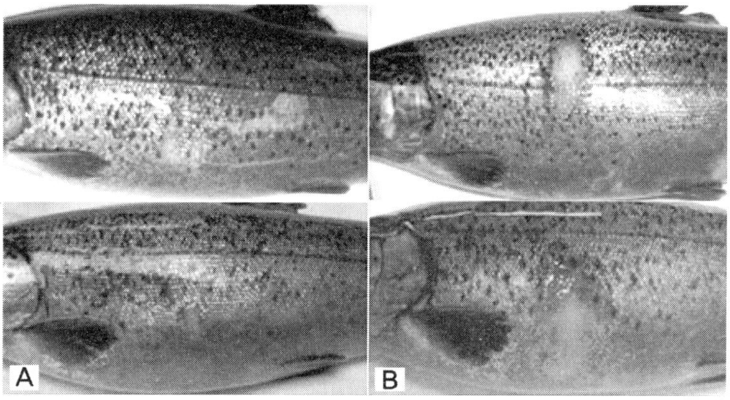

그림 2-116 경증(A)와 중증의 딸기병 감염 무지개 송어의 증상.

신장의 조혈조직에 조직구의 증식, 비장의 백수의 증식 등이 생기며, 아가미 2차 새변의 끝부분의 유착, 점액세포의 증생, 부종 및 호중구의 침윤이 관찰된다.

Piscirickettsia salmonis 등이 primer인 PS2S(5′-CTA GGA GAT CAG CCC GCG TTG-3′)와 PS2AS(5′-GCT ACA CCT GCC AAA CCA CTT-3′)를 사용하여 95°C 5분간 initial denaturation시킨 다음 35사이클(94°C 30s; 50°C 40s; 72°C 40s)후 72°C 5분간 final extension시키고, 두 번째 PCR은 95°C 5분간 initial denaturation후 35사이클(94°C 30s; 61°C 40s; 72°C 40s)후 72°C 5분간 final extension시키는 nested-PCR로 진단할 수 있다.

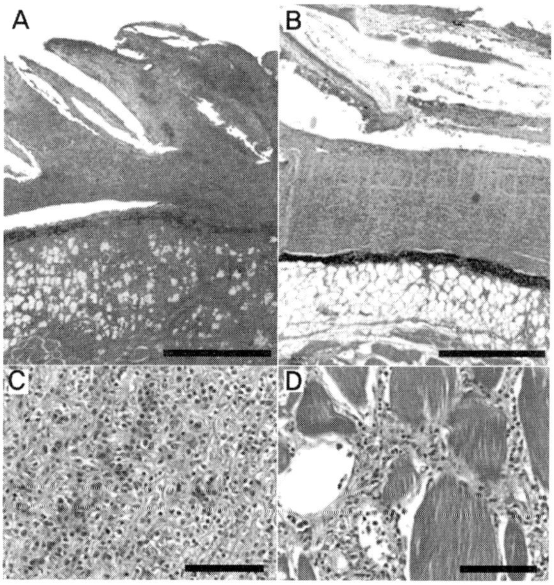

그림 2-117 진피가 두터워져(C) 근육층(D)으로 뻗어 나감.

[참고문헌]

Altinok I, Kayis S, and Capkin E(2006): *Pseudumonas putia* infection in rainbow trout. Aquaculture, 261: 850-855.

Altun, S., Buyukekiz, A. G., Duman, M., Ozyigit, M. O., Karatas, S., and Turgay, E. (2014): Isolation of *Shewanella putrefaciens* from goldfish (*Carassius auratus auratus)* The Israeli Journal of Aquaculture – Bamidgeh, 66: 956-963.

Avendano-Herrera, R., Balboa, S., Doce, A., Ilardi, P., Lovera, P., Toranzo, A. E. and Romalde, J. L.(2011): Pseudo-membranes on internal organs associated with *Rhodococcus qingshengii* infection in Atlantic salmon (*Salmo salar*). Vet. Microbiol., 147: 200-204.

Birkbeck T.H., Feist S.W. & Verner-Jeffreys D.W. (2011) Francisella infections in fish and shellfish. Journal of Fish Diseases., 34, 173–187.

Birkbeck, T. H., Feist, S. W., Verner-Jeffreys, D. W.(2011): *Francisella* infections in fish and shellfish. J. Fish Dis., 34: 173-187.

Bjornsdottir, B., Gudmundsdottir, S., Bambir, S. H., and Gudmundsdottir, B. K.(2005): Experimental infection of turbot, *Scophthalmus maximus* (L.), by *Aeromonas salmonicida* subsp. *achromogenes* and evaluation of cross protection induced by a furunculosis vaccine. J. Fish Dis., 28: 181-188.

Bjornsdottir, B., Gudmundsdottir, S., Bambir, S. H., Magnadottir, B., and Gudmundsdottir, B.K.(2004): Experimental infection of turbot, *Scophthalmus maximus* (L.), by *Moritella viscosa*, vaccination effect and vaccine-induced side-effects. J. Fish Dis., 27: 645-655.

Bowater, R. O., Forbes-Faulkner, J., Anderson, I. G., Condon, K., Robinson, B., Kong, F., Gilbert, G. L., Reynolds, A., Hyland, S., McPherson, G., Brien, J. O., and Blyde, D. (2012): Natural outbreak of *Streptococcus agalactiae* (GBS) infection in wild giant Queensland grouper, *Epinephelus lanceolatus* (Bloch), and other wild fish in northern Queensland, Australia. J. Fish Dis., 35:173-186.

Camus, A. C., Dill, J. A., McDermott, A. J., Clauss, T. M., Berliner, A. L., Boylan, S. M., and Soto, E. (2013): *Francisella noatunensis* subsp. *orientalis* infection in Indo-Pacific reef fish entering the United States through the ornamental fish trade. J. Fish Dis., 36: 681-684.

Chen, J., Zhu, N., Kong, L., Bei, Y., Zheng, T., Ding, X., and He, Z. (2013): First case of soft shell disease in Chinese soft-shelled turtle (*Trionyx sinens*) associated with *Aeromonas sobria–A.veronii* complex. Aquaculture, 406-407: 62-67.

Chen, M-H., Hung, S-W., Shyu, C-L., Lin, C-C., Liu, P-C., Chang, C-H., Shia, W-Y., Cheng, C-F., Lin, S-L., Tu, C-Y., Lin, Y-H., and Wang, W-S.(2012): *Lactococcus lactis* subsp. *lactis* infection in Bester sturgeon, a cultured hybrid of *Huso huso* x *Acipenser ruthenus*, in Taiwan. Res. Vet. Sci., 93: 581-588.

Chinabut S. (2002) Jaundice disease in catfish, a case study demonstrating a decline in incidence as a result to research output. In: Primary Aquatic Animal Health Care in Rural Small ScaleAquaculture Development (ed. by J.R. Arthur, M.J. Phillips, R.P. Subasinghe, M.B. Reantaso & I.H. MacRac) FAO Fish Technical paper No. 406, pp 77–80.

Colquhoun D.J. & Duodu S. (2011) Francisella infections in farmed and wild aquatic organisms.

Veterinary Research, 42: 47.

Cornwell, E. R., Cinelli, M. J., Mclntosh, D. M., Blank, G. S., Wooster, G. A., Groocock, G. H., Getchell, R. G., and Bower, P. R.(2011): Epizootic *Nocardia* infection in cultured weakfish, *Cynoscion regalis* (Bloch and Schneider). J. Fish Dis., 34: 567-571.

Das, B.K., Samal, S.K., Samantaray, B.R., Sethi, S., Pattnaik, P., Mishra, B.K., 2006. Antagonistic activity of cellular components of *Pseudomonas* species against *Aeromonas hydrophila*. Aquaculture, 253: 17–24.

Decostere, A., Haesebrouck, F. and Devriese, L.A. (1997) Shieh medium supplemented with tobramycin for selective isolation of *Flavobacterium columnare* (*Flexibacter columnaris*) from diseased fish. J Clin Microbiol., 35: 322–324.

Del-Pozo, J., Crumlish, M., Turnbull, J. F., and Ferguson, H. W.(2010): Histopathology and ultrastructure of segmented filamentous bacteria-associated rainbow trout gastroenteritis. Vet. Pathol., 47: 220-230.

Dias, S., Ozorio, R. O. A., Goncalves, J., and Gartner, F.(2011): Dietary L-carnitine supplementation protected Turbot (*Scophthalmus maximus*) against *Streptococcus parauberis* infection. J. Appl. Aquaculture, 23: 299-303.

Domeenech, A., Derenaaandez-Garayzabal, J. F., Pascual, C., Garcia, J. A., Cutuli, M. T., Moreno, M. A., Collins, M. D., and Dominguez, L.(1996): Streptococcosis in cultured turbot, *Scopthalmus maximus* (L.), associated with *Streptococcus parauberis*. J. Fish Dis., 19: 33-38.

Elder, A., Perl, S., Frelier, P. F., and Bercovier, H. (1999): Red drum *Sciaenops ocellatus* mortalities associated with *Streptococcus iniae* infection. Dis. Aqaut. Org., 36: 121-127.

Elkesh, A, Kantham, K. P. L., Shinn, A. P., Crumlish, M., and Richards, R. H. (2013): Systemicnocardiosis in a Mediterranean population of cultured meagre, *Argyrosomus regius* Asso (Perciformes: Sciaenidae). J. Fish Dis., 36: 141-149.

Failde, L.D., Bermudez, R., Losada, A.P., Riaza, A., Santos, Y., and Quiroga, M.I.(2014): Immunohistochemical diagnosis of tenacibaculosis in paraffin-embedded tissues of Senegalese sole *Solea senegalensis* Kaup, 1858. J. Fish Dis., 37: 959-968.

Fichi, G., Cardeti, G., Cocumelli, C., Vendramin, N., Toffan, A., Eleni, C., Siemonti, N., Fischetti, R., and Susini, F. (2013): Detection of Cyprinid herpesvirus 2 in association with an *Aeromonas sobria* infection of *Carassius carassius* (L.), in Italy. J. Fish Dis., doi:10.1111/jfd.12048.

Fouz, B., Larsen, J. L., Nielsen, B., Barja, J. L., Toranzo, A. E.(1992): Characterization of *Vibriodamsela* strains isolated from turbot *Scophthalmus maximus* in Spain. Dis. Aquat. Org., 12: 155-166.

Garcia-Gonzalez, P., Garcia-Lamas, N., Edfuf, C. F., and Santos, Y.(2011): Development of a PCR method for the specific identification of the marine fish pathogen *Tenacibaculum soleae*. Aquaculture, 319: 1-4.

Gibello, A., Mata, A. I., Blanco, M. M., Casamayer, A., Dominguerz, L., and Fernandcz-Garayzabal, S. F.(2005): First identification of *Streptococcus phocae* isolated fromAtlantic salmon (*Salmo salar*). J. Clin. Microbiol., 43: 526-527.

Gudmundsdottir, B. K., Bjornsdottir, B., Gudmundsdottir, S., and Bambir, S. H.(2006): A comparative study of susceptibility and induced pathology of cod, *Gadus morhua* (L.), and halibut, *Hippoglossus hippoglossus* (L.). following experimental infection with *Moritella viscosa*. J. Fish Dis., 29: 481-487.

Hawke, J. P., Kent, M., Rogge, M., Baumgartner. W., Wiles, J., Shelley, J., Savolainen, L. C., Wagner, R., Murry, K., and Peterson, T. S. (2013): Edwardsiellosis caused by *Edwardsiella ictaluri* in laboratory populations of zebrafish *Danio rerio*. J. Aquat. Anim. Health, 25: 171-183.

Hernandez-Mora, G., Gonzalez-Barrientos, R., and Morales, J-A.(2008): Neurobrucellosis in stranded dolphins, Costa Rica. Emerging infectious disease, 14: 1430-1433.

Iiardi, P., Abad, J., Rintamaki, P., Bernardet, J-F., and Avendano-Herrera, R. (2010): Phenotypic, serological and molecular evidence of *Chryseobacterium piscicola* in farmed Atlantic salmon, *Salmo salar* L., in Finland. J. Fish Dis., 33: 179-181.

Ilardi, P. and Avenda~no-Herrera, R. (2008): Isolation of *Flavobacterium*-like bacteria from diseased salmonids cultured in Chile. Bull. Eur. Ass. Fish Pathol., 28: 176–185.

Ilardi, P., Fernandez, J. and Avendano-Herrera, R. (2009): *Chryseobacterium piscicola* sp. nov., isolated from diseased salmonid fish. Int. J. Syst. Evol. Microbiol., 59: 3001–3005.

Jeffery, K. R., Stone, D., Feist, S. W., Verner-Jeffreys, D. W.(2010): An outbreak of disease caused by *Francisella* sp. in Nile tilapia *Oreochromis niloticus* at a recirculation fish farms in the UK. Dis. Aquat. Org., 91: 161-165.

Jeronimo, D., Barbosa, A., Ramos, M., Marques, J., Moreira, M. H., Sousa, J. A., Cruz, C., and Saraiva, A.(2013): Granulomas caused by *Mycobacterium* sp. in farmed turbot *Scopthalmus maximus* (Linnaeus, 1758). Medit. Mar. Sci., 14: 424-431.

Kanchanopas-Barnette, P., Labella, A., Alonso, C. M., Manchado, M., Castro, D., and Borrego, J.J.(2009): The first isolation of *Photobacterium damselae* subsp. *damselae* from Asian seabass *Lates calcarifer*. Fish Pathol., 44: 47-50.

Kayis, S, Mihai PS, Kurtoglu I.Z, and Er, A,(2014): Experimental infections of *Pseudomonas putida* and *Pseudomonas fluorescens* in rainbow trout (*Oncorhynchus mykiss*) alevins. El-Cezerî Journal of Science and Engineering, 1: 7-11.

Kobayashi, T., Ishihara, Y., Imai, M., and Kawaguchi, Y.(2004): Pathological studies on *Lactococcus garvieae* infection of cultured rockfish *Sebastes schlegeli*. Suisanzoshoku, 52: 359-364.

Korun, J., Akgun-Dar, K., and Yazici, M. (2009): Isolation of *Shewanella putrefaciens* from cultured european sea bass, (*Dicentrarchus labrax*) in Turkey. Revue Méd. Vét., 160: 532-536.

Korun, J., Akgun-Dar, K., and Yazici, M.(2009): Isolation of *Shewanella putrefaciens* from cultured european sea bass, (*Dicentrarchus labrax*) in Turkey. Revue Méd. Vét., 160: 532-536.

Liu, L., Li, Y.W., He, R.Z., Xiao, X.X., Zhang, X., Su, Y.L., Wang, J., and Li, A.X.(2014): Outbreak of *Streptococcus agalactiae* infection in barcoo grunter, *Scortum barcoo* (McCulloch & Waite), in an intensive fish farm in China. J. Fish Dis., 37: 1067-1072.

Lloyd, S. J., LaPatra, S. E., Snekvik, K. R., Cain, K. D., and Call, D. R.(2011): Quantitative PCR demonstrates a positive correlation between a Rickettsia-like organism and severity of strawberry disease lesions in rainbow trout, *Oncorhynchus mykiss* (Walbaum). J. Fish Dis., 34: 701-709.

Longnecker, K., Reysenbach, A.-L., 2001. Expansion of the geographic distribution of a novel lineage of *α*-Proteobacteria to a hydrothermal vent site on the Southern East Pacific Rise. FEMS Microbiol. Ecol., 35: 287–293.

Lopez, J. R., Nunez, S., Bagarinos, B., Castro, N., Navas, J. I., Herran, R., and Toranzo, A. E.(2009): First isolation of *Tenacibaculum maritimum* from wedge sole, *Dicologoglossa cuneata* (Moreau). J. Fish Dis., 32: 603-610.

Lopez, J. R., Pineiro-Vidal, M., Garcia-Lamas, N., de la Herran, R., Navas, J. I.,Hachero-Cruzado, I., and Santos, Y.(2010). First isolation of *Tenacibaculum soleae* from diseased cultured wedge sole, *Dicologoglossa cuneata* (Moreau), and brill, *Scophthalmus rhombus* (L.). J. Fish Dis., 33: 273-278.

Love, M., Fisher, D.T., Hose, J.E., Farmer, J.J., Hickman, F.W. and Fanning, G.R. (1981): *Vibriodamselae*, a marine bacterium, causes skin ulcer on the damselfish *Chromis punctipinnis*. Science (New York) 214: 1139–1140.

Lovoll, M., Wiik-Nielsen, C. R., Tunsjo, H. S., Colquhoun, D., Lunder, T., Sorum, H., Grove, S.(2009): Atlantic salmon bath challenged with *Moritella viscosa*-pathogen invasion and hostresponse. Fish & Shellfish Immunol., 26: 877-884.

Manzano, M., Giusto, C., Lacumin, L., Pattey C., Cecchini, F., Fontanillas, R., and Combi, G.(2010): Nested PCR for the detection of *Candidatus arthromitus* in fish. FEMS Microbiol. Lett., 308: 35-39.

McCarthy, U., Steiropoulos, N. A., Thompson, K. D., Adams, A., Ellis, A. E., andFerguson, H.W.(2005): Confirmation of *Piscirickettsia salmonis* as a pathogen in European sea bass *Dicentrarchus labrax* and phylogenetic comparison with salmonid strains. Dis. Aquat. Org., 64: 107-119.

Metselaar, M., Thompson, K. D., Gratacap, R. M. L., Kik, M. J. L., LaPatra, S. E.,Lloya, S. J., Call, D. R., Smith, P. D., and Adams, A.(2010): Association ofred-mark syndrome with a *Rickettsia*-like organism and its connection with strawberry disease in the USA. J. Fish Dis., 33: 849-858.

Michel, C., Bernardet, J-F., Daniel, P., Chilmonczyk, S., Uraci, M., and de Kinkelin, P.(2002): Clinicaland aetiological aspects of a summer enteritic syndrome associated with the sporulating segmented filamentous bacterium '*Candidatus Arthromitus*' in farmed rainbow trout, *Oncorhynchus mykiss* (Walbaum). J. Fish Dis., 25: 533-543.

Mmanda, F. P., Zhou, S., Xhang, J., Zheng, X., An, S., and Wang. G. (2014): Massive mortality associated with *Streptococcus iniae* infection in cage-cultured red drum (*Sciaenops ocellatus*) in Eastern China. African J. Microbiol. Res., 8: 1722-1729.

Mohi, M. M., Kuratani, M., Miyazaki, T., and Yoshida, T. (2010): Histopathological studies on *Vibrio harvey*-infected tiger puffer, *Takifugu rubripes* (Temminck et Schlegel), cultured in Japan. J. Fish Dis., 33: 833-840.

Mudarris, M., Austin, B., Segers, P., Vancanneyt, M., Hoste, B. and Bernardet, J. F. (1994): *Flavobacterium scophthalmum* sp. nov., a pathogen of turbot (*Scophthalmus maximus* L.). Int J.

Syst. Bacteriol., 44: 447–453.

Munoz Perdiguero, G., Barrientos, A., Madrid, E., and Birkbeck, T. H.(2011): Isolation of *Rhodococcus erythropolis* from vaccinated Atlantic salmon, *Salmo salar* L., smolts in Chile. J. Fish Dis., 34: 715-717.

Nougayrede, P., Vuillaume, A., Vigneulle, V., Faivre, B., Luengo, S., and Belpra, J.(1994): First isolation of *Edwardsiella tarda* from diseased turbot (*Scophthalmus maximus*) reared in a sea farm in the bay of Biscay. Bull. Eur. Ass. Fish Pathol., 14: 128-129.

Oakey, H. J., Levy, N., Bourne, D. G., Cullen, B. and Thomas, A. (2003) : The use of PCR to aid in the rapid identification of *Vibrio harveyi* isolates. J. Appl. Microbiol., 95: 1293-1303.

Okamura, T.(2013): Mortality of cultured ayu *Plecoglossus altivelis* with deep skin ulceration on the thoracic region. Fish Pathol., 48: 105-108.

Olasele, O. O., Ajayi, O. L., Olude, O. O., Stephen, O. O., Adediji, A. A., Arasi, I. O., and Ntiwunka, U. G.(2012): Jaundice syndrome in African sharp-tooth catfish, *Clarias gariepinus* (Burchell), associated with haemolytic *Staphylococcus aureus*. J. Fish Dis., 35: 945-947.

Olsen, A. B., Birkbeck, T. H., Nilsen, H. K., Macpherson,H. L., Wangel, C., Myklebust, C., Laidler, L. A., Aarflot, L., Thoen, E., Nygard, S., Thayumanavan, T., and Colquhoun,D. J.(2006):Vaccine-associated systemic *Rhodococcus erythropolis* infection in farmed Atlantic salmon *Salmo salar*. Dis. Aquat. Org., 72: 9–17.

Osorio, C. R., Toranzo, A. E., Romalde, J. L. and Barja, J. (2000): Multiplex PCR assay for ureC and 16S rRNA genes clearly discriminates between both subspecies of *Photobacterium damselae*. Dis. Aquat. Org., 40: 177-183.

Padros, F., Zarza, C., Dopazo, L., Cuadrado, M., and Crespo, S.(2006): Pathology of *Edwardsiella tarda* infection in turbot, *Scophthalmus maximus* (L.). J. Fish Dis., 29: 87-94.

Pekala, A., Kozinska, A., Pazdzior, E., and Glowacka, H. (2014): Phenotypical and genotypical characterization of *Shewanella putrefaciens* strains isolated from diseased freshwater fish. J. Fish Dis., doi:10.1111/jfd.12231

Poyart C., Tazi A., Reglier-Poupet H., Billoet A., Tavares N., Raymond J. & Trieu-Cuot P. (2007) Multiplex PCR assay for rapid and accurate capsular typing of group B streptococci. J. Clin. Microbiol., 45: 1985–1988.

Pridgeon, J. W., Klesius, P., and Garcia, J. C. (2012): Identification and virulence of *Chryseobacterium indologenes* isolated from diseased yellow perch (*Perca flavescens*). J. Appl. Microbiol., 114: 636-643.

Qin, L., Wang, Y-G., Zhang, Z., and Yang, S-L. (2006): The first report on fin rot disease of cultured turbot *Scophthalmus maximus* in China. J. Aquat. Anim. Health, 18: 83-89.

Rajan, P. R., Lin, J. H-Y., HO, M-S. and Yang, H-L. (2003): Simple and rapid detection of *Photobacterium damselae* ssp. *piscicida* by a PCR technique and plating method. J. Appl. Microbiol., 95: 1375-1380.

Ramos, M. F., Marques, J. F., Neves, J. V., Barandela, T., and Sousa, J. A., Saraiva, A., and Rodrigues, P. N.(2012): *Streptococcus parauberis* infection in turbot *Scophthalmus maximus* in Northern Portugal. Fish Pathol., 47: 80-82.

Rehulka, J., Marejkova, M., and Petras, P.(2011): Edwardsiellosis in farmed rainbow trout (*Oncorhynchus mykiss*). Aquaculture Res., 1-7.

Righetti, M., Favaro, L., Antuofermo, E., Caffara, M., Nuvoli, S., Scanzio, T., and Prearo, M. (2013): *Mycobacterium salmoniphilum* infection in a farmed Russian sturgeon, *Acipenser gueldenstaedtii* (Brandt & Ratzeburg). J. Fish Dis., doi:10.1111/jfd.12143

Romalde, J. L., Ravelo, C., Valdes, I., Magarinos, B., de la Fuente, E., Martin, C. S., Avendano-Herrera, R., and Toranzo, A. E.(2008): *Streptococcus phocae*, an emerging pathogenfor salmonid culture. Vet. Micriobiol., 130: 198-207.

Ruane, N,M., Bolton-Warberg, M., Rodger, H.D., Colquhoun, D.J., Geary, M., McCleary, S.J., O'Halloran, K., Maher, K., O'Keeffe, D., Mirimin, L., Henshilwood, K., Geoghegan, F., Fitzgerald, R.D. (2015): An outbreak of francisellosis in wild-caught Celtic Sea Atlantic cod, Gadus morhua L., juveniles reared in captivity. J. Fish Dis., 38: 97-102.

Sakai, A., Ninomiya, K., Ota, S., and Endo, M.(2001): Efficacy of elevated watertemperature treatment against the bacterial coldwater disease in ayu. Saga Pref. Fisher. Sta., 48: 5-10.

Santos, N. M. S., Vale, A., Sousa, M. J., Silva, M. T.(2002): Mycobacterial infection in farmed turbot *Scophthalmus maximus*. Dis. Aquat. Org., 52: 87-91.

Shewmaker, P. L., Mauel, M. J., and Wise, D. J.(2008): *Streptococcus ictaluri* arthrıtıs, osteolysis, myositis, and spinal meningitis in channel catfish broodstock. J. Aquat. Anim. Health, 20: 54-62.

Soto, E., Arauz, M., Riofrio, A., Martinez, A., and Cabrejos, M. E.: *Edwardsiella ictaluri* as the causative agent of mortality in cultured Nile tilapia. J. Aquat. Anim. Health. 24: 81-90.

Soto, E., Baumgartner, W., Wiles, J., and Hawke, J. P.(2011): *Francisella asiatica* as the causative agent of piscine francisellosis in cultured tilapia (*Oreochromis* sp.) in the United States. J. Vet. Diagnos. Invest., 23: 821-825.

Talaat, A. M., Reimscuessel, R., and Trucksis, M.(1997): Identification of mycobacteria infecting fish to the species level using polymerase chain reaction and restriction enzyme analysis. Vet. Microbiol., 58: 229-237.

Thyssen, A., Grisez, L., van Houdt, R. and Ollevier, F. (1998): Phenotypic characterization of themarine pathogen *Photobacterium damselae* subsp. *piscicida*. Intl. J. Sys, Bacteriol., 48: 1145-1151.

Timur, G., Akayli, T.,Korun, J., and Yardimici, R. E. (2010): A study on bacterial haemorrhagic septicemia in farmed young Russisan sturgeon (*Acipencer gueldenstaedtii*) in Turkey. J. Fisher.& Aquat. Sci., 25: 19-27.

Toranzo, A. E., Barreiro, S., Casal, J. F., Figueras, A., Magarinos, B. and Barja, J. (1991): Pasteurellosis in cultured gilt-head seabream (*Sparus aurata*): first report in Spain. Aquaculture, 99: 1-15.

Toranzo, A. E., Devesa, S., Heinen, P., Riaza, A., and Barja, J. L.(1994): Streptococcosis in cultured trubot caused by an *Enterococcus*-like bacterium. Bull. Eur. Ass. Fish Pathol., 14: 19-23.

Vilar P., Faъılde L.D., Bermъudez R., Vigliano F., Riaza A., Silva R., Santos Y. & Quiroga M.I.

(2012): Morphopathological features of a severe ulcerative disease outbreak associated with *Tenacibaculum maritimum* in cultivated sole, *Solea senegalensis* (L.). J. Fish Dis., 35: 437–445.

Villamil, L., Figueras, A., Toranzo, A.E., Planas, M., and Novoa, B. (2003): Isolation of a highly pathogenic *Vibrio pelagius* strain associated with mass mortalities of turbot, *Scophthalmus maximus* (L.), larvae. J. Fish Dis., 26: 293-303.

Wada, S., Ozeki, K., Kurata, O., Hatai, K., Ishida, A., and Ui, K.(2010): Atypical *Aeromonas salmonicida* infection in sailfin sandfish *Arctoscopus japonicus*. Fish Pathol., 45: 92-95.

Wang, P-C., Chen, S-D., Tsai, M-A., Weng, Y-J., Chu, S-Y., Chern, R-S., and Chen, S-C.(2009): *Nocardia seriolae* infection in the three striped tigerfish, *Terapon jarbua* (Forsska). J. Fish Dis., 32: 301-310.

Wang, R., Feng, J., Su, Y., Ye, L., and Wang, J.(2013): Studies on the isolation of *Photobacterium damselae* subsp. *piscicida* from diseased golden pompano (*Trachinotus ovatus* Linnaeus) and antibacterial agents sensitivity. Vet. Microbiol., 162: 957-963.

Wiklund, T. and Bylund, G.(1990): *Pseudomonas anguilliseptica* as a pathogen of salmonid fish in Filand. Dis. Aquat. Org., 8: 13-19.

Yang, W. and Li, A.(2009): Isolation and characterization of *Streptococcus dysgalactiae* fromdiseased *Acipenser schrenckiii*. Aquaculture, 294: 14-17.

Zamora, L., Vela, A.I., Palacio, M.A., Domınguez, L. and Fernandez-Garayzabal, J.F. (2012): First isolation and characterization of *Chryseobacterium shigense* from rainbow trout. BMC Vet. Res., 8: 77–82.

Zamri-Saad, m., Amal, M. N. N., and Siti-Zahrah, A.(2010): Pathological changes in red tilapias *Oreochromis* spp.) naturally infected by *Streptococcus agalactiae*. J. Comp. Path., 143: 227-229.

Zhang, X., Li, Y-W., Mo, Z-Q., Luo, X-C., Sun, H-Y., Liu, P., Li, A-X., Zhou,, S-M., and Dan, X-M. (2014): Outbreak of a novel disease associated with *Vibrio mimicus* infection in fresh water cultured yellow catfish, *Pelteobagrus fulvidraco*. Aquaculture, 432: 119-124.

Zorrilla, I., Balebona, M. C., Morinigo, M. A., Sarasquete, C. and Borrego, J. J. (1999): Isolation and characterization of the causative agent of pasteurellosis, *Photobacterium damselae* ssp. *piscicida*, from sole, *Solea senegalensis* (Kaup). J. Fish Dis., 22: 167–172.

3 기생성 질병

1. 원생동물

1) 편모충

(1) *Spironucleus*

가. *Spironucleus*감염 chinook salmon의 액상함유 융기 환부

성체에 등지느러미 부근 또는 뒷부분에 대형의 융기된 난형의 환부가 형성된다. 환부를 절개하면 많은 양의 투명 또는 약간 탁한 노란 또는 황갈색의 액상의 물질이 들어 있는 경우도 있지만 냄새는 없다.

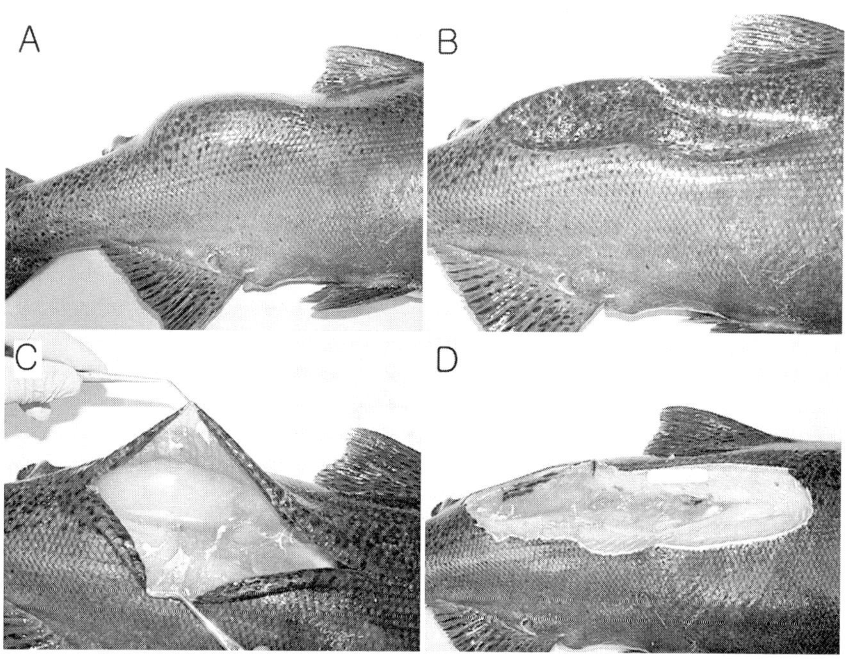

그림 3-1 **A:** 액상 물질이 들어 있는 환부. **B:** 액상물질(약 300 ml)을 제거한 환부. **C:** 절개한 환부. **D:** 절개한 환부의 매우 두터운 테두리 부분.

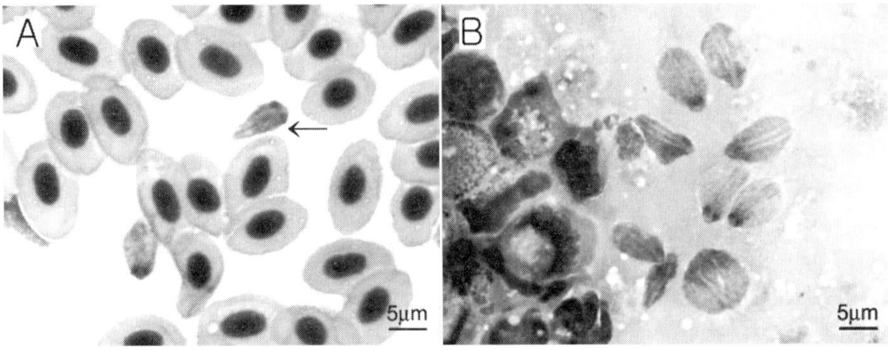

그림 3-2 **A:** 말초혈액 도말표본 내에 *Spironucleus*. **B:** 환부 액상 물질 내의 충체. 충체는 환부의 중앙 또는 변성 염증세포에 인접한 곳에 분포.

절개한 환부의 테두리는 두터워, 두께가 10 mm 정도 되며, 단단하고 노란색의 육아종성 조직으로 이루어져 있다. 이러한 환부는 근육에만 형성되며, 다른 부위에는 형성되지 않는다.

환부의 내용물을 Giemsa염색하면 호중구, 림프구, 마크로파아지 및 조직괴사물이 발견됨과 동시에 충체의 앞 뒤에 편모를 가진 폭 2~3 μm, 길이 10 μm 정도인 방추형의 편모충인 *Spironucleus*가 발견된다. 혈액의 도말표본에서도 기생충이 발견되지만 아가미나 피부에서는 발견되지 않는다. 병어에서는 백점충이나 *A. hydrohila* 등이 동시에 분리되기도 한다.

병리조직학적으로 환부는 육아종성과 맥관계가 잘 발달된 섬유성의 결합조직으로 구성된 capsule에 싸여 있다. 육아종성 조직과 결합조직과의 거리는 약 400~600 μm로 매우 두텁다. Capsule, 육아종 및 결합조직 내에는 혈관과 마크로파아지, 림프구 및 과립구 등이 발견된다.

나. 대서양연어의 *Spironucleus salmonis*

해산 가두리로 양식중인 대서양연어의 체신, 간장에 백색의 결절이 형성된다. 결절은 쉽게 떼어낼 수 있으며, 떼어낸 부위에는 출혈이 생긴다. 장의 후반부에는 건강어에 비해 액상의 내용물이 더 많다. 드물게는 꼬리 부분의 근육에 부스럼이 형성되기도 한다.

미병부에서 채취한 혈액, 결절 또는 부스럼의 도말표본을 검경하면 많은 운동성의 편모충을 확인할 수 있다. 섬모충은 적혈구보다 약간 소형의 배 모양으로 앞부분에 6개, 뒷부분에 2개의 편모를 가지고 있다.

병리조직학적으로 신장과 간장에 여러 군데의 응고 및 건락 괴사소를 확인할 수 있다. 환부의 중앙은 정상적인 구조가 소실되고, 환부의 주변부에는 수종, 울혈 및 출혈이 생긴다. 일반적으로 숙주반응은 미약하지만, 때로는 만성 육아종성염증이 생긴다. 괴사소에는 난원형, 배 모양 또는 원형의 호산성 과립구가 많이 발견된다. 뇌의 조직표본에서는 충체가 존재하는 부위는 뇌염(encephalitis)과 수막염(meningitis)이 생겨 호중구와 림프구에 의해 둘러싸여 있다.

때로는 충체가 서로 치밀하게 모여 있기 때문에 크기와 각 충체의 경계를 식별하기 곤란할 때도 있지만 충체의 특징인 뒷부분의 1쌍의 핵은 쉽게 식별할 수 있다.

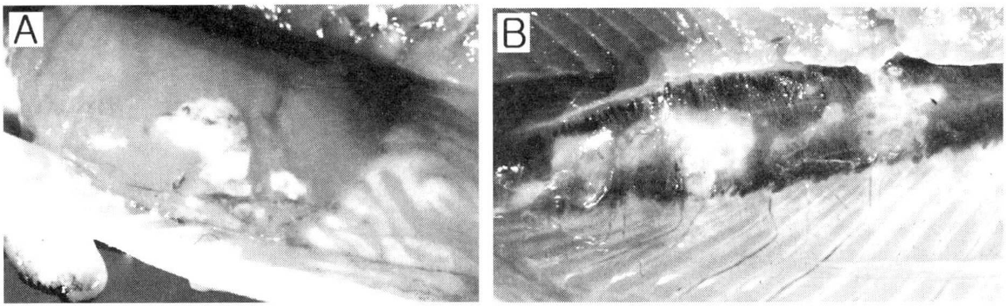

그림 3-3 **감염 대서양연어의 간장(A)과 신장(B)의 육아종성 결절.**

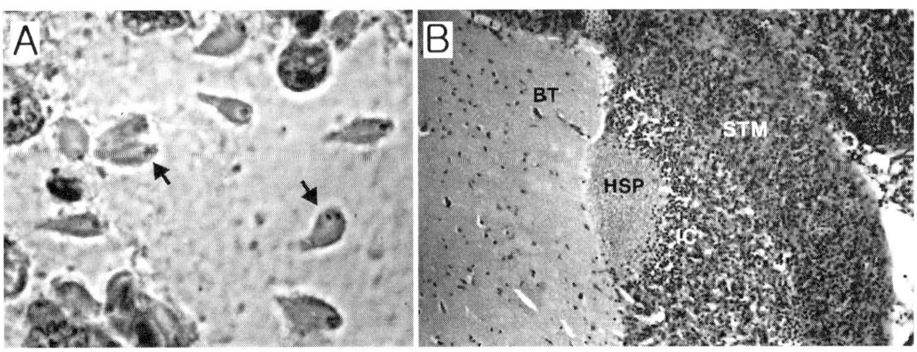

그림 3-4 **A:** 간장 도말표본의 도은 염색. 후반부의 특징적인 1쌍의 핵을 가진 충체. **B:** 뇌의 조직표본. BT(뇌 조직), HSP(충체), IC(염증세포), STM(심하게 두터워진 뇌수막). HE.

다. 무지개송어의 소화관내 *Spironucleus salmonis*(= 이전의 *Hexamita*)

감염어는 수조의 바깥쪽의 바닥에 정지하여 있으며, 체색의 흑변, 먹이섭취 불량이며, 점액변을 달고 다니는 개체는 보통 안구돌출, 투명한 복수의 축적에 의한 복부 팽만의 증상을 나타낸다. 중증인 경우에는 심하게 여위어 두부만이 커다란 소위 pinhead 증상을 나타낸다. 소화관 내용물의 도말표본을 만들어 검경하면 많은 운동성이 활발한 배 모양의 특징적인 2개의 후부 핵을 가진 충체를 발견할 수 있다.

조직학적으로는 충체는 소화관의 점막상피내, 유문수에서 발견되며, 때로는 점막하조직과 위벽내에서 충체가 서로 밀집된 형태로 발견된다. 또한 위의 위선에서도 발견되기도 한다. 병리조직표본에서 특징적인 후부의 쌍을 이루고 있는 핵을 쉽게 발견할 수 있다. 감염 부위의 유문수와 소화관 점막은 괴사되어 관강내로 떨어져 나오고 있으며, 떨어져 나온 상피세포 속에 충체가 들어있다. 염증반응은 미약한 편이지만, 소화관의 점막하조직에 육아종이 형성되는 경우도 있다. 간장에는 공포변성과 괴사 부위가 존재하며, 비장의 적수와 백수의 부분이 감소하고 있으며, 골격근은 변성을 일으키지만 염증반응은 없다.

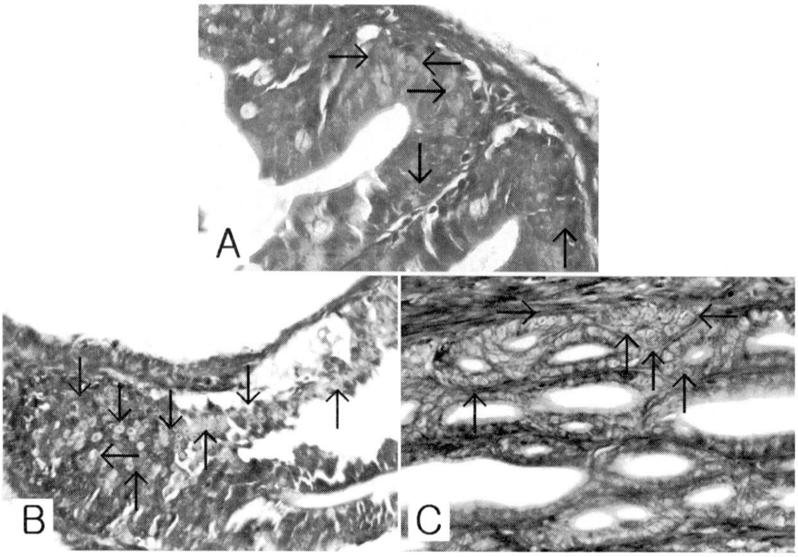

그림 3-5 **A:** 소화관 점막상피 내의 충체(화살표). **B:** 소화관 점막하조직 내의 충체의 집합체(화살표). **C:** 위선 내의 충체와 점막하조직 내의 충체의 집합체. HE(**A**) 및 Giemsa(**B** & **C**).

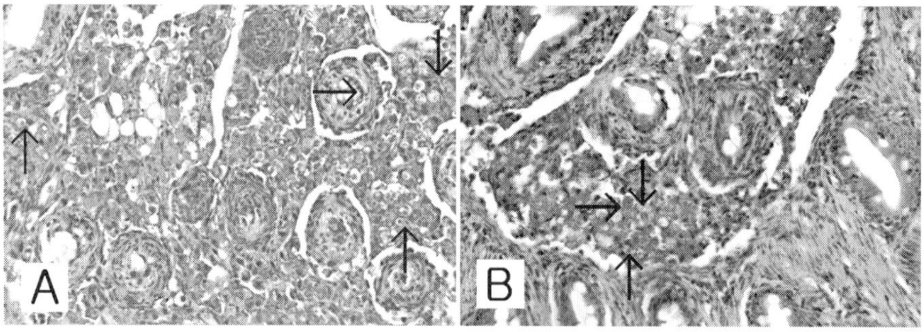

그림 3-6 **A:** 소화관 점막하조직 내의 육아종성반응(화살표). **B:** 육아종의 확대도. HE.

2) 첨복포자충

(1) Turbot 소화관의 첨복포자충 *Cryptosporidium scophthalmi*

포유류 등의 소화관의 상피세포 내부에 기생하는 첨복포자충인 *Cryptosporidium*은 설사, 탈수, 체중 감소 등을 초래하며 심한 경우에는 사망을 초래하기도 한다. 어류에서도 담수어 및 해산어에 감염이 확인된다.

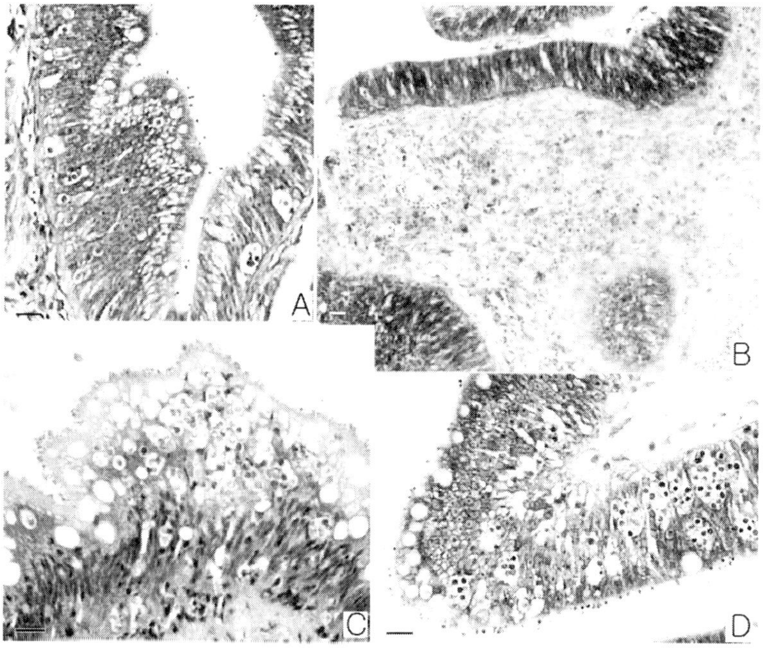

그림 3-7 **병어의 소화관. A-B:** 경미한 감염에 의해 조직 손상은 경미. 상피의 공포(**A**)와 백혈구의 침윤을 동반한 염증반응(**B**). **C:** 중간 정도의 감염에 의한 변화는 세포 바깥의 포자형성단계. **D:** 중증의 소화관. 상피조직내의 oocyte의 집합체 및 세포 외부의 단계. HE. Bar=20 μm.

Turbot 치어의 감염율은 거의 100%이며, 어체의 크기가 커짐에 따라 감소하여 400 g 이상에서는 10% 정도이다. 400 g보다 큰 개체에서는 거의 감염되지 않으며, 감염된다할지라도 감염율은 매우 낮다.

해부하여 보면 내장기관은 거의 정상이지만 일부 개체는 소화관내에 점액과 가스양이 증가하여 소화관이 팽창되어 있다. 장의 점막을 채취하여 Giemsa 염색하면 이염색성(metachromasia)을 나타내는 첨복포자충의 난포자로 추정되는 것이 발견된다.

충체는 소화관의 뒷부분 즉 직장에서 주로 발견되며, 상피세포에 인접하여 많은 수의 세포외의 충체의 발육단계가 보인다. 심하게 감염된 경우에는 난포자의 집합체가 상피에 형성된 공포화된 부분에서 발견된다.

감염의 정도에 따라 조직 손상의 정도는 달라지는데, 경미한 감염은 세포 외부의 단계로서 소화관의 상피조직에 산재하여 분포하며 조직 손상은 경미하며, 단지 점막고유층에 단구가 침윤하여 있다.

중간 정도의 감염에서는 대부분은 소화관 상피세포에서 발견되지만 일부는 상피 조직내의 포자 형성기도 관찰되면서 중간 정도의 손상이 유발된다. 심한 간염의 경우에는 상피세포의 표면은 여러 단계의 merogony 또는 gametogony단계의 충체로 덮여 있고, 상피조직에는 대형의 공포가 형성되고, 공포의 내부에는 oocyst의 집합체가 들어있다. 이 때문의 상피조직의 구조가 뒤틀리고 점막상피가 박리된다. 상피의 oocyst의 집합체는 편재된 핵을 가지고 있는 남아 있는 숙주세포의 엷은 막에 의해 싸여 있다. 심한 감염에는 숙주 반응도 현저하여 림프구와 마크로파아지 등의 염증세포의 침윤이 현저하다. 또한 rodlet cell과 점액세포의 숫자도 증가하게 된다.

위의 점막상피에서는 드물게 감염되며, 조직의 손상도 경미하지만, merogony 단계는 상피조직에서 발견된다.

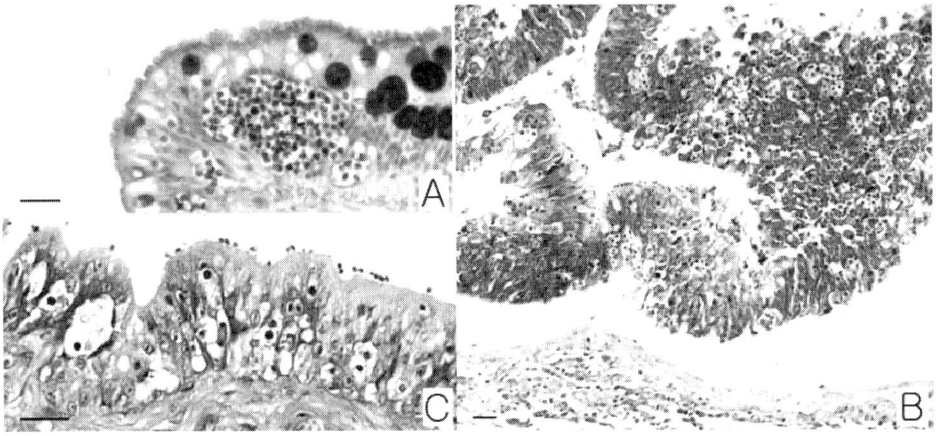

그림 3-8 **A-B**: 중증의 소화관. 상피조직 내의 oocyte의 집합체 및 세포 외부의 단계. **C:** 위의 상피세포의 경미한 감염. PAS(**A**), HE(**B** & **C**). Bar=20 μm.

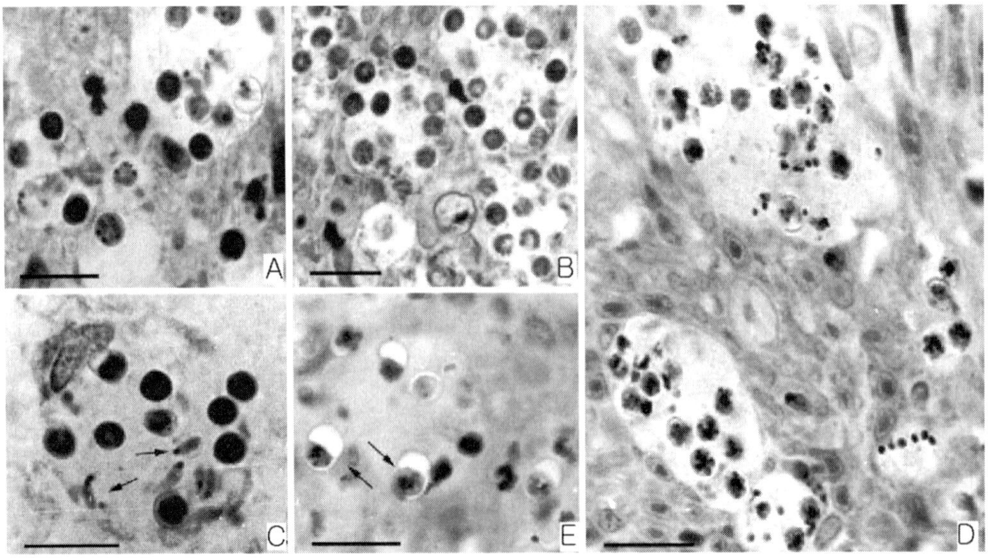

그림 3-9 **A-C:** 다른 포자형성 단계의 oocyst. Oocyst에서 sporozoites가 방출(**C**). **D-E:** PAS 양성의 oocyst residuum의 불규칙한 모양의 amylopectin과립. E의 oocyst는 suture를 통하여 sporozoite를 방출. Giemsa(**A-C**). Tolidine blue(**D** & **E**). Bar=10 μm.

Turbot에서의 *Cryptospordium*의 난포자는 무색으로 소화관 상피세포의 기저막 부위에 위치하고 있으며, PAS 염색에 양성 반응을 나타냄으로 조직학적으로 확인이 가능하다. 난포자의 중앙부에 위치하고 있는 Oocyte residuum은 성숙 단계에 따라 크기가 다양하며 PAS 양성의 과립물질로 구성되어 있다.

난포자의 내부에는 4개의 종충이 있고, 각 종충의 넓은 쪽의 끝에 종충의 핵이 있다. 조직학적으로 모든 발육 단계의 확인이 광학현미경으로 가능하다. Merogony단계는 소화관의 상피세포에서 일어난다. Macrogamont는 amylopectin과립을 가지고 있기 때문에 PAS염색으로 확인할 수 있다.

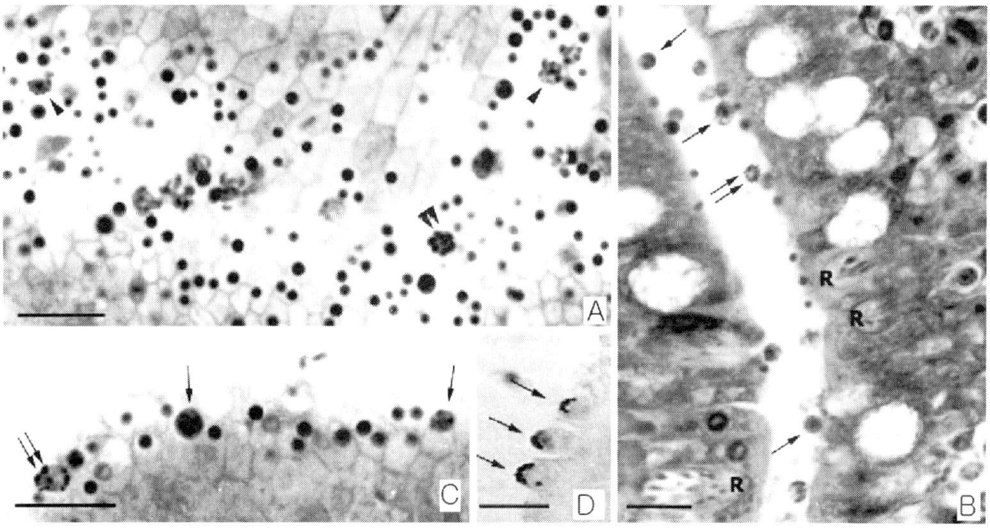

그림 3-10 Merogony 및 gametogony 단계. A: 영양체, merozoite, Type 1 meront(화살표 머리) 및 Type II meront(이중 화살표 머리). **B-D:** Gamogonial stage. macrogamonts(화살표)와 microgamont(이중 화살표). R(rodlet cell). Tolidine blue(**A** & **B**), Giemsa(**C**) 및 PAS(**D**). Bar=10 μm.

(2) 담수 머레이대구(*Maccullochella peelii*)의 *Cryptosporidium molari*

감염어는 외부 증상은 없고, 해부하여 보면 소화관에 물이 차서 팽창되어 있다. 조직학적으로 충체는 위의 점막상피 사이에 거의 균등하게 분포하고 있지만, 위선이 없는 곳에 더욱 집중적으로 분포하고 있는 경향이다. Meronogy와 gametogony 단계가 대부분으로 위의 점막상피의 끝부분에서 발견된다. 드물기는 하지만 점막상피의 세포질 내에 sporogony와 oogony 단계가 발견되기도 한다. Oocyst는 세포질의 공포 내에서 1개 또는 집합체로 발견된다. Oocyst는 직경 1~4 μm의 원형으로 엷은 호염기성의 내부 구조물을 가지고 있다.

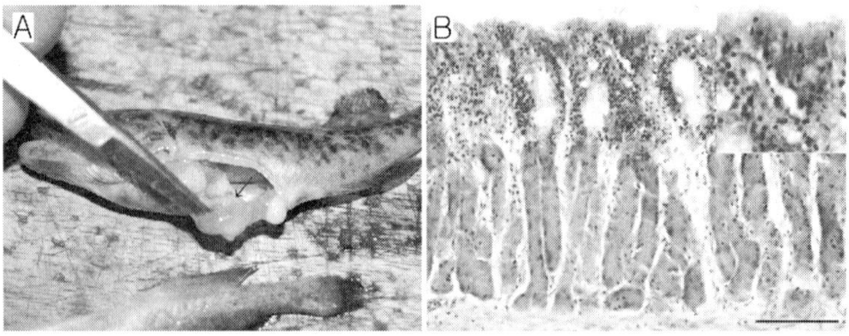

그림 3-11 **A:** 액체 물질의 축적에 의한 소화관의 팽창. **B:** 위의 점막상피내의 단구의 침윤. HE. Bar=80 μm..

감염의 정도에 따라 다양한 손상이 유발되며, 점막고유층에 단구의 침윤이 현저하며 특히 충체가 들어 있는 곳의 점막고유층에는 더욱 현저한 반응이 일어난다.

충체의 발육 단계는 Giemsa염색에 엷은 청색 또는 tolidine blue 염색표본에서 진한 청색으로 염색되기 때문에 관찰하기가 용이하다. 또한 발육 단계는 PAS 양성이지만 항산성 염색에는 음성으로, 세포질내 단계는 PAS에 엷은 적색, Giemsa염색에는 진한 자주색으로 염색된다. Oocyst는 Ziehl-Neelsen의 항산성염색에 엷은 자주색으로 염색되지만 항산성 염색성은 음성이다.

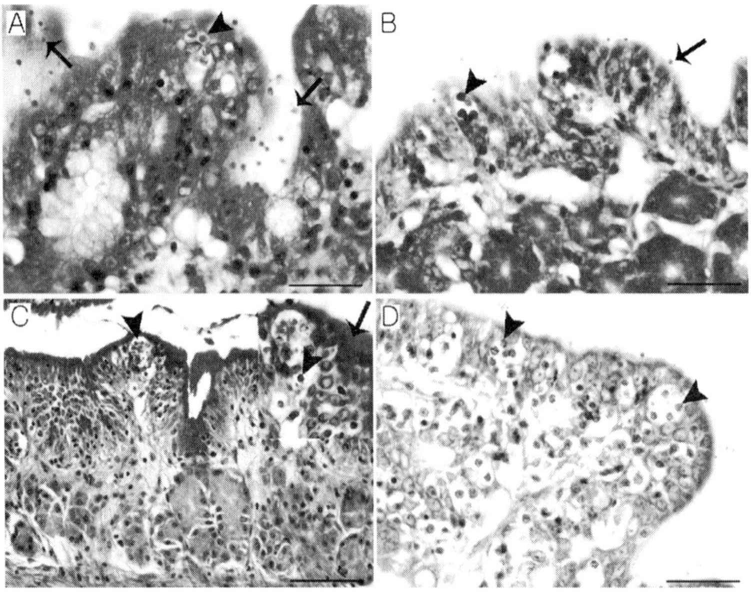

그림 3-12 **A:** 위의 점막상피의 표면(화살표)과 상피세포의 세포질내의 공포(화살표 머리)속의 충체. HE. **B:** Giemsa염색에 진한 청색(화살표)와 자주색으로 염색되는 상피세포 세포질 공포내의 충체(화살표 머리). **C:** PAS염색에 점막상피에 부착 충체는 엷은 청색(화살표), 세포질내 공포 내부의 충체는 밝은 핑크로 염색. **D:** Ziehl-Neelsen항산성 염색에 세포질내 공포 내부의 충체는 엷은 자주색으로 항산성 음성. Bar=25 μm(**A-B** & **D**) 및 50 μm(**C**).

3) 미포자충

(1) *Kabatania*

가: 동남아산메기(*Pangasius sutchi*) 체측근 기생 *Kabatania arthuri*(=이전의 *Microsporidium arthuri*)

감염어는 피부에 백색 부분이 있으며, 이상 유영을 하는 것 이외에 특별한 증상은 없다. 근육의 압인 표본을 만들어 PAS 염색하면 환부에는 다량의 포자가 발견된다. 포자의 크기는 3.1(2.3~3.8) × 2.1(1.8~2.2) μm로 다양하지만, 대부분이 방추형이지만 모양도 다양하며 포자의 앞쪽 끝은 뒤쪽 끝보다 항상 좁다. 포자의 후반부의 1/2 또는 1/3의 부분에 1.2(0.7~1.7) μm 공포가 있고, PAS 양성 극낭은 작은 점으로 보이며, Feulgen염색으로 1개의 핵을 관찰할 수 있다. 근육의 횡단면에서는 외생 포자의 집합체가 각각 분리된 모자이크 모양으로 관찰된다.

조직학적으로는 포자 단계 및 전발육단계가 관찰된다. 근육내에 대형의 포자 집합체가 존재하며 특히 등쪽 부분과 측면 부분의 근육에 포자가 많이 늘어 있다. 기생충에 대한 숙주 반응은 매우 미약하여 단지 포자의 탐식상만 관찰될 뿐 마크로파아지의 세포질에는 많은 포자가 탐식되어 있다.

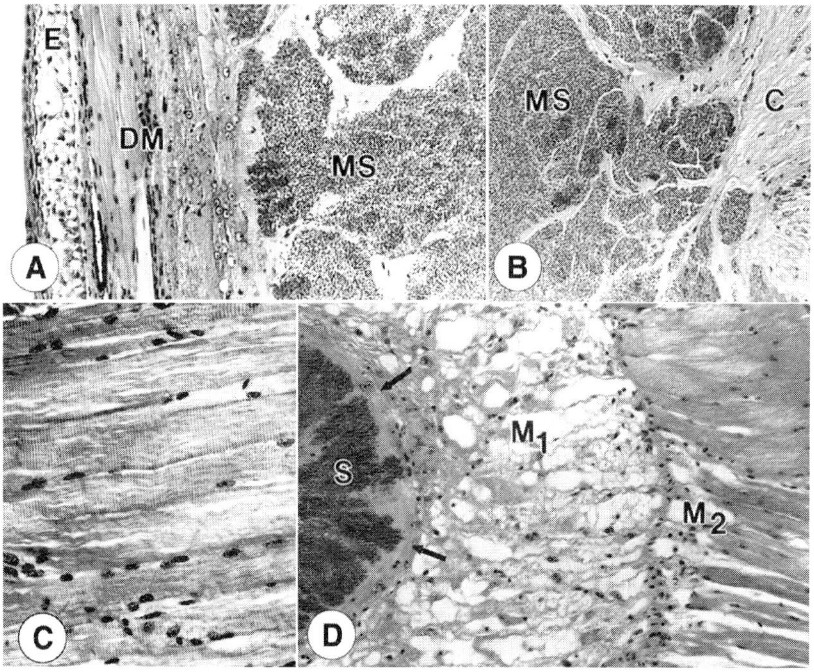

그림 3-13 **A:** 근육내의 포자 집합체. E(epidermis), DM(dorsal muscle), MS(spore). **B:** 체측근 내에 포자. C(결합조직). **C:** 골격근. **D:** 엷은 결합조직(화살표)에 피포된 성숙 포자의 집합체(S)에 인접한 두 근절(M_1, M_2)의 변성.

또한 혈관 내부에서도 포자를 탐식하고 있는 마크로파아지가 발견되기도 한다. 조직학적으로 포자의 집합체는 근육 이외의 기관에서는 포자가 발견되지 않기 때문에 체측근을 표적기관으로 하고 있다는 것을 알 수 있다. 그러나 포자를 탐식하고 있는 마크로파아지는 내부 기관에서도 발견된다. 기생충의 감염 때문에 근육이 붕괴되지만 어류의 기능에는 장애를 초래하지 않는다. 충체의 감염에 의해 근섬유의 층상구조가 붕괴되고 포자의 집합체 부근의 근섬유는 괴사시키면서 포자의 집합체의 크기는 점차 커져가게 된다.

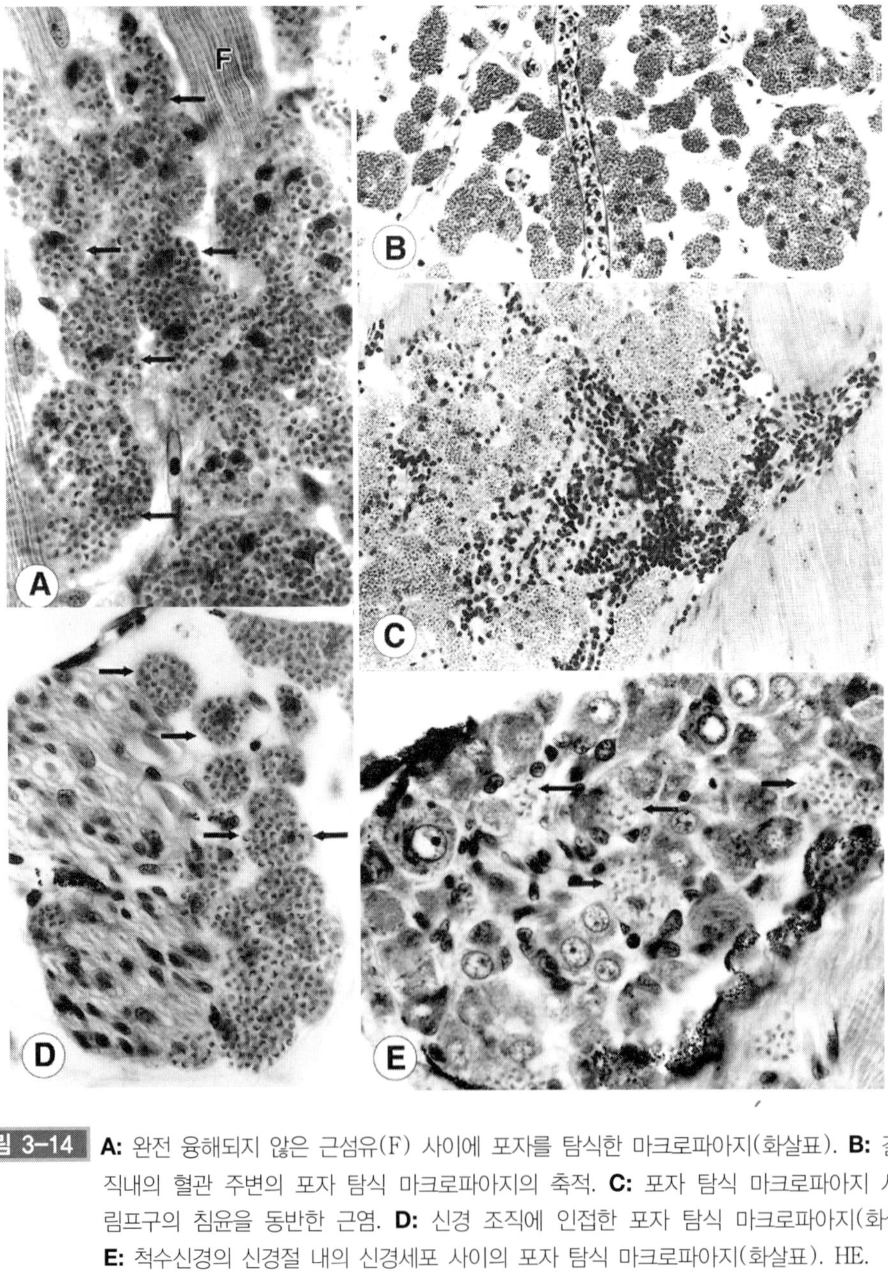

그림 3-14 **A:** 완전 융해되지 않은 근섬유(F) 사이에 포자를 탐식한 마크로파아지(화살표). **B:** 결합조직내의 혈관 주변의 포자 탐식 마크로파아지의 축적. **C:** 포자 탐식 마크로파아지 사이에 림프구의 침윤을 동반한 근염. **D:** 신경 조직에 인접한 포자 탐식 마크로파아지(화살표). **E:** 척수신경의 신경절 내의 신경세포 사이의 포자 탐식 마크로파아지(화살표). HE.

포자의 집합체 또는 전 발육 단계는 HE에 진하게 염색되는데, 이 부분의 근육섬유는 액화 괴사되어 염색성이 저하되게 된다. 괴사 근육에는 대형의 농축 핵이 선상 또는 집합체로서 발견되지만 심근 섬유에서는 거의 발견되지 않는다.

모든 병어에서 상피에는 포자 탐식 마크로파아지에 의해 피부 구조가 완전히 변화하게 되어, 단지 기저층과 alarm cell만이 마크로파아지 사이에서 발견될 뿐이다. 이처럼 포자 탐식 마크로파아지가 감염어가 살아 있는 동안에 피부를 통하여 포자를 수중으로 방출함으로서 포자를 전파시키게 된다.

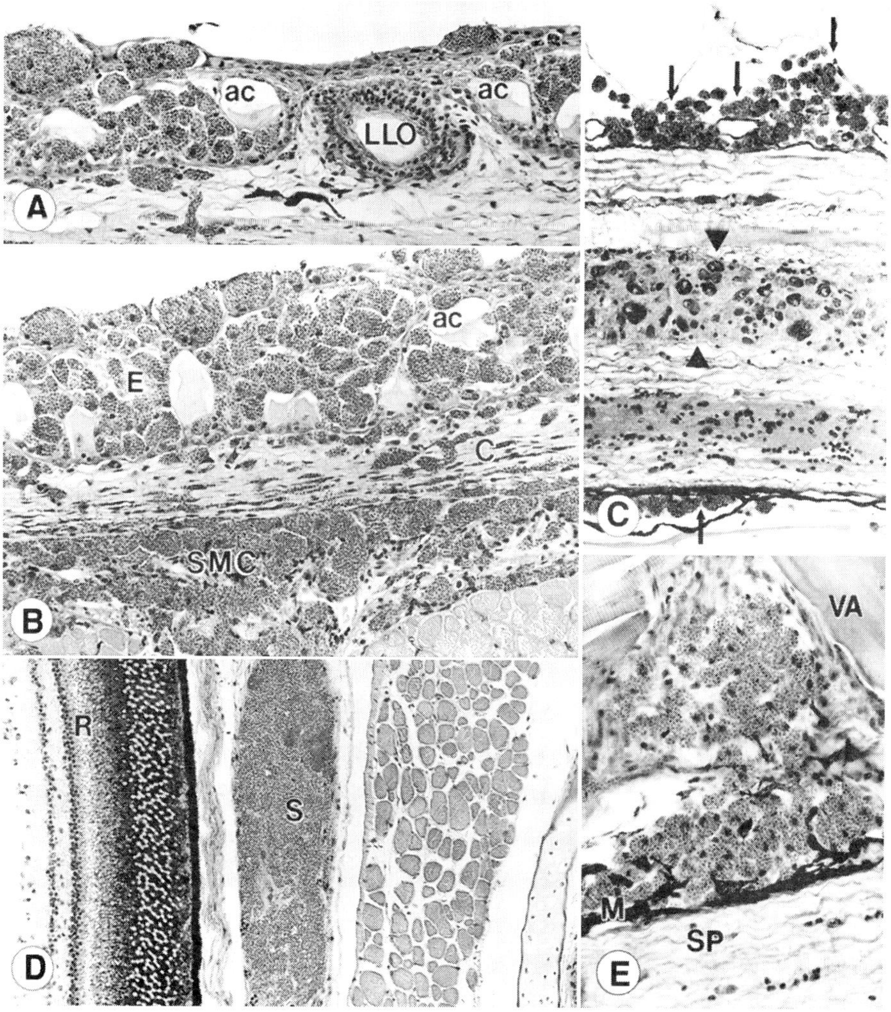

그림 3-15 **A:** 표피내의 포자 탐식 마크로파아지. ac (alarm cell), LLO (lateral line organ). **B:** 표피(E), corium(C) 및 근육과 결합조직(SMC)내의 포자 탐식 마크로파아지. ac(alarm cell). **C:** 척색의 meningae내의 포자 탐식 마크로파아지. 화살표(grey matter). **D:** 눈의 맥락막 모세혈관내의 포자 집합체(S). 망막(R). **E:** 척색과 척추 사이의 포자 탐식 마크로파아지. SP (spinal cord), M-meningae, VA(척추 추체). HE.

또한 *Pleistophora* 감염에서 볼 수 있는 결합조직에 의한 포자의 피포도 발견되지 않을 뿐 아니라 섬유아세포의 반응도 발견할 수 없다. 포자의 이동은 탐식한 마크로파아지에 의해 표피를 통하여 방출되게 된다.

나. 망둑어류(*Gobiusculus flavescens*)의 근육 기생 미포자충 *Kabatana* sp.

세포내 기생체인 미포자충에 속하는 *Kabatana* sp.는 해산어와 담수어의 근육에 기생한다. *K. arthuri*는 태국의 동남아산메기의 근육, *K. seriolare*는 방어의 근육에, *K. taketai*는 일본과 러시아 동부의 담수어, *K. newberryi*는 북미의 연안산 망둑어에 감염된다.

감염 환부는 육안적으로 피부 아래에 원형 또는 난원형의 회백색 반점(0.7~3.2 mm)으로 보인다. 환부는 육안적으로도 약간 돌출되어 있음을 알 수 있다. 피부를 제거하면 근육 속에 흰색의 선상의 환부가 확인된다. 감염 환부는 매우 약하여 고정된 표본이라 할지라도 잘못 취급하면 붕괴되어 물처럼 변한다.

외관적으로 감염된 근육을 잘라내어 피부를 근육에서 분리한 다음 근육을 생리식염수를 적하한 슬라이드 글라스에 올리고 커버글라스를 눌러 으갠 다음 검경한다. 잘라낸 근육의 일부는 상법에 따라 조직표본을 만들어 검경한다. 전체 개체를 사용할 때는 고정한 다음 30%에탄올에 EDTA를 2.5%가 되도록 제조한 탈회액에 18~24시간 탈회한 다음 조직표본을 만든다.

육안적으로 환부는 근육에만 존재하는 것처럼 보이지만 Masson's trichrome 또는 VOF 염색하면 육안적으로 환부가 확인되지 않는 부분인 수염, 뇌, 척색, 아가미 주변에서도 포자가 발견된다. 육안적으로 솟아 오른 환부는 진피의 아래에 포자가 근육을 빠져나와 축적되어 있음을 알 수 있다.

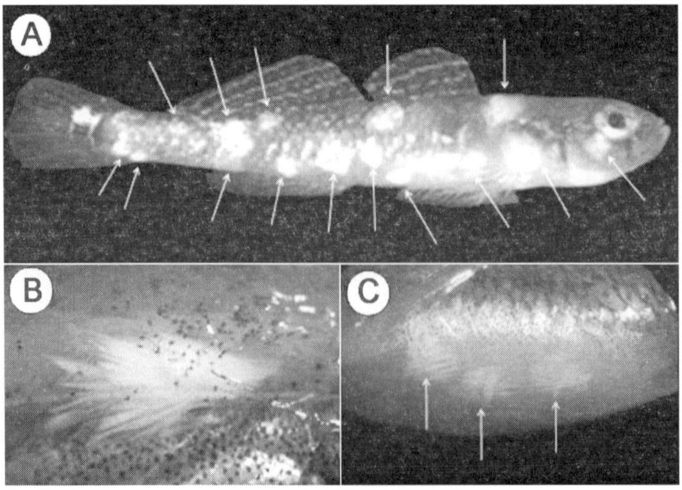

그림 3-16 **A:** 감염 수컷의 근육의 반점상의 환부(화살표). **B:** 피부를 제거한 후의 근육내의 환부의 확대도. **C:** 복부 피부 아래의 근육내의 환부(화살표). 환부는 피부 아래의 근육에 원형, 타원형 및 부채 모양의 유백색의 반점으로 보임.

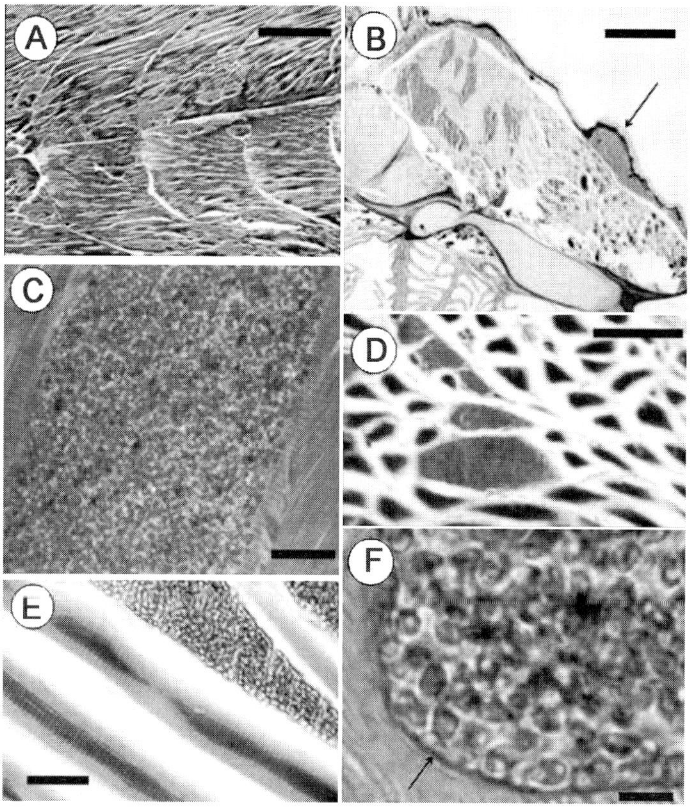

그림 3-17 **A:** verde luz, orange G and acid fuchsin (VOF, Type III-G.S) 염색 미병부 근육 내의 주황색으로 염색되는 충체. **B:** VOF 염색 아가미. 융기된 표피(화살표) 아래의 충체. **C:** Masson trichorom염색 근육. 포자(적색)와 정상의 근섬유(청색). **D:** VOF 염색 수염. 근육 내의 감염 부위(주황색)과 미감염 근육섬유(파란색). **E:** VOF 감염 수염 근육의 정상 근섬유와 감염된 근섬유의 종대. **F:** 근육의 HE 염색. 포자 집합체 테두리의 경계막과 인접의 정상 근섬유. Bar= 0.5 mm(**A**, **B**), 20 μm(**C**, **E**), 100 μm(**D**), 5 μm(**F**).

감염 근섬유에는 크기가 42~106 μm인 원형, 난원형의 cyst 모양의 환부가 있고 내부에는 수백 개의 포자가 들어 있다. 포자의 집합체는 유래가 불분명한 1개의 엷은 막에 싸여 있다. 포자는 대부분 성숙포자이지만, 일부에는 미숙의 부분이 섬처럼 들어 있다. 포자 주변에는 숙주 반응도 없고, xenoma의 형성도 없다.

(2) *Pleistophora*

가. Zebrafish (*Danio rerio*)의 미포자충 *Pleistophora hyphessobryconis*

이름에서 알 수 있듯이 *Loma*에 아주 닮아 있는 *Pleistophora hyphessobryconis*은 관상어류에 빈발하는 질병으로 특히 neontetra의 골격근을 표적기관으로 하기 때문에 "neon tetra disease"으로 불리는 질병의 원인 미포자충이다. 종묘생산과정에서 난 또는 발육중인 난은

sodium hypochlorite 30ppm에 2분간 약욕한 다음 부화시키는 것이 일반적인 방법이다.

감염된 어류는 사육조건에 따라 증상은 차이가 있어 육안적으로 이상이 없는 경우와 무기력하면서 등지느러미 아래에 백색 부분으로 변색한 부분이 보이는 경우도 있다. 때로는 척추가 변형된 개체도 발견되는데, 희게 변색된 부분을 절개하여 보면 회백색의 액상의 상태인 것을 발견할 수 있다. 이 부분을 도말표본을 만들어 검경하면 많은 포자를 가진 sporophorous vesicle가 다수 발견된다. 도말표본에서 포자의 크기는 7 × 4 μm이며 포자의 후반부에 1개의 특징적인 후부 액포(posterior vacuole)가 있다.

조직학적으로 근육세포내의 감염으로 액화괴사 또는 종대로 인한 현저한 골격근의 붕괴가 생긴다. 골격근섬유의 호산성의 증대, 핵의 중심화 등이 관찰된다.

감염된 근섬유에는 다양한 발육 단계의 meront 및 sporoblast, 성숙포자를 가진 sporophorous vesicle이 발견된다. 감염된 근섬유 다량의 조직구와 림프구 및 소수의 호산성의 과립구에 의해 싸여 있으며, 감염 근섬유는 심한 부종을 일으켜 근섬유가 나눠진다. 변성과정에 있는 근섬유는 세포질의 호염기성이 증가하는 것이 특징으로 괴사된 근섬유에 인접한 곳에 핵이 위치하고 있다.

성숙이 완료 후 방출된 포자는 많은 조직구와 림프구의 집합체에 의해 둘러싸이고, 조직구 내에는 탐식당한 성숙 포자가 발견된다.

충체의 감염은 골격근에서 발견되는 것이 일반적이지만 때로는 신장의 간질, 비장, 난소, 소화관 등에서도 발견된다. 난소의 결합조직 내에서는 식세포에 탐식당한 포자가 다량으로 발견되지만 난소 자체에는 발견되지 않는다. 장의 모든 층에서 포자의 집합체가 발견되지만 심근에서는 감염이 확인되지 않는다.

그람염색이 포자의 확인에 유효한 방법으로 Accustain 그람 염색에 성숙포자는 진한 청색으로 염색되는 반면 미숙 포자는 연하게 염색된다. Lillie-Twort 그람염색은 충분히 성숙한 포자는 진한 청색에서 자주색으로 염색된다.

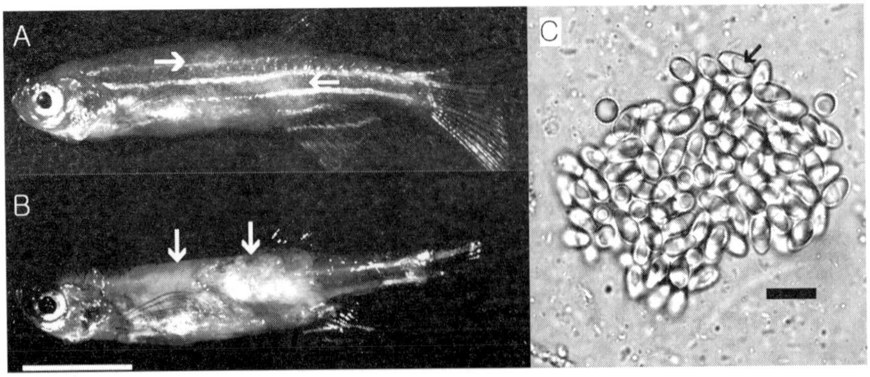

그림 3-18 **A:** 몸통부에 반점상으로 변색된 부분. **B:** 피부 제거한 병어의 근육 내의 불투명한 부분(화살표). **C:** 도말표본 내의 특징적인 후부 액포(화살표)를 가진 충체의 포자. Bar=500 μm(**A** & **B**) 및 10 μm(**C**).

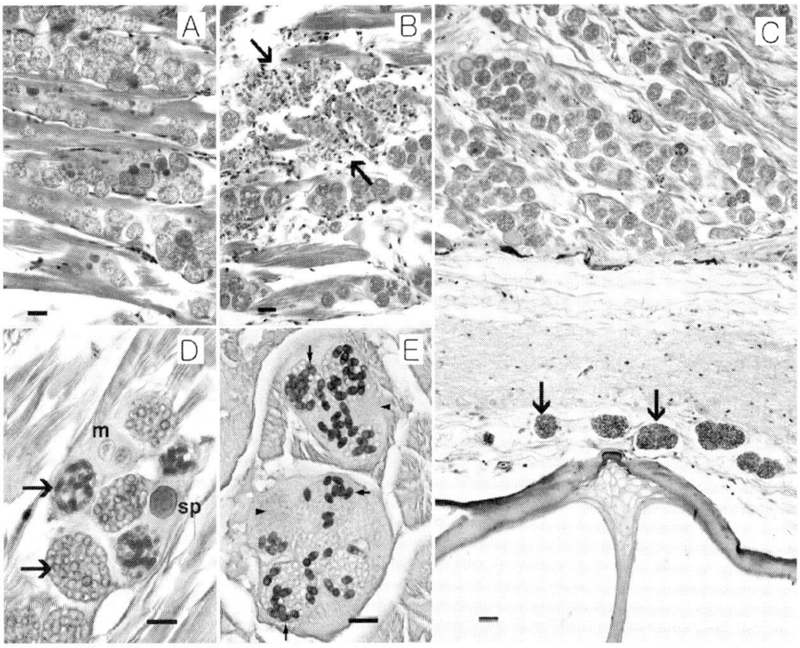

그림 3-19 **A:** 근육세포 내에 포자와 다른 발육 단계의 sporophorous vesicles. **B:** 식세포내의 포자와 근육의 액화괴사(myolysis, 화살표). **C:** 근육내의 *P. hyphessobryconis*와 척수(화살표) 내의 *Pseudoloma neurophilia*의 혼합감염. **D:** sporophorous vesicles내의 meront (m)과 발육 중인 포자(sp) 및 성숙 포자. 완전히 성숙한 포자는 진한 청색임(화살표). **E:** 성숙포자는 진한 청색 또는 자주색이지만 발육중인 포자는 핑크(화살표 머리). HE(**A** & **B**), Accustain gram (**C** & **D**) 및 Lillie-Twort gram(**E**). Bar=20 μm(**A-C**) 및 10 μm(**D** & **E**).

이 어류에 잘 감염되는 또 다른 미포자충인 *Pseudoloma neurophilia*와의 혼합 감염도 발견되지만, *Pseudoloma neurophilia*는 척수를 비롯한 신경조직에 감염되며 1개의 벽을 가진 sporophorous vesicle가 없기 때문에 조직학적으로 쉽게 구분할 수 있다.

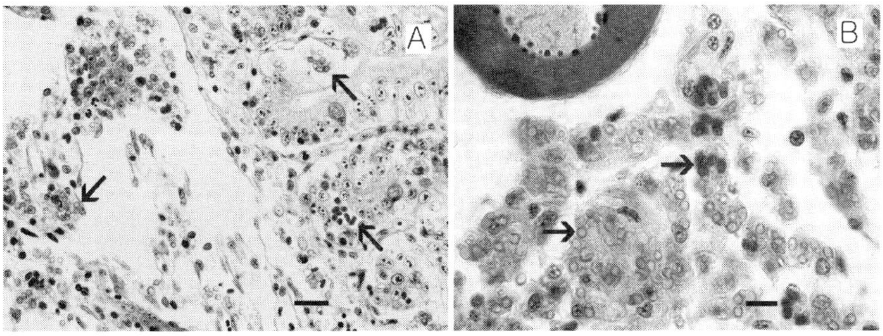

그림 3-20 **A:** 장의 모든 층에 존재하는 포자(화살표), **B:** 난소의 식세포에 탐식당한 포자(화살표). Accustain Gram. Bar=20 μm(A) 및 10 μm(B).

Accustain gram염색은 기본적인 염색과 같지만 조직표본을 탈파라핀한 다음 함수 과정을 거쳐 crystal violet 1분 세척한 다음 gram 요오드액에 5분 매염한다. 세척 후 무수 알콜 또는 아세톤으로 분별한 다음 세척한다. 후염색으로 safranin O로 30~60초 염색한 다음 세척한다. 최종적으로 tetrazine액(tetrazine 0.25%, acetic acid 0.25%)으로 5~10초간 염색한 다음 염색액을 버리고 무수알콜로 2회 세척한 다음 xylene에 투명화시켜 봉입한다.

(3) *Spraguea*

가. 쟁방어의 미포자충 *Spraguea* 감염뇌척수염(encephalomyelitis)

수온 20°C 무렵에 특징적인 느리게 회전유영을 하는 증상이 나타내다가 폐사하며, 일주일 동안의 사망률은 약 4.6% 정도이다. 뇌의 도말표본에서는 미포자충의 포자가 발견된다.

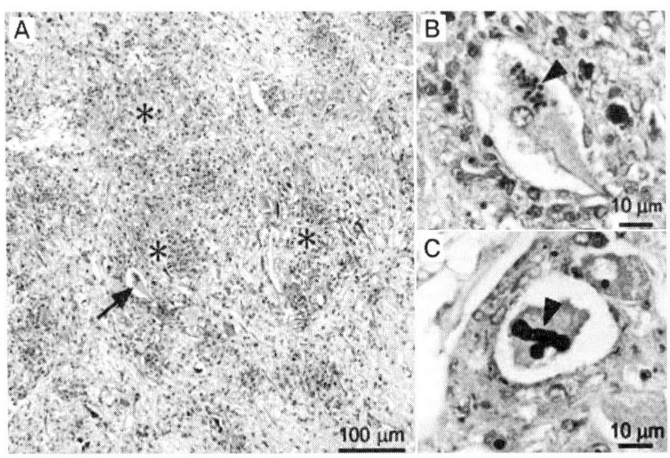

그림 3-21 **A:** 뇌의 염증(화살표). **B:** **A**의 염증 부위의 확대도내의 미포자충의 포자(화살표). **C:** 연수의 변성 신경세포 내의 meront(화살표). May-Grunwald Giemsa

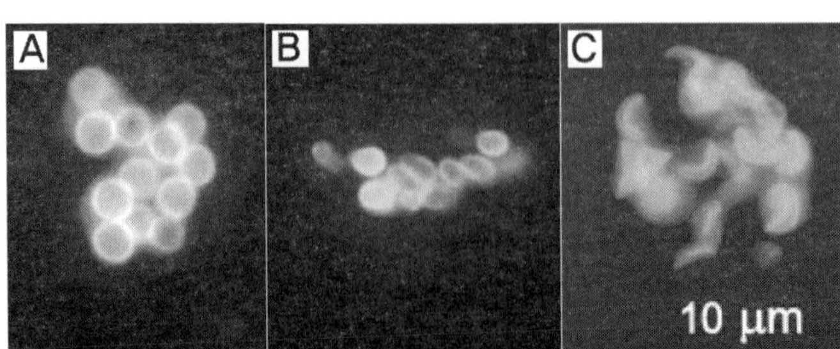

그림 3-22 **A:** 변성 신경세포의 포체 내의 타원형의 포자. **B:** axon 내의 난형의 포자. **C:** 변성 axon 내부의 초승달 모양의 변성된 포자.

조직학적으로는 중추신경계의 변화가 현저하다. 특히 피개(tegmentum), 연수(medulla oblongata) 및 척색의 앞쪽 부분에 변화가 심하며, 모두가 소교세포(microglia)의 증식이 현저하며, glial nodule과 신경세포의 변성이 일어난다. 또 식세포와 죽은 세포의 집합체가 관찰된다. 신경섬유망(neuropil)은 현저하게 흩어지며 변성된 신경세포의 세포내에는 미포자충의 포자, sporoblast 또는 meront가 발견되지만 포자담체(sporophorous vesicle)은 발견되지 않는다.

포자와 sporoblast의 집합체는 myelinated axon에서 발견되며, Uvitex 2B 염색하면 포자의 형태가 2종류임을 알 수 있다. 하나는 드물게는 직경이 4 μm인 것도 있지만 거의 대부분이 직경 2.2~2.5 μm의 원형 또는 타원형으로 항상 신경세포의 세포체 내에서 또는 변성 신경섬유망(neuropil) 내에서 발견된다. 다른 모양은 항상 myelinated axon 내에서 발견되는 것으로 1.4~1.9 × 2.4~2.8 μm의 방추형 또는 난형이다. 그러나 이 기생충의 포자는 2가지 형태가 있는 것이라고 보기는 어렵고, 아마 다른 발육 단계이거나 또는 숙주 반응의 결과 변성된 것으로 생각된다.

기생체의 집합체에는 Uvitex 2B에 염색되지 않는 sporoblast가 들어 있다. 또 다른 형태의 초승달 모양의 포자가 변성 신경세포의 세포체내에서 발견되는데, 이는 포자가 변성된 것 HE 또는 May-Grunwarld Gimsa 염색에 진하게 염색되지 않는다. glial nodule이나 변성 조직에서는 HE 염색으로는 포자를 식별할 수 없지만 Uvitex 2B 염색하면 포자를 발견할 수 있다.

시엽(optic tectum), 소뇌(cerebellum) 및 척색에서의 병변은 현저하지 않고, 전뇌(telencephalon), 후구(olfactory bulb) 및 소뇌체(corpus cerebelli)의 위쪽 부분에서는 변화가 없다.

뇌 또는 척색의 앞쪽 부분을 100% 에탄올에 고정한 다음 특이 primer인 Kanmic-172(5′-GCA TGT GAT GAG AAC GTA TGT GTA GG-3′)와 Kanmic-569r (5′-CTC CTC ATT CTG AAC TCT TCT CGT TC-3′)를 사용하여 30사이클(98°C 10sec; 55°C 30sec; 72°C 1min) 반응시키면 398 bp의 특이 밴드를 확인할 수 있다.

(4) *Tetramicra*

가. Turbot의 미포자충 *Tetramicra brevifilum*

병어는 체표에 직경 1 mm의 백색 결절이 형성되며, 심한 경우에는 간과 장에도 형성된다. 근육에서는 xenoma가 근섬유 사이의 결합조직에 형성된다. 근육 내의 xenoma는 원형, 난원형 또는 방추형으로 때로는 돌기를 뻗고 있는 것도 있다. 조직학적으로 merogony 및 sporogony 단계 등의 여러 단계가 관찰된다.

난원형의 포자는 단핵으로 다른 어류에 감염되는 미포자충의 포자와는 달리 뒷부분에 1개의 대형 공포가 포자의 1/3을 차지하고 있으며, 내부에는 타원형의 봉입체 모양의 물질이 들어 있다.

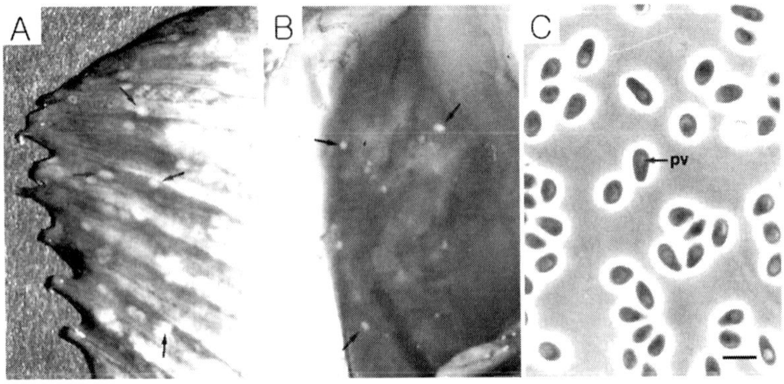

그림 3-23 **A:** 등지느러미의 xenoma(백색 결절). **B:** 간장 표면의 xenoma(백색 결절). **C:** 포자의 뒷부분의 대형 공포(pv). Bar=5 μm.

조직에 형성된 xenoma는 부위에 상관없이 150 μm보다 크며 표면에 microvilli-type의 구조물이 있다. 근육에서는 근 섬유의 변성을 유발시킴으로 근섬유의 공포화와 근섬유의 분리가 일어나게 됨으로 전체적으로는 액화괴사가 유발된다.

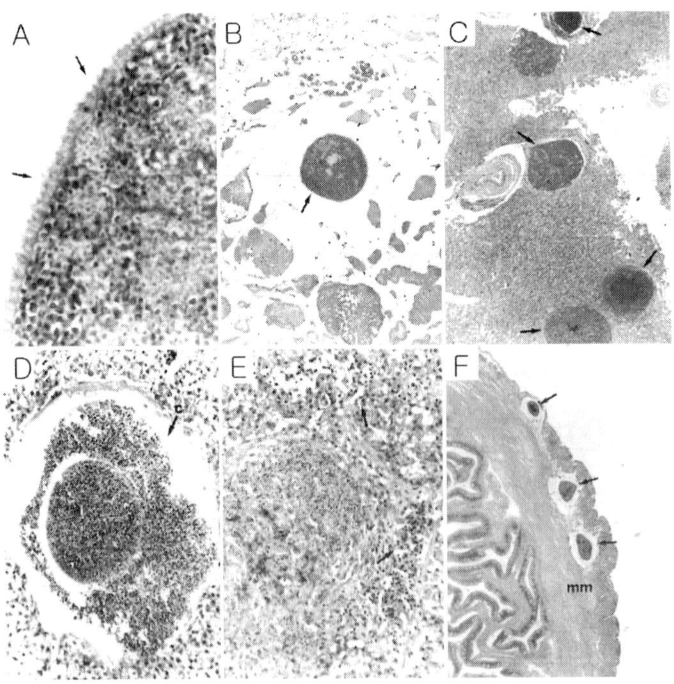

그림 3-24 **A:** 근육의 결합조직 사이의 xenoma와 xenoma 표면의 microvilli-type의 구조물(화살표). **B:** Xenoma 주변의 근육 섬유의 변성. **C:** 간장의 원형 xenoma(화살표). **D:** 두터운 결합조직에 싸인 간장 내의 xenom. **E:** 간장의 xenoma 주변의 출혈(화살표). **F:** 소화관의 근육층 내의 xenoma. HE.

Xenoma 주변에는 항상 포자를 탐식하고 있는 단구가 많은데, 단구 내의 포자는 xenoma가 붕괴되고 방출된 포자를 탐식한 것이다.

간장의 xenoma는 크기가 200 μm 이상으로 microvilli-type의 구조물이 있지만 대부분의 xenoma에서는 이 구조물이 없이 주변에 증식된 결합조직에 의해 싸여 있다.

소화관에서는 근육층에 한정되며, microvilli-type의 구조물과 돌기가 관찰된다. 또한 점막고유층에는 유리 상태의 포자가 관찰된다. 소화관의 근육층은 골격근보다는 덜하지만, 근세사의 붕괴와 근육섬유의 변성이 생긴다.

포자는 숙주에서 떼어내어 증류수에 현탁시킨 다음 그물망으로 여과하여 2,000 g에 30분간 원심분리하여 채취하는 여과-원심 과정을 순수한 포자가 얻어질 때 까지 반복하여 실시한다.

(5) *Nucleospora*

가. 자연산 럼피쉬(*Cyclopterus lumpus*) 신장의 미포자충 *Nucleospora cyclopteri*

병어의 가장 현저한 증상은 신장의 변화로 백색 빈점이 있으며, 정상의 신장에 비해 퇴색되어 있다. 때로는 신장 비대 및 신장의 퇴색이 관찰된다. 때로는 안구돌출 및 아가미에 소형의 환부가 형성된다.

조직학적으로는 HE, Giemsa 염색 또는 미포자충의 포자를 확인하기 위하여 chitin 염색인 Calcofluor white M3R 염색을 한다. 병리조직학적으로는 외부 증상이 없는 개체도 명백한 변화가 발견된다. 가장 현저한 변화는 신장 세뇨관과 사구체의 변성과 괴사이다. 세뇨관의 관공에는 단백질성이 물질과 상피세포에서 떨어져 나온 조직의 부스러기가 존재한다.

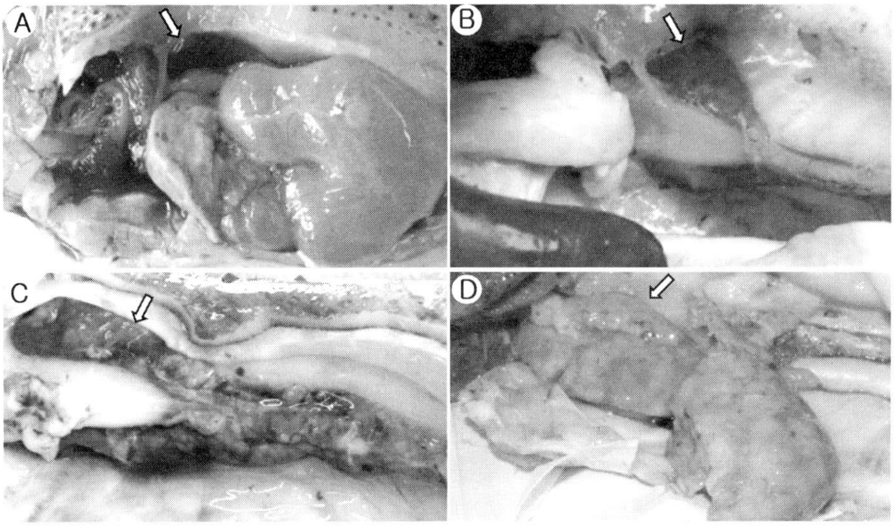

그림 3-25 감염 개체의 신장. A: 정상 신장. **B:** 경증, 퇴색 반점. **C:** 신장 비대와 현저한 퇴색. **D:** 신장의 종대와 퇴색.

조혈조직은 공포변성이 일반적이며, 여러 곳의 림프구의 침윤을 동반한 괴사소가 발견된다. 심하게 감염된 개체는 신장의 대부분이 괴사되고 수많은 미포자충의 포자가 괴사성의 조직부스러기에 싸여 있다. 심장과 같은 다른 기관에서도 림프구의 침윤과 같은 염증 반응이 공통적으로 일어난다.

신장의 도말표본을 검경하면 길이 2.9~3.5 μm, 폭 1.1~1.5 μm의 포자가 발견된다. 감염되는 세포는 형태적으로 림프구 또는 림프구의 전구세포의 특징을 갖추고 있으며, 원형의 직경 8~12 μm로 핵이 세포의 대부분을 차지하고 있으며, 염색질은 치밀하고 극히 소수의 호염기성의 세포질을 갖고 있다. 감염 림프구 모양의 세포의 핵 내에 들어 있는 미포자충 포자의 수는 1~14개 이다.

신장에 증상이 있는 개체는 신장, 비장, 아가미, 심장에 모두 발견되며, 적기는 하지만 피부와 난소에서도 발견된다. 신장과 비장의 실질에 포자가 존재한다. 심장에서는 심근 내에서 발견되지만 심한 경우에는 심외막에서도 발견된다. 아가미는 항상 심한 감염이 발견되는데 기본적으로는 1차 새변에서 주로 발견되지만 심하게 감염된 개체에서는 2차 새변에서도 발견된다. 피부와 난소에는 비교적 소수의 포자가 발견되는데, 피부의 표피와 진피층과 난소의 기질에서 발견된다.

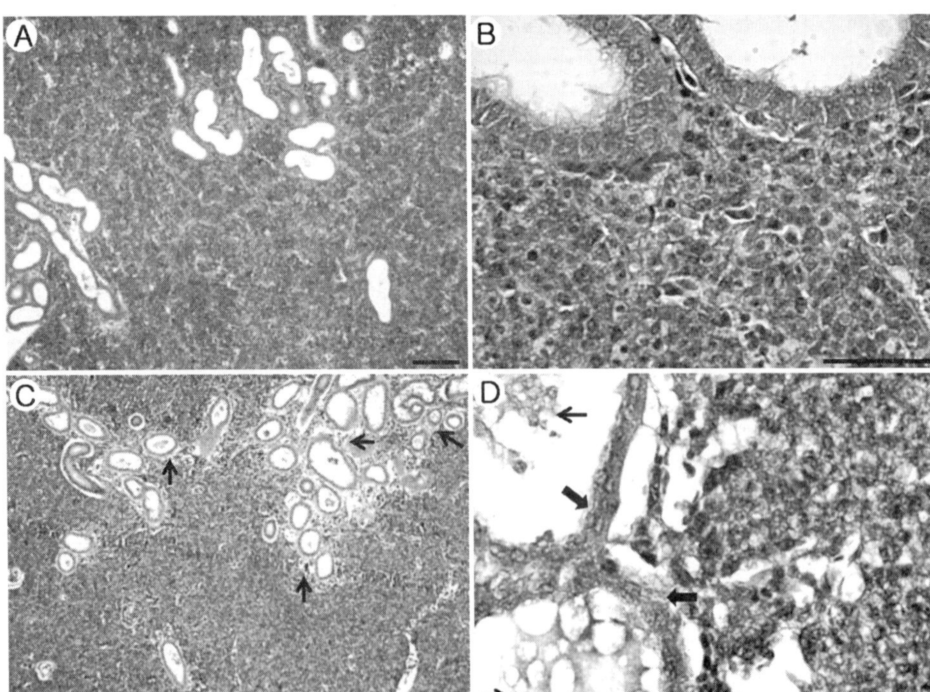

그림 3-26 **신장의 조직학적 변화. A-B:** 경증에서는 거의 변화가 없음. **C-D:** 중증의 감염어. **C:** 세뇨관(가는 화살) 주변의 심한 괴사. **D:** 세뇨관 상피세포의 괴사(굵은 화살)와 관공 내의 단백질 및 괴사 부스러기(가는 화살). HE. Bar=100 μm.

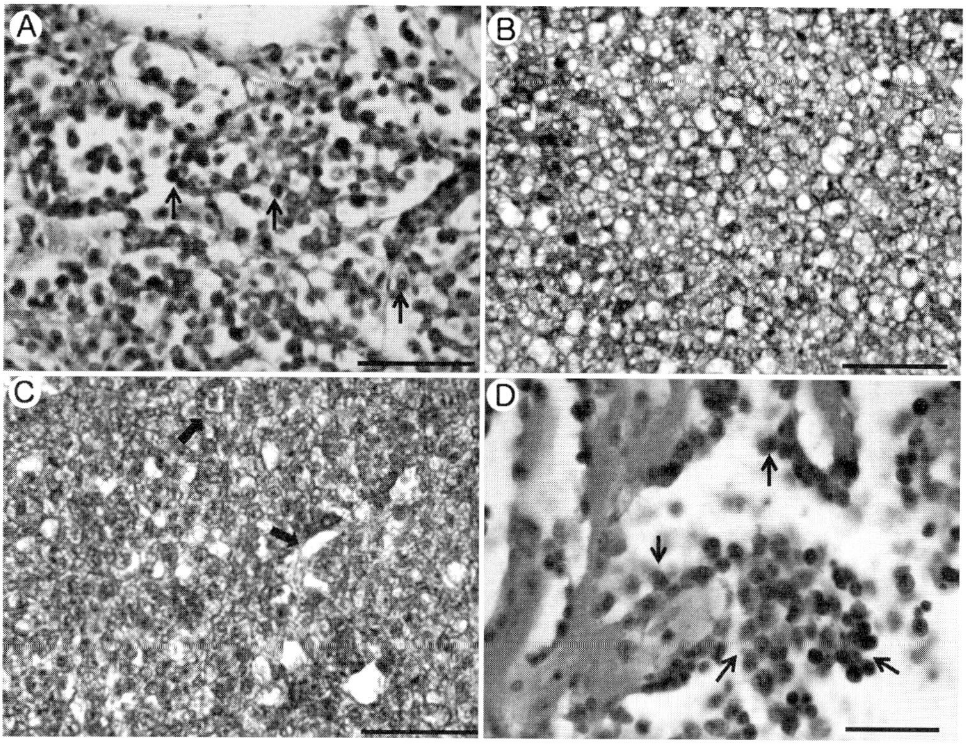

그림 3-27 **A:** 림프구의 침윤(화살표)을 동반한 신장 조혈조직의 심한 괴사. **B:** 신장 조혈조직의 공포변성. **C:** 세뇨관의 붕괴(화살표). **D:** 림프구의 침윤(화살표)를 동반한 심근의 염증. Giemsa(**A** & **B**) 및 HE(**C** & **D**). Bar=100 μm.

증상을 나타내는 개체의 신장, 심장, 피부, 아가미 및 비장은 1st PCR에 양성 반응을 나타내지만, 난에서는 양성 반응이 나타나지 않는다. 그러나 2nd PCR에서는 거의 모두가 양성 반응을 나타내지만 알에서의 반응은 매우 약하다.

Nested PCR에 사용하는 primer는 1st round에서는 LN1-fwd(5′-atc cta gga tca agg acg aag-3′)와 LN1-rev(5′-aat gat atg ctt aag ttc agg-3′)이며, 2nd round primer는 LN2-fwd(5′-ctg ctt aat ttg act caa cgc-3′)와 LN2-rev(5′-tac tgc tcc tca aat agt atg-3′)로서 95°C 4분간 initial denaturing시킨 다음 35 cycles(94°C 30s; 55°C 45s; 72°C 1min) 증폭시킨 다음 72°C에 7분간 final extension시킨다. 1st round의 산물은 950 bp이며, 2nd round의 결과는 590 bp이다.

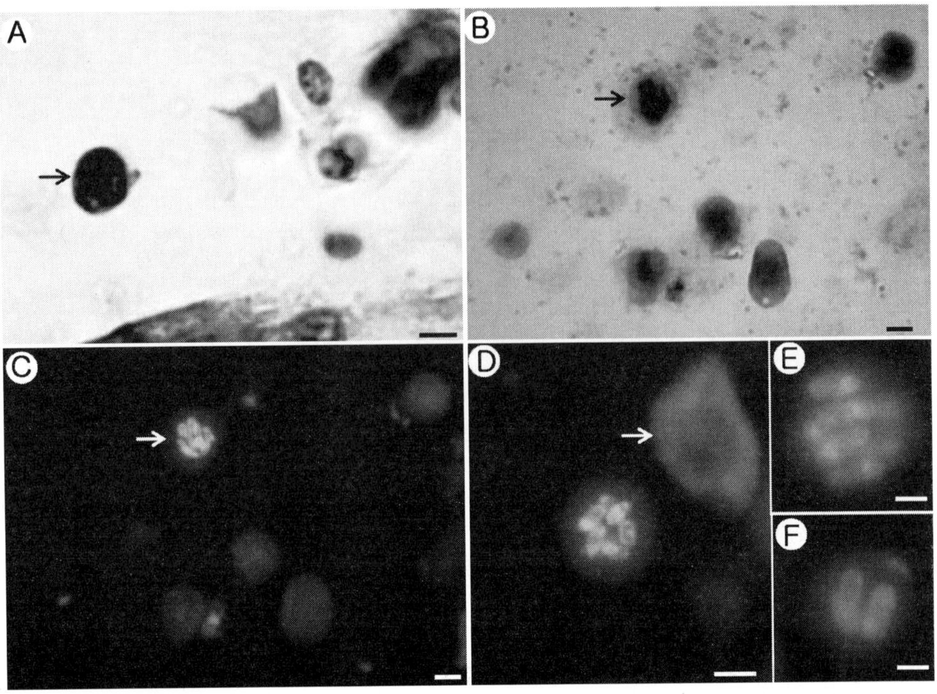

그림 3-28 **감염 림프구의 Giemsa(A & B)와 Calcofluor white(C-F) 염색. A:** 심장. **B-F:** 신장 도말표본, **B-C:** 림프구의 핵 내에 10개 정도의 포자가 있는 림프구. **D:** 핵의 대부분을 포자가 차지하고 있는 림프구는 적혈구(화살표)와 비슷한 크기임. **E-F:** 감염 림프구 핵 내의 포자의 확대도. Bar=4 μm(**A-D**), 2 μm(**E-F**).

(6) *Glugea*

가. 능성어(greasy grouper, *Epinephelus tauvina*)의 미포자충 *Gluegea*

폐사어의 일부는 안구돌출과 피부의 부식이 있지만 소화관벽, 유문수 및 내장지방조직에 직경 1~2.5 mm의 난원형 또는 원형의 흑색의 결절이 형성되는 것이 가장 뚜렷한 특징으로 특히 소화관 벽과 유문수에서 가장 현저함을 확인할 수 있다. 이러한 결절은 장기의 표면에 돌출되어 있어 쉽게 떼어낼 수 있다.

결절을 무염색 또는 Giemsa염색하여 검경하면 많은 크기가 4~6.5 × 2~2.5 μm이며, 극사가 들어있는 1개의 극낭이 있는 투명한 난원형의 포자를 발견할 수 있다. 포자의 후반부에는 후반부의 대부분을 차지하는 대형의 후부 액포가 존재한다.

병리조직학적으로는 1개의 치밀한 결합조직에 둘러싸인 cyst내에는 많은 포자가 들어 있다. 감염세포 내에서 충체가 성장 및 증식함에 따라 감염세포 발육중인 또는 성숙한 포자로 채워지는 반면 감염세포는 단순한 막의 형태로 변하게 된다. Cyst가 형성된 조직은 압박위축에 의해 결합조직의 증식이 유발되어 xenoma를 싸는 1개의 층이 형성되게 된다. Cyst 내의 중심부에는 성숙 포자가, 주변부에는 sporoblast 또는 미숙의 포자가 분포하고 있다.

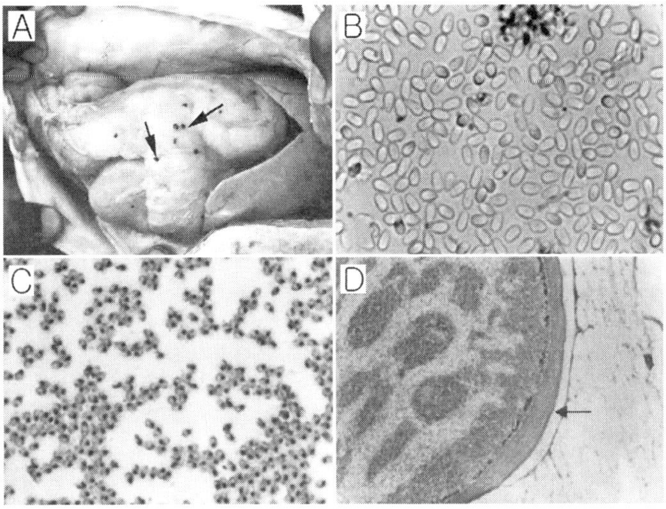

그림 3-29 **A:** 내장의 흑갈색 결절(화살표). **B:** 무염색 도말표본. **C:** Giemsa염색 포자. **D:** 내장 지방조직에 형성된 xenoma 주변을 싸고 있는 두터운 숙주세포의 결합조직성의 막(화살표).

(7) *Heterosporis*

가. Angel fish의 근육내 미포자충 *Heterosporis finki*

외부 증상이 없는 개체가 대부분이지만 감염된 어린 개체의 대부분은 식욕이 감소되어 무기력하다. 몇몇 개체는 체측에 퇴색 또는 회색의 반점상으로 보이는 부분이 나타나기 시작하여 심해지면 직경 5 mm의 돌출된 괴사성의 환부가 형성되며, 내부에는 부드러운 백색의 액상의 물질로 채워져 있다.

가장 뚜렷한 증상은 해부하였을 때 발견할 수 있는 것으로 근육이 흰색 크림색의 조직으로 변해 있다는 것으로 이 부분의 도말표본을 tolidine blue로 염색하면 난형의 미포자충을 발견할 수 있다.

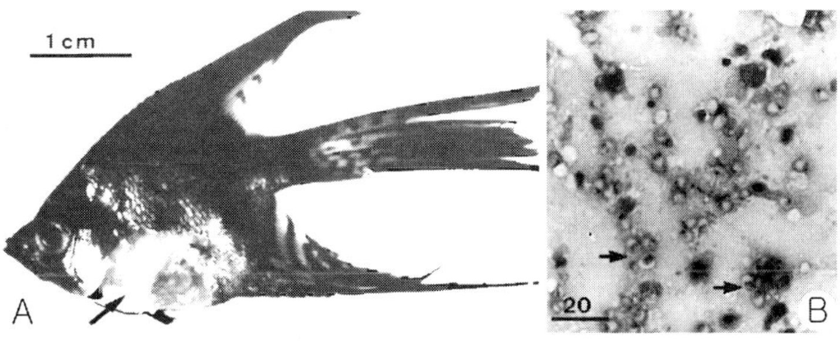

그림 3-30 **A:** 외부 증상. 피부를 절개하여 근육을 노출시키면 백색 우유상의 물질이 존재(화살표). **B:** 도말표본의 tolidine bule염색한 포자(화살표).

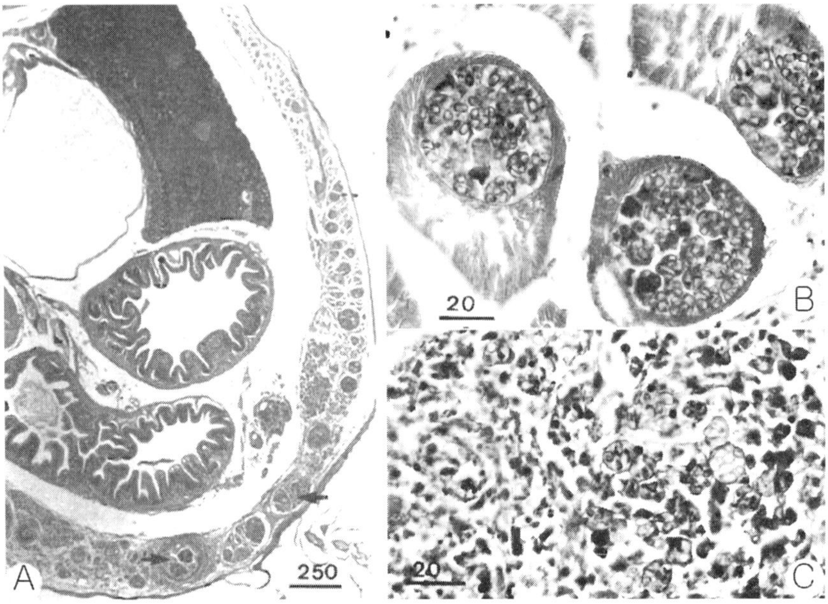

그림 3-31 **A:** 근육 내에는 다양한 크기의 xenoma(화살표)로 충만.

조직학적으로는 내장기관은 정상이지만 근육에 다양한 크기와 발육 단계를 나타내는 xenoma가 발견된다. Xenoma는 변성된 근육 섬유 내에 형성된다.

이러한 개체에서는 대개 *Aeromonas hydrophila*와 *Citrobacter*가 분리되는데, 2차 감염에 의한 것으로 판단된다.

(8) Pseudoloma

가. Zebrafish (*Danio rerio*)의 중추신경계 기생 미포자충 *Pseudoloma neurophilia*

*Pseudoloma*는 *Loma*와 유사한 미포자충으로 주로 어류의 신경계 때로는 근육 내에 xenoma를 형성하지만, *Psedoloma*는 meront가 발견되지 않는 *Loma*와는 차이가 나며 유전자 분석에서는 *Loma*보다는 *Ichthyosporidium*과 더 유사한 종이다.

포자는 난원형 또는 방추형으로 대형의 후부 액포를 가지고 있으며, 척색 내에 xenoma가 형성된다. 때로는 nerve root 및 근육에 형성된다. 직경 200 μm 정도의 sporophorous vesicle내에 포자가 들어 있다.

감염어의 증상은 척추 전만곡 또는 측만곡으로 무기력해지지만 아무런 이상이 없는 개체도 있다

시료어는 Dietrich액(ethanol 28.5%, formalin 10%, glacial acetic acid 2%)에 최소 3일간 고정한 다음 Dietrich액에 5% trichloroacetic acid를 첨가한 액에 하루 밤 방치한 다음 파라핀 조직표본을 만든다.

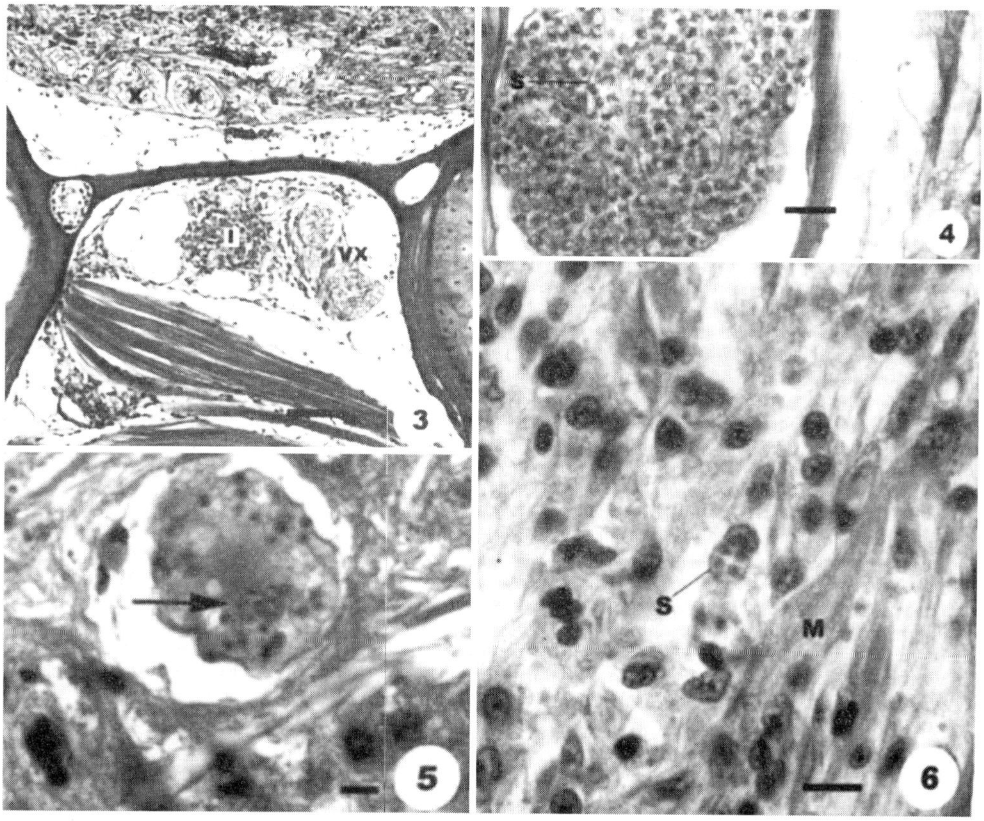

그림 3-32 감염어의 중추신경계. A: 척색과 ventral nerve root(VX)내의 xenoma(X). I(염증반응). **B:** 척색의 xenoma. Sporophorous vesicle에 의해 만들어진 격벽(S). **C:** xenoma내의 sporoblast(화살표). **D:** 체측근의 근염. 근섬유(M), 식세포 내의 포자(S). HE. Bar=75 μm(**A**), 10 μm(**B-D**).

병리조직학적으로 중추신경계 내에 수많은 xenoma가 형성된다. Xenoma는 주로 척색의 axon이 많은 부분과 체측근으로 뻗어 있는 nerve root에 형성된다. Xenoma내에는 여러 발육 단계의 포자가 들어있다. 어류에 미치는 영향은 xenoma가 형성되어도 미약하다고 할 수 있다. 그러나 심하게 감염된 경우에는 골격근 내에 만성염증이 유발되며, 식세포에 탐식당한 포자가 발견된다.

DNA 추출은 신경계를 2 ml 스크류 원심관에 시료를 넣어 −20°C에 하루 밤 동결한 다음 해동하여 시판의 DNA 분리용 kit를 사용한다. *Pseudoloma neurophilia* 특이 프라이머로서 Pn18S5F(5′-GAA AAT TAC CGG AGC CTG AAG TC-3′) Pn18S5R(5′-TTC CCT CTC TCT CCA AAT TTC GG-3′)를 이용한다. PCR은 95°C 3분간 initial denaturation시킨 다음 35사이클(94°C 30sec; 66°C 45sec; 72°C 60sec) 증폭시킨 다음 72 °C 7분간 final extension시키면 788 bp의 산물이 얻어지지만, *Loma salmonae, Glugea sephani, Nucleospora salmonis*에서는 밴드가 형성되지 않는다.

(9) *Paranucleospora*

가. 대서양 연어의 미포자충 *Paranucleospora theridion*(=*Desmozoon lepeophtherii*)

가을에 세균성 또는 바이러스병이 아닌 폐사가 발생하기 때문에 "autumn disease"라는 병명을 붙였다.

병어는 호흡에 장애가 주된 요인으로 아가미 뚜껑의 종대, 아가미 빈혈, 복수, 간의 황변, 비장의 흑화 종대 및 내장 지방조직의 점상출혈이 주된 증상이다.

조직학적으로는 아가미 상피세포의 증생, 괴사 및 순환장애가 주요 변화이며, 신장의 간질에 출혈 및 염증세포의 침윤, 보우만 주머니의 증생, 복막염 및 혈철소의 침착 등의 변화가 생긴다. 이 질병의 원인균은 미포자충인 *Desmozoon lepeophtherii*가 원인으로 이 미포자충은 대서양연어의 PD, 증식성 아가미병(PGI), 심근미오파치증후군(CMS), 심근골격근염증(HSMI)와도 관련이 있는 것으로 의심되어 왔지만, PD, HSMI 및 GMS와는 무관하며, PGI에서는 *D. lepeophtherii*의 감염 개체수가 증가한다는 것이 밝혀졌다.

*D. lepeophtherii*는 바다이인 *Lepeopthteirus salmonis*의 혈체강 내에 큐티클아래의 상피세포에 감염하는 것으로 밝혀졌다. 표적기관으로 desmocyte에 감염되기 때문에 *Desmozoon lepeophtherii*라는 종명이 부여되게 되었다.

이 충의 종숙주는 갑각류인 바다이이며, 어류인 대서양 연어는 중간숙주에 해당된다. 어류에서는 마크로파아지, 혈관내피세포, 호중구 또는 아가미나 피부의 상피세포의 세포질 내에서 발육하며, 이때의 포자의 크기는 직경 0.8~1.8 ㎛로 1개의 엷은 포자각과 짧은 극관을 가지고 있기 때문에 자가 감염 포자(auto infective spore)라 불리고 있다. 2번째 발육 단계는 두터운 endospore wall과 엷은 exospore wall을 가진 ellipsoidal environmental spore를 형성하는 단계이다. 이때의 극관은 자가 감염포자의 극관에 비해 길며, 단지 아가미나 피부에 상피세포의 핵 내에서만 발견된다. 성숙포자의 크기는 길이 2.4~2.7 ㎛, 폭 2.0~2.1 ㎛이다. 감염세포의 핵 내에는 1개 또는 그 이상의 포자가 들어 있다.

어류에서 바다이가 점액, 혈액 또는 상피세포를 섭취할 때 미포자충의 포자도 함께 섭취함으로서 바다이로 옮아가는 중간숙주와 종숙주간의 이동이라고 할 수 있다.

바다이에서 macrospore와 microspore의 2종류의 포자가 만들어지지만 macrospore의 역할에 관해서는 밝혀지지 않았다. Microspore는 타원형으로 큐티클 아래에 있는 glycocalyx border내에 감염되게 된다. 감염되는 세포는 상피세포, 결합조직, desmocyte, satellite cell 및 hemocyte 등이다. 포자의 발육은 세포질 내에서 일어남으로 감염 세포는 충체가 성장함에 따라 거대화되어 여러 가지 발육 단계의 충체가 들어 있는 xenoma와 같은 cyst가 큐티클 아래에 형성된다. 이렇게 형성된 포자는 수중으로 방출되고 다시 아가미를 통하여 어류에 감염되게 된다.

어류에서 충체의 탐지는 Calcofluor white염색을 실시하면 발견할 수 있다. Calcofluor는 곰팡이나 미포자충의 세포벽의 chitin과 결합하여 UV를 조사하면 녹색 또는 청색을 발한다. 신장의 포르말린 고정시료를 파라핀 조직 표본을 만들어 poly L-lysine코팅 슬라이드글라스에 3 μm의 표본을 채취한 다음 탈파핀 함수(100%, 96%, 70% 및 50% 에탄올에 각 3분간)한 다음 PAP-pen으로 조직 주변에 원을 그린다. 건조시킨 다음에 15% KOH와 Calcofluor를 각각 한 방울씩 적하한 다음 1분간 염색한다. 커버글라스를 덮고 형광현미경으로 347 nm에서 관찰하면 푸른색의 형광을 발한다. 이 방법이 이 기생충의 탐지에 가장 효과적인 방법이다.

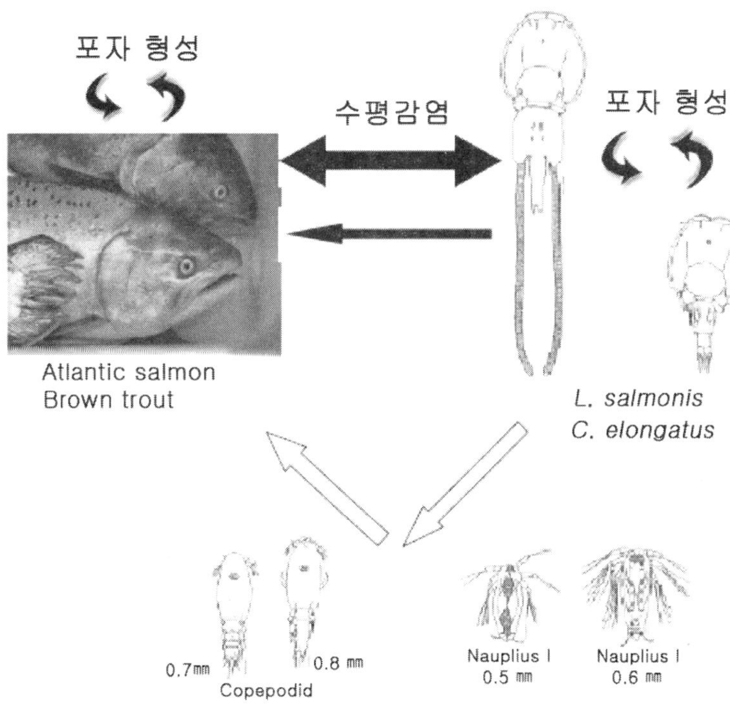

그림 3-33 ***D. lepeophtherii*의 생활사.** 포자 형성은 어류와 바다 이내에서 일어남. 성숙포자는 어류의 아가미를 통하여 침입한다. 어류에서는 autoinfective spore와 environmental spore의 2가지 형태의 포자가 형성되며, 이 포자가 바다 이가 어류의 피부 상피세포세포 또는 흡혈할 때 바다 이로 옮아간다. 바다 이에서의 포자 형성은 큐티클 바로 아래에서 일어난 다음 수중으로 방출된다.

(10) *Ichthyosporidium*

가. 망둑어(*Clevelandia ions*, arrow goby) 생식소의 미포자충 *Ichthyosporidium weissii*

미포자충 *Ichthyosporidium*은 대형의 mutilobate xenoma를 형성하는 것이 특징으로, 이러한 형태의 xenoma는 숙주의 핵이 없고, 숙주의 세포질내 소기관이 거의 없으며, "fibro-granular layer"를 가지고 있기 때문에 *Glugea* 등이 만드는 xenoma인 거대세포형의 xenoma와는 구분된다.

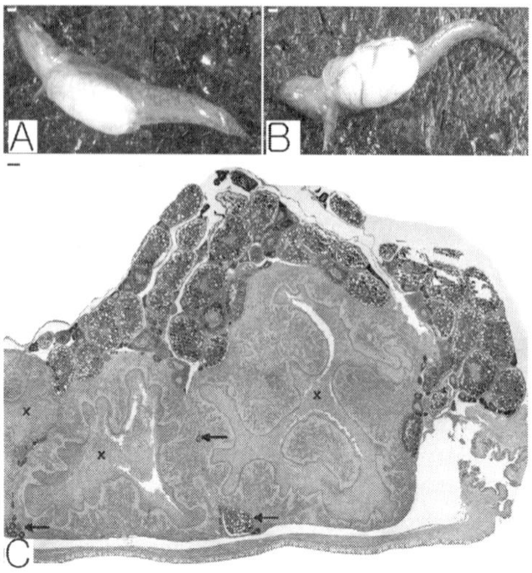

그림 3-34 **A:** 복부 팽만된 망둑어 암컷. **B:** 피부 제거 암컷. **C:** 난소 내의 대형의 다엽 xenoma(X). HE. Bar=1 mm(**A** & **B**)와 100 μm(**C**).

발병은 단지 암컷에서만 발견되며, 감염어는 복부가 팽만되어 있고, 생식소에 대형의 돌출된 백색 환부가 관찰된다. 생식소의 도말표본을 만들어 검경하면 후부 공포를 가진 난원형 또는 방추형의 굴광성의 포자가 발견된다. 포자는 크기가 다양하지만, 길이는 6.2, 폭은 4.3 μm이지만, 대형의 것은 길이 8.5, 너비 5.5 μm인 것도 있다.

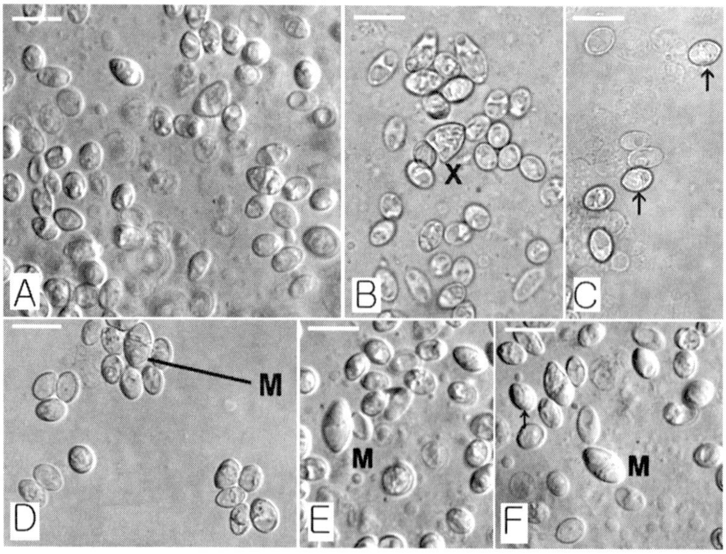

그림 3-35 **난소의 도말표본. A:** 포자. **B:** 여러 가지 모양의 포자(X). **C:** 포자 내의 코일 모양의 극사(화살표). **D-E:** 개의 대형포자와 여러 개의 소형포자. **F:** 포자내의 극사. 위상차 현미경. Bar=10 μm..

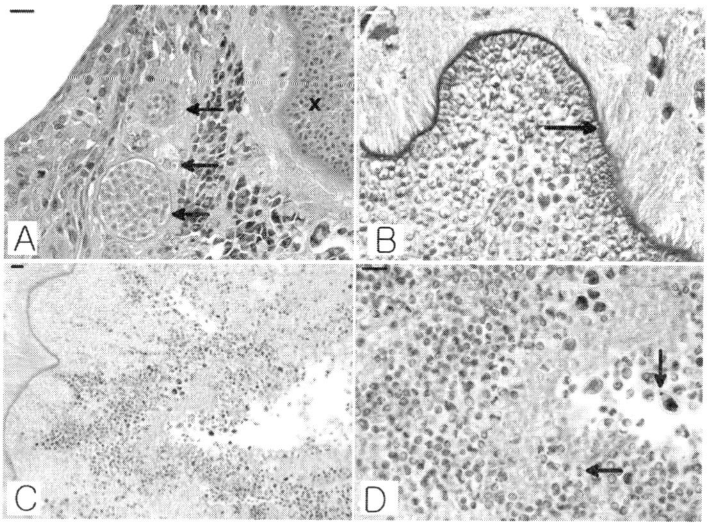

그림 3-36 **A:** Cyst형의 xenoma. 성숙 xenoma(X). **B:** 대형 다분엽 xenoma의 테두리, xenoma는 섬유상의 피막에 싸여있고, 그 속에 증식하고 있는 포자가 들어 있다. **C:** 성숙 포자 내의 PAS 양성 구소물. **D:** 고배율, PAS 양성의 극낭구조. HE(**A** & **B**) 및 PAS(**C** & **D**). Bar=10 μm.

병리조직학적으로는 암컷 생식소의 간질 조직에서만 발견된다. 생식소의 환부는 2가지 형태가 발견되는데, 하나는 섬유상의 capsule에 싸인 대형의 여러 분엽의 xenoma가 정상의 난소 조직과 발육중인 난세포와 섞여있다. 또 다른 하나의 형태는 소형의 cyst 형태로 capsule이 불분명한 단세포 형태의 거대세포로 관찰된다.

포자의 형태가 불분명한 미숙의 발육 중인 소형의 xenoma와 내부에 많은 presporogenic 단계의 포자가 들어 있는 성숙 xenoma와 2형태의 xenoma가 혼재하는 것이 보통이다. 성숙의 포자를 가진 xenoma는 PAS 염색하면 극사와 극낭에 해당되는 부위는 PAS 양성 반응을 나타낸다. 더욱 성숙이 진행된 포자는 xenoma의 중앙에 위치하고 있는데, Luna 염색하면 붉은 벽돌 모양의 색조로 염색된다.

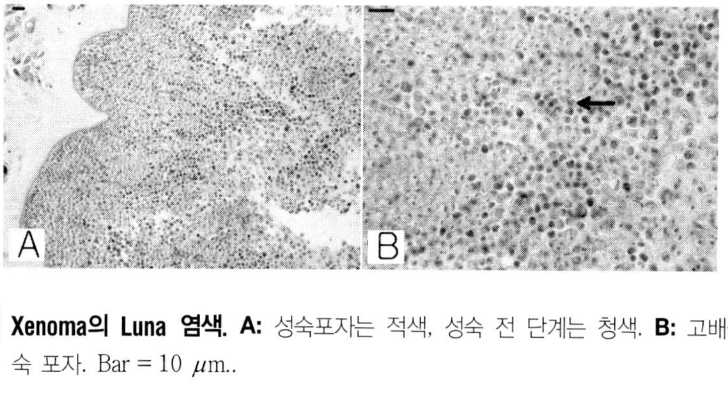

그림 3-37 **Xenoma의 Luna 염색. A:** 성숙포자는 적색, 성숙 전 단계는 청색. **B:** 고배율, 적색은 성숙 포자. Bar = 10 μm..

4) 점액포자충

(1) *Thelohanellus*

가. 비단 잉어의 결합조직 감염 *Thelohanellus hovorkai*

수온이 21~29˚C인 6~7월경에 발병되어 폐사가 유발되는 질병으로, 감염 잉어는 무기력하며, 표층을 힘없이 헤엄치거나 수조 바닥에 가만히 머물러 있다. 체표에는 여러 곳에 점상의 출혈이 생기는데, 특히 복부와 주둥이 부분에 출혈이 현저하게 된다. 이 때문에 병명을 출혈성 *Thelohanellus* 감염증(hemorrhagic thelohanellosis)이라고 부른다.

체표의 점액을 검경하면 많은 수의 *Thelohanellus hovorkai*의 포자를 발견할 수 있다. 감염에는 아가미 지렁이가 교대숙주로 작용하며 양어지에서 잡은 아가미 지렁이는 5월에는 73%, 6월에는 최대인 81%의 지렁이에서 방선포자가 발견되지만 9월이 되면 급격히 감소하여 11월에는 것의 0%로 된다.

포자는 난형으로 앞쪽 끝이 뾰족하며 1개의 막에 쌓여 있고 내부에는 1개의 극낭을 가지고 있다. 극낭내의 극사는 6-7회 꼬여 있다. 포자는 길이 20.1 μm(18.0~21.0), 폭 10.2 μm (9.5~10.5)이며, 극낭은 길이 9.2 μm(7.5~10.5), 폭 8.2 μm(6.5~9.5)이며, 포자각을 포함한 포자의 총길이는 24.4 μm(21.0~26.0)이다.

방선포자충의 형광표식은 지렁이에서 방출되는 방선포자충을 수집한 다음 수도수를 2 ml를 넣은 24 well plate의 각 well에 한 마리씩 넣고 방출되는 방선포자충을 수집한다. 수집된 방선포자충은 5(6)-carboxyfluorescine diacetate succinimidyl-ester (CFSE)로 표식한다. CFSE를 100% DMSO에 10 mM이 되도록 용해시킨 다음 냉장고에 보관한다. 표식을 위해서는 포자의 농도를 ml당 2,000~3,000의 포자액을 만들어 포자액 ml당 CFSE액 10 μl를 첨가하여 실온에서 15분간 방치하여 표식시킨다. 표식 후 포자액은 triactinomyxon과 raabeia는 50 μm, aurantiactinomyxon은 20 μm의 나일론 망으로 여과한 다음 수집된 방선포자충은 형광현미경으로 관찰하여 형광의 강도를 확인하기 위하여 1% 포르말린에 고정하고, 나머지는 감염실험에 사용한다.

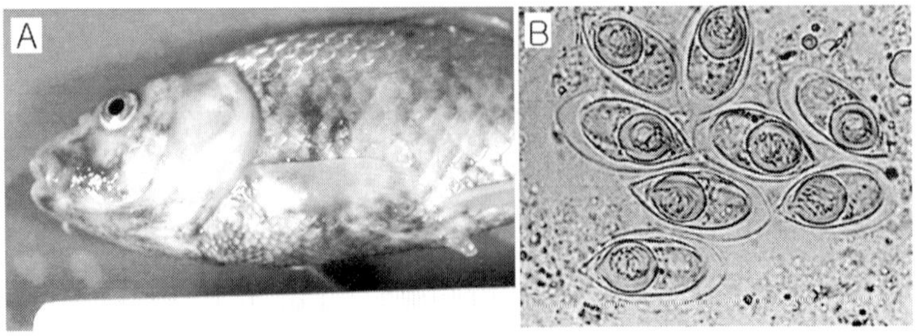

그림 3-38 **A:** 체표 특히 복부의 출혈이 현저한 병어. **B:** 피부 점액의 도말표본 내에 포자의 무염색 표본. 20 μm.

표식된 포자를 형광현미경으로 관찰하면 밝은 녹색의 형광을 발하는데, 특히 어류에 감염되는 원형질에 해당되는 부분에 형광이 강하게 나타난다. 또한 포르말린으로 고정한 것도 형광의 강도에는 변화가 없다. 어류에 감염시킨 후 회수한 포자에서도 형광을 발하기 때문에 형광표식이 어류의 감염에 영향을 미치지 않는다는 것을 알 수 있다.

형광 표식한 방선포자충의 감염실험은 가능한 소형의 어류를 사용하는 것이 좋다. 즉 100~400 ml의 비커에 넣고 어류 한 마리당 형광표식 방선포자충을 1,000 포자가 되도록 첨가한 다음 30분간 방치한다. 감염 후 어류는 새로운 수조에 옮겨 사육하고 반응시킨 사육수는 나일론 망으로 여과하여 회수된 방선포자충을 검경하여 포자각에서 포자원형질이 방출되었는지를 확인한다. 감염의 확인은 어류를 10%포르말린에 고정한 다음 아가미, 피부 또는 지느러미의 도말표본을 만들어 검경하거나 조직표본을 만들어 검경한다. 이는 *Myxobolus*가 체표의 점액세포나 호흡상피 및 구강상피를 통하여 침입한다는 것과 대조적이라 할 수 있다.

감염 5분후에 아가미의 2차 새변에서 형광물질이 발견되며, 30분 후에는 그 수가 더욱 증가한 다음 60분 후에는 급격히 감소한다. 병리조직표본에서는 상피세포의 여러 곳에 원형의 형광물질을 발하는 곳이 발견됨으로 아가미를 통하여 어체에 침입한다는 것을 알 수 있다. 감염 1~3주 후에는 근육, 신췌장, 간 및 피하 결합조직 등에 다핵체(plasmodium)가 형성되고, 3~5주 후에는 성숙 포자가 발견되며 5~7주 후에는 다핵체(plasmodium)가 붕괴되면서 포자가 방출되게 된다.

병리조직학적으로는 장, 신장, 새궁 및 피하 결합조직 내에 50~80 μm의 다핵체(plasmodium)가 발견된다. 내부의 포자가 성숙하게 되면 방출된 포자는 인접 조직으로 퍼져나가게 되고, 체표에서는 식세포에 탐식된 포자가 체표의 외부로 떨어져 나가는 모양도 발견된다. 포자 형성이 완료되면 포자의 방출을 위한 상피세포의 붕괴가 일어나게 된다. 피하 결합조직에는 방출된 성숙 포자, 출혈 및 부종이 현저하고, 피하결합조직 또는 근육조직에는 심한 염증세포의 침윤이 일어난다. 조직 내의 방출포자는 식세포에 탐식된 모양도 존재하며 신장 멜라노마크로파아지 센터에서도 발견된다.

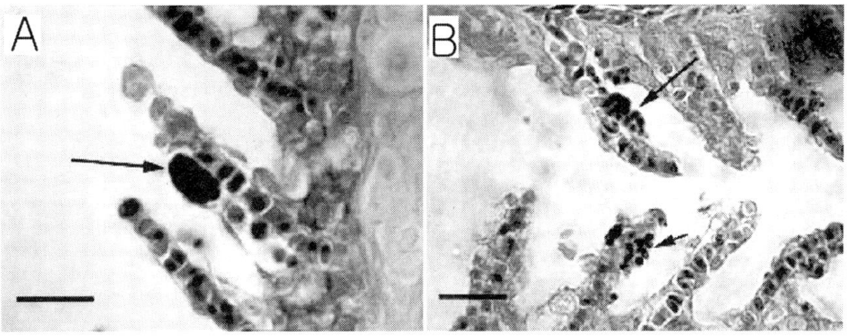

그림 3-39 형광표식 방선포자를 인위감염. A: 새변 상피세포에 침투하고 있는 *T. hovorkai*의 포자물질. Diff-Quick. **B:** 새변 상피에서의 침입 포자의 발육. HE.
Bar= 20 mm(**A**)와 50 mm(**B**).

나. 떡붕어 피부의 점액포자충 *Thelohanellus testudineus*

감염 붕어는 피부에 여러 개의 불규칙한 대형의 종양과 유사한 환부가 형성되며, 환부내에는 *Thelohanellus* 포자를 가진 plasmodium이 들어 있다. 포자는 1개의 방추형의 극낭을 가지고 있으며, 극사는 7~8번 꼬여 있다. 때로는 포자의 끝 부분이 변형되어 꼬리 모양으로 보이는 포자도 발견된다.

조직학적으로는 결합조직에 싸인 cyst가 피부의 진피 내에 형성된다. 대형의 cyst는 많은 소형의 plasmodium으로 구성되어 있고 그 속에는 소성 결합조직이 존재한다. 숙주의 염증 반응은 염증세포의 침윤만이 일어나며, melanization이나 호산성과립구의 침윤은 일어나지 않는다.

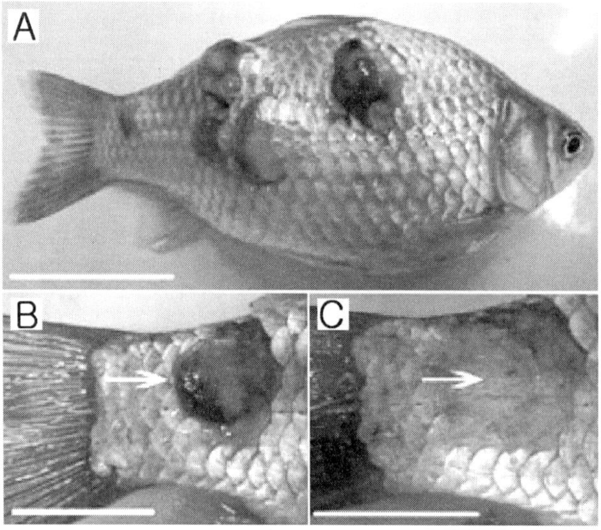

그림 3-40 **A:** 피부에 형성된 여러 개의 대형 환부. **B:** 비늘이 없는 부위인 미병부의 피부에 형성된 cyst(화살표). **C:** 피부에 형성된 cyst(화살표). Bar=5 cm(**A**), 2.5 cm(**B** & **C**).

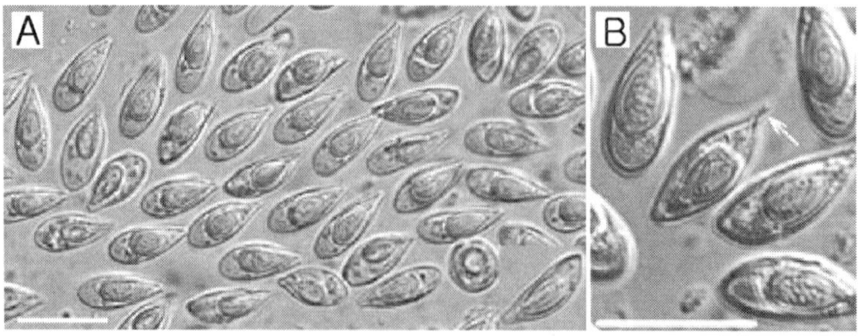

그림 3-41 ***Thelohanellus testudineus*의 정상포자(A)와 짧은 꼬리(화살표)를 가진 변형된 포자(B).** Bar= 20 μm..

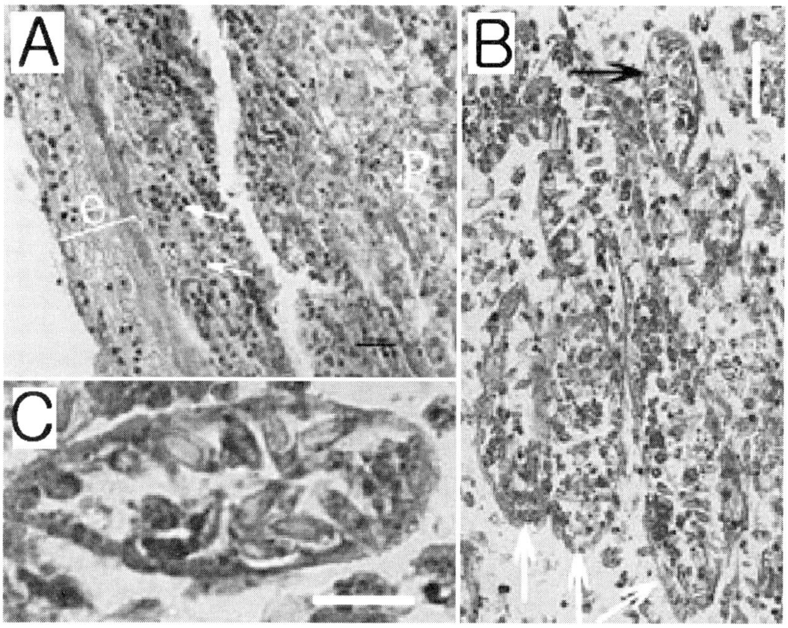

그림 3-42 **A:** 표피(e) 아래의 진피에서 발육 중인 plasmodium(P)와 침윤한 림프구(화살표). **B:** Cyst 내의 소형 plasmodium(화살표). **C:** 포자를 가진 Plasmodium(화살표)의 확대도. Bar=25 μm(**A**), 50 μm(**B**), 20 μm(**C**).

(2) *Myxobolus*

가. 잉어의 장의 점막고유층 기생 *Myxobolus cyprinicola*

*M. cyprinicola*는 소화관의 점막고유층(lamina propria)에 타원형의 비교적 소형인 직경 0.3~1.5 mm의 plasmodium이 형성된다. Plasmodium은 점막 주름의 끝부분에 상피세포의 기저막에 인접하여 형성된다. 포자로 채워져 있는 plsasmodium의 내형질(endoplasm)은 매우 얇은 ectoplasm에 싸여 있고, 그 바깥에 숙주 유래의 엷은 capsule이 싸고 있는 층상의 세포 열이 형성된다.

또한 점막고유층의 모세혈관은 plasmodium을 싸고 있는 숙주 유래의 capsule에 연결되어 있기 때문에 capsule 주변에는 적혈구가 산재되어 흩어져 있다. 이러한 적혈구가 산재하고 있는 형상은 plasmodium을 싸고 있는 ectoplasm을 숙주의 모세혈관이 덮고 있다는 증거이기도 하다. Plasmodium이 모세혈관과 연결되어 있다는 것은 plasmodium은 모세혈관의 관공 내에 형성된다는 것을 의미하며, 소형의 plasmodium이 형성되기 때문에 plasmodium을 덮고 있는 상피세포가 편평해지는 것을 제외하고는 병리학적 변화는 거의 없게 된다.

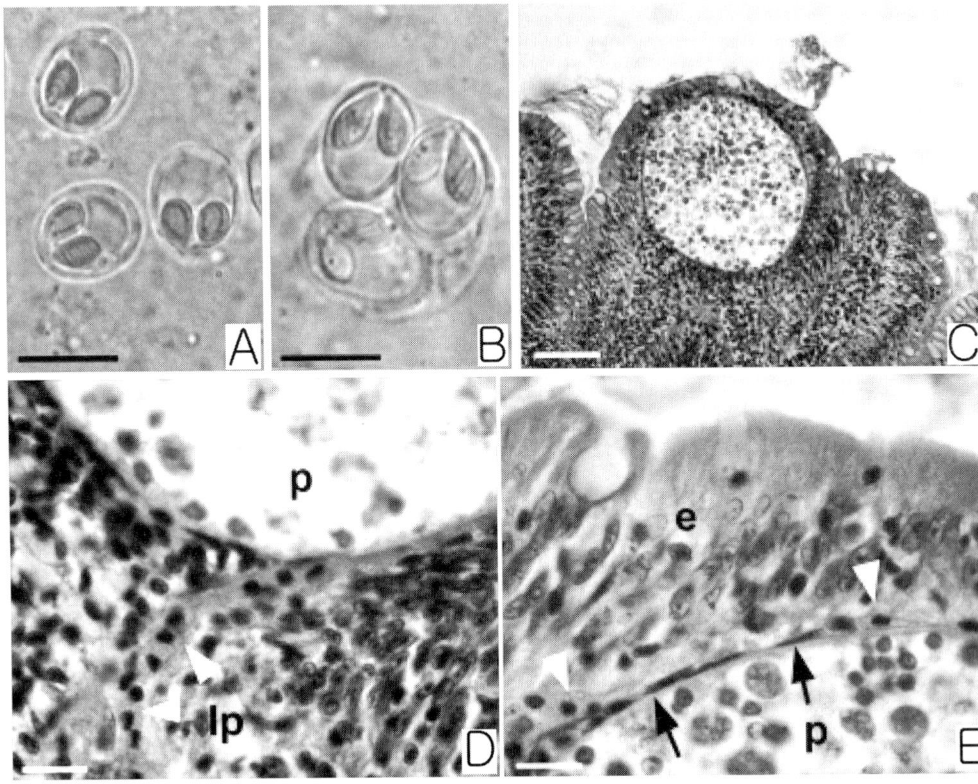

그림 3-43 **A:** 성숙 plasmodium에서 방출된 *M. cyprinicola* 포자. **B:** 잉어의 장내의 노란색 물체에서 끄집어 낸 *M. cyprini* 포자. **C:** 소화관의 주름 끝부분에 형성된 *M. cyprinicola* plasmodium. **D:** 점막고유층 내에 형성된 *M. cyprinicola*의 plasmodium에 모세혈관(화살표 머리)이 연결. **E:** 소화관의 기저막 아래의 점막고유층에 형성된 *M. cyprinicola* plasmodium의 바깥에 적혈구(화살표)가 들어 있는 편평화된 세포층이 경계를 형성.

잉어류에 감염되는 *Myxobolus*는 *M. cyprini, M. dispar, M. basilamellaris, M. intrachondrealis* 등이 알려져 있지만 포자의 형태와 감염 부위에서 차이가 난다. *M. cyprinicola*는 타원형(ellipsoidal)인 반면, *M. cyprini*와 *M. basilamellaris*는 난원형(oval)이다. 또한 *M. cyprinicola*는 1개의 대형 쐐기 모양(wedge-shaped)의 intracapsular process를 가지고 있지만, 나머지 3종은 이 구조물이 소형이다. *M. cyprinicola*는 포자의 앞쪽 부분에 잘 발달된 요오드친화성 공포(iodineophilous vacuole)와 두터운 sutures가 있기 때문에 형태적으로 매우 유사한 *M. intrachondrealis*와 구별할 수 있다.

또한 감염 부위에서 *M. dispar*와 *M. basilamellaris*는 아가미에 기생하며, *M. cyprini*는 근육에 기생하는 종임으로 장에 기생하는 *M. cyprinicola*와는 구분된다. 잉어에 기생하는 또 다른 종인 *M. muelleri*는 *M. cyprinicola*와 유사하지만, *M. cyprinicola*의 포자가 더 신장된 타원형임으로 쉽게 구분할 수 있다.

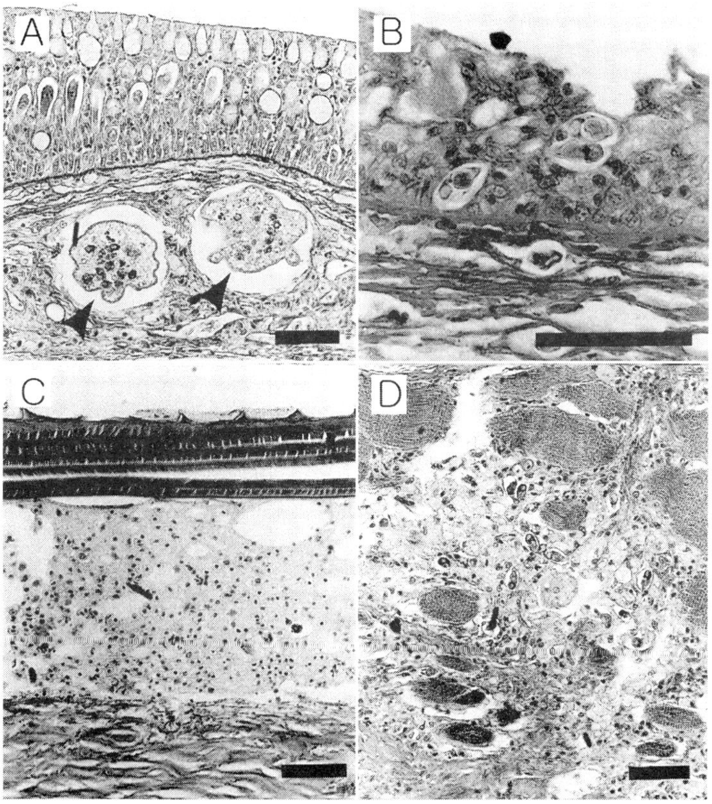

그림 3-44 **A:** 인위 감염 3주후의 피하 결합조직내의 plasmodium. **B:** 감염 5주후의 포자의 방출을 위한 상피의 박리. **C:** 감염 5주후의 피하 결합조직의 출혈과 부종. **D:** 5주 후의 결합조직과 근육층의 염증세포의 현저한 침윤. HE, Bar=50 μm..

나. 양식 방어의 점액포자충성 뇌척수염(encephalomyelitis)

여름-가을의 수온이 23~28°C일 무렵의 양식 방어가 식욕 부진으로 무기력해지며, 갑작스런 돌진과 같은 이상 유영, 아래턱에서 복부 후반부에 걸쳐 체표에 궤양의 형성된다. 내부 증상은 뇌와 척수의 발적 등이 가장 현저하다. 이러한 증상으로 병어는 중추신경계에 장애가 직접적인 사인이라는 것을 알 수 있다.

원인은 양식 방어의 담관에 감염되는 병원성이 없는 *Myxobolus spirosulcatus*의 감염에 의한 것이다. 담관에 감염된 경우에 충체의 다핵체(plasmodium)는 크기가 20~1,000 μm으로 변화가 심하며, 내부에는 영양형을 가지고 있어, sporont를 거쳐 성숙한 포자로 발육하게 된다. 그러나 척수에 감염된 경우에는 포자 형성과 염증 반응이 없기 때문에 비정상적인 감염이라고 추정할 수도 있다.

그러나 연어・송어류의 두개골에 기생하는 *Myxobolus cerebralis*도 두개골에 도달하기 전에 말초신경을 거쳐 중추신경계로 이동한다는 사실이 밝혀져 있다. 방어의 *M. spirosulcatus*의 척수 감염도 비정상적인 발육이라기보다는 척수가 presporogonic replication을 위한 장소가 아닌가 추정하고 있다. 방어의 뇌에 기생하는 점액포자충 *Myxobolus acanthogobii*는 신경계를 압박함으로서 척추 변형을 유발하지만, 뇌척수염에 의한 신경기능의 장애는 초래하지 않기 때문에 병리에서 차이를 나타내고 있다.

병리 조직학적으로 병어는 척수의 전반부의 신경세포에 세포질의 공포 형성, 식작용에 의해 신경세포가 파괴되는 신경(원)식세포(neurophagia), 신경 세포 축삭의 호산성 종대, 신경교세포가 과다증식하는 신경교증식(gliosis), glial nodule의 형성 및 출혈을 동반한 괴사가 생기는 것이 가장 현저한 특징이라 할 수 있다. 또 모든 병어는 육아종성의 복막염(granulomatous peritonitis)이 발견되지만, 이것은 건강한 어류에서도 발견되기 때문에 이 병의 변화와는 무관하다. 유사한 증상을 나타내는 VNN의 바이러스나 세균은 전혀 분리되지 않기 때문에 이것들이 원인은 아니고 손상당한 척색에서는 기생충 모양의 형태가 발견된다. 기생충체는 엷은 막에 싸인 길이가 10-80 μm인 길게 늘어난 모양을 하고 있다. 충체의 내부에는 직경 4 μm의 원형으로 중앙에 1-2개의 소형 호염기성 핵을 가진 많은 기생충체 세포가 들어 있다.

병어의 척추를 절취한 다음 2번째, 4번째 및 6번째 척추를 100% 에탄올에 고정한 다음 고정 각 고정 척추에서 척수만을 조심스럽게 떼어내어 PCR을 위한 DNA 추출용 시료로 사용한다.

특이 primer인 MUKr2 (5'-CTC CTT GCT CCC GGC TT-3')와 MUKf1 (5′-TGC ACT GCG TGT TCG CA-3')을 사용하여 95°C 10분간 initial denaturation후 35 cycles(95°C 30sec; 57°C 30sec; 74°C 30sec)후 74°C에 7분간 extension시키면 860 bp의 밴드를 확인할 수 있다.

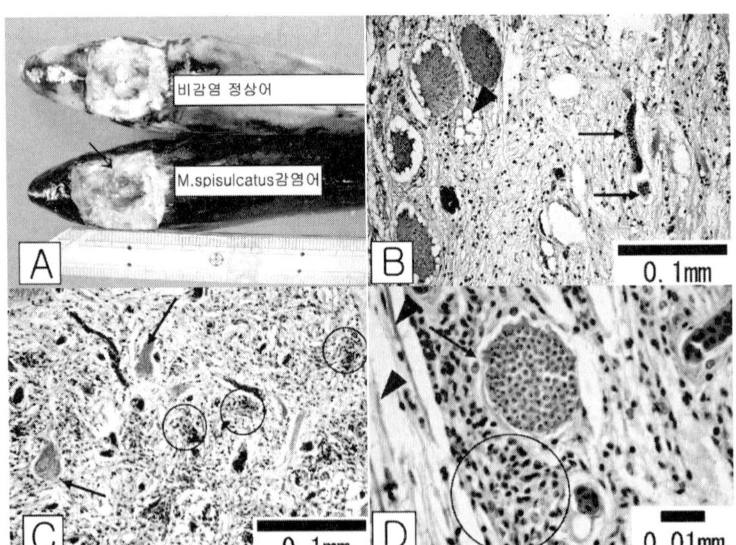

그림 3-45 **A:** 감염어의 뇌의 발적. **B:** 척수내의 *Myxobolus*(↑)와 세포질내 공포속의 괴사 신경세포(▲). **C:** 뇌의 괴사신경세포(↑)와 신경교세포가 과다증식하는 신경교증식(gliosis), 그리알결절(glial nodule, 원내) 및 울혈. **D:** 척수내의 충체(↑), 신경섬유의 호산성 종대 및 그리알 결절(원내).

DNA 분리용 시료를 척수의 앞쪽을 사용하는 것이 양성률이 높고, 후반부를 사용하면 양성율은 낮아진다. 또한 담즙을 주사기로 채취한 다음 400 × g에 5분간 원심분리하여 상청액을 버리고 침전물을 0.1 ml의 생리식염수에 현탁시켜 도말표본을 만들어 현미경으로 검경하여도 포자는 발견할 수 있다.

수온의 변동이 발병과 밀접한 관계가 있을 것으로 추정되며 담즙에서의 포자 발견율은 수온의 변동이 심한 집단보다는 수온이 일정한 집단에서의 발견율이 항상 높게 나타난다.

다. 금붕어의 아가미 기생 *Myxobolus diversus*

감염 잉어의 지느러미의 기조 에 직경 1~1.8 mm의 타원형의 다핵체(plasmodium)가 발견되며, 어류 한 마리당 1~11(5.8±3.8)개의 plasmodium이 발견된다. 가장 많이 발견되는 곳은 꼬리지느러미이다. Plasmodium은 엷은 막으로 쌓여 있어 쉽게 떼어낼 수 있다. 포자는 plasmodium의 막을 파괴하거나 또는 가볍게 누름으로서 방출시킬 수 있다. 방출된 포자는 정면에서 보면 타원형, 측면에서 보면 레몬 모양으로 2개의 극낭을 가지고 있다. Sutural line은 분명하지 않지만, sutural edge는 돌출되어 있다. 포자는 길이 12-14 μm, 폭 8~9.5 μm이며, 포자원형질에는 요오드 친화성의 공포는 발견되지 않는다. 2개의 극낭의 크기는 서로 달라 큰 것은 방추형으로 길이 4~5.5 μm, 폭 2.5~3.5 μm이며, 내부의 극사는 6번 꼬여 있다. 소형의 극낭은 길이 2.5~3 μm, 폭 1~1.5 μm이며 내부의 극사는 2~3번 꼬여 있다.

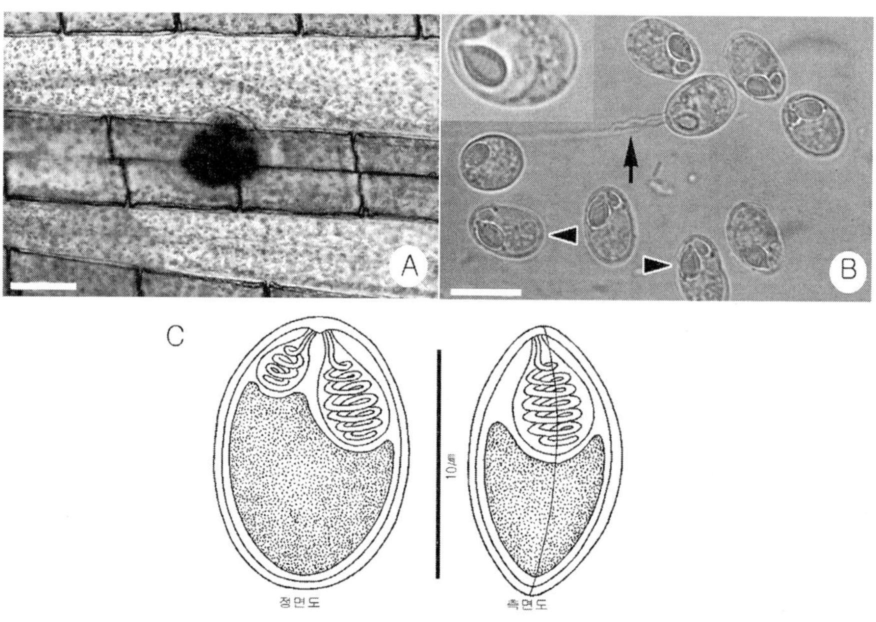

그림 3-46 **A:** 금붕어의 지느러미의 분절에 형성된 다핵체(plasmodium). **B:** 포자의 모양, 극사를 내고 있는 포자(화살표)와 변형 포자(화살표 머리). **C:** 포자의 모식도. Bar=1 mm와 10 μm (**B**, 삽입은 5 μm).

다핵체(plasmodium)는 지느러미의 기조 내에서 발견되며, 최초에는 2개의 기조가 만나는 부분에서 발육하기 시작하여 점차 확대되어 간다. Plasmodium은 2개의 막으로 쌓여 있는데, 내막은 기생충 유래의 에오진 호성으로 충체의 외형질을 이루고 있고, 외막은 숙주 유래로 추정되며, 연골성의 비세포성 다발로서 구성되어 있다. Plasmodium의 형성이 어체에 미치는 영향은 분명하지 않지만 초기 단계에서 결합조직의 부피를 감소시키며, 진행된 단계에서는 혈관과 신경을 압박하여 피의 흐름을 방해할 것으로 추정된다.

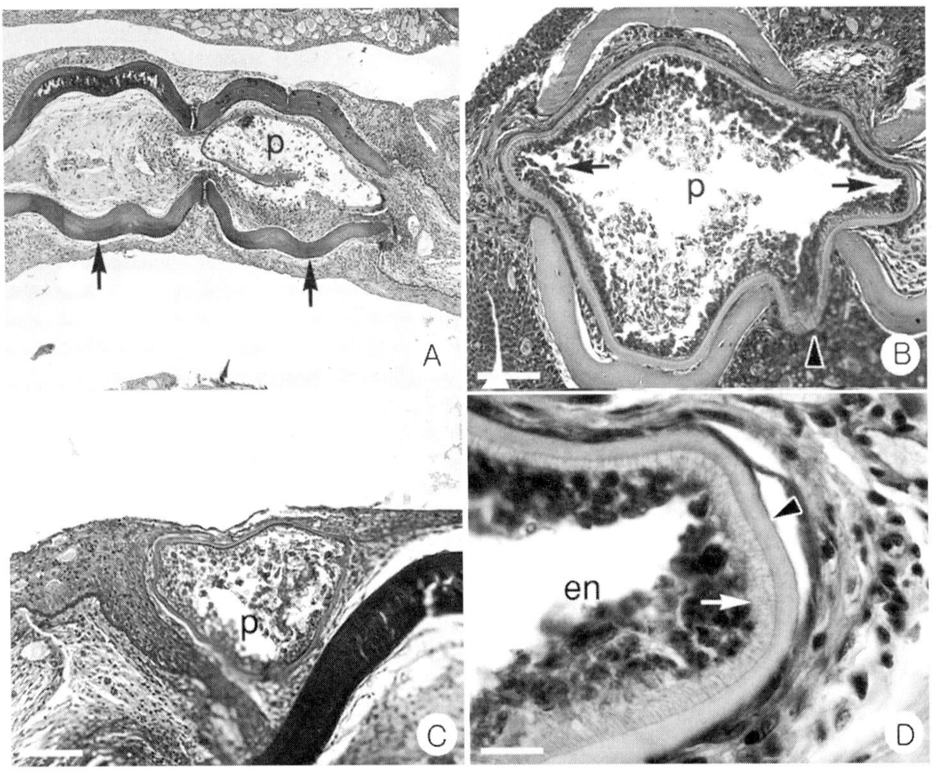

그림 3-47 **A:** 기조 내에 형성된 plasmodium(p), 화살표(연골성의 hemisegments). **B:** 발육이 진행된 단계로 분절사이에서 interlepidotichial space(화살표 머리) 부분으로 돌출하여 인접 기조의 관공으로 돌출. **C:** 기조의 외측에서 발육중인 plasmodium. **D:** 포자 형성단계에는 거품 모양을 하고 있는 충체의 외형질(백색 화살표)이 내형질(en)에서 형성 중인 포자를 쌓고 있고, 외형질은 숙주의 hemisegment유래의 연골성의 막(화살표 머리)에 쌓여 있다. HE, Bar=200 μm(**A**), 40 μm(**B** & **C**) 및 120 μm(**D**).

라. 밀어의 *Myxobolus nagaraensis*

감염어는 복강 내에 많은 소형의 시스트가 형성되어, 포도송이처럼 보이는 시스트의 집합체 때문에 팽만된다. 시스트의 내부는 우윳빛을 띄고 있다. 이러한 시스트는 미병부에도 형성되어 출혈이 생기면서 피부가 붕괴된다.

병리조직학적으로는 신장의 피막내의 결합조직 내에 발육중인 다핵체(plasmodium)가 감염 초기에 발견되지만, 신장의 간질에는 발견되지 않는다. Plasmodium의 집합체가 모여서 숙주의 결합조직에 피포된 대형의 시스트 집합체가 만들어진다. 이러한 시스트는 신장에서 복강 쪽으로 신장됨에 따라 주변에 있는 내장 기관을 압박하게 된다.

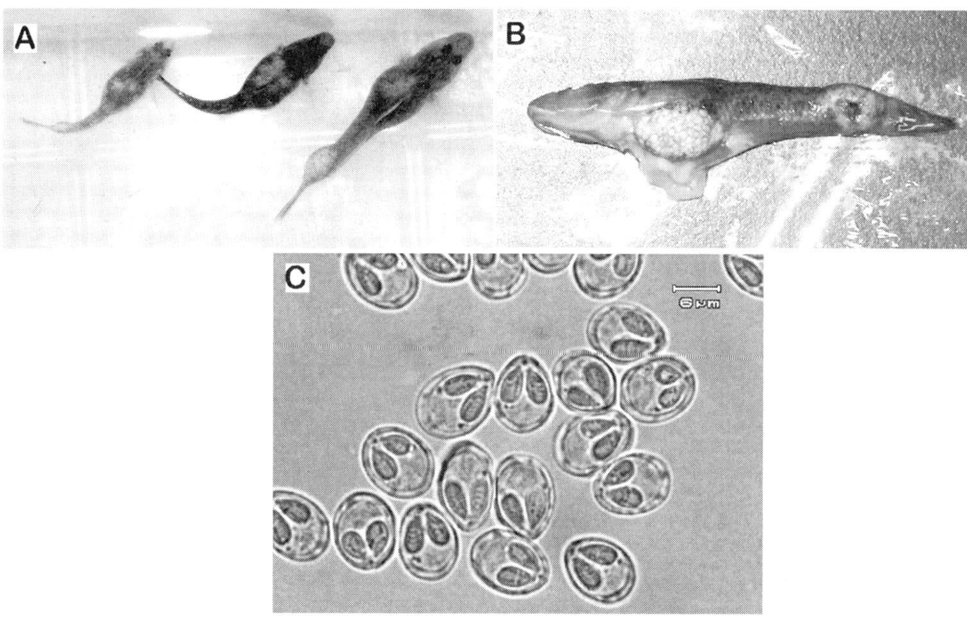

그림 3-48 **A:** 복부 팽만과 미병부에 결절이 형성된 병어. **B:** 복강 내의 대형 충체 시스트. **C:** 기생충의 무염색 도말표본.

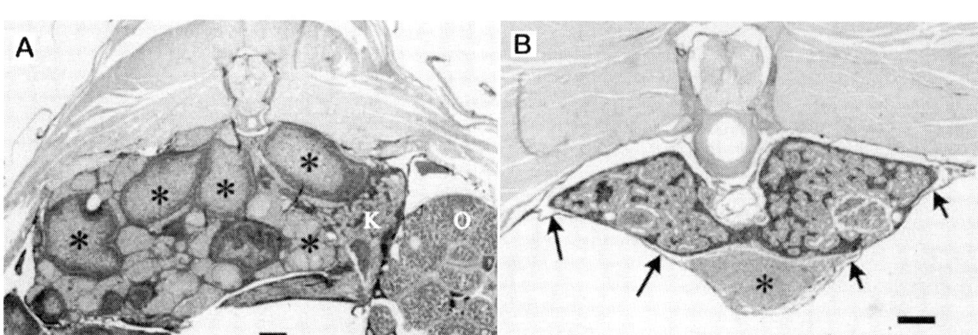

그림 3-49 **A:** 복강 내로 확장 중인 충체의 영양체(*). **B:** 신장 내의 발육 중인 plasmodium(*).

마. 숭어의 비늘 기생 점액포자충 *Myxobolus episquamalis*

숭어의 비늘에 기생하여 비늘 위에 배색의 cyst덩어리를 형성한다. Cyst의 크기는 1 cm이하이다. Cyst의 집합체 주변에는 모세혈관의 증생이 생기기 때문에 핑크색-적색을 띄는 경우가 많아, 외관상 추악해 보인다. 포자는 앞쪽이 둥그란 거의 구형으로 크기는 7~8 × 8~10 μm 정도이다.

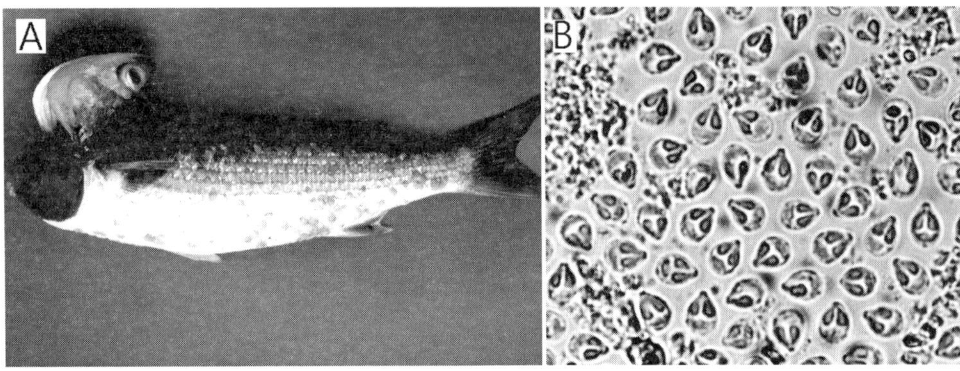

그림 3-50 **A:** 비늘에 감염된 숭어의 외부 증상. **B:** 포자의 무염색 도말표본.

바. 그린랜드가자미의 *Myxobolus groenlandicus*

감염 개체는 외부 증상은 없지만 가식부의 근육을 살펴보면 지느러미의 기부에서 1~2 cm 떨어진 부분에 있는 linear row에 대칭성의 연골상의 원통상의 구조물이 지느러미의 기조를 지탱하고 있는 것이 발견된다.

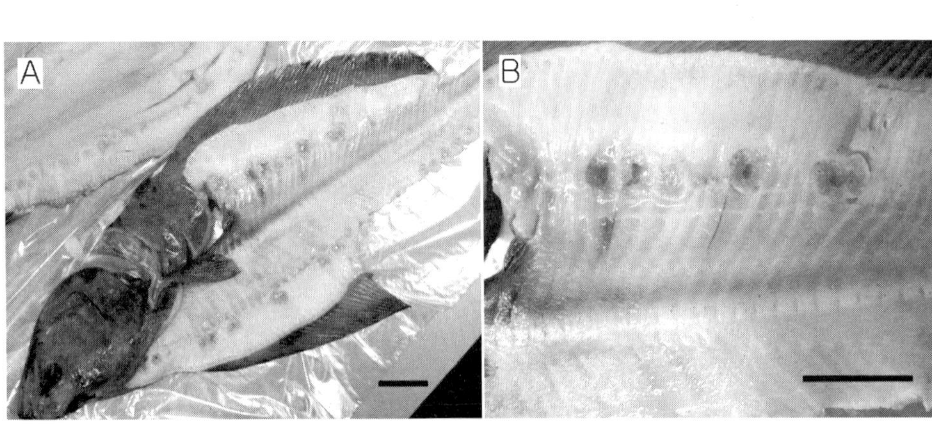

그림 3-51 **A:** 가식부 육질 내의 연골상의 구조물. **B:** 연골상 구조물은 근유 조직에 침투. Bar=50 mm.

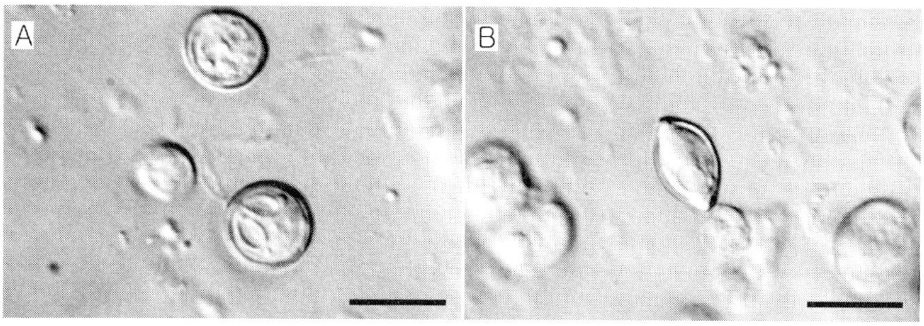

그림 3-52 **포자의 모양.** 도말표본. Bar=10 μm.

이러한 연골상의 구조물은 내부가 압축되어 있거나 빈 공간으로 되어있으며, 직경은 1.1~1.3 cm, 높이는 0.5~1.0 cm 정도이다. 원통상의 구조물의 내부에는 수많은 백색의 plasmodium이 들어 있다. 동결시킨 가식부에서는 이러한 구조물이 육질부에 느슨하게 부착되어 있기 때문에 쉽게 떼어낼 수 있고, 떼어낸 육질부는 빈 공간으로 남게 된다.

조직학적으로 원통상의 구조물은 연골조직으로 연골세포가 증식한 연골조직으로서 내부에는 많은 분지된 plasmodium이 들어 있다. Plasmodium은 직경 1.0~1.5 mm의 원형의 분지상이며, 포자는 측면에서는 난원형 또는 레몬 모양이고, 2개의 극낭은 방추형이며, 극사는 5~6번 꼬여 있다.

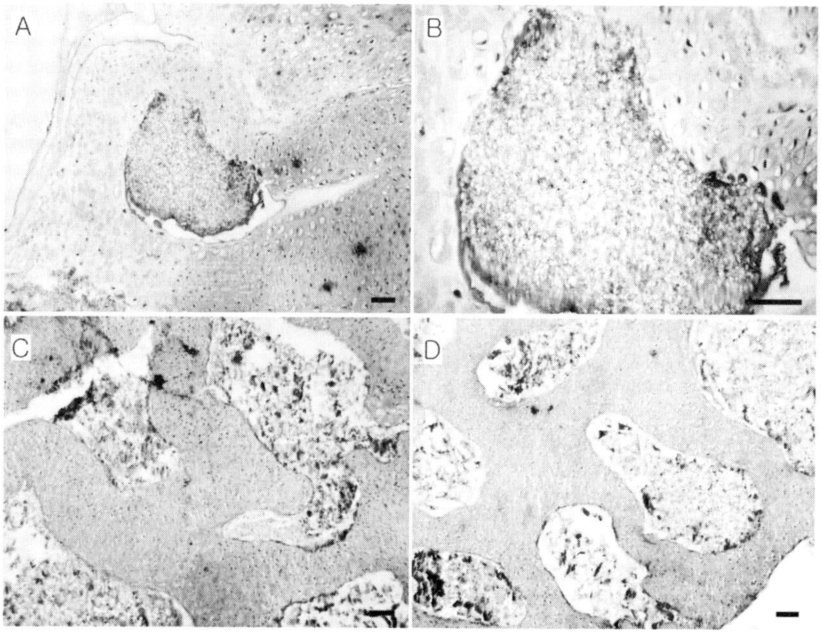

그림 3-53 **A:** 비대 연골내의 plasmodium. H. **B:** Plasmodium내의 포자. H. **C:** 분지상의 plasmodium. Giemsa. **D:** 비대 연골 내에 감염 부위. Hematoxylin(**A** & **B**), Giemsa(**C** & **D**). Bar=100 μm.

사. *Henneguya*에 닮은 새로운 *Myxobolus turpisrotundus*

*Myxobolus*와 *Henneguya*는 형태학적으로 포자에 미부 부속지가 존재하는가에 따라 존재하는 것은 *Henneguya*, 없는 것은 *Myxobolus*로 구분하고 있다. 그러나 ssrDNA sequcnce의 결과는 이 두 종을 구분할 수가 없다. 따라서 최근에는 미부 부속지만으로 두 종을 구분할 수 없다는 이론도 제기되고 있다(Kent et al, 2001).

최근 잉어류의 피부에 cyst를 형성되는 질병에서 포자의 도말표본을 현미경으로 검경하면 미부 부속지가 있는 포자가 발견된다. 성숙된 포자는 측면에서 보면 레몬 모양으로 어떤 포자는 포자각의 뒷부분을 향하여 sutural ridge에 5~6개의 "V"형의 주름이 있다. 2개의 극낭은 방추형의 동일 크기이며, 포자의 앞쪽 부분에 위치하고 있다. Intercauslar appendis가 있으며, 극사는 5~6바퀴 꼬여 있다. 이러한 포자의 형태는 미부 부속지가 없는 *M. turpisrotundus*와 형태적으로 일치하고 있다.

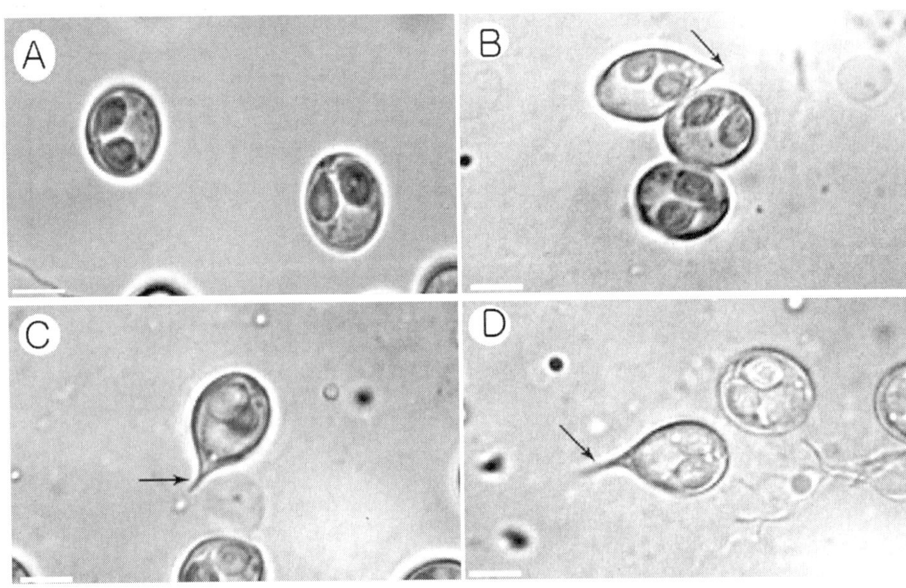

그림 3-54 ***Myxobolus turpisrotundus*의 포자.** 정상포자(**A**)와 미부 부속지를 가진 포자(**C-D**). Bar=5 μm.

아. 잉어의 뇌 기생 *Myxobolus encephalicus*

감염어는 수조의 표면 가까이서 회전운동 또는 원운동을 하는 이상 유영을 한다. 때로는 매우 여위어 있으며, 눈이 깊게 함몰되어 있다.

뇌의 도말표본을 검경하면 많은 포자를 발견할 수 있다. 포자의 크기와 형태는 변화가 심하며, 포자는 뇌의 혈관 내 또는 뇌막(meninges)의 혈관계 내에서 plasmodium을 형성한다. 이 때문에 혈관은 현저하게 확장된다.

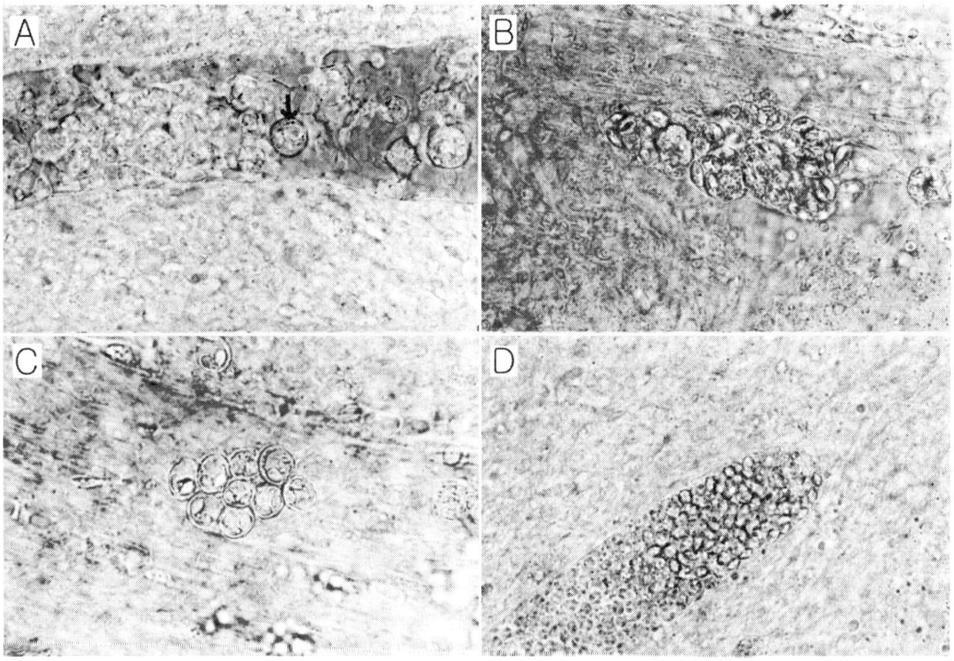

그림 3-55 **뇌의 무염색 도말표본. A-B:** 혈관 내의 초기 포자형성기의 충체. **C:** 2개의 극낭을 가진 성숙 포자. **D:** 길게 늘어난 모양의 혈관 내의 plasmodium.

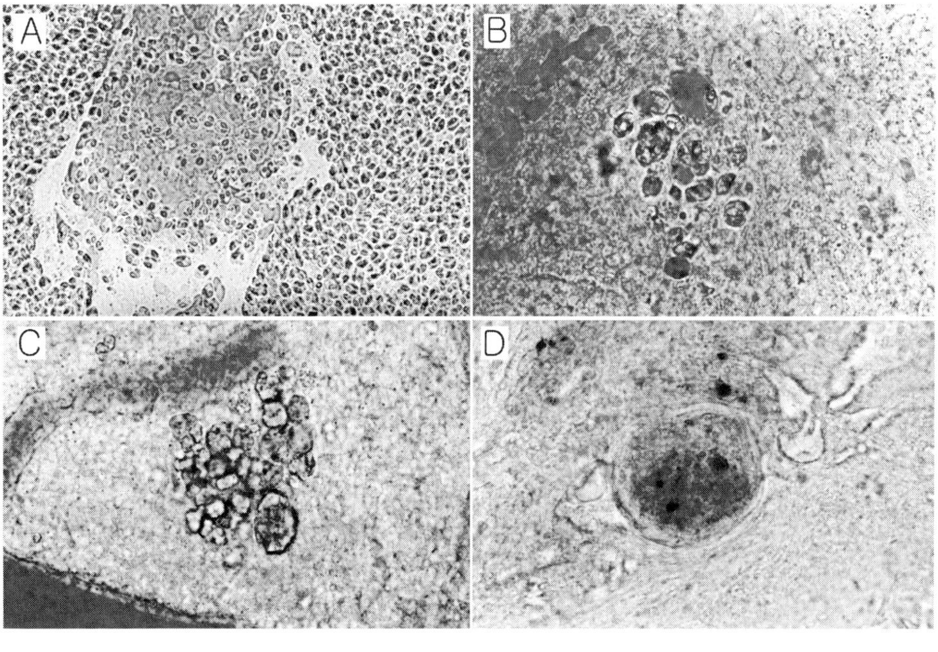

그림 3-56 **뇌의 무염색 도말표본. A:** 대형 포자의 집합체. **B:** 포자 집합체 주변의 마크로파아지의 증식. **C:** 마크로파아지에 의한 포자의 탐식. **D:** 탐식 당한 포자의 집합체.

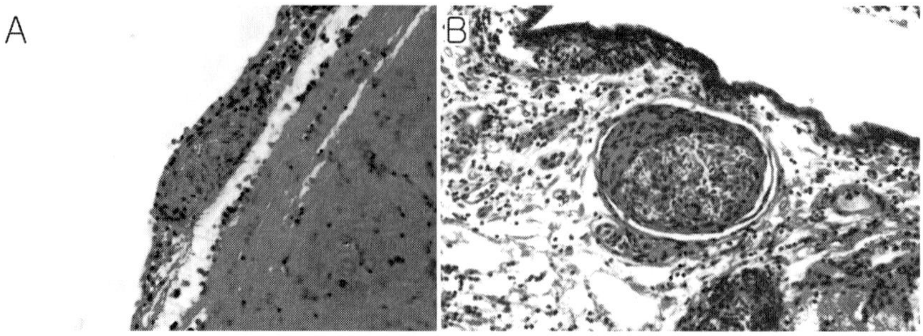

그림 3-57 **A:** 뇌의 수막내의 포자. **B:** 뇌의 혈관에 인접한 곳의 포자. HE.

진단을 위해서는 조직표본을 만들지 않고서도 뇌의 도말표본을 검경하면 크고 작은 포자의 집합체를 발견할 수 있다.

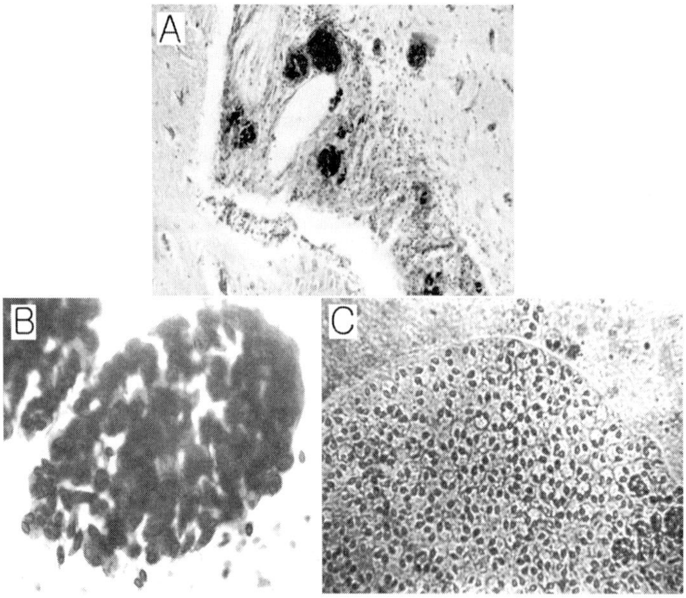

그림 3-58 **A:** 포자가 들어 있는 뇌의 혈관. **B:** 성숙 포자가 들어 있는 뇌의 혈관. **C:** 뇌의 도말표본 내의 포자.

(3) *Myxidium*

가. 유럽산 뱀장어의 *Myxidium giardi*

피부에 감염된 경우에는 피부에 백색의 원형 결절이 육안으로 식별할 수 있음으로 발견하기 쉽지만, 때로는 육안으로 식별할 수 없는 경우도 종종 있다. 피부의 환부는 진피의 교원섬유 사이에 충체의 plasmodium이 형성된다. 이 때문에 표피와 진피는 밀려나오게 되는데, plasmodium 주변에 소수의 림프구와 마크로파아지의 침윤이 있는 것 이외는 별다른 숙주 반응은 없다.

아가미에 감염된 경우는 분화중이거나 성숙한 포자를 가진 plasmodium이 1차 새변 내 또는 2차 새변에 부착, 새궁의 연골에 중첩된 형태로 발견된다. 새변의 끝 부분이 가장 빈발하는 곳으로 생각되며 1차 새변 사이에서는 소수의 plasmodium만이 발견된다. 새변의 plasmodium은 단층의 편평상피에 의해 싸여 있다. Plasmodium이 새변의 끝 부분에 형성된 경우에는 plasmodium을 피포하는 상피세포가 새변의 상피세포와 연속되어 있는 것처럼 보인다. 때로는 인접하고 있는 모세혈관에 중첩된 형태로 존재한다.

새궁의 연골 또는 인두의 basibranchial complex에서 분명한 섬유상의 연골 피막에 의해 싸인 형태이다. 대형의 plasmodium 때문에 숙주 조직은 종대되지만 숙주 반응은 거의 없는 반면 경골과 연골의 변형이 생긴다.

신장에서는 조혈조직과 배설조직에서 발견되는데, 포자가 충만된 plasmodium이 조혈조직 내에서 발견되며 또한 포자가 자유 상태로 흩어진 형태로 발견되기도 하지만 plasmodium 및 자유 상태의 포자 주변에는 숙주 반응은 거의 발견되지 않는다. 또한 마크로파아지센터 내에서도 방출된 포자가 발견되며, 마크로파아지 내부의 포자는 변성을 일으킨 것도 존재한다. 마크로파아지센터는 melanin이 결여되어 있고, PAS와 acid fast에 양성반응을 나타내는 ceroid상의 물질의 집합체가 발견된다.

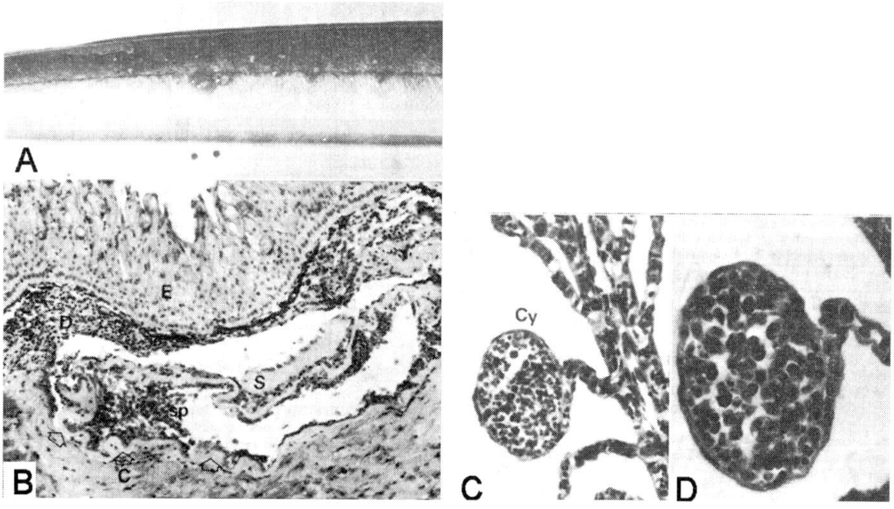

그림 3-59 **A:** 피부의 *M. giardi*의 cyst. **B:** 피부 cyst의 단면. 교원섬유(C), 진피(D), 표피(E), 비늘(S), 포자(sp). PAS-Alcian blue. **C:** 새변의 끝 부분에 위치한 plasmodium의 단면. Phloxine-tartrazine stain. **D:** 새변 끝부분의 plasmodium. 단층의 편평상피 세포에 싸인 Plasmodium내에는 성숙 포자가 들어 있음, Phloxine-tartrazine stain.

세뇨관 상피세포에서는 상피세포의 테두리 부분에 sporoblast와 성숙포자를 가진 plasmodium이 발견된다. 이러한 plasmodium은 관공을 향하여 인접 상피세포 사이에 통로를 만들어 pansporoblast와 성숙 포자를 관공으로 방출함으로 상피세포의 연결 부위가 붕괴되어 있다. 그럼으로 상피세포는 핵의 종대, 핵 농축되는 변성이 생기기도 한다. 치어가 감염된 경우에는 이러한 신장의 손상 때문에 부종이 생기게 된다.

사구체 내에도 plasmodium이 보우만 주머니 상피세포 유래의 편평상피세포에 의해 싸인 형태로 발견된다.

방광에서는 대형의 신장된 형태의 초기 발육단계의 plasmodium(영양체) 또는 소수의 sporoblast를 가진 plasmodium이 발견된다. Plasmodium의 한쪽 면은 방광의 상피세포에 부착되어 있으며, 방광의 관공 내에는 산재하는 성숙포자는 발견되지 않는다.

소화관이 감염된 개체는 복부가 팽만되며, 부종과 울혈을 일으키고 있는 소화관의 점막상피에는 0.1~0.2 mm의 백색 원형 반점이 발견되며, 소화관의 벽은 두터워져 있다. 심하게 감염된 상피세포는 괴사성 출혈성 장염이 유발되어, 상피세포는 궤양을 일으키며 round cell이 침윤한다. 소화관 점막에서 유상피세포와 림프구로 형성된 육아종성 염증반응이 생기기도 한다.

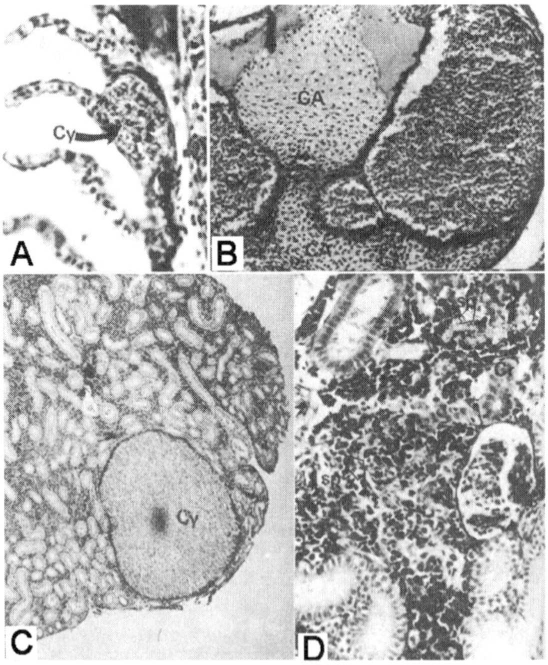

그림 3-60 **A:** 새변의 사이에 위치한 plasmodium의 단면. Cyst(cy). Van Giesen. **B:** 인두의 천장 부분의 perichondrial tissue내의 plasmodium. Plasmodium은 섬유성의 collagen피막에 싸임. 연골(CA), cyst(cy). HE. **C:** 신장 조혈조직 내의 대형 plasmodium. Cyst(cy). HE. **D:** 신장 조혈조직 내에 산재한 포자. PAS와 acid fast양성의 ceroid의 집합체를 가진 오른쪽 윗면에 마크로파아지는 melanin이 결여되어 있고 소수의 포자가 내재. Ceroid 유사 물질(Cr), 포자(sp). Ziehl-Neelsen.

소화관의 점막고유층에도 드물게 plasmodium이 발견되는 경우에는 숙주 반응이 거의 없다.

간장의 유동에 인접한 곳의 마크로파아지 센터 내에 성숙포자가 발견되기도 한다. 발병 지역에 따라서는 아가미와 신장에서 plasmodium의 형성이 소수인 반면 주로 비장에 대형의 plasmodium이 형성되는 경우도 있다.

소화관의 점막하조직에는 모세혈관의 울혈에 의해 출혈, 림프구의 침윤이 생기기도 하며, 소화관의 관공에서 박리된 상피세포, 세포 부스러기 및 소수의 백혈구가 발견되기도 한다. 또한 점막고유층의 울혈, goblet cell의 증생 및 백혈구의 침윤도 일반적인 변화이며, 소화관의 벽은 침윤 round cell이 동반된 섬유성 결합조직의 증식에 의해 두터워져 있다.

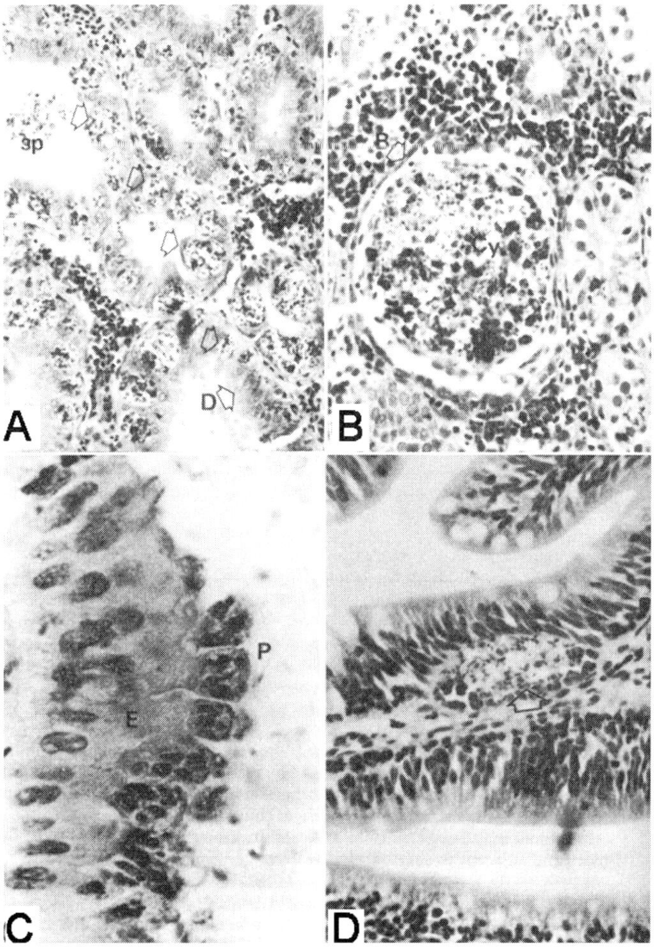

그림 3-61 **A:** 신장. 세뇨관 상피에 인접한 곳의 plasmodium 및 관공내의 성숙포자. 포자(sp). **B:** 사구체 내의 plasmodium. 보우만 주머니(B), cyst(Cy). **C:** 방광의 상피세포에 부착한 발육 초기의 포자. 상피세포(E), plasmodium(P). **D:** 소화관 점막 고유층의 plasmodium. HE.

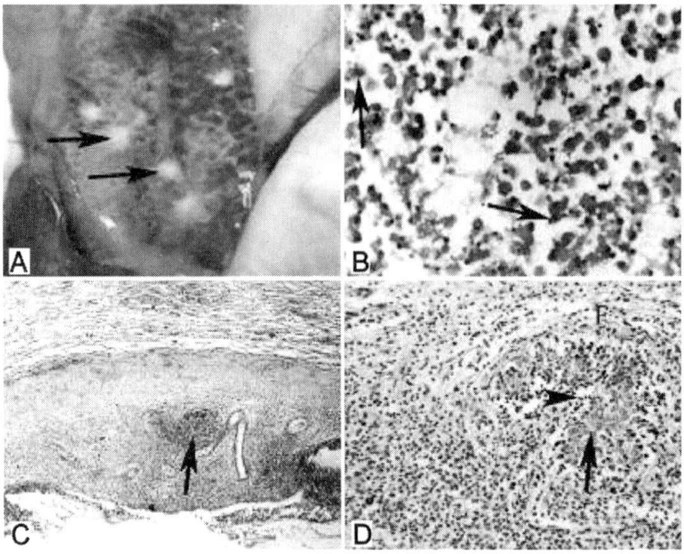

그림 3-62 **A:** 점막상피 내의 직경 0.1−0.2 ㎜의 백색 반점. **B:** 소화관 상피세포 내의 충체. **C:** 섬유성 결합조직(화살표)에 싸인 림프구와 유상피의 집합체로 구성된 육아종(화살표). **D: C**의 육아종의 확대도.

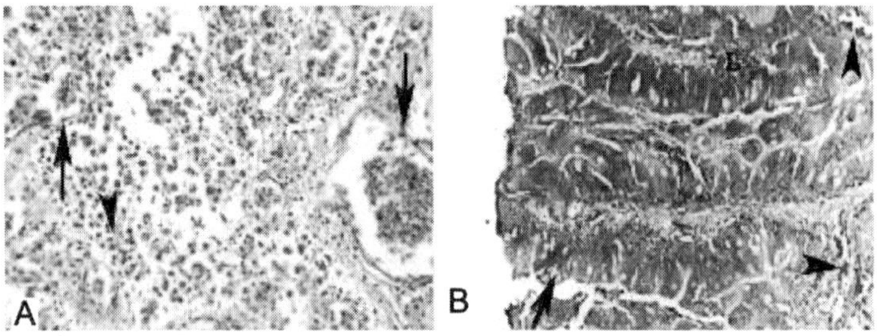

그림 3-63 **A:** 소화관의 모세혈관의 울혈(화살표), 림프구 침윤, 적혈구의 유출(화살표 머리). **B:** Goblet cell의 증식(화살표), 울혈(화살표 머리), 점막 고유층의 백혈구의 침윤(L).

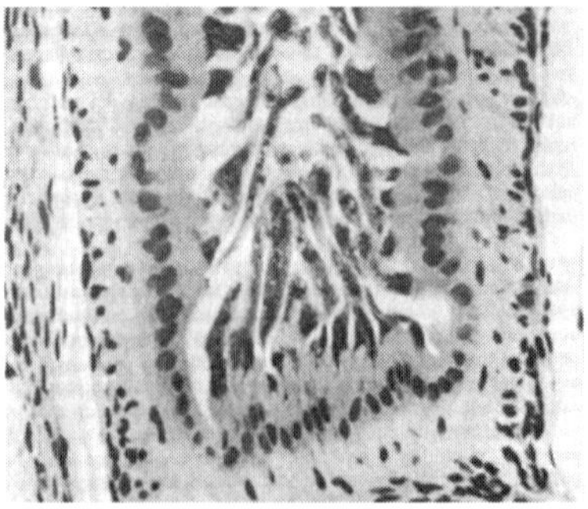

그림 3-64 **수뇨관 내의 plasmodium.**

나. 붉은귀거북 신장의 *Myxidium scripta*

신장 도말표본에서 충체는 방추형으로 한쪽이 편평하다. 조직표본에서 Brown and Brenn(B & B) Gram염색하면 극낭은 청색으로 염색되며, 성숙 극낭은 B & B Gram염색에 적색, 미숙극낭은 청색으로 염색된다.

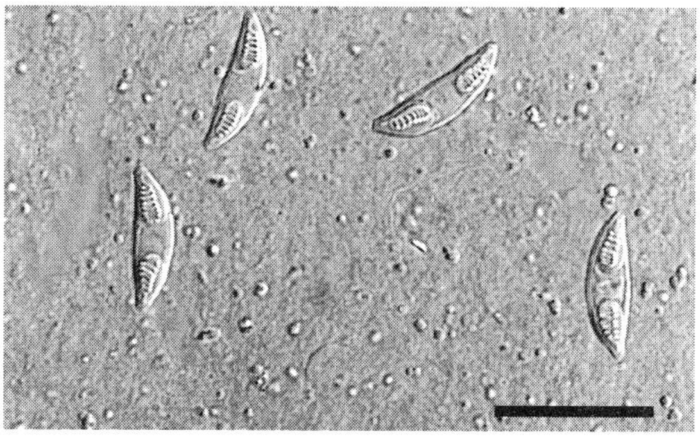

그림 3-65 신장의 도말표본의 충체. Bar=20 μm.

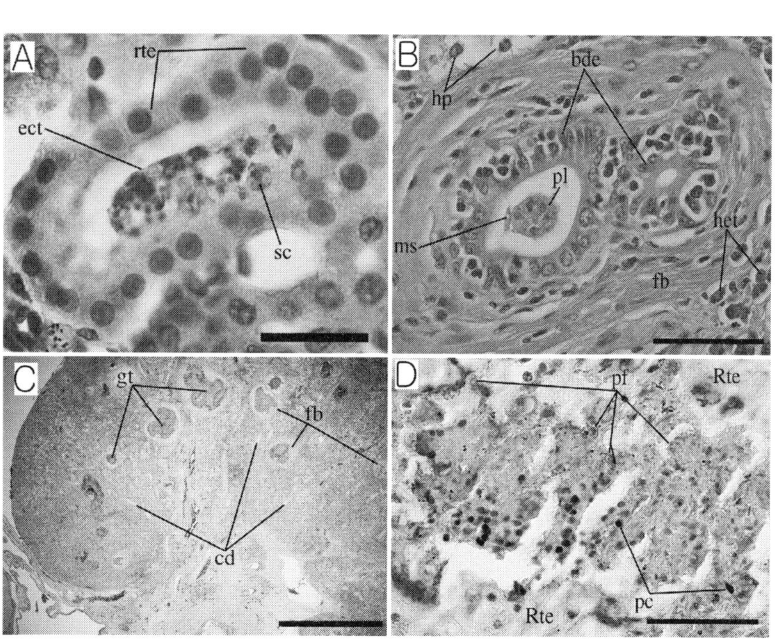

그림 3-66 **A:** 신장 세뇨관내의 분명한 ectoplasm(ect)에 싸인 포자 형성기의 plasmodium. 내부에는 sporogenic cell(sc)가 신장의 세뇨관 상피에 부착되어 있다. **B:** 간장. 담관내에 자유 상태로 유리된 포자(ms)와 포자형성기의 plasmodium (pl). 담관은 이형성의 상피(bde)로 두터워져 있고, 그 주위를 섬유소(fb)가 싸고 있으며, 호중구(het)와 공포상의 간세포(hp)와 경계를 이룸. **C:** 신장. 섬유소(fb)에 싸인 육아종(gt). 집합관(cd)에는 육아종이 없음. **D:** 신장. 수많은 포자 때문에 확장된 세뇨관과 극사(pf)를 가진 극낭(pc)는 증생된 상피세포에 싸임. HE(**A-B**), Brown and Brenn Gram(**C-D**). Bar = 25 μm(**A**), 50 μm(**B** & **D**) 및 2 mm(**C**).

병리조직표본에서 신장세뇨관, 담낭 및 담관에서 포자 및 plasmodium이 발견된다. 극낭과 포자원형질은 Gram stain 또는 Giemsa염색에 진하게 염색된다. HE염색한 세뇨관의 관공에는 sporogonic plasmodium이 분명한 ectoplasm에 싸인 채로 발견된다.

성숙 포자를 가진 plasmodium은 담관의 관공 내에서 발견된다. 심하게 감염된 경우 세뇨관 관공이 확대되며, 상피세포의 증식, 육아종의 형성, 결합조직의 간질신염이 확인된다. 육아종의 내부에는 세포 부스러기, 호중구 및 포자형성기 및 성숙 포자가 들어 있다. 유상피세포는 최대 10층의 섬유세포와 교원섬유로 싸여 있고, 육아종이 존재하는 신장의 간질에는 림프구와 마크로파아지의 집합체가 존재한다.

Brown and Brenn Gram stains은 1% crystal violet, 0.25% basic fuchsin, picric acid-acetone(포화 피크린산 100 ml, acetone 900 ml)가 필요하다.

탈파라핀후 함수시킨 다음 crystal violet로 1분간 염색한 다음 세척하고 Lugol액으로 1분간 매염한다. 세척한 다음 물기를 제거하고 acetone에 넣어 탈색이 되지 않을 때까지 탈색시킨 다음 세척한다. Basic fuchsin으로 3분간 염색한 다음 세척하고 거의 마른 상태가 될 때까지 수분을 제거한 다음 acetone에 2회 빠르게 통과시킨 다음 picric acid-acetone액에 연어 색깔이 될 때까지 침지한다. acetone 1 및 2를 빨리 통과시킨 다음 건조시켜 봉입한다. 배경은 노란색이며, 핵과 음성균은 적색, 양성균은 청색으로 염색된다.

(4) *Enteromyxum*

가. 흉기흑점바리(*Epinephelus malabaricus*)의 점액포자충 *Enteromyxum leei* 감염 여윔병

점액포자충성여윔병은 점액포자충인 *Enteromyxum leei* 또는 *Sphaerospora fugu* (=*Leptotheca fugu*)가 소화관의 상피세포 내에 기생하여 감염어가 심하게 여위는 질병으로 사망률이 높다. 현재까지 감염이 확인된 어종은 자주복, 넙치, 참돔 및 강담돔 등이다.

자주복에서는 소화관의 상피세포가 붕괴 박리되기 때문에 삼투압 조절이 불완전하게 되어 여위는 것으로 알려져 있다. 점액포자충은 교대숙주로서 환형동물이 필요하기 때문에 다른 어류로의 전파는 빠르지는 않은 것이 일반적이지만, *E. leei*는 교대숙주가 필요하지 않아 병어에서 배출된 영양체를 경구적으로 섭취함으로 다른 어류에 전파되기 때문에 양식어류에서는 전염성이 강한 질병이라 할 수 있다.

병어는 먹이 섭취량이 감소하고 표층에서 힘없이 떠있거나 바닥에 가라앉아 움직임이 거의 없다. 해부하면 사료성 질병으로 의심스러울 정도로 간장의 위축과 녹간 증상이 있으며, 심하게 여위게 된다. 감염 초기는 사망률이 높지 않지만 점차 증가하기 시작하며 누적 사망률은 30~68% 정도이다. 수온 21~26˚C의 시기에 발병이 많고, 수온이 26˚C를 초과하면 폐사는 종식되며 먹이도 섭취하게 되며, 여윔현상도 회복된다.

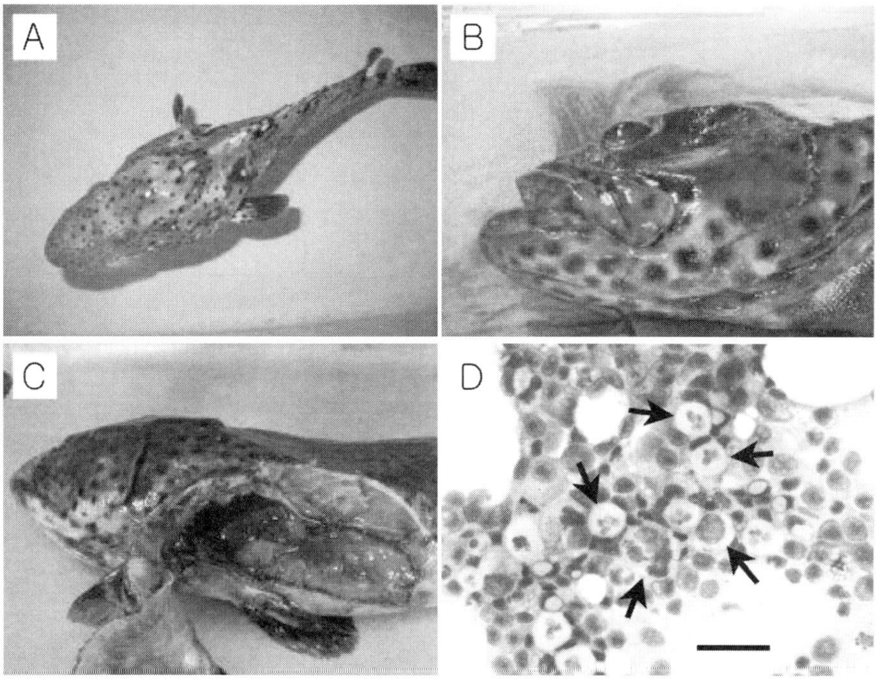

그림 3-67 **A-B:** 심한 여윔 때문에 두개골과 안면골의 윤곽이 뚜렷함. **C:** 간장의 녹간 증상과 복강내의 암갈색 복수의 축적. **D:** 소화관 도말표본의 *E. leei*의 영양체. Diff-Quick 염색.

여윔 증상의 어류는 두골, 등지느러미 기부의 뼈가 솟아오른 것처럼 보일 정도로 심하게 여위어 있으며. 해부하면 내장의 위축, 담낭의 종대, 담즙이 세어 나와 복강내에 암갈색의 복수가 축적, 간장의 발적 및 녹간 증상이 관찰된다. 또한 소화관 내에는 극히 얇은 물모양의 내용물이 고여 있고, 소화관 벽은 내부가 비칠 정도로 극히 얇아져 있어 핀셋으로 집으면 쉽게 파열된다. 가장 손쉬운 방법은 생검법으로 마취한 어류의 항문에 면봉을 삽입하여 직장에서 소화관 점액을 채취한 다음 도말표본을 만들어 Diff-Quick 염색하거나 PCR 검사에 사용할 수 있다. 소화관 점막의 스탬프 표본에선 많은 점액포자충의 영양체가 관찰되며, 형태학적 특징으로 *E. leei*임을 알 수 있다.

병리조직학적으로 소화관의 상피세포 내에는 *E. leei*가 심하게 감염되어 있으며, 상피세포 아래에는 심한 세포의 침윤이 관찰된다. 소화관의 상피와 염증부위는 박리되어 소화관 관공 내에 박리된 내용물이 충만된 경우도 있다.

담관에 현저한 이상은 없지만 때로는 담관 상피세포 내에 기생이 확인되기도 한다. 담관 상피는 박리되며, 담관 벽, 담관의 관공, 주변의 췌장 조직 등의 복강내 조직에는 심한 염증이 생긴다. 또한 총담관이 완전히 폐쇄된 경우도 있으며, 담관의 일부가 완전히 소실되어 염증조직으로 대체되는 경우도 있다. 담관 내에는 여러 종류의 세균 집합체가 보이는 경우가 대부분이다. 담관 상피가 완전히 박리되어 염증상도 보이지 않는 완전히 담관 전체가 괴사되어 있는 경우도 있다. 이러한 변화는 총담관에서 더욱 현저하다.

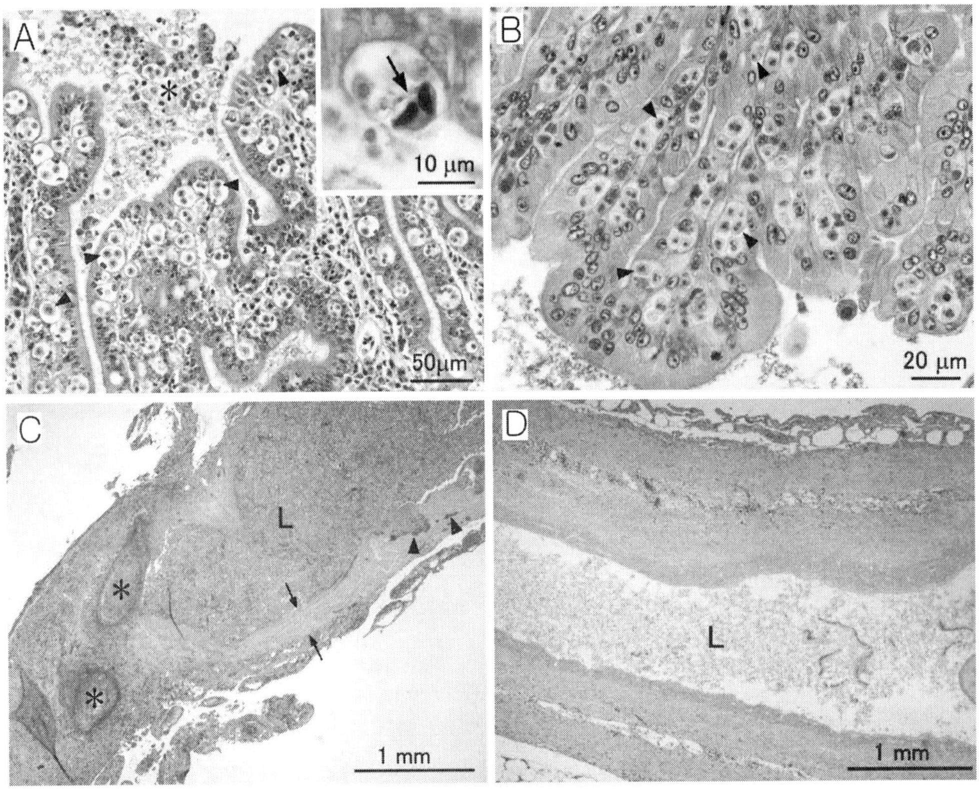

그림 3-68 **A:** 소화관 상피내의 충체(화살표 머리). 관공내는 충체가 혼재하는 박리된 상피세포(*). 삽입: 충체의 포자. **B:** 감염된 담관 상피. **C:** 담관의 관공(L)은 변성 조직과 세균으로 충만되어 담관이 완전히 폐쇄. 육아종(*)과 세균의 집합체(화살표 머리). **D:** 담관. 상피세포는 온전한 경우와 관공 내(L)로 박리된 것도 존재. 염색의 강도는조직의 대부분이 괴사되었기 때문에 매우 약함. HE. 삽입: May-Grunwald Giemsa.

담낭에는 현저한 이상은 없다. 그러나 담관 벽이나 주변에 많은 마크로파아지센터가 형성되어 있고, 여기에 황색-다갈색의 색소가 축적되어 있다.

간세포에는 저장 지방과는 다른 공포가 관찰되며, 때로는 공포 내에 황색-다갈색의 색소가 관찰된다. 혈관 주변에는 많은 마크로파아지센터가 형성되어 있고, 여기에도 황색-다갈색의 색소가 축적되어 있다. 변화가 가벼운 간세포는 핵 이상과 국소적인 세포사가 관찰되며, 증상이 심할수록 괴사병소의 범위는 확대된다.

간장에 다양한 형태와 정도의 염증이 관찰되는데, 농양 또는 육아종이 형성된 경우에는 내부에 많은 단간균이 발견되는데, 세균의 형태는 다양하다. 간장의 변화가 가벼운 개체도 간장내의 소담관내에 세균이 발견되며, 소담관의 상피세포가 박리되어 있는 경우가 많다. 소담관에 이상이 없는 경우에도 주변에 세포침윤이 보이는 것이 보통이며, 소담관의 상피에 충체가 기생하고 있는 경우도 있으며, 혈관 주변에 림프구와 마크로파아지의 침윤이 보이는 경우도 있다.

표 3-1 점액포자충성 여윔병의 종 특이 primers

Target parasites	Primers	Sequences (5' to 3')	Location	Product size (bp)
Enteromyxum fugu	EF-F	GGAGCAGTTCCAATGGGATT	443-462	873
	EF-R	AGAACCTACAATTGGTCGT	1297-1316	
Enteromyxum leei	EL-F	GGATATTGTCAGAGTATGTT	591-610	433
	EL-R	AGAAGCCAACGTATATGATTTA	1004-1024	
Leptotheca fugu	LF-F	ATCTTGAATAAAAGCCACC	1026-1044	631
	LF-F	TGAACGAATCGATCTATGC	1637-1655	

PCR의 조건은 95˚C 10분간 initial denaturation시킨 다음 35사이클(95˚C 30sec; 55˚C 30sec; 74˚C 30sec) 증폭시킨 다음 74˚C에 7분간 final extension시킨다.

*E. scophtalmi*의 발육 단계를 조사하기 위해서는 소화관의 점막의 도말표본을 만들어 DAPI 염색하여 확인할 수 있다. 즉, *Enteromyxum*감염의 소화관의 점액 1 ml을 긁어 모아 PBS를 첨가하여 원심 세척한 다음 methanol에 5분간 고정한다. 고정 한 것을 PBS에 0.8 mg/ml로 녹인 DAPI액으로 실온에서 15분간 염색한다. PBS로 여러 번 세척한 다음 혈구계산판으로 계수하거나 형광현미경으로 충체의 핵을 관찰한다.

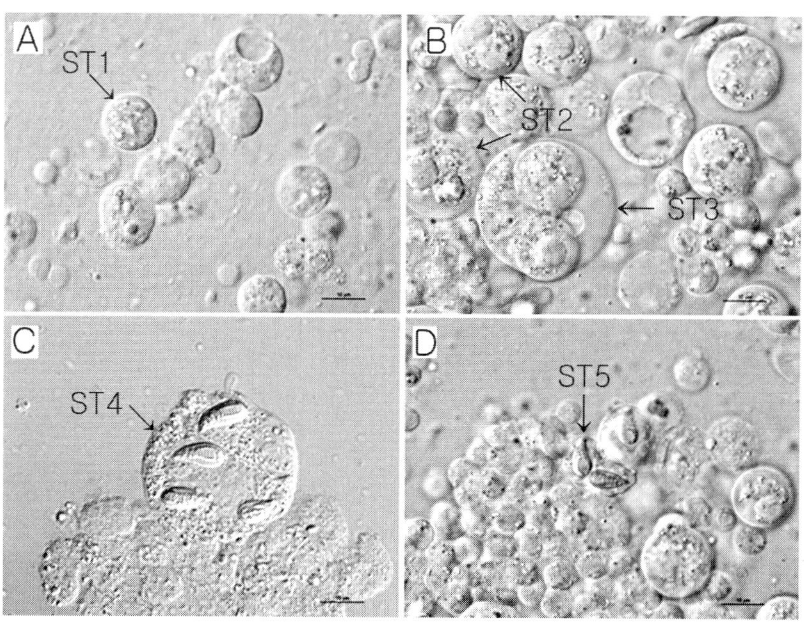

그림 3-69 여러 가지 발육 단계의 위상차 현미경. ST1: 1개 또는 여러 개의 핵을 가진 영양체. ST2: 딸세포를 가진 1개 또는 여러 개의 핵을 가진 1차 영양체. ST3: 1-여러 개의 딸세포를 가진 1차 영양체. ST4-ST5: 포자 형성단계. ST4는 2개의 포자를 생성하기 위한 sporoblast를 싸는 plasmodium. ST5: 는 완전히 발육한 포자.

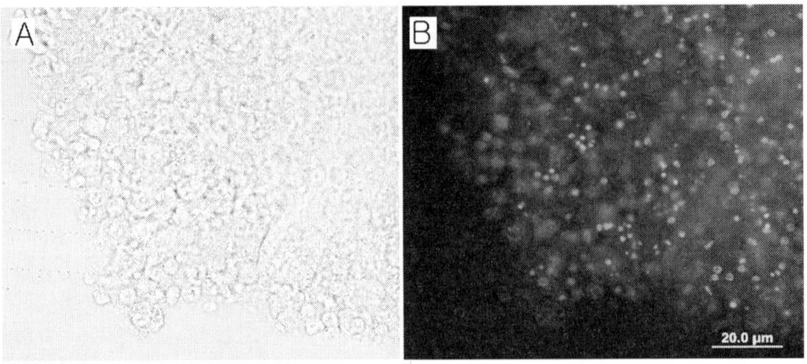

그림 3-70 **DAPI 염색 후의 위상차현미경(A) 및 DAPI 염색 후의 형광현미경상(B).**

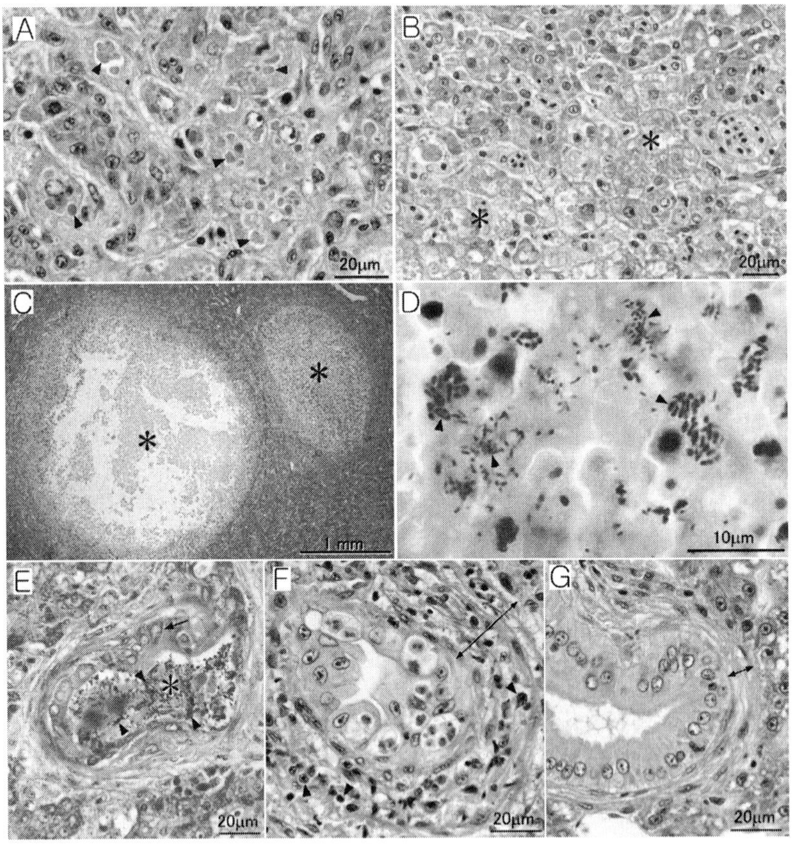

그림 3-71 **A:** 간세포 내에 황갈색 색소의 축적(화살표 머리). 몇몇 세포는 괴사. **B:** 간세포의 심한 괴사 때문에 간장 조직이 붕괴(*). 윗부분에서 간세포는 식별가능하지만 cell cord는 심하게 뒤틀림. **C:** 간장 내의 대형 농양(*). **D:** 농양의 확대도. 농양내의 세균(화살표 머리). **E:** 간장 내의 담관. 관공은 박리된 상피와 세균(화살표 머리)으로 충만. 온전한 상피(화살표). **F:** 간장 내 담관. 심하게 감염된 상피. 결합조직은 부종과 세포의 침윤(화살표 머리). **G:** 비교적 정상인 담관. 잘 정열된 상피와 치밀한 결합조직. HE 및 May-Grunwald Giemsa(D).

*E. scophtalmi*의 28S rRNA gene의 895 bp의 영역을 forward/reverse primers(5′-ACC TCC ACT CAG GCA AGA TTA-3′/5′-GAT GGT GAA CTA TGC ATG AGC-3′)를 사용하여 증폭시킨다. 95°C에 5분간 initial denaturation시킨 다음 40사이클(95°C 30sec; 57°C 45sec; 72°C 60sec)시킨다.

나. Sea bream(*Sparus aurata*)의 *Enteromyxum leei*

감염어는 무기력하며 수면 부근을 힘없이 헤엄치며 체색이 검어진다. 또한 눈이 꺼지면서 피부 궤양의 형성, 간장의 퇴색 및 연화, 담낭의 확장 및 소화관 점막의 박리 등이 관찰된다.

원인 점액포자충은 소화관의 점막상피에서 발견되지만 점막하조직에서는 발견되지 않는다. Pansporoblast는 대형의 원형으로 공포를 가지고 있으며 공포의 직경은 40 μm 정도로서 주로 점막상피의 외부에서 발견된다.

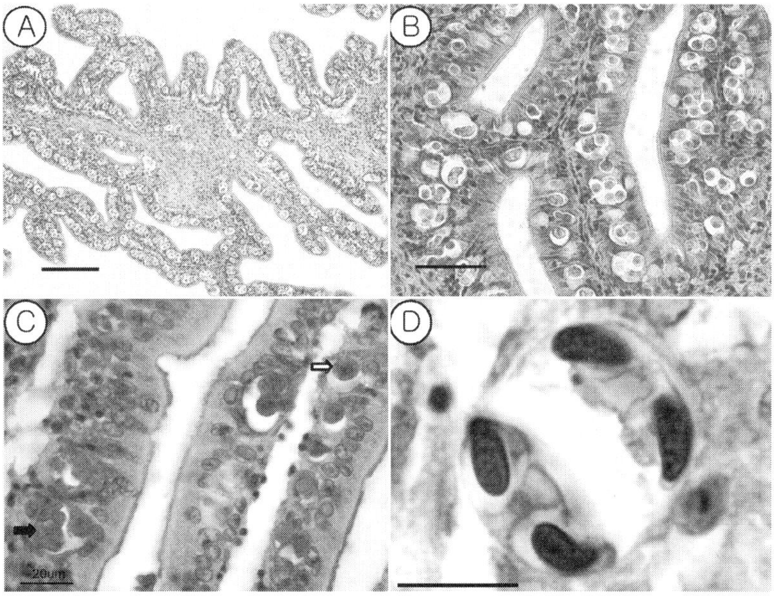

그림 3-72 **A:** 경증의 소화관. Pansporoblast는 상피세포에 존재하며 점막 고유층에 소수의 마크로파아지 침윤과 상피세포의 부분적 박리. 100. **B:** 중증의 소화관.소수의 충체가 들어 있는 공포를 가진 pansporoblast는 기저막 부근에 위치. 장상피의 배열이 변하여 상피세포가 위중층상피로 보임. 장세포(enterocyte)의 핵은 끝부분에 위치. 40. **C:** PAS-alcian blue에 적색으로 염색되는 pansporoblast와 내부의 공포. Pansporoblast내의 sporoblast (백색 화살). 2개의 sporoblast를 가진 pansporoblast(중앙). 1개의 성숙 포자와 1개의 sporoblast(흑색 화살). 포자는 PAS-alcian blue에 적색, 점액세포는 청색으로 염색. 상피세포의 부분적 박리. 20. **D:** Gram염색에 암청색으로 염색되는 2개의 극낭과 중앙부에 약하게 염색되는 sporoplasm을 가진 포자. 극낭에는 1개의 극사가 존재. HE(**A** & **B**), PAS-Alcian blue (**C**) 및 Gram stain(**D**). Bar=100 μm(**A**), 40 μm(**B**), 20 μm(**C**) 및 10 μm(**D**).

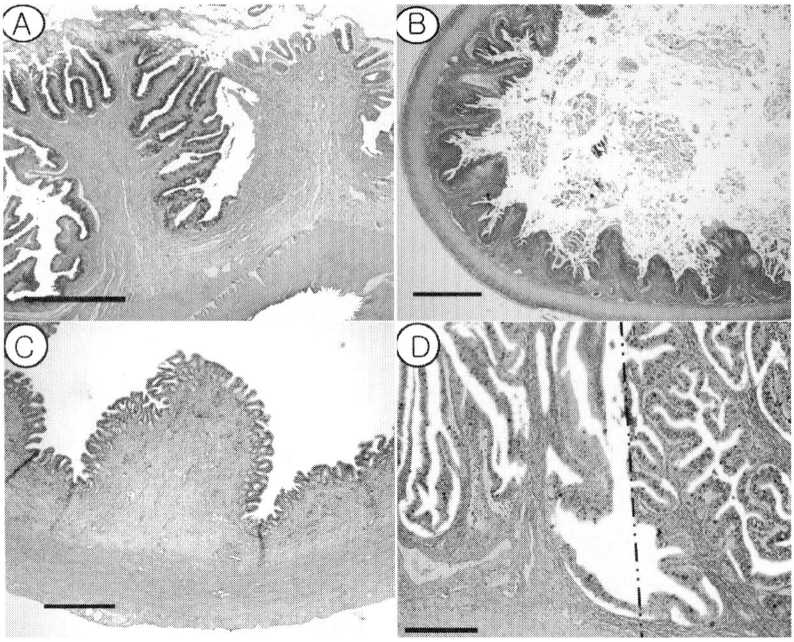

그림 3-73 **A:** 융모와 점액세포의 감소. 진한 청색으로 염색되는 미감염 부위(좌측)와 무염색의 감염 부위(우측). **B:** 상피세포의 위축과 융모의 단축, 고유층의 섬유화를 특징으로 하는 장염. **C:** B의 확대도. 단핵세포의 침윤을 동반한 염증. **D:** 감염 상피(우측의 상피위의 적색 염색 충체)와 미감염 부위의 경계. PAS-Alcian blue(**A** & **D**), HE(**B** & **C**). Bar=400 μm(**A**), 1,000 μm(**B**), 500 μm(**C**) 및 350 μm(**D**).

Pansporoblast는 HE염색으로도 확인할 수 있지만 구조는 식별할 수 없지만, PAS-alcian blue염색하면 내부에 같은 모양의 적색의 spore를 가지고 있으며 엷은 적색으로 염색되는 막에 싸인 cyst처럼 보인다. 반면에 점액세포는 청색으로 염색됨으로 기생충과 쉽게 식별할 수 있다. 미숙 pansporoblast 내에는 세포 성분이 다양하지만, 성숙한 것은 2개의 포자를 가지고 있다. 포자는 그람염색에 암청색으로 염색되는 2개의 극낭을 가지고 있으며, 김자 염색에 약하게 염색되는 극사를 가지고 있다.

췌장의 외분비는 현저하게 위축되어 효소원 과립이 거의 없다. 심한 경우에는 외분비부가 완전히 소실된다. 비장은 멜라노마크로파아지센터의 수와 크기가 현저히 증가한다.

(5) *Sphaerospora*

가. 해산 가두리 양식 갈색둥근바리 신장의 점액포자충 *Sphaerospora epinepheli*

발병시의 온도는 21~27°C이며 2주간의 누적 폐사율은 50~80% 정도이다. 감염된 개체는 무기력하며, 빈혈과 식욕이 소실되고 신장과 비장이 종대되며 때로는 피부에 궤양이 형성되는 경우도 있다. 해부해 보면 감염된 개체의 간장에는 흰색의 반점이 뚜렷하게 형성되어 있다.

입, 꼬리지느러미 및 체표에 출혈이 생겨있다.

병어는 단생류인 *Pseudorhabdoynnochus epinephelli*가 아가미에 감염되어 있는 것이 보통이지만 병어의 90%이상은 신장의 세뇨관에 점액포자충이 감염되어 있다는 것을 알 수 있다.

병어의 신장, 간장, 심장, 소화관, 담낭 및 다른 내장기관과 새변의 도말표본을 만들어 광학현미경으로 검경한다. 신장의 도말표본은 별도로 Giemsa염색한다.

두신과 체신의 도말표본에서 세뇨관의 관공이 성숙 또는 발육 중인 포자로 충만되어 있는 것을 쉽게 확인할 수 있다. 세뇨관 관공 내에는 단포자성 또는 2포자성의 포자가 들어 있다. 포자의 형태와 크기는 *Sphaerospora epinepheli*와 거의 동일하다. 원형 또는 불규칙한 형태의 발육단계의 포자는 굴광성의 과립을 가지고 있다는 것을 신장의 도말표본에서 확인할 수 있다. 혈액 내와 외부기관 밑 다른 내장기관에서는 발견되지 않는다.

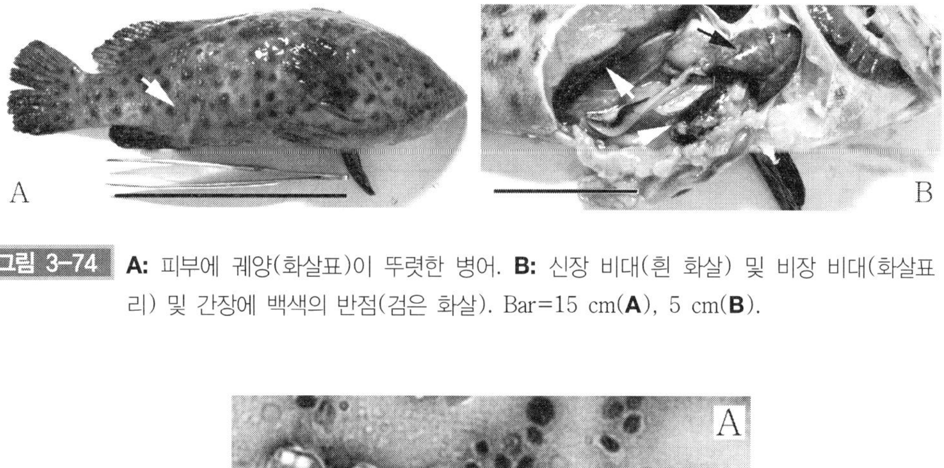

그림 3-74 **A:** 피부에 궤양(화살표)이 뚜렷한 병어. **B:** 신장 비대(흰 화살) 및 비장 비대(화살표 머리) 및 간장에 백색의 반점(검은 화살). Bar=15 cm(**A**), 5 cm(**B**).

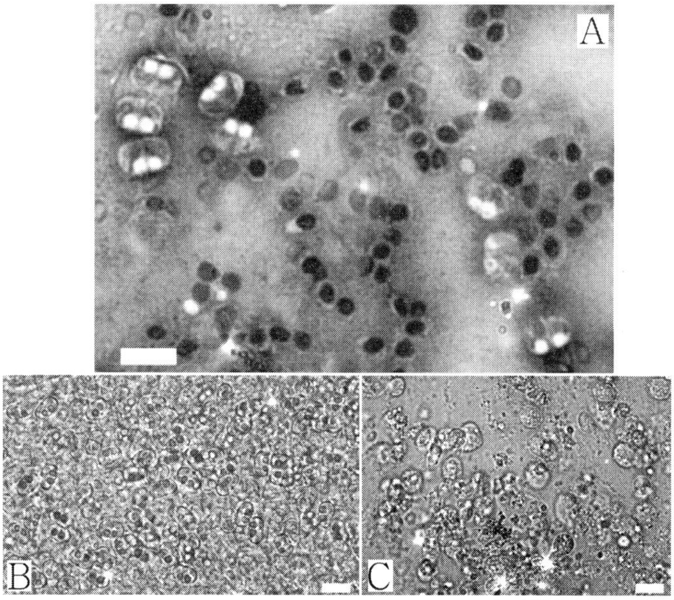

그림 3-75 **A:** Giemsa염색한 신장 도말표본내의 성숙 포자. **B-C:** 무염색의 신장 도말표본 내의 포자(**B**)와 발육 중인 포자(**C**). Bar=20 cm(**A**), 20 cm(**B-C**).

병리조직학적으로는 신장 세뇨관의 관공 내에 성숙 포자와 발육 중인 포자를 확인할 수 있다. 성숙 포자는 세뇨관 관공의 중앙에서 주로 발견되며 발육 중인 포자는 세뇨관 상피세포의 쇄자연에 부착된 상태로 세뇨관 관공의 주변부에서 발견된다.

감염된 세뇨관 상피세포는 공포화가 일어나며 때로는 괴사되는 경우도 있다. 그러나 신소체 내에서는 포자나 plasmodium은 발견되지 않으며, 감염된 간질 부분에는 많은 염증세포가 침윤한다. 이러한 조직학적 변화는 신장의 기능에 치명적인 장애를 유발하게 된다.

병어에서 발견되는 피부의 궤양과 간장의 백색 반점은 점액포자충의 감염과는 무관한 것으로 생각되며, 이러한 증상이 나타난 이유에 관해서는 명확하게 추정할 수가 없다.

감염된 근위 세뇨관은 현저하게 확장되어 있고, 상피세포는 현저한 공포와 핵농축을 일으키고 있으며, 변성과 괴사가 관찰된다.

감염의 초기 단계에 근위세뇨관은 기본적인 구조는 유지하고 있으면서 brush border에 소형의 plasmodium이 관찰된다. 그 후 병이 진행됨에 따라 세뇨관은 붕괴되고 충체가 부착한 부위의 상피세포에는 공포가 형성된다. 이어서 상피세포의 세포막, brush border, 전체 세뇨관이 붕괴되어 소실되고, 세포의 붕괴물 및 단구에 싸인 포자만이 발견된다. 심한 감염일 때는 때때로 소수의 멜라노마크로파아지가 간질에서 발견된다.

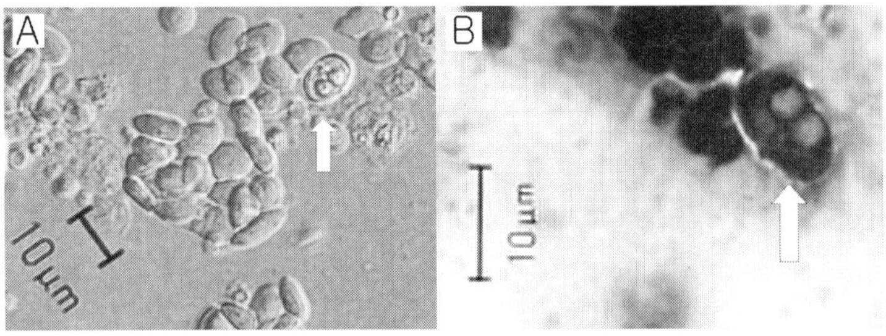

그림 3-76 **A:** 신장 도말표본. **B:** 신장 도말표본의 Giemsa 염색 포자.

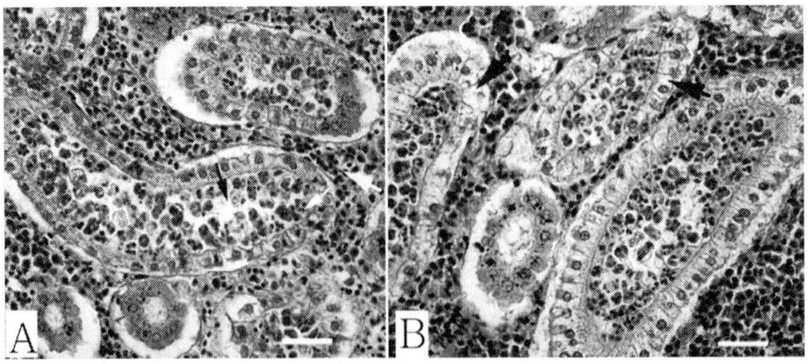

그림 3-77 **병어의 신장. A:** 세뇨관 관공 내의 성숙 포자(검은 화살)과 성숙 중인 포자(흰 화살) 및 신장 간질의 염증세포의 침윤(화살표 머리). **B:** 세뇨관 상피세포의 현저한 공포화(화살표 머리). HE. Bar=50 μm.

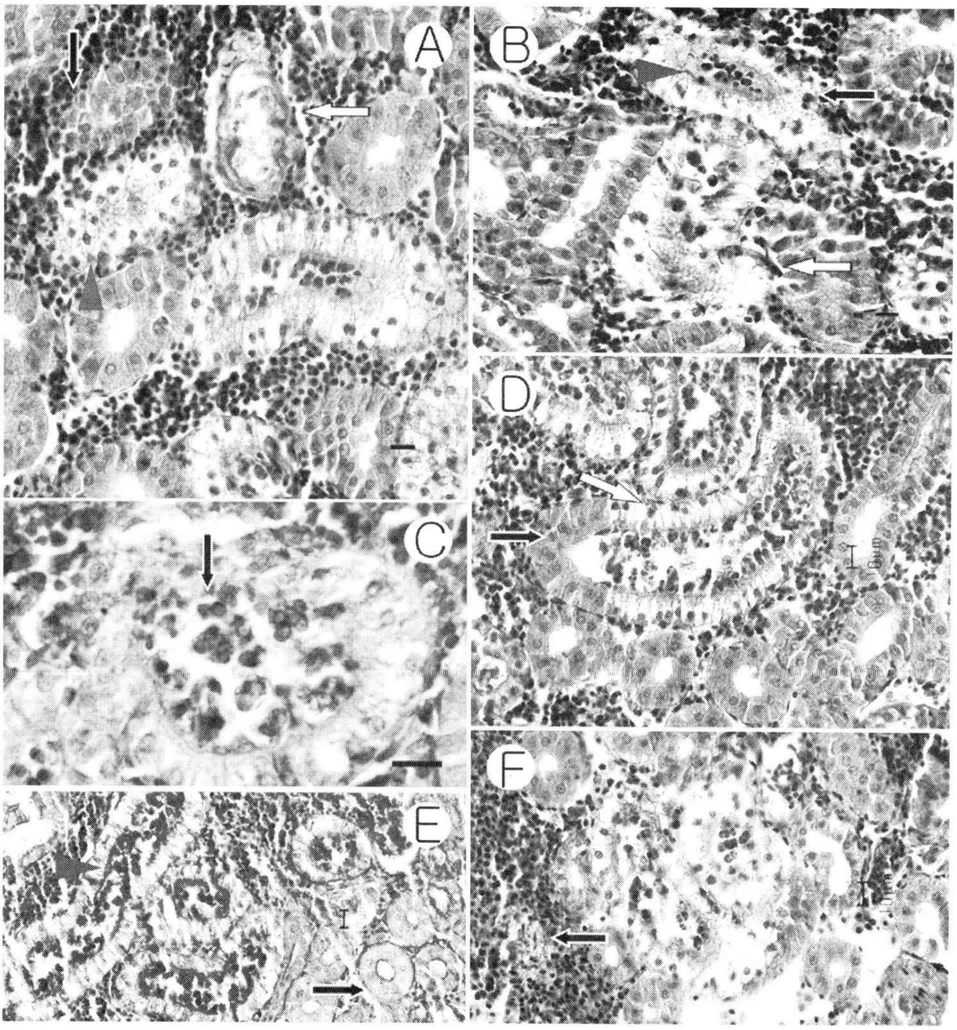

그림 3-78 **A:** 단구의 침윤(흑색)을 동반한 신장의 brush border(적색)과 세뇨관의 붕괴(흰색). **B:** 다양한 포자형성기(적색)과 세뇨관 상피세포의 변성(흰색) 및 핵 농축(흑색). **C:** 세뇨관 상피세포의 붕괴. **D:** Pseudoplasmodium(흰색)이 부착한 세뇨관 상피세포의 공포화 및 정상 상피세포(흑색). **E:** 감염상피세포의 두터운 PAS양성의 점액층(적색)와 정상 상피(흑색). F: 만성 단계의 신장 간질의 위축 및 숙주의 염증반응으로서 멜라노마크로파아지센터(흑색). HE(**A**, **B**, **D**, **F**), PAS(**E**), tolidine blue(**C**). Bar=10 μm(**A-C**)

PAS 염색 표본에서는 세뇨관의 brush border에서 양성 반응이 나타남으로 충체의 감염에 의해 점액이 과잉으로 분비됨을 알 수 있다. 숙주의 염증반응은 단지 염증세포의 침윤과 소수의 멜라노마크로파아지센터가 형성된다는 것이다. 그러나 점액포자충의 일반적인 숙주반응으로 알려진 호산구의 출현과 melanization은 관찰되지 않는 반면 신장의 간질에 단구가 침윤한다는 것이다.

(6) *Sinuolinea*

가. 개꼴고기(*Cynoscion nebulosus, Cynoscion regalis*)의 비뇨관계 기생 점액포자충 *Sinuolinea*

방광(urinary bladder)를 적출하여 1.5%의 한천으로 코팅한 슬라이드글라스 위에 올리고 커버글라스를 덮어 검경하면 plasmodium 단계와 포자를 확인할 수 있다. 또한 동일 개체에서 대형의 plasmodium 단계와 소형의 plasmodium 단계가 동시에 발견된다. 성숙 포자는 직경 14.8~15 μm, 얇은 포자각, 2개의 원형의 극낭, 5~7회 꼬인 극사가 있다. 커버글라스를 가볍게 눌러 압박하면 suture line을 쉽게 관찰할 수 있다.

병리조직학적으로 동일 개체의 방광과 수뇨관에서 다양한 크기와 구조의 plasmodum 단계가 발견된다. 대부분에서 plasmodium 단계가 수뇨관의 관공에 충만되어 있어 방광의 내면을 덮는 모양의 엷은 층을 형성하고 있다. 그러나 이러한 충체는 신장의 세뇨관에서는 전혀 발견되지 않는다. 방광의 상피에는 대형과 소형의 plasmodium이 부착되어 있다.

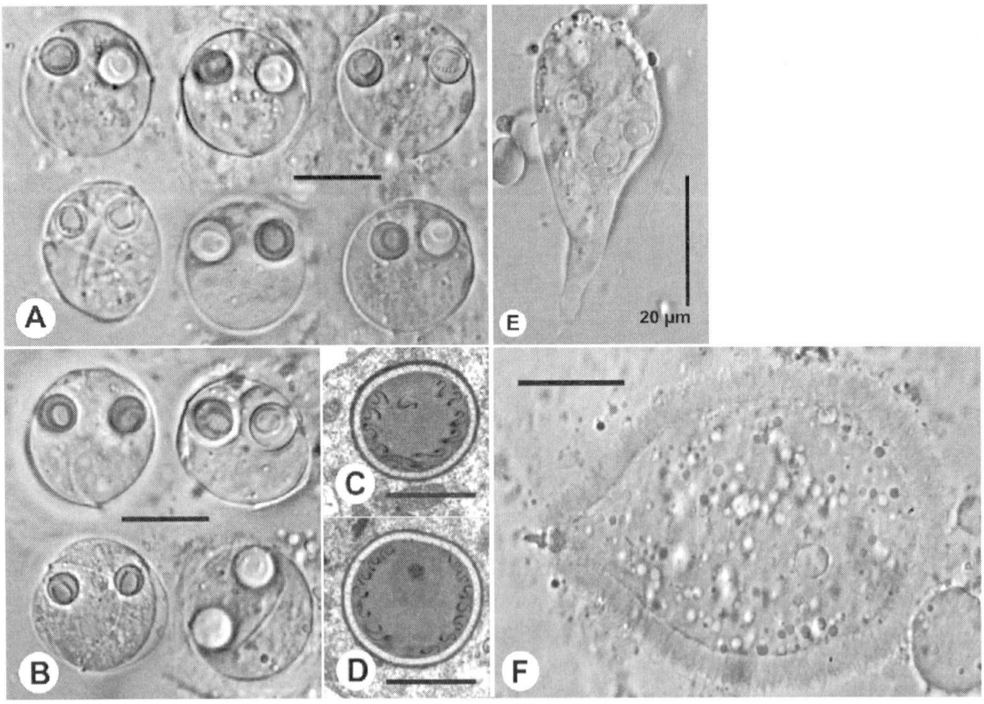

그림 3-79 방광의 도말표본의 *Sinuolinea dimorpha* 포자. A: *Cynoscion regalis*의 방광의 포자. 좌측 아래 포자는 suture line이 관찰됨. **B:** *C. nebulosus*의 방광의 포자. **C-D:** 극사를 가진 극낭. Thin section. **E:** *C. regalis*의 방광내의 소형 plasmodium. **F:** *C. regalis* 방광의 대형 plsmodium. 신선 도말표본에서는 외연에 기다란 털과 같은 돌출물이 확인 가능. Bar=10 μm(**A**, **B** & **E**), 2 μm(**C** & **D**),100 μm(**F**).

대형의 plasmodium은 길이가 200 μm 이상인 것도 발견되며, 내부에는 미세한 과립상 또는 미세한 망목상의 세포질로서 세포질에는 빈 공간처럼 보이는 발육 중인 pansporoblast가 들어 있다. Plasmodium은 외연부에 붓과 같은 구조물을 가지고 있다.

Plasmodium내에는 다양한 발육 단계의 포자가 발견되지만, 대부분이 불규칙한 모양의 미숙한 포자이며, 성숙한 포자는 원형으로 포자각이 잘 발달되어 있지만 발견되는 숫자는 극히 적다. 성숙 포자는 Giemsa염색하면 2개의 원형의 극낭을 확인할 수 있고 2개의 포자원형질의 핵을 가지고 있다. 극히 드물기는 하지만 대형의 plasmodium에 부착하고 있는 길게 늘어난 리본 모양의 plasmodium에는 발육 중이거나 성숙한 포자는 들어 있지 않다.

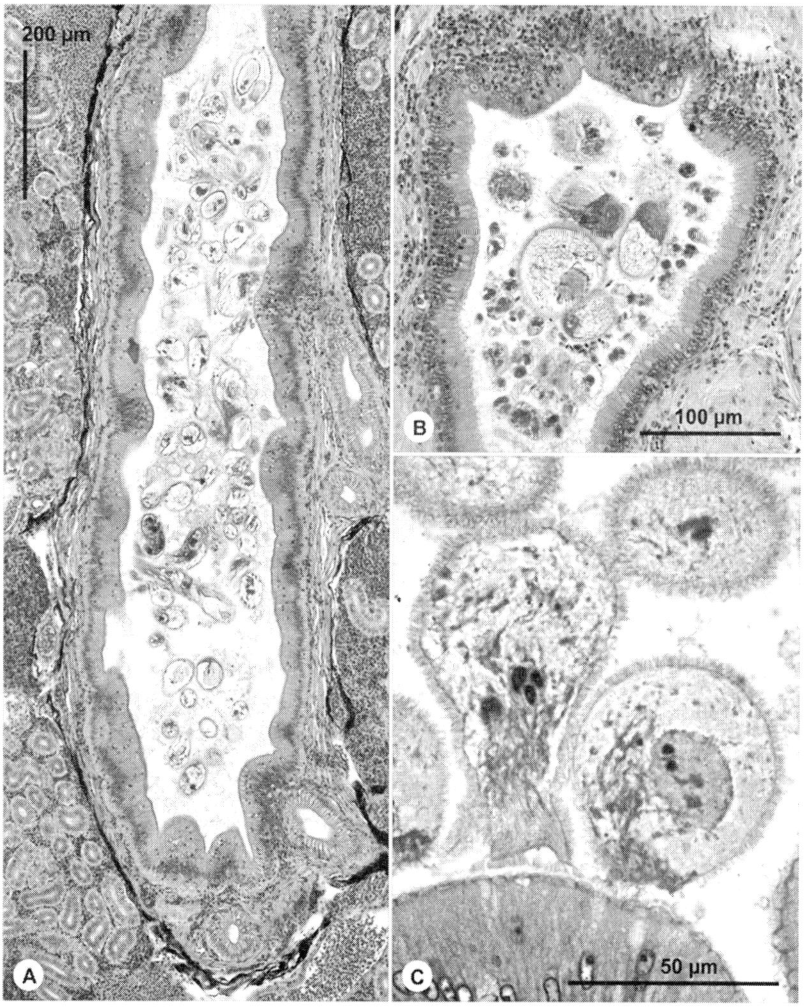

그림 3-80 ***Cynoscion nebulosus*의 뇨관의 *Sinuolinea dimorpha* 감염**. **A:** 집합관의 관공 내의 Plasmodium단계. **B:** 수뇨관의 끝 부분의 plasmodium단계. 상피세포에 부착된 소형의 충체와 brush-border내의 대형 충체. **C:** 대형의 plasmodium. Plasmodium의 표면에 털과 같은 구조물. HE.

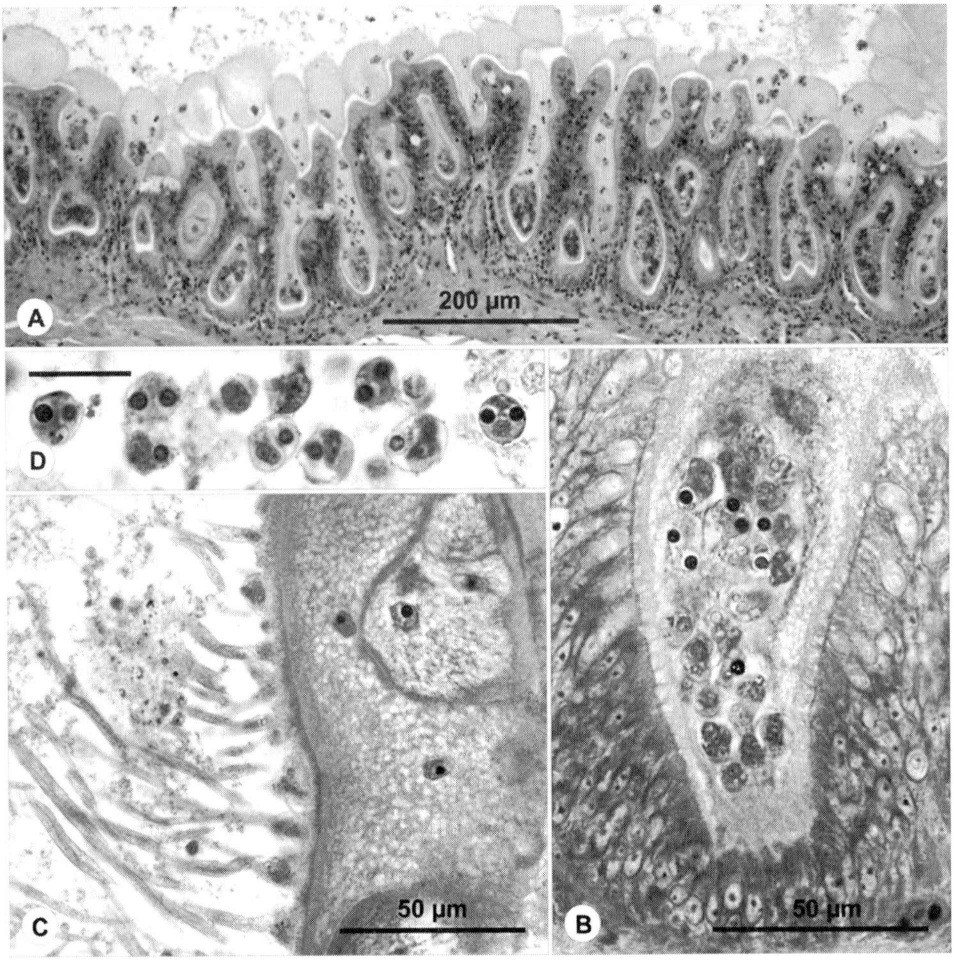

그림 3-81 ***Cynoscion nebulosus*의 방광 내의 *Sinuolinea dimorpha*.** **A:** 방광 벽의 주름 사이의 공간을 채우고 있는 발육중인 포자를 가진 plasmodium단계의 충체. **B:** 발육 중인 포자를 방광 내의 plasmodium의 확대도. **C:** 대형의 plasmodium(오른쪽)의 표면에 부착한 엷은 리본 모양의 plasmodium(왼쪽). **D:** 조직표본 내의 *S. dimorpha*의 포자. 발육 중인 포자 중에 성숙한 것은 1개뿐임(오른쪽). HE. Bar=20 μm.

나. 대서양 연어 위새의 점액포자충 *Parvicapsula*

연어류에 감염되는 점액포자충으로 신장의 사구체와 세뇨관을 파괴시켜 어류를 폐사키는 것으로 알려져 있다.

감염어는 유영능력이 현저히 저하되어 천천히 헤엄치며, 안구돌출이 생기며, 소화관에는 먹이가 거의 없다. 대부분의 어류의 눈에 초승달 모양의 출혈이 생기며, 아가미 뚜껑의 내측과 복부 앞쪽 부분에 에 점상 출혈이 생긴다. 위새는 백색의 물질로 덮혀 있고, 이러한 위새에 인접하고 있는 새변도 역시 희게 보인다. 간장은 빈혈 또는 노란색을 띄며, 드물게는 간과 복강에 출혈이 생긴다.

아가미, 위새 및 간장의 도말표본을 검경하면 점액포자충의 포자 또는 pseudoplasmodium이 발견된다. 포자는 비대칭으로 약간 굽어져 있으며, 2개의 포자각 중 1개는 뒤쪽으로 뻗어져 있다. 2개의 극낭이 포자의 앞쪽 끝에 위치하고 뒤쪽 1개의 후부 극낭이 있다.

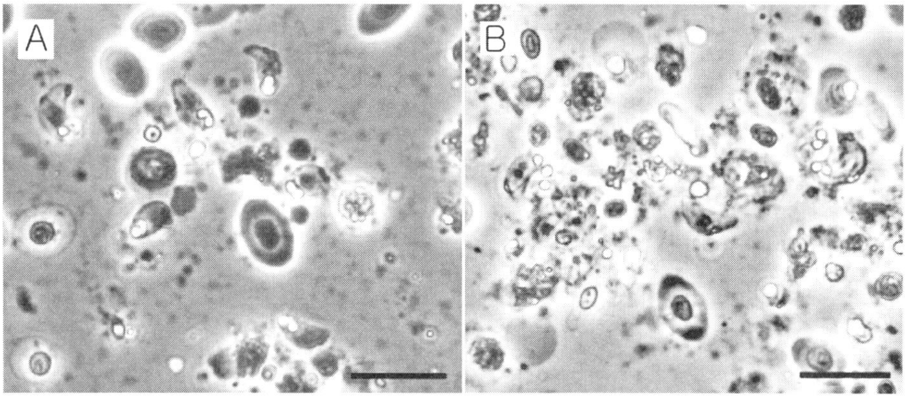

그림 3-82 위새의 도말표본 내의 포자(A)와 pseudopodia(B). Bar=20 μm..

도말표본에서 포자가 발견되는 어류의 위새에서는 조직학적으로 충체가 발견된다. 위새의 모세혈관, 상피 및 결합조직에 수많은 포자와 pseudoplasmodium이 발견되며, 2차 새변과 결합조직에는 단구의 침윤이 현저하다.

포자는 아가미, 간장 및 신장에서도 발견된다. 아가미의 상피세포와 중심정맥동에 염증세포가 침윤해 있으며, 말초혈액의 백혈구수가 증가한다. 비장의 마크로파아지에는 철이 축적되며, 신장의 멜라노마크로파아지센터의 증식이 생긴다.

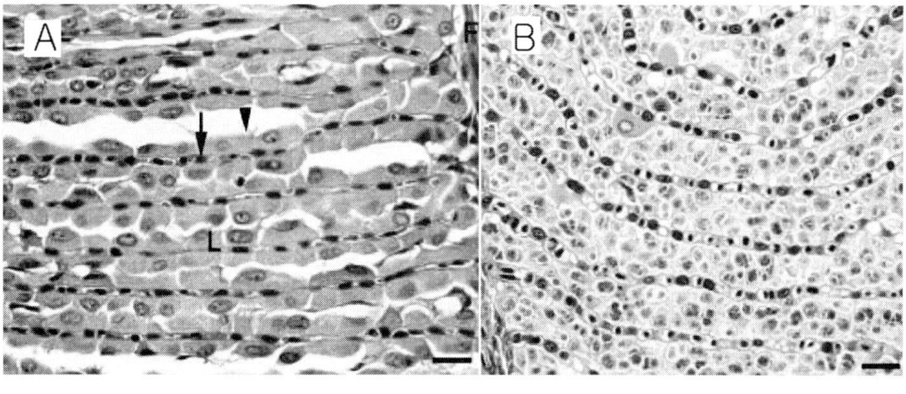

그림 3-83 A: 건강 개체의 위새의 새변(F), 2차 새변(L), 상피세포(화살표 머리) 및 혈관계의 지주세포(화살표). **B:** 2차 새변 사이의 충체 포자와 pseudomodium. HE. Bar=20 μm.

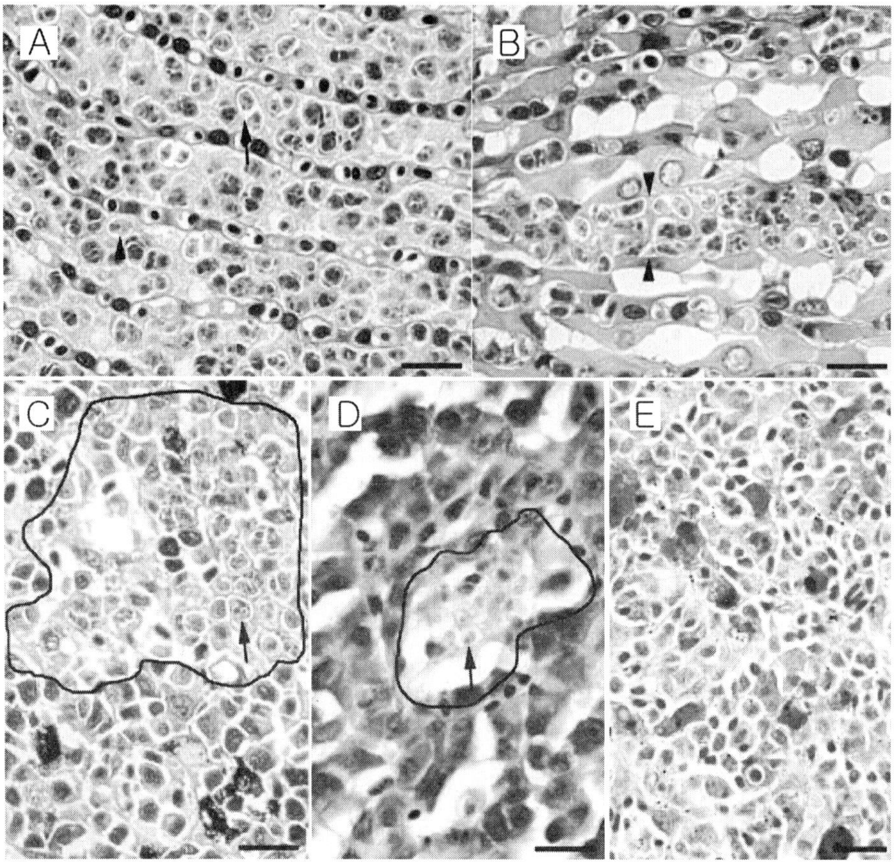

그림 3-84 **A:** 상피가 소실된 2차 새변 사이의 포자(화살표 머리)와 pseudompodia(화살표). **B:** 새변 모세혈관(화살표 사이) 내의 포자와 plasmodium. **C-D:** 신장 간질(C)와 간장(D)내의 충체와 포자(화살표). **E:** 비장 내의 마크로파아지 내의 철 이온의 축적. HE(**A-D**) 및 Prussian blue(**E**). Bar=20 μm.

5) 섬모충

(1) Turbot의 *Philasterides dicentrarchi*(= *Miamiensis avidus*)

감염어는 복부의 체색이 검어지고, 지느러미 기부의 발적, 체표에 하얀 테두리 모양을 가진 궤양이 형성되며, 때로는 체표 궤양이 근육조직으로 확대되어 지느러미의 연조만이 남게 되는 경우도 있다.

드물기는 하지만 복수의 축적에 의한 복부 팽만을 나타내는 복수를 검경하면 많은 섬모충이 존재한다는 것을 알 수 있다. 피부나 아가미의 도말표본을 만들어 검경하면 섬모충이 발견되지만, 혈액도말표본에서는 발견되지 않는다.

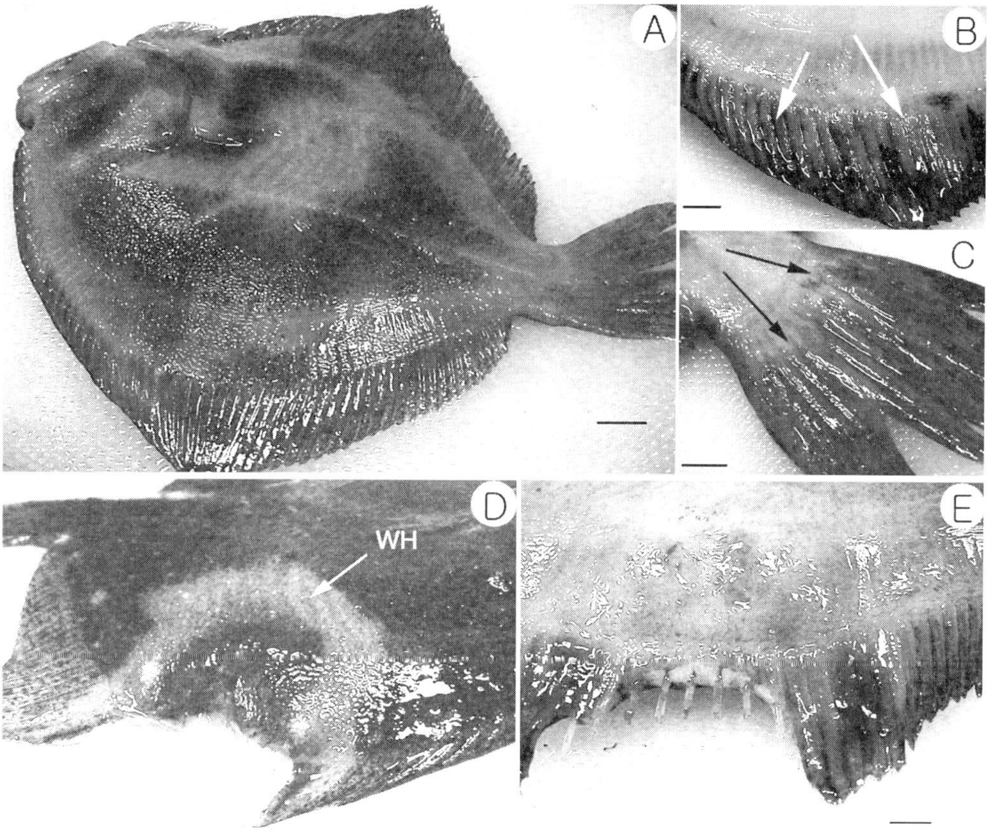

그림 3-85 **A:** 복부 체색의 현저한 흑화. **B-C:** 지느러미 기부의 발적(화살표). **D:** 피부의 궤양과 궤양 주변의 백색의 halo (WH). **E:** 지느러미의 부식과 기조의 노출. Bar=2 cm(**A-C**) 및 1 cm(**D-E**).

조직학적으로 아가미는 증생과 괴사가 생기며, 새변에 많은 섬모충의 발견된다. 피부는 피부의 괴사와 부종이 관찰된다. 진피의 소성결합조직내의 혈관 내에 충체 또는 울혈이 생기기도 한다. 근육조직에는 출혈과 충체가 발견되지만 염증반응은 일어나지 않는다. 뇌, 심장, 비장, 간장 및 장에서는 충이 발견되지 않으며, 병리학적 변화도 없다.

충체는 길이 30~40 μm, 폭 18~20 μm의 방추형으로 뒷부분은 둥글고 앞부분은 뾰족하며, 뒷부분에 1개의 수축포(contractile vacuole)가 있고, 충체의 중앙부에 1개의 대핵과 1개의 소핵을 가지고 있다.

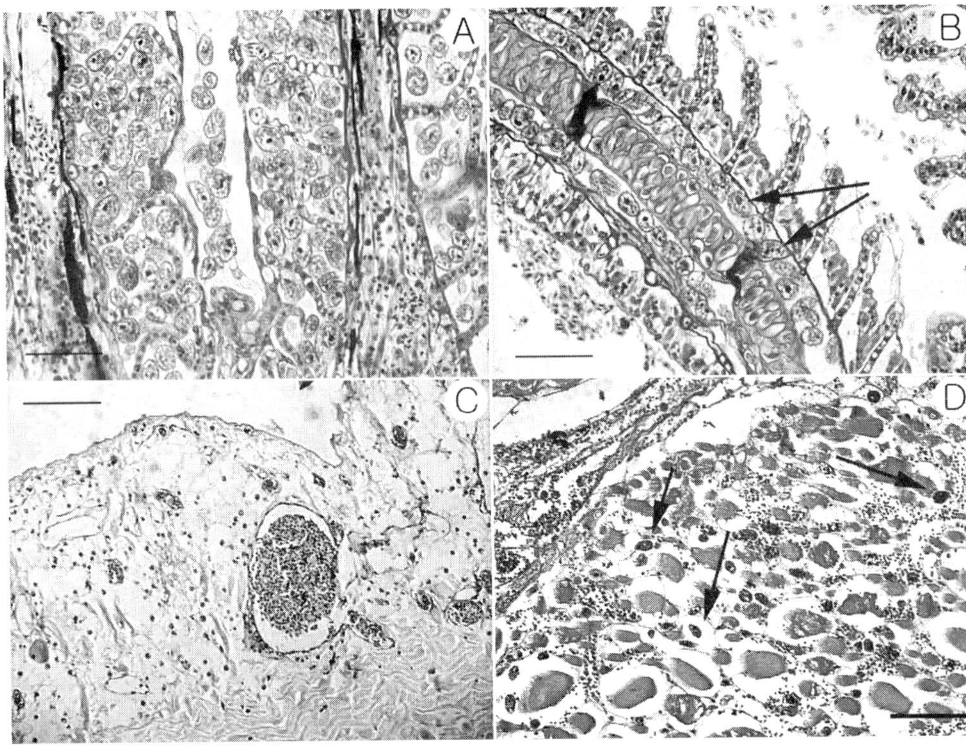

그림 3-86 **A:** 새변의 충체 및 아가미 조직의 증생과 괴사. **B:** 1차 새변의 충체 및 2차 새변의 괴사. **C:** 진피의 소성 결합조직내의 혈관의 울혈. **D:** 골격근내의 충체, 출혈 및 근육의 괴사. HE. Bar=50 μm(**A** & **B**) 및 100 μm(**C** & **D**).

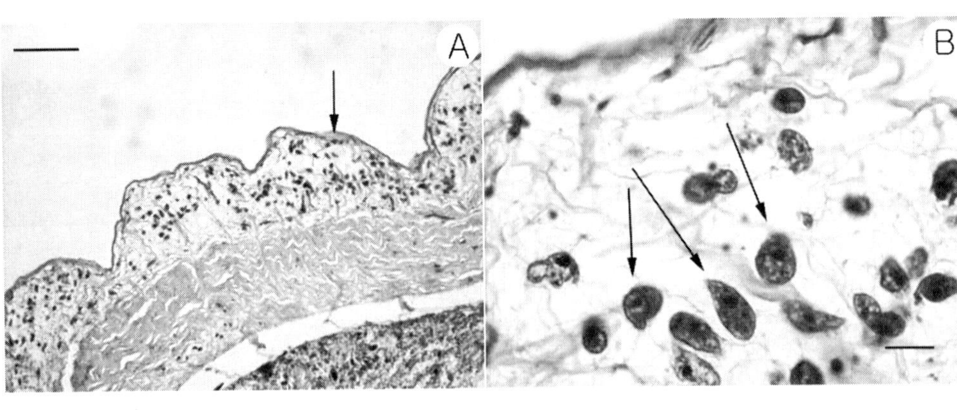

그림 3-87 **A:** 피부의 진피 소성결합조직의 괴사소 내의 충체(화살표)와 상피세포의 박리. **B:** 진피소성 결합조직내의 충체. HE. Bar=200 μm(**A**) 및 20 μm(**B**).

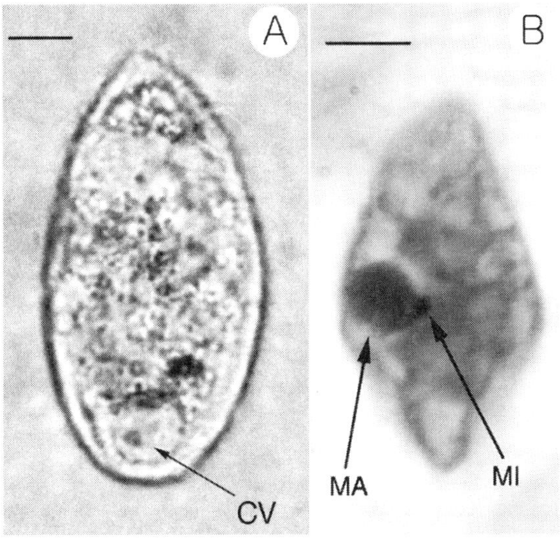

그림 3-88 **A:** 충체의 도말표본. 섬모와 수축포(CV). **B:** 진피 조직 표본내의 충체. 대핵(macronucleus, MA)와 소핵(micronucleus, MI). Bar=5 μm..

(2) *Tetrahymena* 감염

가. Guppy

감염어의 환부에서 분리한 *Tetrahymena*는 ATCC medium 357 (*Tetrahymena* medium, proteose peptone 5.0 g; tryptone 5.0 g; K_2HPO_4 0.2 g; distilled water 1.0 L)에 접종하여 25°C에 배양하면서 매 3주 간격으로 계대배양한다. 계대배양은 오래된 배양액 1 ml를 새로운 배지 10 ml에 접종한다. 감염실험을 할 때는 하루전에 배양액 10 ml를 500 ml 배지에 첨가하여 배양한다.

감염시킬 어류는 마취한 다음 꼬리지느러미의 기부에 10% acetic acid에 적신 솜(폭 5 mm)을 올려 3분간 처리하는 acid-treated method법을 사용하여 100 cells/ml의 충체액에 25°C에 1일 침지시킨다.

산처리한 어류는 상피세포의 괴사, 점액 세포의 소실, 부종과 출혈에 의한 진피 및 피하조직의 붕괴를 특징으로 한다. 또한 근육에도 괴사가 생긴다. 감염 충체는 어류의 손상 조직내에 존재하게 된다. 단지 산처리만 하고 충을 감염시키지 않은 개체는 상피세포의 표면만이 조직학적으로 손상이 일어나게 된다.

감염 경향은 25~30°C, pH 6.0~8.0 및 충체의 농도가 100 cells/ml에서 감염률이 높아지며, 대개의 경우 감염 4시간 후에 감염이 성립하며, 5 cells/ml의 농도에서는 감염이 성립되지 않는다.

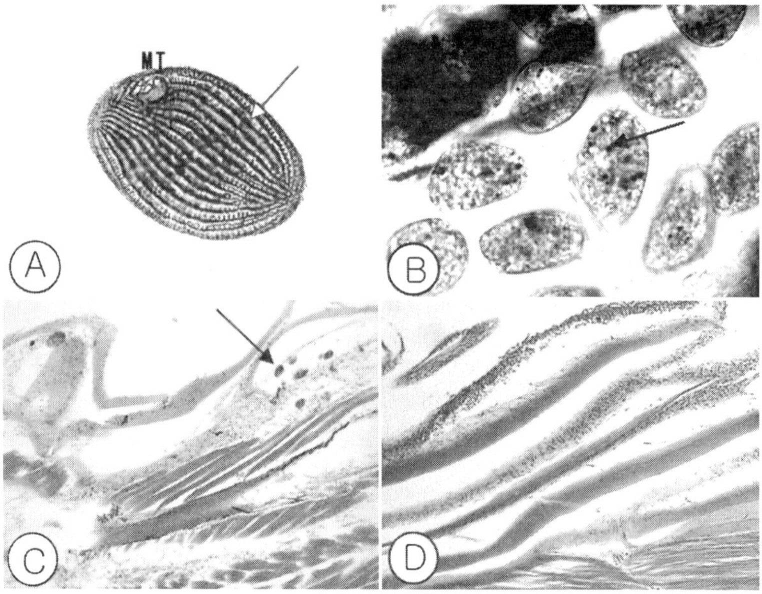

그림 3-89 **A:** 측면에 15개의 섬모 자오선(ciliary meridian)을 가진 충체. Microtome(MT)와 세포질에 투명한 식포(화살표). 도은염색. **B:** 피부 아래의 충체. 식포는 흑색색소(화살표)로 충만. 무염색 표본. **C:** 산처리 후의 비늘의 탈락, 진피와 근육의 괴사부. 표피는 박리됨. 충체(화살표). HE. **D:** 산처리 후의 platyfish는 구피보다 피부 손상이 적어 괴사는 표피와 그 아래의 결합조직에만 한정적임. 산처리는 어종에 따라 조직 손상에 차이가 현저함. HE

나. Zebrafish

*Tetrahymena*는 섬모충으로 담수 또는 해수역에 분포하며, 유전학적으로는 담수 백점충과 매우 가까운 것으로 밝혀졌다. *Tetrahymena*는 운동성이 활발한 배 모양 또는 방추형으로 크기는 30~60 × 50~100 μm이다. 번식은 2분법으로 일어나기 때문에 적합한 조건이 되면 폭발적으로 증식하게 된다. 특히 난생의 어류에 감수성이 높기 때문에 때로는 “guppy killer disease“라고 불리기도 한다. 그러나 *Tetrahymena*는 보통은 수계의 biofilm내에 비기생상태로 존재하는 섬모충이다.

또한 *Tetrahymena*는 창상, 세균 감염 또는 다른 기생충에 의해 생긴 피부의 상처를 통하여 침입하는 2차 감염체라고 생각되기도 한다. 순환여과지에서 충체는 어류의 피부에 소수가 존재할 때는 문제가 되지 않지만 많이 감염되어 있으면 문제가 된다.

진단은 환경 또는 어류의 도말표본을 검경하면 충체가 집합체를 형성하고 있는 것을 발견할 수 있으며, 때로는 신장, 뇌, 새변, 근육, 피하조직에서도 발견되는 것으로 보고되고 있다. 폐사가 일어날 때는 물, 폐사어 또는 빈사어에서 운동성이 활발한 난원형의 충체가 가장 많이 발견된다. *Tetrahymena*의 크기는 대략 직경이 30 μm이며 특징적인 “spiraling football”운동으로 활발히 운동한다. 이러한 형태와 운동은 *Tetrahymena*의 공통적인 특징이다.

조직학적으로 어체의 체벽에는 직경 12~30 μm의 수많은 난원형의 충체가 조직의 깊숙한 곳과 피하에 분포하고 있다. 조직의 깊은 곳에 분포하는 충체는 직경 12~15 μm의 호염기성, PAS 양성의 충체로서 내부에는 10~15개 이상의 난원형의 치밀하게 연결된 subunit가 들어 있는데, 이것들은 식별이 불가능한 1개의 강호염기성의 중심부를 가지고 있다. 이러한 호염기성의 subunit는 PAS 양성이지만 hemoglobin은 발견되지 않는다.

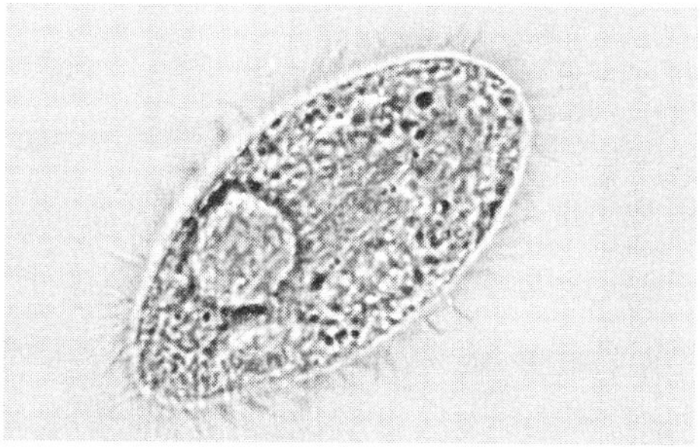

그림 3-90 **무염색 도말표본**. 직경 30 μm의 난원형의 운동성(spiraling football motion)이 활발한 섬모충. X1,000.

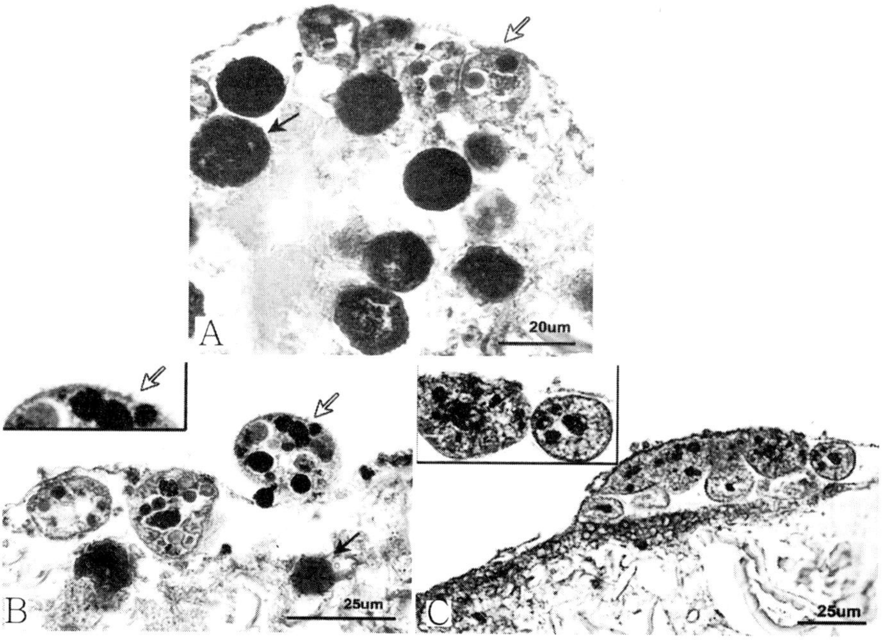

그림 3-91 **A:** 조직 깊은 곳(검은 화살)에 호염기성의 충체와 피하에 집합체를 형성(흰 화살)하는 variegated forms충체의 분포 형상. **B:** 피하의 충체의 집합체. 삽입: 25 μm의 variegated forms. 피하에는 variegated forms이, 깊은 곳에는 동일한 모양의 호염기성의 충체가 형성(검은 화살). **C:** 피하의 variegated forms과 상세도(삽입). variegated forms은 치밀한 호염기성의 피하층에 pocket를 형성한다. 이 층은 변성하고 있는 체벽의 근육조직이라 추정. HE.

때로는 상피세포에 집합체를 형성하고 있는 것이 발견되는데, 이것은 침입한지 얼마 경과되지 않는 것을 의미한다. 충체를 Gram염색하면 충체의 체벽을 따라 많은 혼합된 그람 음성균이 존재하는 것을 알 수 있다.

6) 편모충류

(1) 능성어 *Epinephelus areolatus*의 *Trypanosoma*

수산양식에 있어 *Trypanosoma*는 주로 저온성 담수어류에 감염되는 편모충류으로 금붕어와 잉어에 기생하는 *T. carasii*와 대서양대구에 기생하는 *T. murmanensis*가 가장 유명하다.

*Trypanosoma*와 마찬가지로 같은 편모충인 *Cryptobia*와 *Trypanosoma*를 구분하는 방법은 *Trypanosoma*는 1개의 편모를 가지고 있지만 *Cryptobia*는 2개의 편모를 가지고 있다는 점이다.

*Trypanosoma*의 생활사는 거머리의 소화관에서 sphaeromastigoes로 되어 epimastigotes로 된 다음 거머리의 proboscis로 이동하여 감염력이 있는 metatrypanosomes로 변태하게 된다. 거머리가 어류를 흡혈할 때 어류 조직내로 침투하여 감염이 성립되게 된다.

*T. murmanensis*의 발육은 0~1°C에서는 62일, 4~6°C에서는 42일이 소요된다. 어류에 감염된 후 3일이 경과하게 되면 혈액내에 소형의 trypomastigotes가 출현하여 29~55일 걸려 점차 대형의 trymastigotes로 된다. 감염 개체의 혈액 내에는 다형의 trypomastigoes가 존재하게 된다.

감염어류의 혈액 내에서 발견되는 Trypomastigotes는 급성 감염일 때는 소형이며, 만성 감염일 때는 대형의 Trypomastigotes가 발견된다. 해산어에서의 trypomastigotes는 100 μm의 대형이 있는 반면 담수어의 trypomastigotes는 50 μm 이하인 것이 대부분이다. 지렁이가 섭취하게 되면 편모가 없는 amastigoes로 된다. 그러나 어체 내에서는 충체의 증식과 분열은 결코 일어나지 않는다.

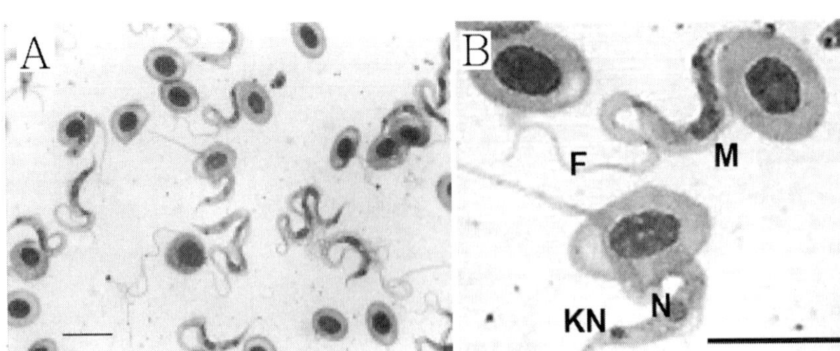

그림 3-92 말초혈액도말표본. **A:** Typomastigotes. **B:** Typomasitigotes의 형태적 특징. 1개의 편모(F), undulating membrane(M), kinetoplast(KN) 및 핵(N). Giemsa염색. Bar=10 μm.

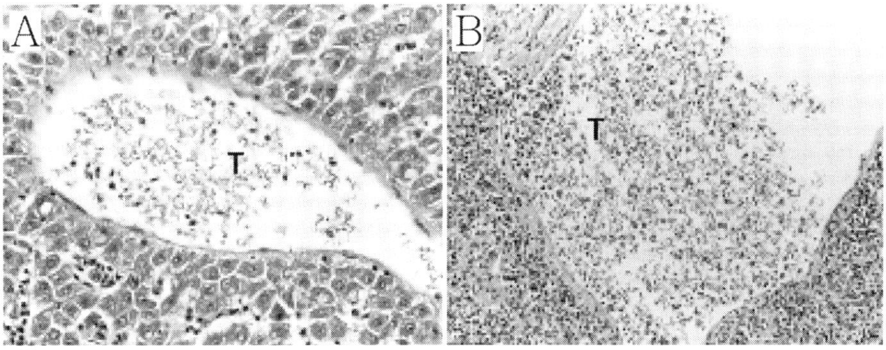

그림 3-93 간장의 정맥(A)과 비장의 혈관(B) 내의 trypomastigotes(T). HE.

*Typanosoma*에 감염된 어류는 빈혈, 조혈조직의 손상에 의해 심한 빈혈, 무기력 또는 여윔과 신장의 종대 등의 증상을 나타나면서 폐사하게 된다.

병어의 복강, 신장 또는 아가미의 무염색 도말표본과 Giemsa염색한 말초혈액도말표본에서는 많은 *Trypanosoma*가 발견된다. 혈액 내의 충체인 trypomastigote는 1개의 편모와 1개의 파동막(undulating membrane), 1개의 kinetoplast와 핵을 가지고 있다. 편모를 포함한 충체의 길이는 약 30 mm 정도이다. 어체에서 발견되는 trypomastigote의 크기가 균질할 때는 동일시기에 감염된 것으로 간주할 수 있다. Trypomastigotes는 어류의 간장, 비장, 뇌, 눈, 신장, 부레, 흉선 등 다양한 조직에서 발견됨으로 parasitaemia라 할 수 있다.

조직 손상은 비장, 부레, 눈의 맥락막, 신장의 사구체 등에서 발견되며, 신장에서는 적혈구의 심한 괴사와 hemosiderin의 축적이 관찰된다. 그럼으로 *Trypanosoma* 감염 개체는 용혈성 빈혈이 생긴다고 할 수 있다. 또한 부레의 염증 및 맥락막의 수종성 종대 및 사구체의 확장 등도 관찰된다.

해산어 양식에서는 수조의 거머리를 죽이기 위해 trichlorophon 2ppm에 60분간 약욕하고 있지만 완치되는지 여부는 불분명하다. Chinook salmon에 감염되는 유사한 혈액편모충인 *Cryptobia salmonisitica*에는 isometamidium chloride를 어체중 kg당 1 mg을 근육주사하며, 항말라리아제제인 pyrimethamine도 *Cryptobia*에는 효과적이라 알려져 있다.

7) 근족충류

(1) Turbot의 *Paraneoamoeba*

감염어의 아가미 표면에는 많은 수의 충체가 발견된다. 영양체는 최대 길이가 29 μm, 타원형의 cyst 형성 단계인 소위 “resting” 단계의 직경은 18.5 μm(18.3~19.4)이다. 영양체의 세포질에는 다양한 크기의 공포가 많이 존재함으로 거품 모양(foamy appearance)을 띈다.

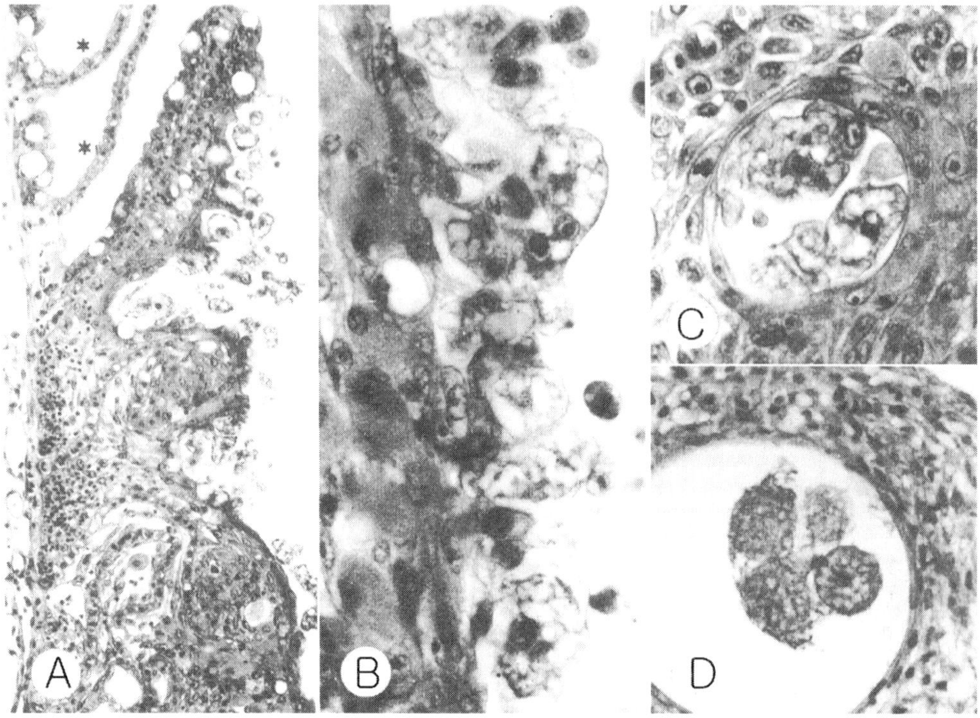

그림 3-94 **A:** 새변과 2차 새변의 변화. 윗 부분의 2개(*)는 미감염 정상의 2차 새변. **B:** 2차 새변에 부착된 거품 모양의 영양체. **C:** 2차 새변 사이에 형성된 공간내의 2영양체. **D:** 거의 비슷한 크기의 공포를 가진 타원형의 cyst형성(=resting) 단계의 영양체.

아가미의 2차 새변의 변화가 심하게 일어나는데, 영양체가 부착함에 따라 상피세포는 비대 증생되고, 새변 사이에 충체의 숫자가 증가함에 따라 새변은 유착된다. 새변이 유착될 때는 인접 새변과 우선 유착되고 이어서 완전히, 또는 부분적으로 유착된다.

아가미에서 가장 현저한 변화는 상피세포가 점차 입방상피로 변화하는 것과 혈액순환에 국소적 장애가 유발된다는 것이다.

새변이 증생에 의해 두터워질 때 초기에는 많은 소금세포가 2차 새변의 기부에서 발견된다. 또한 새변이 불완전하게 유착될 때는 새변과 새변 사이에 빈 공간이 형성된다. 새변 사이의 이러한 빈 공간은 cyst가 형성되는 곳에서만 만들어지며 내부에는 증식하고 있는 충체가 들어 있다.

감염이 진행됨에 따라 새변은 완전히 유착되고, 염증 반응에 의해 새변의 고유의 형태가 소실된다. 2차 새변의 끝 부분의 유착은 상피세포의 부종성 박리에 의한 것으로 사후 분해에 의한 상피세포의 박리와 구분하기 어렵다.

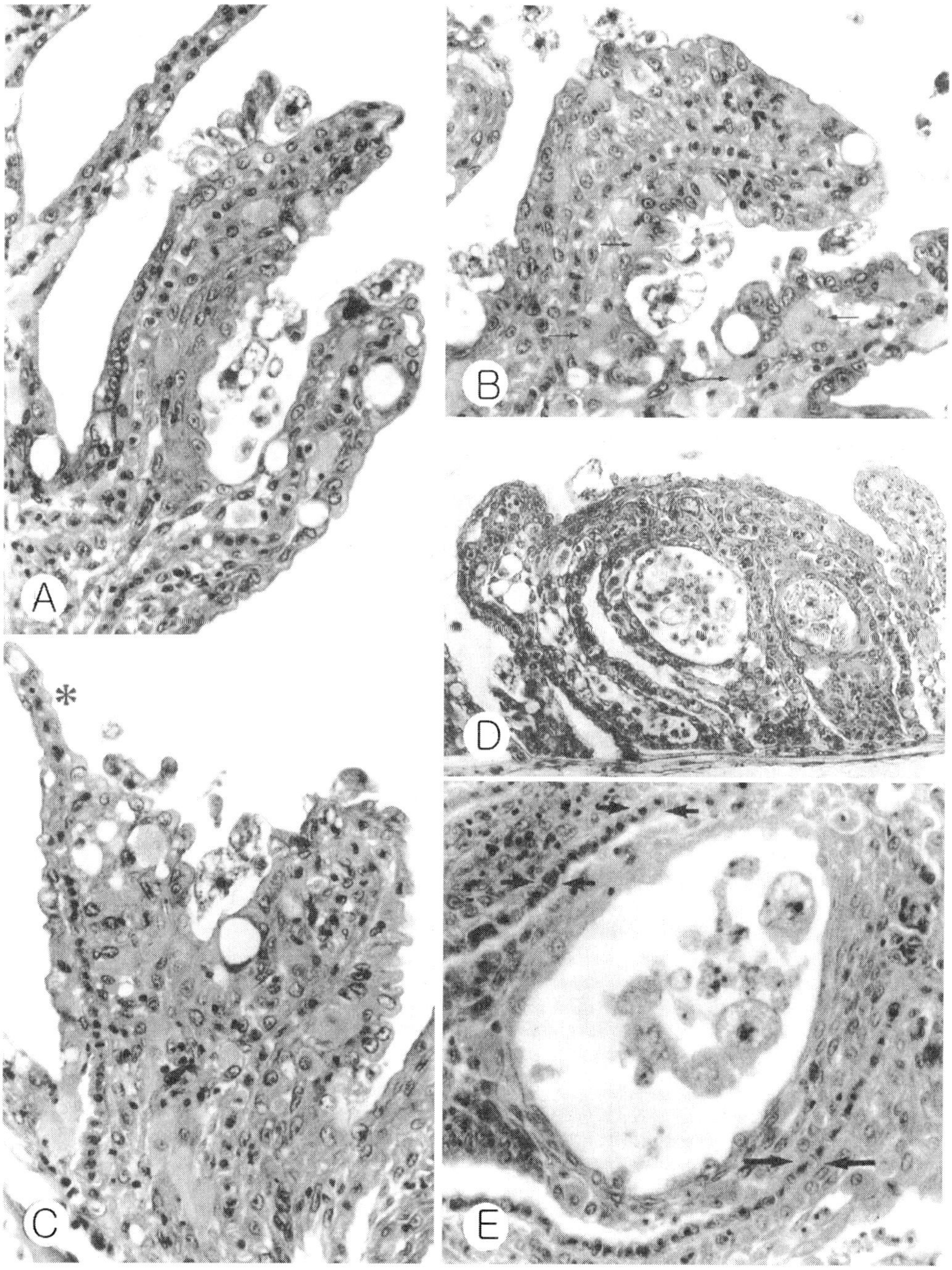

그림 3-95 **A:** 영양체 부착에 따른 2차 새변의 비후. **B:** 2차 새변의 유착에 앞서 일어나는 소금세포(화살표)가 들어 있는 상피세포의 비대와 증생. **C:** 2개의 2차 새변의 유착. 유착된 새변중 1개의 끝 부분(*)은 정상 뚜께임. **D:** 2개의 새변이 불완전하게 유착되고 중간에 빈 공간이 형성. **E:** 인접 새변 사이의 빈 공간. 모세혈관(화살표). HE.

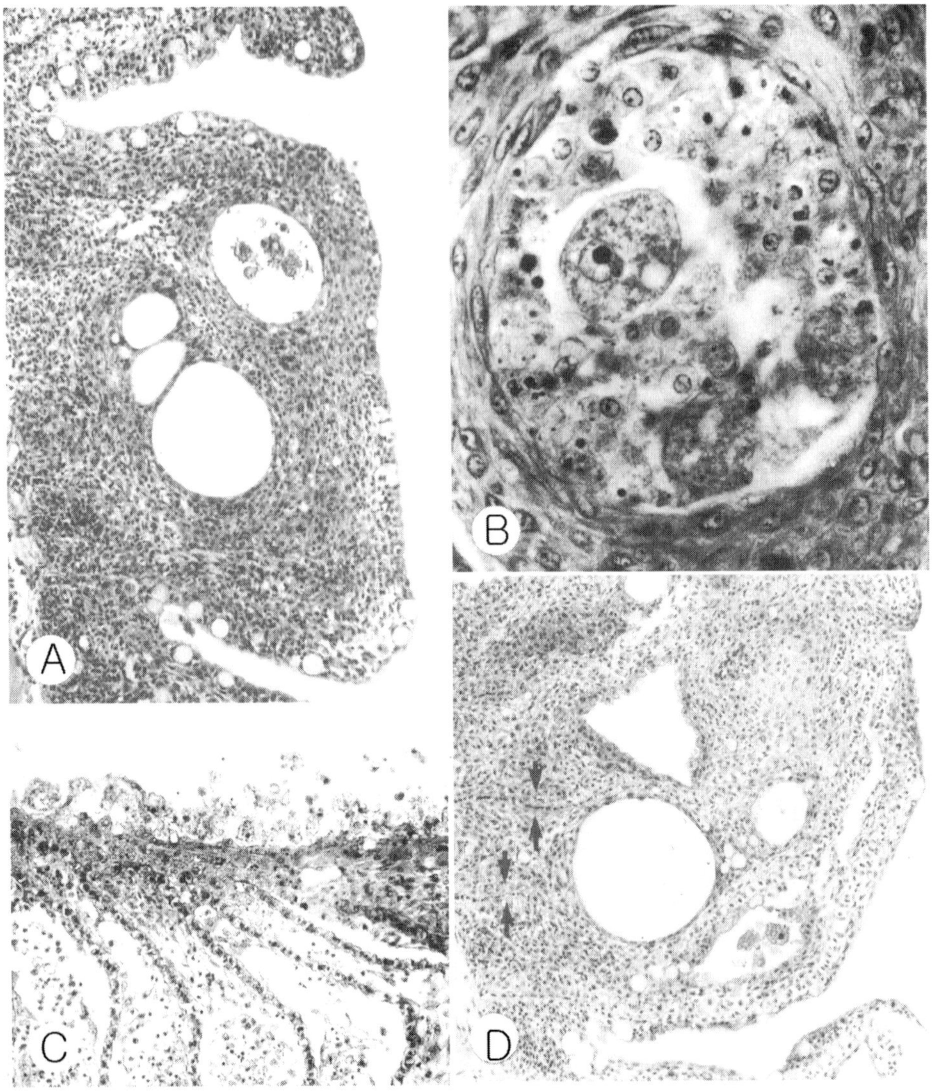

그림 3-96 **A:** 중증어의 유착된 2차 새변의 염증반응. **B:** 새변 간 공간은 증생된 세포로 싸여 있고, 내부에는 충체와 조직 파괴물이 존재. **C:** 2차 새변의 유착된 끝 부분에는 아메바만 존재. **D:** 감염의 말기의 아가미. 아가미의 고유 구조에서 단지 모세혈관만 남아 있음.

(2) 인공 종묘생산 해수 사육 은어 치어의 *Neoparamoeba perurans*

인공 종묘 생산하여 14°C의 해수 사육중인 치어(체장 7 cm, 체중 2.4 g)에 발생한 경우로 감염어는 무기력하며 자극을 가해도 반응이 거의 없다. 병어를 담수로 옮기면 사망이 중지되면서 아메바병은 더 이상 발생하지 않는다. 병어의 아가미의 도말표본을 현미경으로 검경하면 아가미의 상피세포가 증생되어 있으며, 누적 사망률은 약 50% 정도이다.

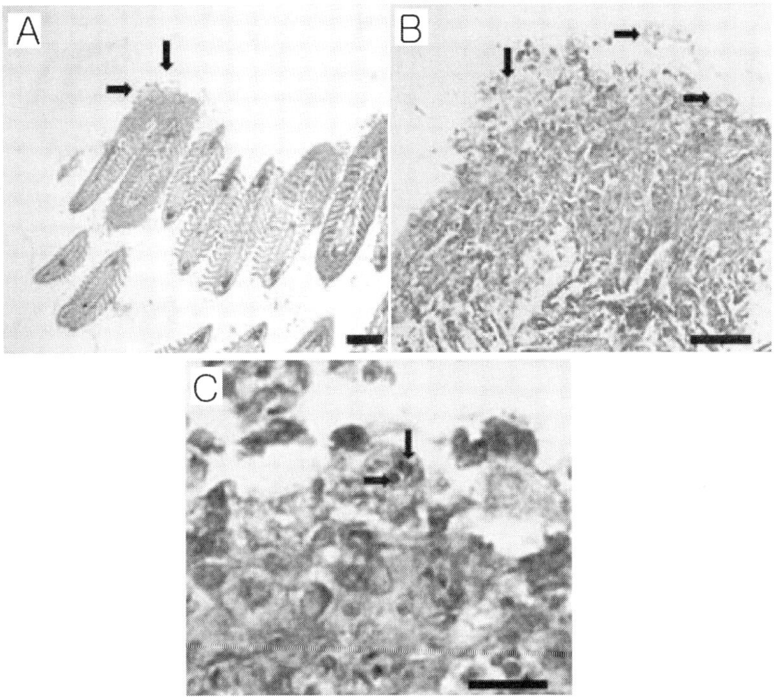

그림 3-97 **A** & **B:** 아가미의 충체(화살표). **B:** 충체의 핵(수평 화살표)과 부핵(수직 화살표). HE. Bar=100 μm(**A** & **B**)와 25 μm(**C**).

아가미의 조직표본을 검경하면 아가미의 상피세포가 현저히 증생되어 있으며, *Amoeba*의 충체가 발견된다. 충체 내의 서로 인접하고 있는 핵을 관찰하는 것이 해산어에 병원성이 있는 *Paramoeba*와 *Neoparamoeba*를 다른 *Amoeba*와 식별하는 중요한 포인트가 된다. 은어에 발생한 경우도 해산어와 마찬가지로 *Neoparamoeba perurans*이다.

2. 다세포생물

1) 단생흡충류

(1) 잿방어의 *Neobenedenia girellare*

*N. girellae*는 감염초기에는 배지느러미와 가슴지느러미에서 발견되지만 점차 피부로 이동하여 피부에서는 거의 성체가 발견된다. 그럼으로 감염은 지느러미에 부착한 다음 피부로 옮겨 간다는 것을 알 수 있다. 감염 충체가 성장함에 따라 잿방어의 성장은 저하되면서 사료 효율도 현저히 증가하게 된다.

그림 3-98 잿방어 정상어(A)와 *Neobenedenia girellae* 감염어(B). Bar=2 cm.

병리조직학적으로는 감염된 상피세포가 얇아지며, 복부의 피부에 충체가 부착한 경우에는 출혈이 생기지만 진피내로 충체의 침입은 관찰되지 않는다.

잿방어에는 심각한 질병임으로 수온이 20°C를 넘게 되면 14일 간격으로 담수에 3~5분 침지하는 것이 감염을 예방할 수 있는 방법이다.

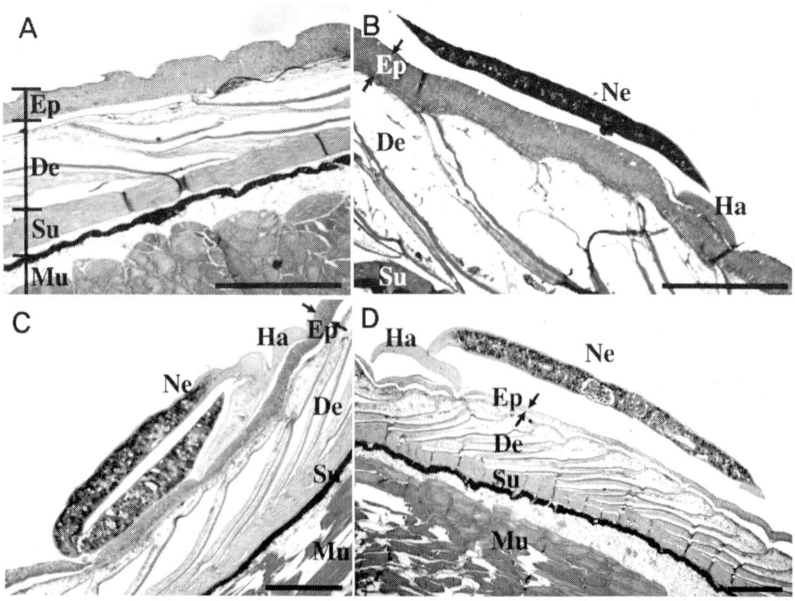

그림 3-99 **A:** 정상 피부. **B-D:** 중증 감염어의 피부. Ep, 표피; De, 진피; Su, 피하조직; Mu, 근육; Ne, 충체; Ha, 흡반. Bar=500 μm.

(2) 돔류의 아가미 혈관내 흡충 *Sanguinicola*

아가미의 도말표본을 무염색으로 검경하면 원형 또는 난원형(35~55 × 35 μm)의 난이 발견되는데, 주로 새변의 끝부분에 위치하고 있다. 난은 3~6 μm의 두터운 균질성의 막에 싸여 있고 그 속에 난이 들어있다. 때로는 난의 집합체가 발견되기도 한다.

조직표본에서 난의 껍질은 호산성으로 내부에는 이질성의 세포성 집합체인 배아 또는 발육이 진행되어 여러 개의 섬모열을 가진고 있는 miracidium이 들어있다. 아가미의 새변의 기부의 혈관내에는 변성된 난이 발견되기도 한다.

충체의 기생에 의해 새변이 붕괴되고, 출혈과 림프구와 과립구를 주체로 하는 염증반응이 수반된다. 또한 호산성의 과립구가 난을 둘러싸기도 하지만 상피세포의 증생은 현저하지 않다.

신장의 혈관이 아닌 곳에 충체의 성체가 발견되기도 한다. 성체의 크기는 직경이 100~150 μm이며, 충체의 체벽은 가시 모양의 cuticle로 덮혀 있고, 소화관, 암수 생식기 및 vitellarium등의 기관이 발견된다. 흡충의 주위에는 엷은 섬유성 피막이 관찰되며 melanomacrophage를 주체로 한 염증반응이 일어나며 충체가 흡수된 육아종이 발견되기도 한다.

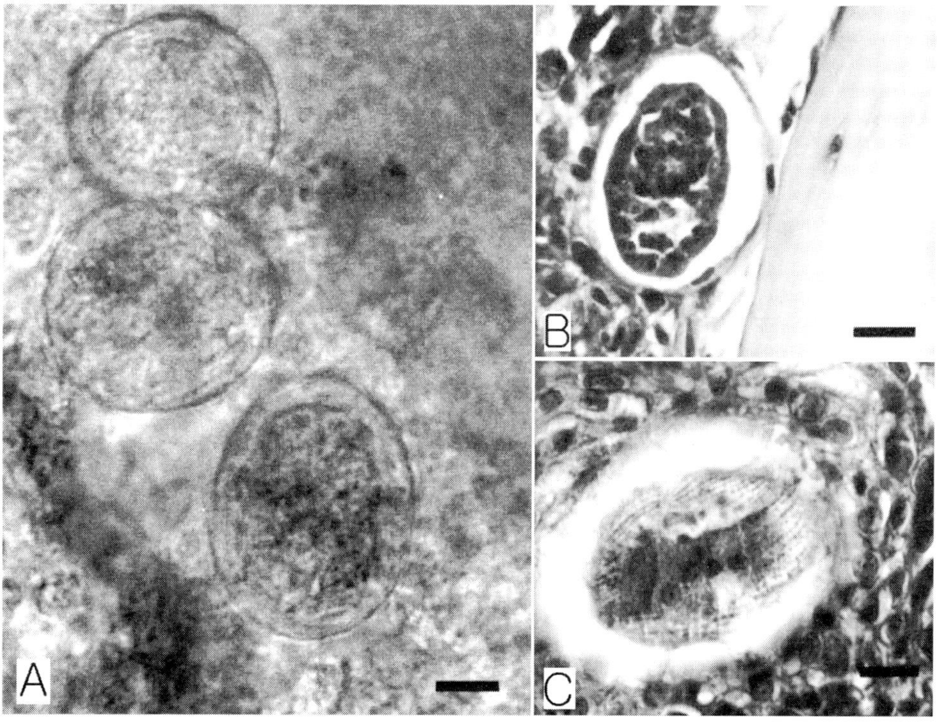

그림 3-100 **A:** 새변의 끝 부분에 위치한 난원형의 난. **B:** 새변 동맥 내의 충체 유생. **C:** Miracidium의 섬모열. Bar=10 μm.

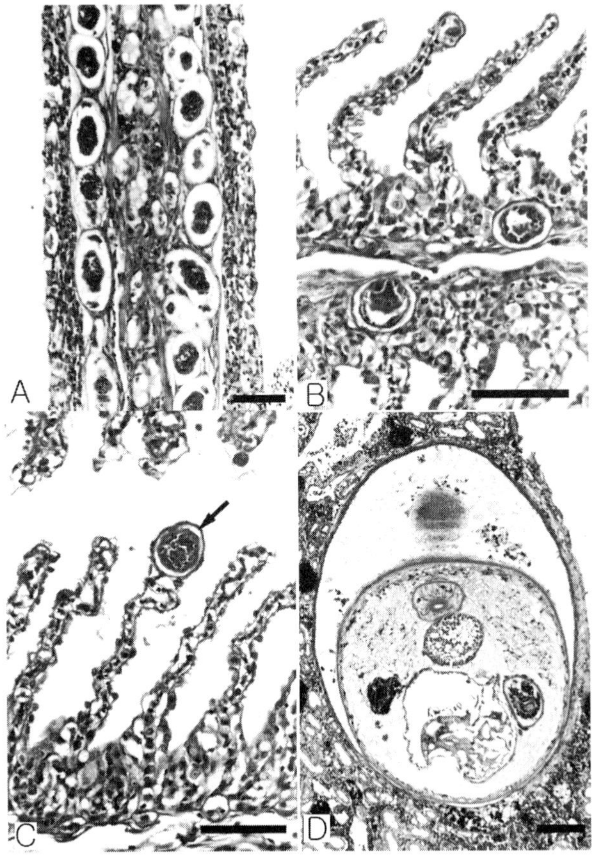

그림 3-101 **A:** 새변 구심성 동맥 내의 난. **B:** 새변내의 난. **C:** 새변 끝 부분의 난. **D:** 신장내의 충체 성체. HE. Bar=50 μm(**A-C**) 및 100 μm(**D**).

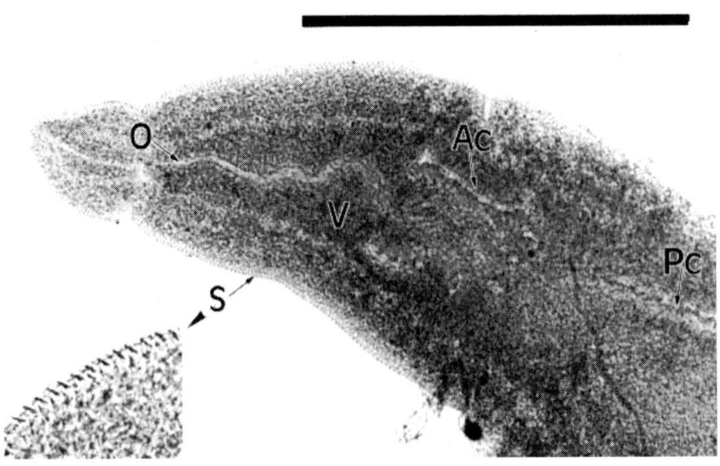

그림 3-102 **신장 조직 표본내의 충체 성체. AC:** anterior caecum; **O:** oesophagus; **PC:** posterior caecum; **S:** spines(Inset); **V:** vitellaria. Bar=0.5 μm.

(3) 잿방어의 아가미의 단생 흡충류 *Zeuxapta seriolae*

감염어는 봄-여름에 발견되며, 체색 등 외부 증상은 없지만 유영속도가 느려진다. 그러나 감염 충체의 숫자가 많아지고 산란된 난의 끈(string)이 서로 엉킴에 따라 아가미의 점액이 과도하게 분비된다. 난의 끈은 수조의 바닥과 수중에서 많이 발견할 수 있다.

폐사어는 비장과 신장이 빈혈로 퇴색되는 것 이외에 내장기관은 거의 정상이다. 감염어의 Ht는 현저하게 감소한다.

병리조직학적으로 신장과 비장에서는 변화가 발견되지 않지만, 아가미는 상피세포가 증생되며, 충체는 고착기를 사용하여 새변에 부착되어 있으며, 새변은 인접 새변과 유착되게 된다.

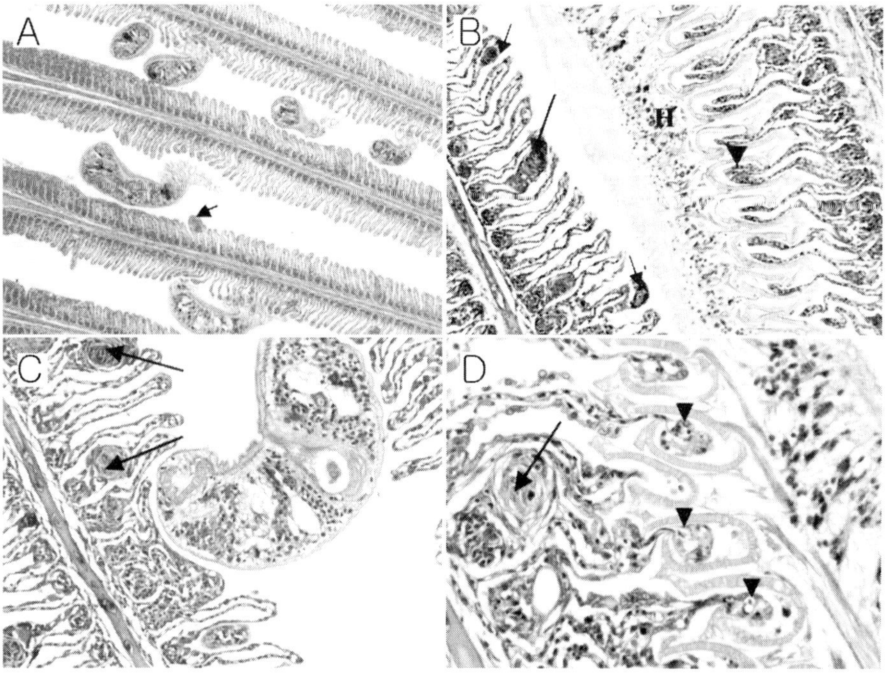

그림 3-103 **A:** 1~2개의 새변을 후고착기로 붙잡아 새변이 유착(화살표 머리). **B:** Epitheliocytis(화살표)의 혼합감염. **C:** 부착 부위 인접 새변의 붕괴와 유착 및 곤봉화. **D:** Epitheliocystis의 혼합감염(화살표)에 의한 상피세포의 증생.

(4) White bass의 단생류 흡충 *Gamacallum macroura*

단생류 후흡반류인 *Gamacallum macroura*는 Microcotylidase에 속하는 종으로 숙주 세포의 혈액을 먹이로 섭취하여 성숙하면 난을 산란하고 난이 부화하여 직접 어류에 감염되는 생활사를 가지고 있다. 대서양 연안의 striped bass에 가장 빈번히 감염되는 것으로 충체는 완전한 해수 보다는 염분이 낮은 기수가 적합한 사육조건이라 할 수 있다.

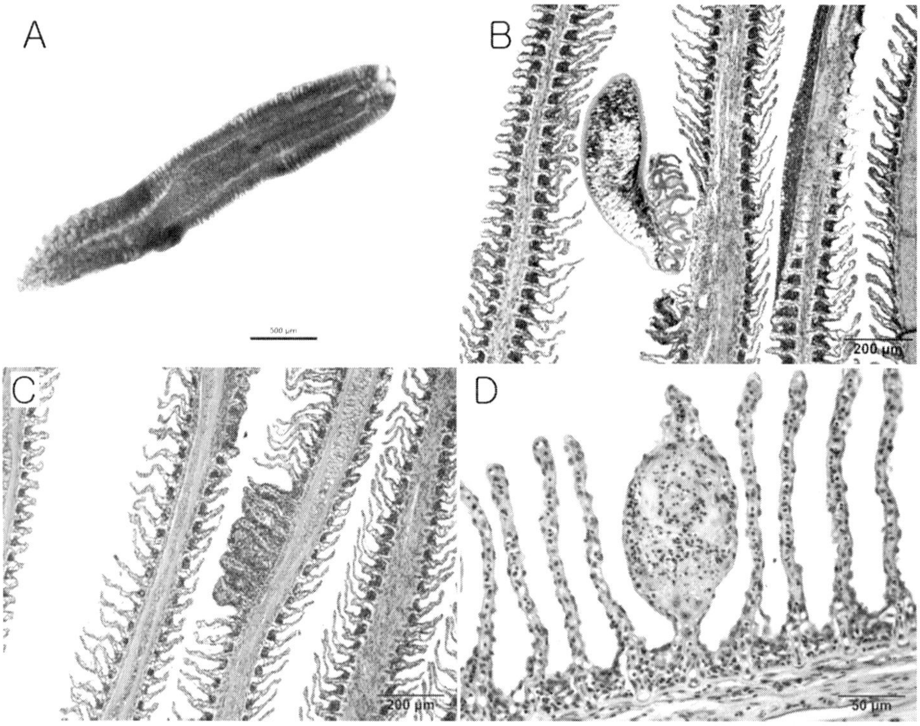

그림 3-104 **A:** HE염색 충체. **B:** 아가미에 부착한 충체. **C:** 2차 새변이 두터워지면서 유착. **D:** 아가미의 맥류.

충체의 후반부에 좌우 대칭의 haptor가 있고 각 haptor에는 20-25개의 clamp가 한 줄로 배열되어 있다. 또한 clamp는 중앙의 clamp가 전후의 clamp보다 크기가 크고, 비뇨생식공은 등쪽 중앙부에 위치(dorsomedial), genital atrium은 복부 중앙(ventromedial), 수컷의 copulatory organ은 키틴성의 spicule을 가지고 있고, 소화관 맹낭이 haptor쪽으로 뻗어 있는 등의 특징이 *Gamacallum*의 특징이라 할 수 있다.

감염어는 충체의 흡혈에 의해 아가미가 빈혈을 일으키며, 병리학적 변화는 거의 아가미에 한정적이다. 빈혈을 일으키고 있는 아가미는 2차 새변의 여러 곳에 상피세포가 증생되어 유착되게 되며, 단구의 침윤과 부종이 생긴다. 2차 새변의 모세혈관의 내부에는 fibrin과 붕괴 세포의 잔해가 들어 있어 색전을 유발할 때도 있다.

충체는 후흡반의 clamp를 사용하여 2차 새변에 부착하기 때문에 부착 부위에는 상피세포의 붕괴와 탈락 및 부착 부위 아래의 상피세포가 상피세포의 증식과 육아종의 형성 등에 의해 두터워진다.

빈혈이 생긴 아가미에는 2차 새변의 맥류(aneurysm) 형성 및 모세혈관내의 혈전이 관찰된다. 내장기관에는 변화가 없지만 간장의 공포화와 지질 축적이 일어나지만 이것도 bass에서는 정상의 간의 조직상과 비슷함으로 간장에서의 변화도 없다고 할 수 있다. 치료 방법은 *Microcotyle sebastis*와 마찬가지로 praziquentel을 경구투여하면 효과적이다.

(5) 태평양 참치의 혈관내 흡충 *Cardicola orientalis*와 *Cardicola opisthorchis*

태평산 참치의 혈관내 흡충은 *Cardicola orientalis*와 *Cardicola opisthorchis*가 있으며, 전자는 아가미의 혈관에 기생하는 반면 후자는 심실에서 발견된다. 아가미의 난은 voltex mixer에 새변을 혼합함으로서 떼어낼 수 있다.

새변 내의 난을 관찰하기 위해서는 슬라이드 글라스에 glycerine을 적하한 다음 새변을 놓고 카버글라스를 덮은 다음 관찰하면 편리하다. 또한 새변에서 난을 쉽게 유리시키는 방법으로는

새궁을 절취하여 1 M NaOH에 넣고 37°C에서 1시간 용해시킨 다음 NaOH 양의 1/2만큼의 2 M HCl을 첨가하여 중화시킨 다음 세척하여 난의 수를 계수할 수 있다.

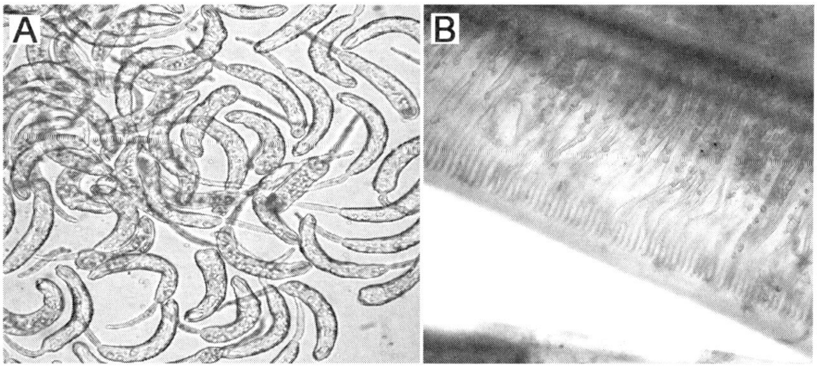

그림 3-105 참치(*Thunnus thynnus*)의 혈관내 흡충 *Cardicola forsteri*. A: 충체. **B:** 아가미에 축적된 산란된 충체의 난.

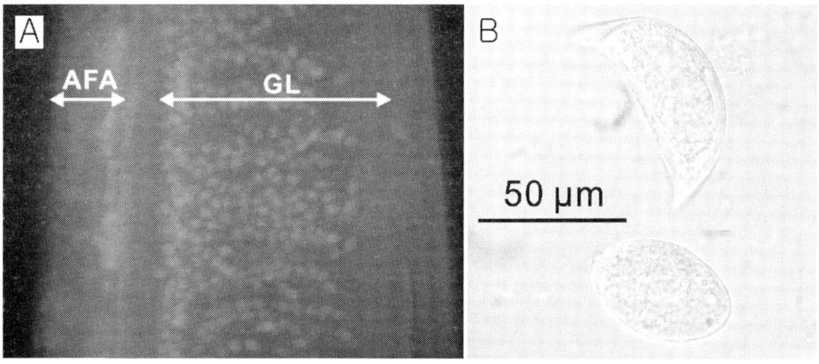

그림 3-106 Uvitex 2B염색 새변. 난형은 새박판에서, 초승달 모양은 구심성 동맥에서 발견. **B:** 초승달 모양의 *C. opisthorchis* 난과 난형의 *C. orientalis*(아래).

난은 초승달 모양과 난형의 2가지가 발견되는데, 난형은 *C. orientalis*이며, 초승달 모양은 *C. opisthorchis*의 난으로 특이 primer사용한 PCR의 결과와 일치된다. 아가미에서 *C. orientalis*의 난은 2차 새변에서, *C. opisthorchis*는 구심성 새변 동맥에서 많이 발견된다.

분자생물학적으로는 90%에탄올 또는 증류수에 세척한 다음 -20°C에 보관한 난 5-15개를 사용하여 DNA를 추출한다. 종류별에 따른 primer는 *C. orientalis*는 CO-F Forward(5′-GCT ATT CCT AGA TGT TTA CG-3′)와 CO-R Reverse(5′-GCA AAG AAA CAT TGC ATC G-3′), *C. opisthorchis*는 CH-F Forward(5′-TTT TCC TAA ATG TGT GTG CA-3′)와 CH-R Reverse(5′-AGG CAA CAA GTA TCA AAA CA-3′), Cardicola spp.는 BF-F Forward(5′-GGA AAT TGT GCY ACC TGG CA-3′)와 BF-R Reverse(5′-AGC ACA AGC CGC TAC CA-3′)를 사용한다.

PCR조건은 95°C 2min, 35 cycles(95°C 50s; 49°C 50s; 72°C 50s)와 final extension 72°C 4min간 반응시킨다.

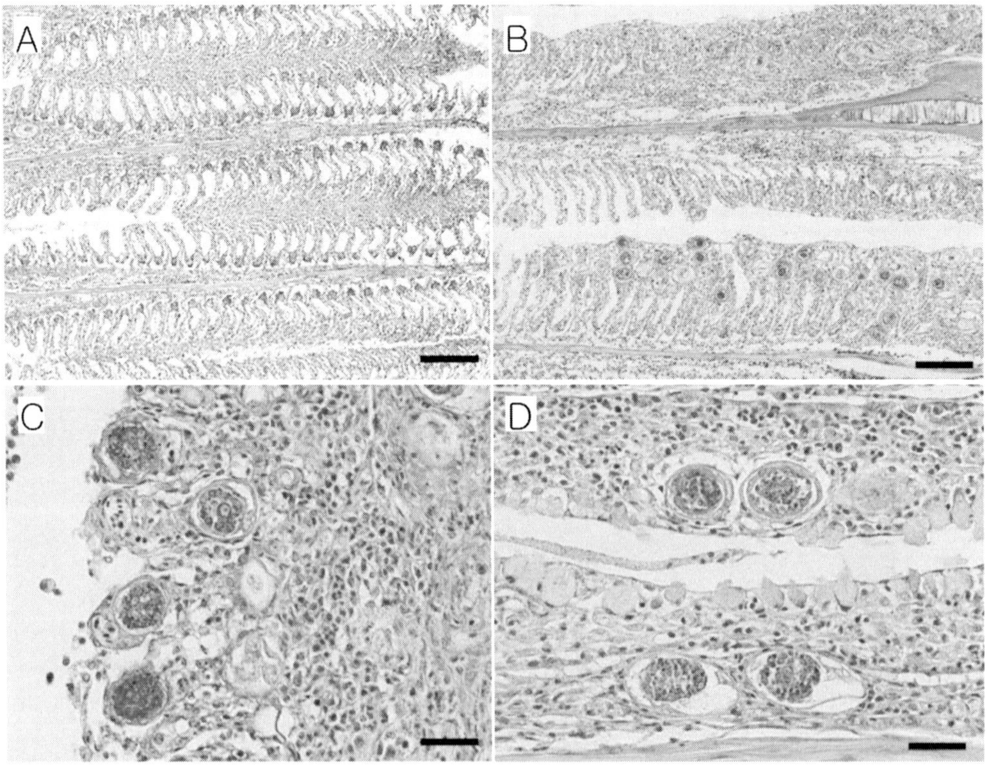

그림 3-107 **A:** 정상의 새변. **B:** *C. orientalis* 난 감염 새변의 유착(아래). 위의 새변에는 난이 없고 새변 사이에 난이 존재. **C:** *C. orientalis*난의 심한 감염. 대부분의 난은 새변의 끝 부분에서 발견. **D:** 2차 새변의 *C. orientalis*(위)와 새변의 *C. opisthorchis*의 난. 모두 섬유아세포에 피포됨. HE. Bar=100 μm(**A-B**) 및 50 μm(**C-D**).

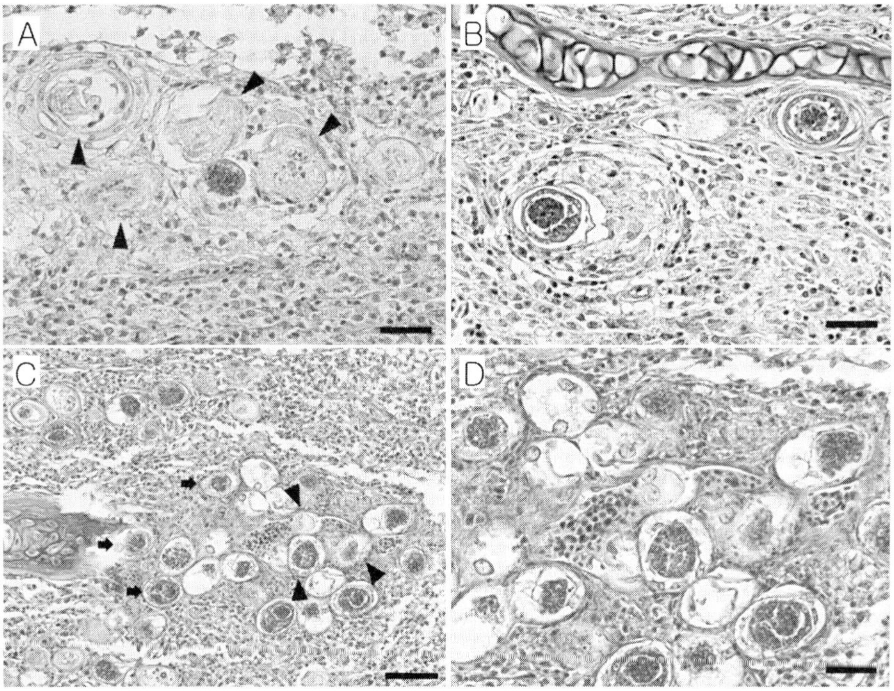

그림 3-108 **A:** 새박판 사이의 사란(화살표 머리). **B:** 내부에 섬모가 있는 배아를 가진 난(오른쪽)과 유상피세포와 섬유아세포의 두터운 막에 피포된 난(왼쪽). **C:** 내부의 난(화살표 머리) 때문에 불규칙하게 팽대된 구심성 새변 동맥과 동맥 외부에서 발견 되는 난. **D:** **C**의 확대도. HE. Bar=50 μm(**A**, **B** & **D**) 및 100 μm(**C**).

*C. orientalis*는 2차 새변의 끝 부분에 주로 기생함으로서 새변의 곤봉화를 초래한다. 난은 엷은 섬유아세포의 막에 싸여 있지만 때로는 유상피세포와 섬유아세포에 의해 피포될 때도 있다. 난의 내부에는 여러 가지 발육단계의 배아세포가 관찰되는데 초기에서부터 miracidium의 단계까지 다양한 단계의 유충이 발견된다. 또한 변성되어 죽은 난이 새박판 사이에서 발견되기도 한다. 새변은 난이 축적됨에 따라 두터워지며, 때로는 새변동맥에서 빠져나오는 경우도 있다.

(6) 능성어와 농어의 아가미 기생 단생류 *Diplectanum aequans*

감염 개체는 아가미가 빈혈 및 점액이 과잉으로 분비되며, 선상의 출혈부위가 관찰된다. 병리조직학적으로 단생류의 충체는 1차 새변의 기저막과 섬유성 조직에 후흡반을 사용하여 깊숙이 삽입하고 있다. 이 때문에 2차 새변이 붕괴된다. 단생류의 기생에 의해 아가미는 증생과 출혈이 생기는 것이 주된 병변이며, 백혈구의 침윤이 생기는 경우도 있다. 그러나 때로는 출혈과 염증세포의 침윤이 없는 경우도 있다. 대개의 경우 갑각류와 혼합감염을 유발함으로 아가미에 더욱 심한 병변이 초래되어 폐사한다.

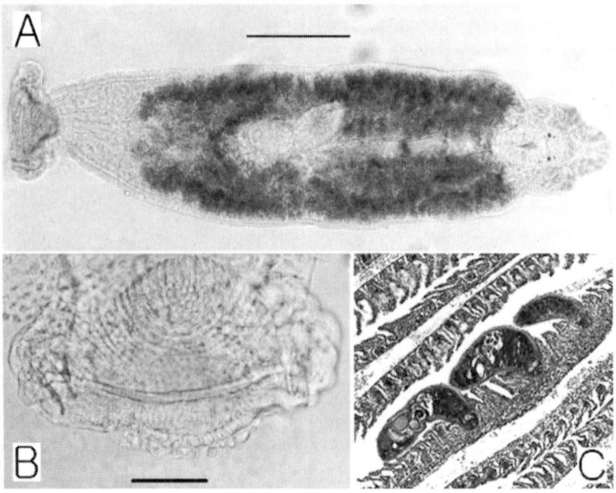

그림 3-109 **A:** 단생류 *Diplectanum aequans* 무염색 충체. **B:** *Diplectanum aequans*의 파악기. **C:** 새변에 부착한 충체. Bar=200 μm(**A**), 50 μm(**B**).

치료는 rafoxanid 6ppm에 48시간 약욕 또는 trichlorfon 0.15ppm에 2일간 약욕시키는 것이 유효한 방법이며, 기생충의 구제에 사용되는 formalin의 약욕은 전혀 효과가 없다.

2) 이생흡충류

(1) 자주복의 혈관 내 흡충 *Psettarium*

감염은 7~8월에 많은 편으로 감염된 자주복은 내장의 혈관이 부풀어 올라있고, 비장에 소형의 백색 반점 및 복강 내부에 출혈이 생긴다. 내장의 도말 표본을 검경하면 간, 비장, 신장, 생식소, 심장 및 아가미에서 충란을 발견할 수 있지만, 소화관, 생식소, 심장 및 아가미에서는 발견되지 않을 때도 있다.

기생충의 난이 혈관을 폐쇄하여 순환장애를 유발하며, 비장, 간장, 신장 및 소화관 등의 복강내의 장기에 충란이 충만하게 되고 충의 주변에는 육아종이 형성된다.

비장에서의 소형 백점은 충란의 집합체로서 타원형을 하고 있는 난의 크기는 검출 부위에 따라 별 차이가 없이 길이 53.0 ±6.24 μm(34~69), 폭은 32.1 ±3.17 μm(26~39)이다.

자주복의 내장의 혈관을 여러 조각으로 절단한 다음 생리식염수에 3시간 정도 담구어 놓으면 혈관내의 기생충이 혈관에서 빠져나온다. 빠져나온 충체는 슬라이드 글라스에 도말한 다음 커버 글라스를 덮어 편편하게 만든 다음 AFA (70% ethanol 20; formalin 1; acetic acid 1)에 고정하여 Heidenhain's iron hematoxylin에 염색한 다음 탈수 · 투명화한 다음 봉입하여 형태를 관찰한다. 충체는 6~10 mm로 중국의 자주복에 기생하는 종의 크기인 3~5 mm 보다 약간 대형이다.

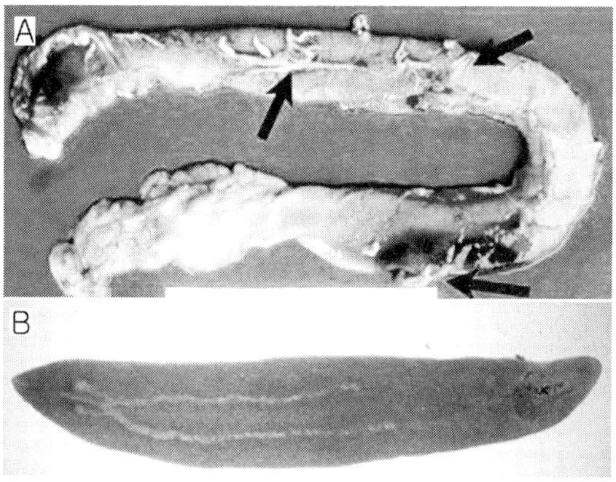

그림 3-110 **A:** 충란의 혈관 폐쇄에 의해 부풀어 오른 소화관의 혈관. **B:** 충체.

(2) 참치류의 아가미 뚜껑, 새궁 기생 흡충 *Didymocystis*

Didymozoidae과에 속하는 2생목 흡충인 Didymosulcus는 해산어류뿐만 이니라 패류에도 감염된다. 참치(*Thunnus atlanticus*)에서는 *D. philobranchiarca*는 단단한 denticle plate 내에 있는 groove내에 형성된 노란 cyst내에 들어있다. 또한 감염 숙주에 따라서는 아가미 뚜껑, 새궁 내의 cyst 내에 들어 있다.

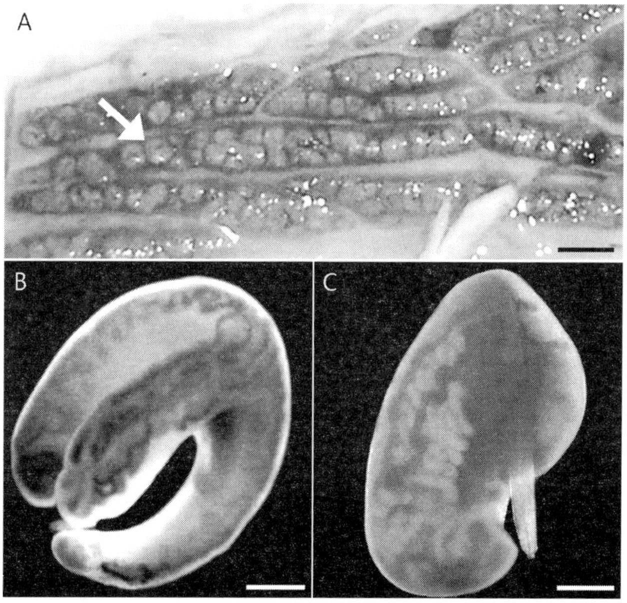

그림 3-111 참치(*Thunnus atlanticus*)의 denticle plate내의 노란색의 *Didymosulcus philobranchiarca* cyst(**A**)와 충체(**B**). **C:** *Didymosulcus palati.*

Cyst에는 2개의 충체가 들어 있고, 1개의 얇지만 단단한 투명한 물질로 덮여 있다.

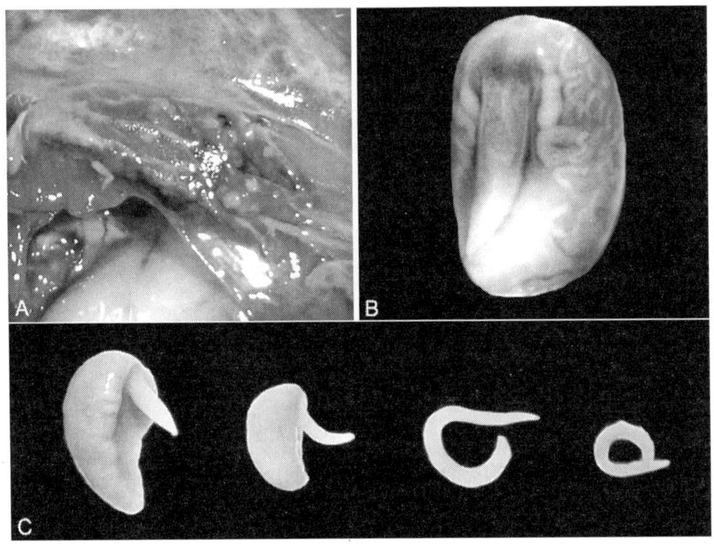

그림 3-112 **A:** 아가미 뚜껑 내의 *Didymocystis lamotheargumedoi* cyst. **B-C:** *Didymocystis lamotheargumedoi* 충체. **C:** 미성숙 및 성숙 충체.

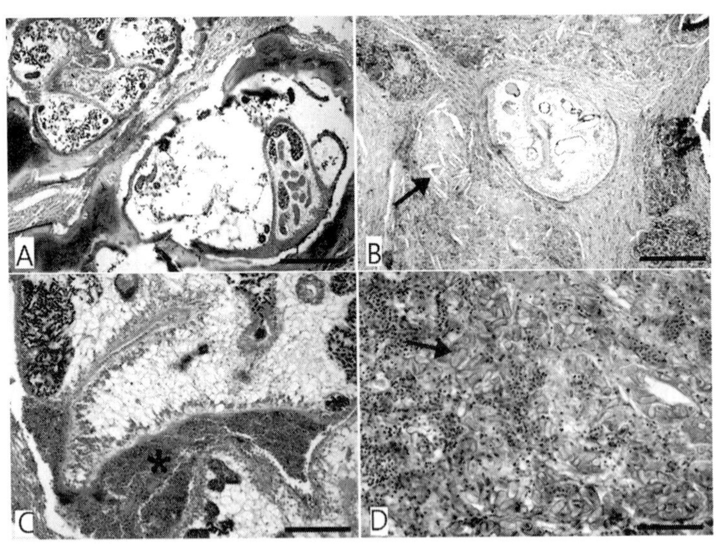

그림 3-113 **A:** 경골 조직 속에 들어 있는 1쌍의 충체. **B:** 결합조직성의 피막에 싸인 충체의 cyst는 염증세포의 침윤과 cholesterol cleft(화살표)가 있는 출혈 영역이 존재하는 bone laminae에 인접한 곳에 고도로 맥관이 형성된 섬유성 결합조직에 파묻혀있다. **C:** 적혈구(별표)에 둘러싸인 충체. **D:** 고도로 맥관형성된 섬유성 결합조직속의 난(화살표). 난은 황갈색의 물질에 싸여 염색되거나 무염색으로 내부에는 호산성의 물질이 들어 있다. HE. Bar=**A** & **B**(0.2 cm) **C**(0.11 cm) 및 **D**(0.66 cm).

병리조직학적으로 cyst내에 들어있는 *D. philobranchiarca*성충은 bone laminae에 둘러싸여 있다. 적혈구와 난의 덩어리 등이 bone laminae와 충체사이에서 발견되기도 한다. Cyst는 bone laminae에 인접한 고도로 맥관계가 형성된 섬유성 결합조직에 묻혀어, 결합조직성의 피막과 적혈구세포에 둘러 싸여있다. 이러한 섬유성 결합조직에는 염증세포의 침윤, 출혈이 특징적이며, 난의 덩어리는 많은 황갈색을 띄고 있는 멜라노마크로파아지와 hemosidrin에 둘러싸여 있다. 충체의 외부에 있는 난은 염색되거나 염색되지 않지만 내부에는 호산성의 물질이 들어 있다.

(3) 연준모치(*Phoxinus phoxinus*)의 뇌 기생 *Diplostomum phoxini*

2생흡충인 *Dipolostomum phoxini*가 뇌에 기생하는 질병으로 뇌에서 발견되는 피낭유충은 길이가 239.75 ±11.51 μm, 폭 103.05 ±5.88 μm로 가장 많이 발견되는 곳은 연수(medulla oblongata)이다. 때로는 소뇌(cerebellum)의 표층 부위인 피질 내에서도 발견된다. 그러나 소뇌의 수질, 뇌하수체, 후엽(olfactory lobe) 및 후구(olfactory bulbs)에서는 발견되지 않는다. 소뇌의 40%, 연수의 30%정도가 피낭유충이 차지하고 있기 때문에 신경조직의 비율이 매우 낮아져 있다. 소뇌나 연수내의 피낭유충은 뇌세포와 손상 세포 잔해에 둘러싸인 커다란 빈 공간 내에 들어있다.

피낭유충은 복흡관과 구흡반으로 숙주 조직에 부착된 형태로 발견되며 충체 내에는 뇌의 조직이 발견되기도 한다. 후구내의 조직에도 피낭유충이 발견되지만 시엽은 소뇌나 연수에 비해 훨씬 낮은 비율로 발견된다. 연수 내의 피낭유충은 검은 모양의 세포로서 타원형의 핵과 확산된 세포질을 가지고 시엽의 ventricle의 과립층을 형성하는 세포인 과립세포와 직접 연결되어 있다.

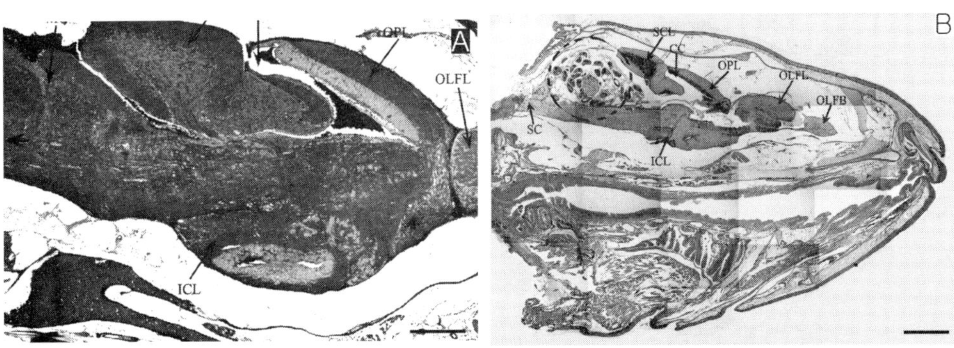

그림 3-114 **A:** 건강한 어류의 뇌. 후엽(OLF), 시엽(OPL), 소뇌피층(SCL), 소뇌강(CC), 소뇌수질(ICL), 연수(MO). **B:** 감염어. 소뇌와 연수의 대부분이 피낭유충(원의 내부)이 차지. 후구(OLFB), 척수(SC). Bar=250 cm(**A**) 및 500 cm(**B**).

시엽 과립층내 특히 ventricle의 표면에 rodlet cell이 산재하여 출현하고 있는 것이 매우 특징적으로 피낭유충에 아주 근접하여 나타난다. 또한 rodlet cell은 소뇌의 주변부에서도 발견된다. Rodlet cell은 장축이 12.12 ±0.19 μm, 단축 8.59 ±0.16 μm인 대형으로 내부에는 클럽모양을 하고 있는 구조물인 rodlet가 들어 있다. Rodlet는 결정상의 중심부와 주머니 모양으로 거품형상을 하고 있는 세포질로 구성되어 있다. Rodlet cell은 기생충의 감염시에 상피세포의 표면에서 기생충과 반응하여 항균물질을 방출하는 염증반응과 관련이 있다.

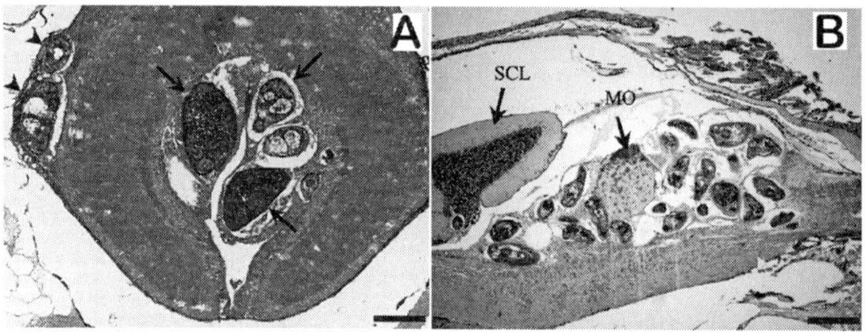

그림 3-115 **A:** 연수의 중앙과 주변부의 피낭유충. 피낭의 주변부에는 투명대가 존재. **B:** 소뇌(SCL)와 연수(MO) 내의 피낭유충. Bar=250 cm.

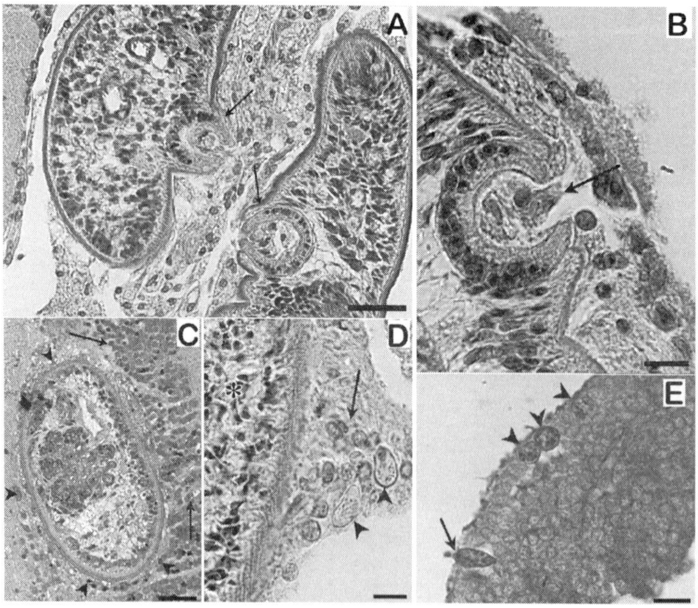

그림 3-116 **A:** 충체는 뇌조직에 부착하여 있고, 충체의 구흡반과 복흡반 내의 뇌 조직(화살표). **B:** 복흡반의 확대도. 내부의 뇌 조직(화살표). **C:** 시엽 내의 피낭 유충. 숙주세포가 충체에 부착. 시엽 내의 과립세포(↑). **D:** 피낭 유충(*) 주변의 과립세포(↑) 사이의 rodlet cell. **E:** 시엽 표층의 rodlet cell. 화살표의 세포는 내용물을 방출. Bar= 30 μm (**A**, **C**) 이외는 10 μm.

*Diplostomum*은 주로 뇌의 소뇌, 연수, 시엽 및 뇌의 중심부에 피낭유충이 형성됨으로 운동과 시감각에 장애를 초래한다. 최근까지 피낭유충은 다음 숙주로 옮아가기를 기다리는 미숙형으로 먹이를 섭취하지 않으며, 대사활성도 활발하지 않은 상태로 여겨 왔지만 뇌에 기생하고 있는 단계에서 여러 단계의 발육단계를 거치는 것으로 밝혀졌다.

조직학적으로 감염된 뇌 특히 시엽의 ventricle에 연결되는 상피세포에 염증반응에 관여하는 세포인 rodlet cell이 출현한다는 것이 특징이다. 어류의 소뇌는 인식반응(cognitive function), 연수는 호흡, 소화 및 심장의 박동과 같은 불수의운동을 조절하며, 시엽은 시각과 밀접한 관계를 가지고 있다. 그럼으로 뇌의 기능에 장애가 생겨 무기력, 성장불량, 두개골의 변형 및 물건을 인식할 수 없는 상태로 되어 포식에 대한 저항성이 감소하고 폐사가 유발된다고 추정하고 있다.

(4) 참돔 근육 기생 Didymozooidae과의 *Gonapodasmius okushimai*

체측근에 기생하며 cyst 속에 암수 동형 또는 이형의 1쌍의 충체가 들어있는 점과 구흡반과 인두가 있는 충체의 전반부와 생식세포가 대부분을 차지하고 있는 충체 후반부의 구분이 명확하기 때문에 쉽게 확인할 수 있다. 암컷은 극히 많은 난을 충체의 후반부에 저장하기 때문에 후반부가 전반부에 비해 약간 크다는 것이 특징이다.

Cyst는 직경 1.5 cm이며, 충체는 황색을 띄고 굽어져 있는 상태로 직경은 약 0.5 mm이지만 길게 늘어뜰이면 약 2~5 m정도 된다. 난은 누에콩모양으로 크기는 16 × 38 μm이다.

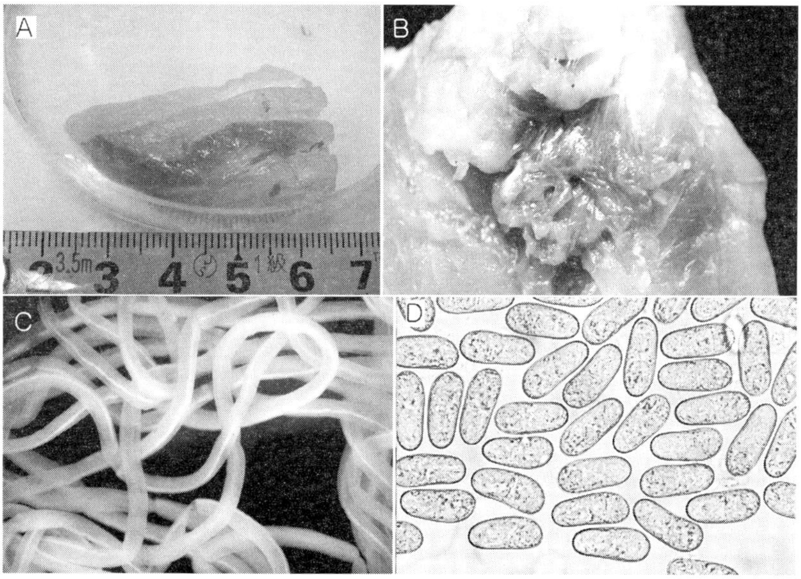

그림 3-117 참돔의 근육 기생 Didymozooidae과의 *Gonapodasmius okushimai*. **A:** 근육내의 황갈색 타원형 또는 부정형의 cyst. **B:** 피낭 내부의 충체. **C:** 원통형의 충체. **D:** 충체 내부의 난.

(5) Platyfish(*Xiphophorus maculatus*)의 아가미의 *Ascocotyle tenuicollis*

흡충류 Heterophyidae는 서양배 모양(pear-shaped)로서 어류의 다양한 기관에 metacercaria의 cyst가 형성되며, 새 또는 포유류가 종숙주이다. 종숙주 내에서 성체가 산란한 난은 수중으로 나와 제 1중간 숙주인 달팽이에 침입하여 방출된 cercaria는 어류의 아가미에서 혈류에 침입하여 조직으로 이동된 다음 cyst를 형성한다.

Cercaria는 새변에 부착하여 꼬리를 절단한 다음 어체에 침투하게 되는데, 종류에 따라서는 아가미에 여러 층의 초자성 물질로 싸인 cyst를 형성하는 종과 혈류를 따라 다른 조직으로 이동하여 cyst를 형성하는 종이 있다.

Platyfish의 새변에서 발견되는 *Ascocotyle (Ascocotyle) tenuicollis*는 구흡반이 2열인 것이 특징이다. Cyst 주변의 연골의 증식, 감염 새변은 증식 비대 및 유착을 일으킨다.

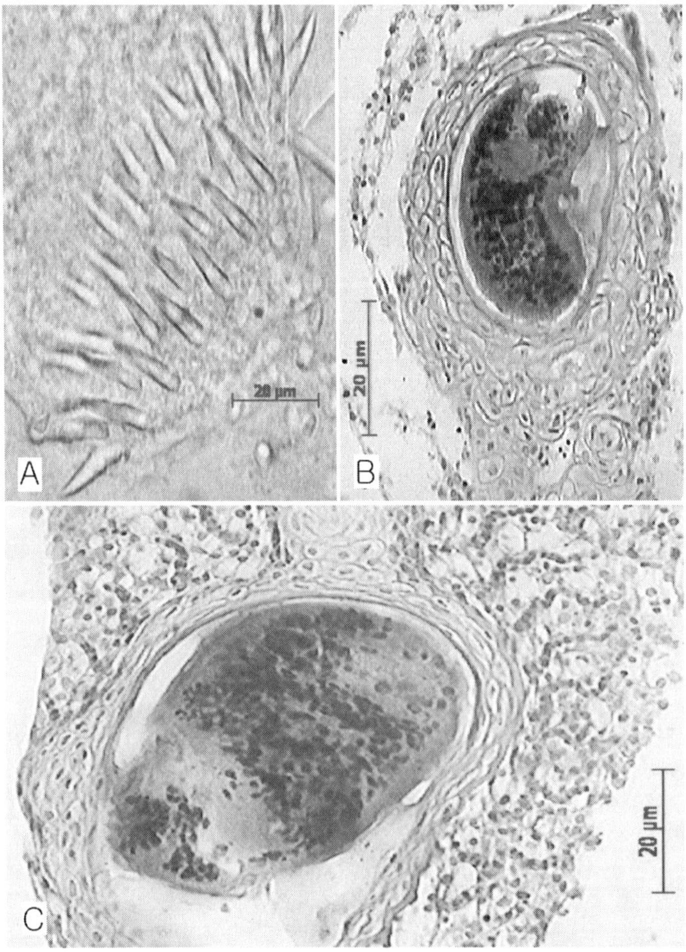

그림 3-118 **A:** 구흡반의 2열의 가시열. **B:** Cyst에 의한 새변 연골의 증식. **C:** 새변의 cyst 주변의 증생, 비대 및 새변의 유착.

(6) 잉어 새변의 흡충 *Centrocestus formosanus*의 피낭유충

Cyst는 새변의 중간 부분에서 가장 많이 발견되며, 이어서 기부 및 새변의 끝 부분의 순으로 많이 발견되며, 또한 새궁의 연골 내에서도 발견된다. 난원형의 cyst는 발견 부위에 따라 차이가 없으며, 두께가 2 μm 정도인 초자성의 cell wall에 싸여 있다.

*Centrocestus formosanus*도 타원형으로 크기는 173~233 × 135~178 μm로서 oral sucker 주변에 2열로 배열한 32개의 circumoral spine과 후반부의 대부분을 차지하는 1개의 "X"자 모양의 excretory bladder가 있다.

새변의 연골에 감염된 경우 새변 연골의 증생을 유발하며, cyst의 주변에는 단구와 호중구의 침윤이 생긴다. Cyst가 붕괴된 경우에는 cyst내에 단구와 호중구의 침윤이 생긴다. 감염어는 거의 대부분이 암컷이다.

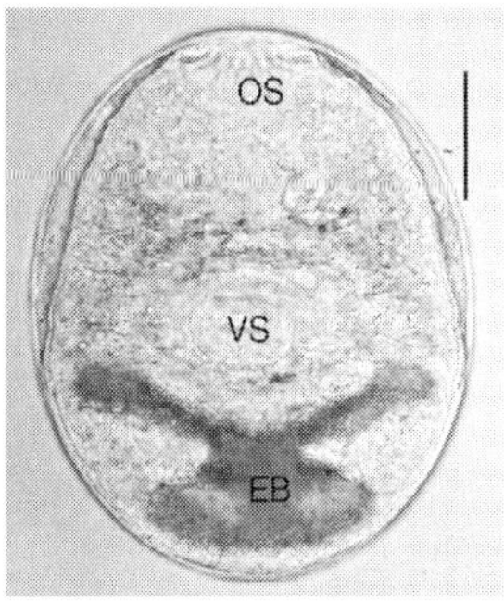

그림 3-119 ***Centrocestus formosanus.*** 구흡과과 복흡반의 2개의 흡반. Oral sucker주변에 2열로 배열하고 있는 32개의 circumoral spine과 "X"자 모양의 excretory bladder. Bar= 50 μm

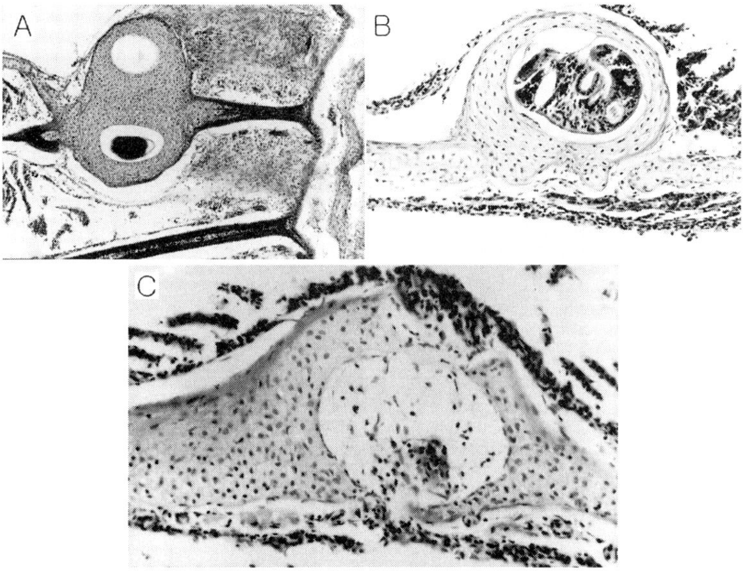

그림 3-120 **A:** 새궁 연골내의 2개의 cyst와 cyst 주변의 연골의 증생. **B:** 1차 새변 연골내의 cyst와 연골의 증생. **C:** 사멸 cyst와 cyst내부의 염증세포의 침윤. HE.

(7) 드렁허리의 인두 *Clinostomum*

담수산 드렁허리는 2생목 흡충의 중간숙주로서 특히 *Clinostomum mastacembeli*의 감염이 흔하게 발견된다. *Clinostomum*의 metacercaria는 어류의 근육에 노란색의 cyst를 형성하기 때문에 yellow grub라고도 불리고 있다.

감염 드렁허리의 인두를 조사하면 metacercaria가 인두에 집합체를 형성하여 부착되어 있다. 때로는 인두에는 부착되지 않고 복강에 감염되어 있는 경우도 있다.

Metacercaria cyst는 숙주 유래의 층에 싸여 있기 때문에 cyst의 외형은 빛나는 공처럼 보인다. 각 cyst에는 단지 1개의 metacercaria가 들어 있고 두께는 1.025~1.18 × 1.52~1.81 mm 정도이다. Cyst는 숙주 반응의 결과로서 동심원의 나선형을 하고 있다. Cyst에서 꺼낸 metacercaria는 운동성이 있으며, 크기는 4.95~10.86 × 1.26~2.60 mm 정도이다. 심하게 감염된 경우에는 인두 조직을 누르기 때문에 인두가 위축을 일으켜 정상적인 기능이 불가능해진다.

미감염 인두는 4개의 층 장막, 근층, 점막하조직 및 점막상피의 4층으로 되어있는데, 감염 개체는 충체의 기생에 의해 인두의 관공이 좁아지며, 장막층의 위축과 괴사, 근육층의 두께의 감소 및 점막하조직에 소형 공포의 형성이 생긴다.

(8) 갯장어(*Muraenesos cinereus*)의 부레 감염 흡충 *Aerobiotrema muraenesocis*

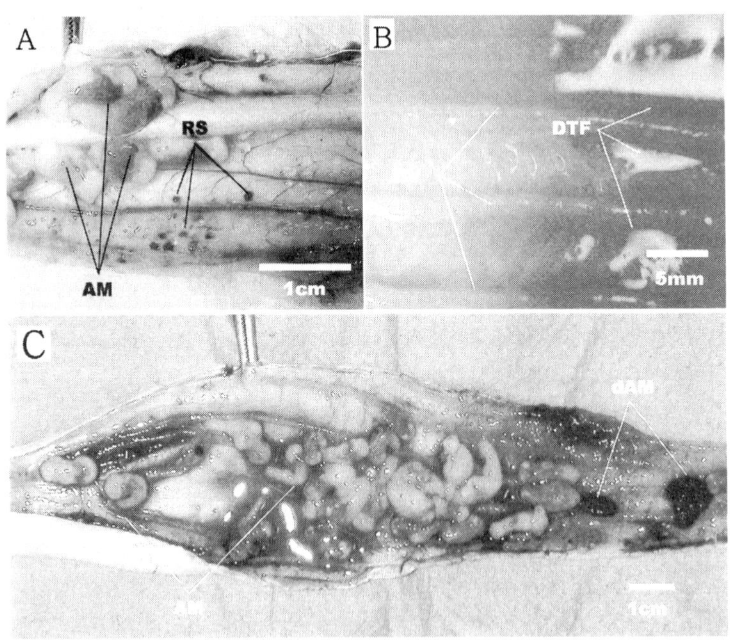

그림 3-121 **A:** 감염된 부레의 벽. 충체를 제거하면 부레 벽에 적색 반점이 확인 가능. **B:** 부레 내의 확대도, 부레 내에는 흑갈색의 불투명한 액상 물질이 축적. **C:** 심하게 감염된 개체의 부레 내부. 대부분의 경우 죽은 충체가 발견. 생존 충체(AM), 죽은 충체(dAM). 혈관(BV), 흑갈색의 액체(DTF).

부레에서 꺼낸 충체는 부안액에 고정한 다음 현미경으로 검경한다. 크기 측정은 충체를 슬라이드글라스와 커버글라스 사이에 넣고 AFA로 고정한 다음 carmine 염색하여 투명화한 다음 봉입한다.

부레의 silvery submucosa layer는 박절하기에 너무 단단하기 때문에 이것을 제거한 다음 부안액에 고정한다.

충체는 모두 부레의 관공내에서 발견되며 성체의 외형은 눈물과 유사한 형태로 후반부는 부드러운 외피막으로 덮혀 있다가 난선상의 테두리로 되면서 본체에서 떨어져 나온다. 많은 충체가 감염된 부레는 부레 벽에 적색의 반점이 관찰되며, 심하게 감염된 부레는 관공 내에 죽은 충체와 흑갈색의 액체가 들어 있다. 이 액체는 숙주의 적혈구와 충체의 난이다. 그러나 비교적 가벼운 감염일 때는 부레의 관공 내에 액체가 축적되지는 않는다.

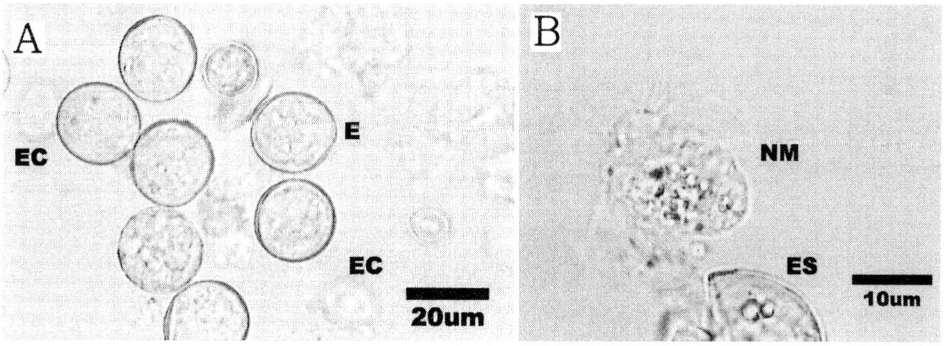

그림 3-122 **A:** 부레 내에 고여 있는 액상 물질에 들어 있는 충체의 난(E)과 숙주의 적혈구(EC).
B: 부화한 miracidium. 난각(ES), 부화된 miracidium(NM).

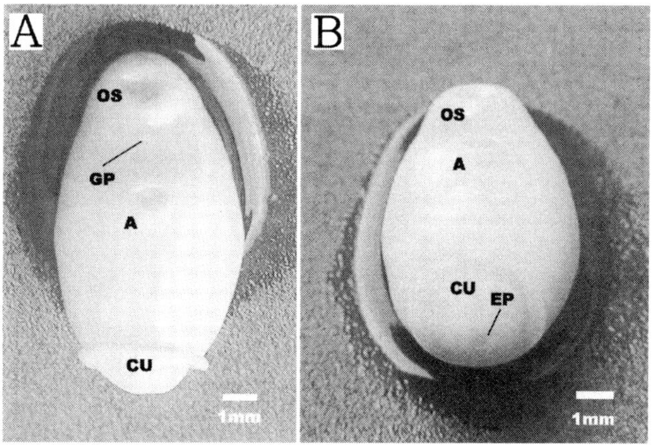

그림 3-123 **충체의 외형. A:** 배면도. **B:** 뒷부분에서 비스듬하게 본 모양. acetabulum (A), cuticle of the hemispherical posterior region(CU), excretory pore(EP), genital pore(GP), oral sucker(OS).

3) 조충류

(1) Tench(*Tinca tinca*)의 소화관 기생 조충류 *Monobothrium wageneri*

충체는 주로 소화관의 전반부에서 많은 충체가 집합체를 이루고 있는 형태로 발견된다. 충체의 집합체는 거의 대부분이 성체이며, 어린 개체는 거의 발견되지 않는다. 충체의 기생으로 인해 융기된 원형의 결절 모양의 구조물이 해부하기 전에 확인된다. 충체가 부착한 부위의 소화관이 솟아오르고 충체의 색깔이 흰색을 띄고 있기 때문에 쉽게 발견할 수 있다.

충체는 원형의 두절을 소화관 벽에 깊숙이 삽입하고 있는데, 깊은 곳은 근육층에 까지 삽입하고 있다. 삽입한 두절은 옆으로 팽창하기 때문에 융기된 원형이 결절 모양의 구조물이 형성되면서 부착을 더욱 견고히 하고 있다. 충체의 감염으로 인해 소화관에는 심한 섬유성육아종성의 염증반응이 일어난다. 이 때문에 소화관의 고유 구조가 소실되고 점막상피, 점막고유층 및 근층은 염증조직으로 대체되게 된다. 충체의 부착 부분은 상피세포의 변성 및 괴사가 일어나 때로는 상피세포가 박리 소실되기도 한다.

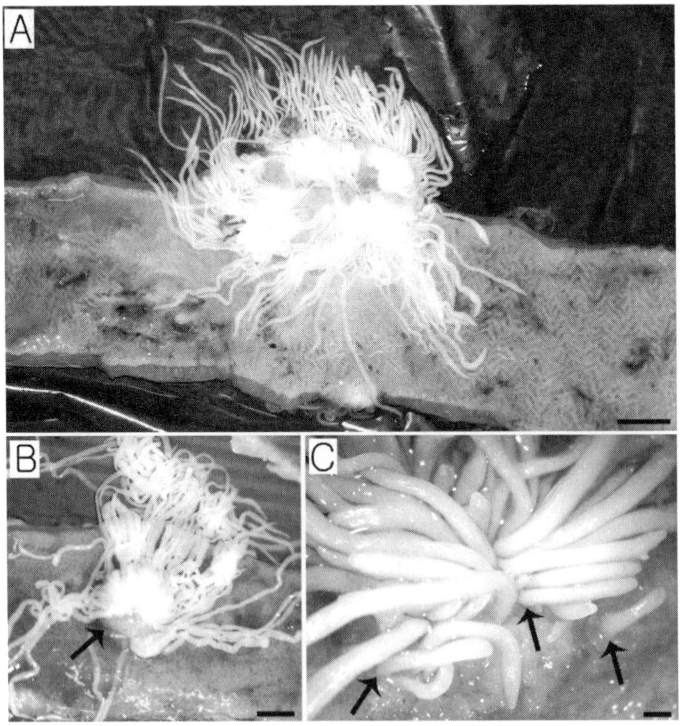

그림 3-124 **A:** 100개체의 성체로 이루어진 충체의 집합체. **B:** 충체의 부착으로 인한 원형의 융기 결절 모양의 구조물(화살표). **C:** 소화관의 전반부. 두절과 목 부분을 삽입하고 있는 충체(화살표). Bar=1 cm(**A**), 5 mm(**B**) 및 1.3 mm(**C**).

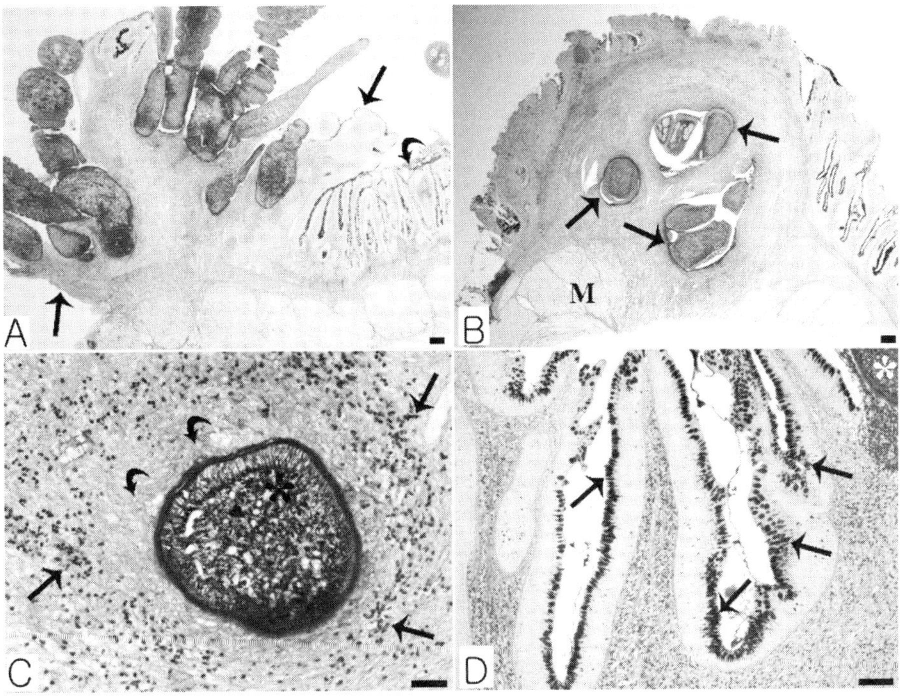

그림 3-125 **A:** Scorex 주변의 염증 반응과 상피세포의 소실(화살표). 결절모양의 구조물에 인접한 부분에는 상피(화살표)가 존재. **B:** 근육(M) 부위에 까지 삽입한 충체와 scorex주변의 심한 숙주 반응(화살표). **C:** 많은 과립구(화살표)와 교원섬유(굽은 화살표)에 둘러싸인 scorex. **D:** Scorex에 인접한 상피세포내의 점액세포(화살표). 점막하조직의 현저한 과립구 침윤(화살표 머리). HE. Bar= 200 μm(**A** & **B**), 50 μm(**C**) 및 100 μm(**D**).

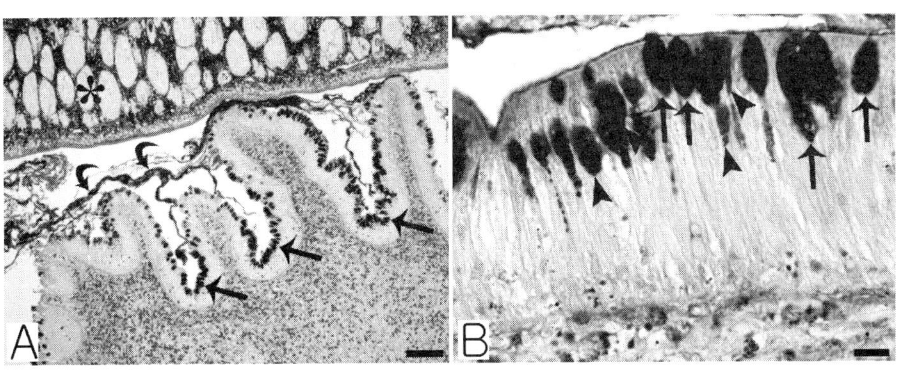

그림 3-126 **A:** 충체(*) 인접 융털의 카타르성 점액층(굽은 화살)과 점액세포(화살표) 및 점막하조직의 과립구(화살표 머리). **B:** Alcian blue/PAS 염색. 점액세포는 acid glycoconjugate양성(화살표) 및 혼합 glycoconjugate를 포함(화살표 머리). Bar=100 μm(**A**) 및 10 μm(**B**).

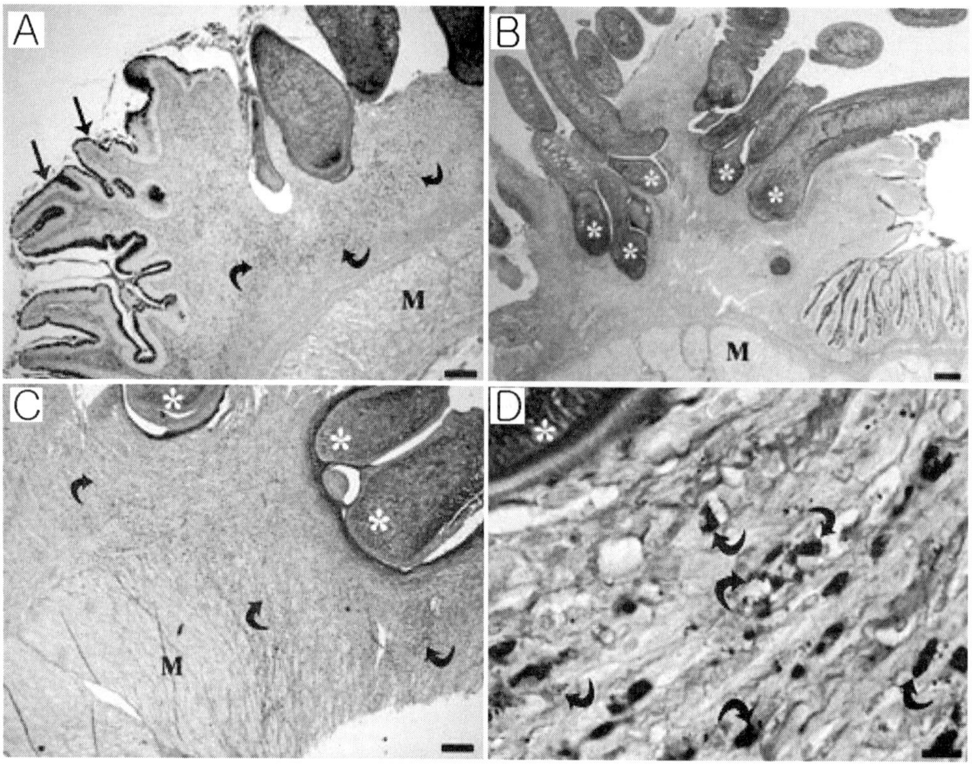

그림 3-127 **A:** 충체 부착 부위의 점막상피의 소실 및 두절 주변의 염증반응(굽은 화살)과 인접의 정상 점막상피(화살표). **B:** 두절(*)의 삽입. 근육(M). **C:** 근육층 부위(굽은 화살)와 두절(*) 주변의 심한 염증. **D:** 두절은 많은 호산구에 싸임. Bar=200 μm(**A-C**) 및 10 μm(**D**).

부착 부위 아래의 점막고유층에는 호중구 및 호산구와 교원섬유가 발견된다. 또한 결절의 인접 부위의 점막상피에는 많은 점액세포가 발견된다. 소화관의 감염 부위의 점막상피의 표면에는 두터운 점액이 노란색으로 보이는데, 이는 alcian blue로 염색하면 양성반응을 나타냄으로 점액성 catarrh임을 알 수 있다. 이러한 점액의 카타르는 부착 부분에 인접한 곳 또는 충체의 몸체의 인접 점막상피에서 발견된다.

충체 주변의 염증 반응에 의한 종대 부위는 섬유아세포로 되어 있으며 호산구와 호중구가 포함되어 있다. 또한 소화관에 형성된 결절 내부의 점막하조직에는 rodlet cell도 과립구와 동시에 발견된다. 호중구와 호산구는 점막하조직 및 근육층 내의 모세혈관 주변과 혈관 내부에서도 발견된다. 호산구는 편재된 핵을 가진 불규칙한 모양으로 교원섬유나 섬유아세포로 싸여 있다.

호산구의 탈과립 반응이 점막하조직에서 흔히 발견되는데, 탈과립은 유리 상태의 과립이 종대되어 있는 것으로 판단할 수 있다.

(2) 잉어의 흡두조충 *Bothriocephalus achneilognathi*

충체는 체절이 있는 기다란 리본 모양으로 소화관의 벽에 부착하기 위한 특징적인 심장 모양의 두부(scolex)를 가지고 있으며, 잉어, 초어 및 붕어에 많이 감염된다.

감염 잉어의 소화관은 기생충의 감염 때문에 소화관이 확장되어, 소화관 벽이 얇아지면서 폐쇄된다. 개체에 따라서는 소화관 벽이 팽팽하게 당겨져서 투명해지기 때문에 소화관의 관공 내부에 들어 있는 충체의 각 체절(proglottid)가 보이는 경우도 있다. 충체는 담관이 열리는 소화관의 뒷부분의 소화관에 부착되어 장의 전반부의 대부분을 차지하고 있으면서 충체를 소화관의 뒷부분으로 뻗치고 있다.

소화관의 병리학적 변화는 두절의 부착에 의한 변화와 충체에 의한 변화로 크게 구분할 수 있다. 충체가 부착하는 동안 두절에 있는 bothria를 사용하여 소화관의 점막을 붙잡기 때문에 두절의 끝 부분을 소화관 벽에 삽입하고 있다. 이 때문에 소화관은 압박을 받게되고 엷어지게 되면서 근육층으로 뻗어가는 국소적인 틈이 형성된다. *Bothrium* 사이에 끼워진 소화관은 출혈, 점막상피의 괴사 및 점막고유층에 림프구의 숫자가 증가하고 이어서 점막상피의 변성과 박리가 일어나게 된다.

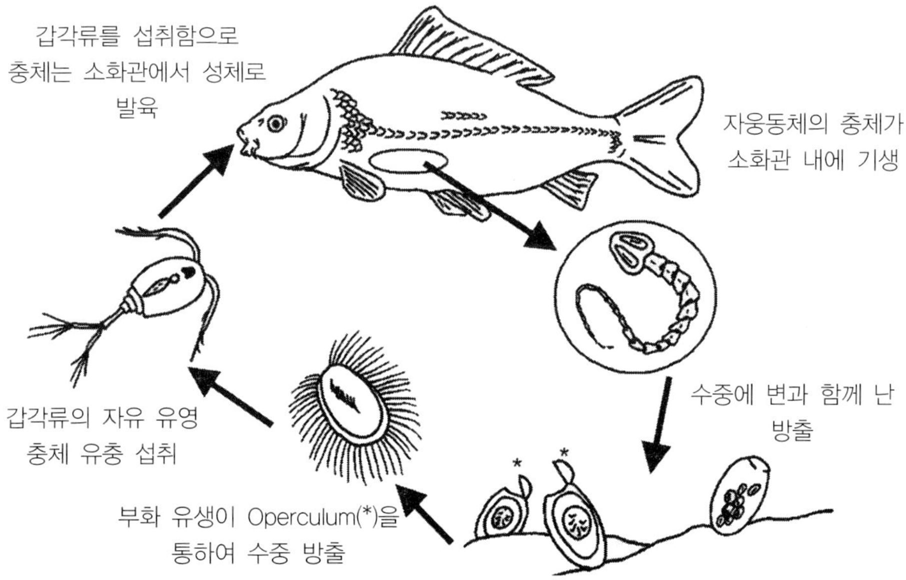

그림 3-128 **흡두조충의 생활사.**

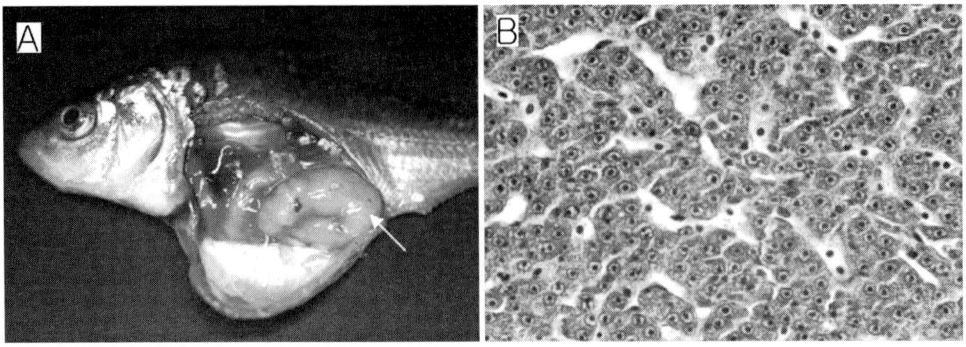

그림 3-129 **A:** 감염 어린 잉어 소화관의 확장, 투명화 및 장폐쇄(화살표). **B:** 충체의 기생에 따른 영양결핍에 의한 간세포의 위축.

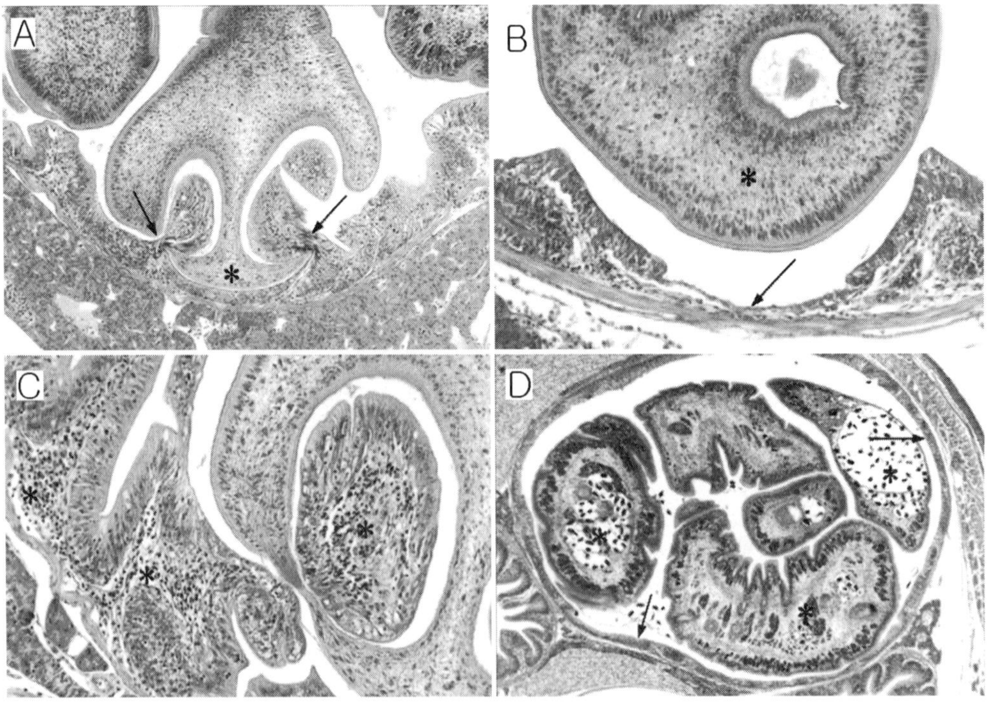

그림 3-130 **소화관의 변화. A:** 두절의 bothrium이 장의 점막을 붙잡고(화살표), 두절의 끝부분(*)을 소화관 벽에 밀착. **B:** 두절(*)의 압박에 의한 점막의 움푹 들어간 부분이 형성되면서 소화관 벽이 얇아짐(화살표). **C:** 점막고유층(*)의 림프구의 증가를 특징으로 한 심한 염증반응. **D:** 장의 전반부의 충체의 체절(*)의 압박에 의한 점막상피의 눌림 및 신장(화살표)으로 정상 구조가 소실됨.

소화관의 변화는 성숙한 체절이 많이 존재하는 부분에서 가장 심하게 일어난다. 이러한 부위에서는 소화관의 폐쇄, 소화관의 확장, 점막 주름의 눌림 등의 변화가 일어나기 때문에 점막상피의 울혈, 압박괴사 및 위축이 생긴다. 또한 간장에도 기생충의 영양섭취 때문에 간장의 저장 영양분이 감소하게 됨으로 간세포의 위축이 생긴다.

충체의 기생에 따른 가장 큰 병해는 길이가 50 cm에 달하는 충체가 소화관 내부에 들어있기 때문에 소화관을 폐쇄하는 것으로 소화관내의 먹이의 통과를 방해한다. 충체는 소화관내에서 영양분을 섭취하기 때문에 감염어는 성장이 불량해지며, 무기력해지며 소형의 어류에서는 폐사가 유발되기도 한다.

대형의 어류 보다 소형의 어류에 더욱 심각한 병해를 유발하는 것은 중간숙주인 갑각류의 역할에 의한 것으로 잉어가 성장함에 따라 중간숙주인 갑각류에 대한 선호도가 줄어 들기 때문이다. 보통 10 cm보다 소형의 개체에 심각한 감염이 나타나게 된다.

중간숙주인 갑각류를 제거하는 것이 발병을 예방하는데 효과적으로 bromex (bromhexine hydrochloride) 0.125~0.15ppm이 되도록 2주 간격으로 살포하면 갑각류는 제거된다. 또한 감염 잉어를 치료하고자 할 때는 paraziquantel을 경구 투여하는 것이 매우 효과적이다.

약욕을 위해서는 70% isoprophyl alchol에 녹인 다음 2.5ppm으로 살포하면 대개 24시간 후에 죽지만 19일 후에 다시 살포하면 거의 제거할 수 있다. 그러나 사육밀도가 높아지면 약효가 감소하여 완전 구제가 곤란하기도 하다.

(3) 무지개 송어의 소화관내 조충류 *Eubothrium crassum*

충체는 두절을 유문수의 끝 부분의 점막과 연결 부위에 삽입하고 있다. 유문수 내에서 strobila는 관공 내에 유리된 상태이며, 유문수의 상피세포에 두절을 사용하여 부착하고 있다. 충체에 인접하고 있는 점막상피에는 rodlet cell이 발견되며, 충체가 부착한 부위에 가까운 부위의 과립층에는 호산구가 다수 출현하여 있고, 일부는 세포질 내가 비어 있기 때문에 탈과립이 일어났다는 것을 알 수 있다.

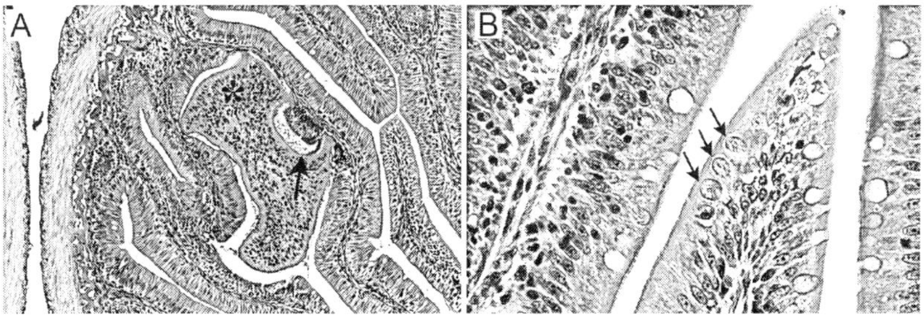

그림 3-131 **A:** 조충류 *Eubothrium crassum*(*)이 감염된 무지개송어 유문수의 단면. 유문수의 상피세포에 bothrium(화살표)를 사용하여 부착. **B:** 유문수 상피세포의 rodlet cell(화살표). Bar=60 mm(**A**) 및 20 mm(**B**).

(4) 잉어의 소화관내 기생 조충 *Atractolytocestus huronensis*

잉어의 장의 앞부분을 절개한 다음 채취한 조충은 0.65% 생리식염수에 넣고, 가볍게 흔들면서 부착된 점액을 제거한 다음 크기를 측정하면 길이는 7~15 mm, 폭은 1~1.5 mm이다. 대부분이 장의 전반부에 위치하고 있으며 두절을 점막층에 깊숙이 삽입하고 있으며, 때로는 점막하조직에 까지 삽입하고 있다.

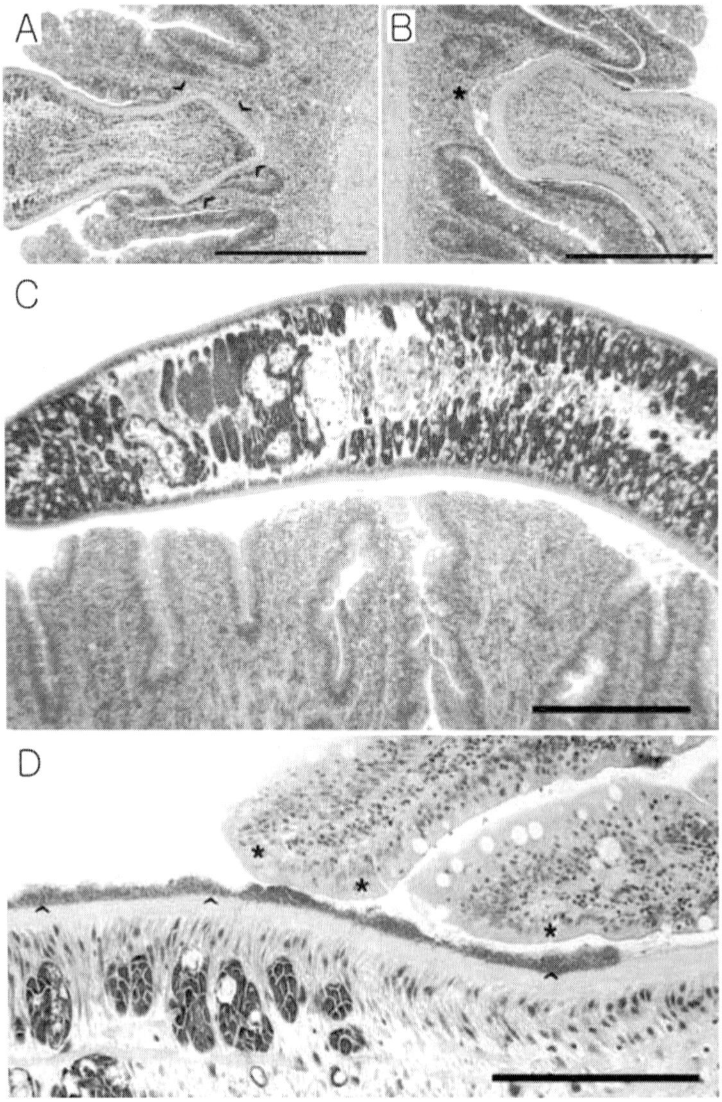

그림 3-132 ***Atractolytocestus huronensis* 감염 잉어의 소화관. A:** 충의 부착 부위의 점막상피의 위축과 손상(화살표 머리). **B:** 부착 부위의 기저막 소실로 얕은 궤양 형성. **C:** 충체 인접 소화관 주름의 끝 부분의 부식. **D:** 충체의 목과 몸체 위의 세균의 집합체(화살표 머리). 상피세포는 정상. HE(**A-C**) 및 PAS(**D**). Bar=500 μm(**A-C**) 및 200 μm(**D**).

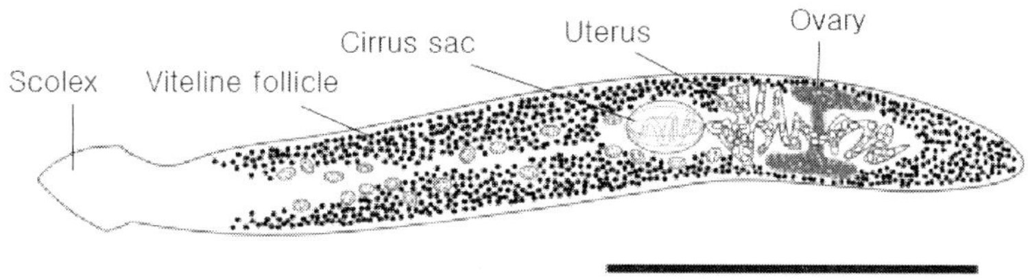

그림 3-133 ***Atractolytocestus huronensis.*** Bar=2 cm.

부착한 충체는 핀셋이나 점막을 떼어냄으로서 분리 가능하다. 충체는 많은 소화관 내의 주름이 있는 장의 앞부분에서 발견된다. 충체는 점막상피에 두절을 삽입에 의한 상피세포의 종대와 염증은 발견되지 않는다. 감염율은 계절과는 무관하지만 여름과 가을에 많이 감염되는 경향이다. 두절의 직경은 500~900 μm, H 모양의 난소는 폭이 500~850 μm로서 충체의 후반부에 있다. 모상돌기(cirrus)는 길이가 325~575 mm, 폭은 275~375 mm이며, 2~14개의 난원형 또는 타원형의 정소가 난소에 인접하여 있다.

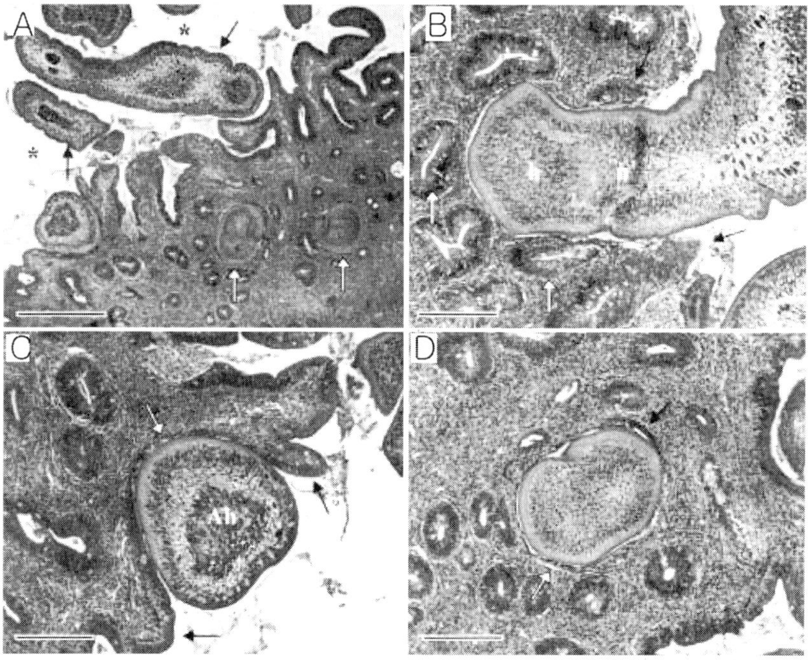

그림 3-134 **장의 전반부. A:** 가로 절단면. 관공(*)내의 충체의 non-segmented strobilae(화살표) 및 횡단된 두절(흰 화살표). **B:** 점막층에 삽입된 충체 목(h)와 목(n)의 세로 절단면. 삽입 부분에는 손당당한 상피가 존재하지만 두절은 기저막에 의해 점막고유층과 격리. **C:** 충체(ah) 횡단면. 삽입 부위 주변의 상피는 온전(검은 화살표)하지만 충체 아래는 상피가 점차 엷어져서 소실됨으로(흰 화살표) 충체는 고유층에 근접. **D:** 고유층에 침투한 충체의 두부의 횡단면. 충체는 기저막 유래의 엷은 막에 싸임. Bar= 500 μm(**A**) 및 200 μm(**B-D**).

감염어는 외부 증상이 없는 경우도 있지만 부레와 신장이 종대되는 경우도 있다. 이는 조직학적으로 *Sphaerospora*의 감염에 의한 것으로 부레나 두신에 여러 단계의 발육단계가 발견되기 때문으로 *Atractolytocestus huronensis*와는 직접적인 관련은 없다.

*Atractolytocestus huronensis*의 감염은 단지 소화관에 병변을 초래한다. 충체는 소화관의 점막상피에 부착하며, 부착 부위에는 점막상피의 위축과 붕괴가 발견되지만 기저막은 온전하게 남아 있다. 그러나 때로는 상피세포가 괴사는 경우도 있다. 충체는 점막상피를 가로 질러 점막고유층에 까지 삽입하기 때문에 궤양의 원인이 되기도 한다. 충체의 표면에는 많은 세균의 집합체가 발견되며, 장의 점막고유층에는 림프구, 호산구 및 마크로파아지의 침윤이 일어나기도 한다.

소화관을 병리조직학적으로 조사하면 충체의 두부와 가는 목 부분은 몸체에 비해 근육세포가 풍부하기 때문에 호산성으로 염색됨으로서 몸체 부분과 식별할 수 있다. 삽입 부위에서 소화관의 점막상피는 구분이 가능하지만, 더 아래 부분에는 두절이 점막 고유층에서 박리된 기저막에만 싸여 있다. 삽입 부분에는 점막상피의 손상을 확인할 수 있다. 즉 삽입 부분에서 멀리 떨어진 부분의 상피세포는 정상의 상피세포이지만, 삽입 부위에 가까워질수록 점차 상피세포의 폭이 좁아지면서, 삽입 부분에서는 상피세포의 붕괴물, 적혈구 및 손상당한 결합조직만이 확인된다. 기저막이 손상당한 부분에서는 두절이 적접 손상당한 결합조직 또는 혈관과 접해 있다. 고배율로 관찰하면 충체의 두절과 점막 고유층 세포는 호산성을 띄는 기저막에 의해 격리되어 있다.

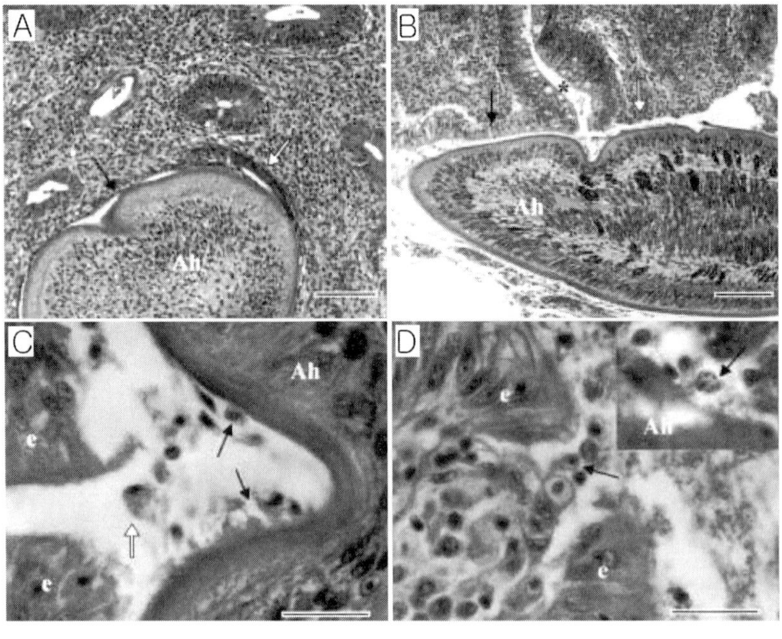

그림 3-135 **A:** 호산성의 기저막(화살표)에 의해 고유층 결합조직과 격리된 두절(Ah)과 잔존 상피세포 부분의 기저막(흰 화살표). **B:** 관공내의 충체 종단면(Ah). 부착 부위 상피세포의 편평화(화살표)와 완전 붕괴(흰 화살표) 및 온전 상피(*). **C:** 손상당한 상피(e)의 세포질 변성(화살표) 및 단구(흰 화살표). **D:** 관공내의 손상 상피세포(e)의 용해된 세포질과 핵 융해(화살표). 삽입: 충체(Ah)인접 숙주세포의 핵융해. Bar= 30 μm(**A**), 100 μm(**B**) 및 20 μm(**C-D**).

소화관의 변화이외에도 원인은 명확하지 않지만 신장, 비장 및 간장에 변화가 생기는데, 신장과 비장에는 육아종이 형성되며, 간장에는 간세포가 공포변성을 일으키는 경우도 있다.

치료에는 parziquentel을 어체중 kg당 50 mg을 7일간 경구투여하면 이 조충뿐만 아니라 *K. sinensis*의 치료에도 효과적이며, *K. sinensis*를 구제하는 데는 *A. huronensis*보다 더 장기간 투여하여야만 한다.

(5) 잉어의 소화관내의 단절 조충류 *Khawia sinenis*

단절 조충류류인 *Khawia sinensis*는 모양이 정자에 닮아 있기 때문에 중국정자충이라 불리고 있으며, 자연산 미꾸라지, 잉어, 모래무지 등의 소화관에 감염되어 있다.

충체는 편평한 원통형으로 살아있을 때는 활발하게 신축하며 두부는 끊임없이 모양을 변화시킨다. HE염색표본은 길이가 11~16.2 mm, 두부의 폭은 1.2~2.7 mm, 최대 체폭은 0.8~2.4 mm이다.

수온이 높은 시기에는 충체의 감염수가 많지만 수온이 내려가면 소화관내의 충체의 수와 감염율은 줄어든다. 충제의 내부분은 진징 특히 소회관의 팽대부내에 많이 존재하며 충체 주변의 점막층은 육안으로 이상이 발견되지 않는다. 충체는 흡반 등의 고착기를 가지고 있지 않다. 또한 같은 어류에 흡두조충이 감염된 경우에는 전혀 발견되지 않는데 이는 2종의 경쟁에 의한 결과인 것으로 추정된다.

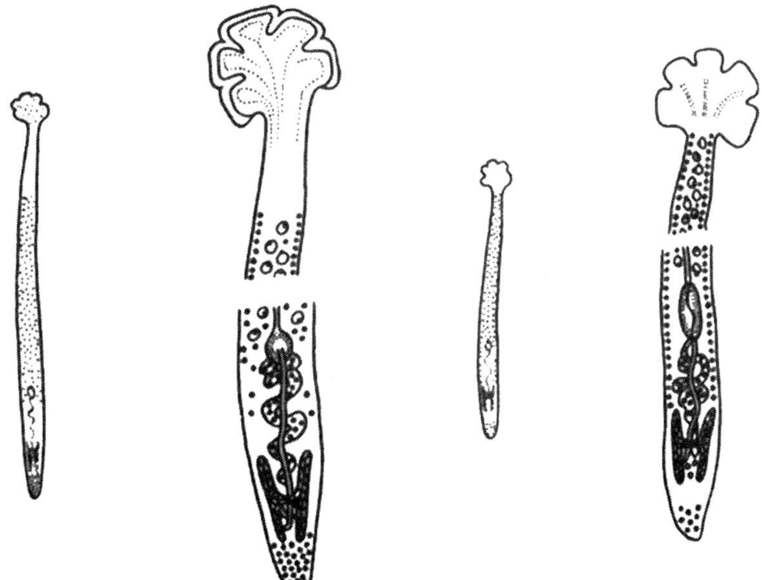

그림 3-136 ***Khawia sinenis*의 충체.**

(6) 빙어의 열두조충 *Diphyllobothrium ditremum*

해부하여 보면 간장과 소화관의 표면에 부착한 채로 복강으로 돌출한 cyst의 크기는 5 mm로서 그 내부에 백색의 충체가 발견된다. 어류 한 마리당 피낭은 많을 때는 8개 정도 발견된다. Cyst내의 유충을 생리식염수가 들어 있는 샤-레로 옮겨서 막을 제거하여 내부의 충체를 꺼집어 낸 다음 carmine 염색하면 두부 쪽에 흡구구조를 확인할 수 있고, 충체 내부에는 석회소체가 다수 발견된다.

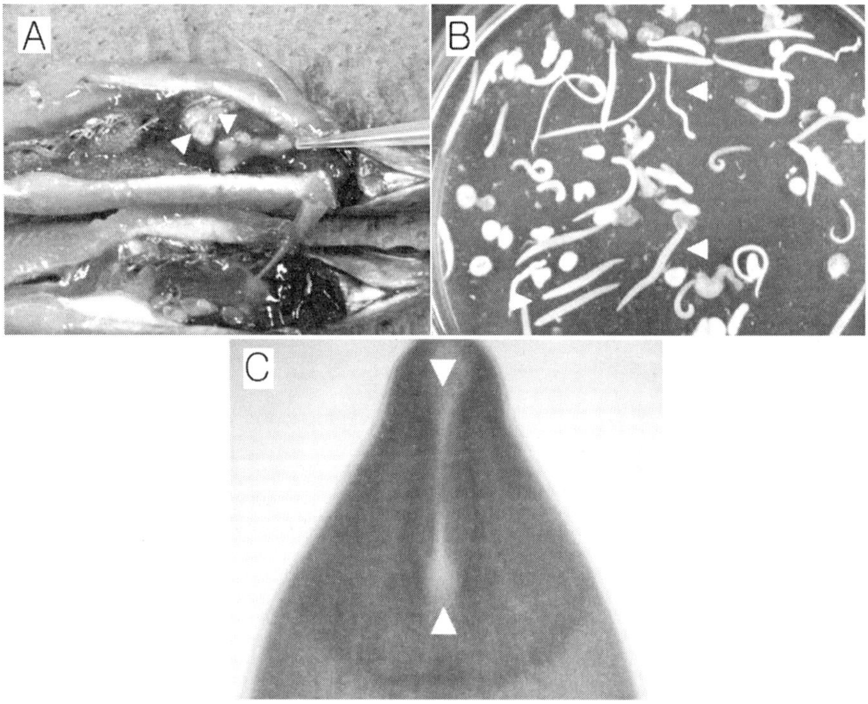

그림 3-137 **A:** 간장 및 소화관의 표면의 Cyst(화살표 머리). **B:** 백색의 편평하며 충체의 뒷부분으로 꼬여있는 cyst내에서 분리한 plerocercoid. **C:** Scorex의 bothiria(화살표 머리), Carmine 염색.

4) 선충류

(1) 뱀장어의 *Anguillicoloides crassus*

양식 뱀장어의 부레 선충인 *Anguillicoloides crassus*(2006, 이전의 *Anguillicola crassus*)는 유럽산 뱀장어 *Anguilla anguilla*에 감염되어 성장이 느려지며 심한 경우는 폐사를 유발하게 된다. 감염된 유럽산 뱀장어는 선충이 부레 내에 충만되기 때문에 부레가 종창되어 내부 장기를 압박하게 됨으로서 혈액순환을 방해하거나 부레 벽에 염증을 유발하기도 하며, 때로는 부레 벽이 파열되어 복강 내로 충체가 유출되어 복막염을 일으키게 된다. 그러나 국산 뱀장어에 이러한 증상이 나타나지 않는 것은 국산 뱀장어가 유럽산 뱀장어에 비해 저항성이 강하기 때문이다.

국산 뱀장어에 선충이 감염되지 않는 것이 아니라는 것이 최근에 밝혀졌다. 야생 또는 양식산 뱀장어를 해부하여 부레를 절개한 다음 부레내의 충체와 부레 벽을 Perspex plates 사이에 넣어 압인 표본을 만들어 해부 현미경으로 검경하면 체장 1.5 mm 이하의 3기 유생과 이보다 큰 4기 유생이 발견된다. 부레 벽 내에는 충체가 capsule에 쌓인 cyst의 형태를 하고 있다. 이러한 capsule의 형성은 부레 벽 내가 소화관 벽 내보다 더욱 현저하다. 국산 뱀장어는 소화관 벽 내에서는 선충의 3기 유생은 사멸되는 것으로 생각된다.

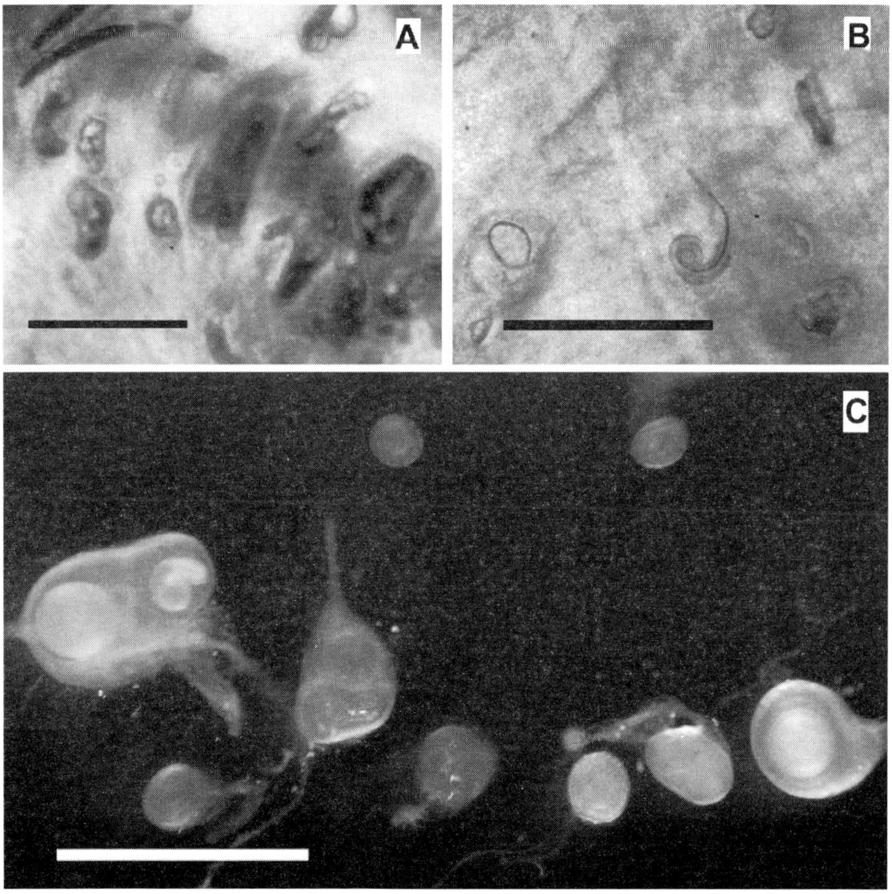

그림 3-138 ***Anguilla japonica*의 소화관 벽과 부레 벽 내의 *Anguillicoloides crassus*. A-B:** 부레 벽(**A**)과 소화관 벽 내의 충체 유생, 해부현미경. **C:** 소화관 벽 내의 충체 유생. Bar=1 mm.

(2) *Anisakis*

가. *Anisakis simplex*

*Anisakis*는 숙주에 특이성이 낮은 기생충으로 청어를 대표로 하는 많은 해산어류와 두족류에 기생하고 있기 때문에 herring worm이라고도 부른다. 어류에서 발견된 종은 *A. simplex, A. pegreffii,A. typica, A. ziphidarum, A. physeteris, A. brevispiculata, A. paggiae, A. kuekenthalii, A. rosmar, A. schupakovi, A. typica* 및 *A. simplex sensu stricto*와 *A. pegreffii*의 교잡종이 알려져 있다.

*Anisakis*의 생활사는 종숙주인 포유류에 기생하고 있는 암컷이 산란하면 수중에서 부화하여 2단계를 거친 다음 무척추동물에 섭취되어 어류나 두족류를 거쳐 종숙주가 어류, 무척추 또는 두족류를 섭취할 때 감염된다.

어류에 감염되어 있는 *Anisakis simplex* 유생은 배설공(excretory pore, ep)의 개구부 부근에 위치한 anterior boring tooth (bt). 충체 앞부분의 Nerve ring (nr), 배설공에서 나와 반대쪽으로 뻗은 다음 배설관으로 연결되는 배설관(excretory duct, ed), 비교적 긴 preventriculus (pv)와 ventriculus (v)로 구성된 인두(oesophagus, oes), 직장에 연결되어 항문에서 개구되는 소화관, 미부의 끝에는 작은 가시(spine, mucron)을 가지고 있다.

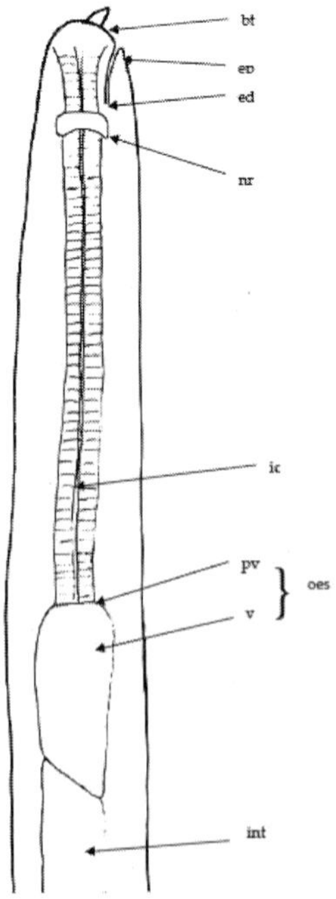

그림 3-139 *Anisakis simplex* 유생의 구조. bt(booring tooth), ed(excretory duct), Nerve ring (nr), preventriculus (pv). ventriculus (v), oesophagus (oes), intestine (int), excretory pore (ep).

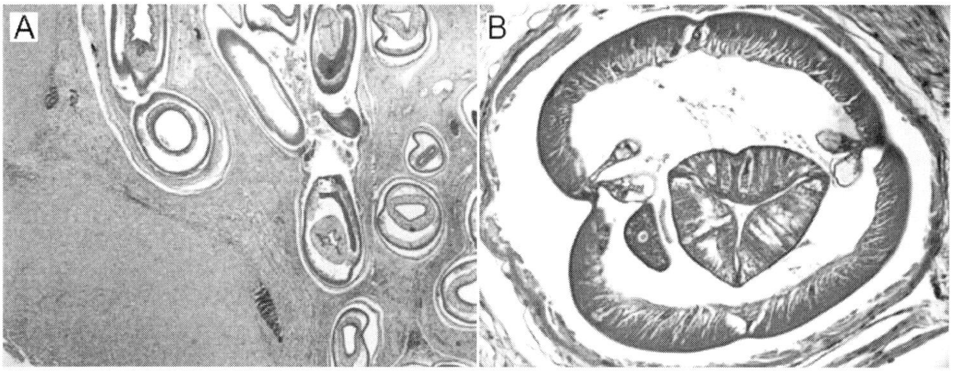

그림 3-140 **A:** 부시리의 위벽(좌측)과 장막. *Anisakis* 충이 근육내로 뻗어 있는 육아종과 fibroplasia 내에 싸임. 유충은 부드러운 굴광성의 cuticle, 편형동물의 근육 및 소화관과 생식관이 들어 있는 pseudocoelom이 특징. **B:** hypodermis와 연결된 Y-shaped lateral cord, 분비성의 Renette cell(basophilic body), 3각형 모양의 esphagus, 원주 상피로 된 소화관을 나타내는 충체의 특징.

조직학적으로 충체는 외곽 cuticle(external cuticle)과 근육층 및 소화관이 확인된다. 때로는 숙주에 따라서 충체를 싸고 있는 숙주 유래의 섬유상의 capsule에 의해 주변의 조직을 물리적으로 압박하고 있다.어체내에서 죽어 있는 충체에 자외선을 조사하면 형광을 발한다.

나. 감염 코호연어의 항문돌출병

외부 증상은 바다 거머리의 흡입에 의한 항문 지느러미 주변의 홍반(erythema), 항문과 비뇨생식공 주변의 출혈이 생긴다.

가벼운 증상의 개체는 항문과 비뇨생식공 주변이 발적되며 때로는 점상의 출혈이 생긴다. 심한 경우에는 항문 부분 출혈과 종창되면서 돌출되면서 피부가 붕괴되고, 비늘이 탈락하면서 출혈이 생긴다.

감염어를 조사하여 보면 복강내에 선충류의 유생이 많이 발견된다. 특히 유문수와 간체장 부근, 간장의 표면에서 많이 발견되는 경향이며, 위에서는 발견되지 않는다. 항문이 돌출한 병어에서는 항문과 비뇨생식공 부분에 많은 충체의 유생이 집합체를 이루고 있다. 피부를 잘라서 들어 올리면 후장과 피부 사이에 수많은 충체가 발견된다.

병리조직학적으로 항문 부근에 충체의 유충이 발견되며, 모세혈관의 확장, 혈관의 울혈, 출혈 및 호산성 과립구, 멜라노마크로파아지 및 다핵 거대세포의 침윤이 생긴다. 또한 유충이 육아종성의 결합조직과 멜라노마크로파아지에 싸인 경우가 많고, 싸인 유충이 변성됨에 따라 괴사와 염증반응이 일어난다.

여름철에 심하게 감염된 병어의 상피는 기저막에서 박리되어 소실되지만, 가을에는 상처난 부위가 거의 정상으로 회복된다. 그러나 여름이든 가을이든 모두 진피 층에 유충이 발견되는 것은 같지만 여름철에는 출혈과 염증세포의 침윤이 있지만, 가을철에는 염증세포와 변성된 비늘의 회복 과정 때문에 두께가 두터워진다. 복강 내에는 피포되지 않은 유충이 발견되기도 한다.

대부분의 어류에서 간장의 표면 위에 유충이 발견되며, 유충은 비장과 위벽 주변에서는 cyst를 형성하고 있다.

여름철에는 소화관의 점막고유층, 아가미 및 동맥구에 호산성 과립구의 숫자가 증가되어 있다. 아가미의 호산성과립구는 탈과립반응을 일으켜 연골의 재흡수 반응이 유발된다. 그러나 가을이 되면 호산성과립구는 거의 발견되지 않는다. 충체의 유충은 길이 10.9-20.2 ㎜정도로 형태적으로는 *Anisakis* Type I이다.

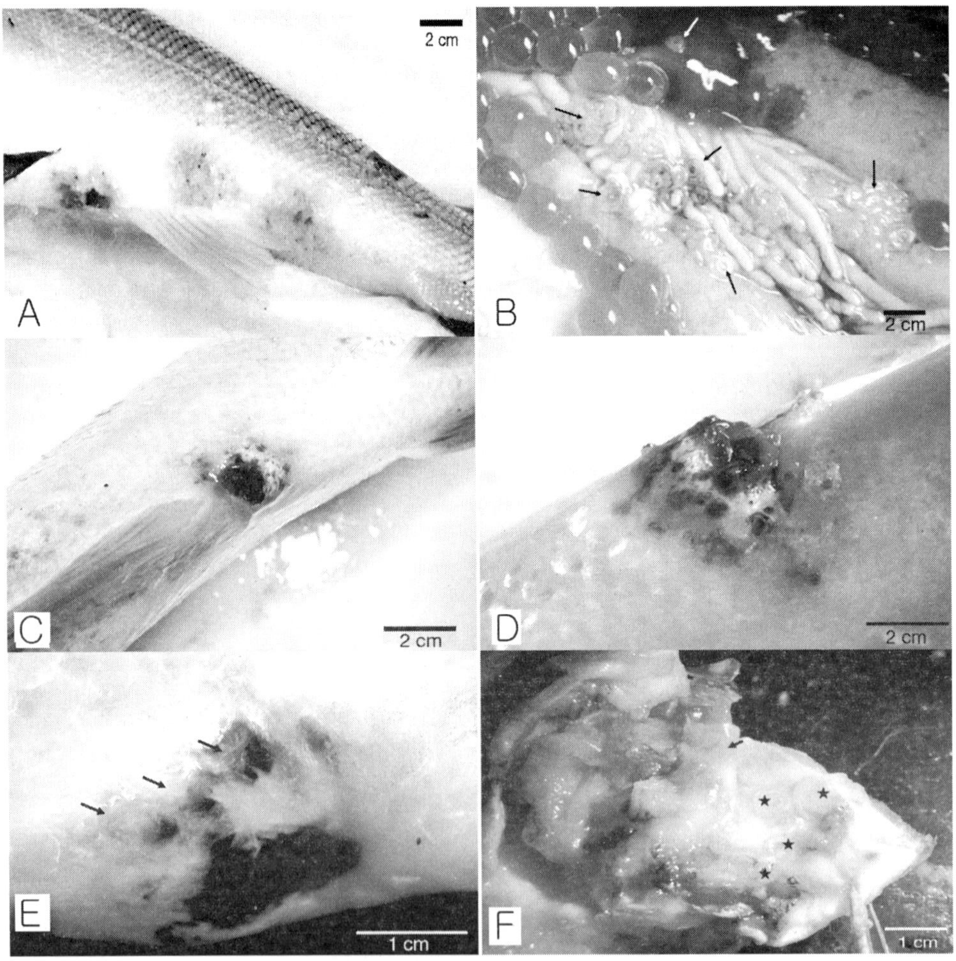

그림 3-141 해수 사육 코호연어의 항문돌출병. A: 전형적인 외부 증상. **B:** 내부 증상. 간장, 위 및 유문수 주변의 유생(화살표). 중간 정도(**C**)와 심한 감염(**D**)의 증상. **E:** 항문 표면 부근의 충체 유충(화살표). **F:** 표피를 들어 올린 후의 후장(화살표)과 피부 바로 아래의 수 많은 유충(별표).

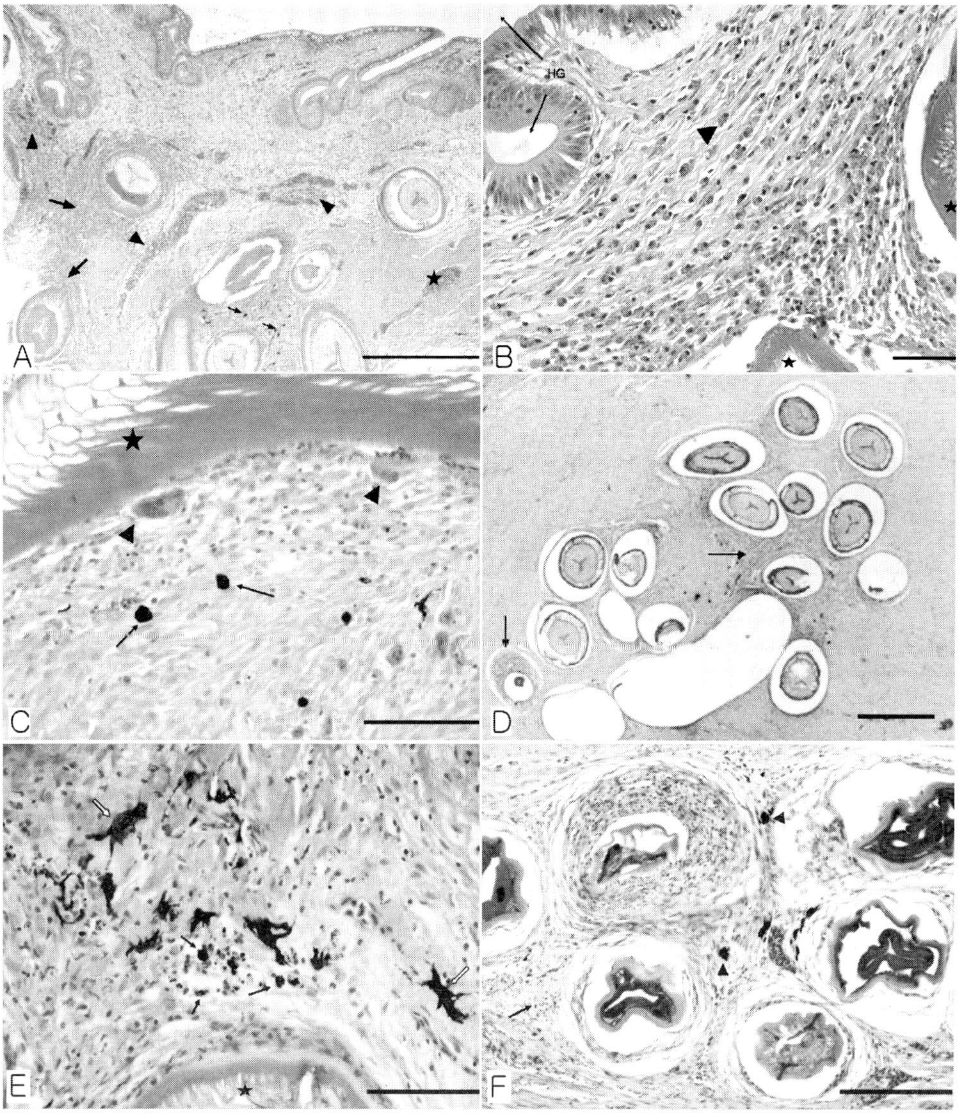

그림 3-142 **A:** 모세혈관의 확장, 울혈(별표), 출혈(화살표 머리). 염증(큰 화살표) 및 흑색대식세포(작은 화살표). **B:** 여름철 병어. 호산성과립구(화살표 머리)의 침윤이 현저. 유충(별표), 후장(HG). **C:** 피포되지 않은 충체와 흑색대식세포(화살표) 및 다핵거대세포(화살표 머리). **D:** 충체(화살표)를 피포하는 육아조직. **E:** 흑색대식세포(화살표), 흑색색소포(백색 화살표) 및 유충(별표). **F:** 유충의 변성에 따른 괴사와 염증반응(화살표). 흑색대식세포(화살표 머리). HE. Bar=500 μm(**A** & **D**), 100 μm(**B**, **C** & **E**) 및 200 μm(**F**).

다. *Anisakis simplex* 감염 대서양 연어의 항문 적변병(red vent syndrome)

2006년부터 염증성의 종대된 출혈성의 항문을 가진 자연산 대서양 연어가 발견되기 시작하였다. 대서양 연어의 항문은 산란 직전에 핑크색이 짙어지면서 약간 돌출한다. 그러나 병어는 항문 부근에 부식이 발견되거나 발적 또는 종대된다. 증상에 따라 경증, 중간 정도 및 중증의 3단계로 구분할 수 있다. 경증은 항문의 종대가 없거나 경미하며, 항문 주변이 붉어지거나 몇 개의 점상 출혈이 존재하지만 피부의 부식은 없다. 중간 정도에서는 항문은 심하게 종대되어 돌출되면서 주변에 출혈이 생기며, 출혈 부위에는 피부의 부식이나 비늘이 탈락해 있다. 중증인 경우에는 항문이 심하게 종대되어 돌출되면서 출혈 또는 항문에서 빠져나온 조직이 혼재된 환부가 존재하며, 항문주변에는 피부의 부식 및 괴사가 관찰되며, 세균의 2차 감염도 혼재하게 된다.

이러한 증상은 대서양 연어의 암수 모두에서 발견되지만 sea trout에서도 발견되기도 한다. 항문의 앞쪽 1-1.5 cm의 부분인 장의 후반부에는 염증이 발견되며, 항문 주변의 조직에는 *Anisakis simplex* 제 3기 유생이 발견된다. 충체의 감염과 무관한 외부 증상은 뒷지느러미 부근에 거머리의 흡혈에 의한 혈종이 관찰된다.

해부하여 보면 복강과 유문수 주변 및 간장의 표면에 소수의 선충류의 유생이 발견되지만 위에서 복강의 끝부분에서는 발견되지 않는다. 항문이 종대 돌출된 개체는 비뇨생식공 내에 많은 충체가 발견되며, 비늘을 제거하고 관철하면 후장과 피부 사이에도 충체가 발견되기도 한다.

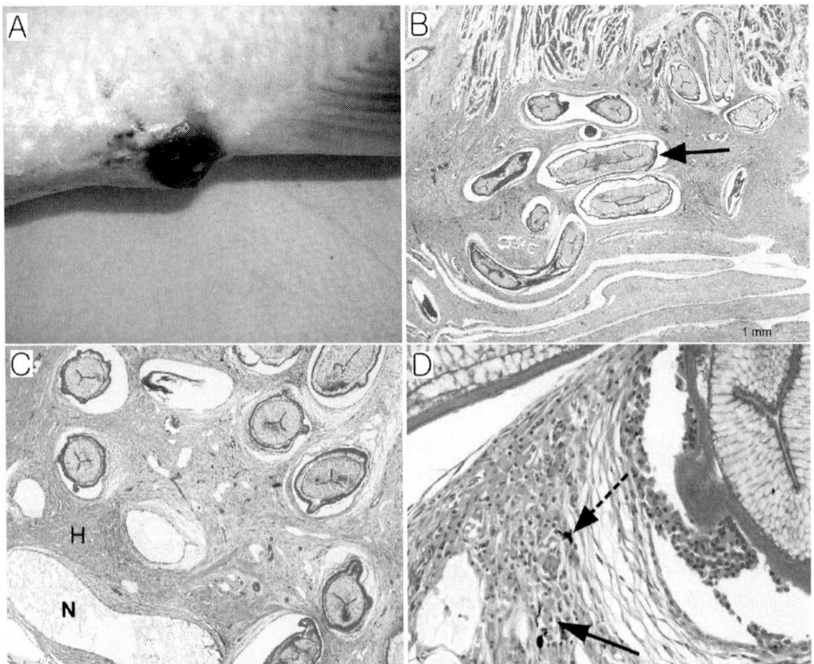

그림 3-143 **A:** 항문의 외부 모양. 항문의 출혈과 종대. **B:** 항문의 종단면. 충체는 체벽(화살표)의 평활근에 들어 있다.**C:** 충체 주변의 육아종과 섬유화. 충체의 이동에 따른 조직의 괴사(N)과 출혈(H)로 추정. **D:** 충체 인접 부위의 숙주 반응. 호산성과립구의 침윤(화살표)과 호산구의 탈과립 및 멜라노마크로파아지의 출혈(점 화살표). HE. Bar=1 mm(**B**), 0.5 mm(**C**), 100 μm(**D**).

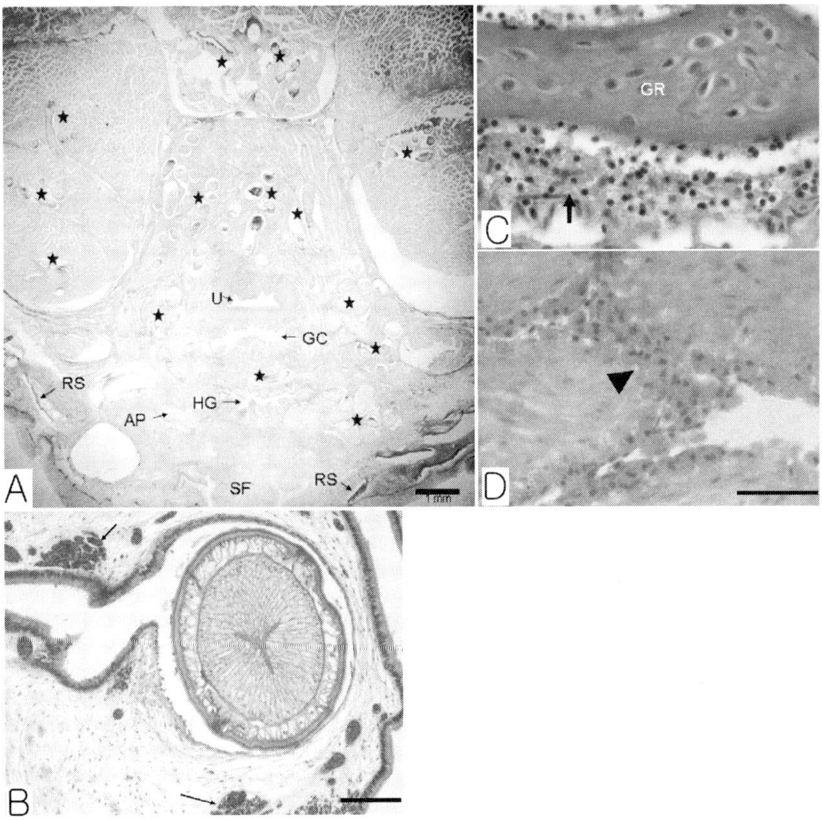

그림 3-144 **A:** 지강(HG), 직장과 생식공(GC)의 사이, 요도(urethera, U)의 위, 골격근 주변, 좌측복부 pore(AP)의 충체(*). 비늘의 변성(RS) 및 피부의 주름(SF). **B:** 생식공 내에 피포되지 않은 유생. 모세혈관의 울혈과 출혈(화살표). **C:** 아가미의 lamellae rod(GR)주변의 탈과립상의 호산구(EGCs, 화살표)와 동맥구의 상피 아래의 EGCs(화살표 머리). 연골의 재흡수상이 보임. HE. Bar=2 mm(**B**), 50 mm(**C**).

여름철에 기수역에서 채취한 개체는 모세혈관의 확장, 울혈, 출혈 및 호산성 과립구의 침윤을 주체로 하는 염증반응이 생긴다. 충체는 육아종성의 결합조직에 피포되어 있고 멜라노마크로파아지의 숫자가 증가되어 있다. 때로는 피포된 충체는 괴사와 염증반응을 동반한 변성이 생겨있다. 여름철에 체포된 병어는 피부가 기저막에서 완전히 분리되어 없어진 반면 겨울에 채포한 개체는 표피가 완전히 치유되어 있다. 여름철과 가을에 체포한 개체의 진피에는 유충이 들어 있다. 초여름의 개체는 진피에 염증세포의 침윤과 출혈이 생겨 있는 반면 가을철의 개체는 진피가 염증세포와 비늘의 재생을 위한 재생과정 때문에 두터워진다. 최근에 산란한 개체인 경우에는 생식공의 관공내에 피포된 유생은 발견되지 않는다.

대부분의 병어는 간장의 표면에 유생을 가지고 있으며 비장과 신장 주변에는 피포되어 있다. 아가미와 동맥구에는 호산구의 숫자가 증가되어 있다. 아가미의 호산구는 층상의 막대기 모양을 둘러싸는 형태로 연골의 재흡수가 생긴 것처럼 보인다.

라. 부시리(*Seriola lalandi*)의 *Anisakis*

다양한 해산어에 감염되는 *Anisakis*는 증상이 없는 것이 보통이며, 조직학적으로는 육아종성 염증반응, 괴사 및 출혈과 혈전을 포함한 혈관계의 변화 등을 유발한다.

병어는 안구가 백탁되며 복강 벽에는 단단한 황갈색의 결절이 형성되어 있으며 위장과 소화관의 표면에도 결절이 형성되어 있다. 결절은 직경 3~5 mm의 cyst의 형태로 내부에는 *Anisakis*충이 들어있다. 유문수 부근에도 검은 색의 육아종이 형성되어 위벽으로 확장되고 있는 내부에는 역시 충체의 유생이 들어있다.

조직학적으로 위와 소화관의 장막 및 장간막에 여러 마리의 *Anisakis* 유충의 cyst가 형성되어 두터워졌다. 유충은 직경 420~550 μm로 다양하며, 기본적으로는 1마리가 들어 있으며 cyst의 주변은 육아종성 조직으로 싸여 있고 육아종성염이 생겨있다. 유생은 두터운 굴광성의 큐티클로 싸여 있고 그 아래에는 platyhelmintheian muscle이 pseudocoelom에 연결되어 있다. 유생의 단면은 영어의 "Y"자에 닮은 lateral cord의 기부가 hypodermis와 연결되어 있고, 2개의 lateral cord의 arm이 체강으로 뻗어 나와 있다. 충체의 앞쪽 부분의 체강 내에 lateral cord에 인접한 곳에 배설기관인 Renette cell이 존재하며, triradiate의 인두는 절단 부위에 따라 proximal muscular esophagus (preventricular esophagus)와 더 많은 distal glandular esophagus (ventriculus)로 구분할 수 있고 소화관은 기다란 입방상의 상피세포로 끝부분에 쇄좌연이 있다.

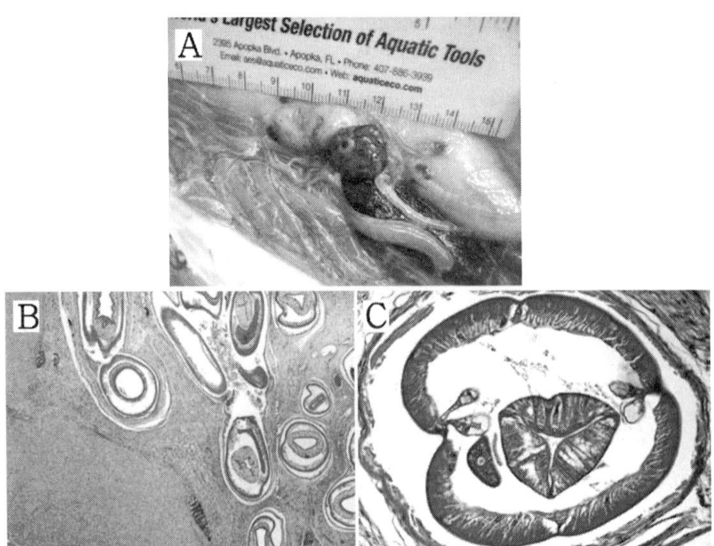

그림 3-145 **A:** 길이 3~5 mm의 유생이 들어 있는 모양. 검은색의 불규칙한 모양의 육아종이 위벽에 부착. **B:** 위벽의 충체. 충체는 굴광성의 cuticle, 근육 및 생식계와 소화계가 들어 있는 pseudocoelomm이 특징적임. **C:** *Anisakis*의 단면. Y자 모양의 lateral cord가 hypodermis와 연결, 배설 기능의 Renette cell(basophilic body), tri-radiate의 인두 및 소화관의 원주상피가 *Anisakis*의 형태적 특징임.

Cyst의 유생을 싸고 있는 공간은 1개의 엷은 collagen층을 Trichrome 염색하면 확인할 수 있고, 그 바깥을 여러 층의 거품상의 조직구, 유상피성의 마크로파아지, 많은 수의 마크로파아지, plasma cell 및 림프구가 싸고 있다.

또 다른 조직학적 변화는 심근, 심장, 뇌수막, 뇌의 choroid plexus와 신장에 직경 20~50 μm의 육아종이 형성되는 것으로 육아종은 거품상의 마크로파아지에 싸여 있지만 내부에는 *Anisakis*의 유충은 들어있지 않다. 수막에는 단구의 침윤이 두신에는 멜라노마크로파아지센트가 증생되어 있다.

(3) 세흑점가시복(*Tragulichthys jaculiferus*)의 아가미 기생 선충류 *oravecia australiensis*

감염된 성체는 항상 새궁의 중간 부분에서 발견되며 주변의 새변에는 유충이 들어 있으며, 새변이 짧은 새궁의 양쪽 끝 부분에는 성체도 유충도 발견되지 않는다. 심한 감염인 경우 새변 전체가 유충으로 충만되어 있는데, 감염 유충은 새변의 한쪽 끝 부분에서 다른 부분으로 자유로이 이동할 수 있는 것처럼 여겨진다. 감염된 충체는 바늘로서 자극하면 오그라들기 시작하여 서로 엉겨서 집합체를 형성한다. 새변에 감염하고 있는 유충이 10마리 미만일 때는 새변에서 주로 발견된다. 성충은 새변의 전체 길이 만큼 길게 늘어나 있지만, 자극을 가하면 앞뒤로 움직이거나 몸을 접지만 꼬이는 현상은 일어나지 않는다.

조직학적으로 감염 개체가 소수일 때는 정상과 거의 차이가 나지 않지만, 심한 감염일 때는 새변이 종대되면서 부종상을 띄게 되어 전체적으로 새변의 부종이 현적하게 된다. 이 때문에 상피세포가 기저막에서 박리된다. 유충은 결합조직에도 손상을 초래하여 충체 주변에 빈공간이 형성되지만 염증반응은 거의 없다.

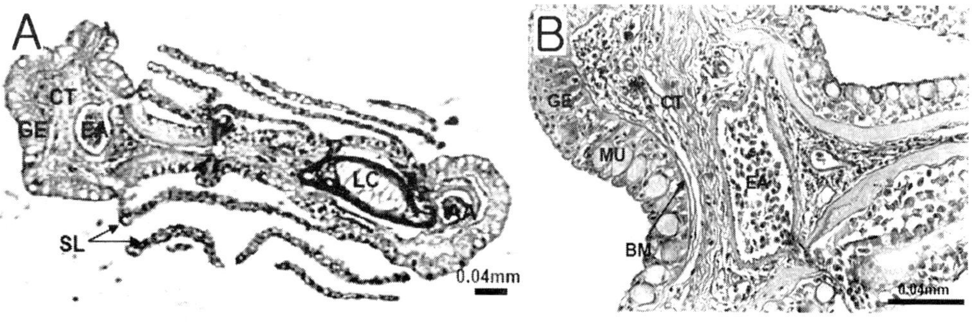

그림 3-146 미감염 개체의 새변의 저배율(A)과 고배율(B). AA(afferent artery), EA(efferent artery), BM(basement membrane), CT(connective tissue), GE(gill epithelium), LC(lamellar cartilage), MU(mucous cell), SL(secondary lamellae). H&E.

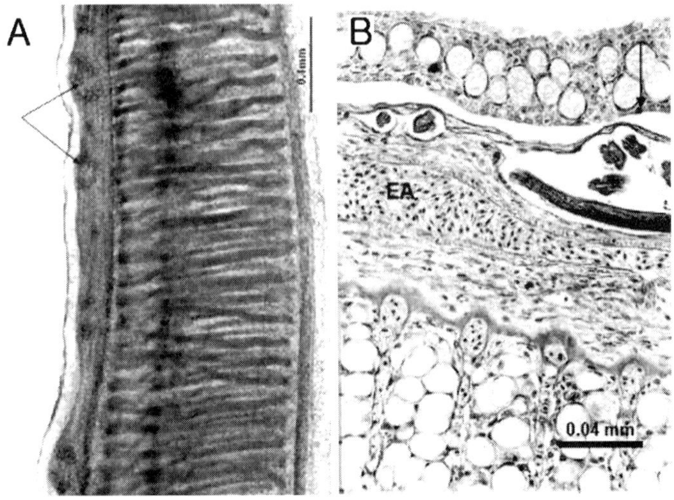

그림 3-147 **A:** 새변의 코일 모양의 유충. **B:** 유충이 감염된 새변은 부종과 구심성 동맥(EA)의 압박.

유충이 소수 감염되었을 때는 아가미의 변화가 현저하지 않지만 유충이 심하게 감염된 경우 또는 성충이 감염된 경우에는 변화가 심각하게 된다. 충체 주변에 형성되는 빈 공간이 확대됨에 따라 구심성 동맥을 압박하기 때문에 결합조직이 심하게 붕괴된다. 남아 있는 상피세포에는 점액세포가 거의 없고, 상피세포의 층수도 건강한 새변은 7~9층인 데 비해 4~5층으로 줄어든다.

많은 유충 또는 성충이 감염함에도 불구하고 새변에는 거의 숙주 반응이 나타나지 않고, 소성결합조직과 상피세포에 부종이 생길 뿐이다. 어류의 아가미에 기생하는 선충류는 현재까지 *Philometra obturans*와 *Histodytes microocellatus* 2종이 알려져 있다.

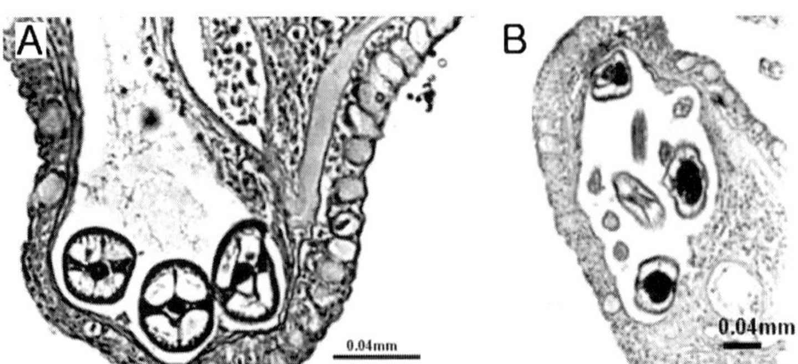

그림 3-148 성체가 감염된 아가미는 상피세포의 박리, 결합조직의 붕괴, 점액세포의 숫자와 크기가 감소.

(4) Southern flounder(*Paralichthys lethostigma*) 기생 선충류 *Philometra overstreeti* 및 *Philometroides paralichthydis*

Philometra overstreeti 암컷은 잇빨 또는 새궁의 입새동맥과 출새동맥 사이 등에 기생한다. 또한 *Philometroides paralichthydis* 암컷은 턱, 구강 내의 설골궁(hyoid arch), 혀, 새파에 기생한다. 또 2종류의 선충은 모두 뒷지느러미와 등지느러미를 움직이는 근육에도 기생하기도 한다.

충체가 성장하여 포란하게 되면 감염 부위가 돌출하게 됨으로 육안으로 쉽게 식별할 수 있다. 충체는 층상의 편평상피와 연결된 불규칙한 결합조직으로 만들어진 엷은 피막내에 들어 있다. 그러나 상피조직에서 goblet cell이나 림프구의 증가는 발견되지 않는다. 잇빨에 감염된 경우에는 tooth pulp와 dentine이 충체에 의해 대체되고 변성상을 나타내는 상피세포에 의해 싸여 있고, 상피세포는 결합조직을 싸고 있다.

새궁에서는 epibranchial bone의 뒷쪽 groove내의 등쪽에서 발견되지만, 심한 감염인 경우 양쪽에서 발견되기도 한다. 새궁 내의 아가미 동맥 내에는 대형의 포란한 충체가 발견된다. 그러나 삼엄 충체는 새동맥과 혼돈할 수 있기 때문에 반듯이 잘라내어 충체의 존재를 확인할 필요가 있다.

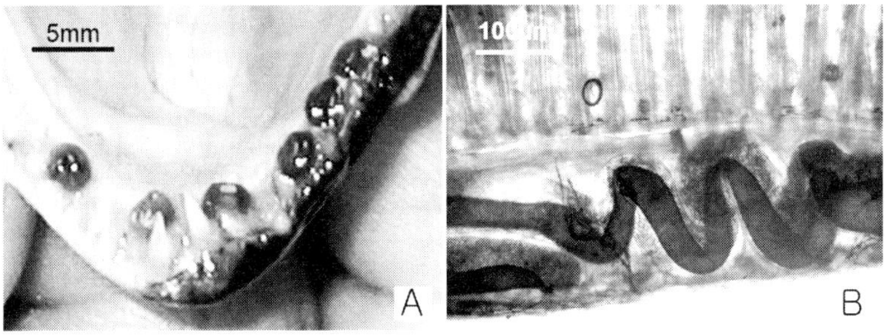

그림 3-149 ***Philometra overstreeti.*** **A:** 혀(아래 턱)에 감염된 6미의 충체. **B:** Epibranchial bone의 groove내의 1미의 충체.

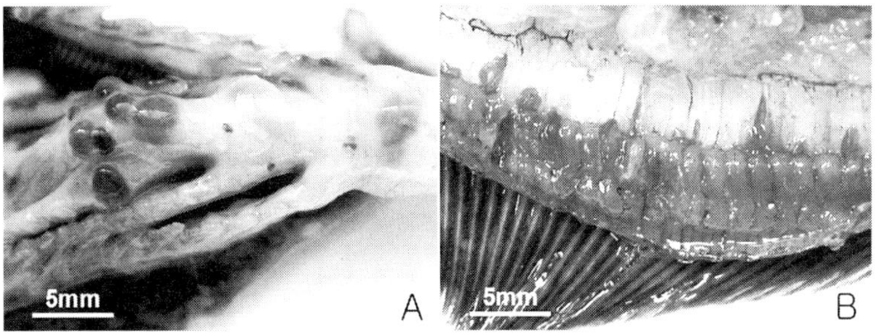

그림 3-150 ***Philometroides paralichthydis.*** **A:** 혀와 새파 내의 피포된 충체. **B:** 피부 제거한 뒷지느러미 작동 근육 내의 수많은 충체.

*Philometroides paralichthydis*는 구강의 경골 내에 경골의 periosteum과 융합되는 엷은 결합조직성의 피막에 싸여 있지만, 숙주의 염증반응은 거의 없다. 성체를 싸고 있는 결합조직은 더욱 더 느슨하고 세포성분이 많아진다. 피막의 내부 층은 섬유아세포로 변화되어 편평화되어 있다. 등지느러미와 뒷지느러미의 기부에 기생한 경우에는 지느러미를 움직이는 근육 사이에 위치하고 있다. 이 때문에 충체가 충분히 발육한 경우에는 지느러미 근육이 충체로 대체되거나 근육이 위축되어 엷어지게 된다.

감염 선충은 대부분이 눈이 있는 쪽에서 발견되지만, 대형이 충체일 때는 무안측의 근육을 압박하기도 한다.

선충의 소화관에는 적혈구가 발견되기 때문에 선충은 흡혈성이라는 것을 알 수 있으며, 선충의 유생은 소형의 정맥 내에서 발견되기 때문에 흡혈성이며, 혈관을 통하여 침입함을 의미한다. 이러한 선충의 기생은 감염 어류의 먹이 섭취 감소와 운동성에 이상을 초래할 가능성이 있다.

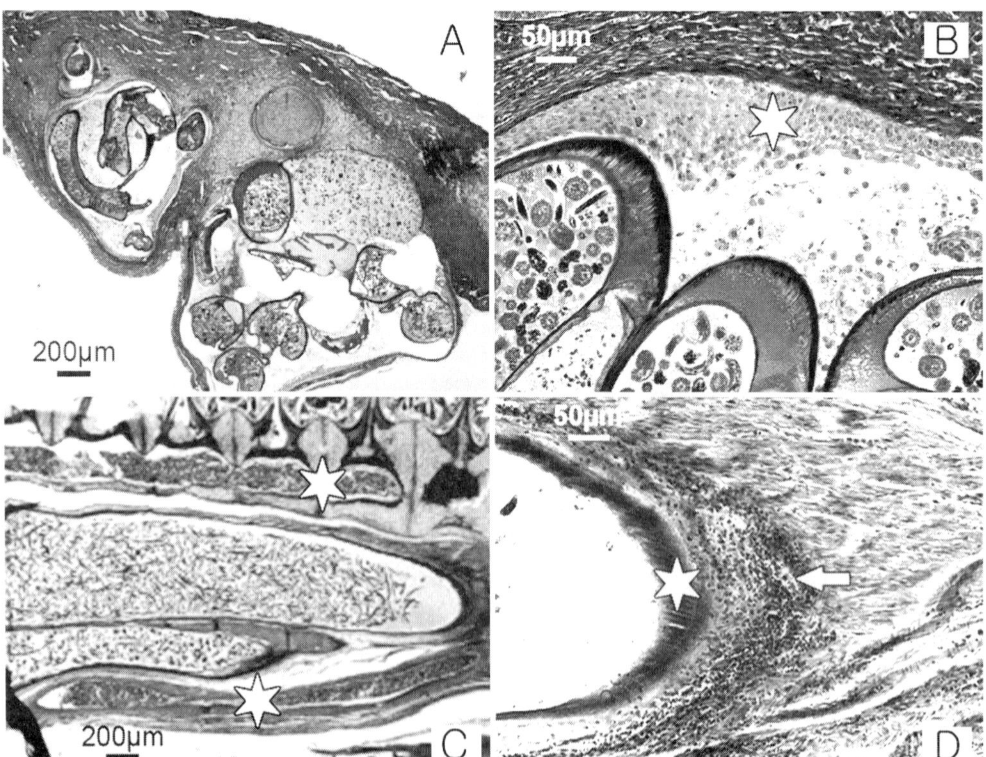

그림 3-151 ***Philometra overstreeti*. A-B:** 혀. **A:** 엷은 피막내의 꼬인 상태의 충체. **B:** 충체 접하고 있는 상피세포의 박리(별표). 피막내에는 가벼운 염증반응 존재. **C-D:** 새궁. **C:** 아가미 동맥 사이의 충체(별표). **D:** 충체(별표)와 접한 결합조직(화살표)의 심한 염증반응. Masson's trichrome stain.

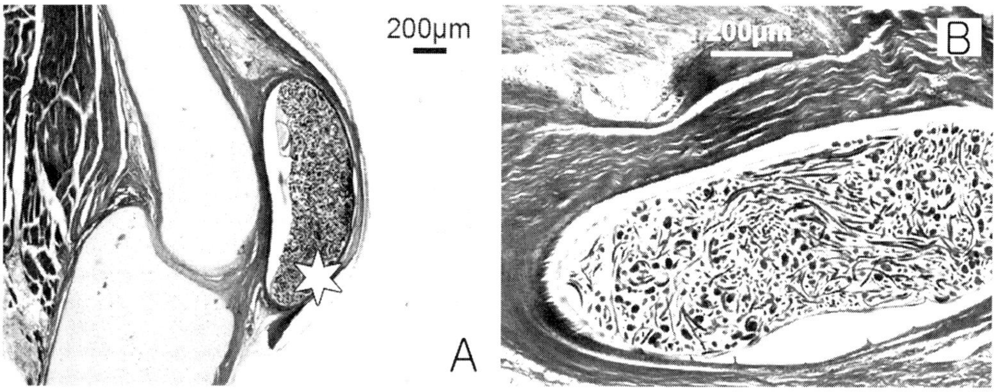

그림 3-152 **구강 경골내의 *Philometroides paralichthydis*. A:** 관절 인접 경골 표면 위에 피포된 포란 난 충체(별표). **B:** 포란한 충체 주변의 두터운 결합조직의 피막. 염증반응은 없음. Masson's trichrome stain.

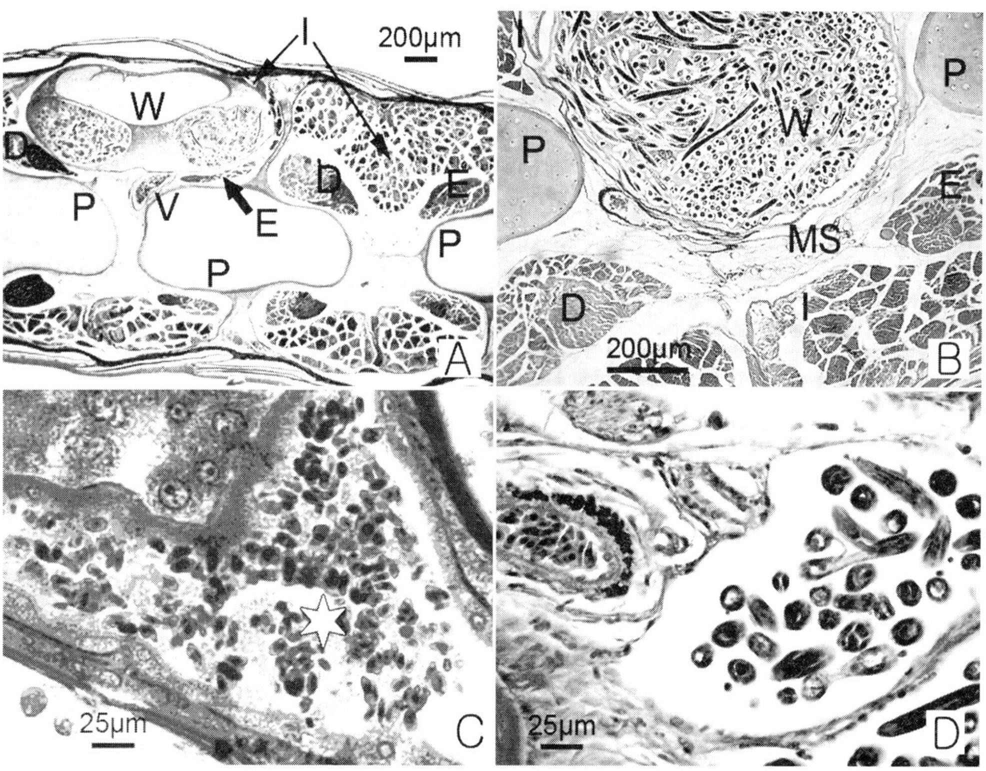

그림 3-153 **A-B:** 등지느러미 기부의 근육. **A:** 충체(W)가 nclinator muscle(I)을 대체하고 erector muscle (E)을 압박. **B:** 충체(W)가 medium septum(MS)를 대체. D(depressor muscle), P(pterygiophore), V(vein). **C:** 충체 소화관(별표) 내의 숙주 적혈구. **D:** 소정맥 내의 충체 유생. Masson's trichrome stain(**A**, **C**, **D**) 및 HE(**B**).

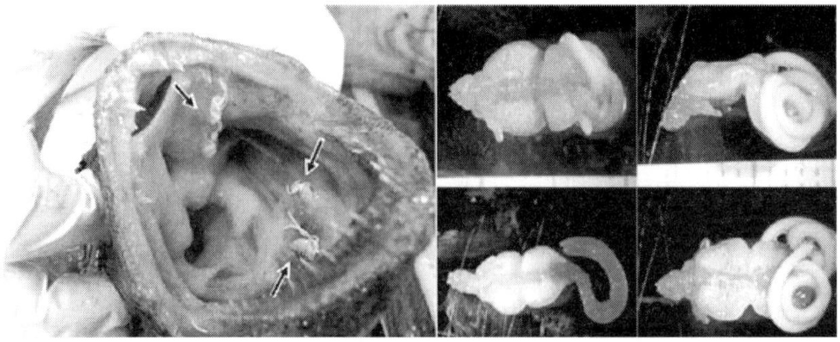

그림 3-154 **황아귀 구강 기생 요각류 *Acanthochondria spirigera*. A:** 구강내의 기생충체. **B:** 적출한 충체의 복면도(좌상), 측면(좌우), 배면도(좌하) 및 난성숙이 진행된 충체(우하). Bar= 1 mm.

5) 갑각류

(1) 요각류

가. 명태의 흡혈 요각류 *Haemobaphes diceraus*

명태의 아가미에 기생성 요각류인 *Haemobaphes diceraus*가 기생하여 흡혈함으로서 새변이 백색으로 변화면서 감염어는 여위게 된다. *H. diceraus*(=*H. theragrae*)는 명태(*Theragra chalcogramma*), 대구, 참가자미(*Pleuronectes herzensteini*) 등의 아가미에 기생한다. *H. diceraus*는 숙주의 새궁에서 복대동맥을 관통하는 가늘고 길다란 neck를 가지고 있어, 그 끝 부분에 있는 두부와 입 부분(mouth-part)를 숙주의 심실 앞쪽의 동맥구에 삽입하여 흡혈한다. 이러한 흡혈 요각류의 기생에 의해 성장과 성숙에 영향을 미치게 된다.

그림 3-155 ***Haemobaphes diceraus*의 흡혈로 인한 명태의 여윔.**

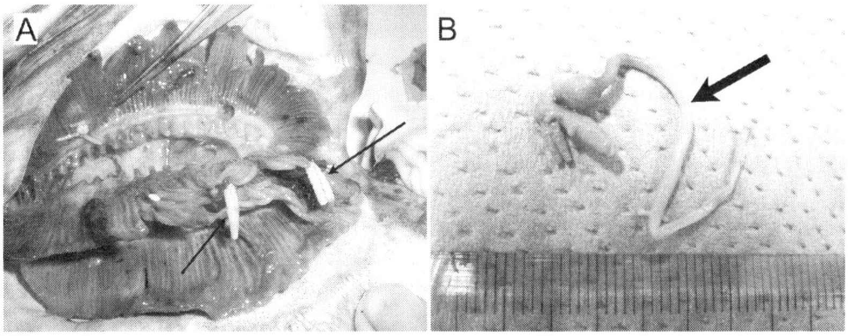

그림 3-156 **A:** 명태의 아가미에 기생하고 있는 충체. **B:** 흡혈을 위해 숙주의 동맥구에 삽입하는 충체의 가늘고 길다란 neck(화살표).

또한 요각류인 *Clavella perfida*도 명태 등의 아가미에 턱을 부착시켜 기생하지만 충체 전체가 아가미에 들어있지만 충체가 소형이며, neck이 없기 때문에 식별이 용이하며, *H. diceraus* 처럼 흡혈하지는 않는다.

*H. diceraus*기생 명태는 비기생 명태와는 간장의 색깔이 현저히 차이가 난다. 즉 기생어의 간장은 검은 색을 띈 자갈색이지만, 비기생어의 간장은 유백색이다. 그러나 산란이 끝난 정소는 기생에 상관없이 모두 적색을 띄고 있다. 이는 어류의 간장의 색깔은 지방함량이 많을 경우에는 엷어지지만, 적을 경우에는 색조가 짙어지기 때문에 충체의 기생에 의해 지방이 감소하여 영양상태가 악화되게 된다.

나. 황돔 구강내 기생 요각류 *Codonophilus imbricatus*

황돔의 구강 내에 백색의 요각류가 발견된다. 충체는 대형의 타원형으로 복부가 부풀어 있는 개체와 소형의 장방형에 가까우면서 복부가 부풀어 오르지 않은 개체의 2 그룹으로 구분할 수 있다. 대형은 암컷이며, 소형은 수컷으로 생각된다.

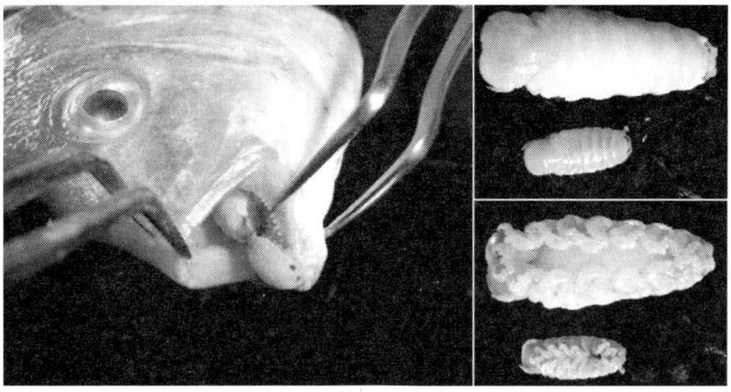

그림 3-157 **황돔 구강내 기생 요각류와 암수의 배면도(상)과 복면도(하).** 대형개체는 암컷, 소형은 수컷. Bar=1 μm.

암컷의 평균 체장은 23.3 mm, 수컷의 평균 체장은 11.3 mm 정도이다. 동일 어류에 암수가 동시에 기생한 경우, 어류 1개체당 3마리 이상이 감염된 경우는 발견되지 않는다. 충체는 두부를 황돔의 입 방향으로 향하여 기생하고 있다. 암컷은 다리를 사용하여 혀를 붙잡고 있고, 수컷은 구강 벽에 부착하여 있다. 충체를 뒤집어 놓으면 암컷은 거의 다리를 움직이지 않지만, 수컷은 활발히 다리를 움직이는 개체수가 많은 것은 암컷은 혀에 부착하지만 수컷은 구강 내를 자유로이 이동하여 부착하기 때문이라 생각된다.

다. 황아귀 구강 기생 요각류 *Acanthochondria spirigera*

구강 내에 백색의 기생충이 발견된다. 적출한 기생충은 길이 11 mm 정도로 충체의 뒷부분에 난선상으로 꼬인 길이 20 mm 전후의 난낭이 2개 부착되어 있다. 난낭은 백색, 황색, 적색을 띈 것이 섞여 있는 있다.

라. 능성어와 농어의 아가미 기생 갑각류 *Lernanthropus kroyeri*

암컷 성체는 제 2안테나와 발을 사용하여 아가미에 부착하여 있다. 감염 개체는 아가미가 빈혈 및 점액이 과잉으로 분비되며, 선상의 출혈부위가 관찰된다. 새변 사이에 발견되는 녹색의 띠 모양은 갑각류의 난낭이다. 갑각류가 삽입하고 있는 1차 새변은 붕괴되며, 상피세포의 부종, 2차 새변의 증생에 의한 새변의 유착, 점액세포의 증생, 상피세포의 공포화 등이 관찰된다.

갑각류는 숙주의 점액, 상피세포, 혈액을 먹이로 섭취하고, 충체의 부착과 먹이 섭취가 병변을 유발하게 된다. 갑각류는 어류의 아가미에 혈액 순환의 방해, 먹이 섭취에 의한 아가미의 붕괴와 아가미 세포의 비대 등의 3가지 요인으로 작용하게 된다. 대개의 경우 갑각류와 혼합감염을 유발함으로 아가미에 더욱 심한 병변이 초래되어 폐사한다.

치료는 emamectin benzoate를 사료 kg당 0.1 mg 첨가하여 7일간 경구 투여하면 효과적이다.

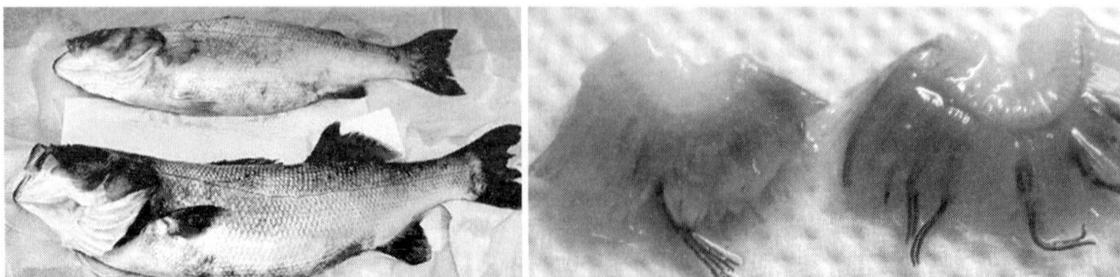

그림 3-158 갑각류 *Lernanthropus kroyeri* 감염 농어의 외부 증상과 새변 사이의 감염된 충체.

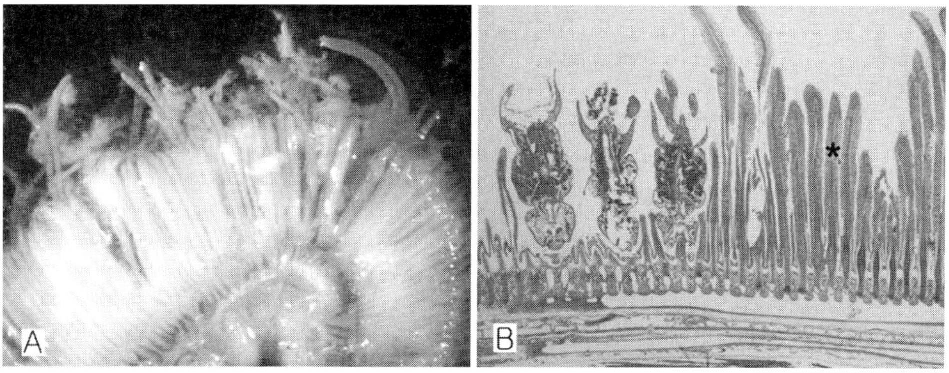

그림 3-159 **A:** 새변 사이의 갑각류 *L. kroyeri*의 암컷 성체. **B:** *L. kroyeri*의 암컷과 혼합감염된 단생류 *Diplectanum aequans*(*).

(2) 등각류

가. 감성돔 미병부 기생 *Nerocila acuminata*

감성돔의 미병부에 기생한다. 이 과에 속하는 기생충은 암수 1쌍이 기생하고 있는 것이 일반적이다. 암수의 길이는 각각 2.5 cm와 2.2 cm로 암컷이 수컷보다 약간 크다. 복부에 있는 고착지의 끝 부분은 날카로워 근육 내에 확실하게 삽입할 수 있다.

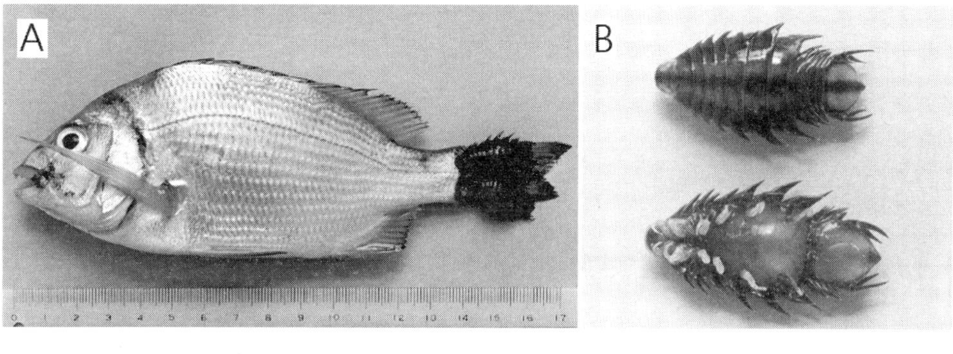

그림 3-160 **A:** 감성돔 미병부 기생 등각류 Nerocila acuminata. **B:** 충체 암컷(좌)와 수컷(우).

나. 눈볼대 구강내 기생 등각류 *Ceratothoa oxyrrhynchaena*

구강 내에 기생하며, 눈볼대의 입에서 두부를 향하여 갈고리 모양의 발로 눈볼대의 혀를 붙잡고 있는 형상이다. 충체는 백색으로 대형은 길이 37.5 mm, 폭 17 mm, 높이 12.5 mm이지만 소형은 길이 19.5 mm, 폭 9 mm, 높이 6.5 mm 정도이다. 크기와 충체의 모양을 기준으로 대형개체는 암컷, 소형 개체는 수컷으로 생각된다.

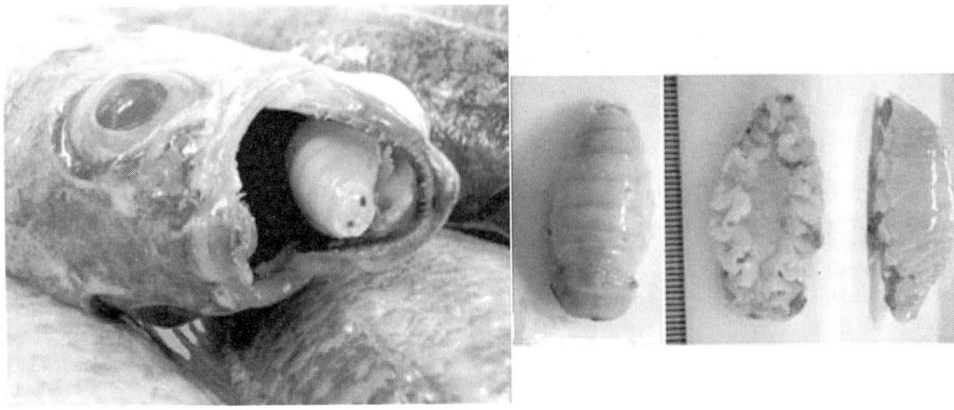

그림 3-161 눈볼대 구강내 기생 등각류 *Ceratothoa oxyrrhynchaena*. A: 구강내의 충체. **B:** 적출 기생충. Bar=1 mm.

다. 바다베스(*Lates calcarifer*)의 *Cirolana fluviatilis*

방양 후 1달 동안은 사망율이 낮지만 그 후부터 사망율이 비정상적으로 증가하기 시작하며, 폐사한 어류는 뼈만 남아 있게 된다. 빈사 또는 폐사 상태의 어체에는 많은 등각류가 부착되어 있다. 등각류는 길이가 8.5 mm, 폭은 3.1 mm이며 가두리의 그물 바깥에 무리를 형성하고 있다. 그물 바깥에 군체를 이루고 있는 것은 해조류, 펄, 연체동물, 환형동물 등의 부착과 밀접한 관계가 있으며, 생사료가 주변에 있는 등각류를 유인하는 것처럼 보인다.

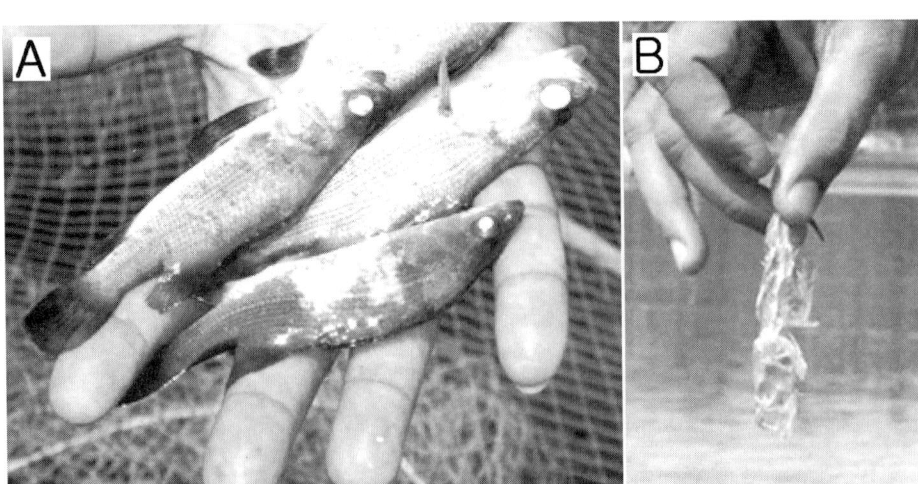

그림 3-162 감염 개체(A)와 폐사 후 남은 폐사어의 골격(B).

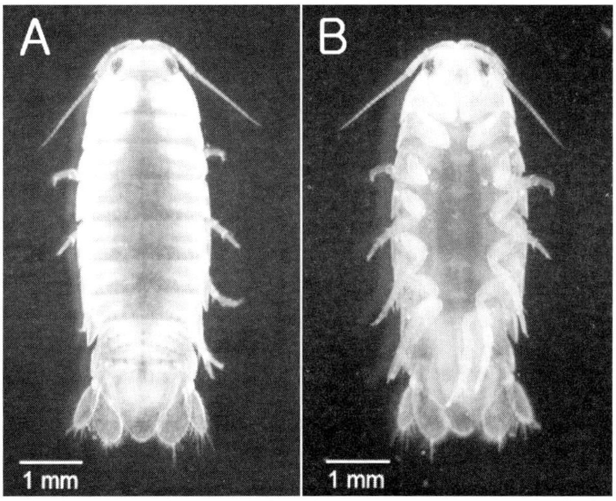

그림 3-163 ***Cirolana fluviatilis*의 배면도(A)와 복면도(B).**

라. 바다농어 및 귀족 도미의 등각류 *Ceratothoa oestroides*

암수 한 쌍이 구강과 새강의 내부를 차지하여 호흡장애를 유발함으로써 폐사시킨다. 수온이 상승할 때에 감염이 더욱 증가하게 되는데, 이때는 암컷 1마리는 약 450~550마리의 유충을 어류의 구강내에 방출하면 자유 유영하면서 적절한 숙주를 찾아 다시 기생하게 된다. 이 때 어류는 유충을 살아 있는 먹이로 인식하는 것처럼 보인다.

감염어는 적혈구 수, Ht 값이 감소하는 반면 백혈구의 숫자는 증가한다. 충체의 흡혈 때문에 빈혈이 생기며 감염어는 면역기능이 저하된다. 치료는 diflubenzuron를 어체중 kg당 3 mg 첨가하여 14일 동안 경구 투여한다.

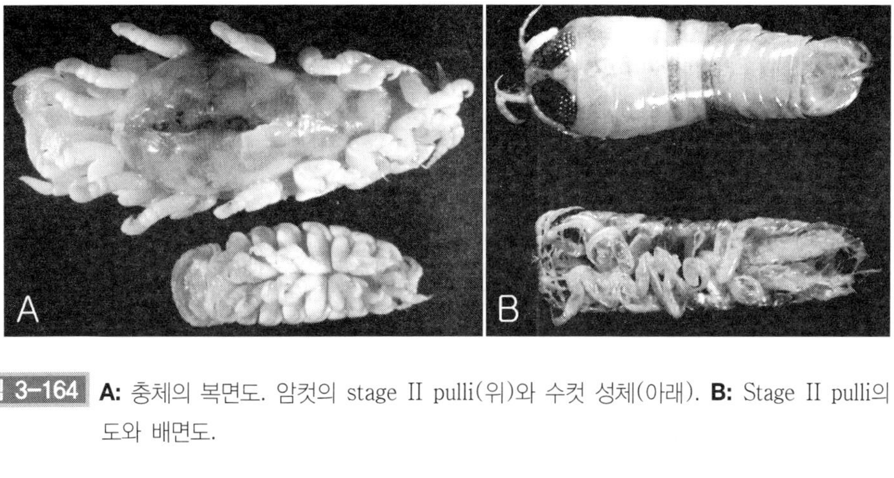

그림 3-164 **A:** 충체의 복면도. 암컷의 stage II pulli(위)와 수컷 성체(아래). **B:** Stage II pulli의 복면도와 배면도.

(3) 가자미류 및 대구의 X-cell pseudotumour의 조직 및 PCR

광학현미경적으로 X-cell은 상피성 유두종과 매우 유사하게 상피의 주름 내에 많은 papillae로 구성되어 있다. 고배율로 관찰하면 그 내부에 소위 X-cell이 많이 들어있다는 것을 알 수 있다.

대서양 대구의 위새에 pseudotumour가 형성된 개체는 체색이 검은색으로 미감염 개체에 비해 어체의 크기가 소형이다. Pseudotumor는 크림색이다.

감성가자미(*Pseudopleuronectes obscurus*)의 경우에는 체표에 대형의 융기 형태로 솟아있지만 근육에는 침입하지 않기 때문에 쉽게 떼어낼 수 있다. 항상 눈이 있는 쪽에 형성되지만 때로는 눈이 없는 쪽(non-ocular side)에 색조가 있거나 또는 없는 형태로 생기기도 한다. Pseudotumour는 주머니 같은 구조물의 집합체로서 쉽게 떼어낼 수 있다. 주머니의 구조는 쉽게 붕괴되며 내부에는 X-cell 또는 세포 붕괴물이 들어 있다.

상피조직에서 X-cell은 주로 상피의 기저부에 위치하고 있으며, 모양은 모든 어종에서 비슷한 모양으로 대형의 호산성이며, 각 세포의 중앙에는 핵인을 가진 대형의 핵이 있다. 핵은 헤마톡시린에 약하게 염색된다.

심한 경우에는 상피성의 유두종과 진피 사이에 육아 조직이 형성되기도 하며, 육아종의 내부에도 상피에서 크기보다 소형인 많은 X-cell이 들어 있다. 이 소형 X-cell은 백혈구의 크기와 비슷하다. 또 육아조직과 상피에서도 중간 크기의 X-cell이 관찰되기도 한다.

섬유종 모양으로 발육한 환부는 종대된 상피 내에 형성된 육아조직이며, 그 속에는 수많은 X-cell이 들어 있다. 이러한 경우에는 상피는 소실되게 된다.

X-cell은 피부나 아가미의 단지 표피와 진피의 피부 조직에서만 형성되며, 근육조직에는 형성되지 않는다.

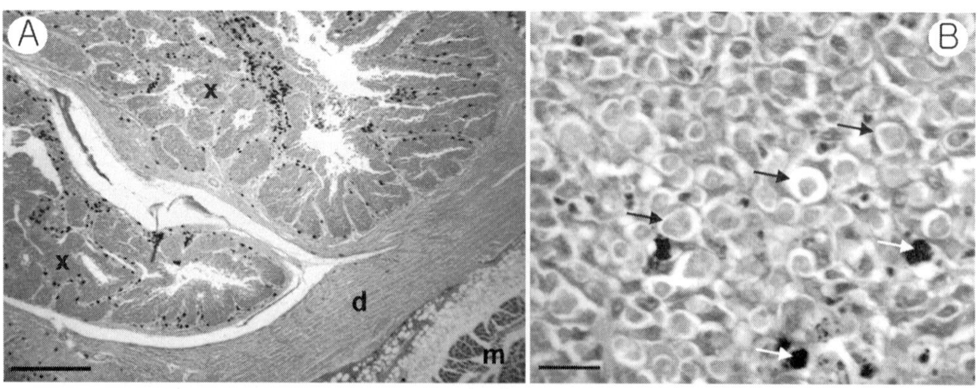

그림 3-165 **상피성 pseudotumour. A:** 감염 상피세포의 주름내의 수많은 X-cell(x). 진피(d)와 근육(m)은 미감염. **B:** 헤마톡시린에 엷게 염색되는 다각형의 핵(흑색 화살) 및 많은 수의 멜라노마크로파아지(백색 화살). HE. Bar=400 μm(**A**)와 20 μm(**B**).

Pseudotumour를 PBS로 homogenize한 다음 PBS로 희석하여 현미경으로 검경하면 X-cell의 존재를 확인할 수 있다. 또한 호모게나이즈한 것을 가아제로 결합조직의 찌꺼기를 제거하고 1800 g에 5분간 원심한 다음 침전물을 3 ml의 saline에 현탁시켜 광학현미경으로 검경하면 X-cell의 존재를 확인할 수 있다. 이것을 지느러미의 기부에 접종하면 재감염도 확인할 수 있다.

이렇게 현미경으로 주머니 모양의 구조를 하고 있는 X-cell을 해수가 들어 있는 24-well에 넣고 15˚C에 배양하면서 아메바 모양 또는 플라스틱에 부착하는 능력을 조사하면 부착 능력은 없으며, 모양도 아메바 형상으로 변하지 않으며, 위족도 내지 않는다.

경구 투여에 의한 감염은 pseudotumour를 1 mm^3의 조각으로 자른 다음 절식시킨 어류에 투여하여 확인할 수 있다.

분자생물학적으로는 95% 에탄올에 고정한 조직에서 DNA를 추출한 다음 어종에 따른 X-cell의 universal/specific primer를 사용한 nested PCR로서 확인할 수 있다. 이 때 annealing 온도를 1st와 2nd에 각기 다르게 하지만 다른 것은 다음의 조건에서 실시한다.Initial denaturation 95˚C 5분, 35사이클(denaturation 95˚C 30sec; annealing temp; extension 72˚C 1min), final extension 72˚C 7min의 조건에서 실시한다.

표 3-2 **x-cell SSU rDNA의 nested 증폭을 위한 PCR primers.**

Primers	Forward	Reverse	annealing temp(˚C)
대구	TCG TCC GAT CCT CAG TCG G		
1) 305fs/H-R3Mx	TGA CCT ATC ATG CTG TGA TGG	TAG GAA TTC CTC GTT CAA GAC G	54
2) 390Xfx/1400rs	AGA GGG AGC CTG AGA GAC G	AGC AAG CCC GTA TGG AGA AGA CG	52
가자미류			
1) 280fs/H-R3Mx	ATC CAT CAG CCA TCG ACG C	TAG GAA TTC CTC GTT CAA GAC G	55
2) 390Xfx/1000rs	AGA GGG AGC CTG AGA GAC G	TCG TCC GAT CCT CAG TCG G	55

[s] X-cell species-specific primer.

[x] X-cell universal primer.

[참고문헌]

Abe, N.(2009): Identification of the larval cestode plerocercoid found in the body cavities of the Japanese smelt and review of the literature. 生活衛生, 53: 110-116.

Ali, A. A., Metwally, M. M. M., and Hussein, H. S.(2009): Pathological studies on some parasitic diseases of eel (*Anguilla anguilla*). Egypt. J. Comp. Path. & Clin. Path., 22: 96-113.

Alvarez-Pellitero, P., Quiroga, M. I., Sitja-Bobadilla, A., Redondo, M. J., Palenzuela, O., Padros, F., Vazquez, S., and Nieto, J. M.(2004): *Cryptosporidium scophthalmi* n. sp. (Apicomplexa: Cryptosporidiidae) from cultured turbot *Scophthalmus maximus*. Light and electron microscope description and histopathological study. Dis. Aquat. Org., 62: 133-145.

Antychowicz, J. and Reichert, M. (2005): Occurrence of *Myxobolus encephalicus* in Poland-possible relationship between the parasite infection and clinical symptoms in common carp. Bull. Vet. Inst. Pulawy, 49: 35-39.

Astrofsky, K.M., Schech, J.M., Sheppard, B.J., Obenschain, C.A., Chin, A.M., Kacergis, M.C., Laver, E.R., Bartholomew, J.L., and Fox, J.C.(2002): High mortality due to *Tetrahymena* sp. infection in laboratory-maintained Zebrafish (*Brachydanio rerio*). Comp. Med., 52: 363-367

Baragahare, R., Becker, J. A., Landos, M., Slapeta, J., and Dennis, M. M.(2011): Gastriccryptosporidiosis in farmed Australian murray cod, *Maccullochella peelii peelii.* Aquaculture, 314: 1-6.

Barber, I., Davies, A. J., Ironside, J. E., Forsgren, E., and Amundsen, T. (2009): First record of a *Kabatana* sp. microsporidium infecting fish in the Atlantic Ocean. Dis. Aquat. Org., 83: 145-152.

Beck, M., Evans, R., Feist, S. W., Stebbing, P., Longshaw, M., and Harris, E. (2008): *Anisakis simplex* sensu lato associated with red vent syndrome in wild adult Atlantic salmon *Salmo salar* in England and Wales. Dis. Aquat. Org., 82: 61-65.

Bouboulis, D., Athanassopoulou, F., and Tyrpenou, A. (2004): Experimental treatments with diflubenzuron and deltamethrin of sea bass, *Dicentrarchus labrax* L., infected with the isopod, *Ceratothoa oestroides.* J. Appl. Ichthyol., 20: 314-317.

Britton, J. R., Pegg, J, and Williams, C. F. (2011): Pathological and ecological host consequences of infection by an introduced fish parasite. PLoS ONE 6(10): e26365.doi:10.1371/journal.pone. 0026365.

Buchmann, K., Skovgaard, A., and Kania, P. W.(2012): *Myxobolus groenlandicus* n. sp. (Myxozoa) distorting skeletal structures and musculature of Greenland halibut *Reinhardtius hippoglossoides* (Teleostei: Pleuronectidae). Dis. Aquat. Org., 98: 133-141.

Buron, I. d. and Roumillat, W. A. (2010): Histopathology of two philometrid parasites of the southern flounder, *Paralichthys lethostigma.* J. Wildlife Dis., 46: 277-282.

China, M., Nakamura, H., Hamakawa, K., Takaki, E., Miwa, S., Meng, F., and Yokoyama, H.(2013): Occurrence of the myxosporean emaciation disease caused by *Enteromyxum leei* in cultured malabar grouper *Epinephelus malabaricus.* Fish Pathol., 48: 88-96.

Chong, R.S.M.(2005): Trypanosomiasis in cultured *Epinephelus areolatus.* Bull. Eur. Ass. Fish Pathol., 25: 32-35.

Cirkovic, M., Milosevic, N., Markovic, M., and Potkonjak, A. (2010): Brain myxoboliasis of common carp. Bulg. J. Agric. Sci., 16: 263-265.

Crosbie, P. B. B., Ogawa, K., Nakano, D., and Nowak, B. F.(2010): Amoebic gill disease inhatchery-reared ayu, *Plecoglossus altivelis* (Temminck & Schlegel), in Japan is caused by *Neoparamoeba perurans*. J. Fish Dis., 33: 455-458.

Dezfuli, B. S., Capuano, S., Simoni, E., Giari, L., and Shinn, A. P. (2007): Histopathological and ultrastructural observations of metacercaria infections of *Diplostomum phoxini* (Digenea) in the brain of minnows *Phoxinus phoxinus*. Dis. Aqaut. Org., 75: 51-59.

Dezfuli, B. S., Giari, L., Squerzanti, S., Lui, A., Loenzoni, M., Sakalli, S., and Shinn, A. P. (2011): Histological damage and inflammatory response elicited by *Monobothrium wageneri* (Cestoda) in the intestine of *Tinca tinca* (Cyprinidae). Parasite & Vectors., 4: 225-

Dezfuli, B. S., Lui, A., Boldrini, P., Pironi, F., and Giari. L.(2008): The inflammatory response of fish to helminth parasite. Parasite, 15: 426-433.

Dezfuli, B. S., Lui, A., Giari, L., Castaldelli, G., Shinn, A. P., and Lorenzoni, M.(2012): Innate immune defence mechanisms of tench, *Tinca tinca* (L.), naturally infected with the tapeworm *Monobothrium wageneri*. Parasite Immunol., 34: 511-519.

Dykova, I. and Lom, J.(2000): Histopathology of *Kabatana arthuri* (Microspora) infection in sutchi catfish, *Pangasius sutchi*. Folia Parasitol., 47: 161-166.

Dykova, I., Figueras, A., and Novoa, B.(1995): Amoebic gill infection of turbot, *Scophthalmus maximus*. Follia Parasitologica, 42: 91-96.

Dykova, I., Kodadkova, A., de Buron, I., Fiala, I., and Roumillat, W. A. (2013): *Sinuolinea* infections in the urinary system of *Cynoscion* species (Sciaenidae) and phylogenetic position of the typespecies of *Sinuolinea* Davis, 1917 (Myxozoa: Myxosporea). Intl. J. Parasitol.: Prasites & Wildlife, 2: 10-17.

Dykova, I., Lom, J., and Cirkovic, M. (1986): Brain myxobolus of common carp (*Cyprinus carpio*) due to *Myxobolus encephalicus*. Bull. Eur. Ass. Fish Pathol., 10:

Elsburgh, O. C III, Craaig, A. H., J. McHugh, L., James, R. F., Valerie, N. W., Brad, D. R., Andrew, S. M., Michael, H., and Craig, V. S.(2012): Clinical and pahological effects of thepolyopisthocotylean monogenean, *Gamacallum marcroura* in white bass. J. Aquat. Anim. Health, 24: 251-257.

Estevez, J., Iglesias, R., Leiro, J., Ubeira, F. M., and Sanmrtin, M. L.(1992): An unusual site of infection by a microsporean in the turbot *Scophthalmus maximus*. Dis. Aquat. Org., 13: 139-142.

Fleurance, R., Sauvegrain, C., Marques, A., Le Breton, A., Guereaud, C., Cherel, Y., and Wyers, M.: Histopathological changes caused by *Enteromyxum leei* infection in farmed sea bream *Sparus aurata*. Dis. Aquat. Org., 79: 219-228, 2008.

Freeman, M. A., Eydal, M., Yoshimizu, M., Watanabe, K., Shinn, A. P., Miura, K., and Ogawa, K. (2011): Molecular identification and transmission studies of X-cell parasites from Atlantic cod *Gadus morhua* (Gadiformes: Gadidae) and the northern black flounder *Pseudopleuronectes obscurus* (Pleuronectiformes: Pleuronectidae). Parasites & Vectors, 4: 15-28.

Freeman, M. A., Kasper, J. M., and Kristmundsson, A. (2013): *Nucleospora cyclopteri* n. sp., an intranuclear microsporidian infecting wild lumpfish, *Cyclopterus lumpus* L., in Icelandic waters. Parasites & Vectors., 6: 49-62.

Gjurcevic, E., Beck, A., Drasner, K., Stanin, D., and Kuzir, S.(2012): Pathogenicity of *Atractolytocestus huronensis* (Cestoda) for cultured common carp (*Cyprinus carpio* L.). Veterinarski Archi., 82: 273-282.

Heitlinger, E. G., Laetsch, D. R., Weclawski, U., Y.-S., Han, and Taraschewski, H. (2009): Massive encapsulation of larval *Anguillicoloides crassus* in the intestinal wall of Japanese eels. Parasites & Vectors., 2: 48-59.

Hirayama, T., Kawano, F., and Hirazawa, N.(2009): Effect of *Neobenedenia girellae* (Monogenea)infection on host amberjack *Seriola dumerili* (Carangidae). Auaculture, 288: 159-165.

ICES. 2012. *Anisakis* larvae ("herringworm"; Nematoda) in fish. Revised and updated by Matt Longshaw. ICES Identification Leaflets for Diseases and Parasites of Fish and Shellfish. Leaflet No. 8. 5 pp.

Jithenderan, K. P., Vijayan, K. K., and Kailasam, M. (2011): Microsporidian (*Glugea* sp.) infection in the greasy grouper *Epinephelus tauvina* (Forsskal, 1775). Indian J. Fish., 58: 125-127.

Justo, M. C. N., Tortlly, R., Menezes, R. C., and Kohn, A.(2008): First record in South America of *Didymosulcus palati* and *Didymosulcus philobranchiarca* (Digenea, Didymozoidae) with new hosts records and pathological alterations. Mem. Inst. Oswaldo Cruz, Rio de Janeiro. 103: 207-210.

Kappe, A., Seifert, T., El-Nobi, G., and Brauer, G.(2006): Occurrence of *Atractolytocestus huronensis* (Cestoda, Caryophyllaeidae) in German pond-farmed common carp *Cyprinus carpio*. Dis. Aquat. Org., 70: 255-259.

Katagiri, T., Hosokawa, A., Maita, M., Hirai, M., Takagi, S., and Endo, M.(2007): A new disease in cultured yellowtail *Seriola quinqueradiata* characterized by encephalomyelitis. Fish Pathol., 42: 223-224.

Katakura, S., Sakurai, Y., Yoshida, H., Nishimura, A., Konishi, K., and Nishiyama, T.(2004): Influence of the parasitic copepod *Haemobaphes diceraus* and *Clavella perfida* on growth and maturity of walleye pollock *Theragra chalcogramma*. Nippon Suisan Gakkaishi, 70: 324-332.

Keller, M., Han, S., and Snekvik, K. (2011): Severe anisakiasis and cutaneous myxoma in a California yellowtail, *Seriola lalandi* Valenciennes. J. Fish Dis., 34: 635-639.

Keller, M., Han, S., and Snekvik, K.(2011): Severe anisakiasis and cutaneous myxoma in a California yellowtail, *Seriola lalandi* Valenciennes. J. Fish Dis., 34: 634-639.

Kohn, A. and Justo, M. C. N.(2008): *Didymocystis lamontheargunedoi* n. sp. (DigeneA: Didymozoidae) a parasite of three species of scombrid fishes. Revista Mexicana de Biodiversidad., 78: 9-14.

Liu, Y., Jia, L., Huang, M. J., and Gu, J. M. (2013): *Thelohanellus testudineus* n. sp. (MyxosporeA: Bivalvulida) infecting the skin of allogynogenetic gibel carp *Carassius auratus gibelio* (Bloch) in China. J. Fish Dis., doi:10.1111/jfd.12141.

Liu, Y., Whipps, C. M., Gu, Z. M., and Zeng, L. B.(2010): *Myxobolus turpisrotundus*

(MyxosporeA: Bivalvulida) spores with caudal appendages: investigating the validity of the genus *Henneguya* with morphological and molecular evidence. Parasitol. Res., 107: 699-706.

Lom, J., Dykova, I., and Shaharom, F.(1990): *Microsporidium arthuri* n. sp., parasite of *Pangasiussutchi* (Pangasiidae, Siluroidea) in south-east Asia. Dis. Aquat. Org., 8: 65-67.

Lom, J., Nilsen, F., and Urawa, S. (2001): Redescription of *Microsporidium takedai* (Awakura, 1974) as *Kabatana takedai* (Awakura, 1974) comb. n. Dis. Aquat. Org., 44: 223–230.

Matthews, J. L., Brown, A. M. V., Larison, K., Bishop-Stewart, J. K., Rogers, P., and Kent, M.(2001): *Pseudoloma neurophilia* n. g., a new microsporidium from the central nervous system of the zebrafish (*Danio rerio*). J. Eukaryot. Microbiol., 48: 227-233.

McGourty, K. R., Kinziger, A. P., Hendrickson, G. L., Goldsmith, G. H., Casal, G., and Azevedo, C. (2007): A new microsporidian infecting the musculature of the endangered tide water goby (Gobiidae). J. Parasitol., 93: 655–660.

Meseck, E. K., French, T. W., Grimmett, S. G., Bartlett, S. L., Wooster, G. A.,Getchell, R. G., Schachte, J. H., and Bowser, P. R. (2007): Gross and microscopic pathology associated with large cavernous lesions in muscle of Chinook Salmon from Lake Ontario. J. Wildlife Dis., 43: 111–115.

Michel, C., Maurand, J., Loubes, C., Chilmonczyk, S., and de Kinkelin, P.(1989): *Heterosporis finki*, a microsporidian parasite of the angel fish *Pterophyllum scalar E*: pathology and ultrastructure. Dis. Aquat. Org., 7: 103-109.

Miwa, S., Kamaishi, T., Hirae, T., Murase, T., and Nishioka, T.(2011): Encephalomyelitis associated with microsporidian infection in farmed greater amberjack, *Seriola dumerili* (Risso). J. Fish Dis., 34: 901-910.

Mladineo, I.(2003): Life cycle of *Ceratothoa oestroides*, a cymothoid isopod parasite from sea bass *Dicentrarchus labrax* and sea bream *Sparus aurata*. Dis. Aquat. Org., 57: 97-101.

Molnar, K.(2002): Redescription and histopathology of *Myxobolus cyprinicola* Reuss, 1906, an intestinal parasite of the common carp (*Cyprinus carpio* L.). Acta Protozool., 41: 279-283.

Molnar. K. and Szekely, C.(2003): Infection in the fins of the goldfish *Carassius auratus* caused by *Myxobolus diversus* (Myxosporea). Folia Parasitologica, 50: 31-36.

Montero, F. E., Crespo, S., Padros, F., De la Gandara, F., Garcia, A., and Raga, J. A.(2004): Effects of the gill parasite *Zeuxapta seriolae* (Monogenea: Heteraxinidae) on the amberjack *Seriola dumerili* Risso (Teleostei: Carangidae). Auaculture, 232: 153-163.

Nakajima, K. and Eugsa, S. (1978): Notes of Khawia sinensis Hsu found in cultured carp. Fish Pathol., 12: 261-263.

Noguera, P., Collins, C., Bruno, D., Pert, C., Turnbull, A., AcIntosh, A., Lester, K., Bricknell, I.,Wallace, S., and Cook, P. (2009): Red vent syndrome in wild Atlantic salmon *Salmo salar* inScotland is associated with *Anisakis simplex* sensu stricto (Nematoda: Anisakidae). Dis. Aqiat. Org., 87: 199-215.

Noguera, P., Collins, C., Bruno, D., Pert, C., Turnbull, A., McIntosh, A., Lester, K., Bricknell, I.,Wallace, S., and Cook, P.(2009): Red vent syndrome in wild Atlantic salmon *Salmo salar* in Scotalnd is associated with *Anisakis simplex* sensu stricto (NematodA: Anisakidase). Dis. Aquat.

Org., 87: 199-215.

Ogawa, K., Nagano, T., Akai, N., Sugita, A., and Hall, K. A.(2007): Blood fluke infection of cultured tiger puffer *Takifugu rubripes* imported from China to Japan. Fish Pathol., 42: 91-99.

Padros, F., Zarza, C., and Creso, S.(2001): Histopathology of cultured sea baream *Sparus aurata* infected with sanguinicolid trematodes. Dis. Aquat. Org., 44: 47-52.

Pélabon. C., Borg, A. A., Bjelvenmark, J., Barber, I., Forsgren, E., and Amundsen, T. (2005): Do microsporidian parasites affect courtship in two-spotted gobies? Mar. Biol., 148: 189–196.

Pizazzon, C., Mallo, N., Martin, I., Fernandez-Casal, J., Sanmartin, M. L., Lamas, J., and Leiro, J. M.(2012): Development of a real-time PCR assay for detection and quantification of *Enteromyxum scophthalmi* parasites in turbot intestinal sample. Aquaculture., 366-367: 122-128.

Ponpornpisit, A., Endo, M., and Murata, H.(2000): Experimental infections of a ciliate Tetrahymena pyriformis on ornamental fishes. Fish. Sci., 66: 1026-1031.

Poppe, T. T., Mo, T. A., and Iversen, L. (1992): Disseminated hexamitosis in sea-caged Atlantic salmon *Salmo salar*. Dis. Aquat. Org., 14: 91-97.

Ramos, M. F., Costa, A. R., Barandela, T., Saraiva, A., and Rodrigues, P. N.(2007): Scuticociliate infection and pathology in cultured turbot *Scophthalmus maximus* from the north of Portugal. Dis. Aquat. Org., 74: 249-253.

Ribu, D. and Lester, R. J. G.(2009): Histopathology of the porcupine fish gill nematode, *Moravecia australiensis*. Bull. Eur. Ass. Fish Pathol., 29: 47-50.

Roberts, J. F., Whipps, C. M., Bartholomew, J. L., Schneider, L., and Jacobson, E. R. (2008): *Myxidium scripta* n. sp. identified in urinary and biliary tract of Louisiana-farmed red-eared slider turtles *Trachemys scripta elegans*. Dis. Aquat. Org., 80: 199-209.

Sanders, J. L., Lawrence, C., Nichols, D. K., Brubaker, J. F., Peterson, T. S., Murray, K. N., and Kent, M. L.(2010): *Pleistophora hyphessobryconis* (Microsporidia) infecting zebrafish *Danio rerio* in research facilities. Dis. Aquat. Org., 91: 47-56.

Sanders, J., Myers, M. S., Toanek, L., Cali, A., Takvorian, P. T., and Kent, M. L.(2012): *Ichthyosporidium weissii* n. sp. (Microsporidia) Infecting the Arrow Goby (Clevelandia ios). J.Eukaryot. Microbiol., 59: 258-267.

Sanil, N. K., Vikas, P. A., Ratheesh, T. B., George, K. C., and Vijayan, K. (2009): Mortalities caused by the crustacean isopod, *Cirolana fluviatilis*, in tropical, cage-cultured Asian seabass, *Lates calcarifer*: a case study from the southwest coast of India. Aquaculture Res., 40: 1626-1633.

Sano, M., Sato, J., and Yokoyama, H. (1998): Occurrence of beko disease caused by *Microsporidium seriolae* (Microspora) in hatchery-reared juvenile yellowtail. Fish Pathol., 33: 11–16.

Sarasquete S, Gutiérrez M (2005) New tetrachromic VOF stain (Type III-G.S) for normal and pathological fish tissues. Eur. J. Histochem., 49:211–227.

Shirakashi, S., Kishimoto, Y., Kinami, R., Katano, H., Ishimaru, K., Murata, O., Itoh, N., and Ogawa, K.(2012): Morphology and distribution of blood fluke eggs and associated pathology in the gills of cultured Pacific bluefin tuna, *Thunnus orientalis*. Parasitol. Intl., 61: 242-249.

Shoaibi, O, B., Ebrahimzadehm M. H., and Sharipour, I.(2010): Occurrence and histopathology of *Ascocotyle tenuicollis* metacercaria in gill of platyfish (*Xiphophorus maculatus*) imprtoed to Iran. Iran. J. Fish. Sci., 9: 472-477.

Sterud, E., Simolin, P., and Kvellestad, A. (2003): Infection by *Parvicapsula* sp. (Myxozoa) is associated with mortality in sea-caged Atlantic salmon *Salmo salar* in northern Norway. Dis. Aquat. Org., 54: 259-263.

Sudova, E., Piackova, V., Velisek, J., Pijacek, M., and Svobodova, Z.(2010): Efficacy testing of orally administered praziquantel to common carp naturally infected by Caryophyllidean tapeworms (Platyhelminthes: Eucestoda). Actavet. Brno, 79: S73-S78.

Treasurer, J. W., and Cox, D.(1997): The occurrence of *Myxidium giardi* Cepede in cultured eels, *Anguilla anguilla* L., in West Scotland. Bull. Eur. Ass. Fish Pathol., 17: 171-173.

U-taynapun, K., Chirapongsatonkul, N., Maneesaay, P., Itami, T., and Tantikitti, C.(2012): A new host record of *Sphaerospora epinepheli* occurring on orange-spotted grouper *Epinephelus coioides* from Thailand. Epidermiology, histopathology and phylogenetic position. Vet. Parasitol., 188: 215-224.

U-taynaun, K., Chirapongsatonkul, N., Maneesaay, P., Itami, T., and Tantikitti, C. (2012): A new host record of *Sphaerospora epinepheli* (Myxosporca: Bivalvulida) occurring on orange spotted grouper *Epinephelus coioides* from Thailand: Epidemiology, histopathology and phylogenetic position. Vet. Parasitol., 188: 215-224.

Vankara, A.P. and Vijayakakshmi, C. (2009): Histopathological changes of the esophagus of the freshwater eels, *Macrognathus aculeatus* (Bl.) and *Mastacembelus pancalus* (Lac.) due to infection of metacercariae of *Clinostomum mastacembeli* Jaiswal, 1957. J. Parasitol. Dis., 33: 65-69.

Vellez-Hernadez, E. M., Constantino-Casas, F., Garcia-Marguez, L. J., and Osorio-Sarabia, D.((1998): Gill lesions in common carp, *Cyprinus carpio* L., in Mexico due to the metacercariae of *Centrocestus formosanus*. J. Fish Dis., 21: 229-232.

Ventura, M. T., and Paperna, I.(1984): Histopathology of *Myxidium giardi* Cepede, 1906 infection in European eels, *Anguilla anguilla* L., in Portugal. Aquaculture, 43: 357-368.

Whipps, C. M., and Kent, M. L. (2006): Polymerase chain reaction detection of *Pseudolomaneurophilia*, a common microsporidian of zebrafish (*Danio rerio*) reared in research laboratories. J. Am. Assoc. Lab. Anim. Sci., 45: 36-39.

Xu, L-W., Zhang, J-Y., Feng, J., and Wang, J-G.(2015): Mass mortality of cage-cultured orange-spotted grouper *Epinephelus coioides* associated with renal *Sphaerospora epinepheli* in South China Sea. Fish Pathol., 49: 202-205.

Yamada, Y., Oka, H. P., Okamura, A., Tanaka, S., Utoh, T., Horie, N., Mikawa, N., and Ogawa, K. (2001): Infection of the digenean *Aerobiotrema muraenesocis* in the swim bladder lumen of pike eel *Muraenesox cinereus*. Fish Pathol., 36: 47-55.

Yanagida, T., Freeman, M. A., Nomura, Y., Takami, I., Sugihara, Y., Yokoyama, H., and Ogawa, K. (2005): Development of a PCR-based method for the detection of enteric myxozoans causing the emanciation diseases of cultured tiger puffer. Fish Pathol., 40: 23-28.

Yardimici, B., and Pekmezci, G. Z. (2012): Gill histopathology in cultured sea bass (*Dicentrarchus labrax* (L.) coinfected by *Diplectanum aequans* (Wagener, 1857) and *Lernanthropus kroyeri* (van Beneden, 1851). Ankara Univ. Vet. Fak. Derg., 59: 61-64.

Yokoyama, H. and Urawa, S.(1997): Fluorescent labelling of actinospores for determining the portals of entry into fish. Dis. Aquat. Org., 30: 165-169.

Yokoyama, H., Kageymama, T., Ohara, K., and Yanagida, T.(2007): *Myxobolus nagaraensis* n. sp. (Myxozoa: Myxosporea) causes abdominal distension of freshwater goby *Rhinogobius* sp. OR type from the Nagara River. Fish. Sci., 73: 633-639.

Yokoyama, H., Liyanage, Y. S., Sugai, A., and Wakabayashi, H.(1998): Hemorrhagic thelohanellosis of color carp caused by *Thelohanellus hovorkai* (Myxozoa: Myxosporea). Fish Pathol., 33: 85-89.

Yokoyama, H., Yanagida, T., Freeman, M. A., Katagiri, T., Hosokawa, A., Endo, M., Hirai, M.,and Takagi, S.(2010): Molecular diagnosis of *Myxobolus spirosulcatus* associated with encephalomyelitis of cultured yellowtail, *Seriola quinqueradiata* Temminck & Schlegel. J. Fish Dis., 33: 939-946.

4 진균성 질병

1. 편모균류

1) *Dermocystium*

(1) 잉어의 *Dermocystidium*

*Dermocystidium koi*는 다른 어류에도 감염되지만 잉어류에 감염된다. *Dermocystidium*이 의미하듯이 피부에 감염되지만, 아가미, 지느러미에도 감염된다. 감염어는 피부에 1~2 cm의 융기된 환부가 형성되지만 때로는 크기가 10 cm일 때도 있다. 환부의 색조는 핑크 또는 적색인 것이 보통으로 모양은 원형 또는 길다란 모양으로 늘어난 형태 등 매우 다양하다.

환부 주변의 염증 반응은 매우 미미하다. 환부에는 포자 및 균사체가 있기 때문에 곰팡이성 질병이다. 종대된 부위가 커져 감에 따라 환부를 덮고 있는 상피세포는 점차 엷어지며, 내부에 백색의 균사체가 보일 때도 있다. 환부가 완전히 성숙하게 되면 붕괴되어 수중으로 포자를 방출하여 다시 재감염이 유발된다.

감염 경로는 불분명하지만 상피세포, 상처를 통하여 침입하는 것으로 추정되고 있다.

진단을 위해서는 환부를 검경하여 적혈구의 크기와 유사한 직경 8~12 μm의 포자를 확인할 필요가 있다. 포자는 액체로 채워진 1개의 대형 액포를 가지고 있기 때문에 핵은 한쪽으로 밀려나 있는 것이 특징이다.

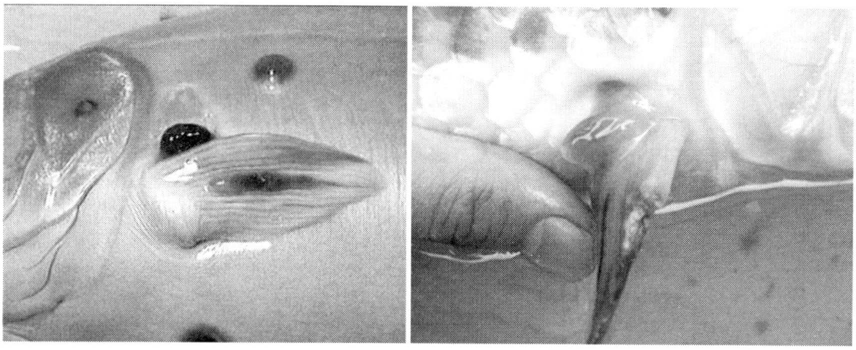

그림 4-1 감염 잉어 또는 비단 잉어의 피부에 융기된 환부.

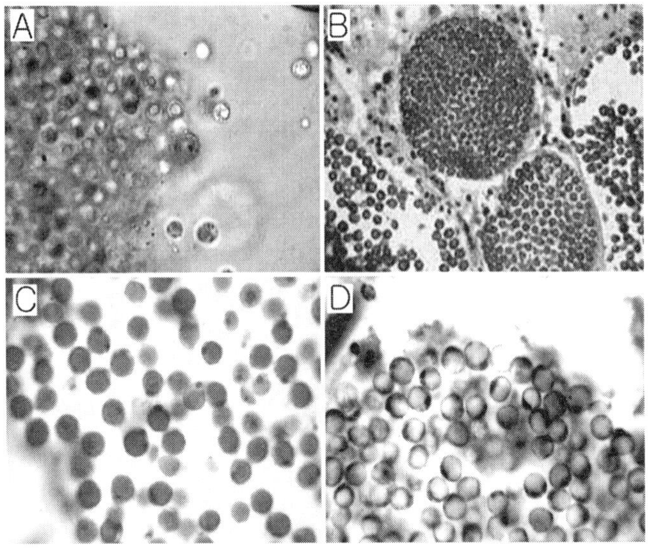

그림 4-2 **A:** 도말표본의 위상차 현미경. 포자의 대형의 공포와 편재된 핵. **B:** 포자로 채워진 균사체. 포자의 크기는 적혈구와 유사. **C-D:** 포자의 공포와 편재된 핵. HE(**C**) 및 Giemsa(**D**).

(2) 카디널 테트라(*Paracheirodon axelrodi*)의 피하 *Dermocystium* 감염

테트라 종류의 어류에 *Dermocytium*이 감염된 경우는 카디널 테트라과 네온테트라에 감염된 예가 있다. 감염 개체는 정상적으로 유영하지만 일부의 개체는 무기력하며 두부와 몸체의 피부 위에 불투명한 물체가 발견된다. 이러한 물체는 직경이 5 mm 정도이며 중심성의 관상의 구조를 하고 있다. 때로는 이러한 물체가 지느러미에도 발견되지만 이러한 경우의 직경은 더욱 적은 편이다.

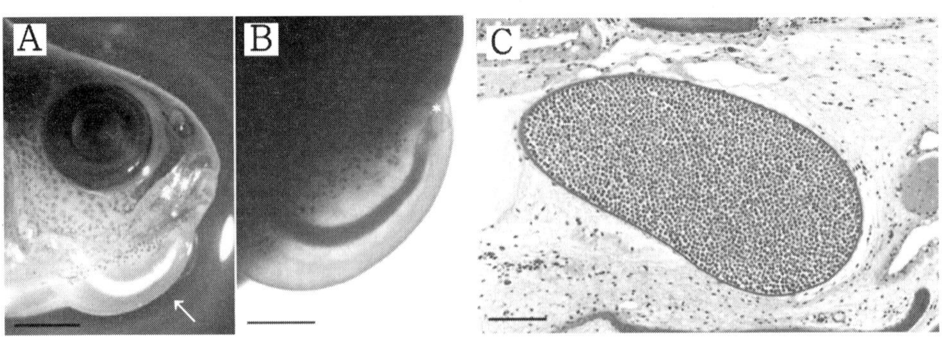

그림 4-3 **A:** 두부의 배쪽에 위치한 백색의 투명한 관상의 cyst. **B:** Cyst의 tube는 비어 있는 것처럼 보이며 투과광에서 주둥이 끝 부분(별표)에 피부 모양의 cap이 존재. **C:** 부종성의 진피 내의 cyst. Cyst wall은 호산성이며 내부에는 많은 포자가 들어있음. HE. Bar=1 mm(**A**. **B**) 및 100 μm(**C**).

두부의 복부에 있는 물체는 직경 4 mm 정도의 돌출된 반구형의 반투명한 수종상이며, 수종상의 중앙부에는 길게 늘어난 형태의 흰색의 불투명한 관상모양의 구조가 있고, 뒷 끝부분은 비늘에 까지 길게 늘어나 있다. 투과광으로 보면 관상구조물의 주둥이 부분의 끝은 비어있고 미세한 피부 모양의 덮개가 있다.

조직학적으로는 표피는 손상이 없이 완전하며, 진피는 깊숙한 부분에 까지 수종이 생겨 있어 진피세포와 기질 성분이 서로 분리되어 있다. 수종의 내부에는 cyst 모양의 구조물은 전형적인 *Dermocystidium* cyst이다. Cyst의 벽은 균질성의 호산성으로 PAS 음성이며 호산성의 세포질은 소량이며 핵은 편평한 호염기성을 나타내는 길게 늘어난 방추형의 단층세포에 싸여 있다. Cyst의 내부에는 호산성의 봉입체와 투명한 세포질을 가진 수많은 타원형의 포자가 들어 있다. 세포질은 PAS와 도은 염색에 부분적으로 양성반응을 나타내는 반면 봉입체는 염색되지 않는다.

분자생물학적으로는 5′-CCT ATC AAC TTT CGA TGG TAA GGT ATT GGC-3′와 5′-CCG AAG ACC TCA CTA AAC CAT TCA ATC G-3′를 사용하여 94°C에 4분간 배양한 다음 30사이클(95°C 30sec; 62°C 30sec; 72°C 110sec) 배양한 다음 최종적으로 72°C에 5분간 배양하여 영동시키면 *Dermocystidium salmonis*는 1274 bp의 밴드가 형성된다.

*Dermocystidium salmonis*는 태평양 서식 연어류의 피부 아가미에 기생하는 것으로 특히 자치어의 또는 smolt 어류의 어체의 앞쪽 피부와 지느러미에 에 빈발하여 경제적 손실을 초래하지만 성어에는 감염되지 않는다. 감염은 오염된 물을 통하여 수중의 편모를 가진 유주자에 의해 다른 어류로 전파되게 된다.

2) Rosette agent *Sphaerothecum destruens*

편모균류인 데르모키스티디움속(*Dermocystidium*)에 속하는 세포내 기생 단핵생물로서 동물과 곰팡이의 경계에 있는 생물이다. 연어류에 감염되어 대량폐사를 유발한다. 질병의 전파는 감염어에서 담즙, 오줌 또는 부화할 때 정소액 및 난소액을 통하여 전파되며, 탈락해 떨어져 나오는 장, 피부 및 아가미의 상피세포도 새로운 감염원으로 된다.

충체는 아주 특이하게 질병의 확산과 새로운 숙주를 구하기 위한 단계인 세포외의 운동성 유주자 단계를 가지고 있다. 어류에 감염되어 매우 느리게 발육함에도 불구하고 폐사를 유발하게 되며, 여름과 가을에 사망률이 높아 90%에 도달할 때도 있다.

Chinook salmon에서는 외부 증상은 명백하지 않지만, 빈혈이 일어나며 질병이 진행됨에 따라 무기력해지며, 간장, 비장 및 신장이 종대된다. 연어에서는 내장기관에 육아종이 형성되는 것과 내장기관에 충체가 산재하여 분포하지만 염증반응은 거의 일어나지 않는 2가지 병리 조직상을 나타낸다. 산재되어 있는 경우에는 아가미, 신장, 간장 및 정소에 세포내 또는 세포내에서 발견되지만 숙주의 염증반응은 거의 없고, 육아종이 형성되는 경우에는 주로 간장과 정소에서 발견된다. 모든 충체는 호산성이며 그람 양성이며, 포자의 크기는 2~4 μm 정도이다.

현재 이 질병이 문제시 되는 것은 연어나 송어류의 폐사뿐만 아니라 잉어류인 fathead minnow, sunbleak (*Leucaspius delineatus*)에 감수성이 있으며, topmouth gudgeon (*Pseudorasbora parva*)는 불현성 감염으로 충체의 전파를 조장한다는 것이다. 또한 실험 감염에 의해 bream (*Abramis brama*), carp (*Cyprinus carpio*), fathead minnow (*Pimephales promelas*) 및 roach (*Rutilus rutilus*) 등의 감염이 확인되었다.

PCR진단은 개체당의 신장과 간장을 합쳐서 50 mg을 시료로 하여 DNA를 추출한 다음 *Sphaerothecum destruens*-specific primers를 사용하여 진단할 때는 1st round에서 5′-AAT CGT ATG ACA TTT TGT CGA C-3′와 5′-GAA GTC ACA GGC GAT TCG G-3′를 사용하며, 2nd round step에서 internal primer set로 5′-ACA GGG CTT TTT AAG TCT TGT-3′와 5′-ATG GAG TCA TAG AAT TAA CAT CC-3′를 사용하여 94°C 5min간 initial denaturation시킨 다음 35 cycle(94°C 1min; 55°C 1min; 72°C 1min) 및 72°C 10min간 final extension시켜 전기영동하여 특이밴드를 확인한다.

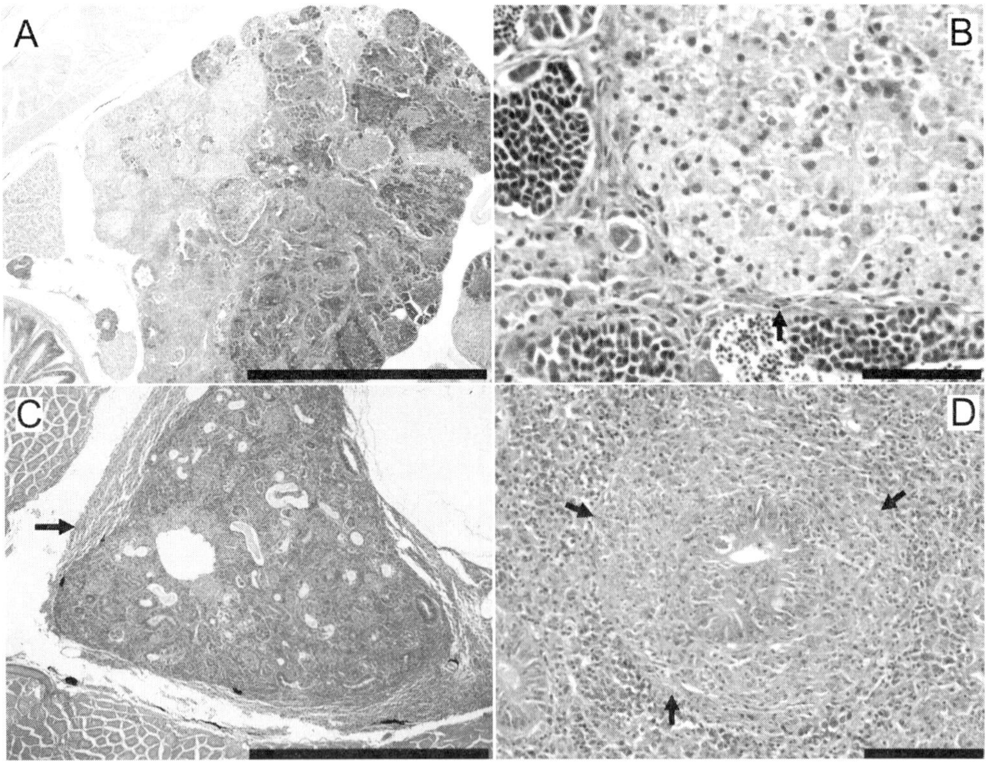

그림 4-4 **A:** 정소내의 육아종. **B:** 정소 육아종의 확대도. 많은 충체, 괴사물, ghost cell 및 마크로파아지가 육아종 내부에 존재. **C:** 신장 주변부의 염증반응. **D:** 세뇨관 주변의 염증반응 및 세뇨관 상피세포내의 충체. HE. Bar=1 mm(**A** & **C**), 50 mm(**B**) 및 100 mm(**D**).

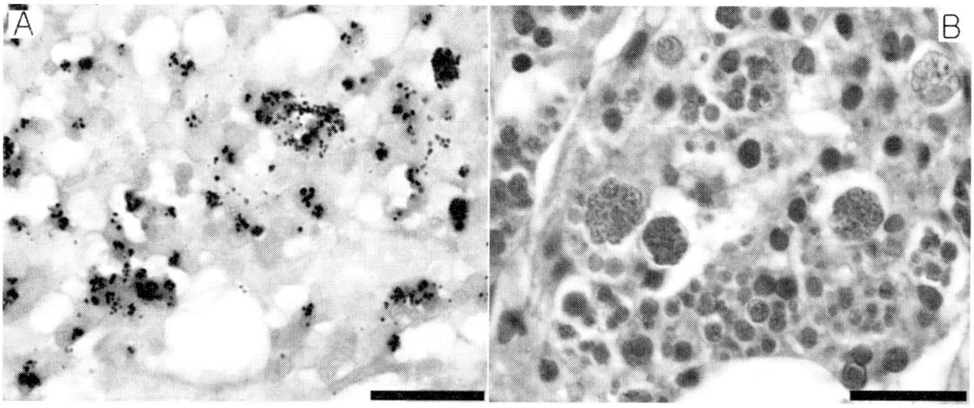

그림 4-5 **A:** 그람 양성의 충체 세포질. **B:** 세포내 또는 세포외에 생기는 다양한 크기의 rosette. Gram (**A**). HE(**B**). Bar=20 μm.

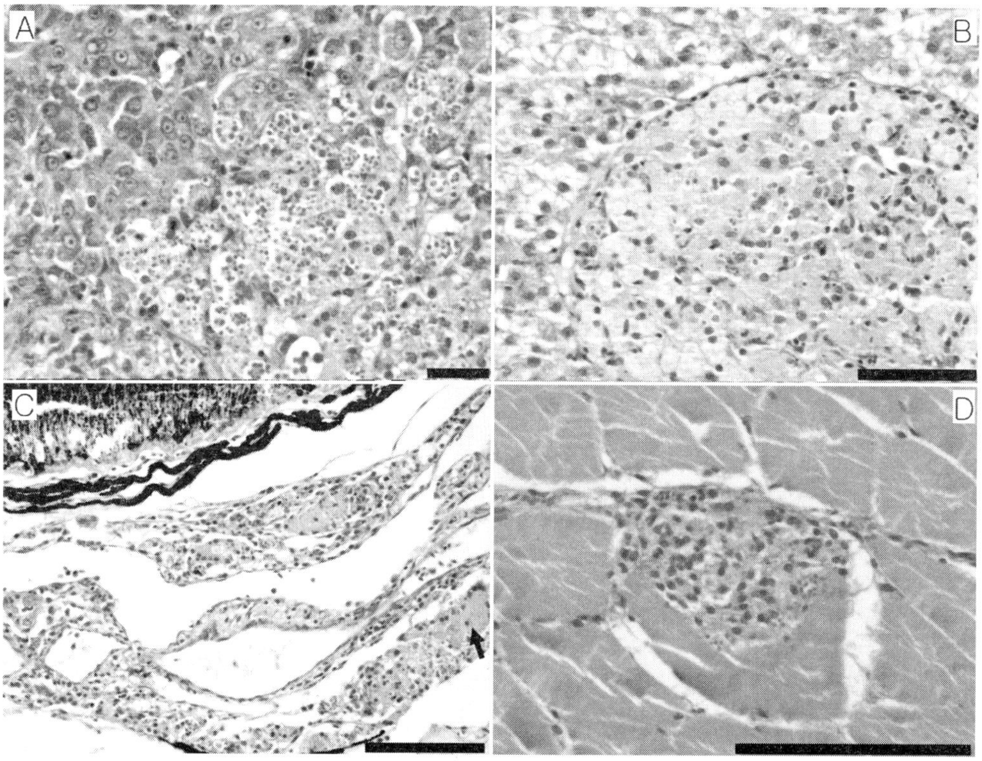

그림 4-6 **A:** 간장의 실질내의 식세포는 충체를 탐식한 경우도 존재. **B:** 충체를 탐식하고 있는 간장의 마크로파아지 집합체의 종대. **C:** 망막의 결합조직과 혈관내의 충체. 멜라노마크로파아지와 거대세포(화살표). **D:** 근섬유 사이의 소형 염증 국소. HE. Bar=50 μm(**A** & **B**) 및 100 μm(**C** & **D**).

*Leucaspius delineatus*에서는 신장, 비장, 간장, 소화관, 생식소, 눈, 지방조직 및 골격근 등 전신감염을 일으킨다. 연어류와 마찬가지로 산재된 환부와 결절형 환부가 형성되는데, 발현빈도는 산재형이 80% 이상으로 대부분이다. 정소와 신장에서는 염증반응이 발견된다. 직경 2~4 μm의 포자의 다양한 발육단계가 관찰되지만 대부분은 세포내에서 발견된다. 충체는 HE 염색에 강한 호산성이지만, 1개씩 흩어져서 존재하는 경우나 수적으로 적은 경우에는 gram 염색하면 세포질이 그람 양성을 나타냄으로 더욱 쉽게 발견할 수 있다. 산재된 형태에서는 충체는 세포내 또는 세포외에서 발견되며, 특이하게 포자가 집합된 rosette를 형성한다. 간장에서는 식세포의 침윤을 비롯한 미세한 숙주반응과 간 실질에 림프구의 침윤이 관찰되기도 한다. 눈에서는 마크로파아지 내에서 충체가 발견되며 대형세포가 형성된다.

정소와 간장에서는 육아종이 형성되며 단층의 결합조직에 싸인 종대된 마크로파아지 또는 두터운 섬유소층에 싸여 경계가 분명한 형태(well-demarcated lesion)의 형태로 나타난다. 때로는 육아종이 실질을 대체하여 나타나는데 내부에는 많은 충체가 rosette를 형성하고 있다. 정소에서는 육아종, 괴사 및 염증반응이 일어나며, 육아종의 내부에는 소위 염색되지 않는 죽은 것으로 생각되는 ghost 형태의 충체도 발견된다.

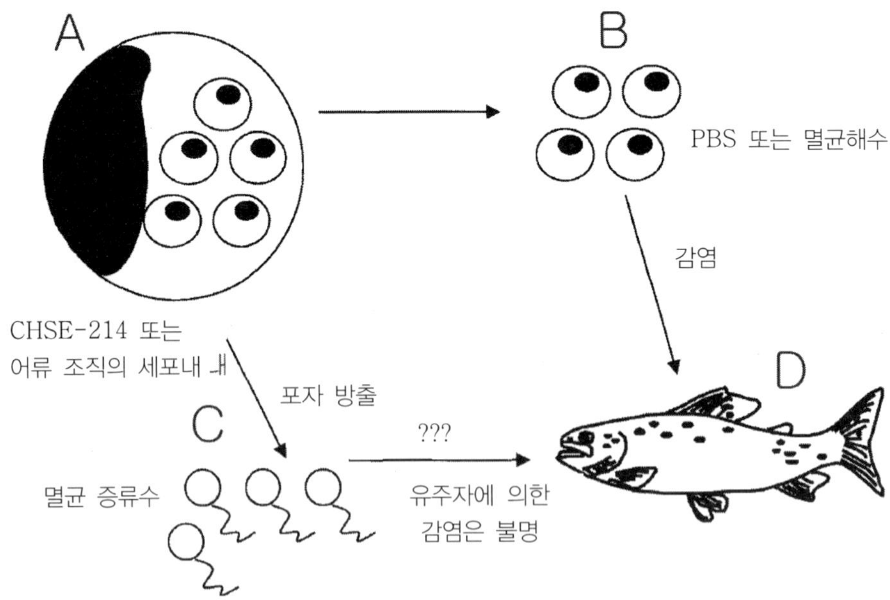

그림 4-71 ***Sphaerothecum destruens*의 생활사의 모식도.** **A:** CHSE-214 또는 어류 조직의 세포내에 감염된 포자는 숙주세포가 붕괴될 때까지 무성적으로 세포질 내에서 증식. **B:** 세포배양액, PBS 또는 멸균해수에 옮기면 포자는 일시적으로 생존하지만 분열은 정지. **C:** 감염 CHSE-214 또는 어류 조직을 멸균 증류수에 옮기면 포자는 포자를 방출. **D:** 포자가 감염되지만 유주자에 의한 감염은 불명. *유성생식 단계는 발견되지 않음.

3) *Phythium*

(1) 은어의 내장 진균증

인공종묘 생산하여 인공해수(NaCl 0.301%; $MgSO_4$ 0.078%; $MgCl_2$ 0.06%; $CaCl_2$ 0.018%; KCl 0.008%; $NaHCO_3$ 0.003%)를 이용하여 순환여과식으로 사육중인 51~85일령의 은어 치어에 편모균류의 난균류인 *Pythium flevoense*의 감염으로 발생하며 누적 폐사율은 19~33%이다. 발병 시의 수온은 12~15°C이다.

병어는 빈사상태에 있거나 또는 폐사한 개체 모두 복부가 희게 불투명하다. 불투명한 부분을 도말표본을 만들어 무염색으로 검경하면 격벽이 없는 균사체가 다수 발견되며, 균사체의 폭은 약 5 ㎛이다. 병어의 희게 변한 부분 또는 양어지 바닥의 침전물(50 mg)을 ampicillin과 streptomycin을 대충 평판위에 10 ㎍ 정도 뿌린 GY 한천배지(glucose 1%; yeast extract 0.025%)에 접종하여 15°C에 배양한다. GYA에 발육한 균사는 무색으로 병어의 환부와 양어지의 침전물에 같은 형태의 집락이 발육한다. GYA에서 발육한 균사체는 corn meal agar(CMA, corn 20 g; 건조 정어리육 0.5 g; 한천 15 g; 증류수 1,000 ml)에 보존배양한다. 난포자의 확인을 위해서는 LC 한천배지(glucose 1.0 g; KH_2PO_4 1.0 g; $MgSO_4 \cdot 7H_2O$ 0.2 g; KCl 0.2 g; yeast extract 13 g; agar 13 g: 증류수 1,000 ml, pH 6.2~7.0)에 접종하여 1개월간 배양하면 난포자 모양의 입자가 형성되지만 이외에 한천배지에 배양하면 난포자는 형성되지 않는다.

GYA 한천에 발육한 집락의 가장 자리를 직경 5.5 mm로 절단한 다음 GYA의 정중앙에 옮겨서 배양하면서 집락의 직경 및 colony radius(mm), (집락의 직경-5.5)/2의 식을 사용하여 구한다. 균사체는 5~30°C에서 발육하지만 36.5°C에서는 발육하지 않으며, 25°C에서 최대의 발육을 나타낸다. 또한 식염 0~3.5%에서 발육하며 4.0%에서는 발육하지 않고, 0.5%에서 최대의 발육을 나타낸다. 식염 농도에 따른 균사체의 발육 정도는 첨가 식염이 1% 이상일 때는 식염의 농도가 높아짐에 따라 균사체의 발육은 느려지게 된다.

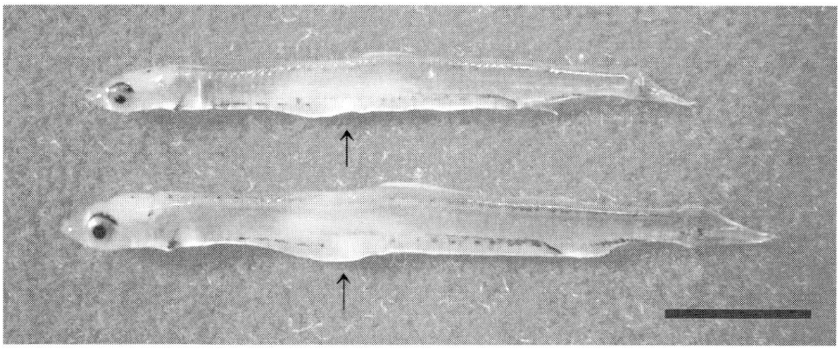

그림 4-8 ***Pythium flevoense*** **감염 은어 치어의 백색 불투명한 복부.** Bar= 5 mm.

병리 조직학적으로는 부레, 신장, 소화관, 췌장, 비장, 복강, 근육 및 척색에서 무격벽의 균사체를 발견할 수 있다. 특히 부레의 꼬리 쪽 부분이 가장 심하게 감염되어 현저한 퇴행성 변화를 나타내며 붕괴된다(rhexis). 균사체는 부레에 침입하여 인접 기관에도 침입하게 되는데, 부레의 꼬리 부분에서 멀리 떨어져 있는 비장과 췌장에는 균사체의 양이 다른 기관에 비해 적은 편이다. 균사체가 침입한 조직에서의 염증반응은 거의 일어나지 않는다.

*Pythium flevoense*는 수분이 있는 토양 내에서 부패균의 형태로 생존 가능한 종으로 은어 치어의 특징적인 행동의 하나인 물과 먹이를 부레 속으로 받아들이는 행동인 소위 "aspiration"에 의해 원인균이 부레 내로 들어간 것이 근본 감염 이유라 생각된다. 그럼으로 부레 내에서 우선 발육한 다음 부레 벽을 뚫고 인접하고 있는 내장기관으로 균사체가 퍼져갔다고 추정할 수 있다.

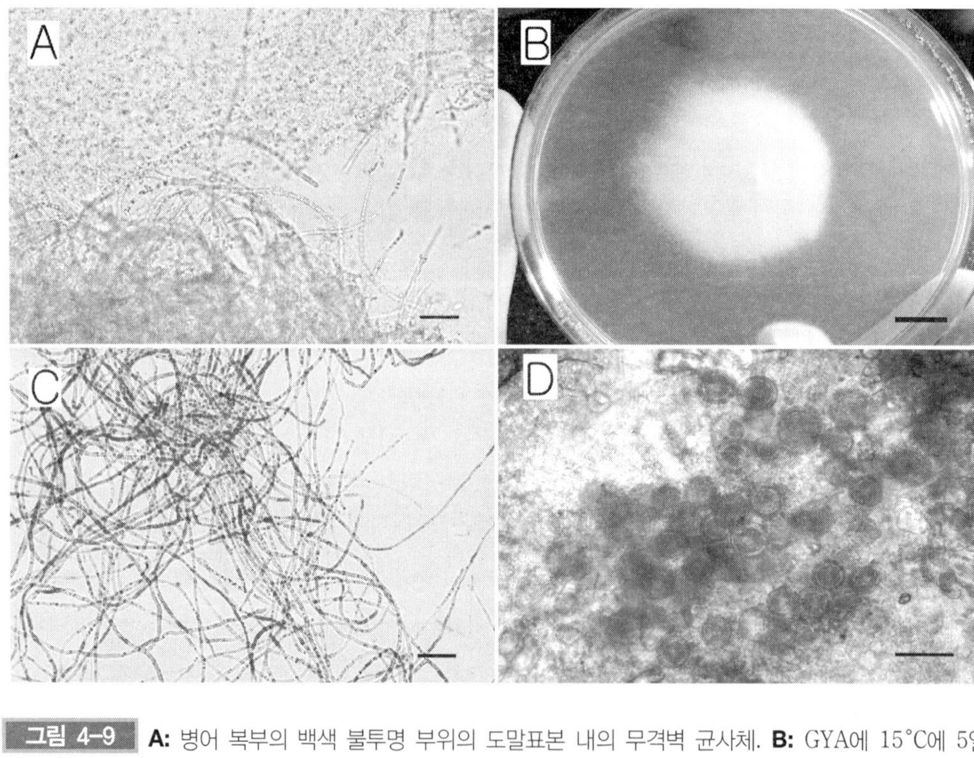

그림 4-9 **A:** 병어 복부의 백색 불투명 부위의 도말표본 내의 무격벽 균사체. **B:** GYA에 15°C에 5일간 배양한 *P. flevoense*의 집락. **C:** GYA에서 배양한 균사체의 lactophenol cotton blue 염색상. **D:** 양어지 침전물내의 난포자(oospore)로 보이는 타원형의 물체. Bar=1 cm(**B**)를 제외하고 50 μm.

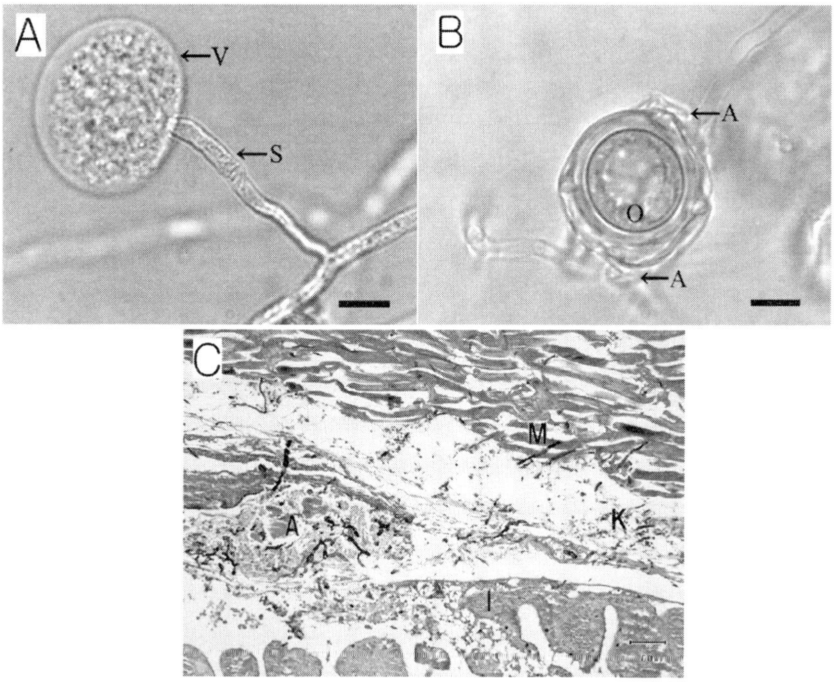

그림 4-10 **A:** 구낭(vesicle)을 가진 필라멘트 모양의 포자낭(filamentous sporangium). **B:** 유성생식기. 조란기(oogonium) 주변을 복잡하게 둘러싸고 있는 여러 개의 조정기(antheridium, A)가 존재하며, 난포자(oospore)는 aplerotic임. Bar=10 μm(**A** & **B**). **C:** 복부 불투명부위의 조직상. 균사체는 부레(A), 신장(K), 소화관(I) 및 근육(M)에서 발견되며, 부레의 뒷부분에 특히 많은 균사체가 존재함으로 퇴행상이 현저. Grocott-HE. Bar=50 μm.

4) *Aphanomyces*

(1) 담수어의 *Aphanomyces invadans* 감염 epizootic ulcerative syndrome (EUS)

난균류 곰팡이인 *Aphnomyces invadans*(=*A. piscicida*)는 감염의 초기에는 피부에 점상의 출혈이 생긴 다음 점차 확대되어 체표에 궤양이 형성되며, 심한 근육의 괴사와 육아종이 유발되는 질병이다. 감염 부위에는 원인 곰팡이이외의 다른 곰팡이 및 세균이 혼재되기 때문에 종래의 배양법으로 배양하면 분리가 불가능한 경우가 많다. 이는 원인 곰팡이는 비교적 발육이 느리기 때문에 세균이 존재한다면 곰팡이의 발육을 억제하기 때문에 확정을 위해서는 PCR에 의한 방법을 사용하여야만 한다.

원인 곰팡이는 glucose-peptone agar (GPA)에 접종하여 20°C에 배양하며, 포자형성은 발육한 균사체를 한천위에서 멸균한 삼씨에 접종하여 배양한 다음 삼씨를 들어내어 V8 broth(5% Campbells V8 juice; 0.2% $CaCO_3$)에 옮겨 20°C에 3일간 배양한다. 배양 후

삼씨를 멸균수로 3회 세척한다. 그 후 삼씨는 0.05% $CaCO_3$를 첨가한 멸균수 2 ml를 넣은 에펜돌프시험관에 옮긴 다음 24시간 방치한다. 배양액속에 부유하고 있는 포자는 혈구 계산판으로 계수한다.

또는 glucose peptone-penicillin-oxolinic acid(GP-POX agar)를 사용하여 5일 동안 배양한 다음 GP-POX broth에 접종하여 실온에서 3-4주간 배양한다. 포자형성은 집락의 가장 자리를 잘라내어 GP-POX broth를 25 ml 넣은 플라스크에 옮긴 다음 배양하며, 대량으로 필요한 경우에는 한천 조각 약 20개를 500 ml의 GP-POX broth에서 7일간 배양한 다음 멸균수로 2회 세척한다. 포자의 방출을 위해서는 멸균수에 옮겨 실온에서 12~24시간 방출하며 필요하다면 salinity를 1%로 조정한다..

*A. invadans*에 감수성이 높은 어류로 알려진 gourami는 인위 감염시키면 1~3일 내에 주사 부위에 창상이 생기며, 4일째에 주사 부위가 검게 변한다. 6일 후에는 회전이상 유영을 한다. 8일 후에는 근육에까지 파이는 깊은 궤양이 형성된다. 6일 후부터 진균성의 육아종이 형성되며, 곰팡이의 균사체가 유상피세포에 피포되고 다시 그 바깥을 섬유아세포가 피포한다. 유상피세포의 두께는 시간이 경과할수록 두터워진다.

유럽산뱀장어는 2일 후에 주사 부위가 부풀어 오르며 차차 궤양으로 진행된다. 그러나 조직학적으로 특징적인 진균성의 육아종은 형성되지 않는다. 반면에 피포되지 않는 균사체가 여러 곳에 집합체를 형성한다. 변성 또는 괴사된 근육섬유에는 림프구와 마크로파아지가 침윤하며, 10일 후에는 랑거한스형의 거대세포가 형성된다.

무지개송어는 3일까지는 변화가 없지만 4일부터 주사 부위가 발적되면서 솟아오르고 비늘이 탈락한다. 그러나 gourami나 유럽산 메기와 같은 궤양은 형성되지 않는다. 그러나 환부 내에는 특징적인 진균성 육아종이 형성되며, 변성 근육조직에는 염증세포의 침윤이 현저하다.

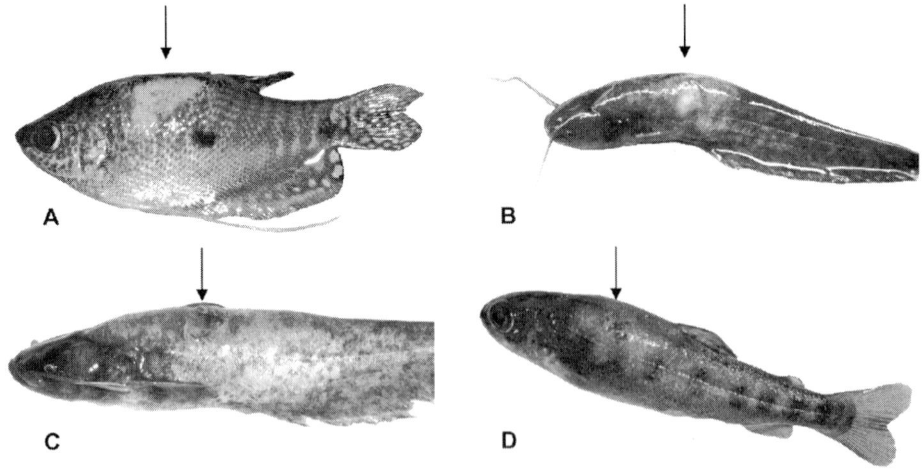

그림 4-11 ***Aphanomyces invadans* 감염 EUS.** **A:** three-spot gourami (*Trichogaster trichopterus*). **B-C:** catfish (*Silurus glanis*). **D:** 무지개송어.

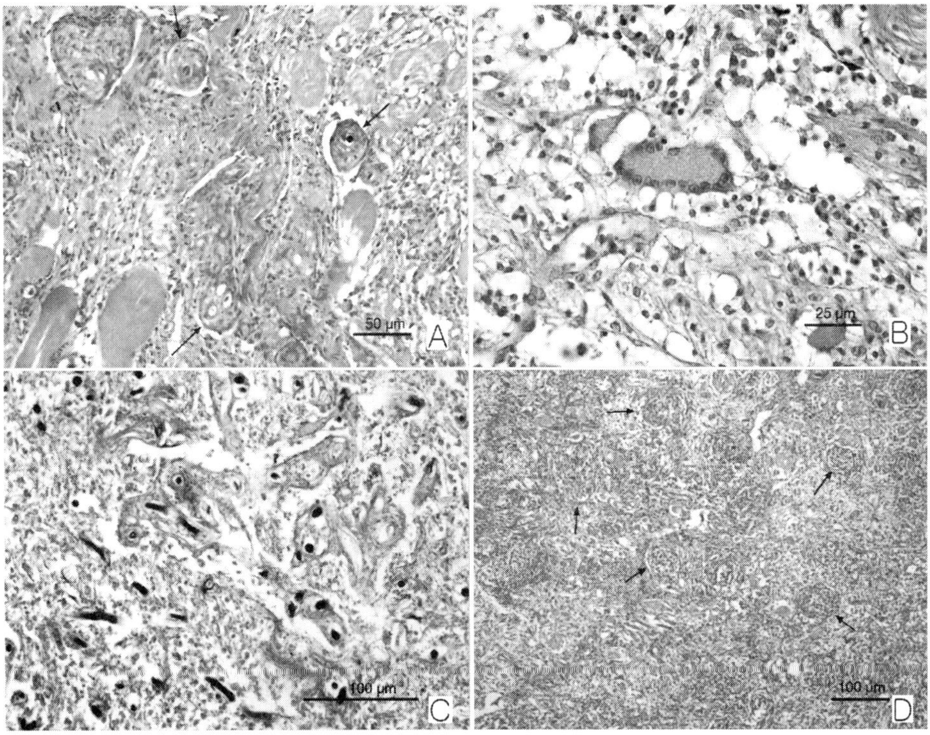

그림 4-12 감염 어류의 피부와 근육. A: Gourami의 진균성 육아종(화살표). **B:** 메기의 다핵거대세포. **C:** 균사체. **D:** 무지개송어의 진균성 육아종(화살표). Grocott's methenamine-silver nitrate (GMS)염색인 C를 제외하고는 HE.

유럽산 뱀장어는 발적, 종대, 부식과 같은 증상이 나타나지 않으며, 궤양이나 육아종도 거의 형성되지 않는다. 어체에 따라서 주사 부위에 혈종이 형성되기도 하는데, 이 부위에서는 근육섬유 사이에 염증반응이 동반되지 않은 채 소수의 균사체가 발견된다. 또한 염증반응, 육아종의 형성과 같은 숙주반응은 일어나지 않는다.

*Aphanomyces invadans*의 균주는 200 ml GP broth에 접종하여 10°C에 6주간 보존 가능하다. 그러나 세균이 쉽게 증식하기 때문에 더 오래 보존하기 위해서는 GYP agar사면배지에 접종한 다음 사면의 표면을 유동 파라핀으로 덮어 보존하면 가능하지만, *Aphanomyce astaci*에 사용하기 위하여 만든 buffer medium PG-1에 보존하면 20°C에 6개월 이상 보존 가능하다.

GPY (glucose-peptone-yeast) agar는 GP agar에 yeast extract 0.5 g/l 첨가하여 고압증기 멸균하여 사용한다. PG-1 (peptone-glucose-1) agar의 조성은 3 g/l glucose, 6 g/l peptone, 0.17 g/l $MgCl_2 \cdot 6H_2O$, 0.15 g/l $CaCl_2 \cdot 2H_2O$, 0.37 g/l KCl, 0.02 g/l $FeCl_3 \cdot 6H_2O$, 0.044 g/l Na_2 EDTA, 12 g/l agar로서 100 mM sodium phosphate으로 완충시킨 다음 pH를 6.3으로 조정하고 고압 멸균한 다음 별도로 고압증기 밀균한 포도당과 sodium phosphate를 첨가하여 사면배지를 만든다. Sodium phosphate buffer(0.1 M

PBS)의 보존액(31.2 g/l solution A–$NaH_2PO_4 \cdot 2H_2O$(냉장 보존), 71.7 g/l solution B–$Na_2HPO_4 \cdot 12H_2O$(실온 보존)이며, 사용 시에 A 용액 407.5 ml와 B 용액 92.5 ml solution, 증류수 500 ml를 혼합한 다음 증류수를 첨가하여 총량 1,000 ml로 하면 100 mM의 용액이 된다. 이용액의 130 ml를 PG-1 1,000 ml에 사용한다.

*Aphanomyces invadans*의 유주자 형성은 *Aphanomyces*를 동정하기 위해서는 무성생식 방식을 확인하여야만 하기 때문이다. 유주자 방출을 확인하기 위해서는 한천 배지에 배양한 다음 발육한 한천 조각(3~4 mm)를 잘라내어 PGY broth를 넣은 샤레에 옮긴 다음 20°C에 4일정도 배양한다. 배양액을 고압멸균한 사육수(APW)를 넣은 5개의 샤레에 나누어 넣고 20°C에 하루 밤 배양하면 12시간 정도 경과하면 유주자낭이 형성되고 운동성의 2차 유주자가 방출된다. 이것을 현미경하에 관찰하여 특징적인 유주자 방출 방식을 *Saprolegnia*나 *Achyla*와 비교하여야 한다. APW (autoclaved pond water)는 곰팡이가 발육하고 있는 것이 확인된 양어장 또는 물을 채수하여 pH를 6~7로 조정한 다음 Watman 841 filter로 여과한다. 여과액과 증류수를 1 : 2의 비율로 혼합한 다음 고압멸균한다.

*Aphanomyces invadans*의 동정은 균사체의 모양, 유주자 방출 방식 및 무성생식 방식에 의해 가능하다. *Saprolegnia*속은 무격벽의 균사체와 2가지 모양의 유주자를 형성한다. 2차 유주자는 측생의 2개의 편모를 가진 공팥 모양이다. 2개의 편모는 모양이 다른데, 1개는 앞쪽으로 뻗은 채찍 모양, 다른 1개는 뒷쪽으로 향하고 있는 채찍 모양이다.

*Saprolegnia*속은 무성생식 특징 특히 유주자낭의 모양, 유주자의 방출 방식, 유주자낭의 재형성 방식에 의해 구분할 수 있다.

*Saprolenia*속의 3종(*Aphanomyces, Achlya* 및 *Saprolegnia*)의 특징을 그림에 표시하였다. 3종의 동정은 기본적으로 유성생식의 방식의 차이에 의해 동정하지만 어류에 감염되는 진균류들은 거의 유성생식이 없고 또한 *Aphanomyces invadans*는 유성생식 방식이 알려져 있지 않다.

*Aphanomyces*의 유주자낭은 균사체의 넓이 보다 폭이 좁다. 유주자낭에 유주자는 1열로 배열하여 끝 부분에서 방출되거나 균사체의 측면에 형성된 방출관을 통하여 방출된다. 방출된 유주자는 곧 바로 유면에 들어가 집합체를 형성한다. 그럼으로 1차 유주자는 유주자낭에서 완전히 분리되는 것은 아니다. *Aphanomyces*의 주된 자유 유영 유주자는 1차 휴면 유주자에서 방출된 2차 유주자이다. 2차 유주자는 환경조건에 따라 일정시간 운동성을 가지면서 숙주 또는 기질에 부착하게 된다. 그 후 다시 휴면한 다음 균사체로 발아하게 된다.

*Achyla*의 유주자낭은 항상 균사체의 끝 부분이 부풀어 오르면서 형성된다. 유주자낭의 유주자는 *Aphanomyces*와 마찬가지로 방출된 다음 휴면에 들어가지만 항상 유주자낭의 끝 부분에서 휴면한다. 유주자낭의 새로운 형성은 유주자를 방출한 유주자낭의 기저 격벽 아래의 균사체에서 분지되어 형성된다.

*Saprolegnia*의 유주자 형성은 *Achyla*와 유사하게 균사체의 끝 부분의 부풀어 올라 형성되지만 1차 유주자는 유주자낭에서 완전히 분리되어 1차 휴면에 들어가기 전에 당분간 운동을 한 다음 휴면한 다음 2차 유주자를 방출하는 것이 차이가 난다. 새로운 유주자낭의 형성은 내부 증식 즉 1차 유주자를 방출하고 비어 있는 유주자낭의 내부에 또 다시 유주자낭이 형성되게 된다.

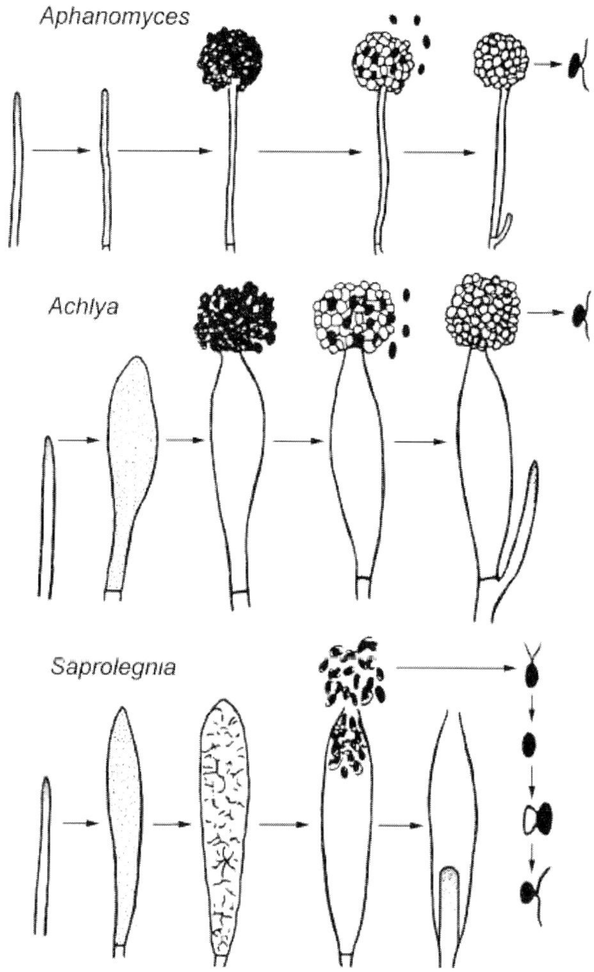

그림 4-13 ***Saprolegnia*속의 3종 *Aphanomyces*, *Achlya*와 *Saprolegnia*의 유주자낭 형성과 유주자 방출 방식의 비교.**

5) 항아리곰팡이(*Batrachochytrium*)

(1) 개구리의 *Batrachochytrium dendrobaditis* 감염

개구리의 chytrid 곰팡이인 *Batrachochytrium dendrobaditis*의 감염에 의한 것(chytridiomycosis)으로 각질화된 상피세포에 감염된다. 올챙이 및 개구리 모두 감염되지만 폐사는 주로 개구리로 변태 후에 발생하는 경향으로 각장 특징적인 증상은 비정상적인 상피의 박리라 할 수 있다. 원인 곰팡이는 각질화되지 않은 피부에는 감염되지 않음으로 올챙이는 입 부분을 제외하고는 감염되지 않는다.

병리조직학적 표본을 채취할 때는 올챙이는 수개월동안 곰팡이를 가지고 있을 수 있지만 각질화되지 않은 피부에는 감염되지 않음으로, 올챙이는 잇빨을 포함한 흑갈색을 띤 각질화된 입 부분을 채취하여야만 한다. 대형올챙이는 몸의 정중앙을 절단한 다음 절단된 면이 아래로 가도록 포매하여야 한다. 성체 개구리는 발의 각질층에서 가장 쉽게 발견되며, 이어서 복부 특히 넓적다리(thigh)와 사타구니부(inguinal region)에서 발견되며 등쪽 부위의 피부에서는 덜 발견된다. 경미한 감염인 경우에는 발가락이 가장 좋은 부위라고 할 수 있다.

감염 개구리는 자세가 이상하며, 무기력하며, 상피의 박리와 궤양형성, 피부, 근육 또는 눈의 출혈, ventrum 피부의 충혈, 내장의 울혈 등으로 진단은 상피세포내의 세포 간질사이의 플라스크 모양의 포자낭과 격벽이 있는 균사체를 확인함으로 동정할 수 있다.

피부의 무염색 도말표본을 검경하면 무격벽의 균사체를 가진 타원형의 유주자낭을 발견할 수 있다.

병리조직학적으로는 피부 특히 발가락(digits)와 복부 피부의 피부각질층(stratum corneum)과 피부과립층(stratum granulosum)내에 유주자낭을 확인할 수 있다. 성숙유주자낭은 굴광성의 유주자낭벽 내에 성숙 유주자가 들어 있다. 유주자는 방출관을 통하여 수계로 방출된다. 감염 부위의 상피세포는 부식, 박리되고, 피부각질층은 현저하게 두터워진다. 진피에서는 중간층(stratum intermedium)이 증생되지만, 상피나 진피조직에는 염증세포의 침윤과 같은 염증반응은 거의 없다. 유주자낭은 각질층의 바깥 부분에서 발견되는 것이 일반적이다. Bd의 배양은 TGhl agar(typtone 16 g; gelatin hydrolysate 4 g; lactose 2 g; agar 10 g; DW 1,000 ml)에 액체 배지에서 배양한 균액 2 ml를 확산시킨 다음 한천면이 거의 건조할 때까지 말린 다음 밀폐하여 23˚C에 4일간 배양한다. 유주자는 한천면에 담수의 염의 농도와 유사한 DS (0.001 M KH_2PO_4; 0.0001 M $MgCl_2$; 0.00002 M $CaCl_2$) 2 ml로 2회 세척하여 회수한다.

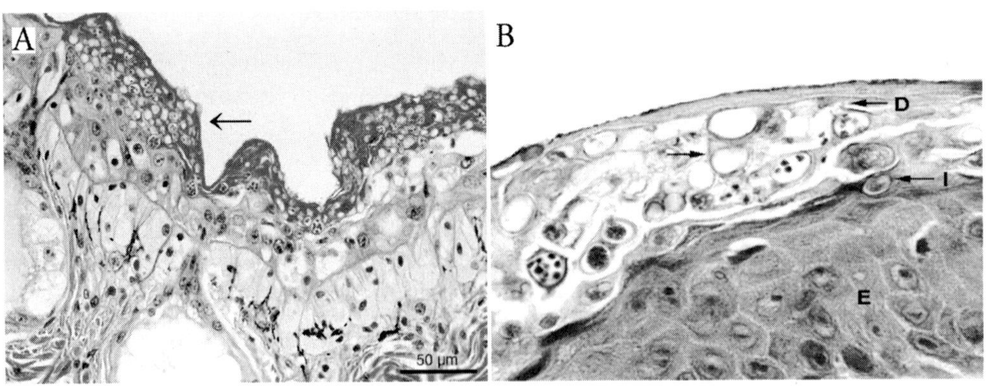

그림 4-14 **A:** 피부 각질층(화살표)의 여러 발육 단계의 *B. dendrobatidis*. **B:** 현저히 두터워진 피부 각질층내의 여러 발육 단계의 유주자낭. 유주자낭의 방출관(discharge tube, D)을 통하여 유주자 방출. 미성숙 유주자낭(I)와 유주자 방출 후 빈 공간으로 남은 유주자낭. 표피나 진피에는 염증반응이 없음. HE.

PCR은 *B. dendrobatidis*-specific primers인 Bd1a(5-CAG TGT GCC ATA TGT CAC G-3′)와 Bd2a (59-CAT GGT TCA TAT CTG TCC AG-3′)를 사용하여 93°C에 10분간 initial denaturation시킨 다음 30사이클(93°C 45sec; 60°C 45sec; 72°C 1min)후 72°C에 10분간 final extension시키면 300 bp의 산물을 확인할 수 있다.

양식 수계에 물벼룩(*Daphnia*)가 많으면 개구리 피부에 부착한 유주자를 섭취함으로서 올챙이의 생존율을 높일 수 있을 뿐 아니라 감염율도 저하시킬 수 있다. 발병하였 때는 수온을 37°C로 올리면 폐사가 발생하지 않는다.

신속진단을 위해서는 포르말린 고정 또는 동결한 감염 개체를 사용하여 congo red염색함으로서 식별할 수 있다. Congo red(Na염)을 PBS($NaH_2PO_4 \cdot 2H_2O$ 0.154 g; Na_2HPO_4 0.7126 g; NaCl 4.01 g; distilled water 500 ml, pH 7.4)에 0.01%가 되도록 용해시킨 다음 차광하여 실온에 보관한 것을 사용한다. 포르말린 고정한 시료는 증류수로 세척한 다음 사용하고, 동결된 시료는 용해시킨 다음 사용한다. 칼날을 사용하여 피부를 슬라이드글라스에 도말한 다음 실온에서 건조시킨 다음 congo red액을 만재하여 10~60분간 염색한 다음 염색액이 건조하게 되면 congo red의 결정체가 석출됨으로 건조하기 전에 카버글라스를 덮는다. 개구리의 피부각질세포는 편평한 단핵의 4-6각형을 하고 있고 굴광체는 없으며, 세포막은 congo red에 염색되지 않는다. 건강한 개구리의 subepidermal cell의 핵은 10~60분 염색하였을 때 오렌지색으로 염색되지만, 상피세포의 핵은 세포막이 파괴되었을 때만 오렌지색으로 염색된다. 그러나 감염 개구리의 도말표본은 10분 염색하면 곰팡이는 염색되지 않으며, 20~30분 염색하여야만 유주자방출한 빈 유주자낭, 방출관은 분명한 적색으로 염색되는 반면 미숙한 유주자낭이나 숙주세포의 핵은 염색되지 않는다. 그럼에도 불구하고 미숙단계에서도 많은 굴광체를 가지고 있으며, 굴광체 주변에 밝은 부분이 존재하면서 1개의 엷은 벽을 가지고 있기 때문에 숙주세포와 구별할 수 있다. 유주자낭의 크기가 작을 때는 45~60분 염색하면 유주자낭의 벽은 적색으로 염색되며, 숙주세포의 핵은 엷은 오렌지색으로 염색된다.

2. 접합균류

1) 동자개의 *Mucor circinelloides*

감염 동자개은 두부와 지느러미에 노란색의 곰팡이가 부착되어 있는 것처럼 보인다. 괴사조직을 검경하면 격벽이 없는 분지된 균사체를 발견할 수 있다. 두부의 괴사 조직 또는 균사체를 chloramphenicol 50 mg/ml를 첨가한 Sabouraud dextrose agar(SDA)에 접종하여 25°C에 배양한다. 순수 배양한 균사체는 초기에는 흰색이지만 곧 회갈색으로 변한다. 균사체를 현미경으로 검경하면 직경 30~78 μm인 구형의 포자낭을 확인할 수 있다. 자낭축

(columella)은 구형에 가깝고 동정(collarette, 襟)은 명확하게 관찰된다. 초자성의 타원형 또는 난원형으로 길이가 5~7 μm, 폭이 3.2~5.5 μm인 포자낭자루(sporangiophore)는 길게 분지된 sympodial이거나 짧으면서 약간 옆으로 분지된 형태이다. Sporangiospore의 벽은 ornament가 있고, 후막포자(chlamydospore)는 벽이 두터운 원형, 난원형 또는 불규칙한 형태로서 길이는 45 μm, 너비가 30 μm 정도인 균사체의 기부에서 형성된다. 그러나 가근상 돌기(rhizoid)와 주근(stolon)은 없다.

발육적온은 30°C이며, 40°C 이상에서는 발육하지 못한다. SDA에 48시간 배양하면 집락의 직경은 25°C에서는 5.9 cm, 30°C에서는 6.3 cm, 35°C에서는 5.6 cm, 37°C에서는 4 cm이다.

Potato dextrose agar(PDA)에 접종하여 30°C에 6일간 배양하면 융기된 균사체가 형성된 황갈색의 집락이 형성된다.

병리조직학적으로는 피하결합조직, 근육 및 혈관에 변화가 현저하며, 염증반응과 조직괴사 및 순환장애가 유발된다. 궤양이 형성된 조직 내에는 무격벽의 분지된 균사체가 발견되며, 균사체에 인접한 세포는 변성이 생긴다. 간장은 부분적 괴사가 생기며, 간세포는 윤곽이 희미하고 핵은 용해되며, 유동은 울혈된다.

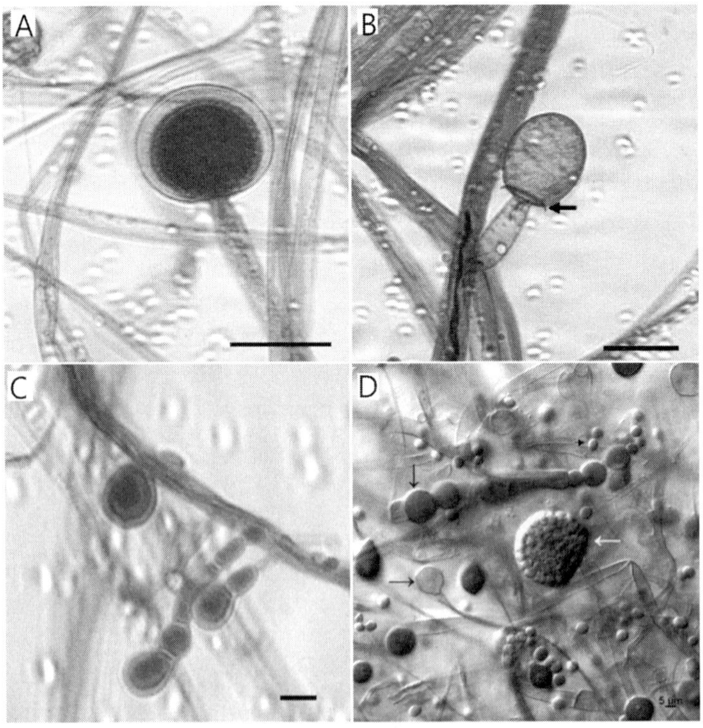

그림 4-15 **A:** 포자낭. **B:** 자낭축(chlumell). **C:** 측생의 포자. Bar=50 μm(**A**) 및 30 μm(**B** & **C**). **D:** PDA(30°C)에 6일 배양 집락의 포자낭(백색 화살)과 포자낭자루(sporangiospore, 흑색 화살). 포자는 단일 또는 2연상으로 형성. 위상차.

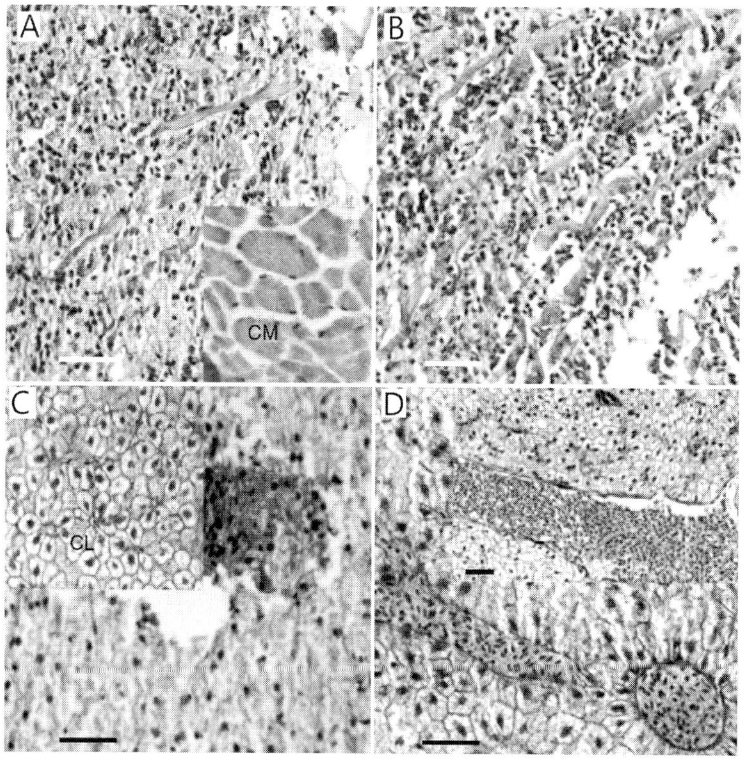

그림 4-16 **A** & **B:** 근육 내의 무격벽의 너비가 넓은 균사체. 균사체 주변의 세포는 변성을 일으킴. CM: 정상 근육. **C:** 간의 괴사. 간세포는 윤곽이 불확실하며 핵 융해됨. CL: 정상 간. **D:** 간 유동의 울혈. HE, Bar=25 μm.

신장의 결합조직은 증생되어 있으며 많은 헤모시드린이 발견된다. 세뇨관 벽은 비후되거나 위축된다. 그러나 심장과 소화관에는 이상이 발견되지 않는다.

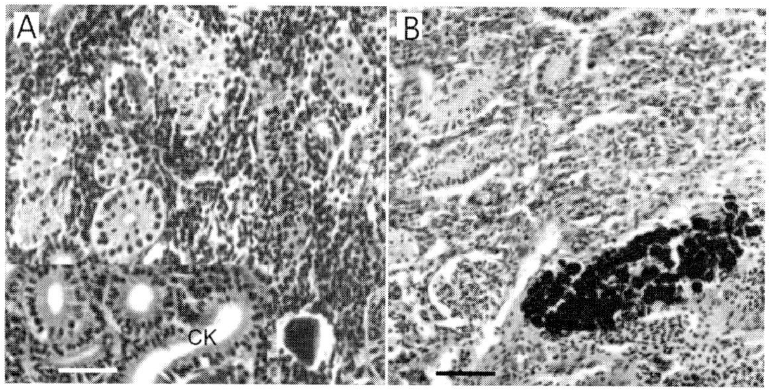

그림 4-17 **신장의 결합조직은 증생되며 헤모시드린 과립의 침착.** 세뇨관 벽은 비후되거나 일부는 위축. CK: 정상 신장. Bar=20 μm.

2) 태평양 서식 청어 및 가자미류의 *Ichthyophonus*

감염어는 외관상 이상이 없지만 내장기관에 직경 0.5~10 ㎜의 백색 결절이 형성된다. 결절은 대개의 모양이 비슷하지만, 청어의 경우에는 결절이 합쳐져서 거대 결절이 형성되는 경향이며, 가자미의 결절은 청어에 비해 소형이다. 심하게 감염된 어류는 무기력하며, 내장의 지방이 감소되어 있다.

결절의 도말표본을 검경하면 *Ichthyophonus hoferi*포자의 특징을 확인할 수 있고, 포자의 발아 상도 확인할 수 있다. 발아하고 있는 균사체의 수는 사후 시간 경과와 밀접한 관계를 가지고 있다. 시간이 많이 경과되지 않은 것(10시간 이내)은 포자와 규사체가 발견되며, 심장에 감염된 경우에는 20°C 24시간 동안 가성 균사를 확인할 수 있다. 가성 균사는 성장하여 분지하게 된다. 사후 48시간이 경과하면 가성 균사는 자라서 다시 포자를 형성한다. 가성 균사의 모양, 크기 및 성장 방식은 비슷하지만, 청어에서는 심장에서 밀도가 높고, 적색근, 신장, 간장, 위, 소화관, 비장 및 뇌에서의 밀도는 낮은 편이다. 가자미에서는 근육에서의 포자는 극히 드물게 발견된다.

조직학적으로 감염기관에 따라 감염 밀도가 차이가 나며 어떤 조직에서는 특정 부위에서만 한정되어 발견되는데, 가자미류는 소화관의 과립층에 한정되어 발견된다. 충체의 형태와 발육 단계는 비슷하게 포자는 피포된 상태이다. 포자에 대한 숙주반응은 육아종의 형성이지만 포자 주변의 세포 침윤은 드물지만, 최종단계에서는 괴사된 조직 가운데 육아종이 형성된다.

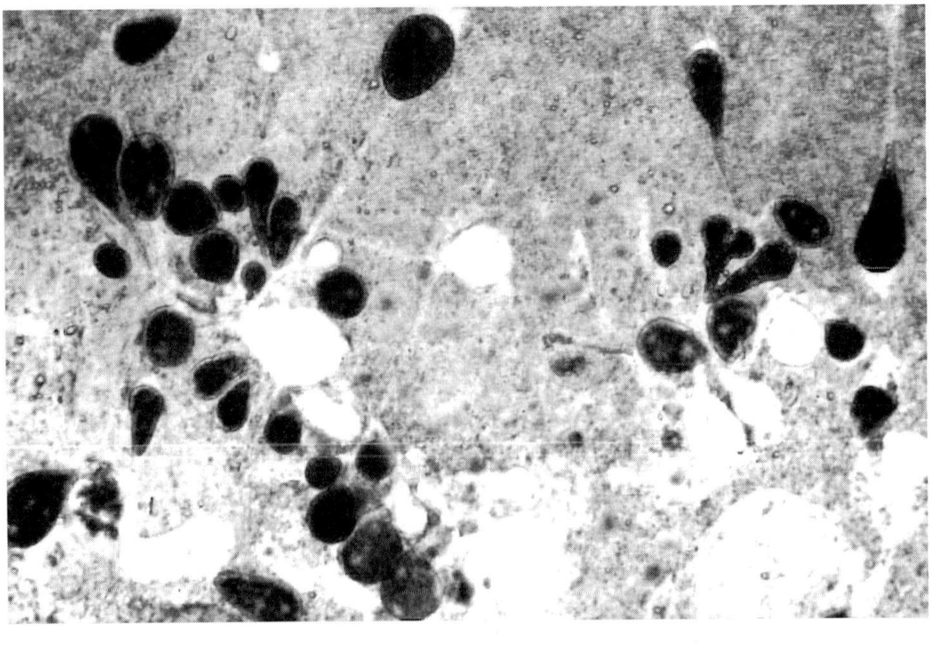

그림 4-18 **청어 심장 도말표본.** 포자로 부터 가성 균사의 서로 다른 발육 단계.

육아종은 3가지 형태로 구분할 수 있다. 1단계는 중심에 포자가 위치하고 포자 주변에 비교적 두터운 capsule로 싸인 단계로 내부에는 섬유소층과 세포층과 괴사 세포층이 존재하는 형태, 2단계는 1단계와 유사하지만 두께가 차이가 난다. 즉, 중간층인 세포층이 두께가 얇고 사세포가 남아 있으며, 내부의 층은 1단계보다 두텁다. 3단계는 육아종의 전체 크기는 줄어들고, 중간층은 1~2단계에 비해 더 얇고 3번째 층이 두께가 두터워져 있다.

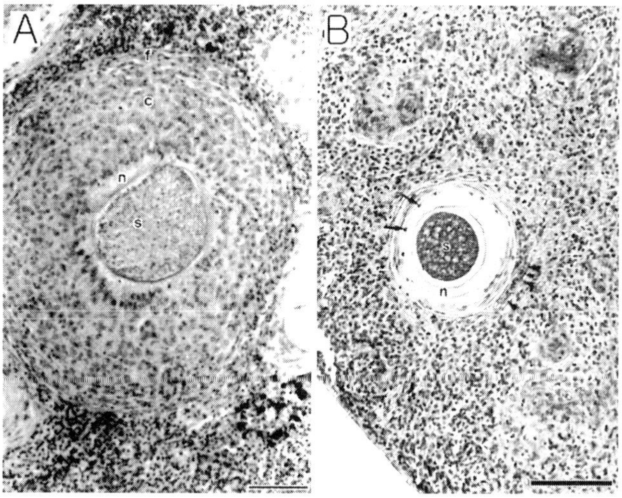

그림 4-19 육아종의 발육 형태. **A:** 1단계. 육아종에 둘러 싸인 포자. 섬유세포층(f), 세포층(c), 괴사층(n). 포자(s). **B:** 3단계. 숙주세포의 핵농축(화살표), 멜라노마크로파아지(화살표 머리), 괴사층(n), 포자(s). HE. Bar=50 μm(**A**) 및 100 μm(**B**).

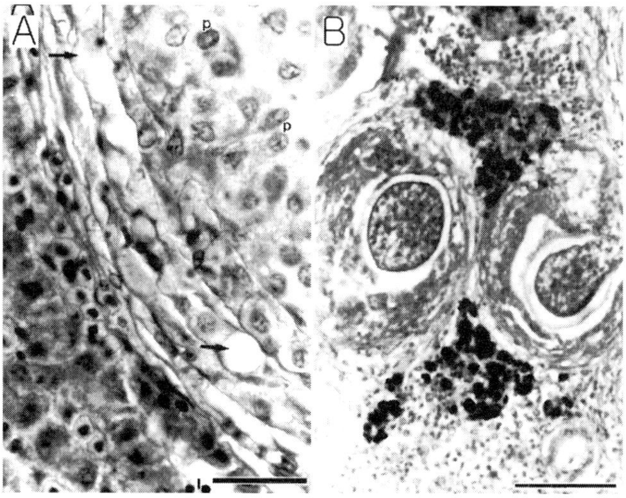

그림 4-20 **A:** 간장 육아종의 외곽 부분. 수포변성(h), 림프구(l), 형질세포(p). **B:** 비장의 육아종 주변의 멜라노마크로파아지센터. HE. Bar=20 μm(**A**) 및 50 μm(**B**).

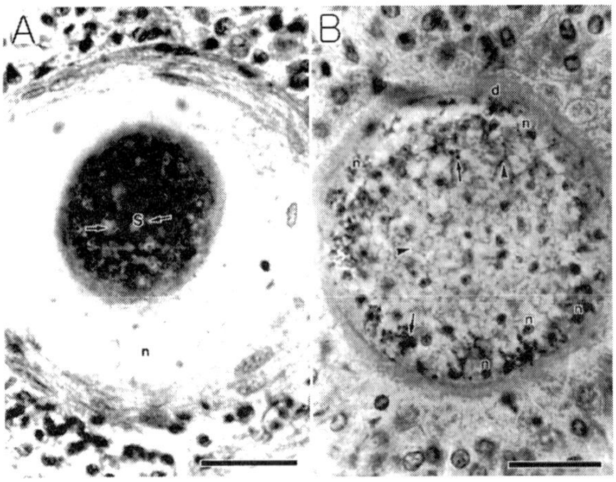

그림 4-21 **A:** 포자 변성의 초기. 핵의 분포, 세포질의 공포화(화살표), 괴사층의 두께(n) 및 포자가 상당히 노령화되었음을 의미하는 capsule내에는 생존 숙주세포가 없음. **B:** 비교적 얇은 괴사층(d)로 싸인 살아 있는 다핵의 포자. 세포질의 과립상의 물질(화살표)과 섬유 유사 그물망(화살표 머리). 주변에 분포하는 핵(n). HE. Bar=20 μm.

또한 육아종에 변성이 보이는 경우도 있으며, 조혈조직에는 수포변성 또는 공포변성 및 핵 농축이 관찰된다. 비장의 조혈조직에 형성된 육아종에는 멜라노마크로파이지의 집합체가 현저하게 나타난다.

죽은 포자가 가자미류의 소화관 벽과 비장에서 발견되기도 한다. 이러한 포자는 포자의 형태를 소실하고 세포질의 수축, 공포화 및 분절화가 특징이다. 어류가 폐사한 후에 고정한 표본에서 가성 균사는 죽은 직후에 고정한 표본에 비해 가성 균사의 폭이 좁은 것이 보통이다. 가성 균사는 포자의 직경에 비해 4배 정도 길며, 포자의 세포질의 벽과 끝 부분에는 진하게 염색되는 호염기성의 과립상의 물질이 있다.

포자는 PAS에 양성반응을 나타낸다. 양성반응은 포자내와 capsule의 주변에서 발견되는 melanomacrophage가 양성반응을 나타낸다.

3. 불완전균류

1) 자라의 *Paecilomyces lilacinus* 감염 진균성 흰반점병

고밀도로 사육중인 자라 양식장에서 수온의 변화가 심할 경우에 크기가 5-80 g의 크기에 발생한다. 급격한 수온의 변동에서 오는 스트레스가 자라의 저항성을 감소시켜 감염되는 것 같다. 이 때문에 수온의 변동을 최소화시키면 발병은 없다.

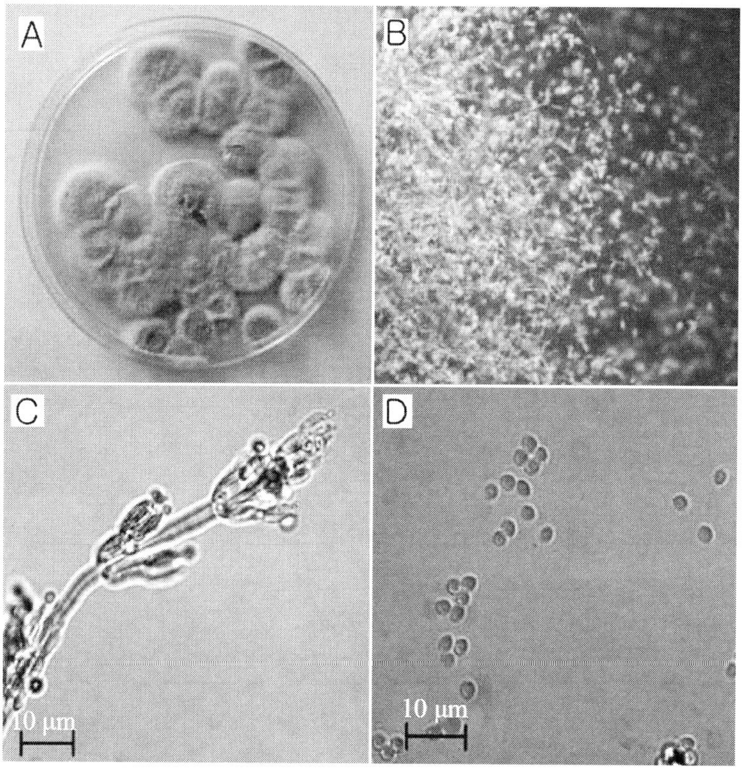

그림 4-22 **Czapek agar에 접종하여 25°C에 7일간 배양한 집락. A:** 집락의 모양. **B:** 현미경하의 집락. **C:** 분생자낭(conidopore). **D:** 분생자(conidia).

분리는 피부의 하얀 부분에서 균사체를 떼어내어 멸균 증류수에 부유시킨 다음 균사체 하나를 ampicillin과 streptomycin이 각각 2 mg 첨가한 Czapeak agar (CA, $NaNO_3$ 3.0 g; K_2HPO_4 1.0 g; KCl 0.5 g; $MgSO_4 \cdot 7H_2O$ 0.5 g; $FeSO_4 \cdot 7H_2O$ 0.01 g; sucrose 30 g; agar 15 g; distilled water 1,000 ml)에 접종하여 24°C에 배양한다. 계대배양은 같은 배지를 사용하여 일주일 마다 실시한다.

CA 또는 malt extract agar에 24°C에 7일간 배양하면 노란색의 색조가 없는 보라색의 집락이 형성된다. 발육한 집락에는 윤생의 분생자낭(verticillate conidiophore)과 divergent phialide를 가진 fruiting head가 형성된다. 분생자는 크기가 2.5 × 3.0 μm의 벽이 엷은 방추형으로 긴 연쇄상으로 연결되어 있다. 또한 corn meal agar에서도 배양 가능하다.

감염실험은 7일간 배양한 곰팡이를 멸균 증류수로 세척하여 분생자를 5 × 10^6 cells/ml로 조정한다. 감염시킬 자라는 과망간산카리 10ppm에 15분간 담궈 소독한 다음 등쪽 갑각에 길이 2 cm로 "x"자의 흠집을 낸다. 분생자액은 4.5 L에 500 ml를 첨가하여 21일간 22°C에서 사육하면서 증상을 발현을 관찰한다. 형태학적 특징과 lilac pigment의 특성을 기준으로 *Paecilomyces lilacinus*로 동정된다. 갑각에 상처를 낸 자라에서는 감염 21일째에 증상이 발현되지만 갑각에 상처를 내지 않는 개체는 발병하지 않는다. 그럼으로 감염에는 갑각의 상처가 존재하여야 한다는 전제 조건이 필수적인데 고밀도 사육의 경우에는 서로 무는 현상이 쉽게 발변함으로 이것이 발병의 전제가 된 것이라 생각할 수 있다.

분자생물학적 진단은 특이 primer sets인 PaeF (5′-CTC AGT TGC CTC GGC GGG AA- 3′)와 PaeR (5′-GTG CAA CTC AGA GAA GAA ATT CCG-3′)를 사용하여 95°C에 denaturation시킨 다음 35 cycles(94°C 1min; 61°C 1min; 72°C 1min)후 72°C에 5 min간 final extension시켜 전기영동하면 130 bp의 특이밴드가 형성된다.

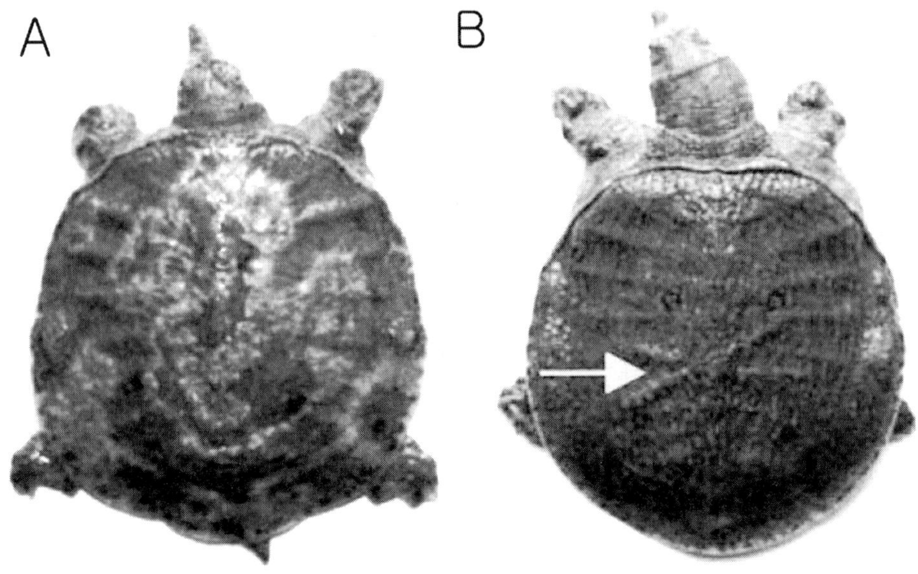

그림 4-23 **A:** 자연 발생 자라의 등쪽 갑각의 흰반점. **B:** 상처를 낸 후 인위 감염 시킨 자라의 환부.

2) 바다거북 난의 *Fusarium solani* 감염

노란색, 갈색 또는 청색을 나타내는 난각 또는 내부의 배아를 시료로 하여 penicillin (100 mg/l)를 첨가한 peptone glucose agar(PGA)에 접종하여 배양하면 격벽이 있는 소분생자(microconidia), 대분생자(macroconidia) 및 후막포자(chlamydospore)가 형성된다. 소분생자는 난형으로 크기는 9~15 × 2~4 μm로서 monophialides는 신장된 형으로 크기는 50~70 × 2~3 μm로 내부에 소분생자가 들어 있다.

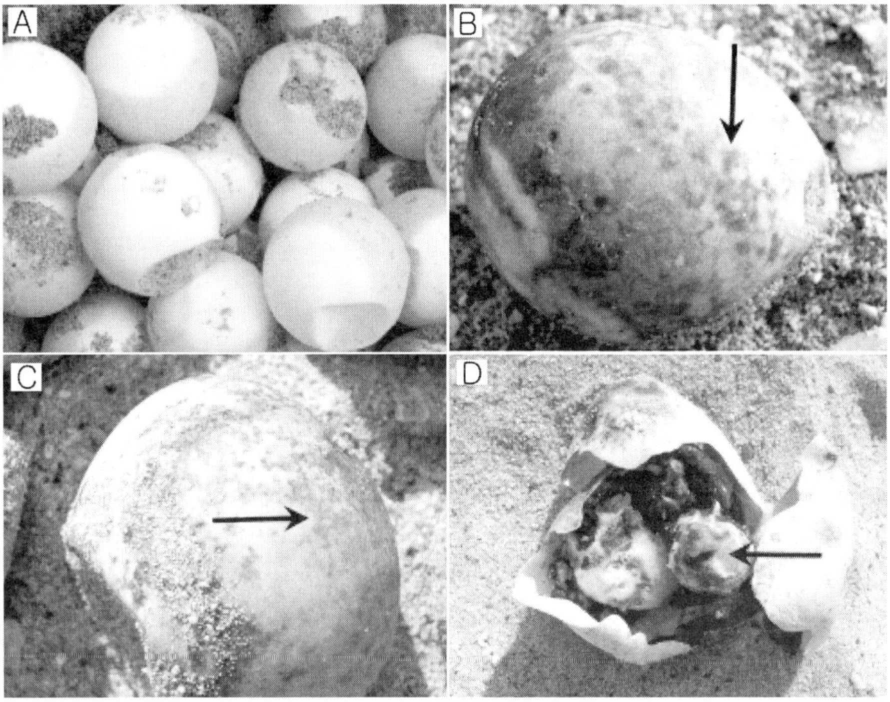

그림 4-24 **A:** 미감염 난각. **B-C:** 적색, 청색으로 변한 감염 난각. **D:** 감염 난 내에 폐사 배아.

대분생자는 가운데 부분의 폭이 넓은 fusoid형태이며, 후막포자는 9~12 × 8~10 μm의 엷은 막을 가진 구형(globose) 또는 타원형(elliptic)으로 균사체에서 짧게 분지된 균사체에 1개 또는 쌍으로 형성되지만 때로는 신장된 모양의 후막포자도 발견된다. PGA에 배양하면크림색, 청녹색 또는 청색의 특징적인 집락이 형성된다.

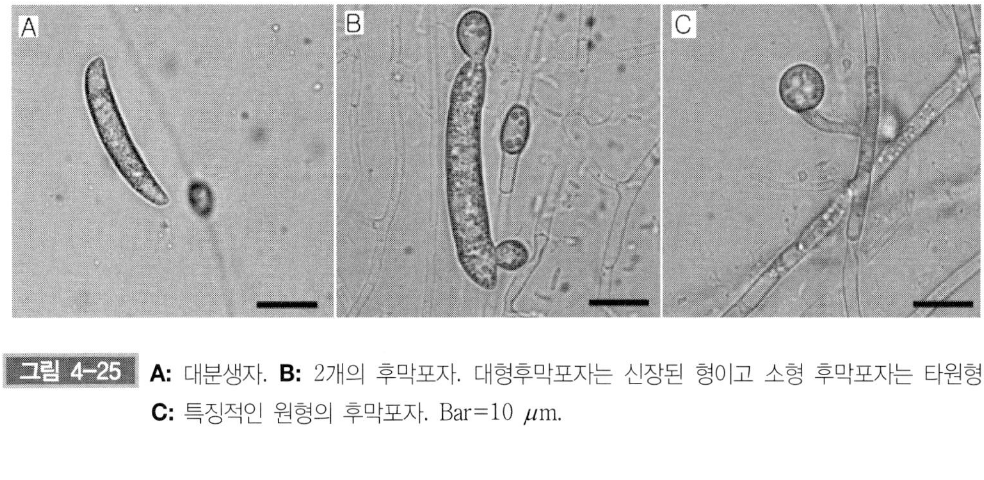

그림 4-25 **A:** 대분생자. **B:** 2개의 후막포자. 대형후막포자는 신장된 형이고 소형 후막포자는 타원형. **C:** 특징적인 원형의 후막포자. Bar=10 μm.

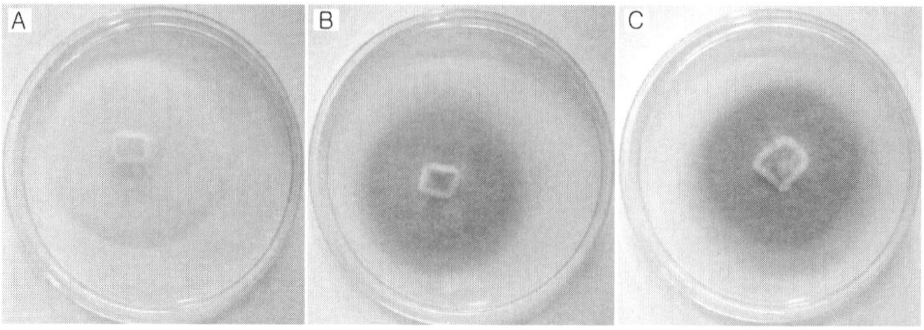

그림 4-26 **Potato glucose agar(PGA)에 배양한 *Fusarium solani*의 특징적인 집락의 색깔. A:** cream색. **B:** 노란색(yellow). **C:** blue-green.

3) Tilapia의 불완전 균류 *Paecilomyces lilacinus* 감염(Wasting disease)

폐사 및 빈사상태의 어류는 눈이 꺼지면서 두부만 크게 보이면서 무기력해 보인다. 지느러미가 부식되며, 비늘이 없는 체표에 출혈이 생기기도 한다. 대부분의 병어의 피부와 아가미에는 기생충이 감염되어 있으며, *A. hydrophila*도 분리되어진다. 소화관에는 투명한 액체가 채워져 있고, 복수가 축적되기도 한다. 내장기관은 퇴색되며 0.3~1.3 mm의 타원형의 금색 또는 적갈색의 결절이 형성되어 있다. 결절은 장간막의 표면, 피부 및 아가미에도 형성되지만 가장 많이 형성되는 곳은 비장과 신장 및 장간막이며, 심장과 간장에는 소수의 결절이 형성된다.

미량금속을 첨가한 CYA에 접종하여 20°C에 7일간 배양하면 23~27 mm, 14일 후에는 35~40 mm 정도의 중심부가 흑갈색이면서 집락 주변에 적갈색의 변색이 생기는 집락이 형성된다. 20 g/*l*의 sucrose를 첨가한 MEA, potato dextorse agar(PDA) 및 synthetischer nahrstoffarmer agar(SNA)에 배양하여도 집락이 형성된다. 균사체는 격벽이 있는 엷은 갈색을 띄고 있다.

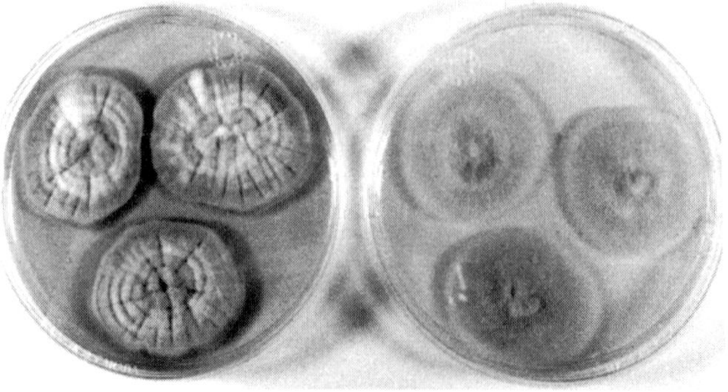

그림 4-27 **Czapek yeast agar(좌)와 malt extract agar에 20°C 10일간 배양 집락.**

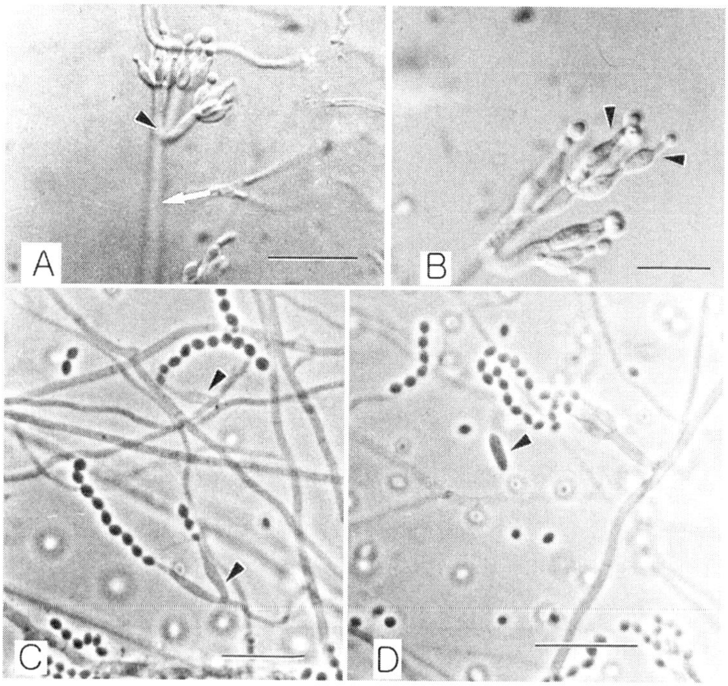

그림 4-28 **A:** 수직으로 분지(흑색 화살표) 또는 부드러운 벽이 있는(흰색 화살표) stipe를 가진 끝부분의 분생자낭. **B:** 둥근 기부와 짧으면서 뒤틀리는 끝부분을 가진 플라스크모양의 피알라이드. **C:** 타원형의 연쇄상으로 연결된 분생자를 가진 분지된 끝부분 아래의 피알라이드. **D:** 타원형의 분생자(화살표). Bar=25 μm(**A**) 및 15 μm(**B-D**).

병리조직학적으로는 육아종이 형성되는 것으로 육아종 주변에는 섬유성의 조직, 마크로파아지 등의 염증세포에 싸이며, 더욱 진행되면 림프구나 멜라노마크로파아지에 둘러싸이게 된다.

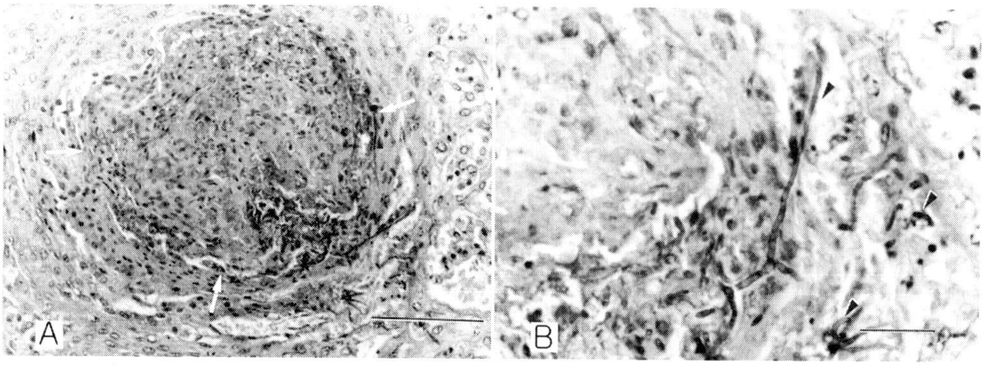

그림 4-29 **A:** 비장내의 육아종(화살표). HE. **B:** 육아종에서 주변의 비장 조직내로 침투하고 있는 균사체(화살표). PAS-HE. Bar=250 μm(**A**) 및 20 μm(**B**).

분자생물학적 진단법으로서는 paeF: 5′-CTC AGT TGC CTC GGC GGG AA-3′와 PaeR: 5′-GTG CAA CTC AGA GAA GAA ATT CCG-3′의 primer를 사용하여 PCR 반응으로 진단할 수 있다. 반응 조건은 95°C에 initial denaturation시킨 다음 35 cycles(94 °C 1min; 61°C 1min; 72°C 1min)한 다음 72°C 5min간 final extension시켜 전기영동하면 130 bp의 특이 밴드가 형성된다.

4. 불완전 사상균류

1) *Ochroconis humicola*

(1) 줄전갱어(*Pseudocaranx dentex*)

균사체나 포자의 세포벽에 멜라닌 색소를 가진 것을 특징으로 하는 *Ochroconis humicola* (이전의 *Scolecobasidium humicola*)의 감염에 의한 것으로, 발병수온은 17-18.5°C으로 병어는 복부가 팽만되고 신장이 종대되며, 때로는 신장의 표면에 육아종 및 육아조직으로 구성된 백색 결절이 형성되기도 한다. 신장의 도말표본을 무염색으로 검경하면 갈색의 균사체가 발견되며 누적 폐사율은 25%정도이다.

병어의 신장을 ampicillin과 streptomycin을 소량 첨가한 PYGS에 접종하여 25°C에 10일간 배양하면 흑갈색에서 갈색의 집락이 형성된다. 흑갈색의 집락은 균사체의 세포벽내의 멜라닌 색소에 기인한 것이다. 균사체는 직경이 2~3 μm의 소형으로 격벽이 있으며 엷은 갈색을 띄고 기중균사의 형성은 드물다. 분생자낭(conidiophore)은 2.5 × 7.5 μm의 원통형으로 끝부분에 denticle을 가지고 있다. 분생자는 균사체 모두가 유주자낭으로 변화하는 전실성(holoblastic)의 2세포성으로 2.5~4.5 × 5.5~12.5 μm인 원통형 또는 장원형으로 엷은 갈색을 띄고 있다.

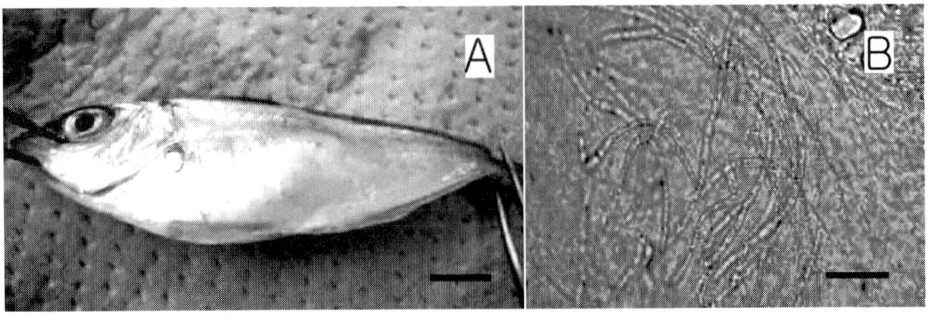

그림 4-30 **A:** 복부 팽만의 감염어. **B:** 신장 도말표본내의 무격벽 균사체. Bar=1 μm(**A**)와 10 μm(**B**).

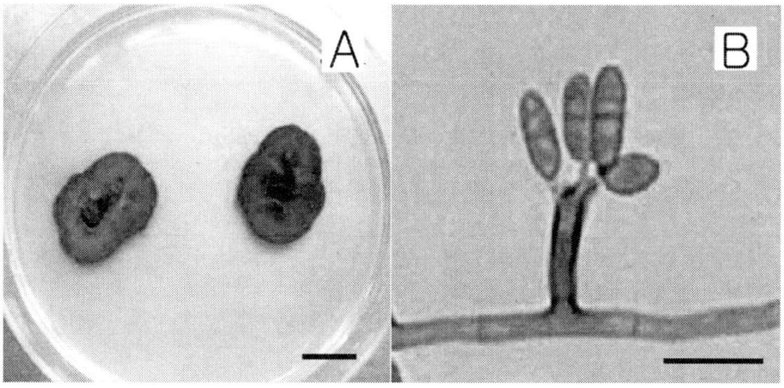

그림 4-31 **A:** 25°C 4일 배양 집락. **B:** 분생자낭(conidiophore)와 분생자(conidia). Bar=2 μm(**A**)와 10 μm(**B**).

발육 온도는 10~30°C로 25°C에서 최적의 발육을 나타내며 35°C에서는 발육하지 않는다. 발육 염분은 0-9%로 3%에서 최적의 발육을 내는 광염성 곰팡이에 속한다.

병리조직학적으로는 근육, 신장 및 비장을 상법에 따라 파라핀 조직 절편을 만들어 Grocott's-HE염색하면 크기 2.0~2.8 μm의 균사체가 근육, 비장 및 신장에서 발견된다. 갈색의 균사체는 Schmorl의 방법으로 염색하면 양성반응을 나타냄으로 멜라닌 색소를 함유하고 있음을 알 수 있다. 신장과 비장에는 곰팡이 유래의 성분을 유상피세포가 둘러쌓고 있는 육아종이 형성된다. 이러한 육아종의 형성 때문에 감염 조직은 심한 괴사가 유발되지만 거대세포는 발견되지 않는다. 모든 균사체가 육아종에 의해 피포되는 것이 아니라 근육, 신장 및 비장에서 피포되지 않은 균사체도 발견된다. 육아종의 형성은 어체의 방어기작의 작용에 의한 것으로 육아종이 형성되지 않는 경우에는 조직의 현저한 괴사 때문에 감염어는 폐사하게 된다.

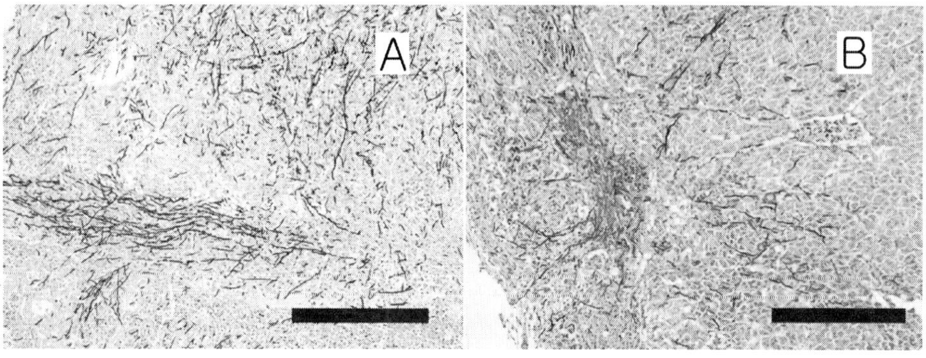

그림 4-32 **A:** 육아종의 형성이 없이 신장 내에 침투한 균사체. **B:** 간의 유상피세포의 피포에 의한 육아종과 육아종에 피포되지 않은 균사체. Grocott-HE. Bar=100 μm..

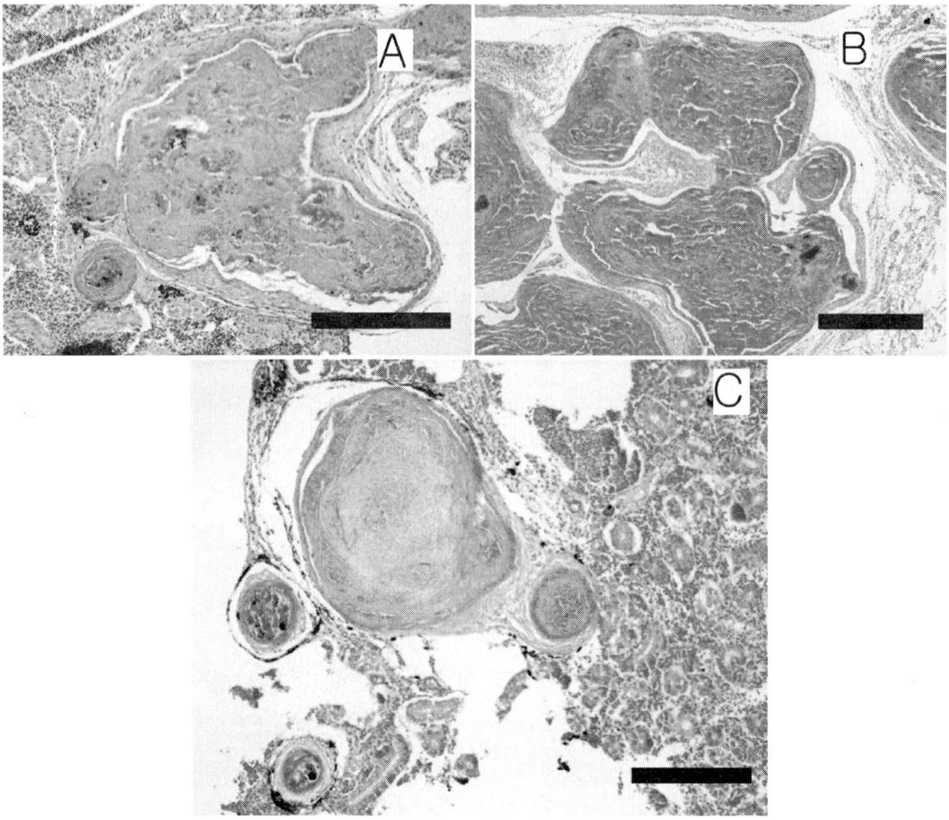

그림 4-33 **A:** 신장내의 육아종. 육아조직에 피포된 육아종의 내부의 괴사. **B:** 간의 육아종. 내부가 불규칙한 것은 여러 개의 육아종의 융합에 기인. **C:** 신장내의 육아종. 염색은 PAS(**A**), Grocott-HE (**B**) 및 Schmorl stain (**C**). Bar=100 μm(**A**), 300 μm(**B**) 및 75 μm(**C**).

(2) 쑤기미(*Inimucus japonicus*)

감염어는 식욕부진과 등지느러미 기부와 입 주변의 체표에 궤양이 형성되고, 궤양의 중심부는 괴사되어 박리됨으로 근육이 노출된다. 환부의 근육을 검경하면 폭이 1~2 μm의 많은 수의 격벽이 있는 균사체를 확인할 수 있다. 환부를 PYPS에 접종하여 25°C에 배양하면 엷은 갈색의 집락이 형성된다. 배양 집락에 형성된 균사체는 폭이 1~2 μm로 격벽이 있는 갈색을 띄고 있다. 분생자는 크기가 1.8~2.2 × 7.0~10.0 μm로 2세포성으로 엷은 갈색의 원통형이다.

병리 조직학적으로는 표피에서 결합조직의 치밀층이 박리되고 근육층에 광범위한 괴사소가 형성된다. 환부의 주변에는 많은 그람 음성세균이 발견되며, 세균의 주변에는 수많은 곰팡이의 균사체가 발견된다. 균사체는 HE염색에 엷은 갈색, PAS와 Schmorl염색에 양성으로 Grocott-Giemsa염색표본에서 쉽게 발견할 수 있다. 근육의 심부에 침입한 균사체는 거대세포의 형성이 없이 유상피세포에 둘러싸인 육아종 내에 피포되며 숙주반응으로서 호산구와 마크로파아지가 침윤된다.

(3) 참돔(*Pagrus major*)

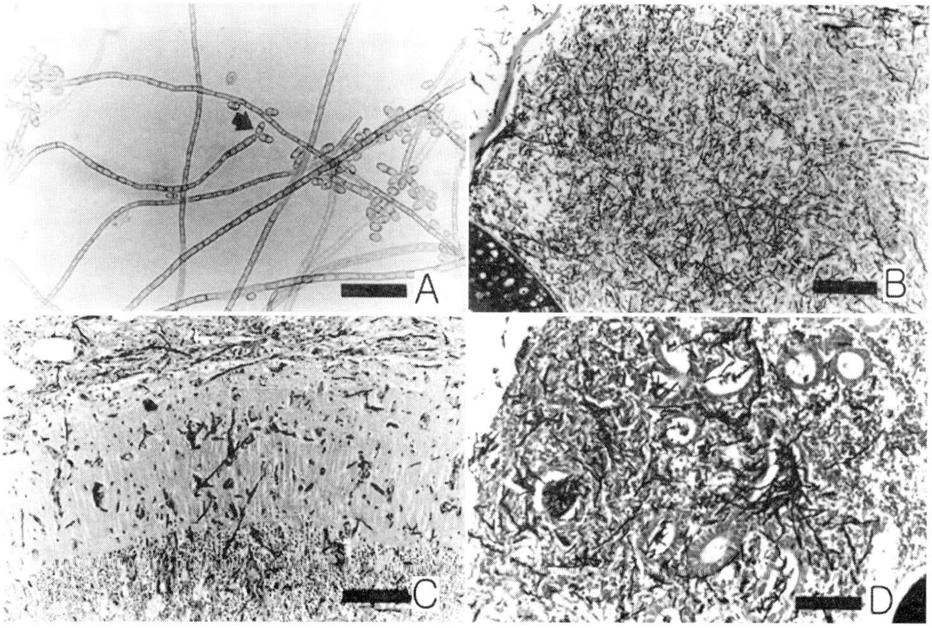

그림 4-34 **A:** GYPS 한천에 배양한 균사체의 분생자. **B:** 균사체가 침투한 체표 환부의 진피층. **C:** 뇌에 침투한 균사체. **D:** 두신내의 균사체는 세뇨관 관공 내부에 까지 침투. Grocott-Giemsa(**B**), Grocott-HE(**C** & **D**) Bar=20 μm(**A**), 100 μm(**B-D**).

체표 특히 등지느러미 기부에 여러 개의 궤양 병소가 생긴다. 병리 조직학적으로 관찰하면 환부내의 진피층에 격벽이 있는 균사체가 변성된 세포 잔해와 함께 흩어져 있는 것을 발견할 수 있다. 균사체는 근육층을 침투하여 두부와 신장에 까지 뻗어 있는 경우도 있어 사구체와 세뇨관 관공 내에도 균사체가 발견된다. 뇌에 침투한 경우에는 약간의 염증반응이 일어나고 있다. 진피나 근육 내에 침투한 균사체는 육아종에 의해 피포되고, 따로 따로 존재하는 것이 아니라 한 개의 거대한 육아종 덩어리로 되지만 거대세포는 발견되지 않는다.

참돔에서는 *Ochroconis humicola*는 진피와 근육을 표적기관으로 하지만 균사체는 인접 기관인 신장, 뇌 및 두개골 등에도 침투한다. 이처럼 조직의 깊은 부위에 까지 균사체가 침투하는 것은 어류의 면역반응이 미약하기 때문으로 어류의 생체방어체계를 초월하여 심부에 까지 침투한 것으로 생각되고 있다.

(4) 펜더구루퍼(*Cromileptes altivelis*)의 흑색 진균 *Cladosporium cladosporioides*, *Scopulariopsis brumptii* 및 *Ochroconis humicola*

발병어는 식욕부진으로 무기력하며, 먹이를 먹기 위해서 수조의 표면으로 떠오를 수 없거나 물속에서 부력을 제대로 유지할 수 없어 수조의 바닥에 옆면으로 누워 있다.

해부하여 보면 가장 눈에 띄는 것이 부레의 팽창이다. 부레에는 크기 10 × 4 cm의 거대한 녹색 또는 흑색의 육아종이 부레의 내부를 거의 채우고 있는 것을 발견할 수 있다. 부레의 육아종과 같은 물질은 섬유조직과 모세혈관으로 뒤엉켜 있다. 이러한 육아종의 구조물은 건조한 분말상의 구조물로서 부레의 안쪽에 부착되어 있다.

또 다른 증상은 부레의 육아종이 부레 아래에 있는 신장에까지 침투한 경우로 간장과 비장에도 5~10 mm의 농양이 여러 개 형성된다. 이러한 개체는 대개 한쪽의 눈이 안구돌출을 일으키고 혈액에 혼재된 복수가 축적되는 섬유성의 복막염이 생긴다. 이러한 병어의 부레에서는 대개 *Vibrio damselae*가 분리되어진다.

부레의 환부를 Sabouraud's dextrose agar에 접종하여 건조를 방지하기 위하여 습윤상자에 넣어 25~28°C에 10일간 배양하면, 황록색-녹색, 황녹색-갈색의 직경 2~3 mm의 집락이 형성된다. 집락을 현미경으로 검경하면 타원형의 *Cladosporium cladosporioides* (syn. *Hormoconis cladosporioides*)를 분생자를 확인할 수 있다.

또한 복막염을 수반한 병어의 부레 육아종을 30°C에 10일간 배양하면, 흑갈색의 집락이 형성되는데 현미경으로 검경하면 황갈색의 격벽이 있는 직경 2 μm인 균사체를 확인할 수 있는데 *Ochroconis humicola*로 동정된다.

조직학적으로 부레의 육아종성의 물질은 분지상의 곰팡이 균사체가 부레의 상피세포와 결합조직에 침투하여 그물망을 형성하는 육아종성 염증이 일어난다. 부레의 내부에만 육아종이 형성되는 *Cladosporium cladosporioides*의 경우는 부레의 가스선 상피세포와 내막 및 외막에만 육아종이 형성된다. 이러한 육아종은 중심부에 곰팡이의 균사체가 있고 그 주변을 유상피세포가 싸고 있는 형태이다.

한편 부레뿐만 아니라 간장 비장에도 감염되며 복막염을 유발하는 *Ochroconis humicola* (syn. *Scolebasidium humicola*)의 경우는 여러 개의 육아종이 부레, 간장, 신장 등에 형성된다. 이러한 2종의 흑색 진균은 토양에 주로 분포하는 곰팡이로서 무성생식으로 번식한다.

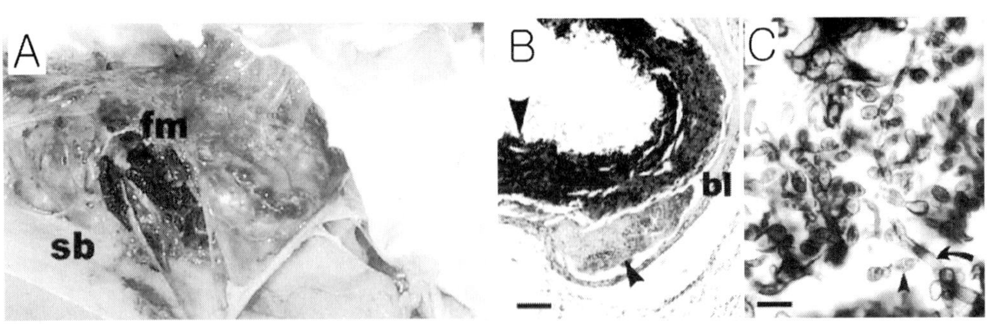

그림 4-35 **A:** 부레(sb) 내의 진균의 집합체(fm). **B:** 부레의 관공과 부레 벽(bl)내의 곰팡이성 집합체(큰 화살표)가 들어 있는 부레. 부레의 벽 내(작은 화살표 머리)에 육아종이 형성. **C:** 부레의 관공 내에 *Cladosporium cladosporioides*의 균사체(굽은 화살표)와 분생자(화살표 머리). HE. Bar=50 μm(**B**) 및 6.7 μm(**C**).

(5) 흑점줄전갱이(*Pseudocaranx dentex*)의 *Exophiala xenobiotica*

감염어는 복부 팽만, 신장이 종대되며, 신장의 도말표본을 검경하면 많은 격벽이 있는 엷은 갈색의 균사체가 발견된다.

신장을 PYGS agar (peptone 1.25 g, yeast extract 1.25 g, glucose 3 g, artificial sea water 37.60 g, agar 12 g)에 접종하여 25°C에 배양한다.

조직학적으로는 아가미, 심장, 신장에서 수많은 곰팡이의 균사체가 발견되며, 분생자는 환부에서 특별히 많이 발견된다. 균사체가 존재하는 부위에는 세포의 괴사와 단구를 주체로 하는 염증세포의 침윤이 생긴다. 아가미에서는 새변의 기부에 집합체로 발견되며, 새변의 증생과 유착이 생긴다. 그러나 조직학적으로 육아종성의 반응은 거의 발견되지 않지만, 육아종의 중앙부에는 호산성의 괴사조직과 균사체가 들어있다.

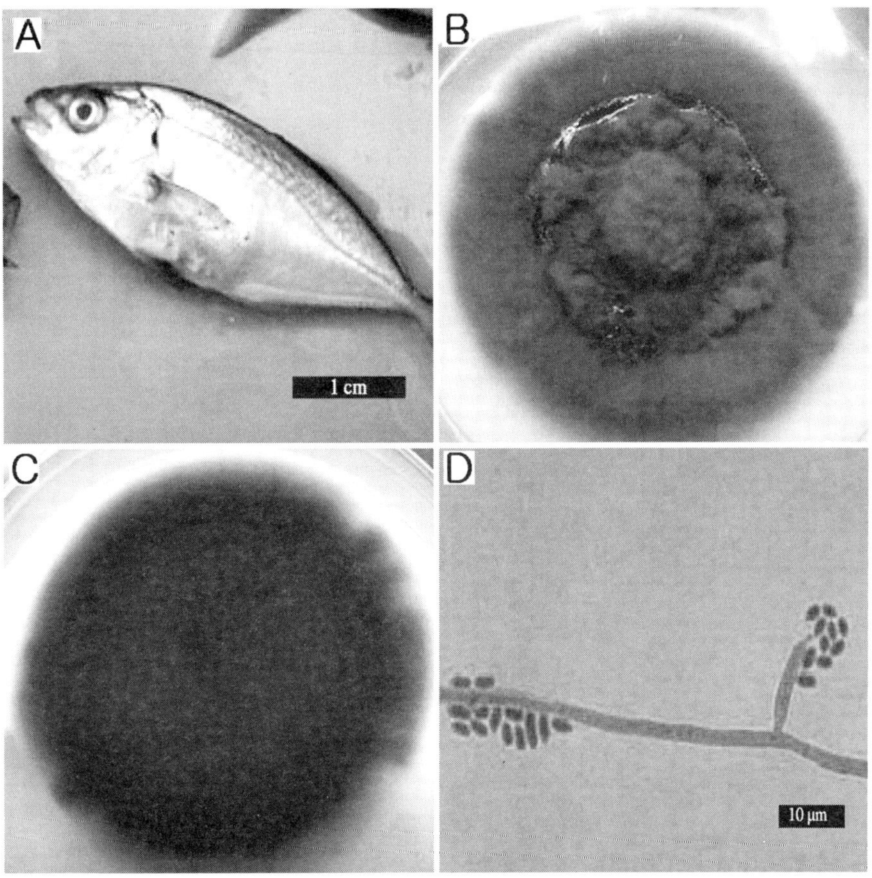

그림 4-36 **A:** 복부의 팽만. **B-C:** PDA 25 ° C 4주간 배양 집락. **C:** 배양기간이 길어짐에 따라 초기의 습윤에서 wooly-velvet로 변하면서 갈색색조를 띔. **C:** 집락의 뒷면 흑색임. **D:** PDA-slide culture. Lactophenol cotton blue.

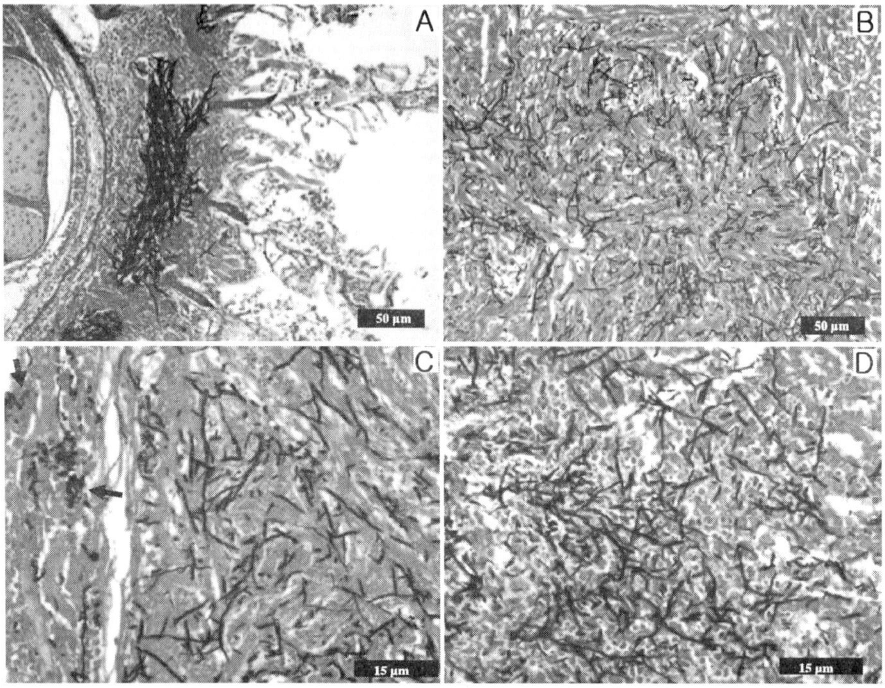

그림 4-37 **A:** 새궁의 균사체 집합체와 새변으로 침투하고 있는 균사체. **B:** 심장의 균사체. **C:** 심장 조직 내의 분생자(화살표). **D:** 신장의 균사체와 조직의 괴사 및 염증세포의 침윤. Grocotts-HE.

(6) 능성어(대왕바리, *Epinephelus lanceolatus*)의 *Exophiala xenobiotica*

병어는 부력의 이상과 복부가 팽만되어 있는데, 복부의 팽만은 복강 내의 가스의 축적에 의한 것으로 추정된다.

해부해 보면 부레의 관공 내에 건조한 상태의 부스러지기 쉬운 흑색의 결절(2 × 4 cm)가 완전히 채우고 있다.

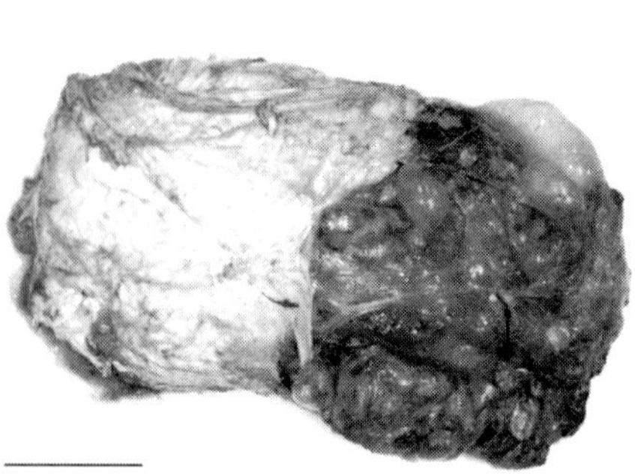

그림 4-38 **대왕바리의 부레.** 내부는 건조한 형태의 흑색 결절(2×4 cm)로 충만되어 있지만 실제 조직학적으로는 결합 조직내에 형성된 육아종이다.

병리조직학적으로 부레 벽과 관공의 결합조직에는 소수의 림프구와 마크로파아지를 동반한 많은 불규칙한 융합된 육아종이 채워져 있다. 육아종은 많은 중앙부는 층상의 과립상의 흑화된 비세포성의 붕괴물이 흑화된 상태로 중앙부를 차지하고 주변부를 엷은 유상피세포와 섬유소가 싸고 있다. 곰팡이 균사체 때문에 소수의 원형 또는 선상의 빈공간이 형성된 것이 붕괴물에서 볼 수가 있다.

균사체는 격벽이 있으며, 세포벽은 2~5 μm, 분지되어 있으며, PAS에 양성반응을 나타낸다. 균사체의 일부분에 종대된 부분이 존재하는데 이것은 epllipsoidal conidiggenous cell 라 생각된다. 부레는 이러한 육아종 때문에 가스선이 변형된다.

비장, 심외막, 위와 소화관의 점막하조직에도 소형의 육아종이 발견되기도 한다. 그러나 비장에서는 곰팡이의 균사체는 드물게 발견되지만 다른 조직에서는 전혀 발견되지 않는다.

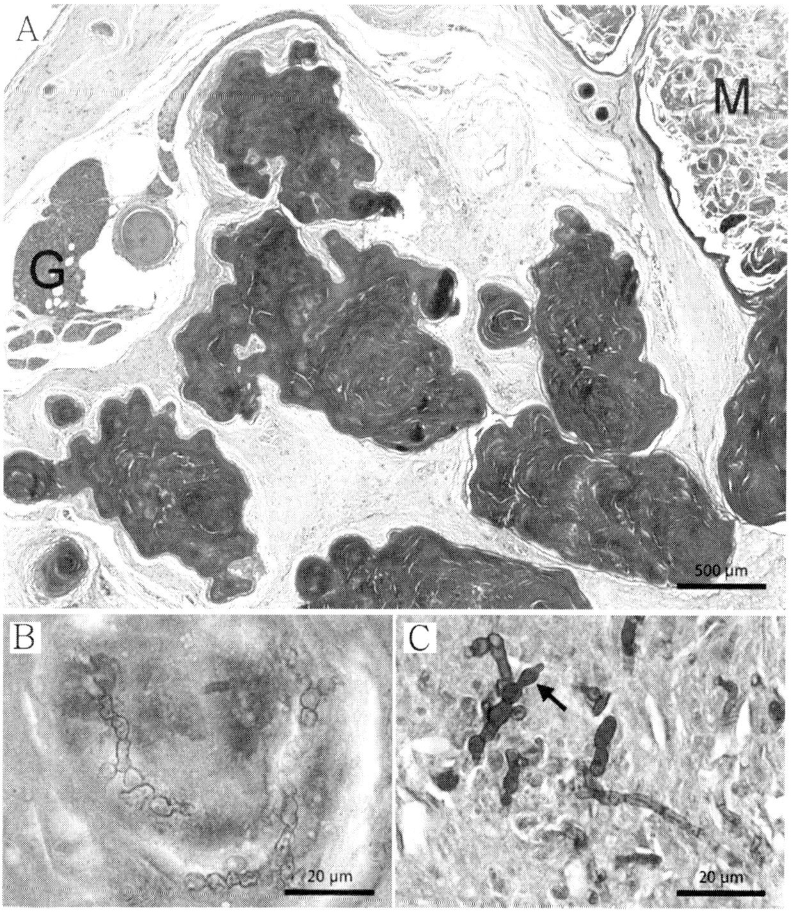

그림 4-39 **A:** 부레 내의 불규칙한 모양으로 융합되어 있는 육아종은 중심부에 흑화된 부스러기가 존재하며 주변에 가스 선이 존재. 육아종 내에 melanization(M)이 공통한 특징. **B:** 층상화된 세포 잔해내에 엷은 색을 띄는 균사체는 식별이 매우 곤란. **C:** 균사체의 격벽 및 ellipsoidal conidiogenous cell. HE(**A**, **B**) 및 PAS(**C**).

(7) 대서양가자미 (*Hippoglossus hippoglossus*)의 *Exophiala angulospora*

사상성의 흑색 효모인 *Exophiala*는 조건성병원체로 온혈동물 또는 냉혈동물의 표피 또는 전신적 진균감염증의 원인균으로 작용한다. 특히 피부가 젖어 있는 동물은 사상성의 흑색 효모에 감수성이 높은데, 그 이유는 흑색 효모가 alkylbenzene을 동화하며 균사체와 분생자내에 melanin을 축적하는 능력이 있기 때문에 이것이 병원인자로 작용한다고 알려져 있다

발병 대서양가자미는 안구 백탁 및 소화관내에 digesta가 발견되며, cerebellum과 tegumentum을 포함하는 중뇌 부분에 melanin의 축적에 의한 흑색화가 일어나 있다. 신장과 비장의 종대 및 방광내에는 부드러운 광물성의 물질로 채워져 있다.

신장을 무균적으로 채취하여 Sabouraud agar에 접종하여 실온(22°C)에 배양하며 계대배양은 Saboraoud agar 또는 potato dextrose agar에 접종하여 22°C에 배양한다.

분자생물학적으로는 DNA를 추출한 다음 ITS rRNA gene의 증폭을 위해 ITS-1 (5′-TCC GTA GGT GAA CCT GCG G-3′)와 ITS-4 (5′-TCC TCC GCT TAT TGA TAT GC-3′) primer를 사용하여 96°C 3분간 initial denaturation시킨 다음 35사이클(96°C 45sec; 54.5°C 45sec; 72°C 1min)증폭시킨 다음 72°C에 10분간 최종 배양한 다음 전기영동한다.

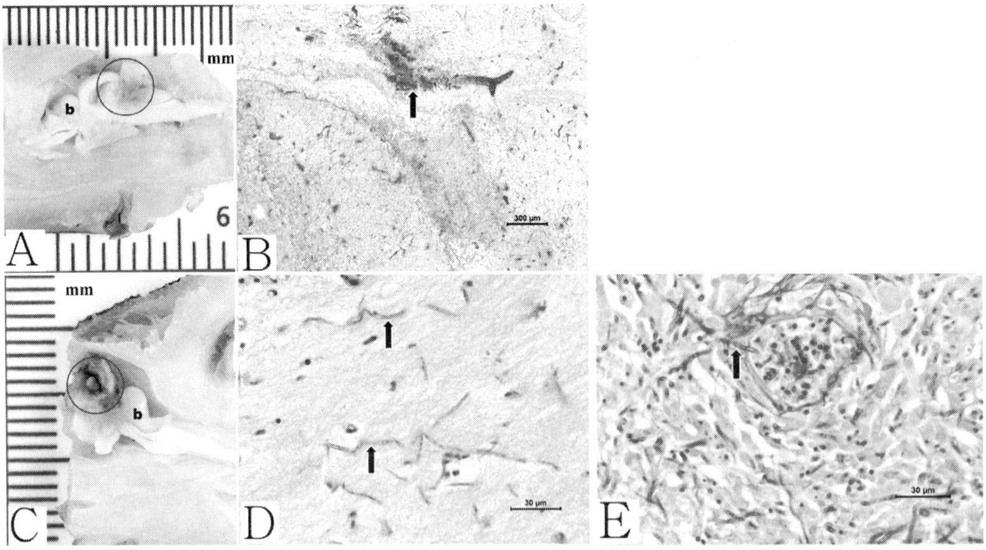

그림 4-40 **A, C:** 포르말린 고정한 뇌의 감염된 neuropile의 melanization. **B:** 혈관 주변의 출혈(화살표)을 동반한 neuropile의 염증. **D:** Neuropile내의 곰팡이의 균사(화살표). **E:** 감염 neuropile내의 균사체의 PAS 염색.

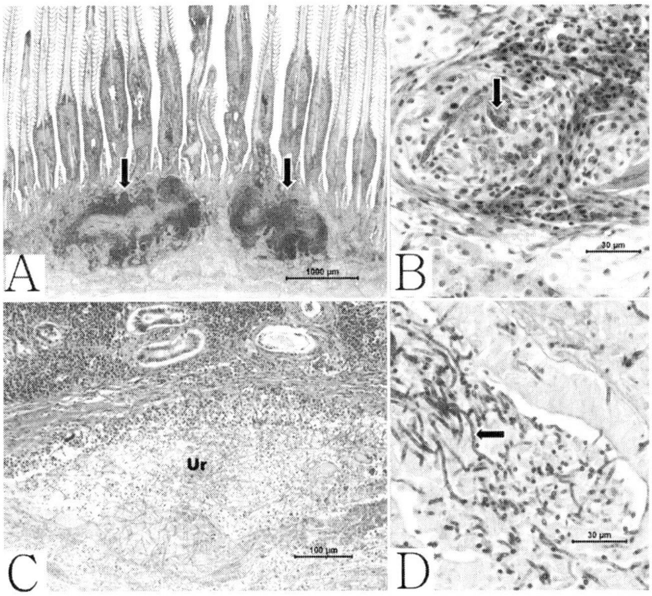

그림 4-41 **A:** 아가미의 육아종성 및 출혈성의 branchitis. **B:** 아가미의 melanized 환부내의 곰팡이 균사체(화살표). **C:** 두신의 괴사성의 육아종성 신염과 후신염. Urinal duct(Ur) 내의 광물, calculi 및 균사체. **D:** Urinary duct내의 균사체의 PAS 염색.

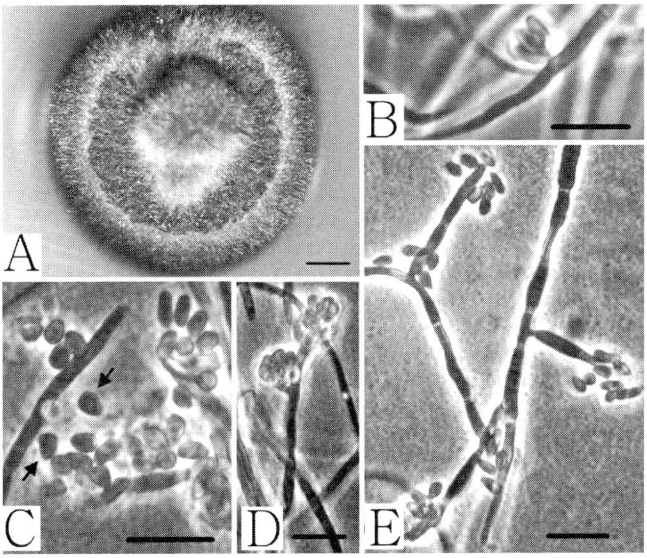

그림 4-42 **A:** Potato dextrose agar에 22°C 14일 배양한 집락. **B-E:** 분생자의 형성. intercalary(**B**), branched(**D**) 및 unbranched flask-shaped or cylindrical conidiogenous cells(**E**). **C:** 분생자는 단세포이며, 모양이 다양하여 난원형 또는 신장된 형태. Bar=1 mm(**A**), 10 mm(**B-E**).

병리조직학적으로 신장과 비장에서는 격벽이 있는 갈색의 균사체가 발견된다. 뇌는 국소적으로 곰팡이의 집합체가 형성되며, 조직구의 침윤이 일어나기도 하며 forebrain에 곰팡이의 집합체가 형성되어 괴사나 육아종성의 침윤이 생긴다. 뇌의 변화는 특히 수막혈관계에 현저하게 나타난다. 아가미는 괴사, 육아종성의 침윤 및 새궁에 출혈이 생기는데 이러한 환부에는 곰팡이의 균사체가 발견된다.

[참고문헌]

Andreou, D., Gozlan, R. E., Stone, D., Martin, P., Bateman, K., and Feist, S. W.(2011): *Sphaerothecum destruens* pathology in cyprinids. Dis. Aquat. Org., 95: 145-151.

Annis, S. L., Dastoor, F. P., Ziel, H., Daszak, P., and Longcore, J. E. (2004): A DNA-based assay identifies *Batrachochytrium dendrobatidis* in amphibians. J Wildl Dis., 40: 420–428.

Arkush, K. D., Mendoza, L., Adkison, M. A., and Hedrick, R. P.(2003): Observations on the life stage of *Sphaerothecum destruens* n. g., n. sp., a mesomycetozoean fish pathogen formally referred to as the rosette agent. J. Eukaryot. Microbiol., 50: 430-438.

Atkins, S. D., Clark, I. M., Pande, S., Hirsch, P. R., and Kerry, B. D.(2005): The useof real-time PCR and species-specific primers for the identification and monitering of *Paecilomyces lilacinus*. FEMS Microbiol. Ecol., 51: 257-264.

Berger, L., Speare, R., and Kent, A.(2000): Diagnosis of chytridiomycosis in amphibians by histologic examination. Zoos'Print Journal, 15: 184-190.

Bowater, R. O., Thomas, A., Shivas, R. G., and Humphrey, J. D. (2003): Deuteromycotic fungiinfecting barramundi cod, *Cromileptes altivelis* (Valenciennes), from Australia. J. Fish Dis., 26: 681-686.

Briggs, C. and Burgin, S.(2003): A rapid techniques to detect Chytrid infection in adult frogs. Herpetological Review, 34: 124-126.

Camus, A., Berliner, A., Hyatt, M., Hatcher, N., and Clauss, T. (2015): *Exophiala xenobiotica* aerocystitis in a Queensland grouper *Epinephelus lanceolatus* (Bloch). J. Fish Dis., 38: 221-225.

Hamilton, P. T., Richardson, J. M., and Anholt, B. R.(2012): Daphnia in tadpole mesocosms: trophic links and interactions with *Batrachochytrium dendrobatidis*. Freshwater Biol., 57: 676-683.

Iwen, P., Sigler, L., Noel, R. K., and Freifeld, A. G.(2007): *Mucro circinelloides* was identified by molecular methods as a cause of primary cutaneous zygomycosis. J. Clin. Micriobiol., 45: 636-640.

Ke, X., Wang, J., Li, M., Gu, Z., and Gong, X.(2010): First report of *Mucor circinelloides* occurring on yellow catfish (*Pelteobagrus flulvidraco*) from China. FEMS Microbiol. Lett., 302: 144-150.

Ke, X., Wang, J., Li, M., Gu, Z., and Gong, X. (2010): First report of *Mucor circinelloides* occurring on yellow catfish (*Pelteobagrus flulvidraco*) from China. FEMS Microbiol. Lett., 302: 144-150.

Langenmayer, M.C., Lewisch, E., Gotesman, M., Hoedt, W., Schneider, M., El-Matbouli, M., and Hermanns, W. (2014): Cutaneous infection with *Dermocystidium salmonis* in cardinal tetra, *Paracheirodon axelrodi* (Schultz, 1956). J. Fish Dis., doi:10.1111/jfd.12281

Li, X. L., Zhang, C.-L., Fang, W.-H., and Lin, F.-C.(2008): White-spot disease of Chinese soft-shelled turtles (*Trionyx sinens*) caused by *Paecilomyces lilacinus*. J. Zhejiang Univ. Sci. B., 9: 578-581.

Miura., M., Hatai, K., Tojo, M., Wada., S., Kobayashi, S., and Ozaki, T.(2010): Visceral mycosisin ayu *Plecoglossus altivelis* larvae caused by *Pythium flevoense*. Fish Pathol., 45: 24-30.

Munchan, C., Kurata, O., Hatai, K., Hashiba, N., Nakaoka, N., and Kawakami, H.(2006): Massmortality of young striped jack *Pseudocaranx dentex* caused by *Ochroconis humicola*. Fish Pathol., 41: 179-182.

Munchan, C., Kurata, O., Wada, S., Hatai, K., Nakaoka, N., and Kawakami, H.(2009):Histopathology of striped jack *Pseudocaranx dentes* experimentally infected with *Ochroconishumicola*. Fish Pathol., 44: 128-132.

Munchan, C., Kurata, O., Wada, S., Hatai, K., Sano, A., Kamel, K., and Nakaoka, N. *Exophiala xenobiotica* infection in cultured striped jack, *Pseudocaranx dentex* (Bloch & Schneider), in Japan. J. Fish Dis., 32: 893-900.

Oidtamann, B., Steinbauer, P., Geiger, S., and Hoffmann, R. W. (2008): Experimental infection and detection of *Aphanomyces invadans* in European catfish, rainbow trout and European eel. Dis. Aquat. Org., 82: 195-207.

Overy, D.P., Groman, D., Giles, J., Duffy, S., Rommens, M., and Johnson, G. (2015): *Exophiala angulospora* causes systemic mycosis in Atlantic halibut: a case report. J. Aquat. Anim. Health, 27: 12-19.

Rahimian, H. (1998): Pathology and morphology of *Ichthyophonus hoferi* in naturally infected fishes off the Swedish west coast. Dis. Aquat. Org., 34: 109-123.

Sarmiento-Ramires, J. M., Abella, E., Matin, M. P., Telleria, M. T., Lopez-Jurado, L. F., Macro, A., and Dieguez-Uribeondo, J.(2010): *Fusarium solani* is responsible for mass mortalities in nests of loggerhead sea turtle, *Caretta caretta*, in Boavista, Cape verde. FEMS Microbiol., 312: 192-200.

Thomas, G., Rand, Bunkley-Williams, L., and Williams, E. H.(2000): A hyphomycetefungus, *Paecilomyces lilacinus*, associated with wasting disease in two species of Tilapia from PuertoRico, J. Aquat. Anim. Health, 12: 149-156.

Wada, S., Hanjavanit, C., Kurata, O., and Hatai, K.(2005): *Ochroconis humicola* infection in red sea bream *Pagrus major* and marbled rockfish *Sebastiscus marmonratus* cultured in Japan. Fish. Sci., 71: 682-684.

Wada, S., Nakamura, K., and Hatai, K.(1995): First case of *Ochroconis humicola* infection in marine cultured fish in Japan. Fish Pathol., 30: 125-126.

5 영양성 질병

1. 차넬메기의 측선 퇴색증(lateral line depigmentation)

측선 부위와 감구공(neuromast pit)가 있는 cephalic canal을 따라 퇴색되는 것이 특징으로 주로 열악한 환경에서 사육되고 있는 관상어에 발생되던 질병이었지만, 최근 차넬메기에도 발생하고 있다.

차넬메기에서는 주로 영양성 결핍으로 장기간 절식시킨 개체에서 발생하는데, 이러한 증상이 생기는 근본 원인은 상피와 결합조직의 접합부에 존재하는 흑색색소포의 숫자가 감소하기 때문이다. 측선 부위에 있는 감구(neuromast)에 퇴색이 일어나 측선을 따라 확대되어, 아가미 뚜껑에서 꼬리지느러미까지 확대되어 간다. 증상이 가벼운 개체는 감구의 pit를 식별할 수 있지만, 심한 증상을 나타내는 개체는 원형의 퇴색 부분이 연속적인 선상으로 형성된다. 또한 꼬리지느러미 기부에 수직 방향으로 있는 감구를 덮고 있는 피부도 퇴색된다. 두부에도 퇴색이 생기지만, 이 부분이 두부에 존재하는 감구인지는 분명하지 않다.

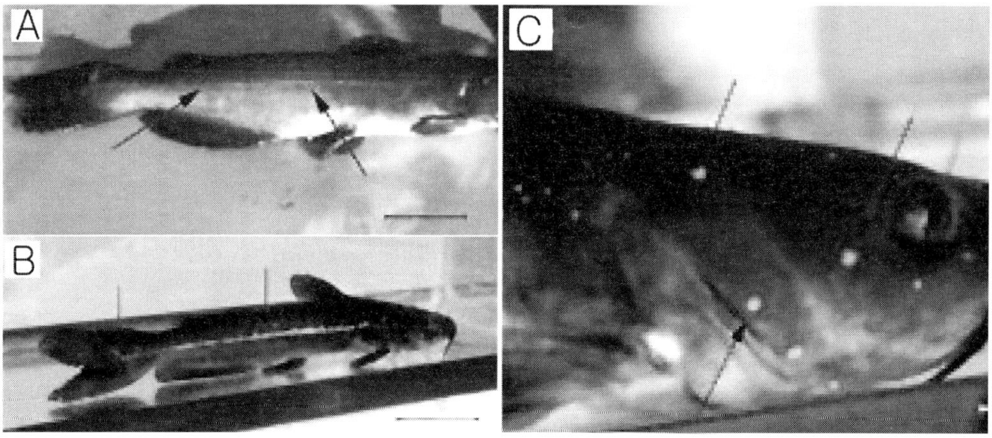

그림 5-1 **A:** 체측의 측선을 따라 일어난 퇴색. **B:** 중증어, 측선(화살표)와 미병부(화살표 머리)의 퇴색. **C:** 두부에 위치한 감구공(neuromast pit)위의 피부의 퇴색. Bar=6.5 cm(**A**), 6 cm(**B**) 및 5 cm(**C**).

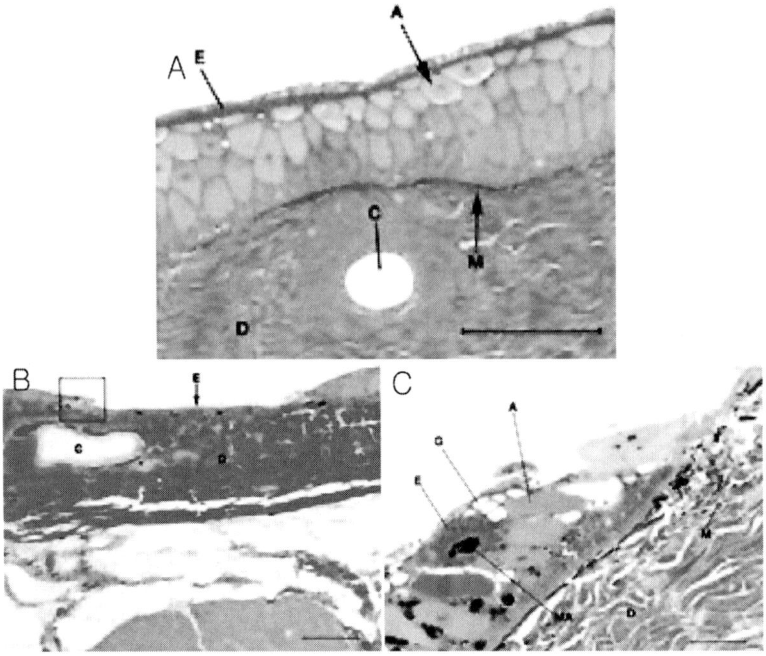

그림 5-2 **A:** 정상어의 피부와 진피의 경계면에 위치한 흑색색소포(M). **B:** 발병어의 측선위의 피부. **C:** **B**의 확대도. 상피가 엷어지고 표피내에 집합체를 형성한 흑색색소포. A=alarm cell, M=흑색색소포, G=goblet cell, D=dermis, E=epidermis, C=lateral line canal. HE. Bar=250 μm.

병리조직학적으로는 감구공(neuromast pit)에 인접한 상피세포의 소실이 일어난다. 상피세포의 두께는 매우 엷어져 대부분이 단지 1층으로 덮여 있는 경우도 있다. 건강 개체에서는 피하 결합조직에 흑색색소포가 상피와 접하는 부위에 1개의 편평한 층을 이루고 있지만 발병 개체는 결합조직이 느슨해지며, 상피와 접합 부위에서 숫자가 감소되고 대신에 상피내에 원형의 집합체를 형성하고 있다.

2. 고지방사료에 의한 부세(*Pseudosciaena crocea*)의 지방간

어류 양식에 있어 고지방 사료는 성장을 촉진시키고, 단백질을 절약하며, 대사성 질소의 배출량을 줄이기 때문에 널리 사용되고 있다. 그러나 고지방사료는 어류에 지방의 축적을 초래하여 지방간을 유발함으로서 어류의 건강에 영향을 미쳐 수확량이 줄어들기도 한다. 사람도 과도한 지방을 섭취하면 비알콜성지방간(non-alcoholic fatty liver disease)이 유발되게 된다. 부세는 지방의 종류에 따라 지방축적이 민감한 어류로서 다른 어류에 비해 과도하게 지방을 축적하는 경향이 있는 어류이다.

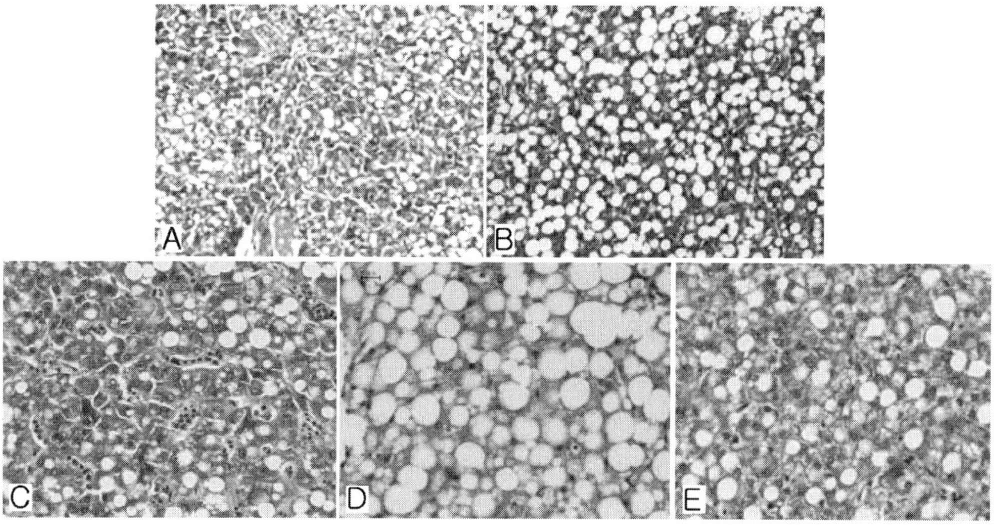

그림 5-3 **A:** 정상 함량(13.3%)의 지방 투여 간장. 정상의 간세포는 대형의 핵과 세포질에 소량의 지방이 축적. **B:** 과잉함량 지방(27.7%) 투여 간장. 세포질속에 다양한 크기의 지방 공포가 형성되어 간세포가 종대. **C:** fish oil을 첨가사료 투여어의 정상의 간장. **D:** soybean oil첨가 투여 간장의 지방간. **E:** beef tallow투여 간장. 지방이 축적되지만 간세포는 정상.

사료에 정상의 지방함량(건중량 13.3%)와 과잉의 지방함량(건중량 27.7%)첨가하여 9주간 사육하였을 때 성장, 사료계수 등에는 차이가 없지만 고지방사료를 먹인 개체의 간중량지수가 현저히 증가한다. 근육의 지방 양, 간장의 단백질 양에는 차이가 없지만 간장의 지방함량은 고지방사료를 투여한 어류에서 현저히 증가한다.

조직학적으로는 정상의 지방을 투여한 사료에서는 간장에 지방이 축적이 없는 정상의 조직인 반면 고지방사료를 투여한 간장은 간세포에 다양한 크기의 지질 공포가 형성되어 간세포가 종대되는 지방증(steatosis)의 부분이 형성된다.

3. 잉어의 셀레늄 결핍증

10 g 전후의 잉어를 수온 20~24°C에서 사료 Kg당 셀레늄이 각각 0 mg, 0.15 mg, 0.3 mg, 0.45 mg 함유한 사료로 30주간 사육한 결과로서 0.3 mg 이하의 첨가사료에서는 결핍증상으로 등 여윔 증상이 나타났지만 0.45 mg 첨가사료에는 증상이 나타나지 않았다. 또한 결핍어의 사망률은 각각 26.7%, 16.7%, 6.7%로 첨가량이 적을수록 폐사율이 높게 나타났지만 0.45 mg 첨가사료에서는 폐사가 없다.

0.3 mg 이하의 첨가 사료를 투여하여도 처음 15주까지는 결핍증상이 분명하지 않지만, 그 후부터 0 mg 첨가사료에서 먹이 섭취가 불량해지며, 20주까지 야위어간다. 25주부터는 더욱 야위어져 근육의 두께가 정상의 1/2~1/4로 감소되어 등여윔 증상이 뚜렷해진다. 등여윔 증상이 나타난 어류는 2주 이내에 폐사된다. 25주까지 살아남은 개체는 척추가 변형되어 꼬리가 위로 올라가는 변형이 생긴다.

결핍어는 아가미에 점액이 과잉으로 분비되며 울혈을 일으키고, 척추 주변의 적색근은 퇴색되어 색깔로서 백색근과 구분이 곤란할 정도로 퇴색된다. 복강에는 투명한 복수가 약간 축적되며, 간장은 표면에 백색의 괴사소가 산재하며 쉽게 부스러진다. 담낭은 담즙이 축적되어 종대되며, 신장은 울혈을 일으켜 종대되며, 신장의 표면에 출혈이 관찰된다. 그 외 비장의 종대와 울혈, 심장의 종대가 관찰된다.

병리조직학적으로는 골격근, 심장, 간췌장 및 비장에 변화가 생기지만 특히 근육과 심장의 변화가 현저하다. 조직학적 변화의 정도는 셀레늄의 첨가량과 밀접한 관계가 있으며, 양이 적을수록 변화가 심하며, 또한 발현시기도 빠르다.

골격근은 근섬유가 감소되며, 근섬유 다발의 간격이 넓어지면서 단구와 림프구가 침윤한다. 간장은 간세포의 종대, 공포변성 및 간세포 간질 간격이 넓어지는 것이 무첨가사료에서 20주부터 발견된다. 23주부터는 간세포의 붕괴와 괴사가 생기며 정상적인 간장의 구조가 붕괴된다. 중심정맥은 확장되며, 염증세포의 침윤을 동반한 울혈이 생긴다. 간췌장세포의 변성, 괴사 및 융해와 간췌장 관공내에 단백질 모양의 물질이 축적된다. 0.15~0.3 mg 첨가사료에서는 25주부터 이러한 변화가 나타난다.

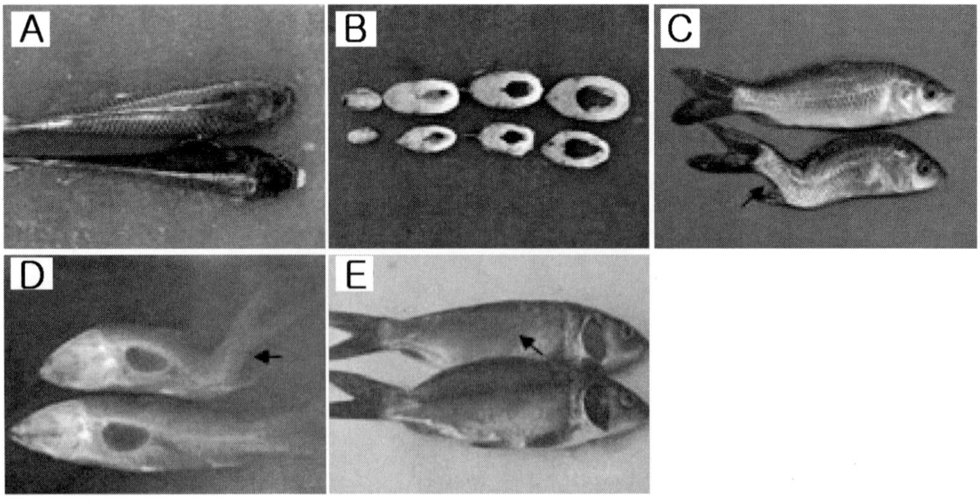

그림 5-4 **A:** 근육의 위축에 의한 등여윔증상의 병어(아래)와 정상어(위). **B:** 결핍어의 등여윔(아래)와 정상어(위). **C:** 척추의 골절(아래)와 정상어(위). **D:** 척추의 골절(위)와 정상어(아래). **E:** 적색근의 퇴색(위, 화살표)와 정상어의 적색근(아래).

심장은 무첨가사료에서 20주 후부터 심근과 심근 사이의 간격이 넓어지며, 섬유세포가 위축되어 엷어지며 섬유세포에 공포변성이 생긴다. 0.15~0.3 mg 첨가사료에서는 각각 25주와 27주 후에 이러한 변화가 생긴다.

무첨가사료를 급이한 경우 20주째부터 비장의 유동이 확장되고 울혈을 일으킨다. 백수의 림프구는 감소하고 대신에 마크로파아지의 숫자가 증가된다. 병이 진행됨에 따라 비장에는 헤모시드린이 축적이 현저해진다. 마크로파아지의 숫자가 증가하면서 멜라노마크로파아지센터가 형성된다.

신장은 세뇨관 상피세포가 박리되며 신장의 간질은 염증세포가 침윤하며, 마크로파아지의 숫자가 증가하면서 멜라노마크로파아지센터가 형성된다.

뇌는 무첨가사료를 투여한 어류에서 12주부터 mening이 종대되며, 두터워지며, 혈관 주변에는 부종이 생긴다, 신경세포는 종대되어 변성되며, colloid cell은 증생된다.

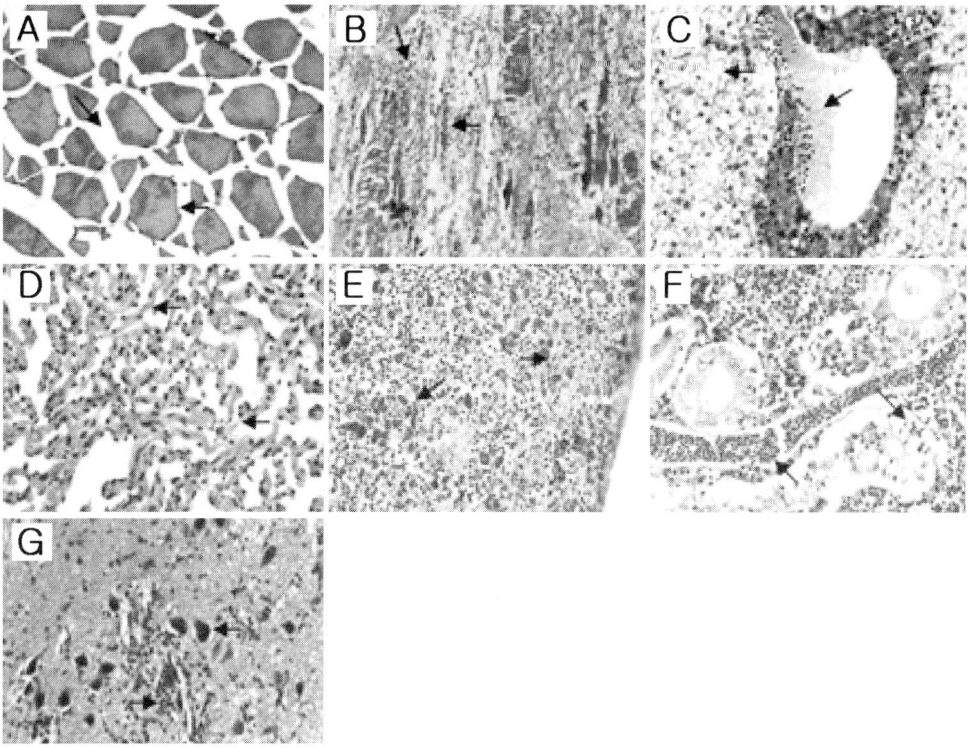

그림 5-5 **A**: 적색근의 불균일한 염색(←). 근섬유 다발간의 간격이 넓어지고 부종상(→). **B:** 염증세포의 침윤을 동반한 백색근의 위축, 변성 및 괴사(←). **C:** 간세포의 변성, 괴사 및 융해(←). 췌장세포의 변성과 괴사, 췌관내에 단백질 모양의 물질의 축적(↓). **D:** 심근섬유의 위축과 엷어짐(←). **E:** 비장의 마크로파아지센터의 색소의 증가. **F:** 세뇨관 상피세포의 변성, 괴사 및 융해(↓) 및 간질 내의 염증세포의 침윤(↑). **G:** 뇌의 신경세포의 종대와 변성(←) 및 colloid cell의 증생(→). HE. Bar=400 μm.

장의 점막상피의 변성, 괴사 및 박리가 일어나며 점막고유층에는 많은 수의 단구와 림프구가 침윤한다.

4. 메기의 melamine 혼합사료 투여

피부의 흑색색소포가 증가하고 반대로 club cell은 감소하며, 상피세포의 증생과 club cell의 비대(세포질이 풍부한 다핵세포)된다. melamine만을 첨가한 경우에도 흑색색소포가 증가한다.

신장은 종대되어 노란색을 띄며, 황갈색의 바늘과 같은 구조물이 발견되며, 상피세포에 초자적 변성이 생긴다. 간에는 담관의 증식과 육아종이 형성된다. 아가미는 상피세포의 증생이 생기며, 연골은 퇴행성 변화를 나타나며, 모세혈관도 종대되 충혈이 일어난다. 비장도 울혈을 나타내며 특히 적수가 확장되며, 백수 내에 melamine의 결정구조물이 있는 육아종이 형성된다.

심방과 심실의 심근과 심외막에 결정상 구조물의 육아종, 그리고 동맥구 주변에도 육아종이 형성된다.

Melamine과 cyanuric acid의 첨가는 포유류와 마찬가지로 신장 결석과 결정상의 구조물이 형성된다. 메기에서의 melamine과 cyanuric acid의 반감기는 1~4일이며, 신장의 결적은 단 한 번의 투여에도 수 주간 존재하게 된다. 메기에서의 결정상의 구조물은 신장뿐만 아니라 간장, 심장, 비장, 스타니우스소체 등에 형성되어 육아종성 반응을 나타내게 된다.

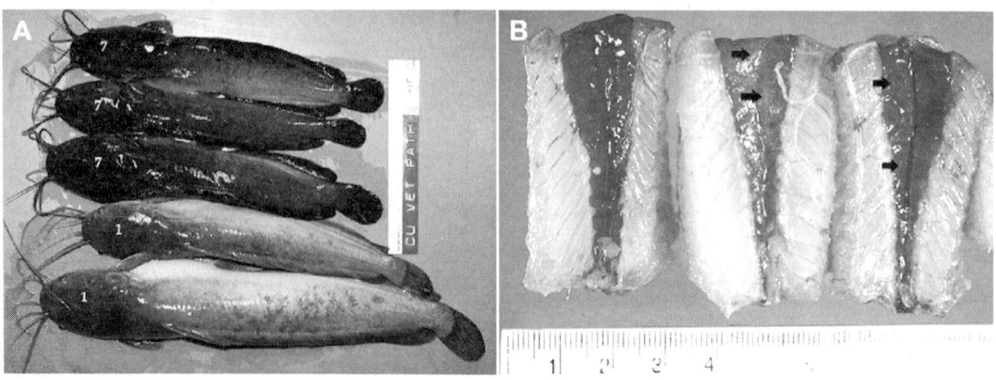

그림 5-6 **A:** 체색의 흑화와 점액 분비량의 증가. **B:** 신장에 소형의 백색 반점이 산재(화살표)하는 투여 메기와 정상어(좌).

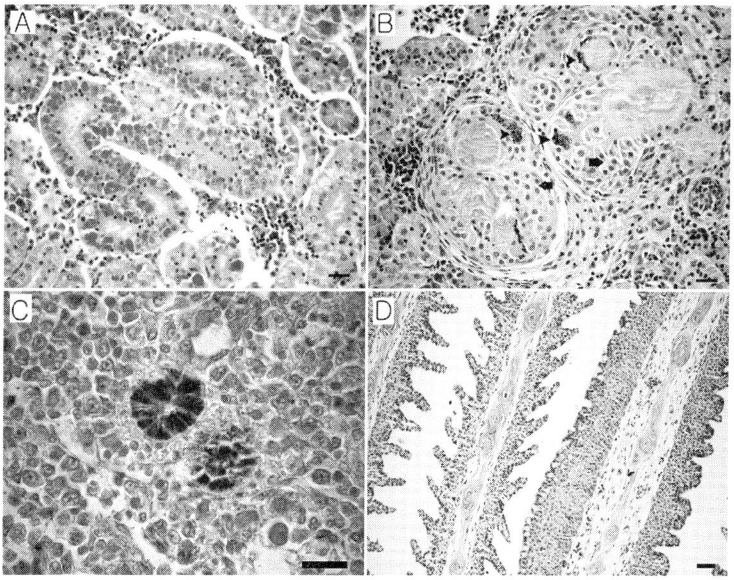

그림 5-7 **A:** 세뇨관 상피의 초자적 변성. **B:** 변성 또는 괴사성 세뇨관 관공내의 결정상의 구조물의 출현에 의한 육아종의 형성. 많은 유상피세포(화살표 머리)와 거대세포(화살표)가 melamine함유 결정상 구조물을 피포. **C:** 결정상의 구조물은 oil red O양성임으로 플라스틱 또는 지질 유래임을 의미. **D:** 상피세포의 증생과 점액세포의 증식. **A**, **B** & **D:** HE. Bar=25 μm.

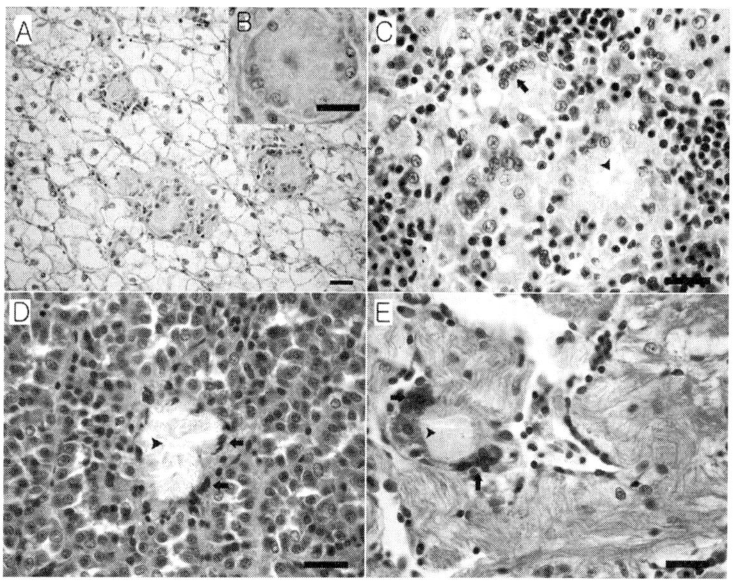

그림 5-8 **A** & **B**: 간장의 마크로파아지와 거대세포가 멜라닌 결정체를 둘러싸고 있는 육아종과 테두리 부분의 섬유화. 이러한 환부는 주로 담즙 주변에 형성됨. **C**: 여러 개의 대핵 거대세포(화살표)와 결정상의 구조물(화살표 머리)에 의한 비장 적수의 확대. **D**: 스타니우스소체내의 멜라민 결정(화살표 머리)함유 다핵거대세포(화살표). **E**: 심근내의 결정(화살표 머리)과 다핵거대세포(화살표). HE. Bar=25 μm.

5. 무지개 송어의 심근 글리코겐 저장병

인공종묘생산한 다음 먹이 길들이기를 한 다음 모두 암컷으로 만들기 위해 17-α-methyltestosterone을 먹이 kg당 3 mg을 첨가하여 75일간 투여한다. 투여 60일 후가 되면 체중 14 g 정도 되는데, 이때부터 이상 행동을 하면서 폐사가 일어나기 시작한다. 투여하기 시작한 날 부터 100일 경에는 폐사율이 40%에 달하면서 안구돌출, 복부 팽만 체표에 점상의 출혈이 생긴다. 심실은 둥글게 변하고, 심방은 호르몬 처리와 무관하게 모두 확장되며, 처리구의 동맥구는 엷어진다. 또한 심방과 심실에 1~2 mm의 불규칙한 반점이 형성된다.

조직학적으로는 심방의 벽이 엷어지며, trabeculae가 엷어져서 바깥으로 밀려나서 1개의 커다란 공간이 형성된다. 심근의 세포질은 공포화되어 스펀지 모양으로 되며, 공포 내에는 PAS 양성의 물질이 들어있다.

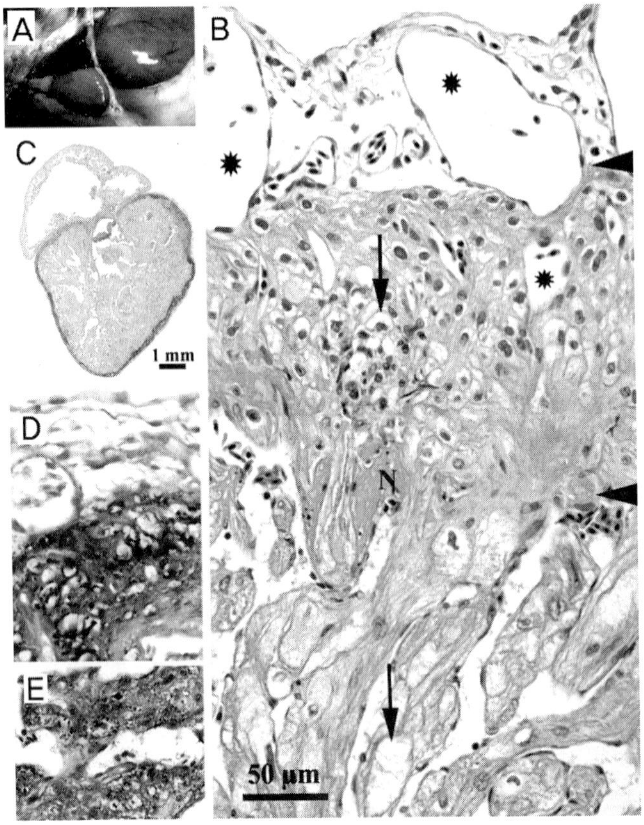

그림 5-9 **A:** 동맥구의 비대, 심실의 원형화 및 심방의 종대. 울혈에 의한 심장의 퇴색. **B:** 심실의 심외막과 치밀층의 불규칙의 혈관벽이 얇아진 혈관(*). 치밀층과 스펀지층의 현저한 괴사(N) 및 심근세포의 공포화(화살표). 화살표 머리는 치밀층의 내외의 경계. **C:** 매우 엷어진 치밀층의 PAS양성. **D-E:** 심근 치밀층(**C**)와 스펀지층(**D**)의 심근세포 세포질의 PAS 양성물질의 상세도.

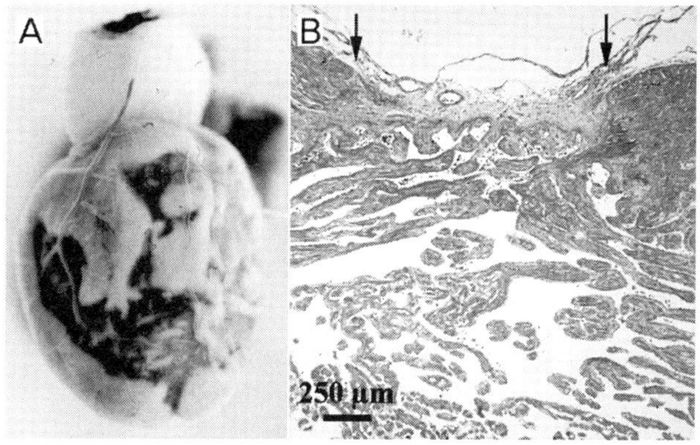

그림 5-10 **해수에서 1.5년 사육한 무지개 송어. A:** 심방 치밀층의 분명한 반점과 그 아래의 스펀지층의 노출(검은색). **B: A**의 심실의 벽. 화살표와 그 아래의 스펀지층 사이에는 치밀층이 소실되어 없고 1개의 엷은 심외막에 덮여 있다.

심실의 치밀층의 두께는 같은 심장이라도 차이가 현저하지만, 대부분의 치밀층이 얇아지거나 완전히 소실되어 있다. 심외막과 남아 있는 치밀층 내의 혈관은 확대되어 불규칙하며, 혈관벽은 매우 얇아져 있으며, 단구의 침윤이 생긴다. 또한 치밀층의 세동맥에는 혈전이 형성되어 있으며, 스펀지층과 치밀층의 심근세포는 공포화되어 스펀지 형상으로 된다.

스펀지층과 치밀층의 경계에는 괴사소가 형성되며, 심방에서와 마찬가지로 PAS 양성으로 염색되는 공포의 벽이 있다. 조직을 diastase로 처리하면 모두가 PAS 양성으로 된다. 적색근의 울혈과 근섬유의 공포화도 발견된다.

6. Barramundi(*Lates calcarifer*)의 비타민 E 결핍

병어는 체측부의 근육층이 엷어지면서 무기력하다. 때로는 안구 백탁이 한 쪽 또는 양쪽에 생긴다. 아가미는 빈혈로 퇴색되며, 갑각류 *Lernanthropus* sp.가 많이 부착되어 있다. 내장기관에는 이상이 없고, 위에는 먹이가 많이 들어있기 때문에 식욕에는 변화가 없음을 알 수 있다.

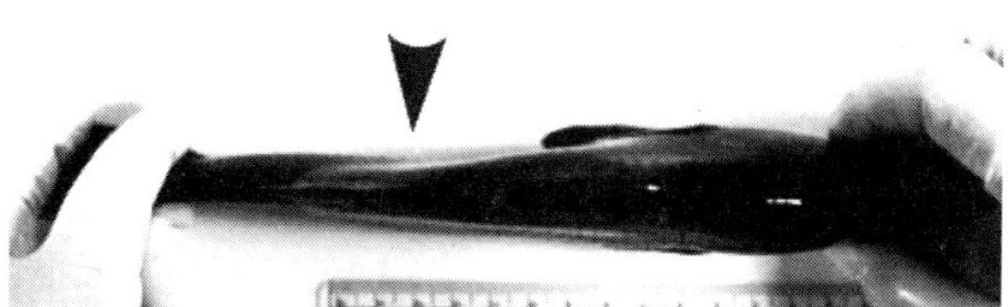

그림 5-11 **체측부가 여윈 병어.**

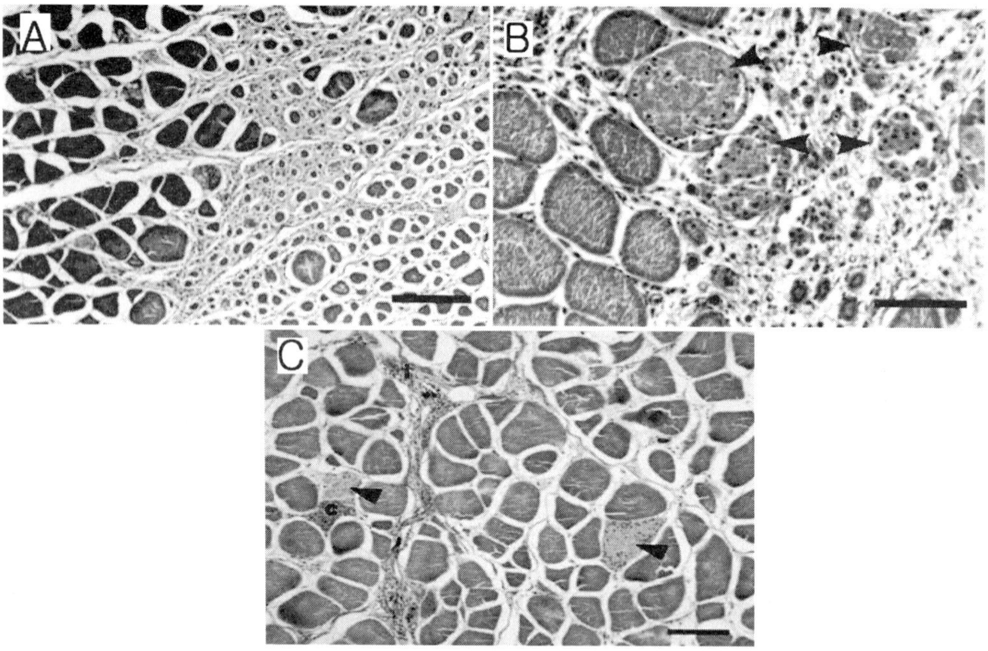

그림 5-12 **A:** 근육섬유의 위축과 간질이 섬유성 조직으로 대체. **B:** 백색근의 괴사소. 괴사 근섬유(화살표 머리)는 마크로파아지의 침윤 및 섬유성 조직으로 대체. **C:** 회복중인 체측근. 근섬유는 세로이드(c)를 가진 위축된 근섬유(화살표 머리)와 마크로파아지(i)의 침윤이 잔존. Bar=140 μm(**A**), 60 μm(**B**) 및 85 μm(**C**).

체측근에 주된 환부가 형성된다. 적색근과 백색근 모두 근섬유가 위축 괴사된다. 심한 경우에는 근섬유가 심하게 위축되고 근섬유 사이의 간질을 섬유 조직이 대체하게 된다. 백색근의 근섬유는 괴사되고, 마크로파아지가 침윤하며, 섬유조직이 출현한다. 심하게 손상당한 근육조직에는 ceroid함유 마크로파아지가 근육조직의 결합조직 내에 수적 증가한다.

신장과 비장에는 ceroid 또는 메라닌을 축적한 마크로파아지의 숫자가 증가한다. 또한 간장, 심장, 소화관 점막상피 및 지방조직에도 ceroid가 축적된다. Ceroid는 Sudan black B, Schmol법 및 PAS에 양성이지만, Ziehl-Nielsen에는 음성이다.

7. 대서양 연어의 비타민 E/selenium결핍 출혈증후군(=Hitra disease)

해수 양식 대서양 연어의 중요한 질병 중의 하나로 겨울철에 높은 사망을 나타내며, 빈혈과 출혈을 특징으로 하는 질병인 hemorrhagic syndrome 일명 Hitra disease는 동계 비브리오라 불리고 있다.

병어는 복부의 발적과 출혈 특히 지느러미 기부와 항문 부근의 발적과 출혈이 현저하다. 대부분의 내부 장기는 빈혈을 일으키며, 복강과 위심강은 단백질성의 액체로 채워져 있다. 복벽, 부레 및 내장 지방조직에 점상의 출혈이 생기며, 간장에도 항상 점상의 출혈이 생긴다. 때로 신장은 종대되어 있고, 위는 점액성의 물질로 채워져 있으며, 박리성 장염이 생긴다.

이러한 증상은 건강어 또는 자연산 어류와 차이가 있다. 건강한 양식 어류는 항문 부근에 약간의 충혈이 있고, 간장에도 퇴색이 있을 수 있으며, 자연산 어류도 간에 지방이 축적될 수 있다. 이러한 증상은 발병어의 증상과 분명히 구분될 수 있다.

병리조직학적으로 가장 뚜렷한 변화는 골격근과 심근의 변화이며, 다른 기관에서는 울혈과 부종 및 출혈이 생기기도 한다. 또한 간장의 지방 축적 및 간장의 국소적 변성이 일반적이다.

간장은 울혈과 테두리 부분에 출혈이 생기지만 세로이드의 축적은 없다. 신장은 울혈, 부종을 동반한 순환장애와 변성이 조혈조직에서 발견된다. 비장은 국소적 출혈과 세균의 집합체가 발견되며, 피하결합조직에도 충혈, 부종, 국소적 괴사 및 세균의 집합체가 발견되며, 소화관의 상피세포는 박리된다.

골격근의 변화가 가장 현저한 변화로서 근섬유 다발 사이의 간격이 넓어지며, 장액성의 물질로 채워진다. 골격근의 세포막은 완전하지만 내부는 변성이 일어난다. 가장 분명한 변화는 골격근의 종대와 층상 구조의 소실, 핵의 중심화 현상이며, 변성된 근조직에 윈반상 또는 과립상으로 변성된다. 근격막 가까이는 출혈이 보이며, 변성된 근섬유에는 세균이 집합체 또는 단체의 형태로 발견되며, 또한 근육세포의 공포화도 일반적으로 관찰된다.

심근에도 출혈과 세균의 집합체가 관찰된다, 심외막은 단구가 침윤되어 두터워져 있다.

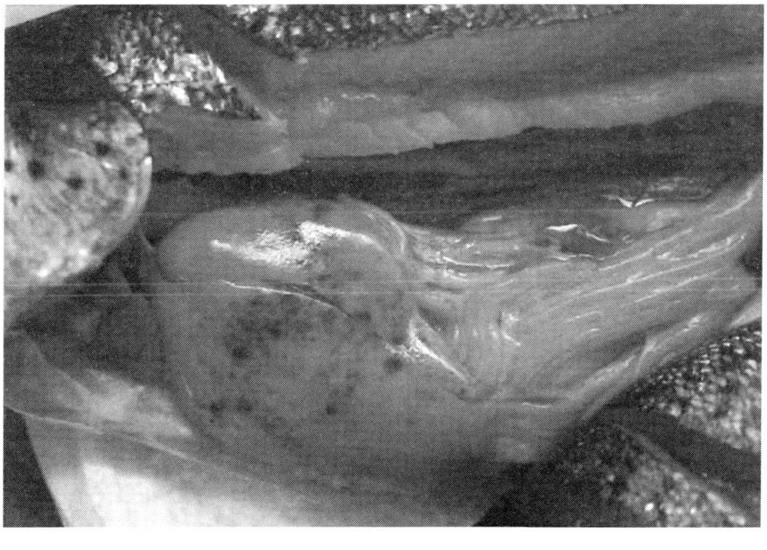

그림 5-13 간장의 퇴색과 여러 곳의 점상 출혈.

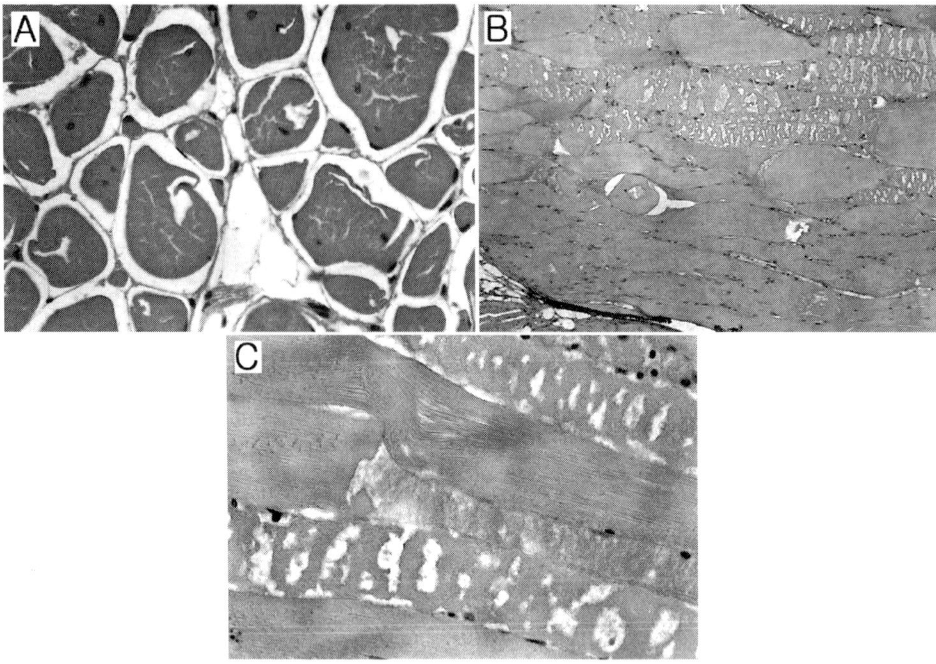

그림 5-14 **A:** 근섬유 사이의 부종과 근육세포 핵의 중심화. **B:** 심한 근육의 변성과 삼출. **C: B**의 상세도. HE.

8. 방어의 taurine결핍 녹간증

녹간증의 일반적인 원인으로는 기생충이 담관을 폐쇄함에 따라 담즙이 역류한 경우, phenyhydrazine에 의한 용혈의 증가, 저온에 의한 생리적 부적응 등을 들 수 있다. 그러나 양식 방어의 경우에는 이러한 원인 이외에 타우린 결핍사료로 사육한 경우 여위며, 녹간의 빈도가 높아 정상사료를 투여한 경우에 비해 66.3%로 사망률이 높다. 혈액학적으로는 적혈구수, 헤모글로빈의 농도 및 헤마토크리트치가 결핍 먹이의 투여일수가 경과함에 따라 감소한다. 또한 평균 적혈구용적, 평균 적혈구헤모글로빈 양 및 평균 적혈구헤모글로빈의 농도와 같은 적혈구 항수도 현저하게 감소한다. 담낭도 현저하게 증대된다.

병리조직학적으로는 비장의 현저한 헤모시드린 침착이 특징적이다. 비장의 헤모시드린의 축적은 용혈의 증가를 의미하며, 용혈의 결과 bilivrdin이 과잉으로 생산되어 녹간증을 일으켰다고 추정되고 있다. 한편 taurine첨가에 의한 참돔의 피부 뚜께의 증가와 비늘 탈락 예방 타우린을 1% 첨가함으로써 피부의 상피세포가 두터워지며, 비늘이 탈락하는 것을 예방하는 효과가 있다.

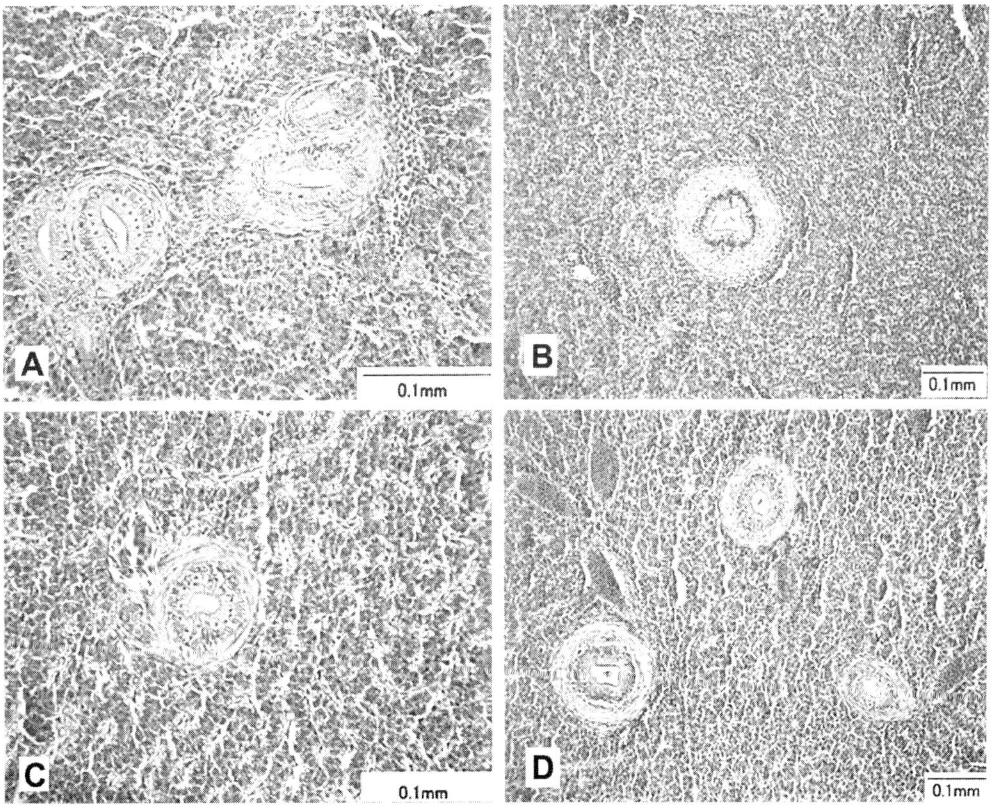

그림 5-15 타우린 결핍사료(A)를 투여한 간도 다른 사료와 마찬가지로 담관내에 기생충이나 간조직에 담즙의 저류는 없다. HE.

[참고문헌]

Bowater, R. O., and Burren, B.(2007): Lateral muscular myopathy associated with vitamin E deficiency in farmed barramundi, *Lates calcarifer* (Bloch). J. Fish Dis., 30: 117-121.

Corrales, J., Ullal, A., and Noga, E. J.(2009): Lateral line depigmentation (LLD) in channel catfish, *Ictalurus punctatus* (Rafineswque). J. Fish Dis., 32: 705-712.

Poppe, T. T., Hatein, T., Froslie, A., Koppang, N., and Norheim, G. (1986): Nutritional aspects of Haemorrhagic Syndrome ('Hitra Disease') in farmed Atlantic salmon Salmo salar. Dis. Aquat. Org., 1: 155-162.

Torud, B., Taksdai, T., Dale, O. B., Kvellestad, A., adn Poppe, T. T.(2006): Myocardial glycogen storage disease in farmed rainbow trout, *Oncorhynchus mykiss* (Walbaum). J. Fish Dis., 29: 535-540.

Wang, K. Y., Peng, C. Z., Huang, J. L., Huang, Y. D., Jin, M. C., and Geng, Y. (2013): The pathology of selenium deficiency in *Cyprinus carpio* L. J. Fish Dis., 36: 609-615.

Wang, X. X., Li, Y. J., Hou, C. L., Gao, Y. and Wang, Y. Z.(2012): Influence of different dietary lipid sources on the growth, tissue fatty acid composition, histological changes and peroxisome proliferator-activated receptor c gene expression in large yellow croaker (*Pseudosciaena crocea* R.). Aquaculture Res., 43: 281–291.

Wang, X., Li, Y., Hou, C., Gao, Y., and Wang, Y.(2013): Physiological and molecular changes in large yellow croaker (*Pseudosciaena crocea* R.) with high-fat diet-induced fatty liver disease. Aquaculture Res., doi:10.1111/are.12176

6 환경성 질병과 스트레스

1. 환경성 질병

1) 암모니아

(1) 암모니아에 대한 귀족도미(*Sparus aurata*)와 sea bass *Dicentrarchus labrax*의 피부의 변화

수온 상승, 수질의 산성화 및 수중의 중금속과 같은 스트레스 요인은 어체의 최외각 장벽인 아가미와 피부에 점액세포의 증생과 비대, 소금세포의 증식 및 피부내에 색소세포의 증가 및 세포의 괴사와 괴사를 초래한다.

암모니아에 노출된 귀족도미(gilthead sea bream)의 피부는 기저세포의 방향이 뒤틀리고, 상피세포가 공포화되거나 상피세포와 상피세포사이의 공간이 넓어지는 상피세포에 변형이 생긴다.

상피세포에 존재하는 점액세포는 PAS염색을 하면 중성과 산성의 polyglycan이 양성반응을 나타내지만, 점액성분은 중성 또는 산성으로 구분하기 위해서는 염색법을 달리하여야만 한다. 즉 카르복실기를 가진 산성 점액은 pH 2.5에서 alcian blue로 염색한 다음 neutral fast red로 대비염색하거나 황산기를 가진 산성점액은 pH 1.0, 0.5 및 2.0에서 alcian blue-neutral fast red염색한다. 중성과 산성 점액을 식별하기 위해서는 pH 2.5에서 alcian blue-PAS염색하면 중성 점액은 적색, 산성 점액(주성분은 sialic acid)은 청색으로 염색된다. Alcian blue-PAS염색할 때는 PAS염색에서 periodic acid의 농도를 0.5%로 낮추어 하는 것이 좋은 결과를 얻을 수 있다. 그럼으로 PAS에 양성으로 되지만, alcian blue에 염색되지 않기 때문에 적색으로 되는 것은 중성의 점액이라 할 수 있다.

건강한 상태에서 상피내의 점액세포는 모두가 중성점액으로 PAS에 양성, alcian blue에는 염색되지 않으며, 진피의 깊숙한 곳에 흑색색소포가 산재하고 있다. 어종에 따라서는 PAS양성-alcian blue인 중성 점액과 PAS양성-alcian blue양성인 산성 점액인 경우도 있다.

2종류의 점액을 가진 경우에는 산성 점액의 수가 많고 중성 점액은 소수인 것이 보통이다. 이러한 어종은 암모니아에 노출되면 48시간 후에 중성점액의 숫자는 증가하는 반면 산성 점액의 숫자는 감소하게 된다. 암모니아에 노출시키면 흑색색소포가 증가하면서 진피내의 흑색색소포는 표피 쪽으로 세포질을 돌출시키는 변화가 생긴다.

Alcian blue용액의 제법은 각 pH의 산성용액 100 ml에 alcian blue 1 g을 녹인 것이다. 산성용액은 10% 황산용액(pH 0.2), 0.2 M 염산액(pH 0.5), 0.1 M 염산액(pH 1.0), 3% 초산액(pH 2.5), 0.5% 초산액(pH 3.2)이다.

기본적인 염색법인 alcian blue-0.5% neutral red염색법은 탈파라핀한 표본을 함수(또는 색소를 녹인 동일 pH의 산성용액)에 담군 다음 alcian blue로 5분간 염색한다. 염색 후 증류수하거나 세척하지 않고 색소만 제거한 다음 0.5% neutral red액으로 2~3분간 염색한다. 세척한 다음 탈수 투명과정을 거쳐 봉입하면 산성 점액은 청색, 핵은 적색으로 염색된다.

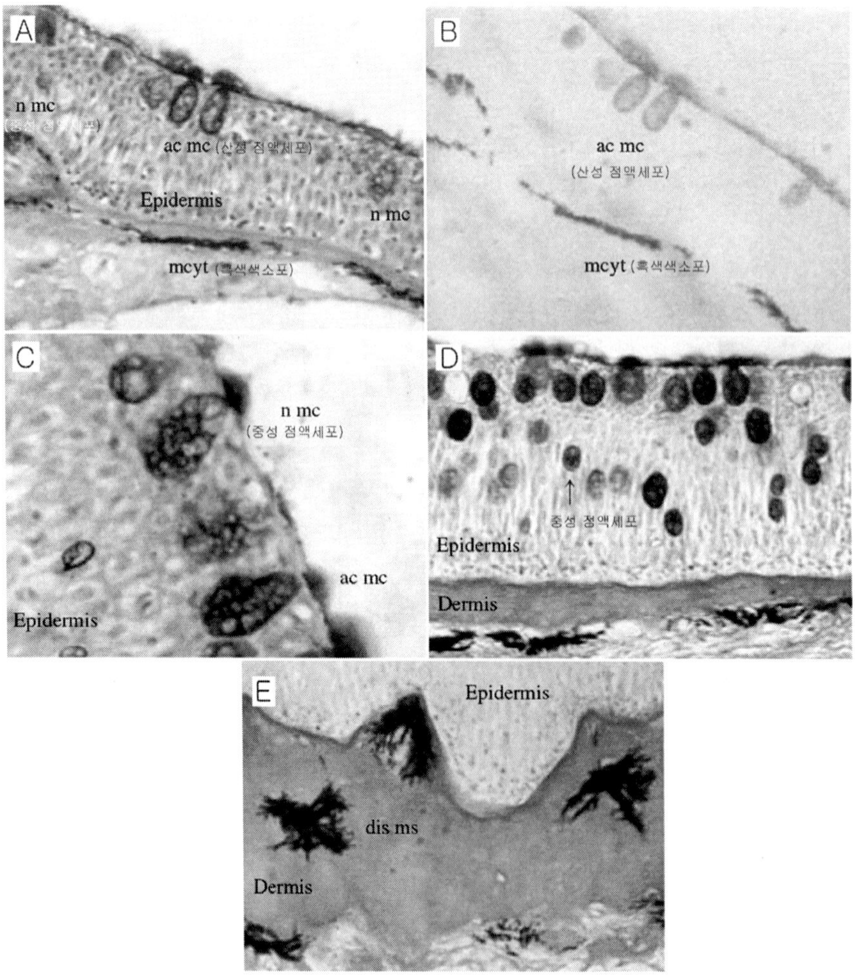

그림 6-1 **A:** 건강한 sea bass의 피부의 산성 점액세포(ac mc)와 중성 점액세포(n mc). **B:** Alcian blue(pH 2.5)만 염색하고 대비 염색으로 PAS염색하지 않은 건강한 피부에는 alcian blue 양성의 산성 점액세포만 존재. **C:** 형태적으로는 유사한 산성 및 중성 점액세포. **D:** 산성 점액세포는 수적으로 많으며 대부분이 피부의 표면 가까이에 분포하는 반면, 중성 점액세포의 수는 극소수. **E:** 흑색색소포는 진피의 깊숙한 곳에 분포하며, 세포질을 표피 쪽으로 돌출시키는 것도 있음.

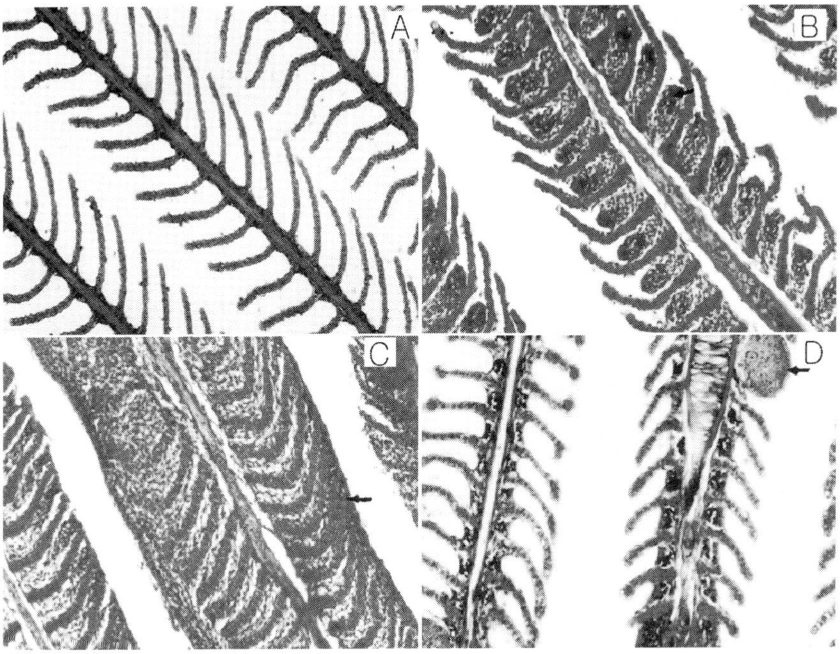

그림 6-2 암모니아 노출 틸라피아 아가미의 변화. **A:** 대조구. **B:** 암모니아(5 mg/l) 노출에서의 소금세포의 증생. 암모니아(5 mg/l) 노출에서의 새변의 유착(**C**)와 맥류의 형성(**D**). HE, x100.

중성 및 산성 점액세포의 식별에 사용되는 alcian blue-PAS염색은 alcian blue액을 3% 초산액 100 ml(pH 2.5)에 1 g 용해시킨 색소액을 사용한다. 표본을 탈파라핀 한 다음 함수시키고, alcian blue액에 5분간 염색한 다음 증류수로 세척한다. 0.5~1% periodic acid에 5분-증류수 세척-Schiff액에 15분-유수에 5~10분간 세척-Mayer's hematoxylin으로 2분간 핵 염색한 다음 acid alcohol에 3~4초간 분별한다. 증류수로 세척하고 탈수, 투명 봉입과정을 거치면 산성 점액은 청색, 중성 점액은 적색으로 염색되며, 핵은 엷은 청색으로 염색된다.

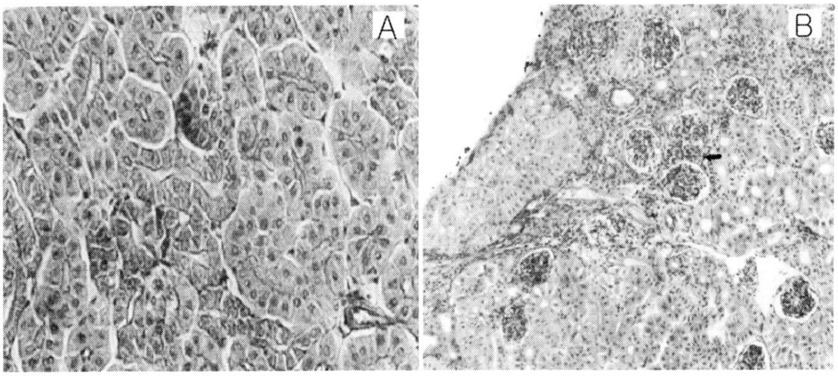

그림 6-3 암모니아(10 mg/l) 노출에서 틸라피아 신장의 사구체신염(B)와 대조구. HE, x100.

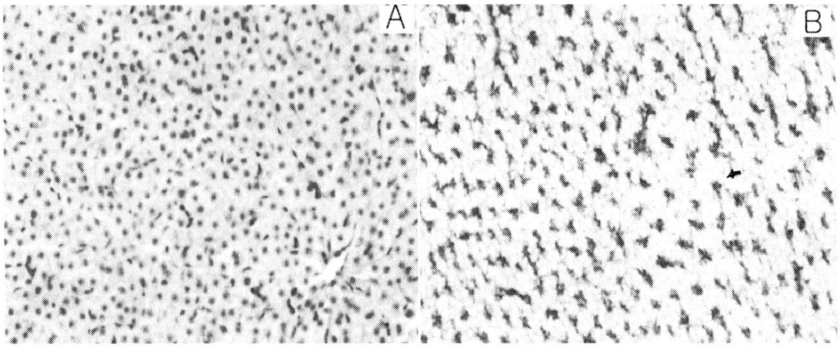

그림 6-4 암모니아(10 mg/l) 노출 틸라피아 간세포의 공포변성(**B**)과 대조구(**A**). HE, x100.

암모니아에 노출된 틸라피아는 아가미에서의 변화가 가장 현저하게 나타나며, 소금세포의 증생, 2차 새변의 유착, 맥류의 형성 등의 아가미의 변형이 생기며, 때로는 울혈이 생기기도 한다.

간에서는 공포변성과 혼탁종창이 생기며, 농도가 높을 경우에는 신장에 사구체신염과 울혈이 생긴다. 고농도에 노출시킨 경우에도 근육과 피부에는 변화가 없다.

2. 저산소에 의한 연어 치어의 척추 변형

저산소에 노출되게 되면 척색의 직경이 감소하고 또한 척색초의 두께도 줄어들게 된다. Von Kossa염색한 결과 저산소에 노출된 치어의 척색초(notochord sheath)에 칼슘 침착(mineralization)이 감소하게 된다. Von Kossa염색은 칼슘이 은으로 치환되게 됨으로 칼슘 침착의 정도를 알 수 있는 염색법으로 silver nitrate가 칼슘염과 결합하면 인산은 또는 탄산은이 생기게 되고, 그 결과 형성된 은화합물에 빛을 쪼이면 은이 환원되어 노란색 또는 흑색으로 보이게 된다.

척색의 내부에 들어 있는 공포상의 세포인 cordocytes는 척색초 바깥의 elastic sheath (제 1척색초)에 의해 눌러지기 때문에 수분을 소실하면서 팽대된 모양이 수축되게 된다.

척추를 Piscrosirius red염색한 다음 광학현미경으로 검경하면 collagen type II는 녹색으로 염색되지만, 저산소 상태의 collagen은 적색으로 염색되는 collagen type I임을 알 수 있다. 또한 척추를 염색하여 위상차 현미경으로 검경하면 척추의 길이는 정상어가 길고, 척주간의 간격은 저산소상태의 어류에서 간격이 넓다는 것을 알 수 있다.

Piscrosirius red염색은 교원섬유를 조직학적으로 염색하는 방법으로 일반 조직 표본과 마찬가지로 파라핀 절편을 대상으로 실시한다. 파라핀 표본을 탈라핀시킨 다음 함수시켜 Weigert's haematoxylin으로 8min간 핵 염색한 다음 유수에 10분간 세척하여 발색시킨다. 그 후 Piscrosirius red염색액으로 1시간 염색한다.

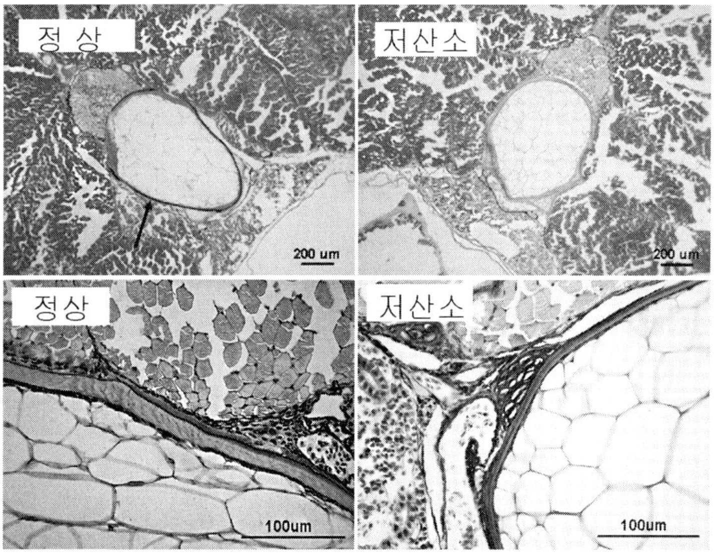

그림 6-5 저산소 상태에서의 연어 척색의 변화. 위: Von Kossa 염색. **아래:** Piscrosirius red.

염색액은 Sirius red F3B(Direct red 80) 0.5 g을 포화 피크린산수용액 500 ml에 녹인 것이다. 염색 후 여과지로 물을 흡수한 다음 무수알콜에 3회 탈수시킨 다음 봉입하여 관찰한다. 그러나 Piscrosirius red염색액 후 증류수 1,000 ml에 glacial acetic acid 5 ml를 첨가한 산성수로 두 번 교환해 주면서 세척한 다음 탈수과정으로 옮기는 것이 표본의 탈색을 방지하는데 도움이 된다. 광학현미경으로 관찰하면 교원섬유는 엷은 노란색을 배경으로 적색으로 염색된다. 핵을 염색할 필요가 없을 때는 핵 염색을 생략하고 바로 Piscrosirius red염색액으로 염색한 다음 탈수 투명과정을 거치면 된다.

3. 스트레스

1) 뱀장어(cold-water stress, cold stress syndrome)

참돔과 방어는 수온이 15~16°C에 노출되면 복수와 출혈 및 체표에 궤양이 형성되는 저온 스트레스가 발생하지만, 뱀장어도 13~15°C의 저수온에 노출되면 혈장의 Cl^- 농도가 감소하는 저온 스트레스가 발생한다.

병리조직학적으로 신장은 혈관내피괴사증의 증상인 새신염의 특징적인 증상인 세뇨관 상피세포의 초자적변성과 혼탁종창을 일으킨다. 사구체는 podocyte의 경미한 손상이 생긴다. 세뇨관 상피에 형성되는 초자적은 원형, 난원형으로 크기는 상피세포의 핵보다 작은 것에서부터 큰 것에 이르기까지 변화가 심하다. 신장의 호산성의 초자 방울은 PAS에 양성으로 주성분은 peptide이다. 세뇨관 상피세포 내에 초자 방울의 형성 때문에 상피세포의 핵은 기저부로 밀려나고 세포질에는 공포가 형성된다. 신장의 조혈조직 내에는 호산성 과립을 가진 호중구의 숫자가 증가한다.

간장에서는 중심정맥 주변의 간세포는 지방 방울을 함유하고 있는 숫자가 증가한다. 이러한 변화는 저온에 적응하기 위한 스트레스 때문에 세뇨관 상피세포의 미토콘드리아의 변화와 세포의 기능의 저하 때문에 생기는 것이다.

또한 아가미의 새변은 종대되지만 증생은 일어나지 않으며, 심장, 위, 소화관, 비장 및 피부에는 현저한 변화가 없다. 이는 혈관내피 괴사증의 아가미가 암적색을 띠면서 증생과 종창이 생기며, 모세혈관의 종창, 점액의 다량으로 분비되는 것과 차이가 난다. 이외의 때로는 복부 피부와 꼬리지느러미가 발적되는 것이 보통이다. 해부하면 간장 전체가 울혈로 암적색을 띠거나 반문상으로 암적색을 띠는 것이 있다.

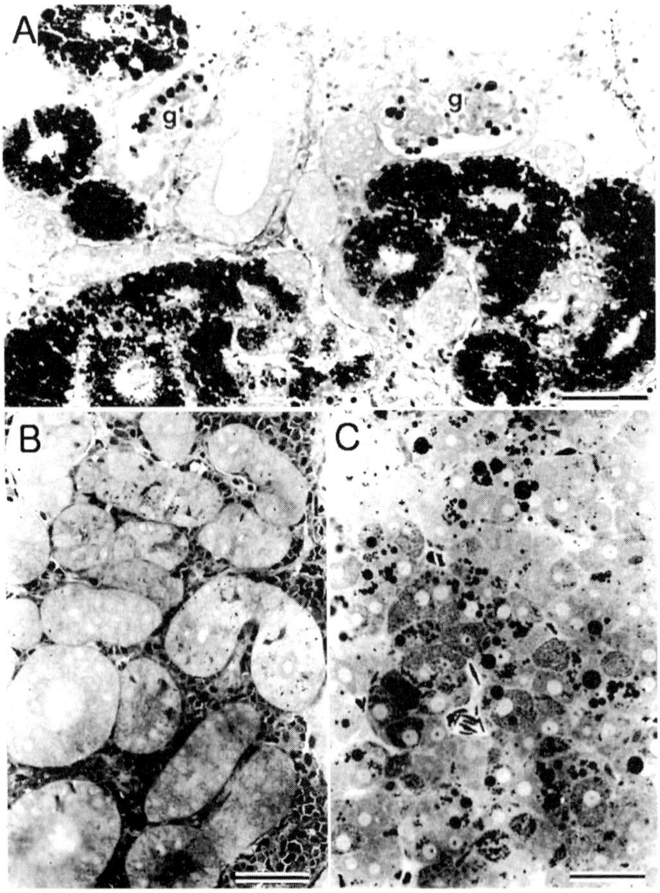

그림 6-6 **A:** 세뇨관 상피와 사구체의 초자적 변성. **B:** 세뇨관 상피세포의 혼탁종창. **C:** 간세포내의 대형 지방 방울. Bar=50 μm(**A-B**), 75 μm(**C**).

2) 방어의 저온 스트레스

수온이 12~13°C일 때 평형감각을 상실하고 이상 유영을 하며 수조 표면에서 회전 유영을 한다. 체색이 퇴색되고 복부가 팽만된다. 아가미에 점액이 과잉으로 분비되고, 체표와 아가미 뚜껑 내측, 내장 지방조직에 점상의 출혈, 복강에 혈액이 혼재된 복수, 간의 울혈, 신장의 종대 및 뇌의 발적이 생긴다.

신장의 세뇨관상피는 괴사되어 있고, 공포화 또는 위축된 상피세포가 기저막에서 박리되고 있다. 괴사된 상피세포는 소형의 초자적 변성과 혼탁종창이 생기며, 세뇨관의 관공에는 괴사된 상피세포와 호산성의 물질이 들어있다. 사구체는 위축되고, 약간의 섬유소가 침착되어 있다. 신장의 조혈조직의 세망세포는 종대된다.

심장은 심방과 심실의 심외막 및 위심강에 염증세포의 침윤과 섬유소 침착 및 부종이 관찰된다. 섬유소 침착과 부종은 동맥구 주변에서도 관찰되기도 한다. 섬유소 침착과 부종이 발생한 심외막에는 핵 농축을 일으킨 괴사세포가 들어 있지만 심근에는 뚜렷한 변화는 발견되지 않는다.

간장은 간세포의 글리코겐양이 감소하고 정맥에 울혈이 생긴다. 심한 경우에는 부종과 울혈에 의한 유동의 확장이 생기며, 확장된 유동 주변에는 핵 농축을 동반한 간세포의 괴사가 발견된다. 혈관 주변조직에는 부종과 섬유소 침착이 일어나며 간세포는 대부분 위축을 일으킨다. 아가미는 가벼운 증생이 아가미의 끝부분에서 관찰된다.

이러한 병리상은 저온병이라 불리고 있지만, 뱀장어의 저온 스트레스(15°C)의 조직학적 특징인 신장의 세뇨관 상피세포의 혼탁종창과 초자적 변성과는 유사하지만, 방어에서 발견되는 간의 변화는 뱀장어에서는 일어나지 않는다.

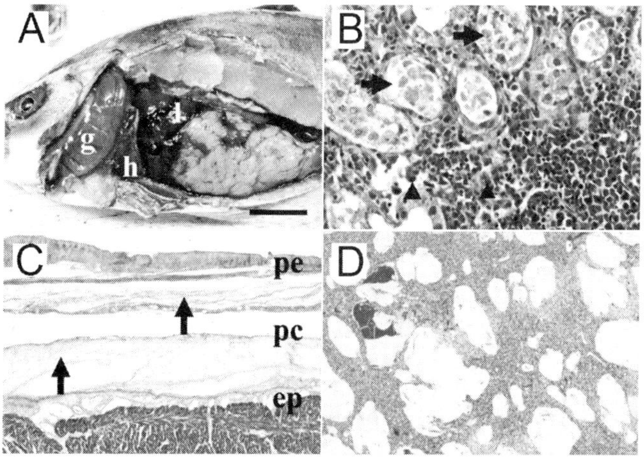

그림 6-7 **A:** 아가미 퇴색, 심장의 백태 및 울혈을 나타내는 병어. **B:** 신장. 세뇨관 상피는 괴사(↑)되고 조혈조직 내에는 종대된 세망세포 출현(▲). **C:** 심장. 심외막과 위심강에 현저한 섬유소 침착(↑). **D:** 간장. 간실질세포의 공포 변성. **D**는 Azan 그 외는 HE.

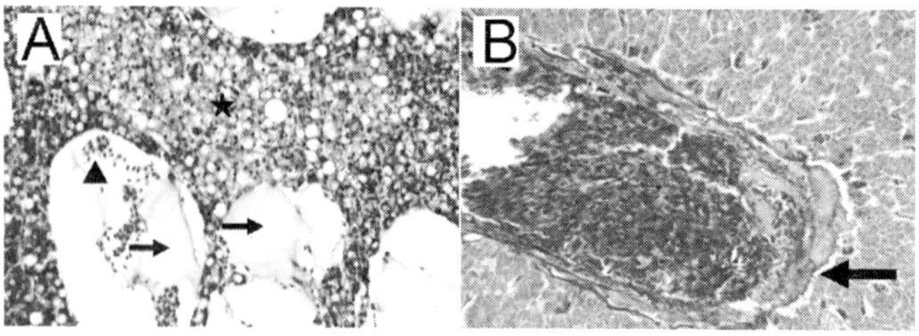

그림 6-8 **A:** 간장. 확장된 유동내의 적혈구와 호산성 물질과 종대된 유동 주변의괴사소(★). HE. **B:** 간 정맥의 울혈 및 간내 혈관주변 조직에 부종과 섬유소 침착(↑). Azan.

3) 틸라피아의 두부 구멍병(hole in the head)

두부와 측선의 부식을 특징으로 하는 질병으로 틸라피아에 빈발하는 질병으로 원인으로서는 편모충의 감염, Ca, P, 비타민 C와 D의 결핍에 의한 영양성 원인으로 제기되고 있지만, 최근의 연구에서는 과밀수용, 수질 불량 및 영양불량에서 오는 스트레스에 의한 질병으로 밝혀졌다.

코 주변과 두부의 lateral line canal의 개구부의 부식된 피부는 눈 뒤에 형성된 환부의 표피와 비슷한 변화를 보이고 있다. 즉 호산성과립구와 백혈구의 침윤에 의해 상피의 조직 구조가 붕괴되고 점액세포의 수가 증가하여 상피가 스펀지 모양으로 두터워진다. 일부의 피부에서는 진피내로 표피가 침투하여 있는데 이 부분에서는 상피세포가 엷어져 있다.

환부에서의 변화는 다양하여 궤양 환부가 측선 부위에 까지 확대되어 canal과 상피의 연결부가 노출되어 감구(neuromast)가 관찰되는 경우도 있다. 이러한 경우에는 호산성 과립구와 림프구의 침윤이 현저하고 점액세포는 증생 또는 화생을 일으키고 있다.

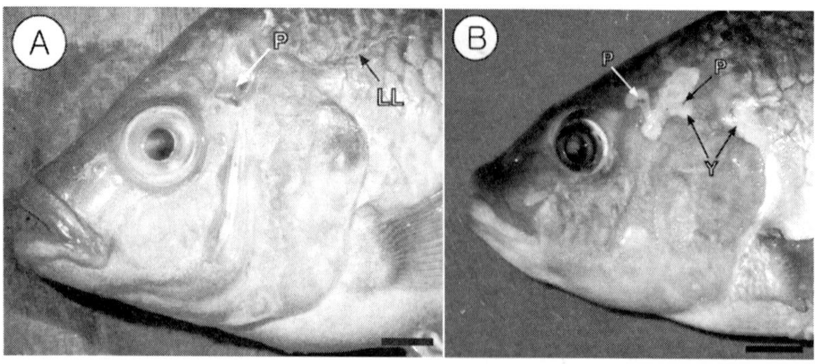

그림 6-9 **A:** 눈의 뒤에 있는 몸통을 따라 뻗어 있는 측선(LL)의 앞부분의 개구부(P). **B:** 눈의 뒷부분과 측선의 앞부분에 분화구 모양의 대형 환부의 청백색 삼출물. 환부의 주변부에는 노란색의 반점(Y)이 형성되며, 두부 lateral line canal의 개구부(P)는 눈의 뒤쪽의 환부로 개구되어 있다. Bar=400 mm(**A**)와 500 mm(**B**).

편평 상피로 덮여 있는 환부도 발견되는데 이러한 곳에서는 진피의 울혈과 부종이 현저하고, 세포의 침윤이 lateral line canal주변의 피하지방조직에서도 일어난다.

관상어인 discus나 angel fish에서도 비슷한 증상이 빈발하지만, 그 원인으로는 편모충류인 *Spironucleus vortens*의 기생에 의해 빈발하는 것으로 알려져 있다.

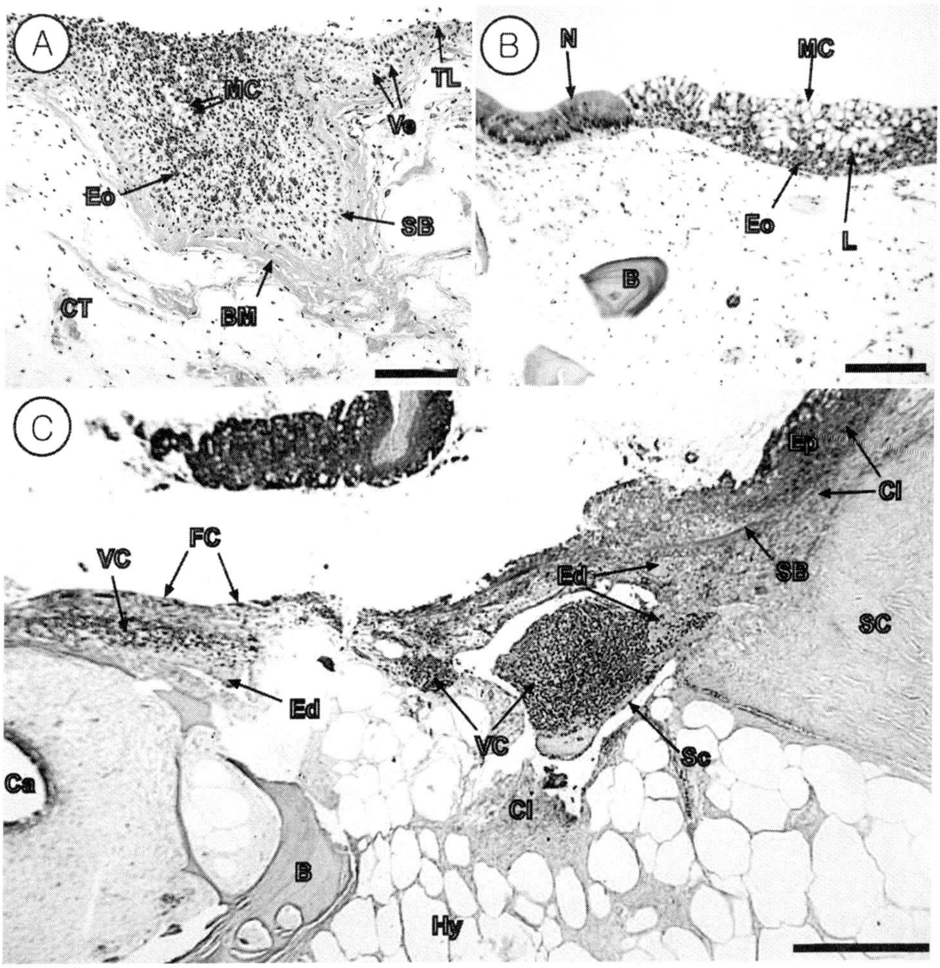

그림 6-10 **A:** 눈의 후방 표피 환부. 호산성과립구(Eo), 점액세포(MC)의 숫자의 증가, stratum basale(SB)와 기저막(BM)은 명확하지만 두터워진 상피가 스펀지층의 소성결합조직(CT)으로 침투하여 있고, 붕괴된 SB층위에 많은 공포(Ve)가 존재, 상피가 박리되어 상피(TL)이 엷어져 있는 부분에는 SB가 분명하지 않다. **B-C:** 눈 후방의 깊은 궤양부. **B:** Lateral line canal이 노출되어 감구(neuromast, N)의 노출, 호산성 과립구(Eo)와 림프구(L)의 현저한 침윤 및 점액세포의 화생(MC). lateral line canal을 쌓고 있는 dermal bone(B)는 남아 있음. **C:** 환부는 SB와 BM이 명확한 층상의 입방상피(Ep)에 쌓여 있다. 상피는 환부의 깊은 곳으로 갈수록 스펀지화됨. 중앙부 하부의 lateral line canal(Ca)는 뼈(B)에 쌓여 있다. Canal의 위에는 울혈(Vc)와 부종(Ed), 표피와 진피의 현저한 세포 침윤(CI), 환부의 표면은 편평세포(FC)로 덮여 있다. H&E. Bar=100 mm(**A** & **B**) 및 500 mm(**C**).

4. 지하수 사육에 의한 만성궤양성 피부염(chronic ulcerative dermatopathy, CUD)

1) 담수어 머레이 대구

지하수를 사용하여 순환여과식으로 사육하지만 현저하게 성장이 저하되면서 두부의 sensory canal을 덮고 있는 피부에 진행성의 궤양과 지느러미 막의 궤양이 특징적이다. 지하수로 사육한지 2~3주 후에 처음으로 발현하는데, sensory canal이 확장되면서 괴사되어 궤양화된다.

지느러미는 2달 후에 지느러미의 끝부분에 지느러미막이 부식되기 시작하여 12개월 후에는 모두 사라지고 기조만이 남게 된다. 또한 감염어를 건강어와 혼합사육하면 2개월 후에 발병된다. 또한 사육 중 발병한 어류를 강물로서 사육하면 자연 치유된다.

머레이 대구는 두부에 좌우 대칭으로 sensory canal이 있고, 좌우의 측선을 따라 체측 전체에 걸쳐 sensory latreal line canal이 있다. 구조는 불분명하지만 1개의 구멍을 통하여 바깥으로 열려 있는 방이 불연속으로 배열하고 있는 것처럼 보인다. 다른 어종에서는 2~3의 두터운 상피세포 연결되어 있고, 그 속에는 많은 점액세포와 빈 공간의 neuromast가 4~5개의 세포의 너비로 epithelial cord와 연결되어 있다.

금붕어의 lateral line canal은 각 비늘의 뒷부분에 1개의 구멍과 3~7개의 세포 너비로 연결 내막이 연속적으로 배열되어 있다.

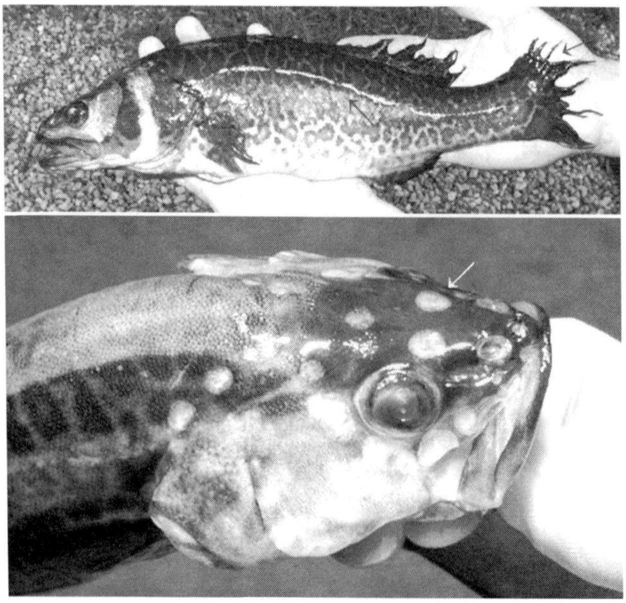

그림 6-11 CED 감염 머레이 대구. 두부의 sensory canals위의 피부와 체측 측선 부위의 부식 및 지느러미의 부식.

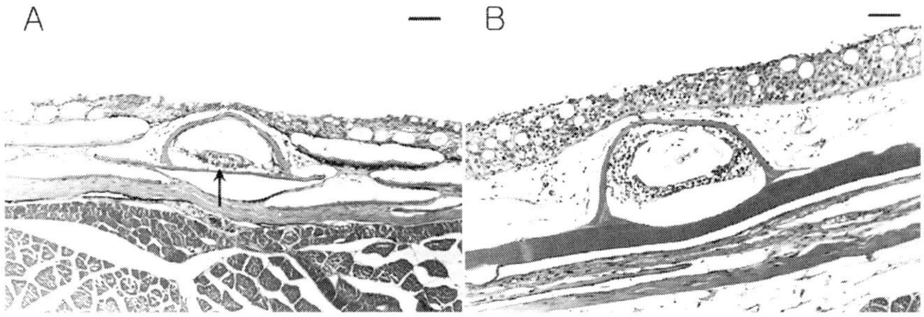

그림 6-12 **A:** 머레이 대구의 측선 canal. Neuromast(화살표). **B:** 금붕어의 측선 canal. HE, Bar=100 μm.

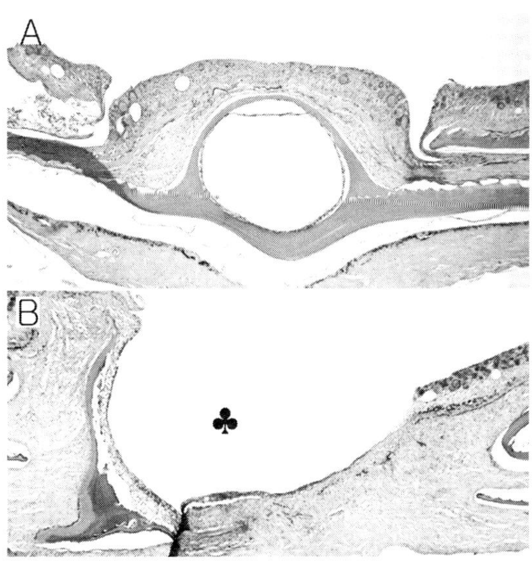

그림 6-13 **측선의 조직상. A:** 건강어. **B:** 감염어.

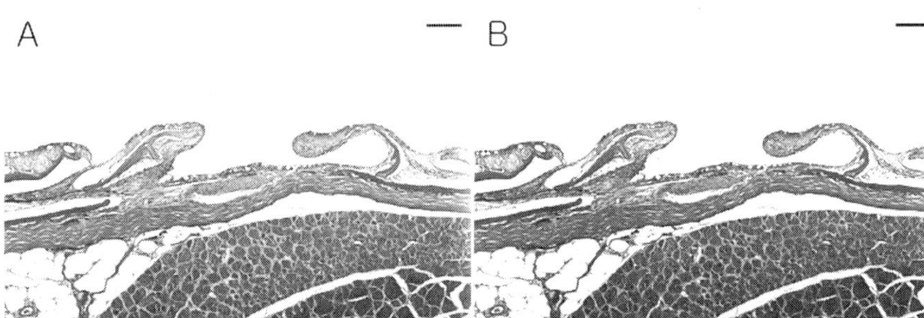

그림 6-14 **A:** 3주 후의 측선의 canal은 상피세포의 증생에 의해 관공이 매몰. **B:** 2개월 후의 측선의 canal. HE. Bar=100 μm.

머레이 대구를 지하수로 사육한지 3주후에 최초로 감염 canal의 상피세포가 현저하게 증식하기 시작하여 canal 관공을 막을 정도로 증식하게 된다. 이어서 증식한 상피에 염증세포의 침윤을 동반한 괴사가 일어난다. 이러한 변화는 canal의 위쪽 및 아래 쪽 경계부위에만 일어나고 주변조직에서는 발생하지 않는다. 지하수에 노출시킨 금붕어도 2주후에 이러한 변화가 일어나지만 괴사는 생기지 않는다는 것이 차이점이다.

원인은 지하수를 사용하는 스트레스에 오는 질병으로 지하수를 흙바닥인 곳에 72시간 저장한 후 또는 녹조류가 있는 곳을 통과시켜 사용하면 발병은 없다. 흙 처리 지하수로 사육하면 지하수 원수로 사육한 어류에 비해 혈장의 Ca^{2+}는 낮아지고 Mg^{2+}는 높아진다. 그러나 전염성이 있음에도 불구하고 그 원인은 아직 명확하게 밝혀지지 않았다.

2) 해산어 sharpsnout sea bream(*Diplodus puntazzo*)의 CUD

CUD는 만성적으로 궤양성 피부염을 유발하는 질병으로 두부와 체측 근의 측선의 sensory canal에 발병하는 질병으로 “hole-in-the-head”, “head and lateral line erosin syndrome, HLIE” 또는 ”lateral lien depigmentation (LLD)“ 등으로 불리어 왔다.

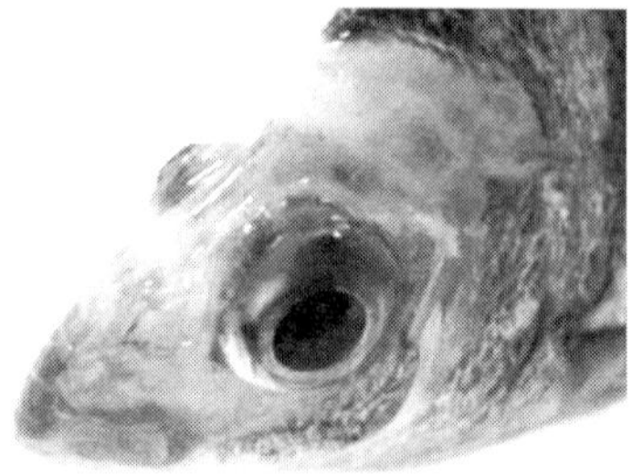

그림 6-15 지하해수 사육 8개월 후의 병어의 두부의 CUE의 전형적인 궤양 환부.

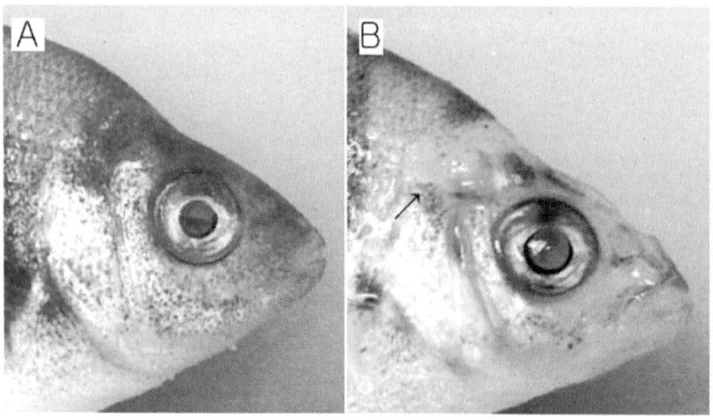

그림 6-16 자연해수(A)와 지하해수(B)로 사육한 부화 130일 후의 어류. 두부의 측선을 덮고 있는 피부의 소실을 특징으로 하는 전형적인 병어의 증상.

최근에 담수 지하수를 사용한 경우와 마찬가지로 해산어도 borehole saline water를 사육수로 사용한 경우 증상이 발생하며, 자연 해수로 바꾸면 자연 치유되는 것이 머레이 대구에서의 증상과 발생 상황이 매우 유사하다. 그러나 다른 어류로서 능성어류에는 마찬가지 증상이 발현하지만, 귀족도미나 유럽산 농어(*Dicentrarchus labrax*)는 지하 해수로 사육해도 전혀 발생하지 않는다.

인공종묘 생산하여 지하해수로 사육하면 70일째에 두부와 측선에 환부가 나타나기 시작하여 130일에는 모두 개체에 증상이 발생하여 육안적으로 식별할 수 있게 된다. 가장 심한 환부는 infraorbital, supraorbital과 head lateral line canal의 분지가 합치되는 부위인 눈의 뒷부분에서 가장 현저한 환부가 생겨, canal 상피세포가 소실되어 canal이 노출되게 된다.

정상어는 "U"자 모양의 dermal bone이 두부의 lateral canal line을 형성하며, canal의 일부에는 연골성의 막이 관공의 내부로 굽어져 있지만 연골성의 canal roof는 형성하지 않는다. 이 때문에 canal은 canal roof에 싸여 있으면서 관공의 개구부가 간헐적으로 외계와 연결되어 있다.

건강한 어류의 체측의 canal은 두부와는 달리 비늘에 의해 만들어지고, 상피조직으로 덮여 있는 mineralized roof를 가지고 있다. 그러나 발병어는 canal의 roof가 없고, 비늘의 canal wall이 넓게 벌려져 바깥쪽으로 구부러져 있기 때문에 neuromast가 외계에 노출되어 있다.

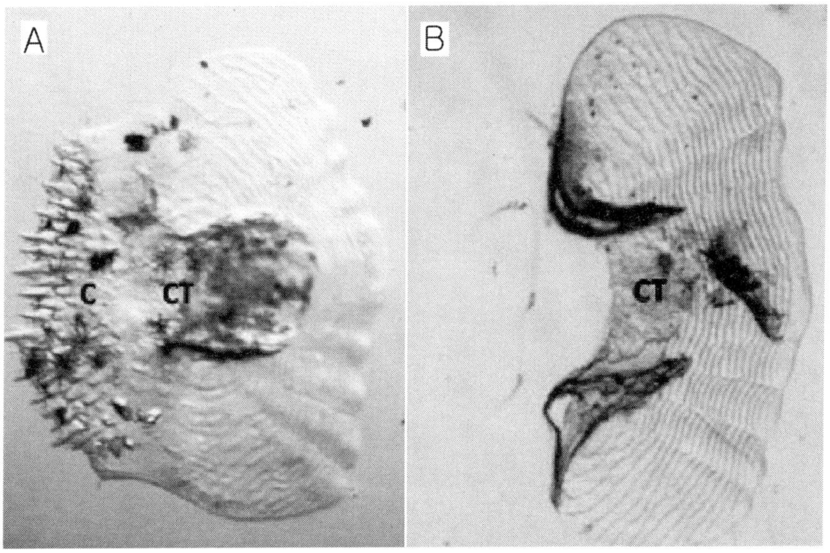

그림 6-17 자연해수(A)와 지하해수(B)로 사육한 부화 130일 후의 비늘. 지하해수 사육어는 canal tube가 붕괴되어 넓게 벌어지고, cteni가 있는 후반부는 거의 소실. CT(canal tube), C(Cteni).

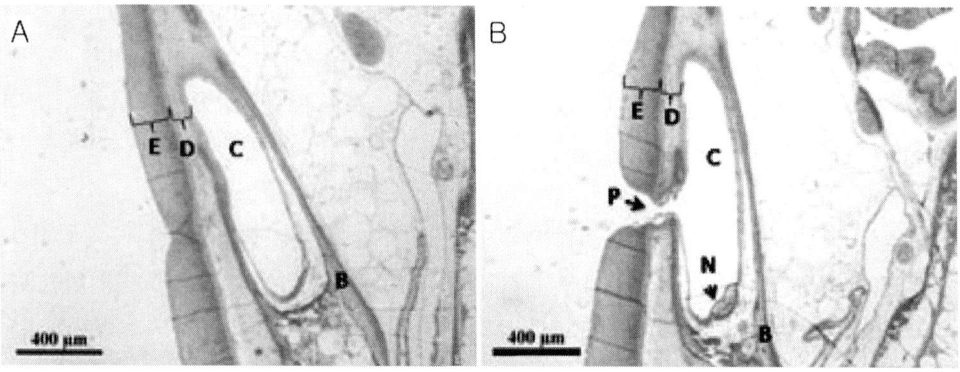

그림 6-18 **A:** 건강어의 canal roof는 두터운 상피층으로 구성되어 있고 외부로 열려 있는 구멍(P)가 존재. E(epidermis), D(dermis), C(canal), N(neuromast). B(bone).

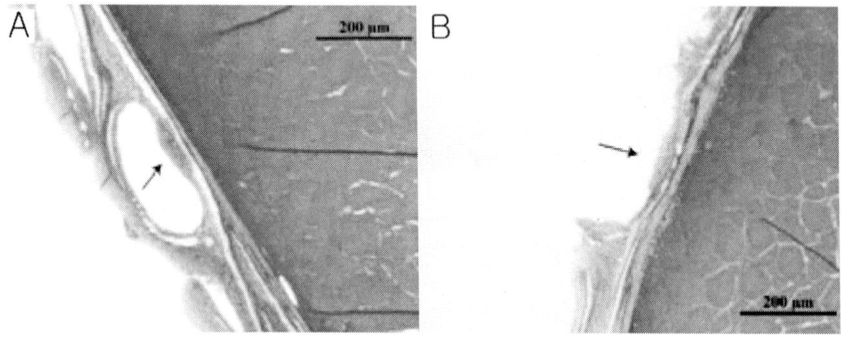

그림 6-19 **건강 개체(A)와 발병 개체(B)의 체측 lateral canal. Canal 관공 내의 neromst(화살표).** HE.

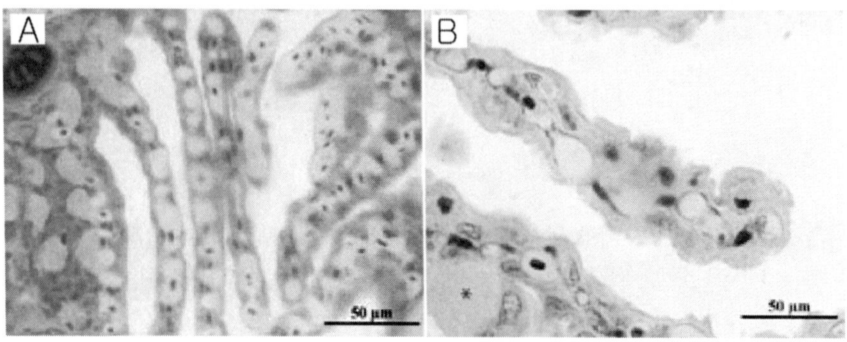

그림 6-20 **건강 개체(A)와 발병 개체(B)의 새변.** 발병 세포는 염세포(*)의 증생이 현저. HE.

감염 개체는 새변 상피세포와 염세포의 증생이 생기지만 신장, 비장, 소화관, 간장 및 눈에는 변화가 없다.

5. 금붕어의 뒤집힘병

주로 저수온기에 발병하는 경향으로 부레의 이상에 의해 어체를 똑 바로 유지할 수 없을뿐 아니라 정상적인 유영이 불가능함으로 복부를 위로 하여 수조 표면에서 헤엄치고 있다. 발병의 원인은 명확하지 않지만 병어는 부레의 과대 팽창, 위치가 바뀜, 부레내의 액체 축적, 부레의 붕괴 및 소화관의 팽창의 순으로 그 원인이 많다.

병리적으로 조사하면 부레의 육아종성 질병 또는 부레내의 액체 축적, 신장의 낭포 형성 및 기타 질병의 순으로 많다.

치료를 위해서는 식염을 첨가하는 방법도 있지만 수온을 상승시키는 방법이 가장 효과적이다. 즉 사육 수온을 1~2일 걸쳐 25°C로 상승시킨 다음 다시 15~20°C로 낮추는 과정을 반복하면 치유되는 경우가 많다.

그림 6-21 부레의 팽창에 의해 복부를 위로 한 채 수조의 표면에 떠 있는 병어.

6. 자외선 노출

자외선은 물 표면을 통하여 상당한 깊이 까지 침투한다. 어류는 과도한 자외선을 피하기 위하여 깊은 속으로 이동하게 된다. 그러나 먹이 섭취나 양식장의 낮은 수심 때문에 자외선에 노출되게 된다.

자외선에 노출된 어류의 피부에는 sunburn cell (type A와 type B)가 발견된다. Type A cell은 진하게 염색되는 초자모양의 세포질과 농축된 핵을 가진 세포로 핵의 주변부와 세포질의 테두리 부분에 부종성의 공포를 가지고 있는 세포이다. Type B cell은 1개 또는 여러 개의 과립상으로 둥그렇게 변한 핵과 산과 염기에 다양하게 염색되는 세포로서 예정세포사 과정에 있는 상피세포라는 주장도 있다.

점액세포의 증식과 sunburn cell이 출현한 다음에 표피는 괴사와 부종을 일으켜 최종적으로 박리되게 된다. UV에 노출된 어류 피부의 치유 과정은 영향을 받지 않지만 침윤하는 세포는 괴사의 정도와 조사 기간에 따라 변화가 심하여 표피는 정상적인 형태로 회복은 되지 않게 된다. 어종에 따라서 자외선 조사의 변화가 종 특이성을 띄고 흑색세포의 증생 반응과 변화가 생기는 어류가 있는 반면 피부에 culb cell을 가진 어종 예를 들면 *Xyrauchen texanus*는 상이한 조직변화를 나타내면서 자외선 조사에 저항성이 강하다. 이처럼 UV에 저항성이 강한 어류는 자외선에 노출되면 점액의 최외각층은 소실되지만 club cell이 증식되면서 비대화되면서 백혈구가 침윤되지만 부종은 발현되지 않는다.

차넬메기는 UV노출 24시간 후에 등쪽의 표피가 얇아지면서 부종이 형성되며, 피부의 외각층에는 점액세포의 수가 적어지고 club cell의 숫자가 줄어들면서 sunburn cell이 형성되고, 48시간 후에는 표피가 괴사되면서 박리된다.

과도한 햇빛에 노출된 어류는 진균성 질병이 발생하기 쉬운데 무지개송어는 UV-B 노출 후에 진균성 질병이 발생한다.

대서양 연어의 *Flavobacterium*병은 맑은 날이 장기간(달) 계속되고 수온이 21˚C이상일 때 자연 발병된다. 이 때 발병의 초기에는 병원체가 발견되지 않기 때문에 병원체가 침입하기 위한 부식이나 변성이 선행되었다고 생각되며, 또한 현장에서 *Flavobacterium*의 존재 조건하에서 발병한 경우의 증상인 안구의 환부나 등쪽의 환부가 형성되지 않는 점에서 차이가 있다.

차넬메기 치어는 UV-B 노출에 매우 민감하여 노출 24시간 후에 체색이 검어지며, 등쪽의 피부의 표피에 부종과 Type A와 Type B 세포가 출현한다. 48시간 후에는 표피의 최외각층에 국소적 괴사와 박리가 일어난다. 폐사어도 존재하지만 살아남은 개체는 등쪽의 피부에 곰팡이가 2차적으로 감염된다. 72시간 후에는 모든 개체가 폐사되며 노출시간이 길어질수록 표피의 점액세포가 유의적으로 감소한다.

자외선 조사에 약한 어류 *Oncorhynchus clarki*와 저항성이 강한 *Xyrauchen texanus*의 조직학적 비교하면 차이가 난다. 즉, 태양에서 방출되는 자외선(solar ultraviolet-B, UVB; 280-320 nm)는 물속에 침투하며, 최근에는 오존층의 파괴에 따라 지구표면에서의 양이 증가하였다. 여러 어종이 UVB의 조사에 의한 sunburn현상이 생기는데, 피부에 회백색의 괴사소의 형성과 부식 특히 두부의 뒤쪽과 등지느러미 또는 등지느러미 부근의 피부 환부가 형성된다.

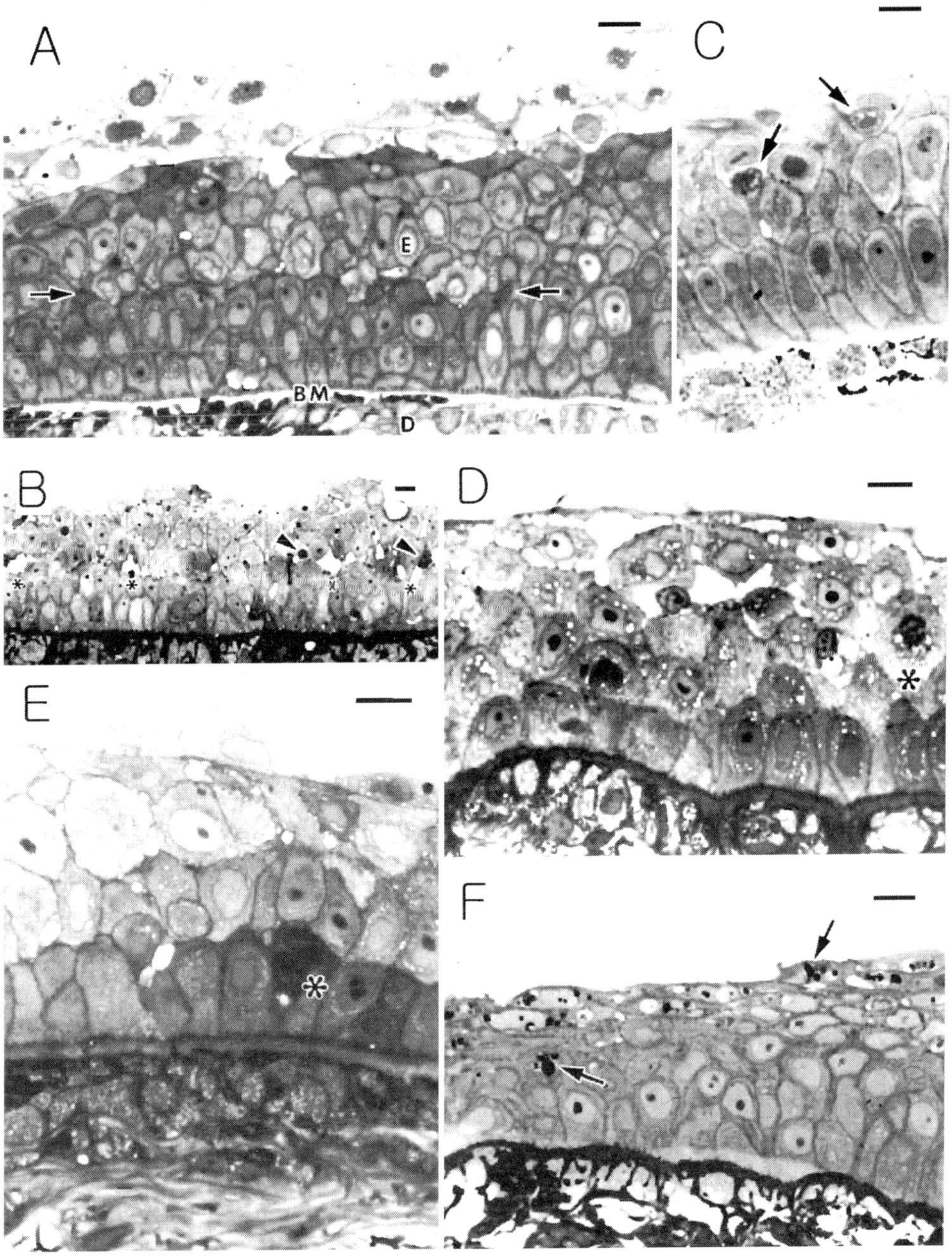

그림 6-22 **자외선 조사 *Salmo trutta*의 표피. A:** 여러 외각층이 박리된 표피. 기저막과 중앙부는 초기의 변화(화살표). E: epidermis; D: dermis; BM. basement membrane. **B:** 외각층이 박리된 표피. 세포와 세포 사이에 cleavage surface가 형성되고 림프구(화살표 머리)가 cleavage surface내에 침윤. **C:** 표피의 세포층의 감소와 변화. 대형의 공포를 가진 세포(화살표). **D:** 표피의 변성. 현저한 유사분열상(*)과 표면의 피복. **E:** 표피의 변성. 유사분열증식(*). 소수의 세포층과 세포간에 공간이 여전히 존재하지만 조직의 표면은 정상적인 표피의 특징을 갖춤. **F:** 많은 sunburn cell이 있는 표피. 핵이 여러 개의 진한 과립으로 분절화(화살표). Basic fuchsin-methylene blue stain. Bar=10 μm.

양식 무지개 송어에는 niacinamide (10 mg/사료 kg)을 경구 투여하면 햇빛 유래의 UV에 의한 sunburn현상을 예방할 수 있다. Lake trout(*Salvelinus namaycursh*)는 sunburn 현상이 나타나지만, 증상은 매우 느리게 나타나며, niacin 요구량의 8배 양(4.1 mg/kg 어체중)을 투여하면 빨리 회복된다.

UV에 저항성이 강한 저항성이 강한 *Xyrauchen texanus*는 자외선을 조사하여도 sunburn 증상이 나타나지 않는다.

Cutthroat trout (*Oncorhynchus clarki*)의 등쪽 피부의 표피는 1층의 편평상피로 이루어져 있고, 그 아래에 4~5개의 입방상피세포층이 있다. HE 염색에 엷은 호산성의 세포질과 주변 핵을 가진 대형(15~30 μm)의 점액세포가 보인다. 이 세포는 PAS 염색에 핑크색으로 염색되며, 주로 외각층에서 발견된다. 표피에는 소수의 melanocyte와 림프구가 산재한다. 진피의 스펀지층은 분명하지 않지만, 치밀층은 분명하다.

UV에 노출시킨 피부는 48시간 후에 sunburn증상이 나타난다. 두부와 꼬리지느러미 사이의 등쪽의 피부와 측선의 배쪽에 특징적인 피부의 흑화가 나타난다. 가장 대형의 sunburn 환부는 두부의 바로 뒤쪽과 등지느러미의 앞쪽에 형성된다.

조직학적으로 육안적으로 이상이 없는 등쪽의 피부에도 최외각의 점액세포의 비대와 증생이 일어나면서 점액세포가 박리된다. 표피내의 점액세포는 수적으로 감소하지만 표피 내에 존재하며, 때로는 type-2의 sunburn 세포가 발견되기도 한다. 상피세포의 외각층의 괴사와 수종이 명확해지며, 진피 치밀층의 melanocye층이 불분명해진다.

육안적으로 환부가 있는 피부는 외각층의 점액세포가 감소되고 점액을 방출하고 있으며, 국소적으로는 표피가 기저막에서 박리되거나 완전히 탈락된다. 치밀층 아래의 melanocyte층은 두터워진다. 72시간 후에는 표피의 박리 범위가 더욱 넓어지고 기저막과 상피세포 사이에 염증세포의 침윤과 세포의 부스러기가 발견된다. 피하지방층에도 괴사와 염증반응이 일어나 아래의 근육층으로 확대되어 간다.

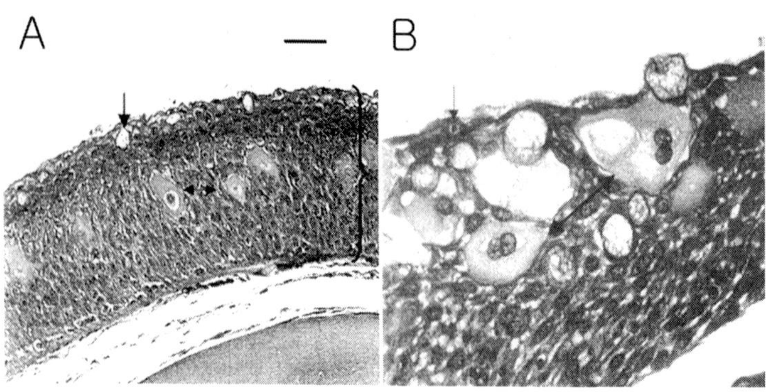

그림 6-23 **A:** 정상어의 등쪽 피부. 표피와 진피는 10개 이상의 세포층의 두께이며 점액세포(화살표)와 club cell(이중 화살표)가 존재. **B:** UV-B 노출 24시간 후의 피부. Club cell은 공포화 및 비대화됨. 핵주변에 halo를 가진 sunburn cell(화살표)이 출현. Bar=10 μm.

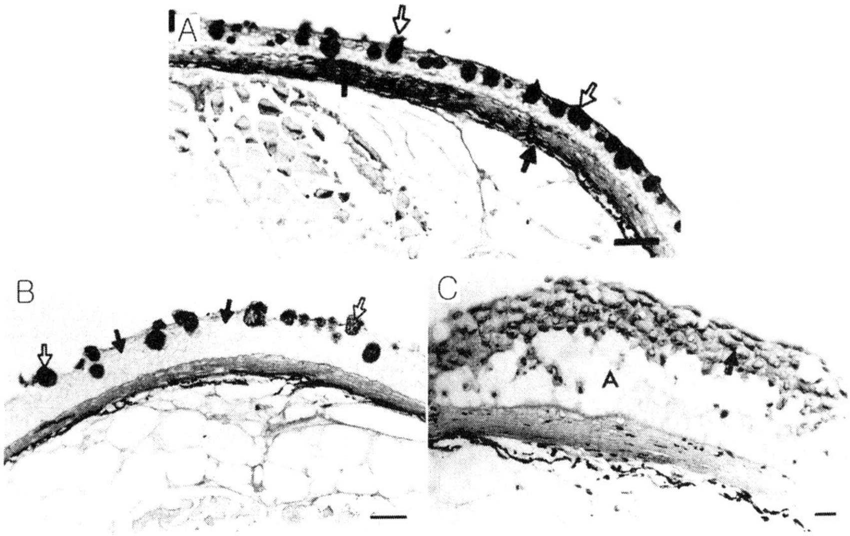

그림 6-24 ***Oncorhynchus clarki.*** **A:** 정상. **B-C:** UV노출 피부. **A:** 표피에 산재하는 점액세포(흰색 화살표)와 진피 치밀층 양쪽의 melanocyte(검은 화살표). **B:** 노출 48시간 후의 피부. 수종에 의해 두터워진 표피(검은 화살), 표피의 점액세포의 감소(흰색 화살) 및 치밀층의 흑색색소포가 불분명. **C:** 노출 72시간 후. 표피는 기저막에서 박리, 진피와 표피사이의 부분(A)가 괴사세포와 염증세포로 충만. 농축 핵과 핵주변에 halo를 가진 초자모양의 소수의 sunburn cell(화살표). **A-B**(PAS) 및 HE(**C**). Bar=50 μm(**A**, **B**) 및 19 μm(**C**).

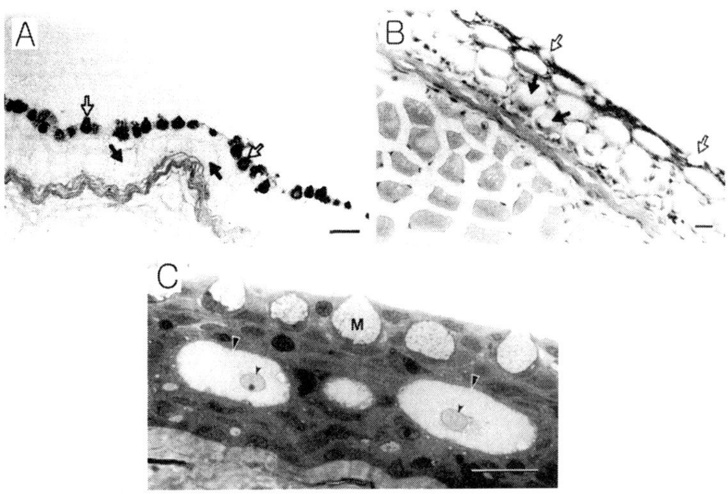

그림 6-25 **정상의 *Xyrauchen texanus*의 피부.** **A:** 표피의 외각층의 점액세포(백색 화살표)와 표피의 대부분을 차지하는 대형의 PAS음성의 club cell(검은색 화살표). **B:** 표피의 점액세포에서의 점액 방출. 대형의 PAS음성 세포(club cell)는 편재된 핵과 엷은 적색으로 염색되는 세포질. **C:** Club cell(큰 화살표)의 핵의 위치(작은 화살표) 및 표피의 바깥층에 분포하고 있는 점액세포(M). PAS(**A**), HE(**B**), Mallory염색(**C**). Bar=50 μm(**A**), 19 μm(**B**) 및 20 μm(**C**).

UV에 저항성이 강한 정상의 razorback sucker(*Xyrauchen texanus*)도 표피에 점액세포가 산재한다. 크기는 송어보다는 소형(10~25 μm)으로 내용물은 HE 염색에 더 밝게 호산성으로 염색되며, PAS-alcian blue(pH 2.5)에 청색으로 염색됨으로 점액다당임을 알 수 있다. 표피에는 많은 대형의 핵이 편재된 세포가 존재하는데, 외각층에서는 편평해지며, 기저막쪽에서는 둥근 형태의 세포이다. 세포질은 엷은 호산성으로 염색되며, 파라핀 표본에서는 세포막과 세포질이 떨어져 있는 형상도 발견된다. 이 대형의 세포는 피부 표면에서 항상 점액세포에 덮혀 있지만 때로는 최외각층에서 발견되기도 한다. 기저막 부근에는 림프구의 집합체가 발견된다. 진피는 송어보다는 얇으며, melanocyte층은 송어처럼 명확한 층을 형성하지는 않는다.

UV에 노출시키면 24시간 후에는 상피세포가 PAS음성세포의 증식 때문에 두터워진다. 48시간 후에는 이 세포가 5개 이상의 층이 형성되며, 송어처럼 최외각층의 점액세포는 박리된다. 피부의 표면에 있는 club cell은 내부의 물질을 방출하고 붕괴된 것처럼 보인다. 기저막 부근에는 백혈구의 숫자가 증가되어 있다.

노출 72시간 후에는 표피는 기저막 위의 림프구의 숫자 증가와 표피의 PAS 음성 세포의 증생과 거대화 때문에 48시간 보다 더 두터워진다. 표피에는 점액세포가 거의 없고 진피에는 국소적으로 melanocyte가 축적되며, 피하지방층에 염증반응이 수반되어 근육층으로 확대되고 있다.

송어와 다른 점은 최외각의 점액세포가 소실되는 것은 동일하지만 club cell의 숫자가 증가되면서 비대화되는 점과 개개의 세포의 괴사는 일어나지만 표피의 부종과 박리는 관찰되지 않는다는 것이 차이점이다.

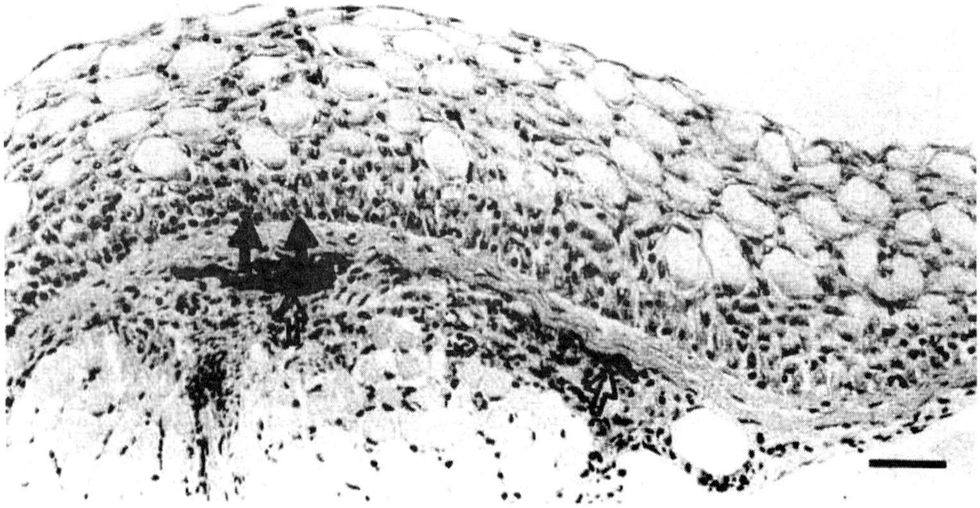

그림 6-26 UV 노출 72시간 후의 *Xyrauchen texanus*의 피부. 대형의 PAS 음성세포인 club cell의 증생과 비대에 의해 두터워진 표피, 표피의 기저부의 백혈구의 침윤(검은 화살표), 진피 아래에 melanocyte의 축적(흰 화살표) 및 피하지방층의 염증. HE. Bar=50 μm.

7. 클로스트리디움 보틀리눔(*Clostridium botulinum*)의 독소에 의한 메기의 내장 독성

수온이 20°C인 봄과 가을에 주로 발생하며, 입 올림(porpoising)과 같은 이상 유영을 하다가 점차 수조의 바깥에 힘없이 유영하며, 때로는 잡아 올렸을 때 근육의 경련 또는 수염을 뜨는 것과 같은 이상 증상을 보인다. 때로는 구강 내로 위가 빠져 나오거나 안구돌출이 생기기도 한다. 해부하여 보면 복수의 축적, 장중첩증, 소화관의 혈관의 확장, 비장의 울혈, 간장에 그물 모양의 형상이 생긴다.

병리조직학적으로는 뇌(연수), 간장, 비장, 소화관, 두신과 체신에서 변화를 발견할 수 있다. 뇌의 혈관은 대부분이 울혈을 일으키고, 간장의 혈동 특히 간장의 바깥 부분의 혈동이 울혈을 일으키며, 간세포의 대부분은 세포질 내에 미세한 주머니 모양의 공포가 형성된다. 비장은 울혈 및 조혈조직의 감소하며, 세망 구조가 뚜렷해진다. 비장의 mesothelial cell은 "tombstone" 효과 때문에 비대된다. 소화관은 점막고유층의 부종과 혈관의 현저한 확장되며, 장막의 혈관도 확장되며, 점막고유층과 점막하조직에는 단구의 침윤이 있다.

장중첩증을 나타내는 소화관에서는 점막하조직의 부종 특히 감입초(중첩된 부분의 바깥 쪽)에 특히 현저하고, 감입부(중첩 장의 안쪽 장)에는 염증 및 괴사는 없다. 이러한 부종은 위에서도 점막고유층내에 세포의 종대와 박리가 생긴다. 비장에서는 멜라노마크로파아지의 수가 증가하지만 체신과 간장에서는 거의 없다.

무지개송어, walleye 및 yellow perch도 두부를 위로 하고 꼬리를 아래도 한 채 회전하거나 물표면에서 유영하는 이상 유영을 하는데, 이는 부레를 제어하는 cholinergic mechanism 또는 지느러미의 제어 기능에 이상이 생긴 것에 기인한다. 실험적으로 부레가 없는 goby는 이런 이상 유영을 하지 않는다. 체색의 흑화는(hyperpigmentation)는 흑색색소포의 확산과 집합을 제어하는 acethylcholine의 이상에 의한 색소포에 이상이 초래되었기 때문이다. 소화관의 장막의 울혈과 복수는 세균독소에 의해 혈액 흐름에 장애를 유발되었기 때문이다.

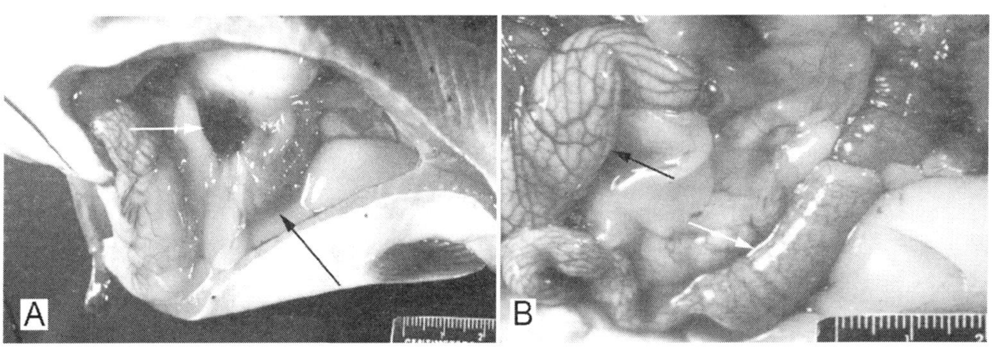

그림 6-27 **A:** 차넬메기의 내장독성(visceral toxicosis)의 전형적인 증상. 복수(검은 화살표)와 비장의 울혈(흰색 화살표). **B:** 내장 지방을 제거한 A의 확대도. 소화관의 충혈된 혈관(검은색 화살표)와 장중첩증(intestinal intussusception, 흰색 화살표).

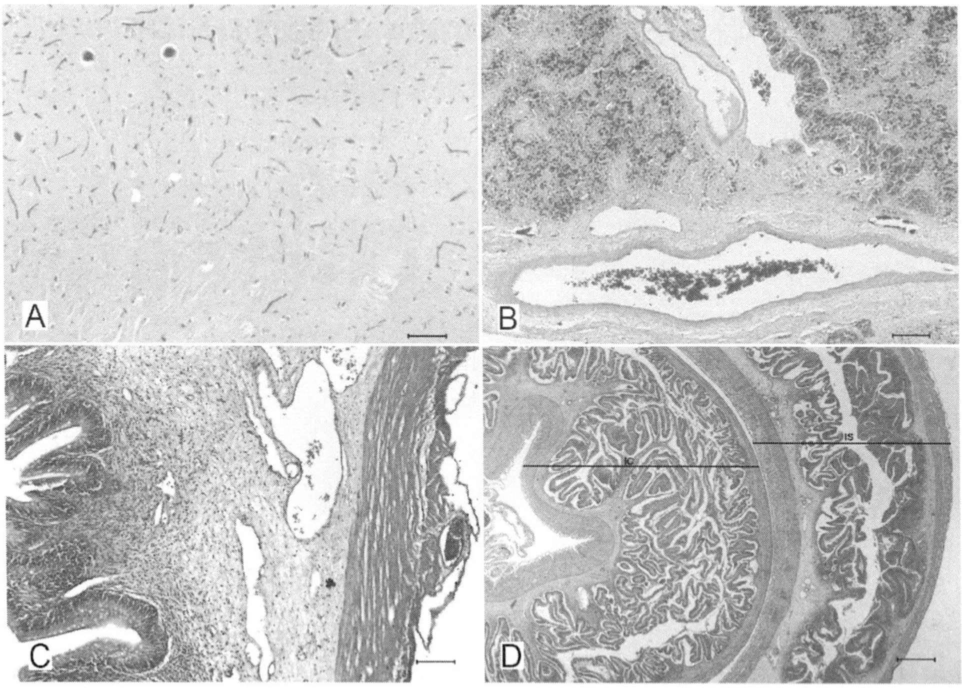

그림 6-28 **A:** 연수(medulla oblongata). 현저한 울혈. **B:** 비장의 림프조직의 소실과 부종. **C:** 소화관의 점막하의 장염과 부종 및 장막과 점막하조직의 혈관의 확장. **D:** 장중첩 부위. 정상의 점막상피와 점막하조직의 가벼운 부종. 감입부(intussusceptum. IC, 장중첩증에서 다른 부분에 들어간 부분), 감입초(intussuscipiens, IS, 다른 부분에 들어박힌 부분의 장). HE. Bar= 50 μm(**A**), 100 μm(**B** & **C**) 및 500 μm(**D**).

8. 순환여과사육 틸라피아의 신장 결석

발병 양어장은 수질의 산성으로 되는 것을 방지하기 위하여 사용하는 sodium bicarbonate 대신에 가격이 싼 농업용 석회(calcium carbonate)를 사용하고 있다. 발병 전 4주 동안 사료(단백질 함량 40%) kg 투여할 때 200 g을 수조에 첨가하여 알칼리도는 100~200 mg/l, pH는 6.5~7.0으로 유지하고 있었으며, CO_2의 농도는 34~51 mg/l 정도였다.

수계의 CO_2와 인의 농도가 높을 때에 신장결석이 생기는 것이 일반적이지만 발병한 수조는 석회의 불완전한 용해로 목표로 하는 알칼도인 25~30 mg/l보다 낮았다. 이것은 사육밀도가 높아 방출되는 CO_2의 농도가 높기 때문에 목표로 하는 pH보다 낮은 6.3~6.8이었다. 무지개 송어에서 높은 칼슘의 농도는 인과 결합하여 신장결성을 유발하는 것과 같은 현상이다.

조직학적으로는 신장 또는 수뇨관 내에 mineral 축적, 수뇨관의 확장과 상피세포의 변성, 결석의 관공내로 돌출 및 육아종의 형성이 형성된다.

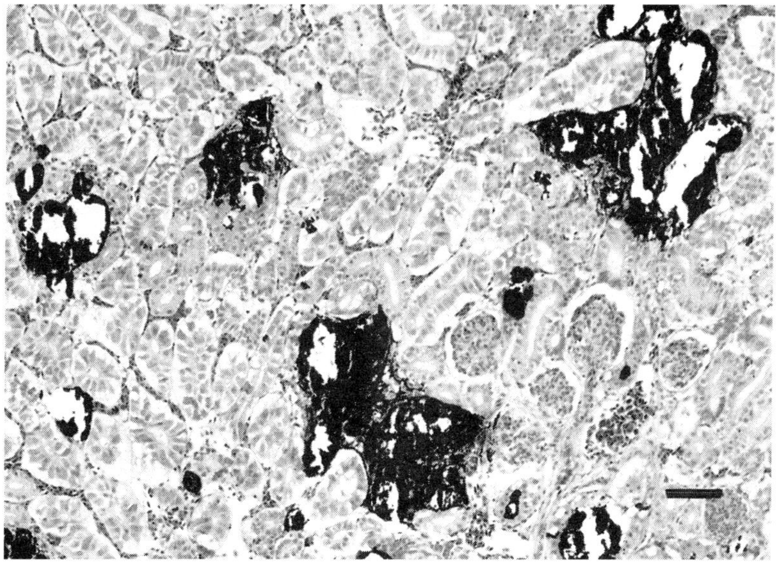

그림 6-29 **Kossa의 칼슘 염색한 신장.** 여러 곳의 흑색 염색상은 칼슘의 침착. Bar=50 mm

이러한 요인이외에 무지개 송어는 사료 중의 selenium의 농도가 높을 때가 대부분이며, 다른 어류에서는 sulfamerazine 투여, PKD 감염에 신장 결석이 생기는 것으로 알려져 있다.

9. 유류 오염

1) Pejerrey *Odontesthes argentinensis*의 기름오염 조직 변화

원유, 석유 및 휘발유의 water-soluble fraction (WSF)에 노출시키면 아가미, 위새, 인두 및 간의 조직에 변화가 생긴다. 이러한 조직 변화는 첨가되는 WSF의 농도가 증가함에 따라 더욱 현저하게 된다.

아가미에서의 가장 현저한 변화는 상피세포의 증생과 괴사, 지주세포의 붕괴 등이며, 인두는 상피세포의 증생이며, 농도가 높아짐에 따라 상피세포의 괴사가 유발된다.

간장은 간유동의 확대, 간세포의 비대 및 간세포 핵의 2분엽화되며, 간세포 핵의 농축 등이 생긴다.

원유는 WSF가 50% 이상, 경유는 16%, 휘발유는 5%보다 이상일 때 조직학적 변화가 명백하게 나타난다.

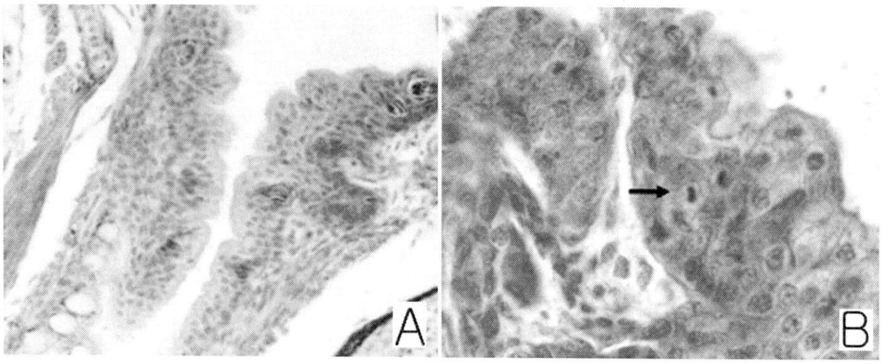

그림 6-30 **A:** 5% 휘발유의 WSF 96시간 노출. 상피세포의 증생. **B:** 5% 휘발유 WSF 96시간 노출. 2차 새변 상피세포의 유사분열상.

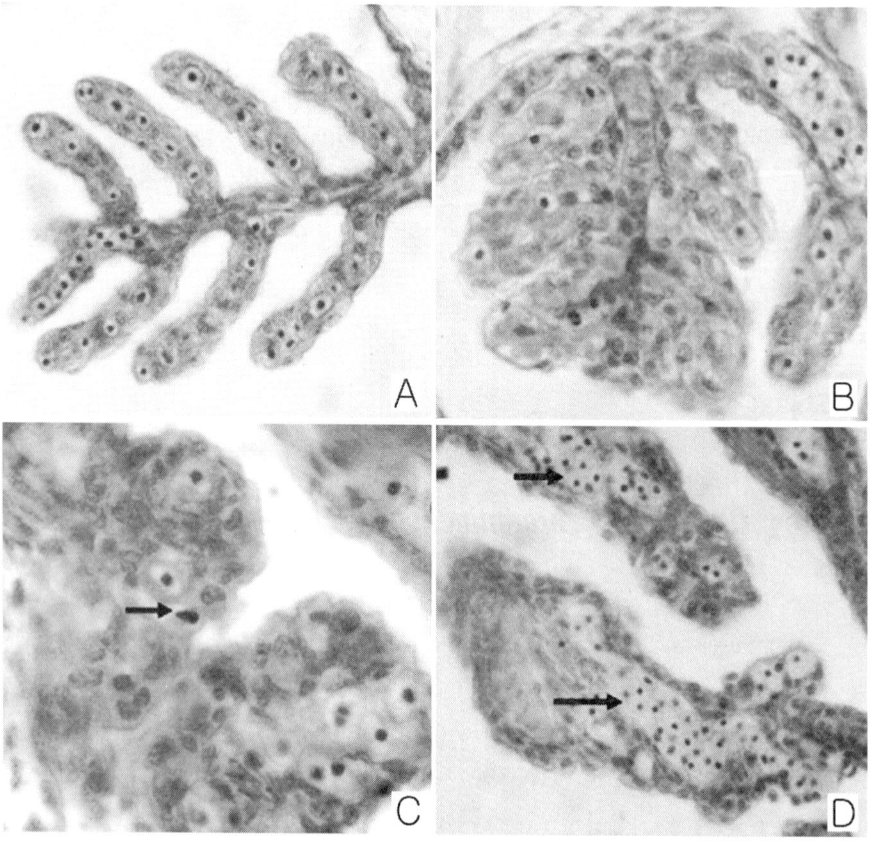

그림 6-31 **A:** 정상 위새의 구조. **B:** 50% 석유 WSF 96시간 노출. 위새 상피세포의 증생. **C:** 50% 석유 WSF 96시간 노출. 새변 상피세포의 유사분열. **D:** 25% 석유 WSF 96시간 노출. 새변의 벽주세포의 붕괴.

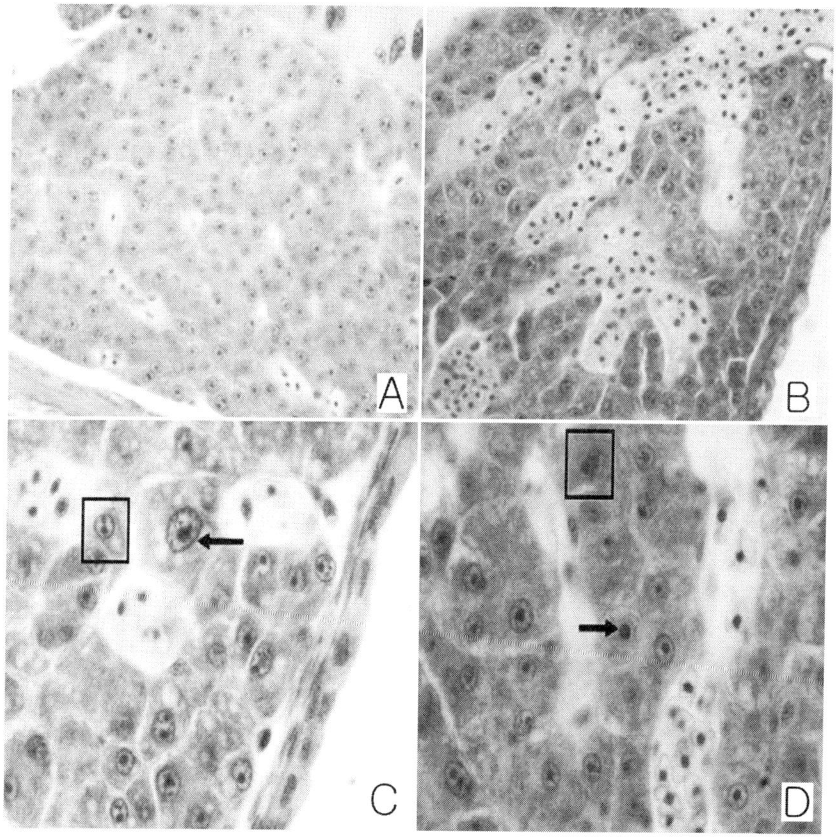

그림 6-32 **A:** 건강어의 간장. **B:** 32% WSF 96시간 노출, 간유동의 확장. **C:** 32% WSF 96시간 노출. 간세포의 비대 및 핵의 2분엽상. **D:** 50% 원유 WSF 96시간 노출. 핵농축(화살표)과 핵의 변성.

10. 구리 독성

1) 틸라피아

황산동에 2.5ppm에 노출시킨 21일 후의 아가미는 상피세포가 박리, 상피세포의 부종 및 상피세포의 공포화가 주된 변화이다. 때로는 상피세포의 증생에 의해 새변의 유착이 현저한 경우도 있다.

간장은 호산성의 저하와 간세포의 세포질의 공포화가 증가하는 것이 주된 변화이다. 그 외 간세포의 괴사로서 괴사의 정도는 노출되는 구리의 농도가 높을수록 더욱 심해지는 경향이며, 간세포의 면적당 간세포의 수는 농도가 증가할수록 감소하는 경향이다.

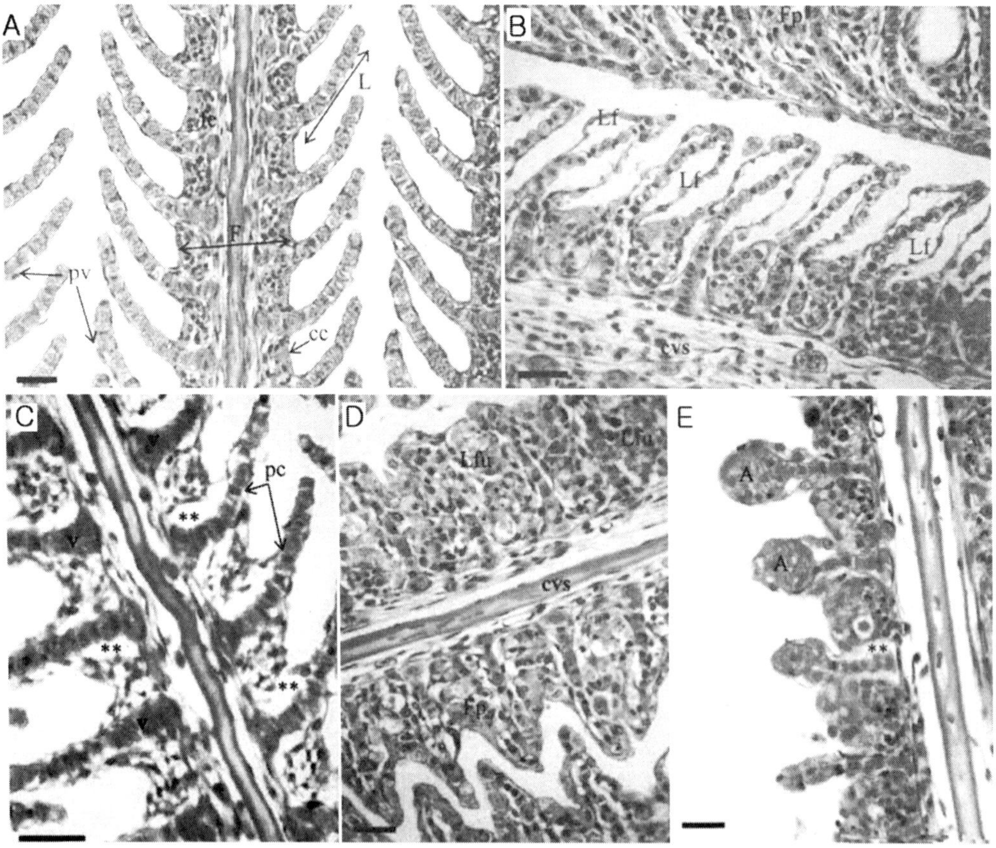

그림 6-33 **A:** 건강어의 아가미. 새변(F), 2차 새변(L). **B:** 2차 새변의 박리(Lf) 및 상피세포의 증생. **C:** 모세혈관의 확장(vasodilation) 및 새변의 상피세포 간질의 부종(*). **D:** 상피세포(Fp)의 증생에 의한 새변의 유착(Lfu). **E:** 모세혈관의 울혈 및 새변의 맥류(A). cc(염세포), cvs(중심정맥동), fe(상피세포), pc(벽주세포), pv(pavement cell). HE. Bar=20 μm.

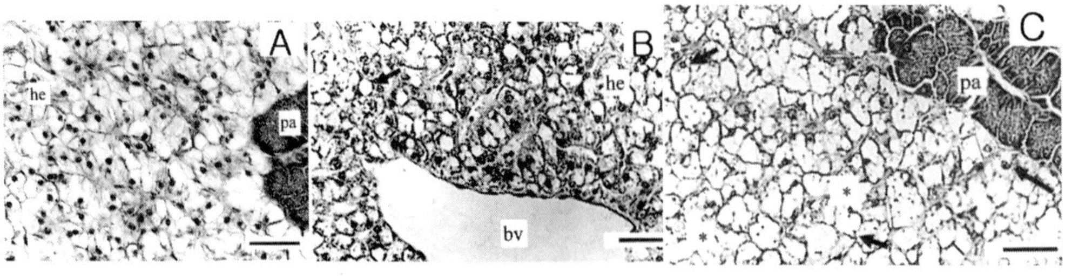

그림 6-34 **A:** 건강어의 간세포(he)와 췌장의 외분비부(pa). **B:** 1ppm. 간세포의 변화와 간세포의 공포화(화살표). **C:** 2.5ppm. 공포화(화살표), 괴사소(*) 및 핵농축(검은 화살표). bd(유동). HE. Bar=50 μm.

11. 수도물(염소) 독성

1) 무지개 송어

Chlorine dioxide(ClO_2)는 물에 첨가되면 환원되어 chlorite(ClO^{2-})로 되어 물속에 잔류하게 되어 수산동물에 독성을 유발하게 된다.

무지개 송어의 폐사체는 퇴색되어 빈혈을 일으키고 있는 것처럼 보이며, 해부해 보면 담낭이 확장되어 있고, 피부에 여러 개의 환부가 보인다.

아가미의 조직표본은 2차 새변의 끝부분에 부종 및 거품 모양의 공포가 형성된다. 새변의 상피세포도 종대되며, 소금세포도 현저하게 종대된다. 또한 2차 새변에는 상피세포의 박리와 맥류가 형성되어 있다.

신징온 식세포 내에 황색색소 및 아즐 친화성 색소가 증가되어 있으며, 때로는 심한 erythrophagium이 관찰된다. 세뇨관 상피의 변성이 현저하며, 관공내에는 박리된 세포의 부스러기가 들어있다.

비장은 특히 조혈조직이 소실되며, 심한 erythrophagocytosis가 관찰된다. 간세포에는 무색의 세포질내 공포와 소형의 초자성의 방울이 관찰되며, 탐식된 노란색 색소가 산재한다.

Fathead minnows의 아가미의 상피세포가 주된 표적기관으로, 노출된 표피, 구강 점막 상피 및 안구 각막에는 변화가 없다. 0.13ppm의 chlorine dioxide에 노출시키면 12~48시간 노출에 80% 이상의 어류가 변화를 나타낸다. 아가미는 상피세포의 증생과 비대로 인해 2차 새변의 유착이 유발된다. 0.19ppm에 6시간 노출된 개체는 2차 새변이 유착하게 된다.

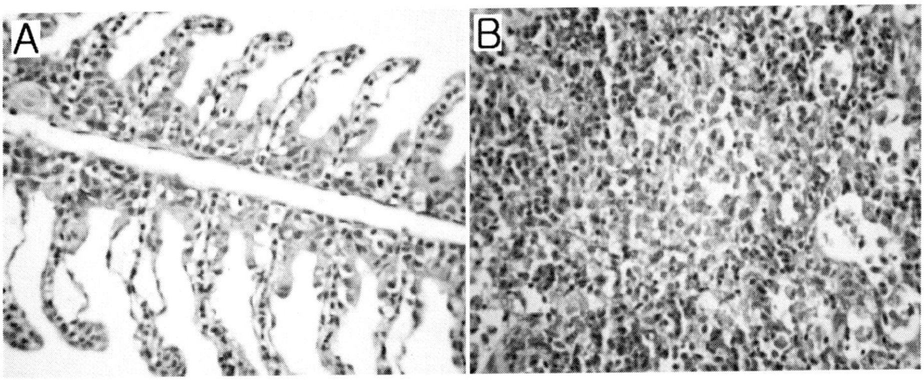

그림 6-35 **A:** 새변 사이의 상피세포의 증생, 소금세포의 공포화 및 비대. 2차 새변 상피의 박리 및 맥류 형성. **B:** 비장의 조혈조직의 소실, 황색색소, 아즐호염성 입자 및 erythrophagocytosis의 증가.

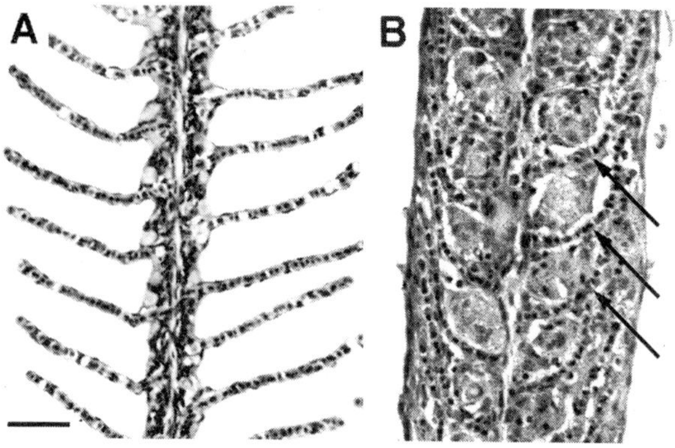

그림 6-36 대조(A)와 0.19ppm에 12시간 노출시킨(B) fathead minnows의 새변. 상피세포는 비대증생되어 2차 새변이 유착(화살표). HE. Bar=38 μm.

12. 규조류

규조류의 대번식은 규조류가 가진 가시 때문에 어류의 아가미에 손상을 초래함으로서 폐사를 유발하거나 대번식에 따른 산소결핍 및 광합성에서 생기는 기포 방울에 의한 아가미의 창상 및 조류가 생산하는 어류 독소가 주요 원인으로 작용하고 있다.

편모류인 *Heterosigma carterae*(=akashiwo)와 3종의 규조류 *Chaetoceros convolutus, C. concavicornis* 및 *Corethron* sp. 등이 북미의 가두리 양식장에서 폐사를 유발하며, *Skeletonema costatum*와 *Thalassiosira*는 북유럽의 대서양 연어에 폐사를 유발한다.

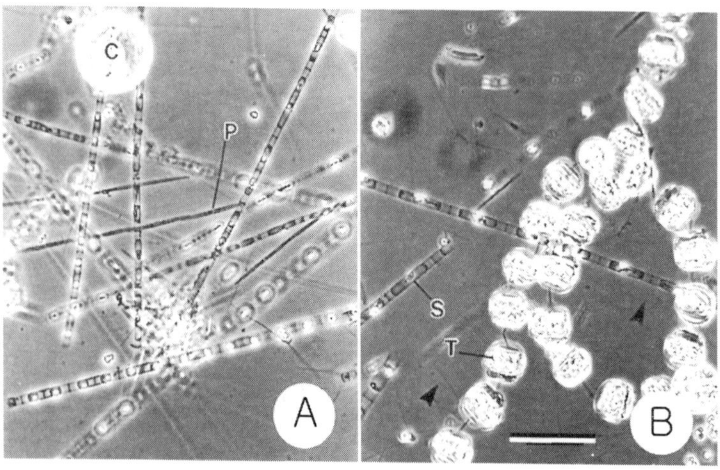

그림 6-37 규조류. S: *Skeletonema costatum*, T: *Thalassiosira aestivalis*, *T. aestvalis*의 sptae (화살표 머리), P: *Pseudonitzschla* sp., C: *Coscinodiscus* sp. Bar=50 μm.

북유럽의 대서양 연어의 폐사지역에서 채취한 물에서는 *Skeletonema costatum*과 *Thalassiosira aestivalis* 및 *T. rotula* 등이 대량으로 발견된다.

감염된 어류는 가슴지느러미 기부와 복부에 출혈이 생기며, 아가미의 점액이 과잉으로 분비되어 있지만, 내부 장기에는 이상이 없다.

병리조직학적으로 아가미는 중심정맥의 울혈과 2차 새변의 기부에 부종이 생긴다. 부종이 생긴 곳에는 염증세포가 침윤하여 있고, 세포질 내에는 괴사 세포의 부스러기와 굴광성의 과립이 존재한다. 굴광성의 물질은 PAS에 양성, 비항산성으로 lipofuscin이다. 아가미 상피세포는 괴사되며, 규조류와 괴사된 상피세포가 혼재된 점액이 호흡새변 사이에 발견된다.

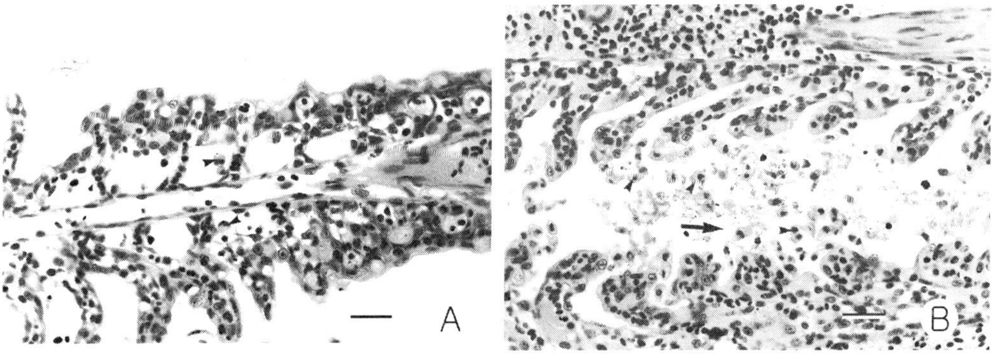

그림 6-38 **A:** 아가미의 부종과 염증세포의 침윤. 부종 내의 염증세포(화살표 머리). **B:** 아가미 상피세포의 괴사(화살표 머리). HE. Bar= 50 μm.

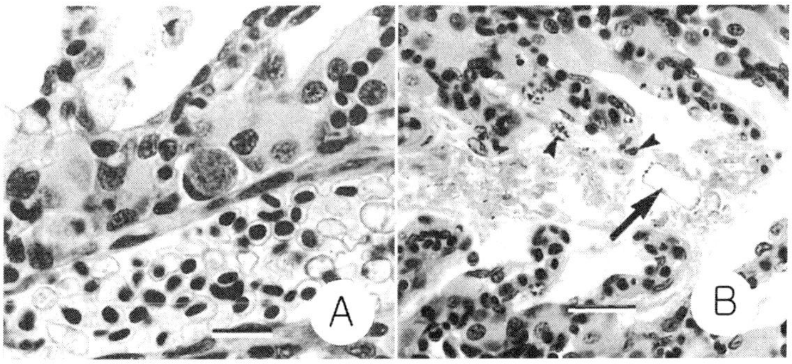

그림 6-39 **A:** 괴사세포 탐식 식세포. **B:** 상피세포의 괴사(화살표 머리)와 점액 내의 규조리(화살표). HE. Bar=20 μm.

1) 잉어의 microcystin 독성

Cyanobacteria의 대량 발생은 cyanotoxin이라는 독소를 생산하기 때문에 어류에 치명적이다. 담수계에서 cyanobacteria는 N_2를 고정하는 *Anabaena, Aphanizomenon, Nostoc, Cylindorospemopsis*와 고정하지 못하는 *Microcystis, Planktothrix, Oscillatoria* 등이 있다. 이중에서도 microcystis가 가장 빈번한 종이다. 어류는 cyanobacteria를 먹이로 섭취할 수 있기 때문에 물에서 독소를 흡수할 수도 있다

발생지역의 잉어의 소화관은 거의 대부분의 어류에서 다양한 Cyanobacteria가 발견되지만 대부분이 *Microcystis aeruginosa*와 *Planktothirx agarrdii*이다.

간장의 퇴색되며 부스러지기 쉬우며, ecchymose와 점상의 출혈이 발견된다. 신장 또한 부스러지기 쉽지만 색조는 정상이다. 종대되는 내장기관은 없다.

병리조직학적으로는 간장과 신장을 정상의 간장과 신장과 비교하여 보면 명백한 차이가 난다. 간장과 비장의 가장 현저한 변화는 수포변성(hydropic degeneration)과 괴사이다. 간장은 정상적인 구조를 상실하고 간세포가 양파모양으로 변하며(onion-like cell), 국소적 괴사, 과립상의 글리코겐 및 핵 농축이 생기며 출혈이 동반하기도 한다.

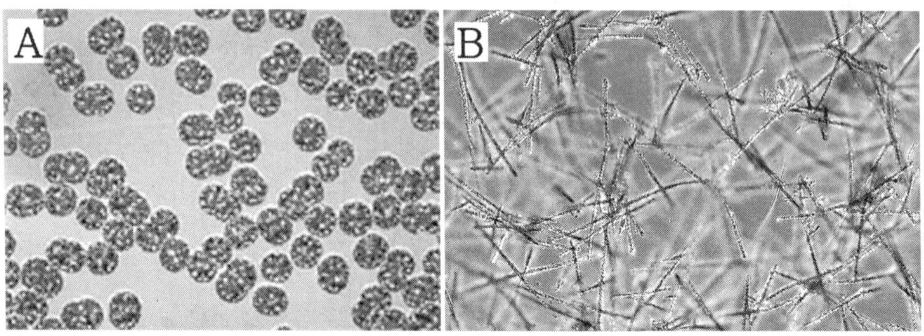

그림 6-40 ***Microcystis aeruginosa*(A)와 *Planktothirx agarrdii*(B).**

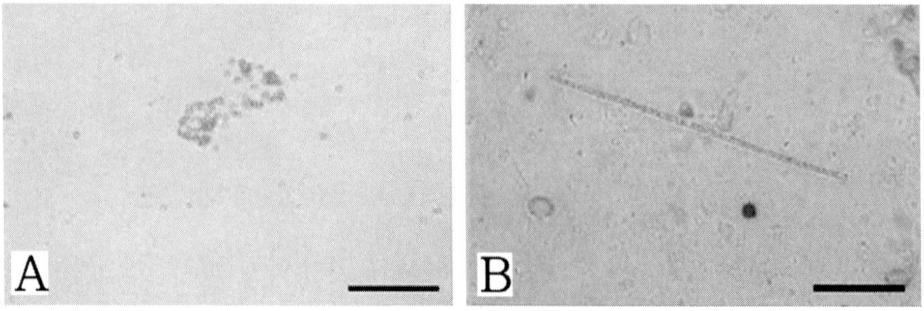

그림 6-41 **잉어의 위 내용물 중의 *Microcystis aeruginosa*(A)와 *Planktothrix agarrdii*(B).** Bar = 25 μm.

신장은 세뇨관의 변성, 사구체의 변화, 사구체의 위축과 보우만 주머니의 확장 등이 발견되며 근육에는 이상이 발견되지 않는다.

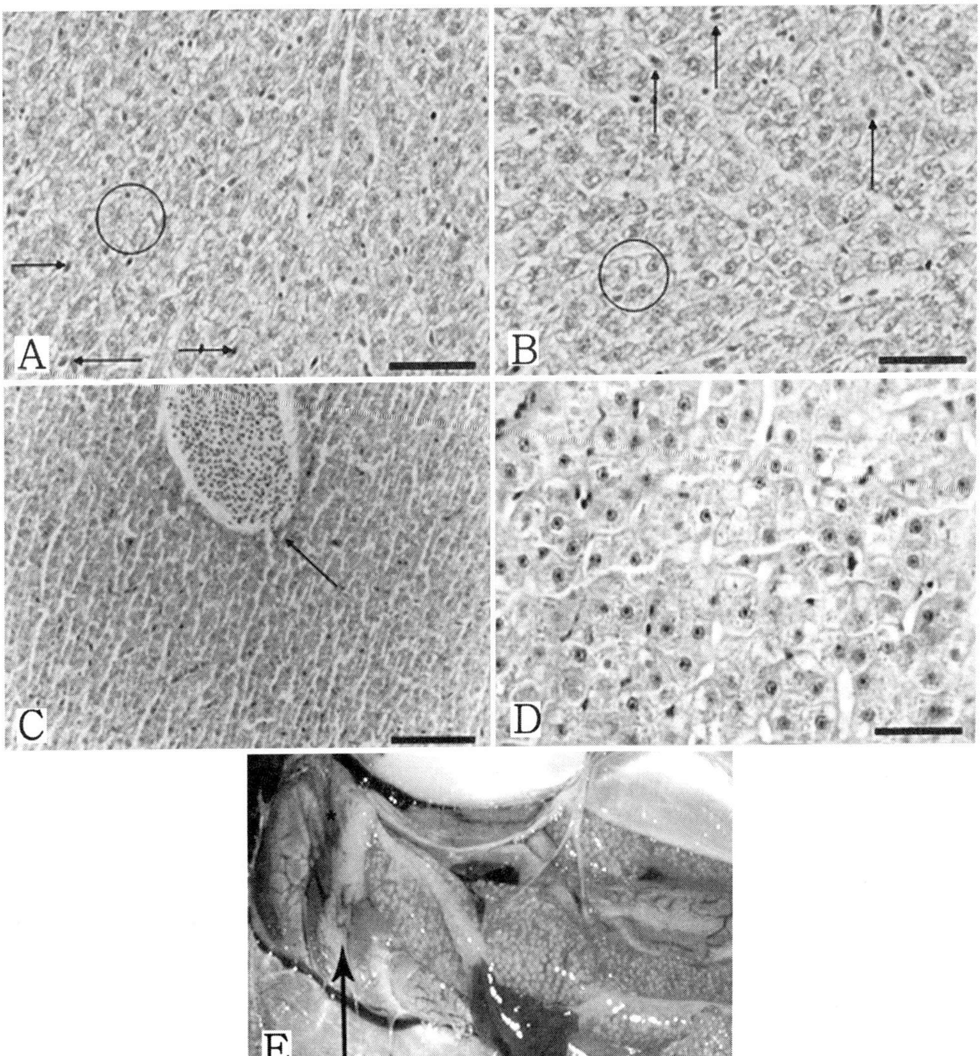

그림 6-42 **잉어의 간장. A:** 공포변성, 과립화된 글리코겐(원내) 및 출혈(화살표). **B:** 양파 모양으로 변화한 간세포와 출혈(화살표). **C:** 모세혈관의 붕괴(화살표). **D:** 대조군. **E:** 퇴색(화살표)과 점상의 출혈(*)이 있는 노출 잉어의 간장.

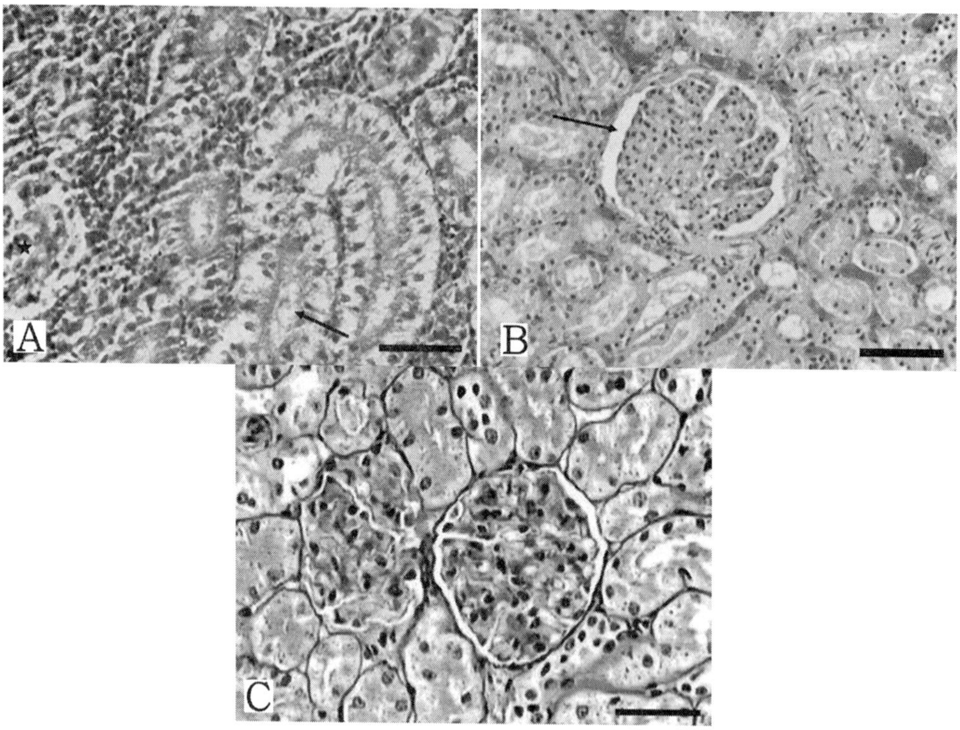

그림 6-43 **신장. A:** 세뇨관의 변성(화살표)과 사구체의 위축(*). **B:** 사구체염과 보우만 주머니의 확장(화살표). **C:** 대조군의 정상 신장. Bar=62.5 μm(**A**), 43.48 μm(**B**, **C**).

13. 석회침착증 (nephrocalcinosis)

1) 숭어(*Mugil cephalus*)와 담수숭어(*Myxus capensis*)의 신장 석회침착증

숭어와 담수 숭어는 종대된 신장에 백색의 cyst가 관찰되며, 비장도 종대된다. 병어의 체신을 고정한 다음 HE 염색, calcium침착물을 흑색으로 염색하는 Von Kossa silver nitrate 염색, 멜라노마크로파아지를 염색하기 위해 Peal's Prussian blue, Schmorl stain 및 Masson-Fontana stain을 한다. Peal's Prussian blue는 hemosidrin, Schmorl stain은 lipofuscin, Masson-Fontana stain은 melanin에 각각 양성반응을 나타내는 염색법이다.

조직학적으로 신장은 신장석회침착증과 호산구의 출현, 사구체의 크기가 증가 및 뒤틀림, 세뇨관 관공의 확대 등이 관찰된다. 그 외에 숭어는 신장 세뇨관에 지방침착 등이 관찰되기도 한다. 병어의 신장의 종대와 calcium phosphate가 침착된 백색의 cyst는 연어류의 신장 석회침착증의 조직상과 일치한다. 신장 석회침착증의 원인으로는 수중의 높은 CO_2 함량, 사료, 물의 경도 등이 관여하고 있지만 정확한 원인을 찾아내기는 어렵다.

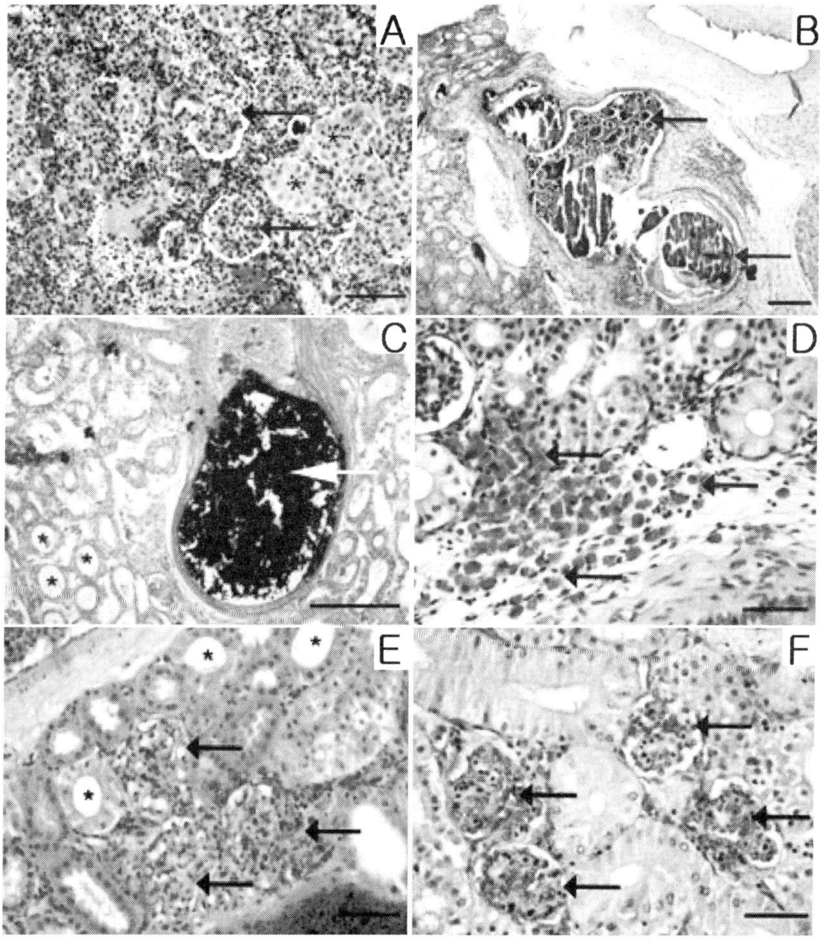

그림 6-44 **신장의 HE염색 표본. A:** 정상 신장의 사구체, 보우만 주머니(화살표) 및 세뇨관(*). **B:** HE에 염색된 신석회(화살표). **C:** Von Kossa silver nitrate에 염색된 신장의 석회(흰색 화살) 및 세뇨관의 종대(*). **D:** 호산성의 과립구(화살표). **E:** 사구체의 종대(화살표) 및 세뇨관 관공의 확장(*). **F:** 사구체의 변형.Bar=50 μm(**A**, **B**, **D**, **E** & **F**) 및 100 μm(**C**).

14. 칼륨 결핍 지하해수 사육 *Lates calcarifer*의 골격근 이상

발병을 유발한 지하해수는 potassium과 boron이 결핍한 대신 마그네슘, 망간, 칼슘 및 황의 함량이 높았다. 발병 개체는 무감각하며, 체색이 검어지고 수조의 표면에 모이는 경향으로 살아남은 개체는 수용할 때보다 체중이 15% 정도 감소한다. 정상 해수에서의 생존율은 97% 이상인 반면 지하해수에 수용한 개체는 27%의 폐사율을 나타낸다.

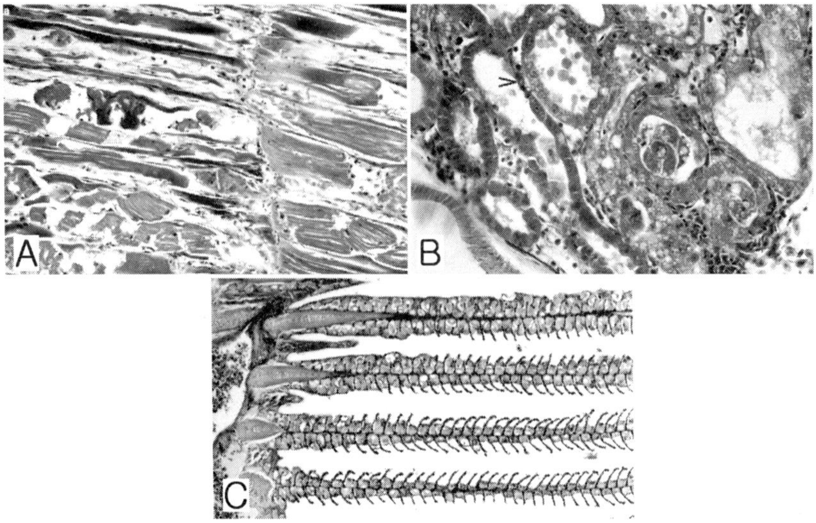

그림 6-45 **A:** 골격근의 종대와 근섬유의 분절화(a) 및 부종과 변성 근섬유의 mineralization(b). **B:** 세뇨관 관공내의 세포 부스러기 및 세뇨관 상피세포의 호산성이 증가된 변성(화살표 머리). **C:** 새변 소금세포의 비대와 증생. HE.

지하해수에 수용한 개체는 골격근의 변성과 괴사를 초래한다. 근섬유는 심하게 수축되며 호산성에 진하게 염색되는 초자변성을 유발된다. 또한 아가미의 소금세포의 증생이 일어난다. 신장은 세뇨관 상피세포의 괴사와 관공내에 eosin에 강하게 염색되는 괴사상의 물질이 과립상으로 출현한다. 또한 상피세포 특히 사구체 주변의 세뇨관에는 초자적변성이 유발된다. 혈장의 Na와 Cl의 함량은 증가하며 근육의 K의 양은 감소함으로 사육수의 K결핍에 의한 것임을 알 수 있다. 지하해수에 K를 첨가하여 사육하면 폐사는 방지된다. 어류와 사람의 근육은 K의 저장고로서, K가 결핍하면 근육세포의 괴사가 초래된다.

15. Suspended sediments(SS) 노출

1) 능성어(*Epinephelus coioides*)의 아가미의 변화

SS는 저농도일 때는 어류의 행동과 생리에 영향을 미치지만 고농도일 때는 폐사를 유발할 수 있다. SS의 농도가 증가함에 따라 어류의 아가미는 부식되어 호흡장애를 초래함으로서 질병에 감수성이 높아져 폐사가 유발된다. 또한 해산 SS에는 중금속 또는 유기오염물질 등 많은 오염물질이 축적되어 있다. 축적된 오염물은 어류에 직접적 또는 먹이를 통하여 어류에 섭취됨으로 독성을 유발하게 된다.

오염원이 확인된 해저 침전물은 체로 걸러 모래와 부스러기를 제거한 다음 63 μm 망목을 통과한 것을 1,000 g에 10분간 원심하여 물을 제거하고 침전물만을 냉장고에 보관한다.

침전물에 0.45 μm 여과 해수를 첨가하여 어류가 든 수조에 첨가한다. 첨가 농도는 8, 32, 128 mg/L로 30일간 노출시킨다. 사육수는 매 48시간 마다 80%를 교환하여 똥을 제거하고, 다시 새로운 SS를 원래의 농도가 되도록 첨가하여 준다. 어류의 아가미 조직표본을 만들어 중심정맥동의 확장, 울혈, 맥류, 새변 기부의 증생, 새변의 유착, lymph space 등의 변화를 조사한다.

SS에 노출시킨 어류의 사망율은 10일 노출에 10% 미만이 폐사하지만 오염이 심한 곳의 SS에 노출시키면 15% 정도 폐사하며, 30일간 노출시키면 오염이 심한 곳의 SS 128 mg/L에 노출시킨 어류는 30% 정도가 폐사한다. 그러나 오염이 확인되지 않는 SS에 노출시킨 어류에서는 30일에도 폐사가 발생하지 않는다.

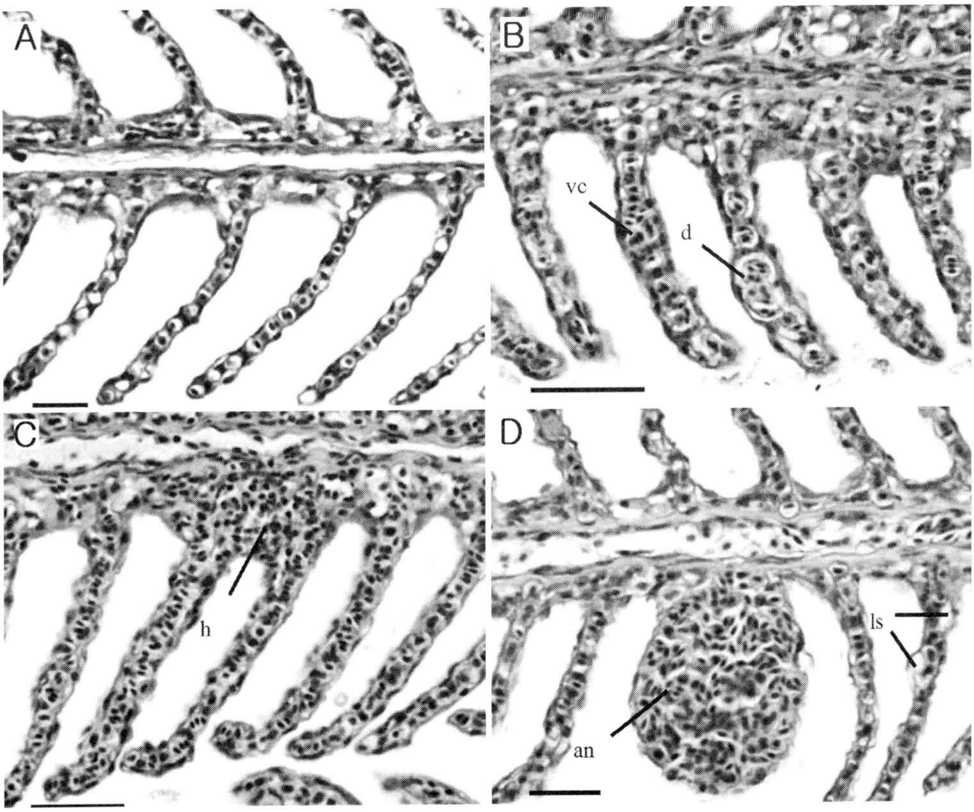

그림 6-46 SS에 10일간 노출시킨 아가미의 변화. **A:** 대조군. **B-D:** 노출군. **D:** 새변 중심 정맥동의 확장. vc(vascular congestion), hp(hyperplasia at the bases of lamellae), an(lamellar aneurism), ls(lymph space). HE. Bar= 50 μm.

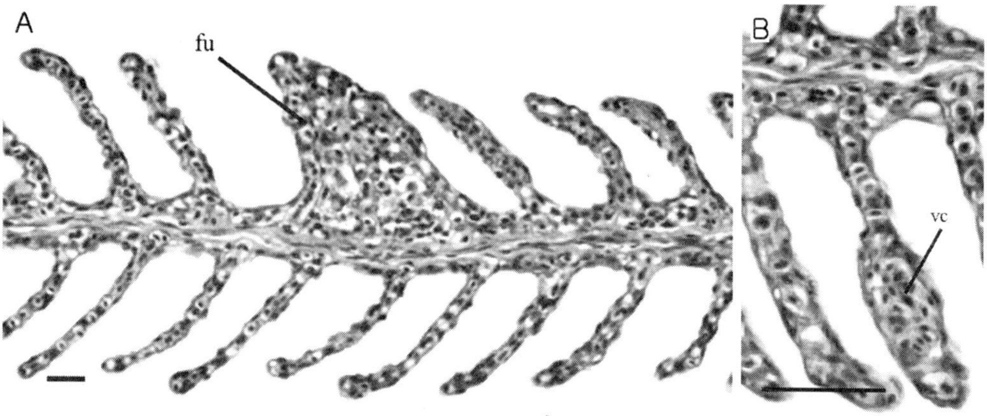

그림 6-47 **SS에 10일간 노출시킨 아가미의 변화.** fu(fusion of adjacent lamellae), vc(vascular congestion). HE. Bar= 50 μm.

오염된 SS에 10일간 노출된 어류에서는 중심정맥의 확장, 울혈이 현저하며, 128 ㎎/L의 고농도에 노출시킨 경우에는 맥류가 현저히 증가하며, 새변 기부의 증생도 증가된다. 새변 상피가 박리됨에 따라 형성되는 lymph space의 형성과 상피세포의 증생에 의한 새변의 유착은 10일후에도 현저하지 않다. 30일간 노출시키면 lymph space의 형성이 현저히 증가한다. 128 mg/L의 고농도에서는 새변에 맥류가 형성된다. 128 mg/L의 고농도에 10일간 노출시키면 새변과 새변 사이의 소금세포와 점액세포의 수가 현저히 증가한다. 또한 128 mg/L의 고농도에 노출시키면 아가미의 표면에 SS의 부착이 현저히 증가된다.

2) 갈색둥근 바리(*Epinephelus coioides*)에 미치는 영향

SS (suspended solids)가 0, 50, 100, 200, 1000, 2000 mg/ml일 때 어류에 치사는 유발하지 않는다. 또한 사료 섭취, 성장 및 RNA: DNA의 비율에도 변화는 초래하지 않는다. 그러나 상피세포의 박리, 벽주세포의 증생과 같은 아가미 구조의 변화와 상피세포의 부피가 감소하는 변화를 초래하며, 이러한 변화는 수중의 SS의 농도와 정의 상관관계를 가지고 있다. 또한 혈장의 삼투압, hematocrit에는 변화가 없지만 Na^+, K^- ATPase 및 소금세포의 활성은 변화가 생김으로 어류는 삼투압장애가 생긴다는 것을 알 수 있고, 혈청내의 triiodothyronine (T3)의 농도가 낮아지는 것으로 보아 생리적 스트레스 상태임을 알 수 있다. 그럼으로 SS에 노출되는 기간이 길어지면 어류의 건강에 영향을 미쳐 폐사를 유발할 가능성이 있다.

담수어에 폐사를 초래하는 SS의 농도는 수백-수천 mg/ml라고 하지만 어종에 따라서 그 농도는 달라진다.

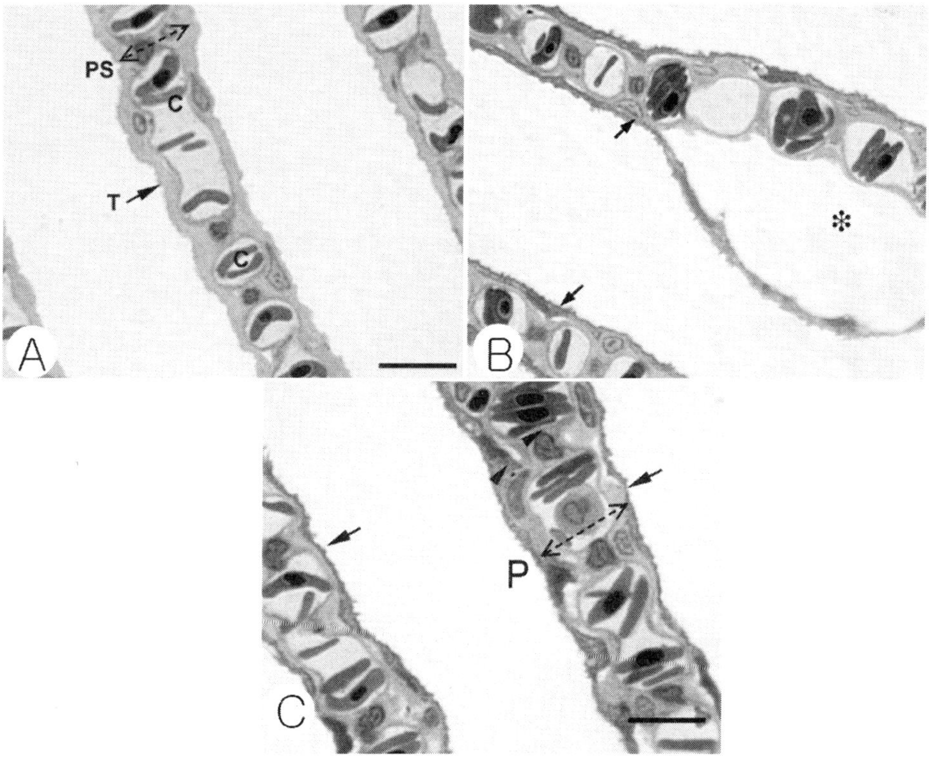

그림 6-48 **A:** 정상 아가미. 상피세포(T), 벽주세포(PS), 벽주세포 주변조직(화살표 머리) 및 모세혈관(C). 상피세포 사이의 간격은 없음. **B:** 상피세포 아래의 공간(*). **C:** 주변조직(화살표 머리)와 모세혈관을 포함한 두터워진 벽주세포와 엷어진 상피세포(화살표). Bar=10 μm.

병리조직학적으로 새변의 기부에 위치하고 있는 아가미의 소금세포는 SS에 노출시키면 숫자가 증가하고 구조적으로 더욱 명확해진다. 소금세포의 숫자는 SS의 농도에 비례하여 증가하여 2,000 mg/ml일 때는 대조군에 비해 현저히 증가한다. 정상어류의 상피세포와 상피세포 사이의 공간은 식별이 곤란하지만, SS가 200 mg/ml 이상일 때 상피세포간의 공간이 넓어져서 상피세포가 박리되며, 상피세포의 두께는 SS의 농도에 반비례하여 엷어진다. 벽주세포는 주변 조직이 증생 또는 비대되거나 모세혈관이 확장됨에 따라 두께가 두꺼워진다.

16. 등지느러미 이상 말안장병(saddleback syndrome, SBS)

어류의 지느러미를 지탱하는 기조(fin ray)에는 각질기조(ceratotrichia), 연골기조(comptotrichia) 및 인상기조(lepidotrichia)의 3가지가 있다. 각질기조는 상어류 특유의 기조이며, 연골기조는 원시어류인 폐어의 기조이며, 경골어류의 기조는 골화되어 있는 인상기조(鱗狀鰭條)이다.

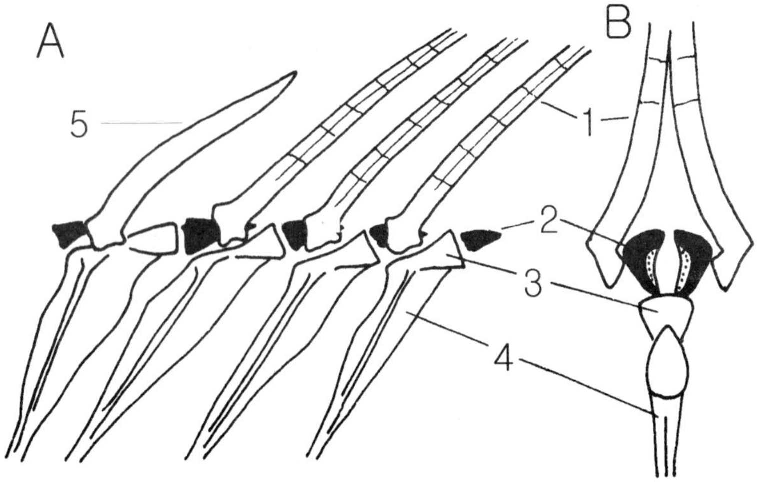

그림 6-49 **등지느러미의 측면(A)과 정면도(B).** 1-연조(soft ray), 2-원담기골(distal pterygiohore), 3-간담기골(medianpterygiohore), 4-근담기골(proximal pterygiohore), 5-극조(hard fin, spine ray).

인상기조인 경골어류의 지느러미는 기조(fin ray)와 지느러미막(fin membarane, 기막)으로 되어 있고, 기조는 연조(soft ray)와 극조(spine ray, hard spine)로 이루어져 있다. 이 중 극조는 골화되어 연조의 접합선과 분절이 없는 인상기조의 특징이 없다. 극조는 등지느러미와 뒷지느러미의 앞부분에 있으며, 특이하게 잉어류에서는 등지느러미와 뒷지느러미의 앞부분이 극조처럼 단단한 연조가 있지만 이것은 인상기조의 특징을 갖추고 있기 때문에 극조라 하지 않고, 극상연조(spiny soft ray)라 한다.

어류의 대칭지느러미 및 비대칭 지느러미의 기부에는 지느러미를 지탱하는 담기골(pterygiophore, 擔鰭骨)가 있다. 연골어류의 대칭지느러미에는 여러 개의 기저연골(basalia)와 여러 개의 부사연골(radialia)가 있다.

경골어류에는 지느러미의 기부에 있는 원담기골(distal pterygiohore), 그 아래에 각각 간담기골(medianpterygiohore)과 근담기골(proximal pterygiohore)의 순으로 담기골이 있다.

Saddleback syndrome(SBS)는 극조(hard spine)의 1개 또는 여러 개가 소실하여 형태 및 지느러미를 지탱하는 담기골(pterygiophore)의 수와 위치가 변형을 초래하는 골격의 변형을 말한다. 일반적으로는 등지느러미의 일부 또는 완전히 결손되는 변형을 의미하고 있으며, 원인으로는 유전적 요인과 환경적 요인이 원인으로 추정되고 있다.

SBS는 내부적으로는 원담기골의 형태, 수 및 위치의 이상이 극조의 소실과 관계있는 모든 원담기골의 소실을 특징으로 하고 있다. 또한 부수적으로 등지느러미의 극조 1~2개가 위축되어 있다.

그림 6-50 **Yellowfin bream (*Acanthopagrus australis*)의 등지느러미의 극조가 소실된 병어.**

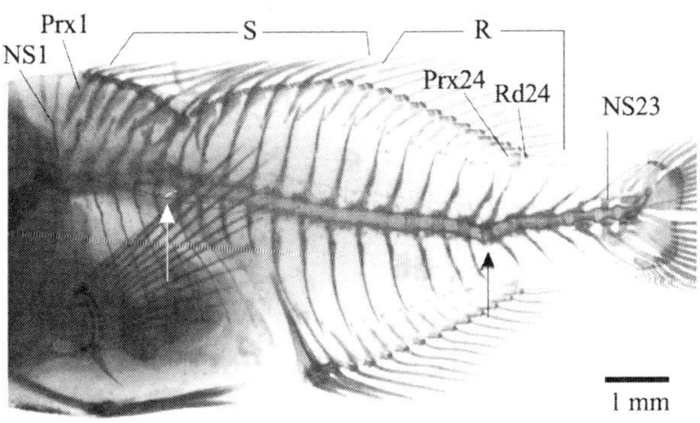

그림 6-51 **White seabream (*Diplodus sargus*)의 말안장병 병어의 Alcian blue & Alizarin red S 염색. 청색은 연골, 적색은 골화된 경골.** NS (neural processes), Prx (proximal pterygiophore, 근담기골), S (hard spine, 극조), R (lepidotrichium, 인상연골, 연조), Rd (distal radial). 흰색 화살표(척추후만 부위, kyphosis), 흑색 화살표(척추전만부위, lordosis).

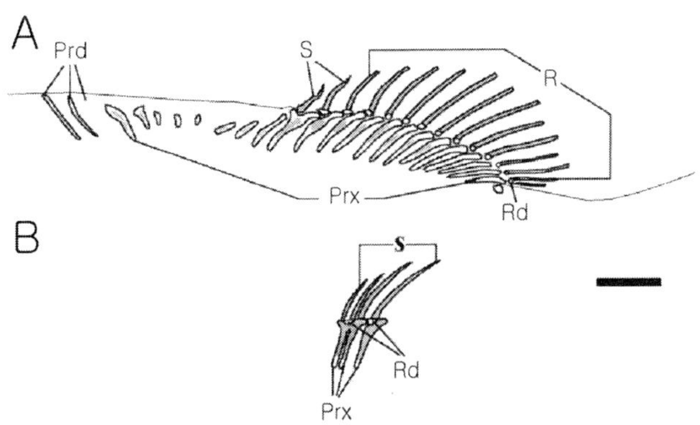

그림 6-52 **A:** Saddleback syndrome. **B:** 전담기골 대부분의 유착. 회색부분은 골화된 부분이며, 뼈의 밝은 부분은 연골을 의미. Prd, predorsal; Prx, proximal pterygiophore(근담기골); R, lepidotrichium(인상연골); Rd, distal radial. S, hard spine(극조). Bar=0.5 mm.

17. 고온과 저온에서 잉어의 아가미 조직의 변화

잉어를 31°C의 고온에 사육하면 상피세포의 비대와 증생, 출혈을 동반한 울혈, 점액분비가 과잉으로 분비된다. 18°C의 저온에 사육하면 상피세포의 증생, 모세혈관의 수축, 2차 새변의 유착, 세포의 위축 및 아가미 구조의 변화와 손상이 유발되는데, 저온에서의 손상이 고온에서의 손상에 비해 더욱 심각하다.

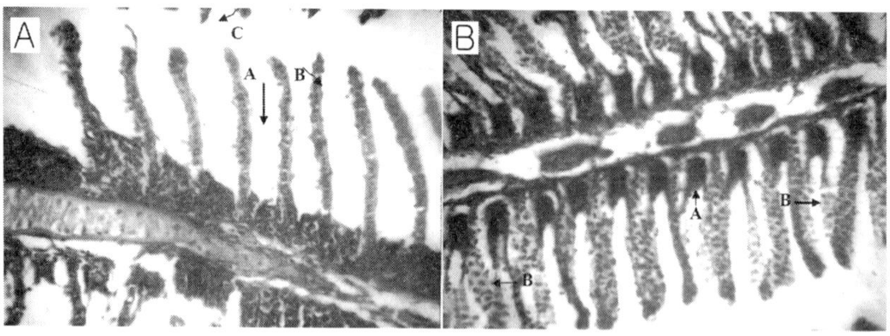

그림 6-53 **고온 사육. A:** 상피세포(A)의 증생, 벽주세포(B)의 비대 및 모세혈관의 울혈. **B:** 점액분비 과잉(A)과 출혈을 동반한 상피세포의 붕괴(B).

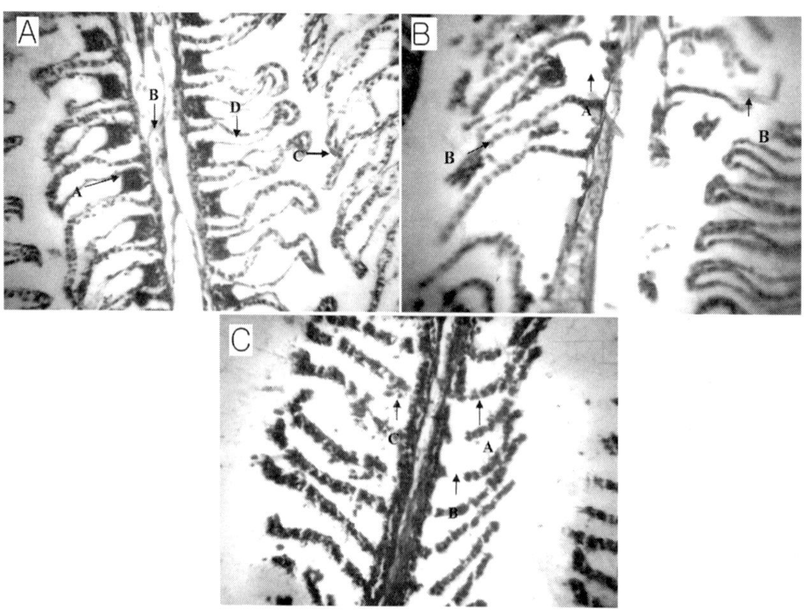

그림 6-54 **저온 사육 잉어. A:** 2차 새변 기부의 상피세포의 증생(A), 혈관의 수축(B), 2차 새변 끝부분의 유착(C)와 세포의 위축(D). **B:** 2차 새변의 손상(A)과 구조의 변화(B). **C:** 상피세포의 구형화(A), 2차 새변의 손상(B)와 출혈(C). HE.

붕어와 잉어는 저산소에 적응하는 능력이 매우 뛰어난 어종으로 저산소 상태에서는 lactate를 알콜로 변화시켜 혈액의 산성화를 방지한다. 그러나 에탄올을 수중으로 방출하기 위해서는 에너지 소모가 많아짐으로 생존의 유무는 저장하고 있는 글리코겐의 농도에 의해 결정된다.

산소가 풍부한 물에 사육하면 붕어는 2차 새변이 돌출하지 않지만, 저산소 상태에 사육하면 호흡면적이 약 7.5배 증가한다.

붕어와 잉어를 10, 15, 20 및 25°C에 1개월간 사육하였을 때 온도가 높아짐에 따라 산소소비량은 증가하며, 25°C에서는 호흡면적이 저산소상태에서와 마찬가지로 증가한다, 호흡면적의 증가는 온도와 정의 상관관계가 있다.

금붕어를 7.5°C에서 사육하면 10~20°C에 수용한 경우와 마찬가지로 새변 간의 물질량이 증가하여 호흡면적이 감소한다. 그럼으로 2어종은 온도에 따라 호흡면적을 변화시킴을 알 수 있다. 붕어의 헤모글로빈은 저온과 높은 pH에서 산소에 대한 친화도가 증가하기 때문에 표면적을 감소시킨다.

18. 편모성 플랑크톤 *Pseudochattonella*의 대구 및 대서양 연어에 대한 독성

노출 24시간까지는 아가미에 점액분비나 어류의 행동이상도 없으며, 급성 폐사도 발견되지 않는다. 그러나 병리조직학적으로는 2차 새변의 증생, 수종 및 두터워지거나 괴사가 발견된다. 대구에서도 부종과 증생이 관찰되며, 특히 증생이 현저하다.

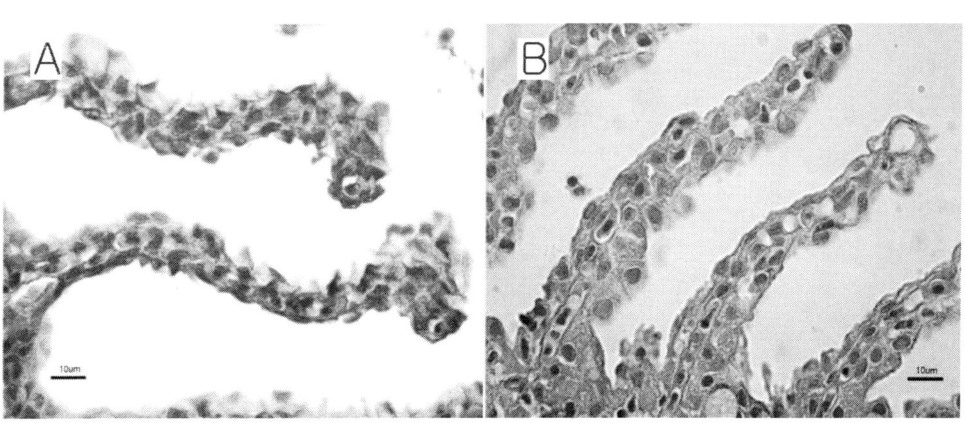

그림 6-55 **A:** 대구의 2차새변의 증생. **B:** 2차 새변의 부종과 증생. HE.

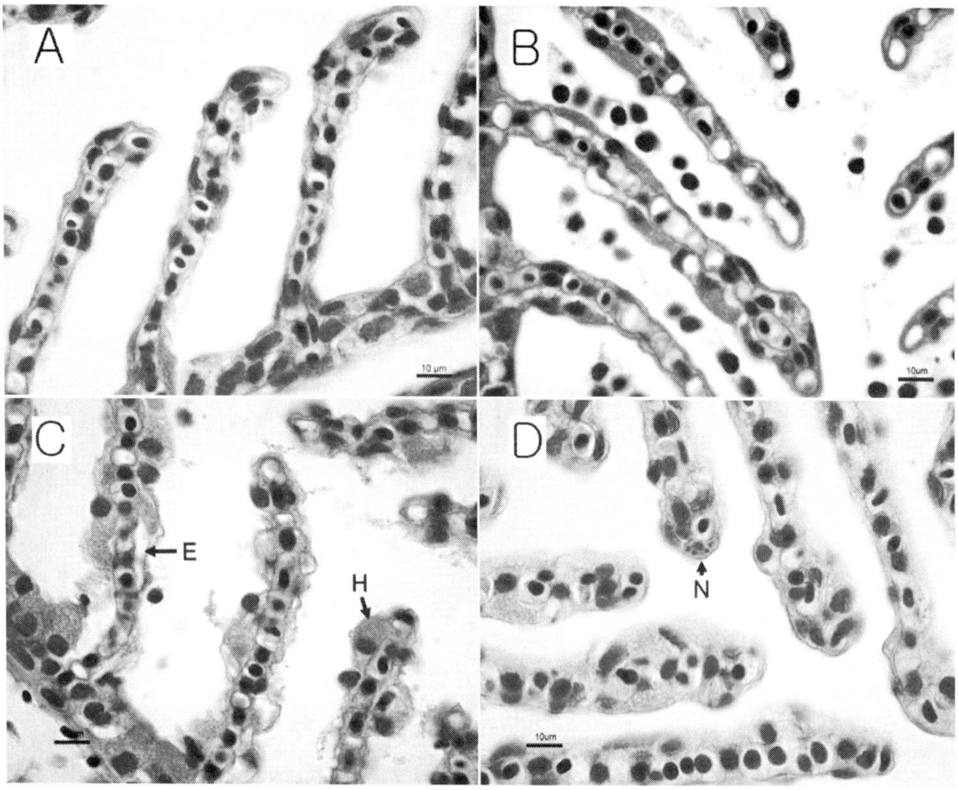

그림 6-56 **A:** 정상 대서양 연어의 2차 새변. **B:** 2차 새변의 불규칙한 증생. **C:** 수종(E). 핵 종대와 증생(H). 핵의 종대는 괴사의 전조. **D:** 2차 새변의 괴사(N).

19. 해파리에 의한 아가미의 손상

해파리의 대량 발생은 가두리 양식의 망목을 통하여 해파리가 가두리 내로 유입되어 어류의 아가미 또는 피부를 자극함으로서(sting) 직접적인 손상 또는 사육수의 산소고갈에 의한 간접적 피해를 초래하게 된다. 또한 자극에 의한 손상 부위를 통하여 *Tenacibaculum maritimum*이 2차적으로 감염되게 된다.

48시간 후에 아가미 손상이 최대로 되며, 3주후에는 회복상이 관찰된다. 2시간 후에는 상피세포의 박리, 괴사 및 출혈이 생기며, 6시간 후에는 상피의 박리, 괴사 및 부종이 더욱 확대되며, 손상당한 부분에는 국소적 출혈 및 증생이 생긴다. 10시간 후에는 출혈부의 확대 및 상피세포의 완전한 박리, 괴사 및 부종과 과립구를 주체로 하는 염증세포의 침윤이 분명해진다. 24시간 후에는 출혈, 괴사가 더욱 확대되고, 핵이 없는 유령세포(ghost cell)가 출현하며, 48시간 후에는 출혈 및 적혈구의 용해가 생긴다. 1주일 후에는 상피세포의 증생과 모세혈관의 응고에 의해 새변이 유착되며, 3주후에는 증생과 유착이 심하지만 괴사, 부종의 부위는 감소하여 있고, 2차 새변의 길이가 짧아지며 세포의 집합체가 형성되어 손상당한 부분을 수복하기 위한 변화가 나타난다.

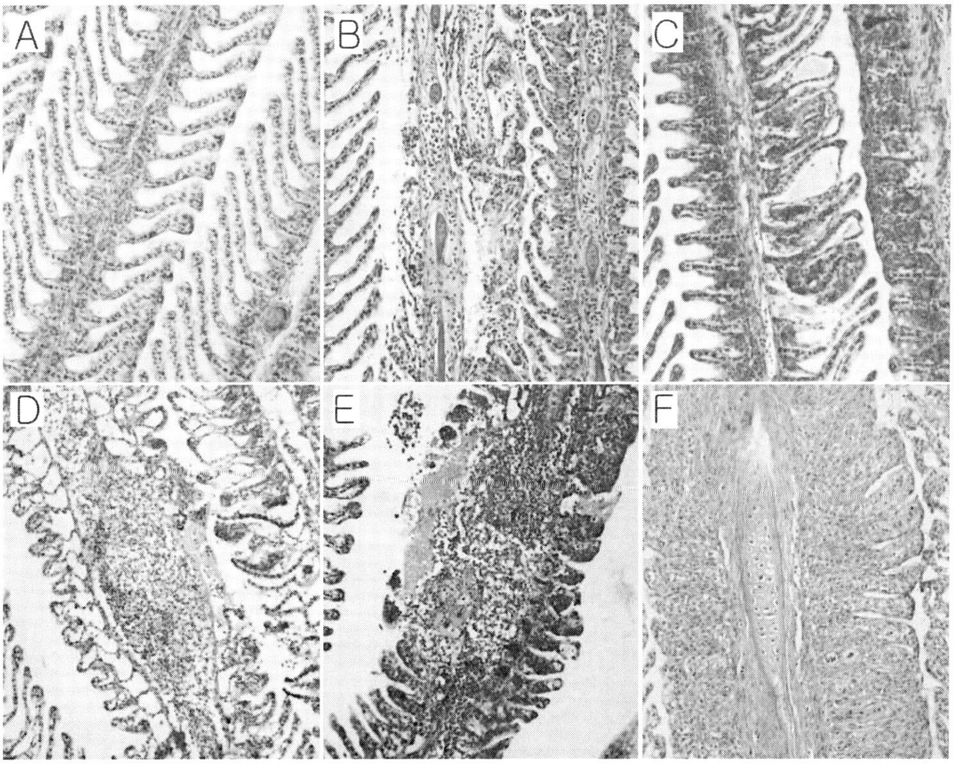

그림 6-57 **해파리(*Aurelia aurita*)에 노출시킨 대서양 연어의 아가미 조직상의 변화. A:** 정상 아가미. **B-F:** 2, 6, 24, 48시간 및 3주 후의 아가미.

20. 황달

1) *Clarias betrachus* × *Clarias fuscusi*의 교잡종 메기

단지 성어인 크기 200~300 g의 어류에서만 발병한다. 감염 개체는 무기력하며 식욕을 상실하고 갑자기 폐사율이 증가한다. 감염 개체는 체색이 노란색으로 변색되며, 복부가 팽만된다. 팽만된 복부에는 다량의 노란색 복수가 들어있다. 해부하면 간장, 비장, 신장, 체지방 및 소화관의 장막이 노란색으로 변색된다. 또한 비장은 심하게 종대된다. 폐사율은 하루에 수천 마리씩 폐사하여 90% 이상이 폐사할 때도 있다.

병리조직학적으로 조사하면 간세포에 과립 또는 갈색의 색소가 발견되며, 세담관은 담즙색소에 의해 폐쇄된다. 간세포는 종대되어 세포질 내에 공포가 형성된다. 비장은 조혈조직이 감소하는 대신에 멜라노마크로파아지의 집합체의 수가 증가되어 있고, 멜라노마크로파아지센터 내에는 빛나는 금색 또는 갈색의 색소인 대형의 hemosiderin이 침착되어 있다. 체신에도 관공에 갈색 색소가 침착되고, 상피세포는 초자적 변성이 생기며, 실질에 멜라노마크로파아지의 수가 증가한다. 침착된 hemosidrin은 Berlin blue염색에 밝은 녹청색으로 염색되며, 침착된 bilirubin은 Stein's iodine염색에 에메랄드 녹색으로 염색된다.

순환혈액 내에 bilirubin의 농도가 높기 때문에 세뇨관 관공내에 갈색의 침전물이 형성되었다. Bilirubin은 헤모글로빈의 분해산물로서 혈구가 붕괴되어 다량으로 방출되기 때문에 배출을 위해서 간장에 농도가 증가하게 된다. Hemosiderin은 혈구의 분해산물로서 비장에 hemosiderin의 양이 증가한 것은 용혈성 빈혈의 증거가 된다. 그럼으로 hemosiderin과 bilirubin의 축적된 것으로 보아 용혈성 황달(hemolytic jaundice)임을 알 수 있다.

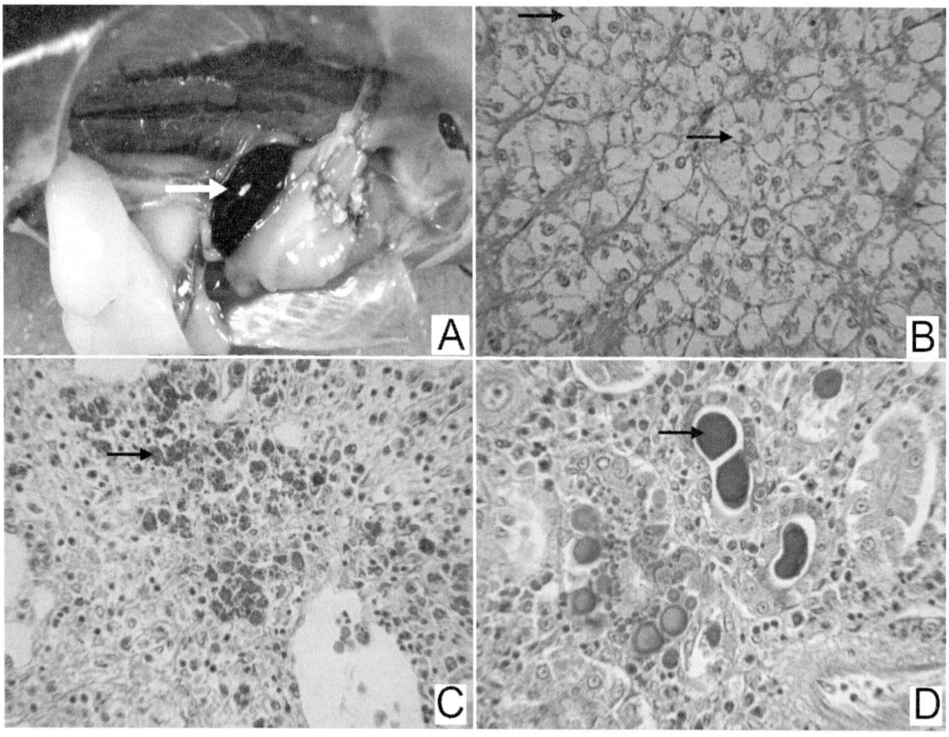

그림 6-58 **A:** 비장의 종대와 내장 지방이 황색으로 변색. **B:** 간세포의 세포질내 공포화(화살표)를 동반한 종대. **C:** 비장 내에 멜라노마크로파아지의 증가와 실질 내의 멜라노마크로파아지(화살표)와 혈관 내의 멜라노마크로파아지. **D:** 세뇨관 관공내의 갈색 침착(화살표)과 세뇨관 상피세포의 초자적 변성. HE.

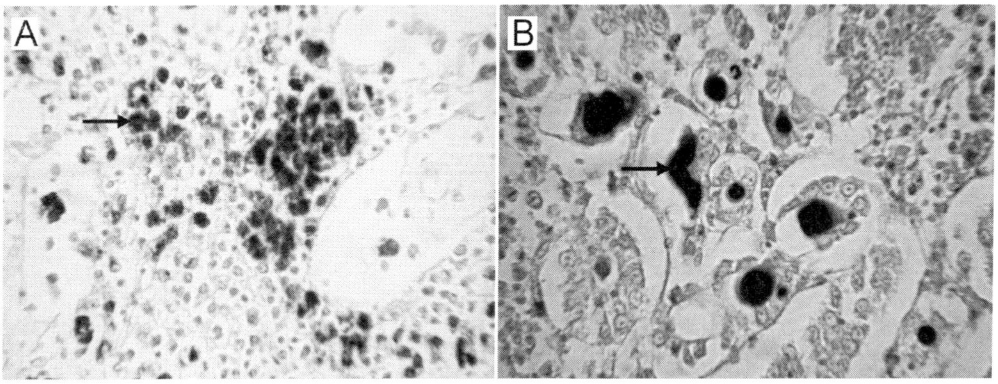

그림 6-59 **A:** 비장의 Berlin blue염색. Hemosidrin(화살표)은 밝은 녹청색. **B:** 신장 세뇨관내의 bilirubin침착(화살표). Bilirubin은 Stein's iodine염색에 emerald green.

2) 해수 사육 코호연어의 황달

동일 해역에서 같이 사육 중인 무지개 송어 및 대서양 연어는 발생하지 않으며, 오직 코호연어에만 발병하며 사망률은 1%-30%정도이다. 첫 발생은 바다로 이송하여 사육한 6주 후에 처음으로 발병하며 주간 폐사율은 1-5%이며 폐사는 3~4주간 지속된다. 발병시의 수온은 12.1~14.2°C이며, 발병어의 비만도는 매우 양호하다.

외부 증상은 복부의 피부와 짝지느러미의 기부 및 안구 주변이 노란색으로 변한다. 드물게는 체색이 노란색 또는 적색으로 변한다. 내부 증상은 아가미의 빈혈, 복수, 내장지방조직의 황변, 간장의 엷은 갈변, 비장의 흑화, 신장의 퇴색 등이 있으며, 위와 장에는 거의 먹이가 없다. 때로는 간에 녹색의 반점이 생기기도 한다.

병리조직학적으로 혈관내의 적혈구는 거의 발견되지 않고, 조직내에 출혈도 발견되지 않는다. 신장과 비장에 헤모시드린이 현저하게 축적된다. 신장의 헤모시드린은 조혈조직의 마크로파아지 내와 세뇨관의 상피세포내에서 발견된다. 드물기는 하지만 신장 세뇨관 상피의 종창(tumefaction)과 괴사도 관찰된다. 그러나 아가미에는 변화가 없이 정상이다.

간장은 지방조직염과 괴사소가 발견되며, 골격근에 근육세포가 변성을 일으키기도 한다. 심외막에는 지방조직이 현저하게 침착되고 단구의 침윤이 관찰된다.

신장, 비장 및 간장을 합쳐서 MEM으로 1: 100배의 균질액을 만들어 41g에 5분간 원심한 다음 5 μm로 여과하고 다시 0.45 μm로 여과하여 0.1 ml를 복강내에 접종하면 접종 23일 후에 동일한 증상이 재현됨으로 불분명하지만 바이러스성 질병일 가능성이 매우 높다.

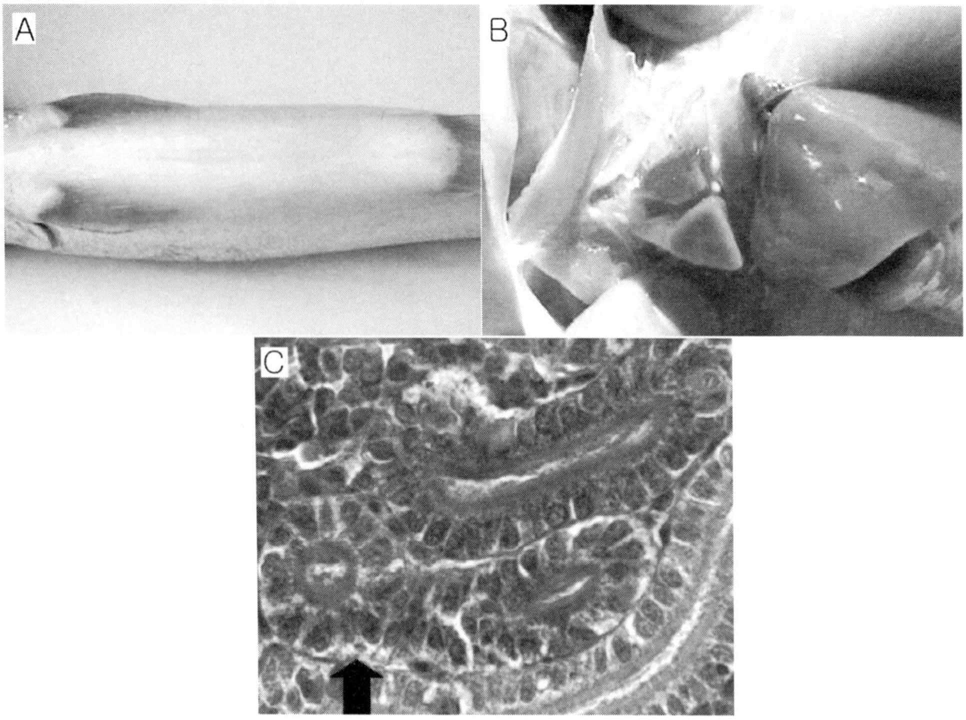

그림 6-60 **A:** 복부 피부의 황변을 특징으로 하는 황달. **B:** 아가미, 심장, 간장의 빈혈. **C:** 신장 세뇨관 상피세포내의 헤모시드린의 침착, Prussian blue.

3) 동남아산 메기

황달(janudice)은 혈액 속에 담즙색소인 bilirubin이 존재하기 때문에 점막, 피부, 눈 및 지방조직이 노란색으로 변색되는 증상으로 사료를 닭의 부산물을 많이 사용하고 있는 동남아산 메기에 여름철에 빈발한다.

동남아산 메기는 발병 초기에는 식욕이 감퇴되고, 무기력해지면서 황달 증상이 나타나기 시작하며, 심할 때는 사망률이 90% 이상 된다. 또한 발병어는 스트레스에 민감하여 출하전에 폐사하는 것이 보통이다.

발병어는 아가미와 피부가 노란색을 띄며, 아가미는 빈혈을 일으키고 있거나 때로는 부식된다. 비장. 신장 및 간장은 종대되어 엷은 노란색을 띄고 있다. 담낭 또한 종대되어 노란색의 담즙이 축적되어 있다. 내장 지방조직도 황변되며, 노란색의 복수는 공기중에 노출시키면 수분 내에 젤라틴 모양으로 굳어진다.

병리학적으로 가장 현저한 변화는 비장, 신장 및 간장에서 발견되며, 특히 간세포의 세포질내에 불규칙한 형상의 공포가 형성된다. 간장에는 2종류의 색소가 축적되는데, 황갈색 색소는 간세포의 세포내에 산재하며 때로는 담관의 관공과 혈관 내에서도 발견된다. 엷은 황갈색색소는 과립성이 더욱 현저하며 마크로파아지 내에 축적되어 혈관 주변에 집합체를 형성한다.

색소의 축적은 신장 및 비장의 조혈조직에도 광범위하게 일어난다. 특히 비장의 멜라노마크로파아지센터의 마크로파아지 내에 대형의 축적물이 형성된다. 세포간질에도 색소가 산재되어 형성된다. 신장의 세뇨관 관공 내에도 황색의 색소가 발견되며, 조혈조직에도 다양한 크기의 색소가 축적되며, 세뇨관은 퇴행화된다.

축적되는 2가지 색소는 ceroid와 hamemosiderin으로서, ceroid는 황갈색의 황산성으로 지방염색에 양성 반응을 나타내며 유기 용매에 불용성이다. 한편 haemosiderin은 헤모글로빈의 붕괴물 유래이다.

발병어의 증상은 황달과 용혈성빈혈에 의한 것으로 원인은 사료비 절감을 위해 냉장 보관되지 않은 닭 부산물을 먹인 결과에 의한 것으로 냉동 보관과 항산화제로서 비타민 E를 첨가함으로서 발병이 억제되었다.

황달의 또다른 요인으로 용혈성의 *Staphylococcus aureus*의 감염에 의한 경우 African sharp-tooth catfish, *Clarias gariepinus*도 생기고 있다. 세균감염에 의한 경우 간장의 괴사와 유동내의 담즙색소의 축적이 생기며, 뇌에도 perivascular space 내에 심한 수종과 과립구가 침윤한다

원인균은 TSA로서 분리가능하며, sodium tellurite가 첨가된 Vogel Johnson agar에서 37°C에 24시간 배양하면 검은색으로 광택이 있는 집락이 형성되는 *Staphylococcus aureus*이다.

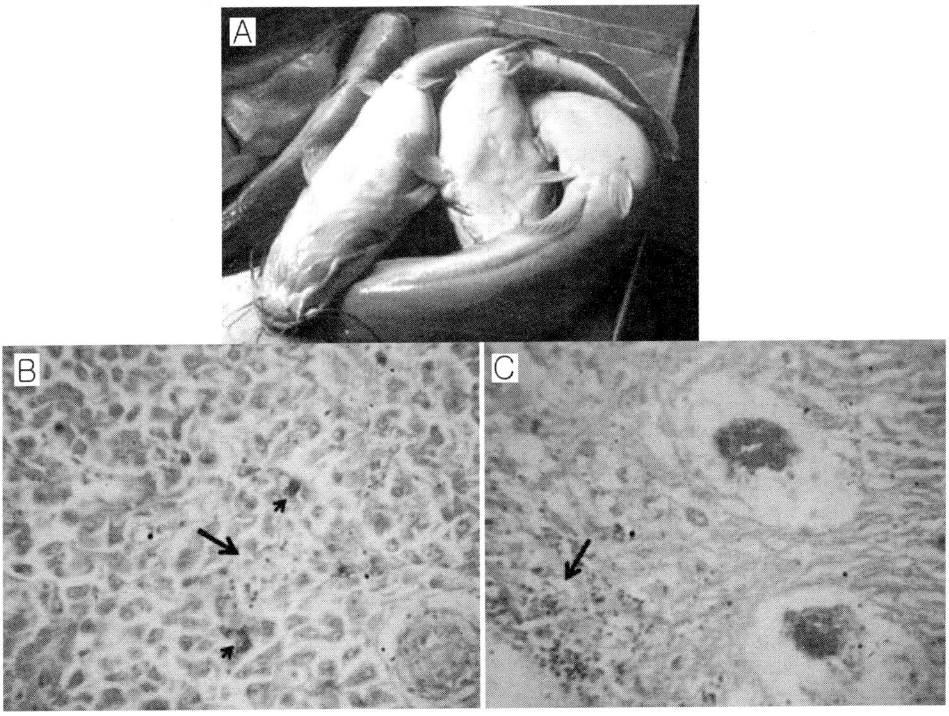

그림 6-61 **A:** 발병의 피부의 황변. **B:** 간 유동내의 담즙색소(작은 화살표)와 간세포의 국소적 괴사(화살표). **C:** 뇌의 perivascular space (O)의 심한 수종과 과립구의 침윤. HE.

21. 오염의 지표로서 간장의 수포성 공포 변화(hydropic vacuolation, HydVac)

오염된 지역에 서식하는 저서성 어류에 빈발하는 변화로 오염과 밀접한 관계가 있다. 수포성 공포변화는 광학현미경으로 1개의 대형의 빈공간이 간세포의 대부분을 차지하는 형태로 나타남으로 남아 있는 세포질 극소량에 불과한 형태임으로 쉽게 식별할 수 있다. 공포의 테두리는 부드럽게 막과 결합되어 있는 경우도 있다. 공포는 HE나 PAS에 염색되지 않는다. 그러나 간세포의 공포는 글리코겐이나 지질의 축적에도 생기지만 광학현미경적으로도 구분할 수 있다. 글리코겐과 지질은 공포내에 들어 있지는 않지만 세포질속에 소형의 공포로서 나타남으로 대형의 공포를 형성하는 수포성 공포와는 구별할 수 있다. 또한 핵이 공포 내에 출현하는 것도 특징적이다. 또한 이러한 변화가 췌장에서도 발견되기도 한다.

어류의 간세포의 비 종양성 변화는 HE 염색한 간세포의 세포질의 염색성(tinctorial characteristics of the hepatocyte cytoplasm)을 기준으로 4개의 형태적 변화로 구분할 수 있다.

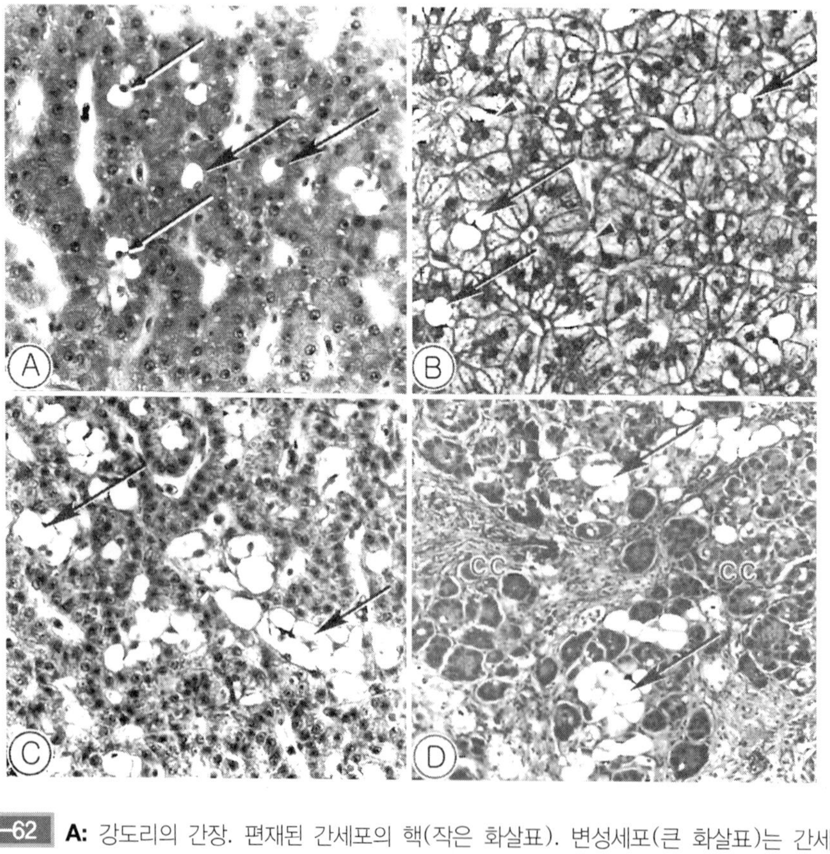

그림 6-62 **A:** 강도리의 간장. 편재된 간세포의 핵(작은 화살표). 변성세포(큰 화살표)는 간세포 색의 가운데 에 출현. **B:** 강도다리. 변성세포(화살표)는 지질 또는 글리코겐의 공포(화살표 머리)와 식별 가능. **C:** 심한 변성의 집합체. **D:** 변성세포가 종양성의 세포와 혼재. HE.

표 6-1

구분	주변과의 구분	간세포의 크기	세포질의 특성	기타
호염기성	불규칙한 모양	정상에 비해 소형		RNA의 증가
호산성	불규칙한 형상	확대	미세과립성	조면소포체의 증가
공포성	공포성	확대	공포, 편재 세포질 핵	지질 및 글리코겐의 증가
공포성	투명	확대	세포질내의 공포, 공포내의 핵	환경오염의 지표

22. 수중 폭발(detonation)에 의한 어류의 창상

수중 폭발에 의한 어류의 손상은 어체가 작을수록(54 mm 이하) 창상의 형성이 성체보다 현저하다. 또 부레는 폭발 때문에 외부 압력이 갑자기 변동하기 때문에 치어가 더욱 더 팽창한다. 폭발에 의한 어체의 손상은 내장기관의 붕괴와 내외의 출혈 등을 들 수 있다. 즉 복강, 간장, 신장, 비장, 담낭, 소화관 및 부레가 붕괴되거나 체강내 또는 간장, 신장, 비장 및 부레내에 출혈이 관찰된다.

수중 폭발 후에 어체에 상처가 생기는 근본 이유는 파도에 의한 압력이며, 내장의 손상 원인은 지나가는 파도에 의한 부레의 급격한 압축과 팽창에 의한 것이다.

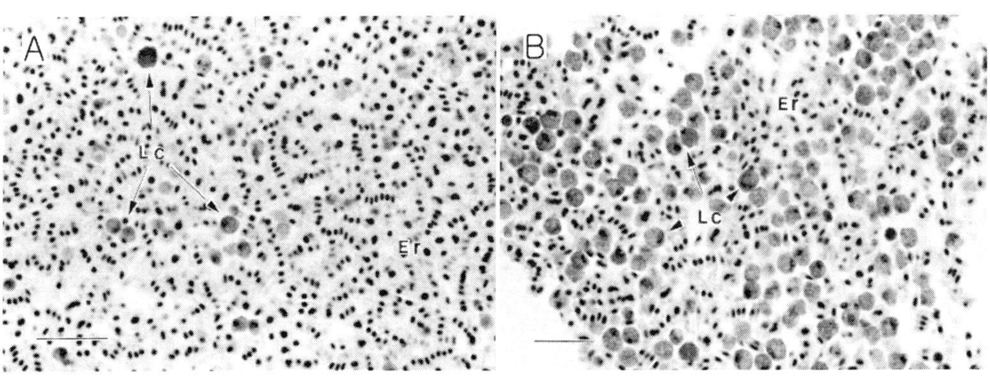

그림 6-63 **A:** 폭발 파도에 의한 미병부 체강의 출혈. **B:** 수압에 의한 체강의 출혈(대조). Er−적혈구, Lc−백혈구. HE. Bar=20 μm(**A**) 및 30 μm(**B**).

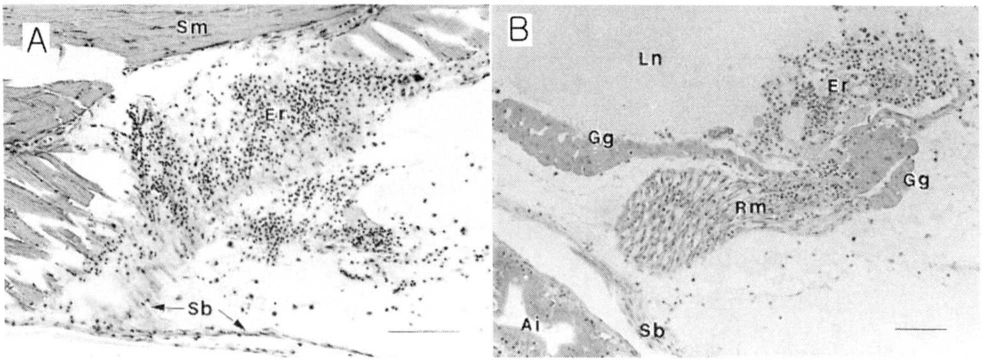

그림 6-64 **A:** 부레의 뒤쪽 장막내의 충혈. **B:** 부레의 가스선과 기망의 충혈. Ai-장의 전반부, Er-적혈구, Gg-gas선, Ln-부레 관공, Rm-기망, Sb-부레 장막, Sm-근육. HE. Bar=75 μm (**A**) 및 45 μm(**B**).

실험적으로도 폭발에 노출된 어류는 체강의 출혈이 현저하며 출혈이 있는 부위에 백혈구의 숫자가 증가되어 있다. 또한 부레의 장막내, 가스선의 점막, 기망 및 간장 내에 충혈이 생긴다. 간장의 충혈은 부레에서 가까울수록 더욱 심한 경향이며, 부레에 인접한 부분의 간장의 붕괴도 심하게 나타난다.

신장의 세뇨관에는 혈뇨(hematuria)현상이 생기며, 소화관의 앞쪽 부분의 등쪽 점막에 액화괴사가 생긴다. 소화관의 점막상피의 괴사는 가해진 압력에 따라 달라지지만 폭발지점으로부터의 거리와는 무관하게 나타난다.

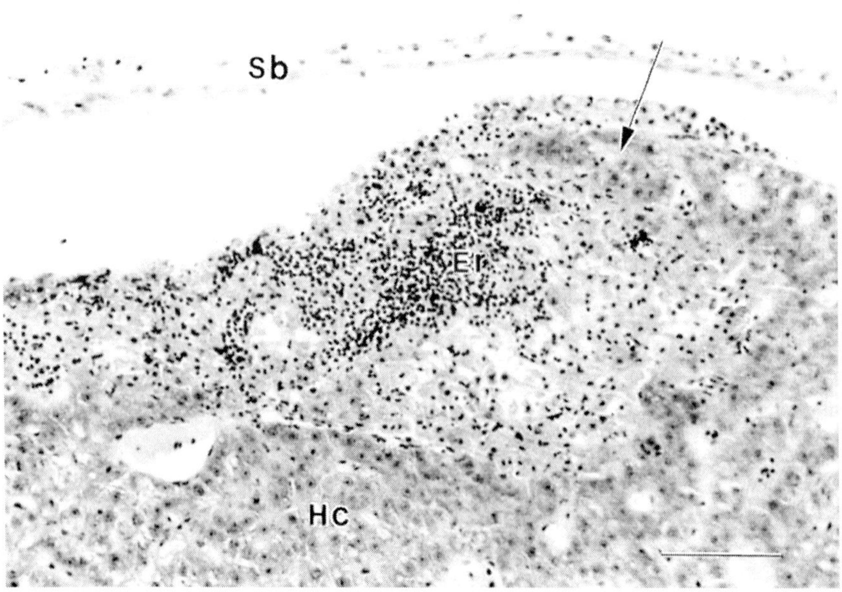

그림 6-65 **간장의 출혈.** Er-적혈구, Hc-간세포, Sb-부레 장막. HE. Bar=50 μm.

간장에는 액화괴사와 응고괴사의 2가지 형태의 괴사가 나타난다. 액화괴사는 충혈과는 무관하며 응고괴사소에 비해 호산성이 약하다. 응고괴사는 폭발에 따른 분명한 변화로서 부레에 인접한 간장 부위에 더욱 현저하게 나타난다.

췌장의 실질을 싸고 있는 막이 붕괴되어 zymogen과립이 췌장 내에 산재하게 되며, 부레에 가까운 곳에서의 변화가 더욱 심하다.

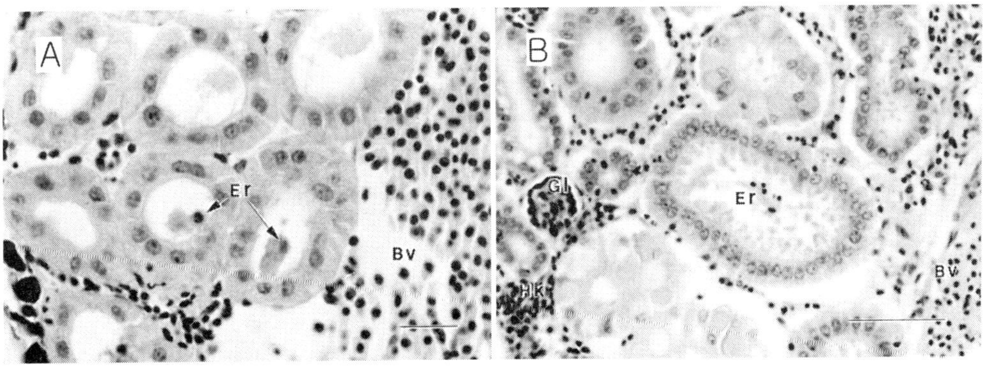

그림 6-66 신장 세뇨관의 혈뇨. Bv-혈관, Er-적혈구, Gl-사구체, Hk-두신. HE. Bar=18 μm(**A**) 및 43 μm(**B**).

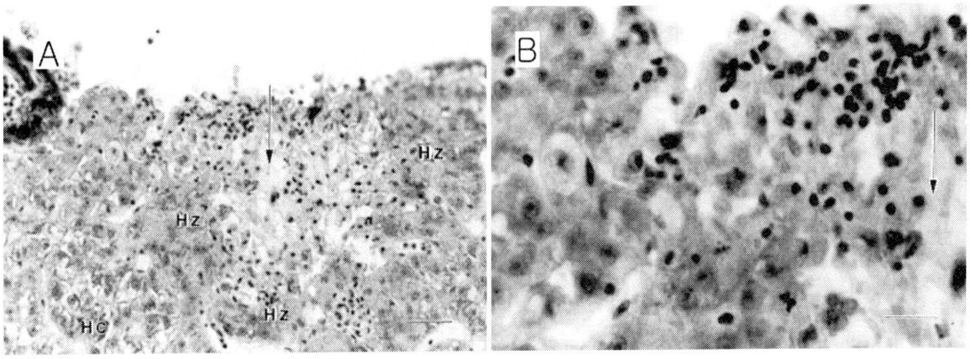

그림 6-67 간장의 응고괴사(화살표). Hc-정상 간세포, Hz-출혈 부위. HE. Bar=23 μm(**A**) 및 13 μm(**B**).

23. DO에 따른 아가미 조직변화

어류가 높은 DO(hyperoxia) 또는 낮은 DO(hypoxia)에 노출되면 모두 손상을 받게 되며, 고농도의 산소에서는 아가미 뚜껑 여닫기의 감소, 혈액내의 CO_2의 분압상승으로 혈액의 산성화 및 chloremia가 일어난다. 혈액의 산성화는 수일 이내에 회복되지만 단시간의 고농도 DO는 아가미에 산화적 손상을 일으킬 수 있다.

소형(35.7 cm, 280 g)과 대형(55 cm, 1217 g)의 철갑상어를 8주간 고농도, 정상 및 저농도의 DO에 노출시키면 폐사는 일어나지 않지만 성장에는 차이가 생긴다. 작은 크기의 개체는 체장의 길이에서 차이가 나며, 아가미의 조직에서 변화가 생긴다.

성장은 높은 DO에서 좋아지며, 저농도 DO에서는 사료 섭취와 성장이 불량해진다. 낮은 DO에서는 어류의 식욕과 성장률에 영향을 미치기 때문이다. 사료 섭취가 감소한다는 것은 스트레스의 지표임으로 낮은 DO는 성장을 감소시켜 에너지를 줄이게 됨으로 산소소비가 줄어들게 된다.

조직학적으로 아가미의 증생은 어류의 방어기작의 하나이지만 호흡면적을 줄이고 혈액내의 불순물의 확산 거리를 증가시키는 결과를 초래하게 되며, 저농도의 DO에서는 생리적으로 증생이 일어난다.

고농도 DO에서는 1차 새변과 2차 새변의 상피세포에 현저한 공포가 형성된다.

아가미의 부종, 상피세포의 박리 및 새변의 유착도 어류의 방어기작으로 외부의 환경에 노출되는 아가미의 표면적을 줄이기 위한 방책으로 오염물질에 노출되었을 때 오염물질의 확산거리를 증가시키게 된다.

2차 새변 상피세포의 박리는 수중에 용해되어 있는 독극물이 확산되는 거리를 증가시켜 혈류에 도달하는 것을 방지하기 위한 방책으로 상피세포의 박리에 의해 형성되는 부종은 방어벽으로 작용하게 된다.

상피세포의 박리는 삼투압의 유지에 필요한 호흡면적을 감소시킨 결과로서 점차 상피세포를 감소시키기 위한 것이다.

저산소 또는 고산소 조건에서 1차 또는 2차 새변에 melanin색소가 증가, 2차 새변의 곤봉화가 생긴다.

요약하면 높은 DO에서는 상피세포의 공포화, 2차 새변의 곤봉화, 1차 및 2차 새변의 울혈, 상피세포의 증생이다. 특히 저농도에는 1차 새변에 melanin색소가 증가한다.

저산소상태의 아가미는 2차 새변과 2차 새변 사이의 세포물질이 감소함으로서 2차 새변이 돌출되게 보인다. 이러한 적응은 호흡면적을 넓히기 위한 방책으로 저산소상태 하루 만에 변화를 확인할 수 있으며, 7일후에 길이는 최대로 돌출되지만 다시 산소가 공급되면 원래의 상태로 돌아가, 정상의 산소 상태에서는 1주일 만에 원래의 상태로 돌아간다.

담수어의 소금세포의 증식도 방어기작의 일환으로 외부의 물질의 혈류 내로 들어오는 거리를 멀게 하기 위한 방편이다.

24. 순환여과식 무지개송어의 이상 유영(side-swimming)

고밀도사육하고 있는 어종에서는 옆으로 헤엄치는 개체가 종종 발견된다. 등과 배가 중력 방향에 수직으로 회전 유영을 하지만 먹이 섭취는 정상이며 정상 개체와 유사한 성장을 나타낸다. 이러한 이상 개체는 수조에서 잡아 올리면 외관상으로 이상유영의 확인이 불가함으로 저상 개체와 식별이 불가능하다. 이러한 옆으로 헤엄치는 개체는 다양한 방식으로 사육되고 있는 양식장에서 종종 발견되는데 이러한 이유로서는 부레의 이상, 복강 내의 지방조직의 증가, 배쪽 결합조직에 지방조직의 축적(belly-flap), 원형 수조에서 수류의 회전 방향에 장기간 노출시켰을 때 나타나는 것으로 추측하고 있다.

환수율이 낮은 순환여과식 양식장에서는 더 많은 개체가 발견되는데, 그 원인으로 아질산의 축적과 용존 K의 양이 증가하기 때문이라고 밝혀졌다.

혈액학적으로는 K, glucose, pH, lactate, PCO_2에서 차이가 있다. 즉 옆으로 헤엄치는 개체는 K, pH, lactate는 현저히 낮은 반면, 포도당과 PCO_2는 현저히 높다. 이상개체에서 혈중의 PCO_2의 농도가 현지히 높은 것은 이상 유영 동안의 근육을 더 많이 움직였다는 증거이다. 혈액의 높은 PCO_2는 다른 혈액인자에 영향을 끼쳐 CO_2 관련 산성화가 생기며 낮은 pH는 Bohr와 Root 효과에 의해 낮은 PO_2와 O_2의 포화도를 낮추게 된다. 혈당이 상대적으로 높은 이유는 유영중에 근육을 많이 사용하였거나 스트레스에 의한 증가로 추측된다. 그러나 운동량이 많고 스트레스를 많이 받은 개체에서는 lactate가 높아야함에도 불구하고 이상개체는 lactate가 낮은 이유는 명확하지 않다. 또한 체장과 체중도 작은 편이며 얻을 수 있는 pellet의 양도 적다. 현 단계에서는 부레의 이상이 이상 유영과 가장 밀접한 관계가 있는 것으로 생각된다.

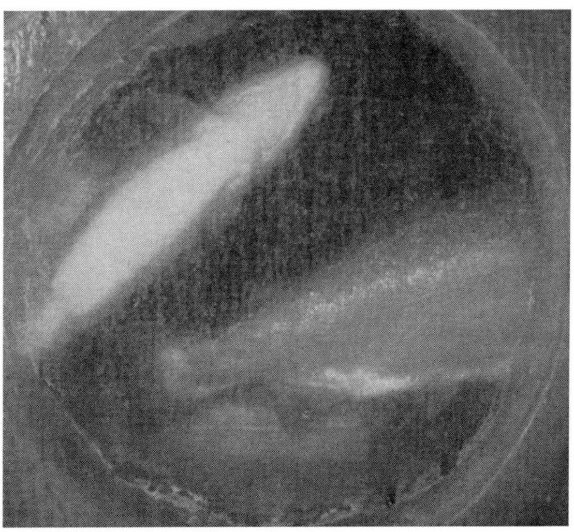

그림 6-68 수조의 측면에서 관찰한 유영상태. 이상 유영(위)와 정상 유영어(아래).

환수율이 낮은 순환여과식에서 아질산의 농도가 높을 경우에는 평균 100 mg/L에 도달하는 경우도 있는데, 이러한 경우에는 옆으로 헤엄치거나 또는 다른 개체에 비해 유영속도가 빨라지는 이상개체가 출현하고 있다. 무지개송어에서는 아질산이 80~100 mg/L의 범위가 되면 만성적으로 어체 건강에 영향을 끼치게 되지만 성장에는 별다른 이상이 없지만 생존율이 저하되게 된다. 그럼으로 순환여과식에서 무지개 송어의 아질산의 농도는 80~100 mg/L이하로 낮추는 것이 이상유영의 발생억제와 성장에 좋은 결과를 얻을 수 있다.

25. 잿방어의 눈궤양병

잿방어에게만 특이하게 발병되는 질병으로 한쪽 눈에 궤양이 형성되는 것이 특징임으로 이러한 병명이 부여되었다. 병어는 먹이 섭취가 곤란해져 점차 쇠약해지며 양식용은 상품가치가 저하되어 판매가 불가능하게 된다.

병어의 한쪽 눈의 각막이 백탁 또는 단열되어 중앙에 구멍이 파인 상태가 가장 많이 발견되는 증상이며, 중증인 경우는 수정체가 탈락하여 안구내부가 완전히 건락화되어 있는 황색기미를 띄고 있는 상태 등이 발견된다.

환부인 안구의 도말표본을 검경하면 다양한 균이 발견되지만 이러한 균들은 2차적 감염에 의한 것으로 생각된다. 즉 환부에서 발견되는 세균은 수계에서 안구 내로 침입한 세균으로 안구가 어떤 요인에 의해 물리적 장애를 일으킨 다음 세균이 침입한 것으로 추정됨으로 안구에 손상을 초래한 원인이 1차적 원인으로 생각된다.

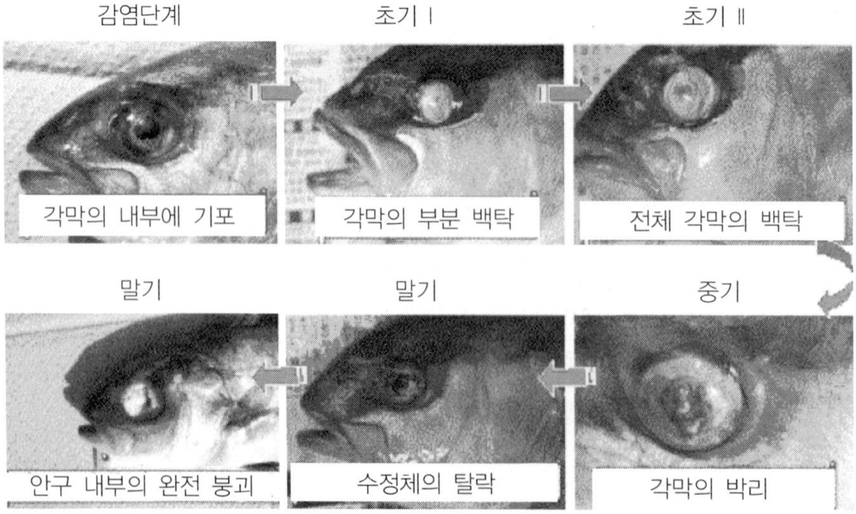

그림 6-69 **잿방어 안구 궤양병의 진행과정별 안구의 변화.**

발병의 빈도는 1년생 어류가 가장 많고, 월별로는 수온이 높은 7~10월에 가장 많이 발생한다. 이러한 발병시기는 잿방어에 빈발하는 *Neobenedenia girellae*의 빈발시기와 중복된다는 것이다.

정확한 원인은 밝혀지지 않았지만 원인으로는 체표 또는 안구에 피부흡충이 부착한 것이 1차 원인으로 헤엄칠 때 가두리에 부빌 때에 물리적 손상이 생긴 것이 2차 원인으로, 이 때 생긴 상처를 통하여 각종 세균이 침입하여 안구가 건락화되어 궤양으로 진행된 것으로 추정된다.

26. 해수 양식 무지개송어의 특발성심근병(idiopathic cardiomyopathy)

대서양 연어와 무지개 송어에 심근의 이상에 의한 preslaughter mortality가 빈번히 발생하고 있다. 발병 개체는 크기가 6 kg 이상의 대형어로 배로 운송 도중 또는 수송 전후의 그물로 채포 또는 취급과정에 폐사된다.

발병 개체는 통통하게 살쪄 있으며, 지느러미가 갈라지거나 짧아져 있는 것을 제외하고는 외관상 이상은 발견되지 않는다. 해부하면 내장에 대량의 지방 축적, 복수의 축적, 심장의 관상동맥의 현저한 울혈로 인해 심장이 원형화되어 흐물흐물해지며, 비장의 원형화 및 간장의 표면에 젤라틴성의 막이 형성되어 있다. 때로는 위심강 내에 상당량의 응고된 혈액이 발견되기도 한다. 그러나, 양식업자간에는 취급과 수송과정에 생기는 일반적인 폐사로 알려져 있다.

해수에 수용하여 정상적으로 성장하던 개체가 수온 10°C 무렵에 스트레스나 취급에 아주 민감하게 되어, 스트레스를 줄이기 위해 먹이의 감소 투여와 취급의 주의에도 불구하고 월간 1% 정도 폐사가 일어난다.

병리조직학적으로 가장 뚜렷한 변화는 심장에서 발견되는 것으로 위심강 주변의 지방 조직과 심실의 심외막과 동맥구에 적혈구의 집합체가 형성되어 있다. 심외막에는 단구의 침윤이 발견되기도 하며, 핵농축 또는 융해된 심근이 단구성의 염증세포에 둘러싸여 심근의 치밀층과 스펀지층 사이에서 발견된다.

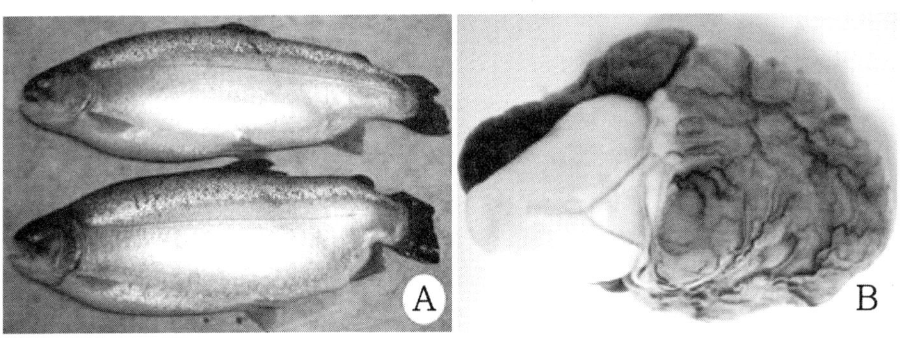

그림 6-70 **A:** 살이 통통한 무지개 송어. **B:** 관상동맥에 울혈이 형성되어 흐물흐물해진 심장 (flabby heart).

스펀지성의 심근의 trabeculae에는 단구의 침윤을 동반한 심근 섬유의 국소적 괴사소가 발견되기도 한다. 동맥의 관공 내에는 다양한 크기의 혈액 응고 집합체가 발견되며, 변성과정의 trabeculae를 싸고 있는 내피세포의 비대와 증상이 발견된다.

동맥구의 관상동맥의 단면에서는 내피세포의 가벼운 증생이 생겨있다. van Gieson염색하면 심근의 스펀지층과 치밀층의 경계면이 적색으로 염색됨으로서 상당량의 교원섬유가 존재함을 알 수 있다.

측선 부근의 적색근은 근섬유 사이에 출혈이 생겨 있고 단구의 침윤을 동반한 국소적으로 근섬유가 괴사되어 있다. 간세포는 공포화되어 있고 비장의 적수는 심한 울혈과 적혈구의 축적 때문에 매우 명확하게 식별된다.

병리조직학적 변화는 심방과 심실의 스펀지층에 심한 괴사와 심내막이 비대화되는 nodavirus의 감염 가능성이 높은 cardiomyopathy syndrom (CMS)와는 차이가 난다. 또한 심장의 치밀층과 스펀지층 모두가 감염되어 심한 epicarditis가 유발되며, 적색근의 변성과 염증이 유발되는 heart and skeletal muscle inflammation (HSMI)과도 차이가 난다. 그 외 심장에 이상이 초래되는 질병으로 무지개송어에 잠자는 병으로 불리는 췌장병과도 유사하다.

그러나 특발성심근증은 지금까지 알려진 심장병과는 다른 형태의 질병으로 가장 뚜렷한 환부가 심근의 치밀층과 스펀지층 사이와 스펀지층의 trabeculae에 환부가 형성되는 것을 특징으로 하고 있다. 무지개송어의 심근의 치밀층과 스펀지층의 경계면은 환부가 특히 잘 형성되는 부분(predilection site)으로 알려져 있는데, 이 경계면의 환부에는 출혈, 병원체의 집합체 및 괴사가 일어나는 것이 일반적이다. 이 부분에 환부가 형성되는 이유는 명확하지 않지만 아마도 2층간의 물질대사, 생리 및 물리적 성질의 차이에 의한 것으로 추정된다.

심장의 스펀지층과 치밀층의 경겨면의 내피세포 아래에 교원섬유가 출현한다는 것은 섬유성 조직의 활성 반응으로 심내막 fibrosis와 매우 유사하다. 대서양 연어에서도 스펀지층의 외각에 교원섬유가 축적되면 심한 순환장애가 유발되는 질병이 유발된다. 또한 HSMI의 말기에도 경계면에 fibrosis가 발견되는 것으로 미루어 경계면의 섬유화는 만성의 심장 부전의 지표로 활용할 수 있는 증상이라 할 수 있다.

본 질병의 경우 사료양을 줄이고 취급에 주의하면 폐사량은 상당량 감소된다.

무지개송어의 새로운 질병인 급성피부염인 puffy skin disease(PSD, 가칭 표피종창병)

2002년 영국에서 처음으로 발생하였으며 현재까지는 무지개송어에서만 발병되고 있다. 수조 내의 병어는 체색이 회색으로 보이며, 더 정밀하게 관찰하면 피부에 과잉의 점액분비와 피부의 증생이 생겨있다. 질병이 더욱 진행되면 더욱 두터운 점액층이 융기된 비늘과 피부를 덮게되고, 식욕이 소실되면서 무기력하게 되어 폐사되지는 않지만 상품가치의 소실로서 경제적 손실이 초래되게 된다.

병어의 신장, 비장, 간장, 소화관, 아가미 및 뇌를 적출하여 조직표본을 제작하여 HE, Gram, Giemsa염색을 하며, 피부와 혈액의 도말표본을 만들어 May-Grunwald Giemsa염색한다.

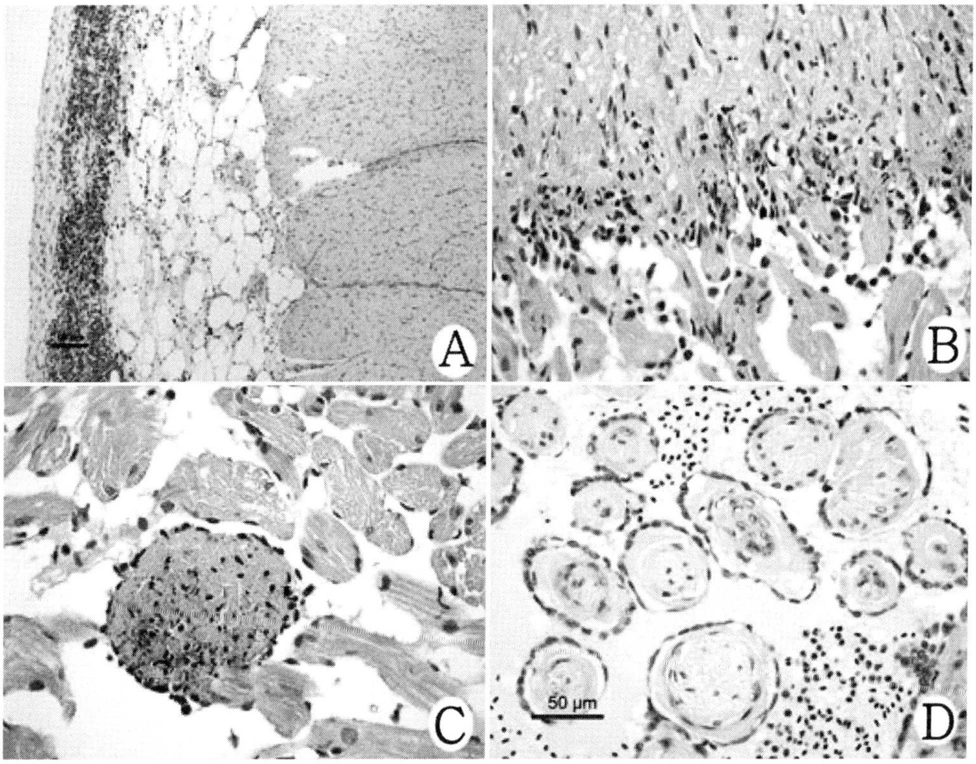

그림 6-71 **A:** 심방의 심외막 아래의 출혈. **B:** 심장의 스펀지층과 치밀층 사이의 심근의 괴사와 염증세포의 침윤. **C:** 스펀지층의 괴사 국소. **D:** 심근의 변성과 심방의 내피세포의 비대와 증생. HE. Bar=100 μm(**A**), 50 μm(**B-D**).

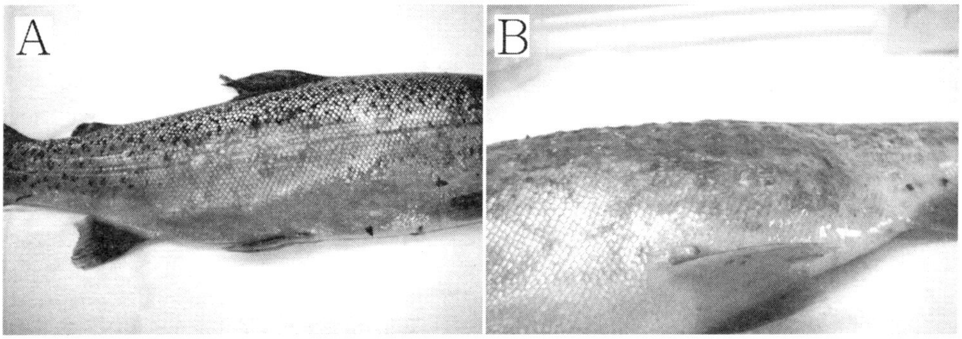

그림 6-72 병어는 몸통부에 회색 또는 백색의 반점으로 보이지만 건져내어 관찰하면 점액의 과잉분비(**A**)와 상피의 증생을 특징으로 하고 있다. 중증인 경우 융기된 비늘(**B**)과 피부 부분을 두터운 젤리 모양의 점액층이 덮고 있다. 폐사어의 소화관에는 노란색의 액체이외는 발견되지 않으며, 위는 두터워져 있고 담낭은 종대되어 있다.

병어의 주된 병리조직학적 변화는 정상조직과 감염조직 상이에 명확한 구분이 되는 점진적인 상피세포의 증생을 특징으로 하고 있다. 증상이 진행되거나 심할 때는 상피는 스펀지 모양으로 내부에 투명한 공간이 명확하게 형성되고 점액세포는 거의 없다. 자세히 살펴보면 호중구 또는 림프구가 상피세포층 내에서 발견되기 때문에 급성의 피부염임을 의미하고 있다. 그러나 RMS와 strawberry disease와는 병리상에서 분명한 차이가 있다. 이들 질병에서는 표피는 대개 감염되지 않는 반면 진피와 근육에 심한 림프구의의 침윤을 특징으로 한다. 또 다른 피부병인 warm water strawberry와 US rash에서는 상피세포의 괴사와 진피에 림프구가 침윤한다는 점에서 PSD와 차이가 있다.

때로는 비늘과 상피세포의 외곽층이 박리되기도 하지만 대개 그 기저부는 정상이지만 때로는 근육의 괴사와 근염(myositis)가 관찰된다. 체표 도말표본에서는 세균의 발견되지 않지만 *Ichthyobodo necator*가 발견되는 경우는 있으며, 조직표본에서도 *I. necator*가 발견될 때도 있지만 혈액도말표본에서는 어떠한 병원체도 발견되지 않는다.

PSD의 특징적인 병리상인 상피세포의 증생은 *I. necator*와 같은 외부 기생충의 자극에 반응한 결과임을 의미하며, 실제로 피부 도말표본 및 조직표본에서 *I. necator*가 발견된다. 표피 내에 소수의 염증세포가 존재한다는 것은 급성의 피부염임을 의미한다. PSD의 병리상은 상피세포의 증생, 부종 및 점액세포의 감소를 주요 특징으로 하는 연어류에서의 *I. necator*의 조직상과 매우 유사하다.

PSD는 3배체가 2배체보다 더 많이 발생하는 경향이며, 여름철에 더욱 빈발하는 계절성을 가지고 있으며, 폐사는 없거나 매우 낮기 때문에 대책으로 현재는 병어를 제거하는 방법이 사용되고 있다.

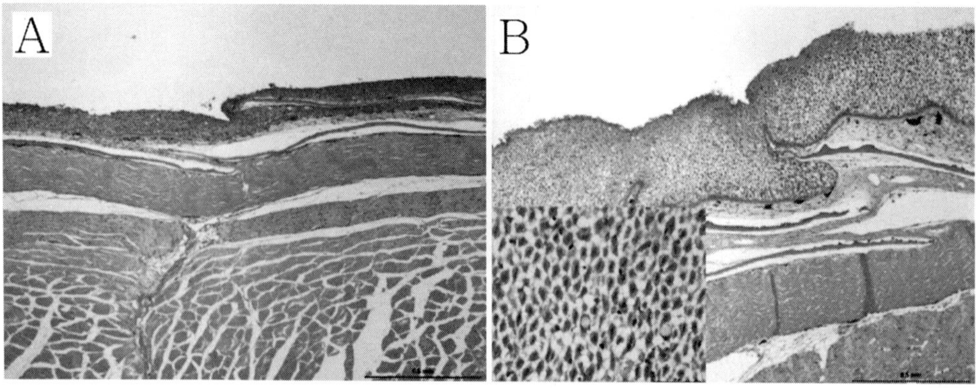

그림 6-73 **A:** 병어의 환부가 아닌 정상의 피부는 진피와 근육이 모두 정상임. **B:** 병어의 피부의 상피세포가 현저하게 증생되며 증생된 상피는 세포사이에 빈 공간이 형성되어 마치 스펀지 모양(삽입)을 하고 있는 것이 특징적임. 피부의 일부는 부식되지만 진피와 근육은 거의 증상. HE. Bar= 0.5 mm.

27. 아가미 맥류의 형성

어류 아가미의 맥류(telangiectasis; lamellar dilation)는 살충제나 다른 화학물질 또는 대사성 산물인 암모니아에 노출되었을 때 발생한다. 또한 정상어라 할지라도 아가미를 어종에 따라서 마취하는 방법에 따라 생길 때도 있다. 두부를 강타하여 마취하는 방법(concussion, a blow to the head)로 죽인 다음 아가미를 채취하면 아가미에 맥류, 새변의 부종 및 흉선에 출혈이 생긴다. 대서양연어(*Salmo salar*)와 무지개 송어는 흉선에 출혈이 생기지만 아가미에는 변화가 없지만, lake trout(*Salvelinus namaycush*)는 마취시간이 길어지거나 두부 강타에 의한 경우 아가미에 맥류, 혈종 및 흉선의 출혈이 더욱 심하게 나타난다.

금붕어의 아가미 흡충을 치료하기 위하여 포르말린 200ppm을 15~30분간 약욕하게 되는데, 약욕 처리 후 폐사율이 급증하게 된다. 이 때 금붕어가 호흡하는 것을 기준으로 약욕후의 상태를 구분하면 3단계로 나눌 수 있다. 1단계는 아가미가 두터운 점액으로 덮인 단계, 2단계는 아가미의 증생이 생기는 단계 및 맥류가 형성되는 3단계로 진행되는 것을 아가미로 검경함으로서 확인할 수 있다. 그럼으로 약욕 처리를 잘못함으로서 맥류가 형성되어 폐사가 증가하게 됨으로 정확하게 투약하여야 한다.

어류의 아가미는 환경수와 접하는 표면적이 가장 넓은 기관임으로 수중의 화학물질이나 수계 환경변화에 민감하게 반응한다. 아가미는 산소교환을 행하는 호흡기관이며, 그외 이온과 삼투압을 조절하는 기관으로서 아가미의 손상은 호흡장애와 체내 전해질에 불균형을 초래하게 된다.

아가미에서 나타나는 조직학적 변화는 상피세포의 구조의 변화, 1차 새변 상피세포의 공포화와 증생, 2차 새변에서 분비세포의 종대, 상피세포의 박리, 구조의 변화, 벽주세포의 핵 농축, 새변 사이에 점액의 분비, 염증세포의 침윤, 다양한 크기의 새변의 유착과 맥류의 형성 등의 변화가 일어난다.

아가미에서 일어나는 변화는 혈액과 조직액의 흐름의 변화에 의한 순환장애로서 조직내의 체액의 양의 변화는 염증반응과 밀접한 관계를 가지고 있다. 아가미에서의 출혈(haemorrhage)은 혈관에서 혈액이 빠져나온 것을 의미하는 것이며, 동맥피의 정체는 충혈(hyperaemia), 정맥피의 정체는 울혈(congesntion), 동맥 혈관관의 확장을 동맥류(aneurysm)이며, 모세혈관에서 빠져나온 액상의 물질이 조직 내에 고여 있는 것을 부종(oedema)라 한다.

아가미에서 일어나는 퇴행성 변화는 기능이 감소하거나 불완전하게 하는 변화로서 위축, 변성 및 괴사 등이 포함되는 형태적 변화이다. 아가미의 형태나 구성 세포의 배열이 비정상적으로 변화는 구조적 변화와 혈장의 변화에 의한 초자적 변성, colloid 변성, 공포변성, 수포변성 및 결합조직의 섬유가 두터워지는 초자변성이 생긴다. 또한 세포와 세포 사이에 비정상의 물질이 축적되며, 핵이 융해 또는 핵 농축이 생긴다. 더욱 심각하게 되면 구성세포의 수와 부피가 감소하게 되고 최종적으로 구성세포가 괴사되게 된다.

표 6-2 **담수어의 아가미의 조직학적 변화의 정도에 따른 분류 단계.**

단 계	아가미의 조직학적 변화
1단계	상피세포의 증생 및 비대 울혈 끝 부분 모세혈관의 확장 상피세포의 박리 2차 새변의 유착 및 구조의 변화 2차 새변의 길이가 짧아짐 상피세포에 백혈구의 침윤
2단계	2차 새변 상피의 출혈과 붕괴 점액세포의 비대 및 증생 점액세포의 모양(점액 방출로 빈 공간) 소금세포의 증생 및 비대
3단계	2차 새변의 맥류 괴사 및 변성

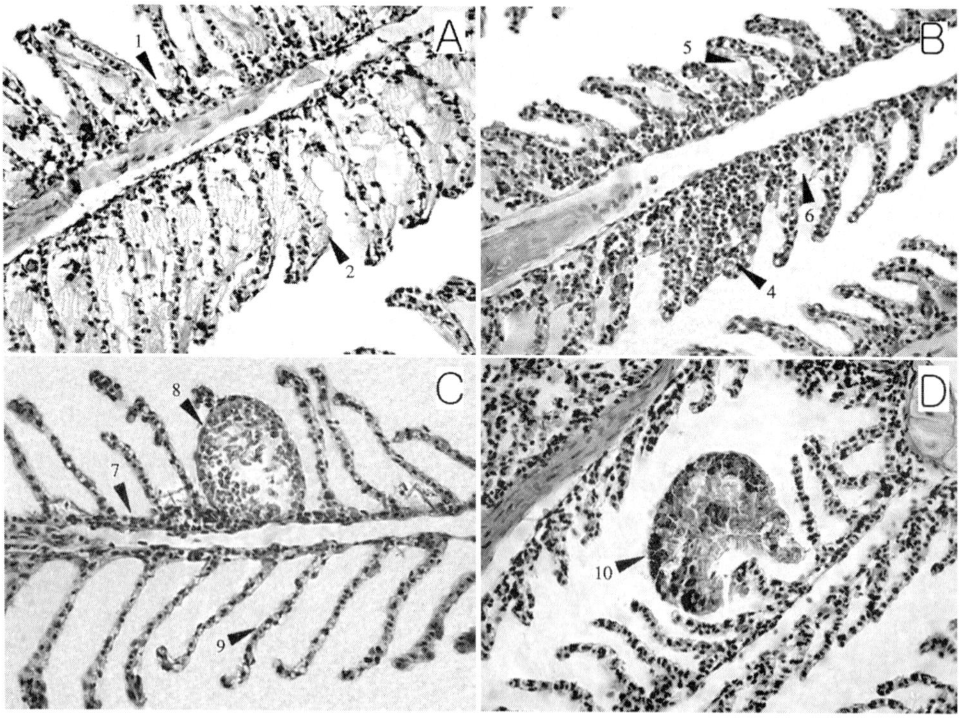

그림 6-74 **A:** 정상 아가미. 2차 새변(1), 1차 새변(2), 소금세포(3). **B:** 2차 새변의 유착(4), 상피세포의 박리(5) 및 공포화(6). **C:** 1차 새변 구조의 변화(7), 원생류의 cyst(8), 2차 새변 구조의 변화(9). **D:** 단생류의 충체(10).

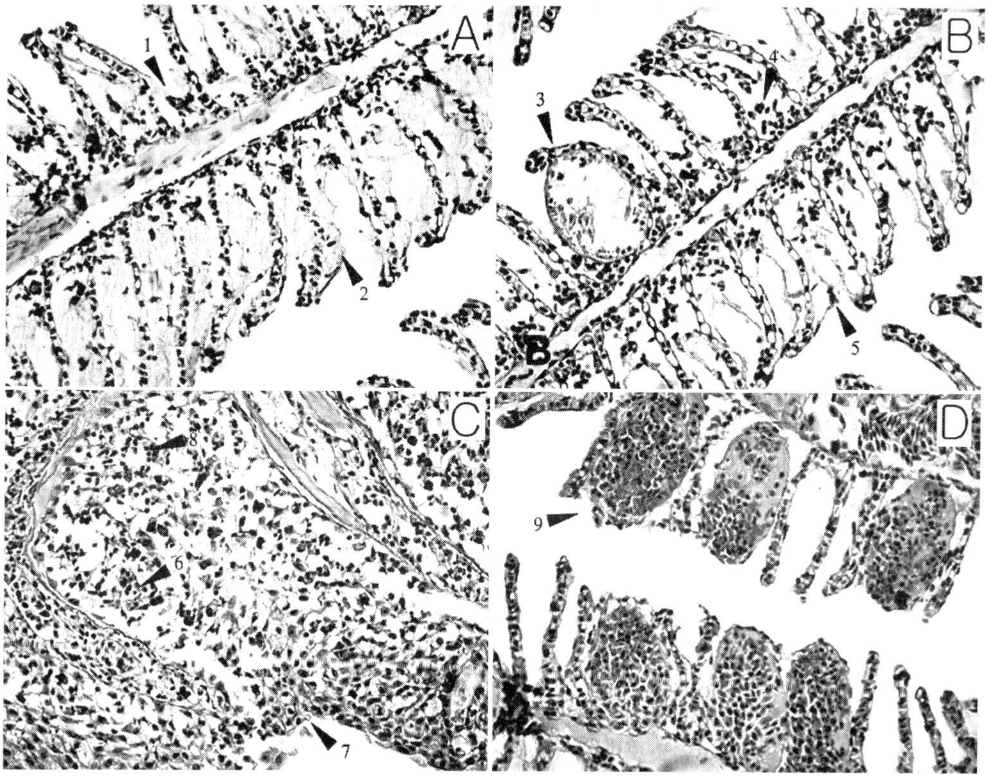

그림 6-75 **A:** 1차 새변 구조의 변화(1)와 점액의 분비(2). **B:** 원생동물의 cyst(3), 상피세포의 증생(4) 및 상피세포의 박리(5). **C:** 혈관(6), 상피세포의 증생(7), 염증세포(8). **D:** 2차 새변의 맥류.

아가미에서의 진행성 변화는 세포와 조직의 기능이 항진된 상태에서 일어나는 변화로 구성세포의 증가 없이 세포의 부피가 커지는 비대(hypertrophy), 세포의 부피는 변화가 없이 구성 세포의 숫자가 증가하는 증생(hyperplasia)의 변화가 생기면서 염증반응이 일어난다. 염증반응에는 혈관에서 빠져나온 고단백질의 액상 또는 세포성 물질이 존재하는 여출물(exudate), 작은 혈관을 싸고 있는 내피세포와 마크로파아지로 구성된 세망내피계의 활성 종대 및 혈관 밖으로 빠져나온 백혈구가 주변 조직에 모이는 침윤(infiltration)의 변화가 생긴다.

오염물질에 일어나는 이러한 변화는 아가미뿐만 아니라 신장, 간장, 피부에서 일어나게 됨으로 병리학적 변화는 오염물질의 노출을 평가할 수 있는 자료로 활용할 수 있다.

28. Cyanobacteria함유 사료에 의한 동자개의 독성

사료에 cyanobacteria의 독소인 microcystin을 저함량과 고함량인 각각 32.3 μg/g, 71.96 μg/g을 첨가하여 60일간 투여한 다음 다시 60일간을 cyanobacteria가 없는 수조에 사육하였을 때 혼합첨가 사료를 투여하였을 때 상대성장률은 낮아진다. 60일간 경구투여한 다음 간장은 첨가량에 비례하여 조직학적 변화가 나타난다. 회복기간인 60일 동안 저농도 첨가군은 회복되었지만 고농도 첨가군은 회복하지 못하였다.

조직학적 변화는 대조군의 간장은 간세포와 간세포의 핵은 크기나 형태가 균질하지만, 저농도를 첨가한 개체는 간세포의 크기가 일정하지 않고, 유동의 확장 및 간세포의 공포화가 발견된다. 또한 유동의 내부에 방추형의 세포가 자주 발견되는 것도 특징이다.

고농도 첨가 개체는 저농도 첨가군과는 달리 간세포의 극성 분포하며, 정맥 내부에 증식성의 세포의 집합체를 가진 꾸불꾸불한 모양의 serpentine band가 빈번히 관찰된다. 이러한 변화이외에도 간세포의 집합체가 유동의 관공 가장자리에 부착하며, 이렇게 부착하고 있는 간세포는 고농도첨가 개체에서는 원형의 꽃다발 모양으로 배열하고 있다. Cyanobacteria에 노출된 틸라피아는 간장의 간세포의 배열이 불규칙하게 되며 중심정맥이 울혈되어 확장된다. 또한 간장에 백혈구의 침윤과 간세포의 공포화가 현저하다. 이러한 변화는 다른 어류에서 microcystin 독성의 병리학적 특징인 간세포의 불규칙한 변화와 공포화와 일치하고 있다.

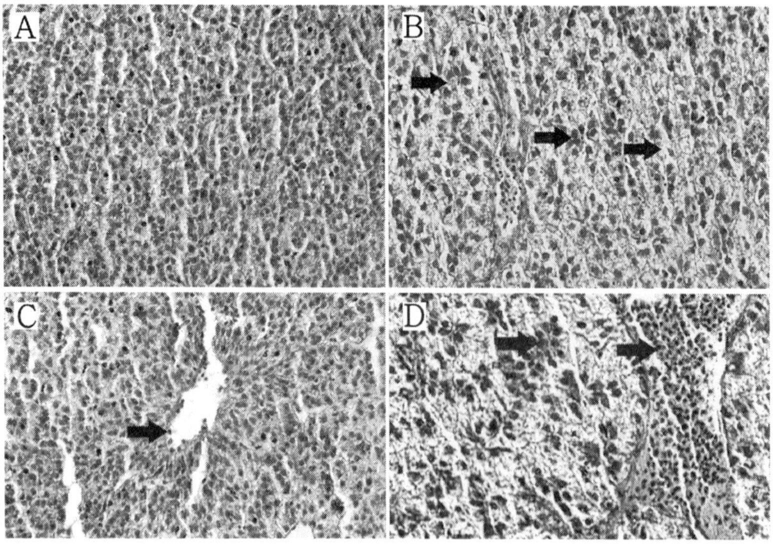

그림 6-76 **Cyanobacteria 함유 사료 투여후의 회복 시험(60일간) 전후의 간장의 변화. A:** 무첨가 사료 60일간 투여 건강의 간장. B-**C:** 저농도 첨가 투여 60일 후의 간장. **B:** 간세포의 불균질한 분포(좌상)과 간세포의 공포화(중간) 및 유동의 확장(우하). **C:** 간 유동내의 방추형 모양의 세포. **D:** 고농도첨가 투여 60일 후의 간세포의 극성 분포(좌)와 간정맥 내의 증식성 세포의 집합체 형성(우).

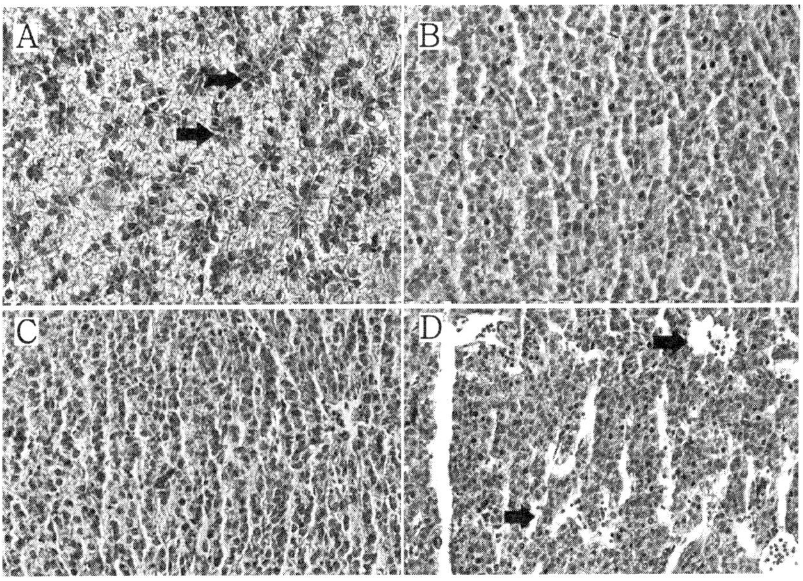

그림 6-77 **A:** 고농도첨가 두여 60일 후. 간세포의 집합체는 꽃다발 모양을 형성(화살표). **B:** 무첨가 투여군의 60일간 회복 사육 후의 간장. **C:** 저농도를 먹인 개체의 간장은 회복 사육 후 변화가 거의 없음. **D:** 고농도 첨가군은 회복 사육 60일 후에도 간유동의 관공이 무질서하며(우상), 유동은 확장(좌하).

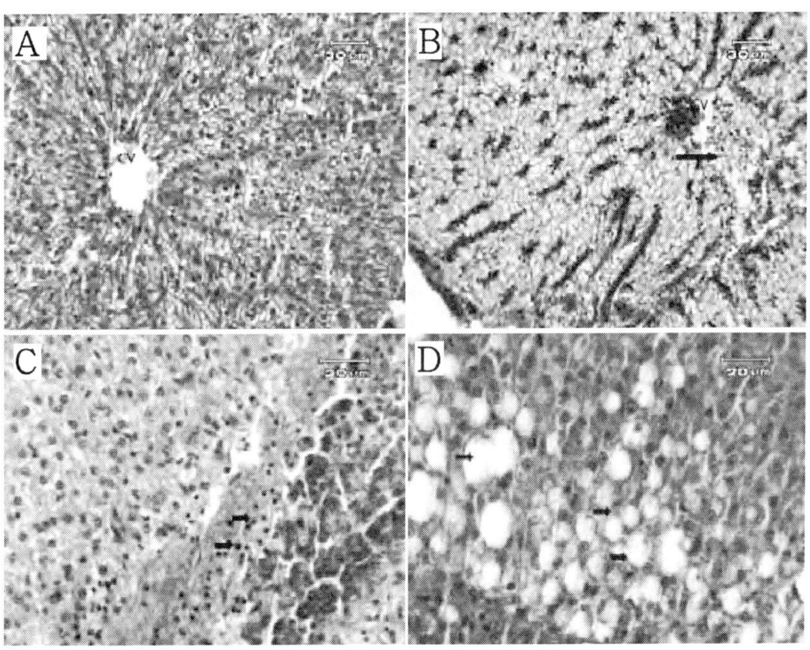

그림 6-78 **A:** 대조군의 간장. 중심정맥(CV)와 간유동의 규칙적인 배열이 특징. **B:** 중심정맥의 확장(CV)와 울혈, 간유동의 불규칙한 배열이 특징적임. **C:** 간장의 백혈구 침윤(화살표). **D:** 간세포의 현저한 공포화. HE.

29. 곤들메기(*Salvelinus leucomaenis*) 치어의 부종

종묘생산 과정에 감모 요인의 하나로 수종병 또는 출혈성 부종병이라 불리는 질병은 두부나 복부에 부분적 수종 증상을 특징으로 하는 질병으로 수종 내에는 출혈이 보이는 경우도 있다.

병어는 체색이 흑화되며, 복수의 축적에 의한 복부 팽만, 안구돌출의 개체도 있으며, 심한 경우에는 두부와 복부에 수종상이 현저하다. 체표면에 출혈이 보이는 경우도 있으며, 체강벽과 안구 주변의 피하에 출혈이 보이는 개체도 있다.

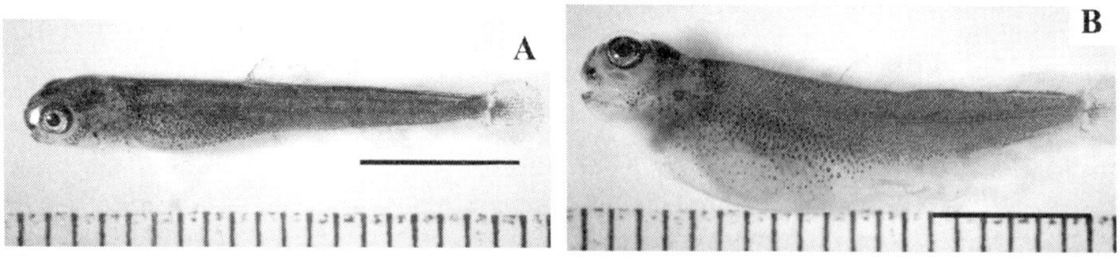

그림 6-79 **건강 개체(A)와 발병 개체(B).** 발병 개체는 복수, 눈의 부종, 안구돌출 및 두개골의 변형의 특징적 증상을 나타냄. Bar=6 mm.

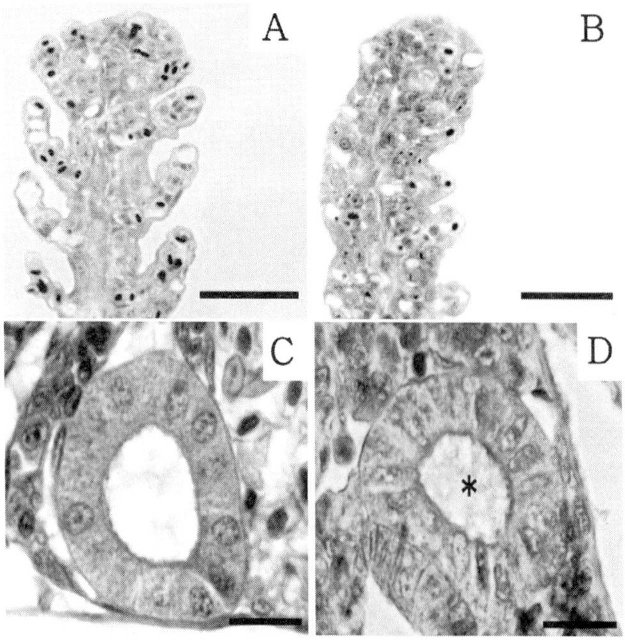

그림 6-80 **A:** 건강 개체의 아가미. **B:** 상피세포의 증생과 새변의 유착을 나타내는 발병 개체의 아가미. **C:** 건강개체의 세뇨관. **D:** 관공내에 자주색의 물질(*)이 출현하는 발병 개체의 세뇨관. Giemsa(**A**, **B**). HE(**C**, **D**). Bar=100 mm(**A**, **B**) 및 50 mm(**C**, **D**).

아가미는 혈액의 색조가 소실되는 빈혈 개체가 많으며, 소화관에는 먹이가 없다. 병어는 배수구 부근의 표면에서 유영하면서 때로는 그물망에 끼이는 개체도 많다.

병어의 아가미 도말표본을 만들어 검경하면 새박판과 새변의 표면에 많은 세균이 부착되어 있으며, 이러한 세균 집락은 수종상을 나타내는 모든 개체의 아가미에서 발견되며, 수종이 심할수록 세균 집락도 많은 경향이다.

병리조직학적으로는 새변 상피의 현저한 증식과 유착이 생기지만 새변의 괴사는 발견되지 않는다. 내장기관에는 세균의 침입과 같은 병리상은 발견되지 않지만 신장의 세뇨관의 관공에 자주색의 물질이 발견된다. 부종병의 원인으로 세균이라는 주장도 제기되었지만 현 단계에서 원인은 아직 명확하지 밝혀지지 않았다.

발병의 초기에는 식염 1%를 첨가하여 사육하면 예방에 효과적이다. 또한 환수율을 증가시키고 사료에 ascorbic acid를 사료 kg당 10 g첨가하여 투여하면 발병을 예방할 수 있다.

[참고문헌]

Au, D. W. T., Pollino, C. A., Wu, R. S. S., Shin, P. K. S., Lau, S. T. F., and Tang, J. Y. M.(2004): Chronic effects of suspended solids on gill structure, osmoregulation, growth, and triiodothyronine in juvenile green grouper *Epinephelus coioides*. Mar. Ecol. Prog. Ser., 266: 255-264.

Baily, J. E., Bretherton, M. J., Gavine, F. M., Ferguson, H. W., and Turnbbull, J. F. (2005): Thepathology of chronic erosive dermatopathy in murray cod, *Maccullochella peelii peelii* (Mitchell). J. Fish Dis., 28: 3-12.

Baxter, E. J, Sturt, M. M., Ruane, N. M., Doyle, T. K., and McAllen, R.(2011) Gill damage to Atlantic salmon (*Salmo salar*) caused by the common jellyfish (*Aurelia aurita*) under experimental challenge. PLoS ONE 6(4): e18529. doi:10.1371/journal.pone.0018529

Benili, A. C. K., Koksal, G., and Ozkzul. A.(2008): Sublethal ammonia exposure of Nile tilapia (*Oreochromis niloticus* L.): Effects on gill, liver and kidney histology. Chemosphere, 72: 1355-1358.

Black, E. A., Whyte, J. N. C., Bagshaw, J. W., and Ginther, N. C.(1991): The effects of *Heterosigma akashiwo* on juvenile *Oncorhnchus tshawytscha* and its implication for fish culture. J. Appl.Ichthyol., 7: 168-175.

Blazer, V. S., Fabacher, D. L., Little, E. E., Ewing, M. S., and Kocan, K. M. (1997): Effects ofUltraviolet-B radiation on fish: histologic comparison of a UVB-sensitive and a UVB-tolerant species. J. Aquat. Anim. Health, 9: 132-143.

Chang, P-H., Kuo, S-T., Chen, M-H., Tu, C., Huang, S-H., Lai, T-M., and Yu, W-C.(2008): Jaundice in cultured hybrid catfish, *Clarias betrachus* x *Clarias fuscusi*. JVSC, 1: 47-51.

Chen, C-Y., Wooster, G. A., Getchell, R. G., and Bowser, P. R.(2001): Nephroca;cinosis in Nile tilapia from a recirculation aquaculture system: A case report. J. Aquat. Anim. Helath, 13: 368-372.

Corrales, J., Ullal, A., and Noga, E. J.(2009): Lateral line depigmentation (LLD) in channel catfish, *Ictalurus punctatus* (Rafineswque). J. Fish Dis., 32: 705-712.

Davidson, J., C. Good, C. Welsh, and S. T. Summerfelt.(2014): Comparing the effects of high vs. low nitrate on the health, performance, and welfare of juvenile Rainbow Trout *Oncorhynchus mykiss* within water recirculating aquaculture systems. Aquacultural Engineering, 59: 30–40.

Davidson, J., C. Good, C.Welsh, and S. T. Summerfelt(2011): Abnormal swimming behavior and increased deformities in Rainbow Trout *Oncorhynchus mykiss* cultured in low exchange water recirculating aquaculture systems. Aquacultural Engineering, 45:109–117.

Diggles, B. K.(2013): Saddleback deformities in yellowfin bream, *Acanthopagrus australis* (Gu¨nther), from South East Queensland. J. Fish Dis., 36: 521-527.

Dong, G., Xie, S., Zhu, X., Han, D., Yang, Y., Song, L., and Gan, L., and Chen, W. (2012): Responses of yellow catfish (*Pelteobagrus fulvidraco* Richardson) exposed to dietary cyanobacteria and subsequent recovery. Toxicon, 60: 1298-1306.

Ewing, M. S., Blazer, V. S., Fabacher, D. L., Little, E. E., and Kocan, K. M.(1999): Channel catfish response to ultraviolet-B radiation. J. Aquat. Anim. Health, 11: 192-197.

Fahprathanchai, P., Saenphet, K., Meng-umphan, K., Peerapornpisal, Y., Aritajat, S., Saenphet, S., and Sudwan, P.(2007): Histopathological and hematological ecaluation of Nile tilapia (*Oreochromis niloticus*) esposed to a toxic cyanobacterium (*Microcystis aeruginosa*). Southeast Asian J. Trop. Med. Public Health, 38(suppl 1): 245-247.

Figueiredo-Fernandes, A., Ferreira-Cardoso, J. V., Garcia-Santos, S., Monteiro, S. M., Carrola, J., Matos, P., Fontainhas-Fernandes, A.(2007): Histopathological changes in liver and gill epithelium of Nile tilapia, *Oreochromis niloticus*, exposed to waterborne copper. Pesq. Vet. Bars., 27: 103-109.

Flores-Lopes, F. and Thomaz, A. T.(2011): Histopathologic alterations observed in fish gills as a tool in environmental monitoring. Barz. J. Biol., 71: 179-188.

Good, C., Davidson, J., and Kinman, C.(2014): Observations on side-swimming rainbow trout in water recirculation aquaculture systems. J. Aquat. Anim. Health., 26: 219-224.

Govoni, J. J., Settle, L. R., and West, M. A. (2003): Trauma to juvenile pinfish and spot inflicted by submarine detonations. J. Aquat. Anim. Health, 15: 111-119.

Hicks, B. D., Hilton, J. W., and Ferguson, H. W.(1984): Influence of dietary selenium on the occurrence of nephrocalcinosis in rainbow trout, *Salmo gatrdneri* Richardson. J. Fish Dis., 7: 379- 389.

Ishikawa, T., Ubukata, H., Mano, N., Hirose, H., and Nakanishi, T.(2012): Curative and preventive measures for edema in juvenile uvenile Japanese char, *Salvelinus leucomaensis*. Fish Pathol., 47: 91-96.

Jelmert, A., Rodseth, O. M., and Van Der Meeren, T.(1995): Nephrocalcinosis associated with mass mortality in cultured Atlantic halibut, *Hippoglossus hippoglossus* L., larvae. J. Fish Dis., 8: 365-369.

Kalogianni, E., Alexius, M., Tsangaris, C., Abraham, M., Bonga, S. E. W., Iger, Y., Ham, E. H., and Stoumboudi, M. T.(2011): Cellular responses in the skin of the gilthead sea bream *Sparusauratus* L. and the sea bass *Dicentrarchus labrax* (L.) exposed to high ammonia. J. Fish Biol., 78: 1152-116.

Kasai, K., Hasegawa, A., and Fukuda, H. (1991): An interim report on the etiology of so-called dropsy of juvenile Japanese char, *Salvelinus leucomaensis*. Fish Pathol., 26: 21-28.

Katharios, P., Papadaki, M., Ternengo, S., Kantham, P. K., Zeri, C., Petraki, P. E., and Divanach, P.(2011): Chronic ulcerative dermatopathy in cultured mrine fishes, Comparative study in sharpsnout sea bream, *Diplodus puntazzo* (Walbaum). J. Fish Dis., 34: 459-474.

Kent, M. L., Whyte, J. N. C., and LaTrace, C.(1995): Gill lesions and mortality in seawater pen-reared Atlantic salmon Salmo salar associated with a dense bloom of *Skeletonema costatum* and *Thalassiosira* species. Dis. Aquat. Org., 22: 77-81.

Khoo, L. H., Goodwin, A. E., Wise, D. J., Holmes, W. E., Hanson, L. A., Steadman, J. M., McIntyre, L. M., and Gaunt, P. S.(2013): The pathology associated with visceral toxicosis of catfish. J. Vet. Diagnost. Invest., 23: 1217-1221.

Kobayashi, T., Goto, K., and Miyazaki, T.(2000): Pathological changes caused by cold-water stress in Japanese eel *Anguilla japonica*. Dis. Aquat. Org., 40: 41-50.

Kobayashi. T.(2010): Histopathological features of cultured Japanese amberjack *Seriola quinqueratiata* with ascites occurring in the winter. J. Toxicol. Pathol., 23: 165-169.

Koumoundouros, G., Divanach, P., and Kentouri, M. (2001): The effect of rearing conditions on development of saddleback syndrome and caudal fin deformities in *Dentex dentex* (L.). Aquaculture, 200: 285-304.

Mahjoor, A. A., and Loh, R.(2008): Some histopathological aspects of chlorine toxicity in rainbowtrout (*Oncorhynchus mykiss*). Asian J. Anim. Vet. Adv., 3: 303-306.

McHugh, K. J., Van Dyk, J. C., Weyl, O. L. F., and Smit, N. J. (2013): First report of nephrocalcinosis in a wild population of *Mugil cephalus* L. and *Myxus capensis* (Valenciennes). J. Fish Dis., doi:10.1111/jfd.12101

Meade, J. W.(1985): Gill lamellar dilations (telangiectsis) related to sampling techniques. Trans. Am. Fish. Soc., 114: 911-913.

Morrison, C. M., O'Neil, D., and Wright, J. R. (2007): Histopathology of "hole-in-the-head" disease in the Nile tilapia, *Oreochromis niloticus*. Aquaculture, 273: 427-433.

Partridge, G.J., and Creeper, J. (2004): Skeletal myopathy in juvenile barramundi, *Lates calcarifer* (Bloch), cultured in potassium-deficient saline groundwater. J. Fish Dis., 27: 523-530.

Peeler, E.J., Ryder, D., Thrush, M.A., Mewett, J., Hulland, J., and Feist, S.W. (2014): Acute dermatitis in farmed trout: an emerging disease. J. Fish Dis., 37: 1021-1029.

Proppe, T.T., Borno, G., Iversen, L., and Myklebust, E. (2009): Idiopathic cardiac pathology in seawater-farmed rainbow trout, *Oncorhynchus mykiss* (Walbaum). J. Fish Dis., 32:807-810.

Rodrigues, R. V., Miranda-Filho, K. C., Gusmao, E. P., Boreira, C. B., Romano, L. A., and Sampaio, L. A.(2010): Deleterious effects of water-soluble fraction of petroleum, diesel and gasoline onmarine pejerrey *Odontesthes argentinensis* larvae. Science of the Total Environment, 408: 2054-2059.

Saber, T. H.(2011): Histological adaption to thermal changes in gills of common carp fish *Cyprinus carpio* L. Jou. Rat. Sci., 22: 46-55.

Sanchez, R. C., Obregon, E. B., and Rauco, M. R.(2011): Hypoxia is like an ethiological factor in vertebral column deformity of salmon (*Salmo salar*). Aquaculture, 316: 13-19.

Schultz, A. G., Shigdar, S. L., Jones, P. L., Ward, A. C., and Toop, T.(2011): Groundwaterpre-treatment prevents the onset of chronic ulcerative dermatopathy in juvenile murray cod, *Maccullochella peelii peelii* (Mitchell). Aquaculture, 312: 19-25.

Sfakianakis, D. G., Koumoundouros, G., Anezaki, L., Divanach, P., and Kentouri, M. (2003)Development of a saddleback-like syndrome in reared white seabream *Diplodus sargus* (Linnaeus, 1758). Aquaculture, 217: 673-676.

Skjelbred, B., Horsberg, J. E., Tollefsen, K. E., Andersen, T., Edvardsen, B. (2011): Toxicity of the ichthyotoxic marine flagellate *Pseudochattonella* (Dictyochophyceae, Heterokonta) assessed by six bioassays. Harmful algae, 10: 144-154.

Smith, P. A., Larenas, J., Contretas, J., Cassigli, J., Venegas, C., Rojas, M. E., Guajardo, A., Perez, S., and Diaz, S.(2006): Infectious haemolytic anaemia causes jaundice outbreaks in seawater-cultured coho salmon, *Oncorhnychus kisutch* (Walbaum), in Chile. J. Fish Dis., 29: 709-715.

Solid, J., Weber, R. E., and Nilsson, G. E.(2005): Temperature alters the respiratory surface area of crucian carp *Carassius carassius* and gold fish *Carassius auratus*. J. Exp. Biol., 208: 1109-1116

Stehr, C. M., Johnson, L. L., and Myers, M. S.(1998): Hydropic vacuolation in the liver of threespecies of fish from the U.S. West Coast: lesion description and risk assessment associated with contaminant exposure. Dis. Aquat. Org., 32: 119-135.

Wong, C. K., Pak, I. A., and Liu, X. J. (2012): Gill damage to juvenile orange-spotted grouper *Epinephelus coioides* (Hamilton, 1822) following exposure to suspended sediments. Aquaculture Res., doi:10.1111/j.1365-2109.2012.03173.x. 1-11.

Yonkos, L. T., Fisher, D. J., Wright, D. A., and Kane, A. S.(2000): Pathology of fathead minnows(*Pimehales promelas*) exposed to chlorine dioxide and chlorite. Mar. Environ. Res., 50: 267-271.

Yule, A. M., Barker, I. K., Austin, J. W., and Moccia, R. D.(2006): Toxicity of *Clostridium botulinum* type E neurotoxin to Great Lakes fish: implication for avian botulism. J. Wildl. Dis., 42: 473-493.

鹿児島県水産技術開発センター　機関誌 うしお (2013) : カンパチの日潰れ症(仮称). 333: 4-5.

7 신생물

1. 다발성 간낭종(Polycystic liver disease, PLD)

1) Turbot

발병어는 아가미 뚜껑을 열고 있으며 복수의 축적 및 간의 표면에 액상의 물질로 채워진 cyst가 여러 곳에 형성된다.

간장의 csyt는 얇은 막, 소성 결합조직 및 비대 또는 괴사된 간세포로 이루어져 있지만 기생충 또는 염증반응은 전혀 관찰되지 않는다. 이러한 간의 낭종은 사람에서는 담관 상피 기원으로 발생하기도 하지만 다른 동물에서는 선천적 기형으로 생각되고 있다.

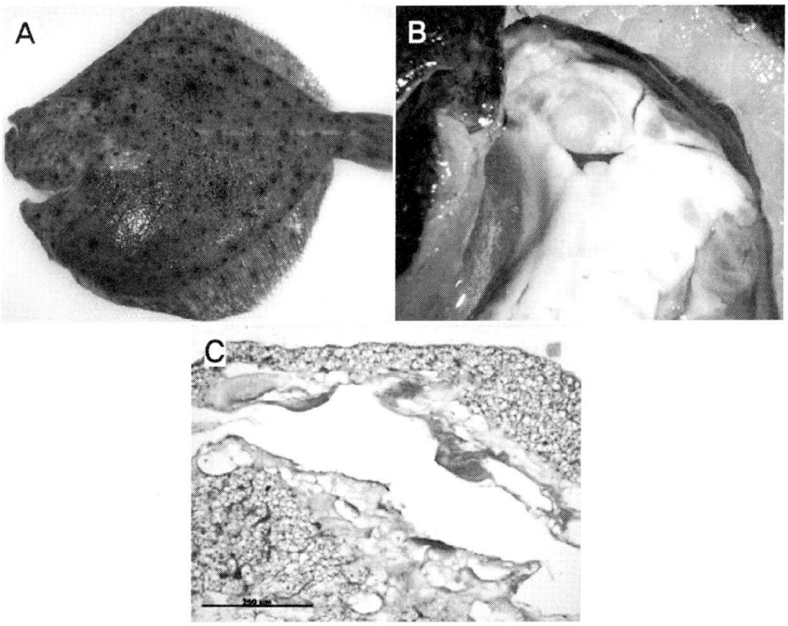

그림 7-1 **A:** 복수의 축적에 의한 복부팽만 및 아가미 뚜껑의 개구. **B:** 액체가 충만된 다양한 크기의 cyst. **C:** 부정형의 얇은 피막, 소성 결합조직, 비대 또는 괴사 간세포로 구성된 cyst. HE.

그러나 어류에서의 간 또는 신장의 다발성 낭종은 담관 또는 세뇨관 상피의 비정상적 분화에 기인하는 것으로 낭종은 입방 또는 원주상의 상피로 싸여 있고 팽화(ectasia) 또는 간 내부의 관공이 팽창되어 있는 것이 일반적인 현상이다. 그러나 때로는 상피세포가 없고 결합조직에 싸여 있는 경우도 있지만 이러한 경우에도 cyst가 소형일 때는 입방상피의 바깥에 결합조직이 싸고 있는 것이 보통이다.

2) 금붕어 간장의 다낭종

병어의 가장 현저한 특징은 투명한 복수의 축적으로 복수의 양은 약 1.5 ml 정도 축적된다. 간장에는 투명한 액체가 들어 있는 대양한 크기의 낭포가 형성되며, 나머지 부분에는 출혈이 생겨 있다. 간장이외의 다른 조직에는 낭포가 발견되지 않는다.

신장, 간장 및 아가미의 조직표본을 만들어 검경하면 간장에서는 투명한 반투명의 단백질성 막으로 싸인 빈 공간과 유동 내에 혈구가 충만되어 있다. 간세포는 압박을 받아 종창과 지방변성을 일으킨다. 유동과 낭포 주변에는 갈색색소가 관찰되는데, prussian blue염색에 청색으로 염색됨으로 hemosiderin임을 알 수 있다.

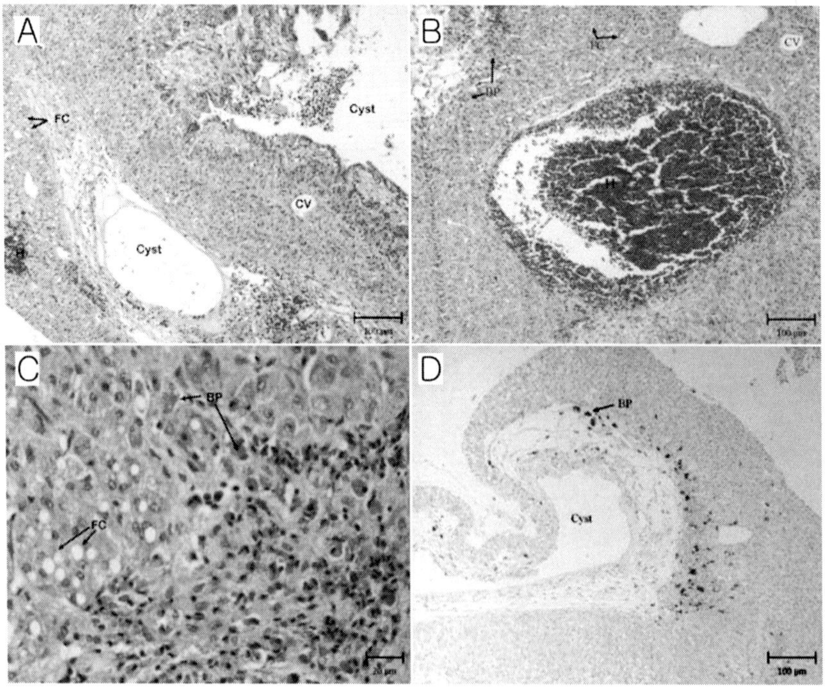

그림 7-2 **A:** 간장의 간세포 사이의 낭포. 지방변성(Fc), 중심정맥(CV). **B:** 혈관내의 적혈구, 갈색색소, 지방변성 및 중심정맥. **C:** 간세포 사이의 적혈구, 갈색 색소 및 지방변성. **D:** 낭포 주변의 hemosiderin색소(Bp). 지방변성(Fc), 중심정맥(CV), 갈색색소(Bp) 및 간세포(H). HE(**A-C**) 및 prussian blue (**D**).

아가미에서는 상피세포가 증생하며, 증생된 상피세포 사이에는 호산성의 과립상의 세포와 마크로파아지가 관찰된다. 신장에는 사구체염과 세뇨관 상피세포의 종창이 생긴다.

간장의 낭포 형성은 유전적인 요인에 의한 것으로 치어에 잘 발생하며, 신장 및 다른 기관에도 형성되는 것이 일반적이다. 또한 간장의 낭포의 원인으로 기생충이 관여하는 경우도 있는데, 충체 주변의 유동에 적혈구가 충만하지만 hemosiderin의 침착이 거의 없는 것이 일반적이다.

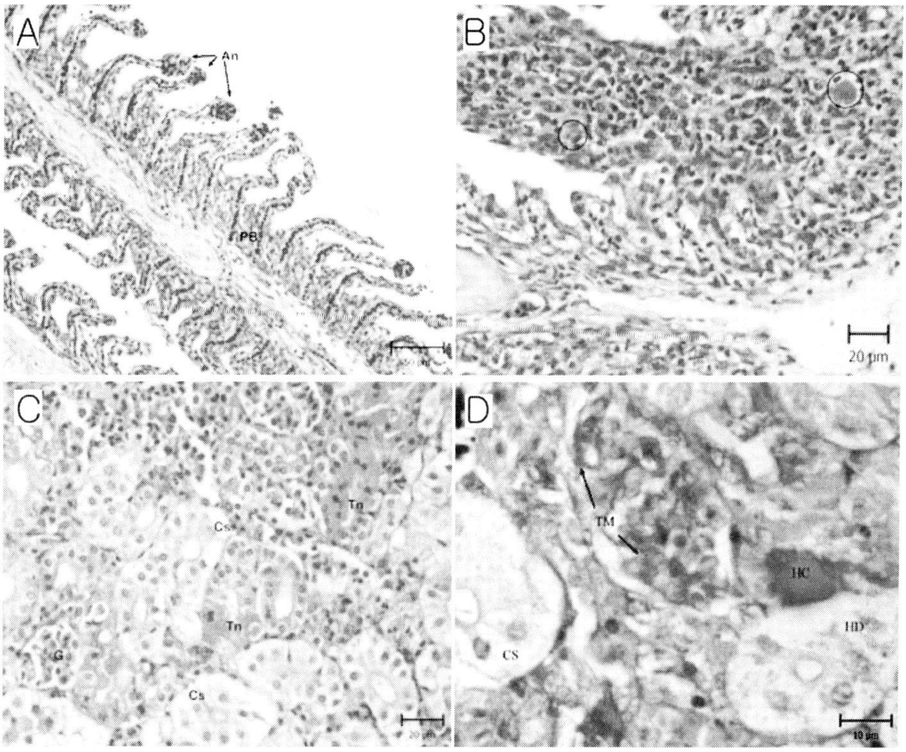

그림 7-3 **A:** 아가미 상피세포의 증생과 맥류. **B:** 아가미의 증생된 상피세포내의 호산성의 과립세포. **C:** 사구체염(G), 세뇨관 관공의 괴사(Tn) 및 세포의 종창. **D:** 두터워진 사구체 막(TM)은 사구체염을 의미하며, 세뇨관의 초자적 변성(HD), 세포종창(CS) 및 관공 내의 초자물질. HE(**A-C**) 및 PAS (**D**).

3) 철갑상어(white sturgeon, *Acipenser transmontanus*)의 간장 다낭종

병어는 복부가 팽만되며, 팽만의 정도는 어류에 따라 심한 경우와 그렇지 않은 경우가 있다. 해부하면 복강 내에 많은 젤리와 같은 물질이 들어 있는데, 이것이 복강 내부를 완전히 채우고 있기 때문에 소화관과 같은 내장기관을 덮고 있지만 심장의 주변에는 없다. 젤리상의 물질은 타원형 또는 난원형의 cyst로 이루어져 있으며, 엷은 막에 싸여 있고 내부에는 투명한 액체가 들어있다. Cyst의 크기는 1.0-7.0 ㎜이다. 정상적인 간장의 분량은 알아볼 수 없을 정도로 줄어들어, 거의 대부분의 간장이 cyst로 대체되어 있다. 간장이외의 다른 기관은 정상인 것처럼 보이지만 역시 cyst상의 물질에 싸여있다.

가장 뚜렷한 변화는 간장에서 발견된다. 간장 조직 전체를 통틀어 크고 작은 빈 공간인 cyst가 발견된다. 작은 cyst는 항상 입방상피에 접한 상태에서 결합조직에 싸여 있기 때문에 담관에서 유래되었다는 것을 알 수 있다. 그러나 cyst의 크기가 커짐에 따라 상피세포는 얇아지며 편평해져 편평하게 되는데 이는 아마도 내부에 액체가 고이기 때문으로 생각된다. 담관이 증식하고 있는 부분이 산재하고 있는데, 이것들의 일부는 cyst의 모양으로 변화하고 있다.

간세포는 종대되어 부분적으로 괴사되며, 간장의 혈관에는 색전이 형성되며, 때로는 림프구가 침윤한 부분도 발견된다.

신장에도 세뇨관이 액체가 축적되기 때문에 종대되며, 세뇨관 상피세포는 수포변성을 일으킨다. 아가미는 혼탁종창, 부종, 비대가 생기며, 상피세포의 증생에 의해 유착이 생기기도 한다. 췌장 외분비부는 종창되며 효소원과립(zymogen)이 결여되어 있다.

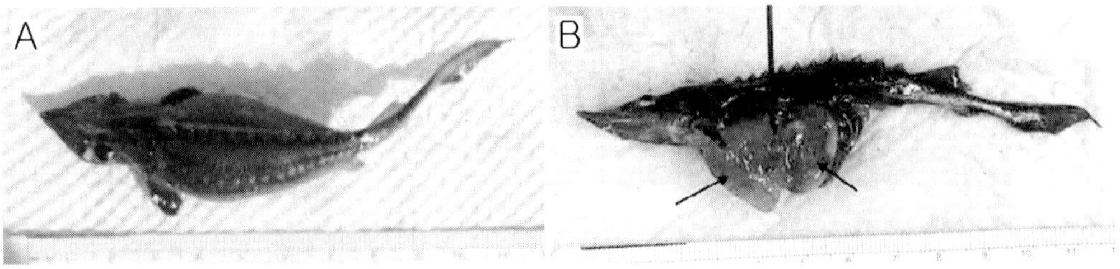

그림 7-4 **A:** 복부가 팽만된 병어. **B:** 간장의 다낭 환부.

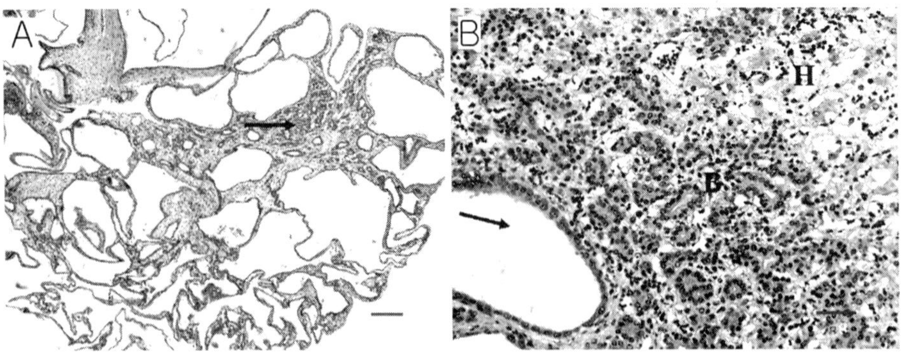

그림 7-5 **A:** 간장 내에 산재한 대형의 cyst부분과 담관(화살표)이 증식하여 일부는 cyst로 발육. **B:** 담관이 증식하고 있는 부분(B)과 담관이 확대된 부분(화살표). 대부분의 간세포는 변성(H). Bar=200 μm(**A**) 및 50 μm(**B**).

2. 제브라의 신경초종(schwannoma)

Schwannoma은 말초신경의 종양으로서 악성 또는 양성으로 진행된다. 신경초종과 신경섬유종(neurofibroma)는 인간 또는 가축 및 어류에 흔히 있는 종양이지만, schwannoma는 Schwan cell의 종양인 반면, 신경섬유종은 말초신경의 fibroblast기원이지만 형태적으로 구분하기는 매우 어렵다.

Zebra의 여러 곳에 외부적으로 검은 돌출물이 형성되는 것이 특징으로, 초기의 신생 조직은 흑색의 부드러운 결절의 형태로 나타나며, 가장 큰 덩어리는 입에 가까운 머리 부위에 형성된다. 측선부위에도 형성된다.

조직학적으로 대형의 종양은 꽃자루 모양으로 명확한 테두리를 가지고 있다. 종양세포는 방추형의 농염의 핵과 엷은 세포질을 가진 신장된 형태를 하고 있다. 피부 아래의 종양의 테두리 부분에 있는 방추형의 세포는 핵의 테두리가 명확하지 않은 세포들이 평행하게 배열하고 있다. 피부 이외의 다른 부위에서는 myxomatous stroma에 둘러싸여 느슨하게 배열하고 있고, 그 위에 있는 상피세포는 거의 정상이다. 피부에서 종양의 테두리 부분에는 많은 흑색색소포가 보이는데, 이 때문에 검은 색의 결절의 형태로 보이게 된다. 종양세포에는 다양한 크기의 공포가 형성되는 것이 보통이며, 출혈과 괴사는 관찰되지 않는 반면 종양의 테두리 부분에 신경섬유가 드물게 관찰된다. Masson의 trichrome염색 표본에서는 collagen이 없다는 것을 알 수 있다.

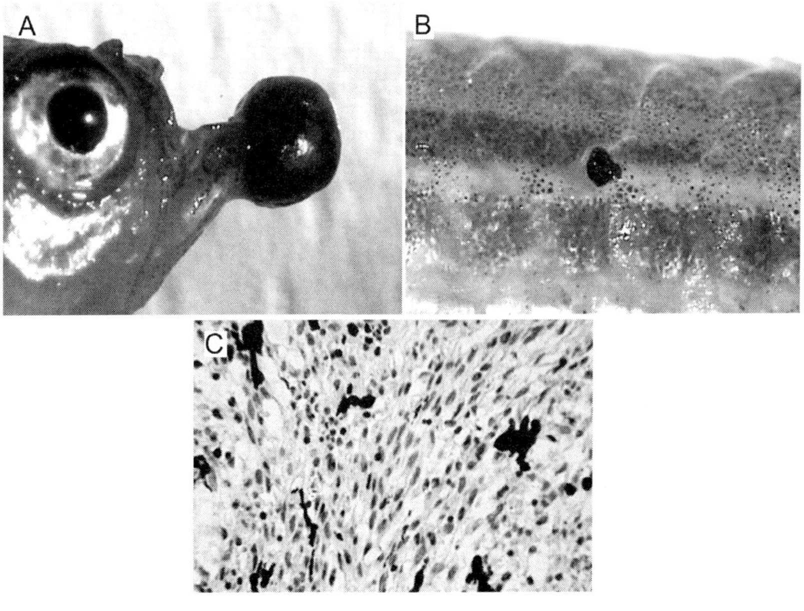

그림 7-6 **A:** 윗입술 부위에 형성된 흑색의 대형 종양. **B:** 측선위에 형성된 소형의 흑색 결절. **C:** 치밀하게 배열하고 있는 종양세포.

3. 유두종

1) Turbot의 피부와 내장의 유두종

병어는 등쪽의 피부에 백색의 결절이 형성되며, 결절의 일부는 출혈성궤양이 형성되기도 한다. 췌장과 담관의 내장기관에 많은 결절이 형성된다. 1년간의 사망률은 약 40% 정도이지만 발병의 원인은 밝혀지지 않았다.

체표의 종양은 백색으로 단지 등쪽의 피부에서만 발견되며 때로는 중앙부가 적색을 띠고 있다. 내장의 종양은 직경 1 cm정도로 백색의 타원형으로 췌장과 담관에서 주로 발견된다.

감염어는 때로 점상의 출혈을 동반한 빈혈이 생기며 소화관은 점액으로 충만되어 있고, 복강은 출혈성의 복수가 축적되어 있다.

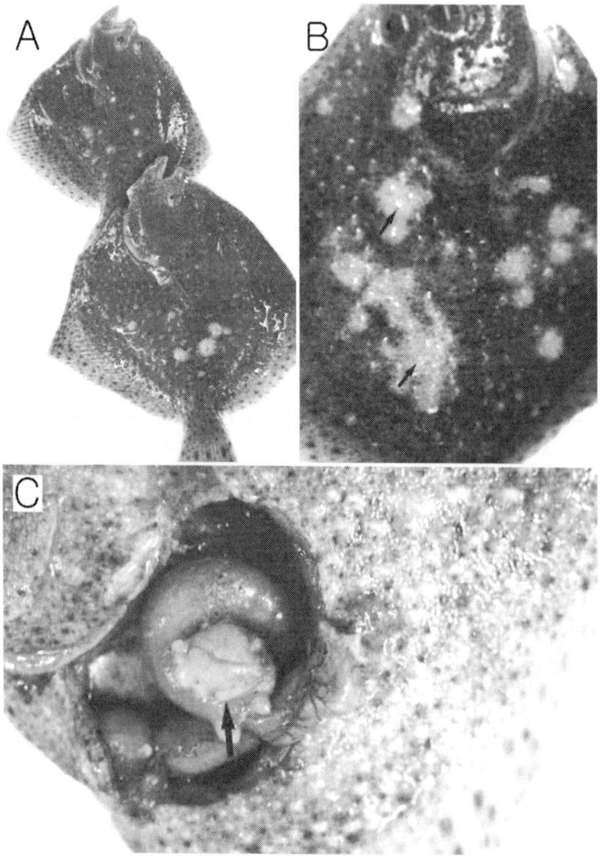

그림 7-7 **A:** 등쪽 피부의 증생. **B:** 종양 중앙부의 적색(화살표). **C:** 내장의 결절(화살표). 복강내는 출혈성의 복수가 존재.

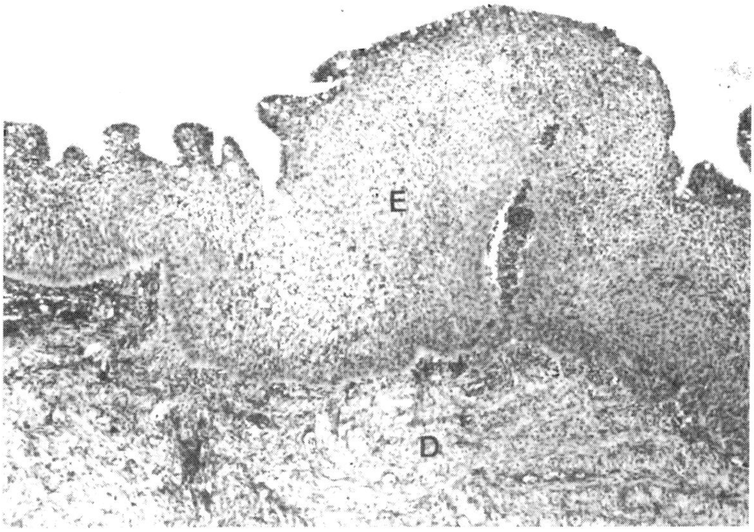

그림 7-8 **피부 유두종.** 상피와 진피에 melanocyte가 없고 수많은 염증세포가 존재. HE.

피부의 종양은 상피세포에 점액세포가 없거나 있다고 하더라도 크기는 소형이며, 상피세포의 기저부에 많은 림프구가 침윤하여 있으며, 기저막은 주름진 2층으로 되어 있다. 유두종의 중앙부에는 흑색색소포가 없지만 테두리 부분에는 존재하고 있다. 또한 유두종에 인접한 진피의 소성결합조직에는 심한 염증반응이 수반되며, 유두종의 중앙부분으로 결합조직의 치밀층이 뻗쳐 있다.

내장의 종양은 종양성의 췌관이 췌장의 외분비부로 침투하여 있다. 췌관의 증식에 의해 평활근과 결합조직으로 구성되어 있는 간질의 증생도 수반된다.

사육수의 산소 결핍과 림프시스티스 및 상피 유두종의 발생은 밀접한 관계가 있다. 산소결핍(hypoxia)은 어류에 환경적 스트레스 요인으로 작용하여 산란율 저하, 질병에 대한 감수성 증대를 초래하게 된다.

상피 유두종은 어류에 대한 염분 농도, 온도, 사육 밀도 등의 환경 요인이 스트레스로 작용하여 생기는 것으로 실험적으로도 입증되었다. 이는 스트레스가 어류의 면역기능을 저하함과 동시에 존재하는 독성물질이 종양 유발효과를 촉진시킨 결과의 산물이라 할 수 있다.

피부 상피종은 간헐적인 산소결핍과 온도 변화의 조건에서 가장 많이 발생하며, 간헐적 온도 변화와 간헐적 지수 상태의 순으로 많이 발생하며, 저온과 정상 산소상태에서는 발생이 낮다.

Hypoxia의 지표로서 잉어의 백색근의 RNA/DNA의 비율을 조사하면 DO 1ppm 4주간 수용하면 현저히 감소하는 반면 DO 2ppm에서는 변화가 없다. 또한 상대 성장률이 현저히 감소하는데 이는 백색근 내의 RNA/DNA비가 감소하기 때문이다. 그럼으로 백색근의 RNA/DNA의 비율은 hypoxia를 평가하는 지표로 활용할 수 있다. 해산어의 림포시스티스병의 발생도 산소결핍과 밀접한 관계를 가지고 있다.

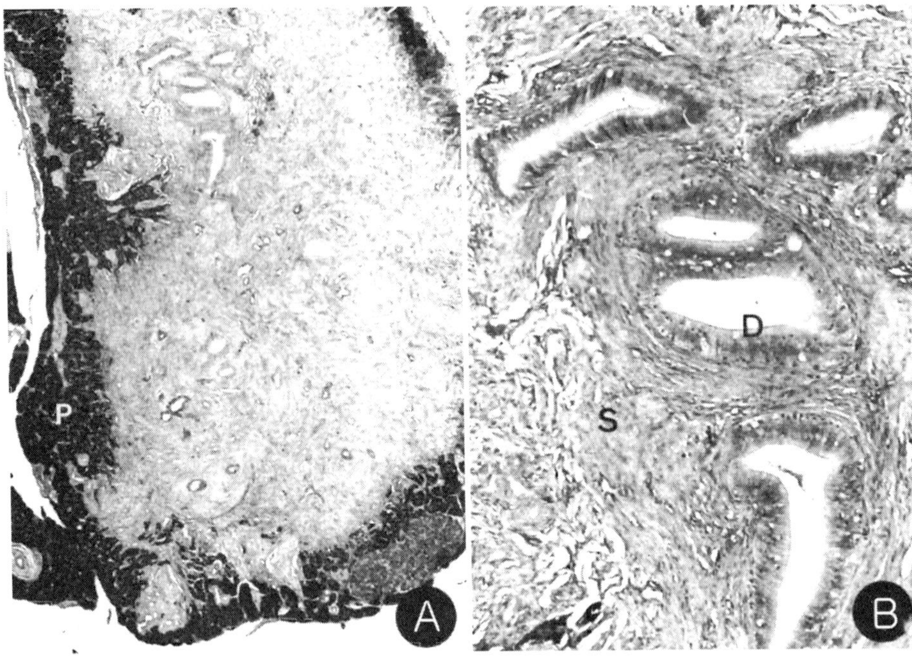

그림 7-9 **A:** 증식성의 췌관을 가진 대형 종양. 간질이 췌장 외분비를 대체하고 있다. P(외분비부). **B:** 종양성 췌관의 상세도. D(도관), S(기질). HE.

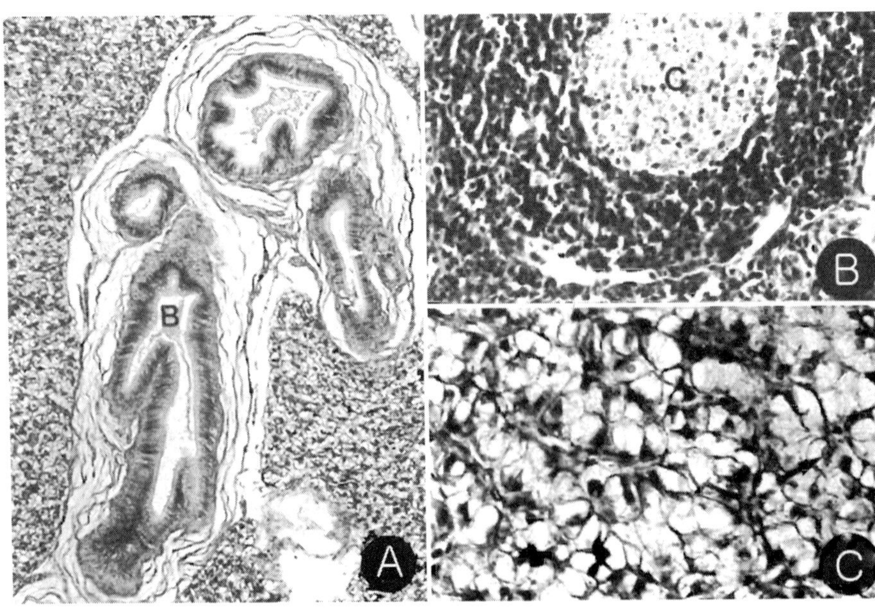

그림 7-10 **A:** 담관(B)의 증식. **B:** 비장. ceroid(C)로 충만된 macrophage가 많은 림프구에 의해 피포. **C:** 간세포의 위축. 간세포 핵의 편재(화살표). HE.

2) 대서양 halibut의 상피 유두종

대서양 halibut는 바닥 생활에 적응한 어류이기 때문에 기존의 양식 방법과는 차이가 있다. 가자미 등 바닥에 적응한 저서성 어류는 자연 상태에서 포식을 피하기 위해서 바닥을 파고드는 습성이 있다. 양식할 경우 일반의 어류와 마찬가지로 고밀도 사육과 자연 생태와 다른 조건에서 사육하는 것은 스트레스 요인으로 작용하게 된다. 바닥을 파고드는 저서성 어류는 저질의 형태, 저질 속의 오염물질 등에 많은 영향을 받게 되는 것은 당연하다. 실제 양식에서 저질을 모래로 하여 사육하는 형태도 있는 반면 저질을 부드러운 형태로 사육하는 경우가 있다. Halibut를 polyvinyl chloride와 같은 부드러운 바닥에서 사육하면 모래나 다른 거친 재료에 비해 무안측에 상피성 유두종이 빈발하는 경향이 있다.

유두종은 주로 가슴지느러미 부근에 형성되는 경향인데 이는 바닥을 파고 들려는 행동을 하는 동안 가슴지느러미의 반복적인 움직임에 의한 자극이 손상의 원인일 수도 있다. 바닥에 장기간 머무는 저서성 어류는 양식장의 저질에서는 수류와 저질의 마찰에 의해 물의 교환이 낮아지게 됨으로 사육수와 바닥의 기질사이에는 물이 흐르지 않는 정체된 미세 환경 조건이 만들어진다. 실제로 발병하는 개체의 환부는 주로 어체의 중앙부에 어류가 바닥에 있을 때 새로운 물에 거의 노출되지 않는 무안측의 중앙부에 형성된다. 물이 교환되지 않는 지질의 미소환경에는 여분의 사료와 변의 축적에 의해 어류의 무안측과 바닥의 기질 사이에는 부적절한 화학물질과 산소가 부족한 상태의 조건이 형성된다. 바닥이 불규칙한 모양의 입자상일 때는 유기물이 더 많이 축적할 수 있지만 부드러운 기질에 비해 어류의 무안측과 접하는 면적의 현저하게 줄어들기 때문에 발병이 적다고 설명할 수 있다. 발병한 개체를 바닥을 거친 곳에 사육하게 되면 자연 치유되는 것도 이러한 현상을 설명할 수 있다.

바닥이 부드러운 수조에서 사육한 경우에는 피부에 이상이 생기는데, 이때는 상피세포가 증생되면서 점액세포의 숫자가 현저하게 감소한다. 점액세포에는 많은 방어인자가 함유되어 있기 때문에 점액세포의 감소는 곧 피부의 손상과 연결되어질 수 있다.

무안측의 흑화는 모래 바닥에 비해 부드러운 바닥인 경우 개체수가 증가하는데, 바닥을 모래로 하여 정상적인 잠입행동을 하게 되면 무안측의 흑화는 감소시킬 수 있다. 잠입을 하기 위하여 바닥을 파는 동안 죽은 세포 또는 체표에 부착한 찌꺼기 등이 탈락하고 저질과 부착하는 자극이 점액의 생산을 촉진하게 됨으로 세균에 의한 2차감염도 예방할 수 있는 긍정적인 측면도 있기 때문에 성장과 생존율이 높아지게 된다.

자연 상태의 halibut의 표피의 두께는 153 μm 정도이며, 표피의 총 9%에 달하는 점액세포가 차지하고 있다. 점액세포는 표피의 외곽에 분포하며 무코다당을 의미하는 PAS양성 반응을 나타낸다. 표피의 기저부는 스펀지성이 아니며 정상적인 분화중인 세포가 있고 표피의 끝부분은 굴곡이 없이 거의 편평한 상태이다.

반면 무안측에 상피 유두종 또는 피부 부식을 가진 개체는 유두종이 가슴지느러미의 후방에 형성되며, 피부 부식된 부위는 발적 또는 불규칙한 모양의 거친 면이 형성되어 있다. 또한 상피세포의 두께와 점액세포의 수가 현저하게 감소되어 있으며, 상피세포가 탈락하고 피부의 부식이 일어난다. 저질이 거친 수조에 수용한 개체는 자연산과 유사하게 표피의 박리가 일어나지만, 발병어의 상피세포의 증생 부위에는 점액세포가 원형에 가깝고, 증생된 상피세포의 중앙부분에 많이 존재하며 대부분이 점액을 방출한 형상이다. 상피세포에는 세포와 세포사이에 부종을 동반한 스펀지화 및 상피세포의 변성이 일어나는데, 이런 세포는 HE와 PAS에 염색되지 않는다. 심한 경우에는 유두종의 세포가 박리되게 되고 이어서 기저세포의 공포화 및 스펀지성의 변성 상피세포가 관찰된다. 유두종 또는 피부 부식 부위에는 비늘 주머니에 림프구, 마크로파아지의 침윤과 적혈구가 발견된다.

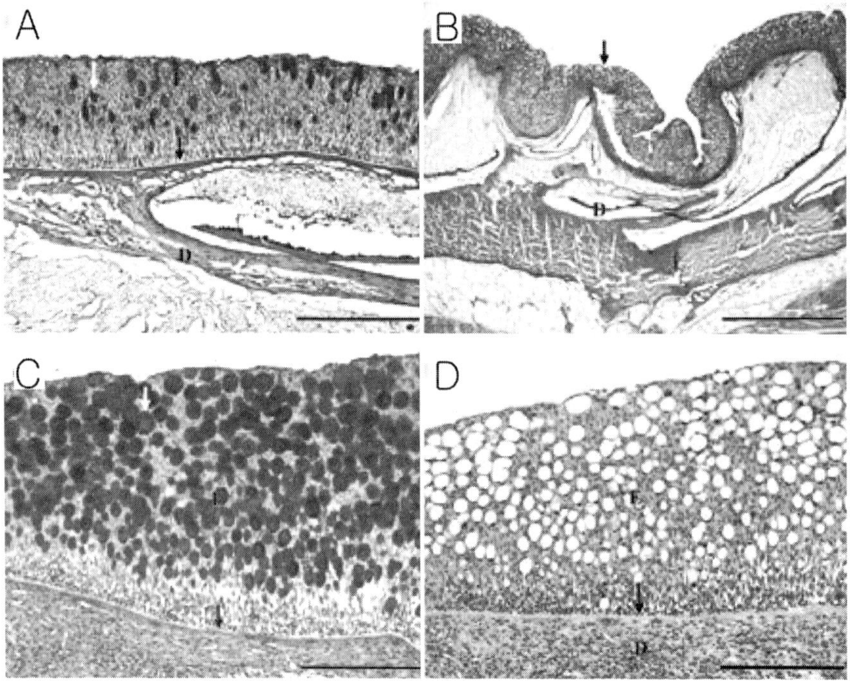

그림 7-11 **A:** 정상어의 표피. 점액다당을 포함한 점액세포(화살표)는 PAS양성 반응. 진피(D) 및 표피(E). **B-D:** 유두종 및 피부 부식어류의 무안측의 가슴지느러미의 뒷부분. **B:** 증생된 표피에 주름이 형성. **C:** 유두종 부분의 현저한 점액세포의 증생. PAS양성 점액세포(흰색) 및 기저막(흑색). **D:** 피부 부식 인접 부분의 유두종 부분의 점액세포의 증식과 편평화. 진피(D)의 비늘주머니 윗부분은 림프구와 마크로파아지의 침윤이 현저. PAS(**A**, **C**) 및 HE(**B**, **D**). Bar=200 μm(**A**, **C**, **D**) 및 1,000 μm(**B**).

3) 뱀장어의 주둥이 유두종(stomatopalilloma)

유럽산 뱀장어에서 가장 빈번히 발병하는 양성 상피성 종양의 하나로, 입, 비공 및 두부에 환부가 한정적으로 형성된다. 유두종은 유두종성의 기질 중에 상피세포가 증생된 것이다.

그림 7-12 **유럽산 뱀장어의 입유두종.** 두부에 형성되어 부분적으로 입까지 침입하여 있는 상태.

뱀장어에서는 1910년도에 처음으로 발병되어 "Cauliflower disease"라는 병명이 붙여졌는데, 유럽에서는 발틱해에서 중앙 유럽과 북유럽에 걸쳐서 발병하며, 자연산 뱀장어가 40%가 발병한 경우도 있다. 유럽에서의 감염율은 계절성이 뚜렷하여 봄과 가을에는 2-3%로 낮은 반면 여름에는 28%로 증가된다. 또한 종양의 크기도 수온이 낮을 때는 최대 300 mm^3으로 소형이지만, 8-9월의 고수온기에는 크기도 커져 최대 900 mm^3이 된다. 이러한 종양의 계절적 변화는 수온과 DO농도와 관련이 있을 것으로 추정된다. 유두종의 발병의 원인으로는 바이러스라고도 하지만 감염실험에 성공하지 못하고 있기 때문에 화학물질이 원인일 가능성이 매우 높다. 뱀장어의 구강유두종의 크기, 모양, 굳기, 색깔 및 피부와의 연결 상태는 매우 다양하게 나타난다.

4) Halibut의 유두종과 피부 부식

피부의 궤양 형성과 육아종의 형성은 저산소 상태나 오염된 해역에 서식하는 어류에 많이 발생한다. 대서양 halibut는 저질이 부드러운 지역에 서식하는 개체는 저질이 모래인 경우에 비해 유안측의 피부에 유두종과 피부 부식 등의 환부가 더 많이 형성되는 경향으로 특정의 원인 병원체는 발견되지 않는다.

건강 개체의 표피에는 점액세포가 많아 전체 면적의 9%이상을 차지하며, 점액세포는 주로 표피의 외곽측에 위치하고 있다.

유두종은 유안측에 형성되며, 주로 가슴지느러미에 인접한 부분에 형성된다. 반면 피부 부식은 피부에 육안으로 식별할 수 있는 비정상의 피부로 출혈 또는 불규칙한 모양 또는 거친 모양을 하고 있다.

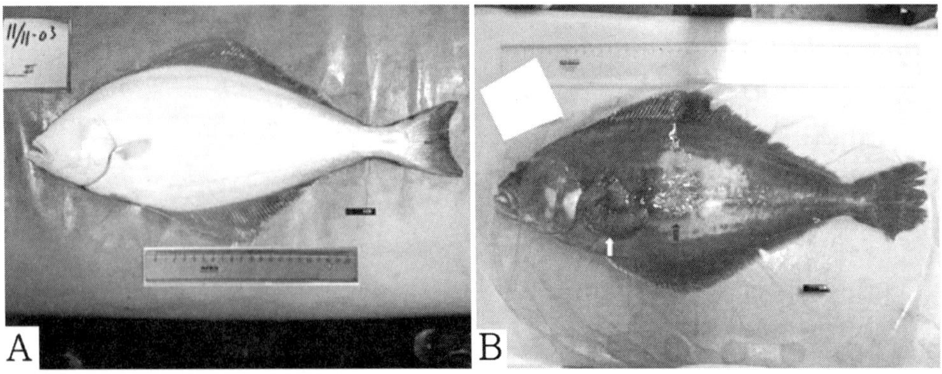

그림 7-13 **A:** 정상 개체. **B:** 피부의 유두종(흰 화살)과 피부 부식 부분(흑색 화살). 발병 개체는 몸체와 지느러미의 체색이 현저하게 검어지며, 가슴 지느러미의 비대화가 관찰됨. Bar=3 cm.

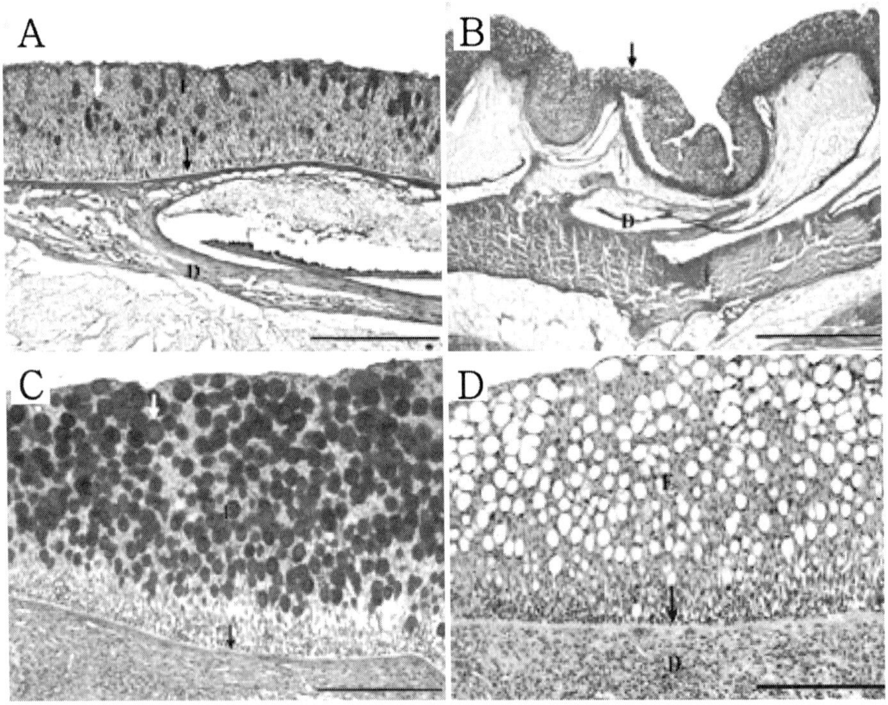

그림 7-14 **A:** 정상 개체의 무안측 피부(가슴 지느러미 앞쪽)의 glycoprotein을 함유하고 있는 점액세포(흰화살) 및 기저막(검은 화살). 표피(E), 진피(D). **B-D:** 피부에 유두종과 피부 부식을 가진 개체의 피부. **B:** 표피의 증생에 의한 유두종 부분이 두터워진 표피에 주름이 형성하여 젖꼭지 모양으로 증식(papillary hyplasia, 검은 화살). **C:** 유두종 부분의 현저한 점액세포의 증생. PAS양성의 점액세포와 기저막. **D:** 부식된 피부 환부에 인접한 피부의 유두종 부분의 입방상피와 점액세포의 현저한 증식. 진피(D)의 비늘주머니의 윗부분에는 림프구와 조직구의 침윤. PAS(A, C). HE(B, D). Bar=200 μm(**A**), 1000 μm(**B**), 200 μm(**C**, **D**).

피부가 부식된 부분은 상피세포가 부식되어 있는 부분으로 상피세포의 유두상의 증식을 동반한 상피세포의 박리가 일어나며 심한 경우에는 상피세포가 완전히 박리되어 있다. 유두종이나 피부 부식이 일어난 부위에는 림프구, 조직구 등의 염증세포와 적혈구가 발견된다.

이러한 증상을 나타내는 개체를 모래질 또는 자갈질의 수조에서 사육하면 62일 후에 42-50%의 개체가 치유되지만 부드러운 저질에 수용하면 75-100%의 개체가 증상이 더욱 심각하게 된다. 성장 또한 거친 저질에 수용한 개체가 부드러운 저질 수용 개체보다 빠르다.

4. 돔류(*Pagellus acarne*)의 피부 흑색색소포의 증생

정상의 건강한 개체의 체색은 엷은 회색-핑크색이고 두부는 두 눈의 사이가 특히 검다. 지느러미는 엷은 핑크색이지만 싹지느리미는 검은 반점이 있기도 하다.

정상개체의 두부의 두눈 사이의 피부를 조직학적으로 관찰하면 진피와 표피의 연결부위와 피하지방층과 근육층 사이에 흑색색소포가 존재하고 있다. 지방 조직사이에 존재하는 melanin은 과립상을 띄고 있다. 표피와 진피의 경계면에 존재하는 흑색색소포는 독립된 형태로 불규칙한 배열을 하고 있다.

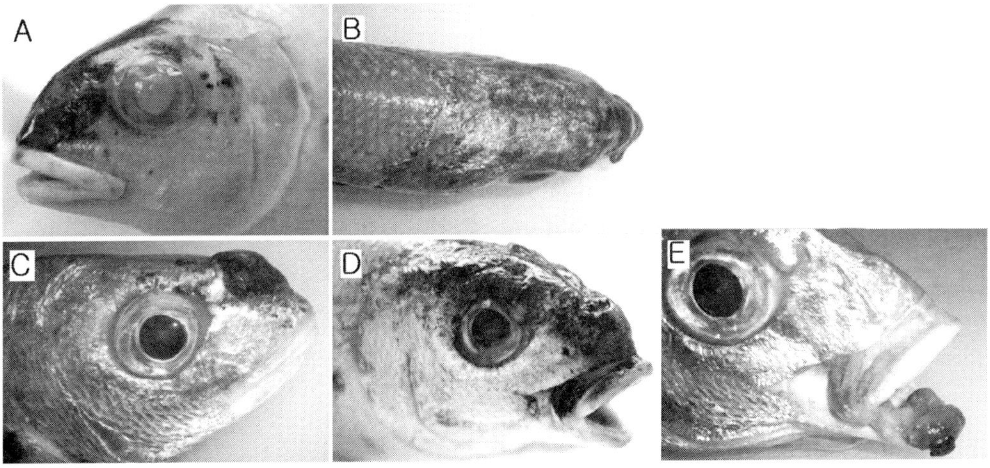

그림 7-15 **A:** 두부, 윗입술에서 눈 위쪽의 흑색부분과 아가미 뚜껑 및 윗입술의 흑색 소형 반점. **B:** 두부의 흑색 변색 부분이 몸통부로 확대. **C:** 눈과 눈 사이의 흑색 결절. **D:** 눈과 눈 사이의 흑색 반점과 두부의 변형 및 입술의 흑색 색소 침착. **E:** 아래 입술의 결절.

피부가 퇴색한 개체는 두부, 윗 입술, 두눈 사이, 눈의 윗부분에 흑색의 부분 또는 반점상으로 보인다. 흑색으로 변한 부분은 편평하고 다양한 크기와 모양을 하고 있다. 몇몇 개체에서는 눈사이의 피부에 흑색의 결절상의 환부가 돌출되어 있고, 입술에도 다양한 크기의 결절이 형성되어 있다. 흑색으로 변색한 부분을 조직학적으로 검경하면 흑색화된 환부는 흑색색소포가 증식하여 있음을 알 수 있으며, 대부분 표피는 소실되어 있다. 환부는 진피성의 흑색색소포가 현저하게 증식된 것으로 세포질과 세포질 사이에 흑색색소가 풍부하다. 이러한 환부에서는 흑색색소포가 독립되어 기저막을 따라 산재하거나 진피에 산재하고 있다.

결절상의 환부는 진피의 흑색색소포의 과잉 증식에 의한 것으로 여러 층이 다발을 형성하거나 나선형의 뒤틀린 모양을 하고 있으면서 섬유아세포가 풍부한 기질에 싸여 있다. 결절성 환부는 세포질과 세포질 사이의 melanosome을 가진 흑색색소포와 대형흑색색소포로 구성되어 있는 다형성을 나타내고 있다. 흑색색소포는 멜라닌의 증명에 사용되는 Masson-Fontana 염색에 양성 반응인 흑색으로 염색된다.

환부는 탈색반응시킨 후에는 흑색색소포는 다형성의 방추형, 별모양, 원형의 대형세포로 중앙에 위치한 핵과 미세한 과립상의 세포질을 가지고 있지만 유사분열상 또는 혈관계의 침투는 발견되지 않는다.

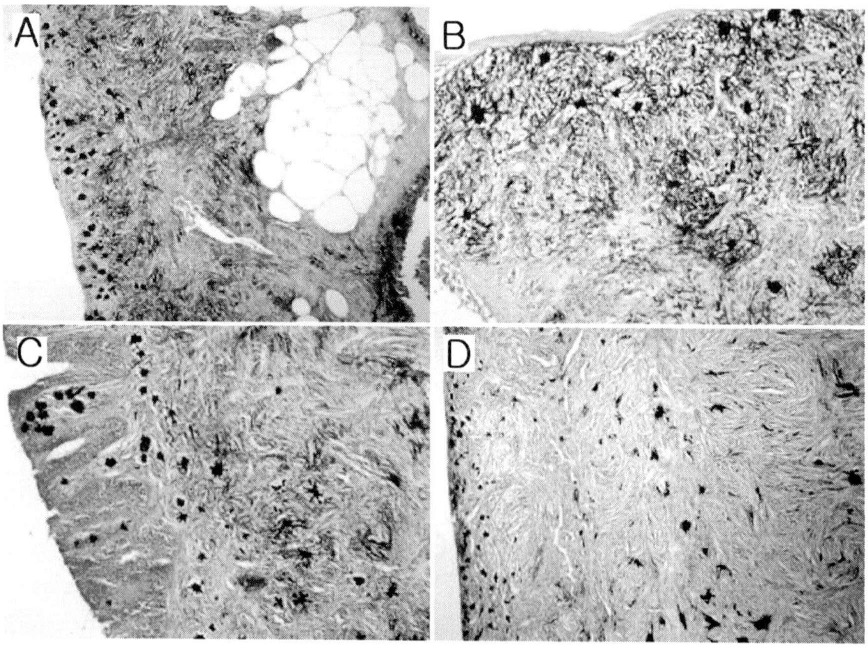

그림 7-16 **A:** 진피의 흑색색소포의 증생. 불규칙한 배열, 기저막과 평행 또는 진피 층에 산재. **B:** 세포질 사이의 melanosome이 풍부한 진피의 수지상 모양의 흑색색소포의 증생. **C:** 기저막에 인접한 흑색색소포의 증생과 진피 치밀층 내의 산재. **D:** 진피의 물결모양의 다발모양으로 증생한 흑색색소포는 교원섬유가 풍부한 기질에 싸임. HE.

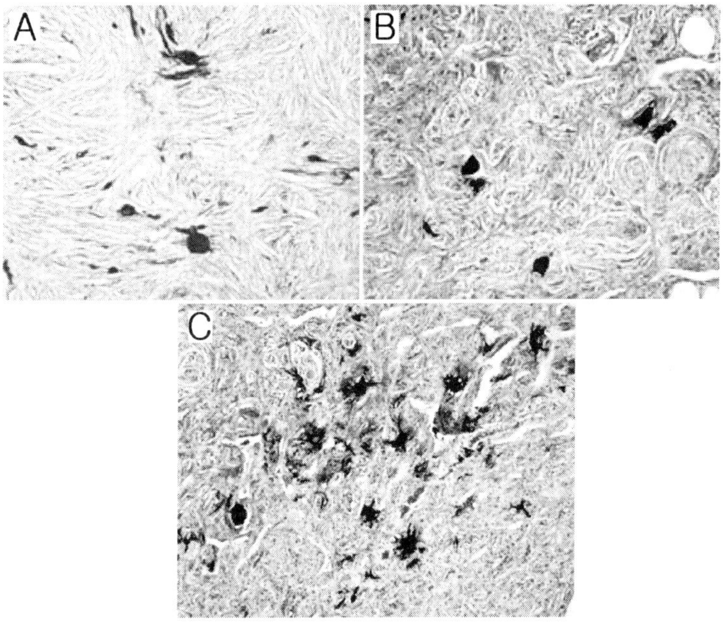

그림 7-17 **A:** 피부의 서로 얽혀 있는 흑색색소포. **B:** 나선모양으로 뒤틀린 모양의 흑색색소포는 섬유아세포가 풍부한 기질에 싸이고 공포화됨. **C:** 피부 내의 세포질과 세포질 사이의 melanosomes을 가진 흑색색소포와 수지상의 대형 흑색색소포로 구성된 다형세포의 집합체. HE.

5. 잉어 아가미의 악성 종양 Branchioblastma

Branchioblastma는 아가미의 상피세포나 간질세포와 차이가 나는 blast유사 세포가 증식하는 악성 종양이다. 종양의 국소적 증식에 의해 아가미 기능이 장애를 받게 됨으로서 폐사가 유발된다.

발병어는 식욕 감퇴, 무기력 및 호흡장애가 생긴다. 아가미 뚜껑을 들어 올려 보면 첫 번째 새궁의 기부에서 솟아나오는 엷은 적색의 여러 엽으로 분엽된 1개의 단단한 물체가 발견된다.

조직학적으로 종양은 피막에 싸여 있지는 않지만, 경계가 명확한 세포성의 종양이 섬유성의 맥간계속에 들어 있다. 종양은 경계가 불분명한 blastemal cell의 집합체와 2개의 다른 세포 성분의 3종류의 세포로 구성되어 있다. 종양의 한쪽 부분은 상피세포로 구성되어 있어 아가미의 lamellae에 유사한 모양이며, 다른 한편은 연골과 지주세포로 구성되어 있으며, 지주 세포는 층상구조 내에 적혈구가 들어 있는 맥관계를 형성한다. 이러한 세포성분과 구조물은 섬유성의 조직내에 들어 있다. 때로는 내부가 점액상의 물질로 채워져 있는 cyst 모양의 구조물이 goblet cell과 연결되어 있다. 결합조직 내에는 괴사된 부분과 림프구, 호산구, 및 호중구의 침윤이 있다. 종양에 의한 침윤은 거의 발견되지 않으며, 조직학적인 특성에 의해 이 종양은 악성의 branchioblastoma로 판정된다.

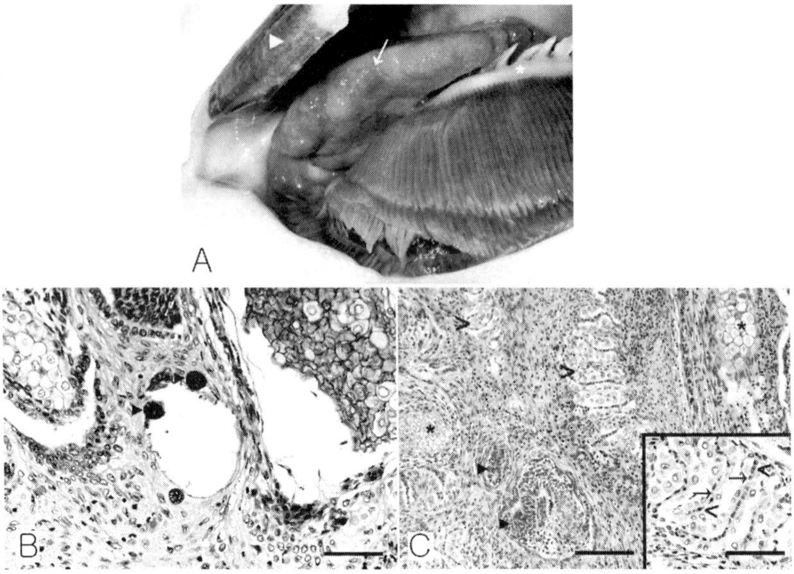

그림 7-18 **A:** 위새를 보기위해 아가미 뚜껑을 들어 올린 상태. 위새에서 생겨나온 다분엽의 종양(화살표). 첫 번째 새궁(*)은 정상임. **B:** 섬유성의 간질 내에 cyst모양의 구조물이 goblet cell과 연결(화살표 머리). **C:** 연골 내(*)에 blastemal cell의 집합체(화살표 머리)와 라멜라 모양의 구조물(<). 삽입: 라멜라 모양의 구조물의 확대도. 구조물은 상피세포와 적혈구(<)가 들어 있는 지주세포(화살표)로 지탱되는 혈관계로 구성. HE. Bar: 50 μm(**A** & 삽입) 및 100 μm(**B**).

6. 담수 관상어 black tetra 주둥이의 편평세포암(squamous cell carcinoma)

편평세포암은 피부의 각질형성세포에서 유래되는 악성종양으로 인간에서의 가장 큰 원인으로 자외선의 영향이 가장 크다. 어류에서는 Atlantic salmon(*Salmo salar*), oscar (*Astronotus ocellatus*), rudd(*Scardinius erythrophthalmus*), gudgeon(*Gobio gobio*) gulf menhaden (*Brevoortia patronus*), hybrid sunfish 등에 발병되고 있다.

병어는 6개월 된 것으로 주둥이 아래에 직경 2 mm의 소형의 노란색 결절이 형성된다. 결절은 시간이 경과함에 따라 점차 크기가 커지게 된다. 환부를 절개해 보면 2~3 mm의 단단한 표면이 거친 물체가 들어 있고 색조는 거의 피부의 색조와 비슷하다.

환부는 조직표본을 만들어 HE염색 및 Ayoub-Shklar technique로 keratin의 존재를 확인한다. HE염색 표본에서는 수많은 원형의 결절 또는 증식된 상피세포의 집합체가 발견되며, 이들의 중앙부가 비세포성으로 되어 있는 경우도 있다. 집합체의 구조를 가진 세포는 세포가 3~10층 이상의 세포층으로 배열되어 형태와 크기에서 다양성이 나타나고, 핵은 외곽층에서는 방추형, 내부층에서는 타원형 또는 원형으로 변화가 심하다.

이러한 세포의 집합체는 주변의 세포와 격리된 형태로 나타난다. 내부층의 세포는 치밀하고 농축된 핵을 가지고 있고, 집합체의 중앙에는 박리된 세포 잔해가 상당수 존재한다. 세포 잔해에는 핵의 잔해가 아닌 소수의 호산성의 각질성의 물질이 존재한다. 유사분열상이 발견되기도 하지만 흔한 현상은 아니다.

그림 7-19 병어의 주둥이 아래 형성된 황백색의 결절(화살표).

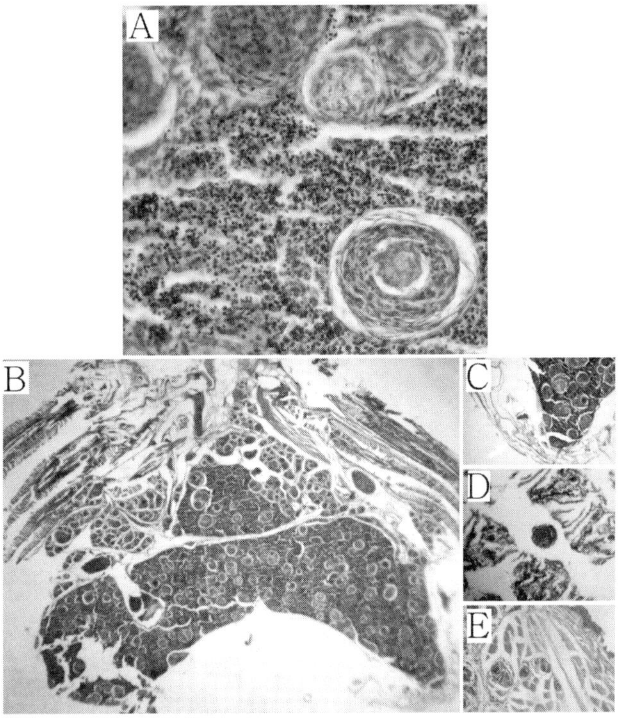

그림 7-20 **A:** 종양조직의 확대도. 새둥지 모양의 종양 집합체. 세포는 다형성이며 집합체의 가운데는 호산성의 keratin모양의 물질이 존재. 다른 조직으로 침습한 종양(**B-E**). **B:** 종양이 발달하여 복강에 침습하여 대형의 종양덩어리 형성. **C:** 부레 벽(화살표)의 주변에 형성되어 부레를 압박. **D:** 아가미로의 침습. **E:** 골격근에 침습. HE.

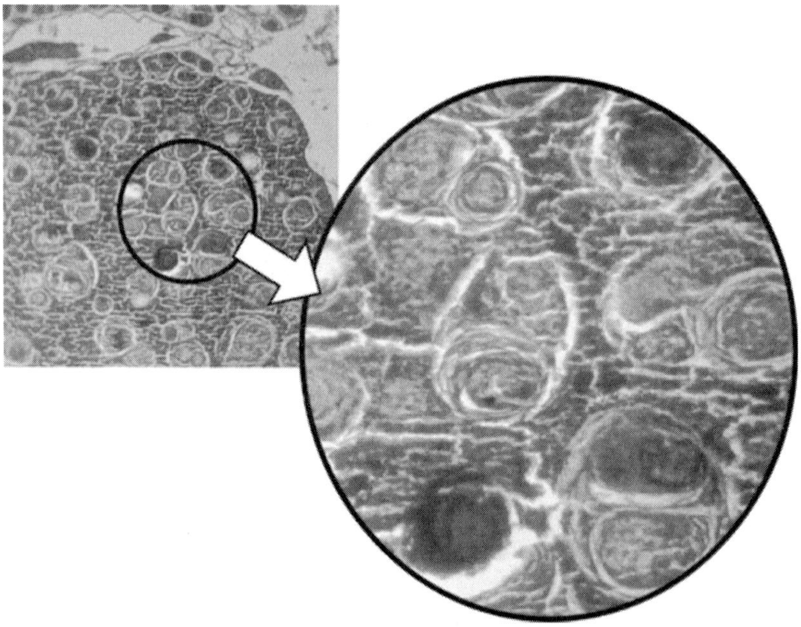

그림 7-21 Keratin특이염색(Ayoub-Shklar method). 복강 내의 종양 집합체, 세포 집합체의 중앙부의 keratin은 적색으로 염색되며, 주변을 싸고 있는 세포는 청색으로 염색됨.

피부에서 이러한 결절은 항상 표피의 아래에 형성되지만 때로는 복강 내에도 발견됨으로 악성의 침습성의 종양임을 알 수 있다. 또한 종양 조직은 주변의 아가미, 골격근, 심한 경우에는 인두 및 지방조직 최종적으로는 복강의 앞부분까지 침입하여 있다.

종양의 중앙부에 있는 각질성 물질을 확인하기 위하여 Ayoub-Shklar method로 염색하면 keratin은 적색으로 염색되는 반면 다른 조직은 푸른색으로 염색된다. 중앙부의 세포 잔해는 keratin양성반응을 나타내고 그 주변을 청색으로 염색되는 부분이 싸고 있음을 알 수 있다.

어류에서 발병되는 편평세포암은 담수어 및 해산어를 불문하고 발병원인이 명확하지는 않지만 몇몇 어종에서는 바이러스가 관여하고 있다고 알려져 있다.

Keratin을 염색하기 위한 Ayoub-Shklar method은 탈파라핀 후 함수시킨 다음 산성 푹신액(acid fuscin 5 g, DW 100 ml, 사용할 때마다 새롭게 제조하여야 일관성 있는 결과를 얻을 수 있음)에 3분간 염색한다. Aniline blue-ornage G액(수용성 aniline blue 0.5 g; orange G 2.0 g; 인텅스텐산 1 g; 증류수 100 ml)에 45분간 염색한다. 95% 에탄올을 3회 교환하면서 침지한다. 무수알콜에 탈수하여 xylene에 투명화시킨 다음 봉입한다. Keratin은 적색, 중층편평상피는 회색, 결합조직은 엷은 청색, 적혈구는 진한 홍색으로 염색된다.

7. 부시리(*Seriola lalandi*)의 피부 점액종(myxoma)

점액종은 개, 고양이, 말, 소 및 양 등에서 발병하는 종양으로 피부, 심장, 허파, 관절 및 경골 등의 다양한 기관에 형성되는 종양으로 어류에서 보고된 예는 없다.

부시리에서는 자루모양의 2엽으로 꼬여 피부에 매달린 형태의 종양이 발견된다. 종양은 불규칙한 모양의 흑색 색소로 덮여 있지만 상피세포는 정상이다. 종양을 절단해 보면 균질성의 단단한 백색의 밝은 젤라틴성의 점액물질이 들어 있다.

피부에 매달린 물질은 여러 개의 다양한 크기의 엽상체로서 진피 내부에 까지 뻗어있고 acanthotic epidermis로 덮여 있다. 엽상체(frond)는 방추형의 세포로 구성되어 있고 많은 양의 교원섬유인 myxomatous matrix로 격리되어 마치 물결 모양, 집합체 또는 작은 다발 모양으로 배열하고 있다. 연속절편을 Alcian blue (pH 2.5)로 염색하면 alcanophilic으로 푸른색으로 염색되며, tolidine blue로 염색하면 이염색성(metachromatic)을 나타냄으로 산성의 glycosaminolgycan임을 알 수 있다.

돌출물의 구성세포는 경계가 불분명하며 호산성의 세포질을 가지고 있고, 핵은 방추형으로 띠모양으로 늘어난 염색질을 가지고 있고 1~2개의 핵인을 가지고 있어, 이러한 특징을 근거로 피부 점액종(cutaneous myxoma)임을 알 수 있다. 종양 형성의 원인은 불분명하지만 자발적으로 형성된 것으로 추정된다.

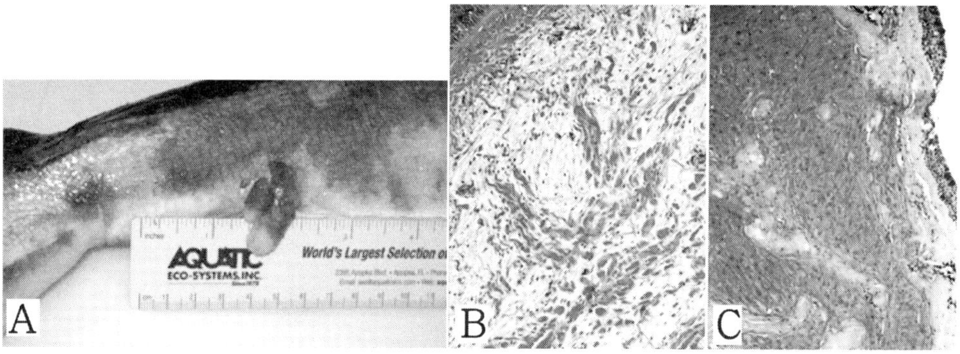

그림 7-22 **A:** 다분엽의 피부 종양은 검은색의 불규칙한 모양의 상피세포로 덮여서 1개의 섬유성의 자루에 의해 표피와 연결. **B:** 느슨한 방추형의 세포가 물결모양으로 배열되어 있으며, myxomatous 및 콜라겐성의 기질로 구성되어 잘 분획된 형태. **C:** Alcian blue(pH 2.5)염색 종양의 기질은 이염성으로 Alciane blue에 호염성임으로 기질은 산성의 glycosaminoglycan 임을 알 수 있음.

8. 어류 갑상선의 증식성 변화와 종양(선종 및 암종)

어류의 갑상선은 새강의 뒷부분의 벽 또는 배대동맥에 인접한 인두가 있는 부분의 결합조직 내에 흩어져서 존재하고 있으며, 인접 근육, 연골 또는 경골 내에 여포가 존재하는 경우도 있다.

경골어류의 갑상선 조직은 포유류와는 달리 섬유성의 막이 없다. Pink salmon에서는 갑상선 여포가 맥관계가 발달한 분비선으로 집합체로서 존재하지만 여포의 바깥에는 결합조직성의 막이 없다. 이처럼 결합조직에 의한 격리가 없기 때문에 흉선 여포는 산재하여 분포하게 되는 것이며, 흉선 여포는 눈의 맥락막, 비장, 신장, 장, 심장 또는 다른 조직 내에서도 발견된다.

갑상선 여포세포의 증생(follicular cell hyperplasia)은 colloid상의 단백질 물질을 가진 여포의 수가 증가하는 것이 특징이다. 여포세포의 증생은 단순한 결절의 증식으로 단순한 여포 세포의 증생은 정상적 여포가 존재하는 부위 또는 인접 부위에서 일어나는 여포세포의 증식이다. 대부분의 어류에서는 인두 부위에 해당되는 곳에서 여포세포의 증생이 생긴다.

증생된 여포는 호산성의 입방 또는 원주 상피에 의해 싸여 있으며, 상피세포는 내부의 colloid성 단백질 물질이 과잉으로 충만되기 때문에 편평화되는 것이 보통이다. 단순한 여포세포의 증생은 여포가 작고, colloid성 단백질의 양이 소량이기 때문에 저배율의 현미경으로는 호산성으로 보인다.

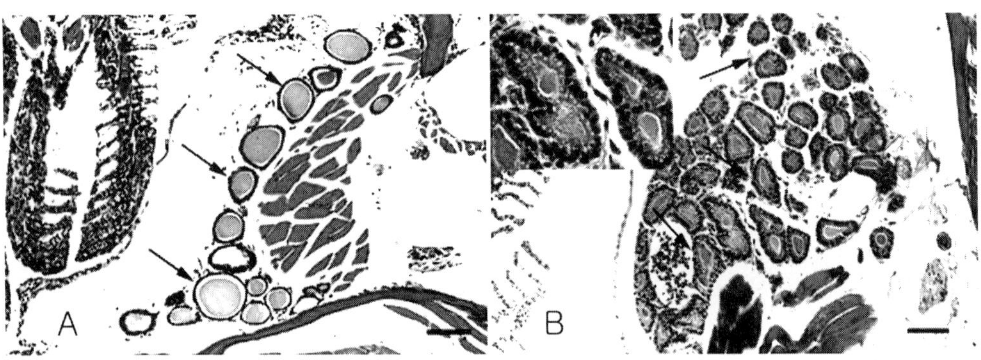

그림 7-23 **A:** 송사리 성어의 흉선의 위치와 형태. 여포는 내부가 colloid로 채워져 있고, 입방상피가 편평화되어 싸고 있고, 섬유성의 결합조직의 막은 없다. **B:** 여포는 높이가 낮은 원주상피에 의해 싸여 있다. 삽입(여포 상피세포의 확대도). HE. Bar=100 μm 이처럼 조직 내에 흩어져서 존재하는 흉선이 증식성이 아닌 조직이 금붕어, 송어 및 관상어 등에서 발견되지만, 조직학적으로는 포유류의 흉선과 유사하다. 흉선의 여포는 보통 원형 또는 난원형으로 생리적 상태에 따라 다르기는 하지만 대개 단층의 편평 또는 입방상피에 의해 덮여 있고 이 상피세포에서 여포의 관공내로 microvilli가 뻗쳐 있다. 각 여포의 중앙은 흉선 호르몬과 결합된 colloid상의 단백질 물질로 채워져 있다. Colloid물질의 양은 여포의 생리상태 또는 호르몬의 자극 정도에 따라 달라지며, colloid의 소실은 관공의 바깥 부분에서부터 시작되게 되어 밝은 테두리 모양으로 보이게 된다. 또한 어류에서는 parafollicular cell(clear cell, C-cell)은 존재하지 않는다.

여포 내의 colloid성 단백질 물질의 양과는 관계없이 증식된 여포세포는 잘 분화되어 있지만, 주변 조직과 구분되는 결절상의 구조는 형성하지 않는다. 증식된 여포 조직 내에는 골격근, 경골 또는 신경 조직과 같은 주변조직이 존재하는 경우도 있다.

결절성 여포세포의 증생(nodular follicular cell hyperplasia)는 갑상선암(goiter)라고 불리는 것으로 주변조직과 분명하게 구분되어 흉선세포의 수가 증가하는 것을 말한다. 결절성 여포세포의 증생은 1개의 명확한 집합체 또는 많은 결절성으로 나타나는데, zebrafish에서는 1개의 형태로 무지개 송어에서는 여러 개의 형태로 나타난다. 조직학적으로 잘 분화되어 있으며, colloid성 단백질 물질이 들어 있기 때문에 단순 여포세포의 증생과 유사하다. 대부분의 경우는 아가미와 같은 조직에 많은 수의 여포세포가 형성되는 것이 보통이다.

이소성 여포세포의 증생(Ectopic follicular cell hyperplasia)은 정상적으로 여포세포가 존재하는 부위가 아닌 부위에 여포세포가 증식하는 것을 기준으로 한다. 이러한 경우의 여포도 잘 분화되어 있으며, 매우 크기 때문에 조직의 대부분을 증생된 여포 세포가 차지하는 경우도 있다. 이러한 여포는 항상 입방 또는 원주상의 상피로 싸여 있고, 내부에는 colloid상 단백질 물질이 풍부하다. 어종에 따라서는 흉선 조직으로 분화되고 흔적적으로 남아 있던 "rests"가 존재하는 부위에서 생겨나올 수도 있다. 그러나 이러한 조직에서도 정상의 여포조직과 구조적으로 차이가 나는 신생물 형태의 변화는 없는 반면 크기가 크고, 모양이 불규칙하며 호염기성의 입방 또는 원주상피로 덮여있기 때문에 증식성이라 한다.

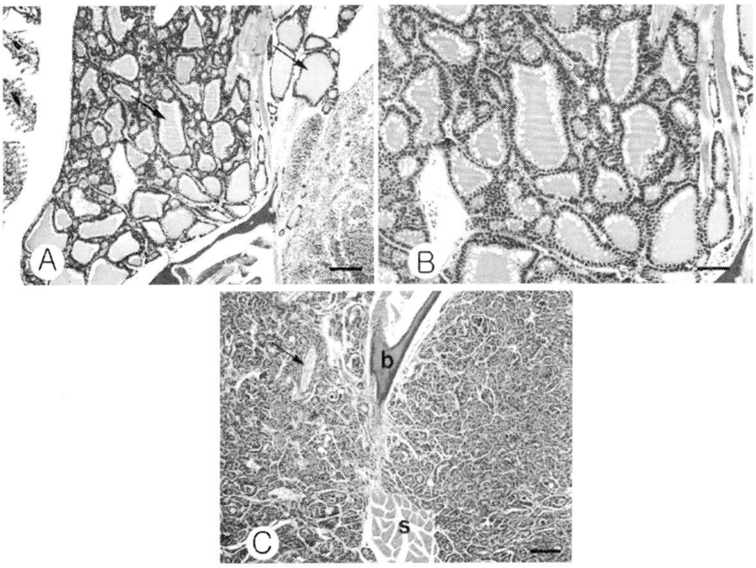

그림 7-24 단순 여포세포의 증생(simple follicular cell hyperplasia). A: 여포의 수적 증가. 여포의 크기와 모양은 다양하지만, 기본적인 여포 구조는 동일. 여포내의 colloid상의 단백질 물질(화살표). **B:** A의 확대도. Colloid성 단백질 물질은 호염기성의 입방 또는 원주상피에 싸여 있다. **C:** 소형의 호염기성 여포로 구성된 복잡한 형태의 증식. 증생된 내부에는 경골(b), 신경(화살표), 골격근(s)이 존재. HE. Bar=100 μm(**A** & **C**) 및 50 μm(**B**).

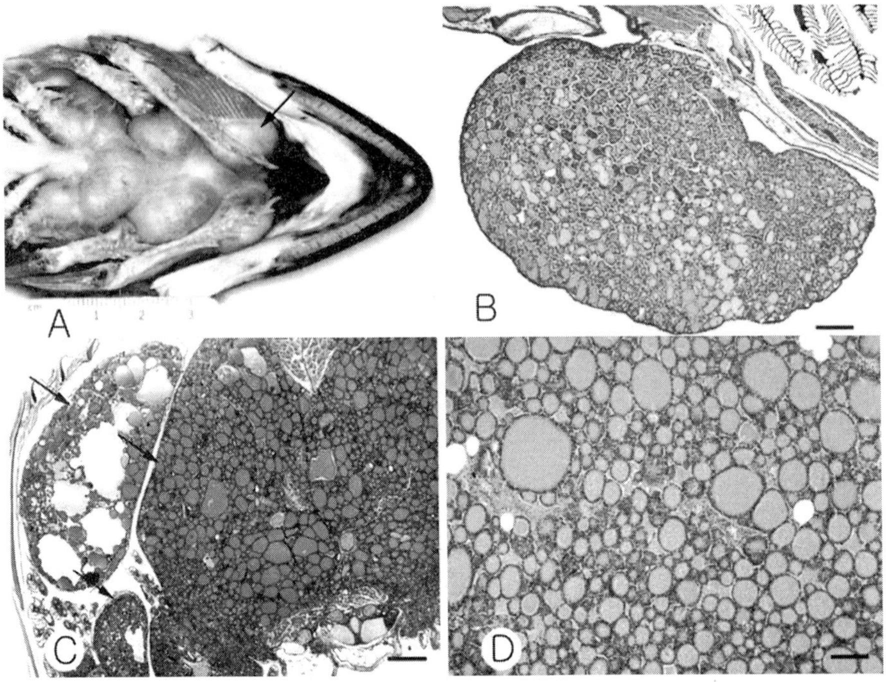

그림 7-25 **결절성 여포세포의 증생(nodular follicular cell hyperplasia).** **A:** Zebrafish의 잘 분화되고 colloid성 단백질 물질을 가지고 있는 1개의 결절성 여포세포의 증생. 250 μm. **B:** 무지개송어 새궁(화살표)의 결절성 여포세포의 증식. **C:** 서로 분명하게 구분되는 결절성 여포세포의 증생. 내부는 colloid로 충만되어 여포세포는 팽창. 250. **D:** C의 확대. 여포세포의 구조는 변화가 없지만 입방상피세포로 싸여 있다. HE. Bar= 250 μm(**A** & **C**) 및 100 μm(**D**).

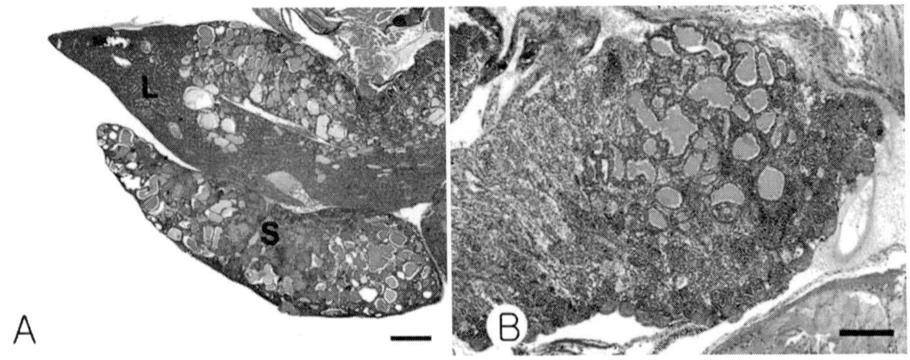

그림 7-26 **Ectopic follicular cell hyperplasia.** **A:** 송사리 비장(S)와 간장(L)의 40%이상을 다양한 크기의 여포세포가 차지. **B:** 정소의 30%정도를 차지. 정소는 종대. 여포의 크기가 크고, 불규칙하며 호염기성의 상피를 가지고 있음으로 증식성임. HE. Bar=50 μm(**A**) 및 100 μm(**B**).

Follicular cell adenoma는 신생물로서 여포세포의 구조가 복잡해지며 세포의 구조가 변하기 때문에 결절성 증생과는 구분된다. 정상적으로 여포 조직내 또는 여포세포가 증생된 부위 내에 단일 또는 여러 개의 선종(adenoma)가 출현한다. 선종은 경계가 명확한 집합체(well-demarcated mass)로서 인접 조직을 압박하고 있다. 선종은 인접하고 있는 종양성이 아닌 여포조직에서 유래된 압축된 간질과 붕괴된 여포로 구성된 "pseudocapsule"에 둘러 싸여 있다. 정상 또는 증생된 여포조직과는 달리 선종은 유두상 또는 고형상의 증식 형태를 나타낸다. 유두상(papillary)의 여포세포 선종은 여포의 관공내로 돌출하는 내부의 유두상의 도출구조를 가진 크기가 다양한 여포세포로 구성되어 있는 것이 특징이다. 증식성여포세포의 증생 부위 내에 solid adenoma가 형성된 곳에는 종양성 여포와 증생성 여포사이에는 명확한 염색성의 차이가 난다. 대형의 solid adenoma에서는 증생성에 비해 세포의 변화 정도가 더욱 현저하다. 선종에서는 감수분열상이 관찰되지만 그 비율은 매우 낮은 편이다.

여포 암종(Follicular cell carcinoma)는 세포의 다형성, 핵의 비정형 및 감수분열상이 많은 것 등의 역형성적 특징(anaplastic feature)을 가지고 있다. 즉 핵의 비정형적 변화와 감수분열상이 많아 400배의 검경에서 15~20개의 감수분열상이 보인다.

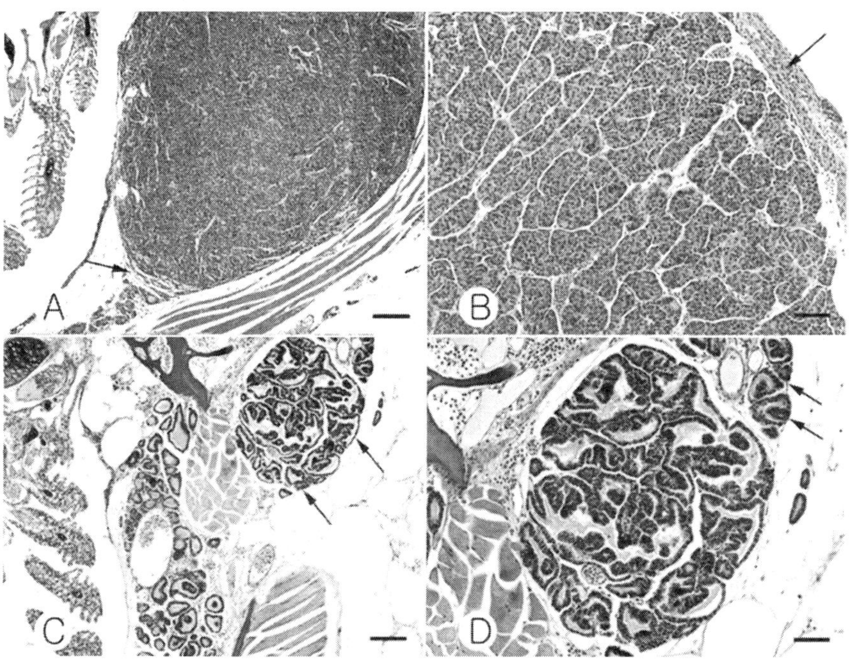

그림 7-27 **A:** 경계가 명확하며 인접조직을 압박(화살표)하고 있는 1개의 대형 solid adenoma. **B:** 소형의 colloid생산 구조를 가지고 있는 solid adenoma. 인접의 비종양성 여포조직(화살표)을 압박하며, pseudocapsule에 피포. **C:** Papillary adenoma. 복잡한 내부 돌출 구조와 경계가 명확함. 주변에는 정상의 증식성 여포조직. **D:** C의 확대. 여포 세포 구조의 현저한 변화. 인접하고 있는 정상의 증식성 여포 조직에도 유두성의 주름(화살표)이 형성. Bar=100 μm(**A** & **C**), 50 μm(**B** & **D**).

암종은 경계가 분명한 경우도 있지만 대부분은 경계가 불명확하며 국소적 침윤과 멀리 떨어진 곳에 화생이 생긴다. 암종은 분화가 잘 된 경우와 거의 분화되지 않은 경우도 있다. 잘 분화된 암종은 정상 여포세포에 비해 크기가 작고 colloid의 양도 소량인 다양한 크기와 형태의 여포세포가 치밀하게 채워져 있다. 잘 분화된 암종은 여포의 구조는 명확하지만 colloid물질은 거의 없다.

암종은 세포질에 대한 핵의 비율, 세포 또는 핵의 다형성, 핵의 염색질양의 과다, 빈 공간처럼 보이는 핵, 조대 덩어리 모양의 염색질, 거대 핵인과 같은 역혁성적인 특성이외에 핵의 산더미 모양(stacked necleus)으로 다층으로 형성되기도 한다.

또한 잘 분화된 암종에서 서로 다른 형태의 성장을 나타내는 것도 있다. 즉 무지개 송어에서의 여포세포의 암종은 다양한 형태의 colloid성 단백질 물질로 채워져 있는 부분이 있는가 하면 단지 몇 개의 여포세포만 존재하고 세포 성분이 더 많은 부분의 서로 다른 형태를 나타내는 것도 있어, 덜 분화된 부분은 여포조직으로 생각하기 어려울 정도로 확인이 곤란하다.

덜 분화된 암종은 정상 여포조직과 조직학적으로 유사성이 매우 낮아 종양세포는 진한 호염기성을 띄며, 소형의 불규칙한 모양의 핵을 가진 solid growth의 형태를 나타낸다. 미분화 암종은 주변과 잘 구분되지만 미분화의 특징이 많기 때문에 선종이라기보다는 암종에 해당된다. 인두의 흉선 부위에 형성된 암종은 간이나 신장으로 전이(metastasize)되기도 한다. 그러나 인두부위가 아닌 다른 부위의 암종은 신장과 비장의 이소성 조직에서 새롭게 형성된다.

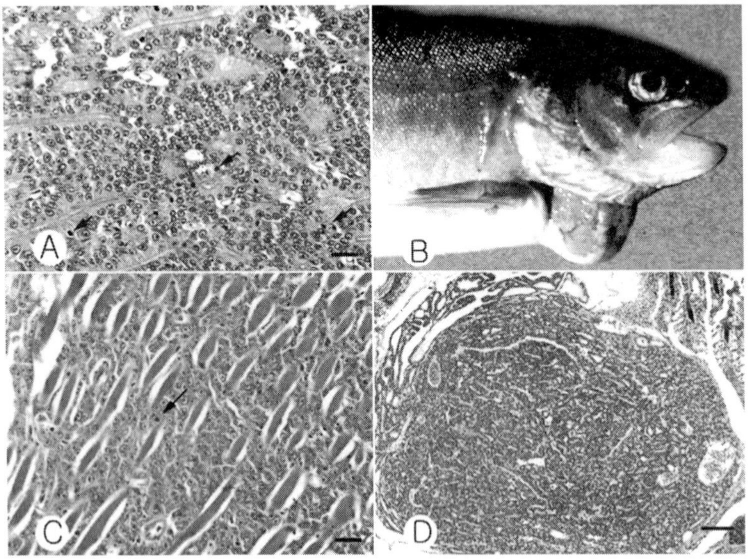

그림 7-28 **A:** 비정형의 핵과 감수분열상(화살표)을 나타내는 flagfish의 여포세포 암종. **B:** Golden trout의 새강의 복부 부분으로 돌출하고 있는 암종. 종양의 표면을 덮는 상피세포가 없음. **C:** 송사리 등쪽 근육에 침습한 암종. 구성세포의 역형성적 특징과 감수분열상(화살표). **D:** 송사리의 대형 암종. 여포 구조는 분명하지만 colloid가 결여. HE. Bar=25 μm(**A** & **C**), 100 μm(**D**).

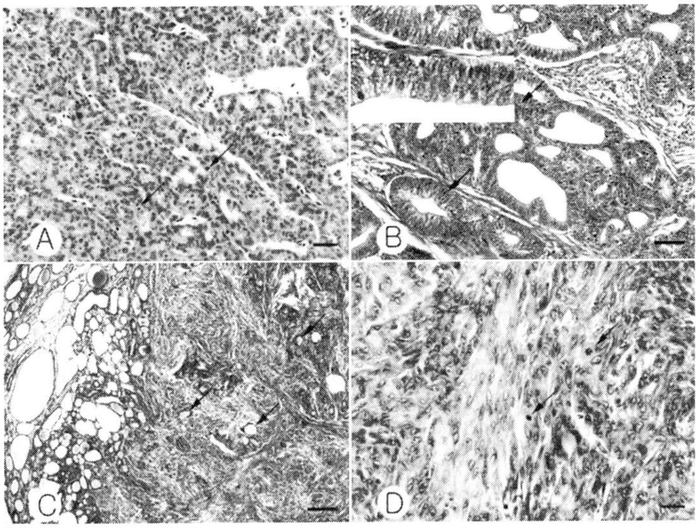

그림 7-29 **A:** 송사리 암종의 확대. 구성세포의 미분화적 특징과 감수분열상(화살표). **B:** Golden trout의 암종. Colloid가 결여된 불규칙한 형상의 여포. 여포 상피세포내의 특징적인 핵의 stacking(화살표). 삽입-핵의 stacking부분의 확대. 50 **C:** 무지개 송어의 암종. 잘 분화된 부분과 다형성의 호염기성 세포 및 여포 수의 감소를 특징으로 하는 미분화 부분으로 이루어진 2가지 형태의 암종. **D:** 무지개 송어의 덜 분화된 부분의 암종의 확대. 증식성의 방추형의 세포와 여포의 정상 구조의 완전한 소실. 감수분열상(화살표). HE.
Bar=25 μm(**A**), 50 μm(**B**), 100 μm(**C**) 및 15 μm(**D**).

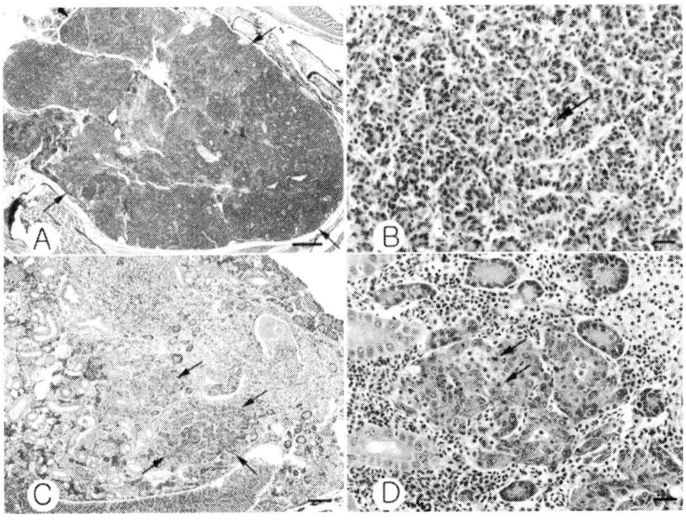

그림 7-30 **A:** Zebrafish의 덜 분화된 암종. 대형의 호염기성의 조직이 주변조직과 구획(화살표). **B:** A의 확대. 종양이 흉선 기원이라 식별이 곤란. 화살표(감수분열상). 25. **C:** 송사리의 잘 분화된 암종. 종양의 외곽(화살표)는 불규칙한 모양이며, 비종양성의 흉선 여포가 여러 곳에 산재. **D:** C의 확대. 무질서 성장과 역형성 및 감수분열상(화살표). HE.
Bar= 250 μm(**A**), 25 μm(**B** & **D**), 100 μm(**C**).

송사리 신장의 이소성 흉선 조직 유래의 잘 분화된 암종은 발육 형태가 일정하지 않고 역형성적특징을 나타내고 있지만, 동일 표본에서 인두 부위 유래의 여포 조직은 신생물의 특징적인 변화는 없다.

9. 잉어와 뱀장어의 신아종(nephroblastoma)

발병 잉어는 육안적으로 복부가 팽만되며 미병부는 가늘어져 있고 바닥에 정지하는 경향이며, 호흡은 빨라진다. 종양은 체신에서만 형성되며 두신에서는 형성되지 않는다.

팽만된 종양내에 주사기를 삽입하여 채취한 액체는 세포 성분은 거의 없고 많은 적혈구만 관찰될 뿐이고, 림프구와 방추형의 세포가 집합체를 이루고 있지만 진단을 위한 자료로는 활용할 수 없다. 적출한 종양은 중심부가 괴사된 피막에 쌓여 있지 않은 덩어리 형태이다. 조직학적으로는 방추형의 세포가 배종체(blastema)보다 많고 상피성의 맥관은 거의 없는 구조를 하고 있다. 염색질이 풍부한 방추형의 간질 세포는 느슨한 방추형의 집합체를 형성하고 있다. 배아체는 확산된 결절성의 꾸불꾸불한 형태로 그 내부에는 소형의 다각형의 진한 핵과 핵인이 불분명한 감수분열상을 나타내는 종양세포가 들어 있다.

뱀장어도 항문 주변의 복부가 팽만된 것으로 잉어와 마찬가지로 체신의 부분에서만 형성되며, 신장이 2부분으로 나뉘어지는 두신의 부분에서는 형성되지 않는다. 절취한 종양을 절개하면 표면은 회백색을 띄고 있고 흑갈색을 띄는 정상 신장은 종양의 테두리 부분에 남아 있을 뿐이다.

조직학적으로 종양은 상피세포와 근육세포로 구성되어 있으며, 종양의 일부분에서는 정상의 세뇨관과 유사한 입방 또는 원주상피세포를 가진 불규칙한 관상의 구조물도 발견된다. 관상의 구조물은 호산성 또는 호염기성으로 상피세포는 증식성의 배아체 세포에 둘러 싸여 있고 초기 분화단계의 사구체도 보우만 주머니에 인접한 곳에서 발견된다.

그림 7-31 복부 팽만 증상을 나타내는 신아종의 잉어.

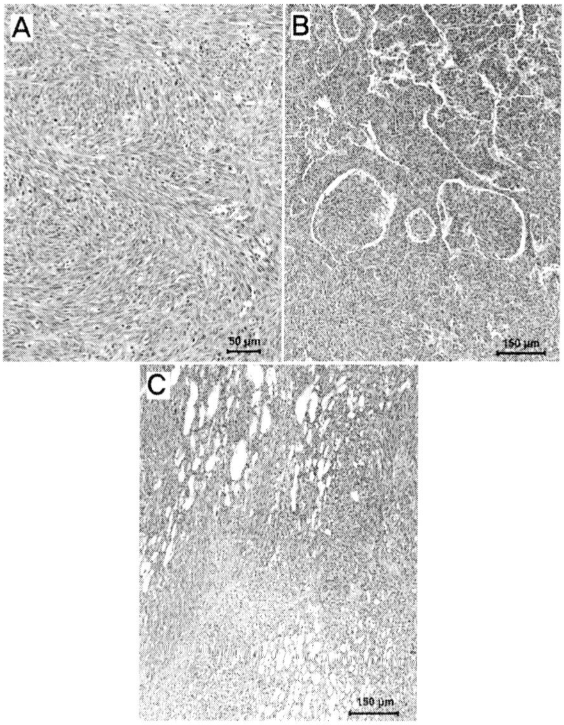

그림 7-32 방추형의 간질성분(A), 중간 정도 크기의 배아체(B) 및 세뇨관으로 분화되어 가고 있는 상피세포(C)로 구성.

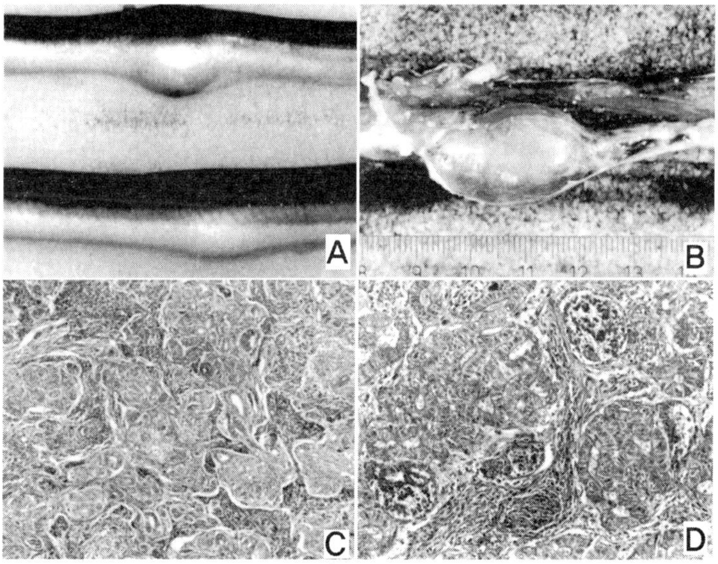

그림 7-33 뱀장어. A: 항문 부근의 복부 팽만. **B:** 체신의 신아종. **C:** 상피세포의 집합체와 주변을 싸고 있는 배아체 세포. **D:** 배아체 세포의 집합체와 세뇨관으로의 분화. 사구체는 보우만 주머니의 상피세포에 인접하여 있지만 세뇨관내에는 없음. HE.

배아체는 모든 종양에서 발견되지만 정도에는 차이가 난다. 즉 방추형의 세포가 우점이며, 관상의 형성이 없는 경우와 관상의 구조물과 근육조직이 산재하는 경우 등이 있으며, 배아체가 근육세포로 이행하는 이행상 및 근육세포가 종양의 대부분을 차지하는 경우도 있다.

10. 난소종양

1) 비단잉어의 난소 종양

비단잉어의 복부가 현저하게 팽대되고 때로는 비늘이 일어서면서 등쪽이 가늘어지는 것을 예부터 장만(腸滿)이라는 병명으로 불러왔다. 잉어의 난소 종양은 발병의 빈도는 낮지만, 일단 발병하면 유영능력이 완만해지면서 쇠약해져 대부분이 폐사한다. 병어는 복부가 1년 전부터 서서히 부풀어 오르는데, 말기에는 호흡곤란을 일으킨다,

병어는 배지느러미의 약간 뒤쪽의 복부가 좌우 비대칭으로 심하게 부풀어 올라 있으며, 부풀어 오른 부위에는 비늘이 서있고, 비단잉어 고유의 아름다운 광택은 상실되어 있다. 부풀어 오른 복부의 정중앙선을 절단하면 좌우의 난소 유래로 추정되는 황백색 또는 회백색의 종양 덩어리가 복강을 채우고 있으며, 종양의 집합체 때문에 우측 난소는 가슴 쪽으로 밀려나 있고, 간장은 우측 복벽에 유착되어 있다. 대개 우측 난소에는 특별히 이상이 없는 부위도 있지만 난소의 일부에는 종양 덩어리가 파묻혀 있는 경우도 있다.

종양은 대개 원형으로 종양의 표면에는 결합조직성의 피막으로 싸여 있으며, 종양 덩어리 자체는 주로 회황백색의 탄력성이 있는 충실성의 조직, 크기가 다양한 cyst 및 암적색을 띄는 부분으로 되어 있다. 낭포(cyst)의 내부에는 담황갈색의 반투명한 또는 암적색의 불투명한 액체가 들어 있으며, 종양에서 암적색을 띄는 부분은 25%정도로 붕괴되어 가는 과정에 있는 것으로 생각된다.

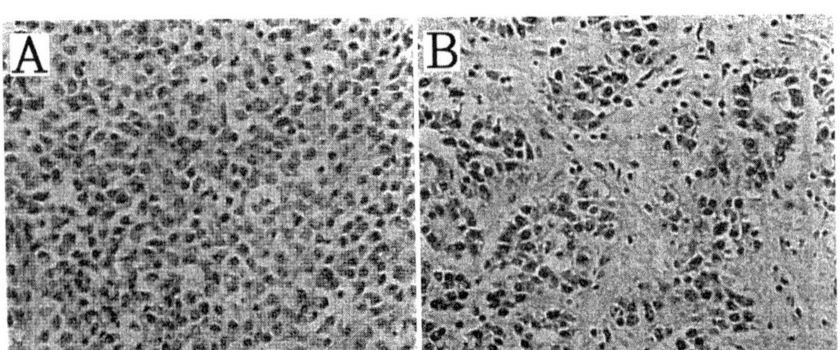

그림 7-34 **A:** 미분화세포(undifferentiated cell)의 증식. **B:** Rosette를 형성한 종양세포로서 사람의 과립막세포종(granulosal cell tumor)과 유사함. HE.

조직학적으로 종양은 부위에 따라 변화가 있지만 대부분은 타원형 또는 다형을 띄는 미분화세포가 충실성 또는 비만성으로 증생되어 있다. 종양세포의 핵은 다형으로 1개의 명료한 핵인을 가지고 있으며, 때로는 핵분열상도 보인다. 또 종양세포는 어두운 편으로 세포의 경계가 불명확하다. 종양의 간질 부분인 결합조직은 부위에 따라 결합조직의 양에 차이가 난다. 또 미분화종양세포의 일부는 약간의 분비선 모양의 구조를 하고 있다. 종양세포는 모두가 PAS음성이지만 Sudan III에는 일부의 세포 중에는 세포질에 중성의 지방방울이 확인된다.

미분화된 종양세포에 혼재된 세포에는 크로마틴이 풍부한 난원형의 핵을 가진 종양세포가 보이는데, 이러한 세포는 rosette모양의 구조를 형성하던지 아니면 결합조직 속에 색구조 모양으로 증식하여 원주종을 형성하고 있다.

종양의 절단면에서 황백색으로 보이는 부분은 방추형의 세포가 증식하여 있고, 세포질은 Sudan III염색에 세포질에 중성지방 방울이 확인된다. 종양의 일부는 밝은 세포로서 충실성으로 증식하여 있고, 이러한 세포의 간질 결합조직에는 소량의 림프구가 침윤해 있다. 또한 이러한 부분의 일부는 종양세포 보다 결합조직의 양이 더 많아 종양조직이 결합조직 가운데 섬모양으로 증식하고 있는 부분도 있다.

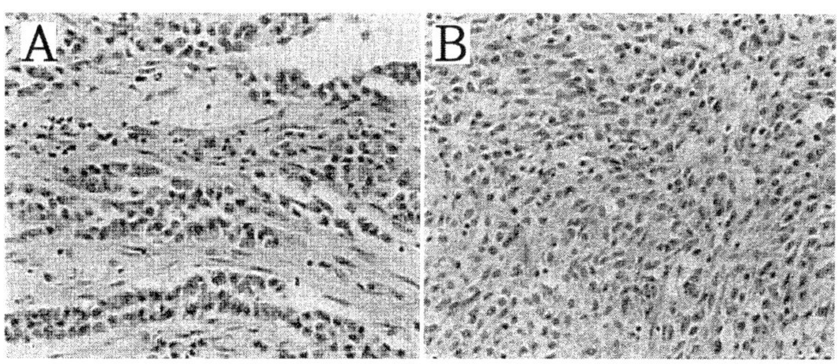

그림 7-35 **A:** 원주상으로 증식한 종양(trabecular pattern). **B:** 방추형세포(spindle cell)의 증식. 사람의 협막세포종(theca cell tumor)과 유사함. HE.

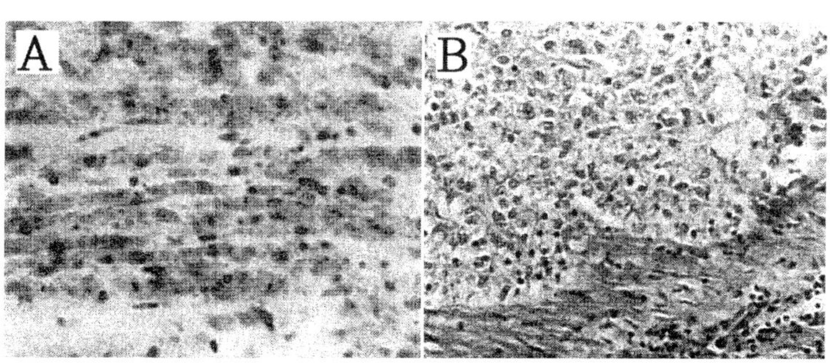

그림 7-36 **A:** 방추형세포의 세포질내의 중성지방 방울. **B:** 세포질이 밝은 세포가 불규칙하게 성장하고 간질에 소수의 림프구가 침윤 . Sudan III(**A**) 및 HE(**B**).

2) 붕어의 정소 종양

병어는 무기력하며, 피부에 출혈, 복부 팽만, 좌측 체측면에 궤양이 형성되어 있다. 해부하면 복벽에 출혈, 내장기관의 출혈 및 부분적으로 피막에 덮혀 있는 대형이 결절상의 종양이 발견된다. 종양은 백색으로 단단하며, 절단면은 흰색 또는 엷은 황색으로 여러 군데의 괴사된 부분이 발견되지만 주변 조직으로의 침습은 확인되지 않는다.

세균을 분리하면 *Providencia stuartii*와 *Proteus vulgaris*가 분리되는데, 이는 궤양을 통하여 2차적으로 감염된 것으로 추정된다.

병리조직학적으로 종양은 2가지 형태의 증식, 즉 cellular growth와 intratubular growth의 형태로 나타나지만, 종양의 부위에 따라서는 종양세포가 spermatogenic cell로 분화되어 경계가 명확한 tubule속에 배열하고 있고, tubule은 결합조직의 septa에 의해 싸여 있다(intratubular growth). Tubule에는 1~2개의 핵인을 가진 직경 6~7 μm인 엷게 염색되는 핵을 가진 다각형의 spermatogonium모양의 세포가 충만되어 있다. 또한 tubule내에는 핵의 직경 3~4 μm의 spermatocyte와 핵의 직경이 2 μm인 spermatid와 유사한 농축핵을 가진 소형의 종양세포의 집합체가 들어있다. 또한 산재된 원주상의 oocyte 유사 세포도 확인된다.

또한 tubule이 붕괴되면서 치밀하게 spindle cell이 존재하는 부분이 확산된 형태로 성장하여 주변 조직으로 침투하고 있다. 또한 세포당 4~5개의 핵을 가진 다핵세포. 세포분열상을 나타내는 세포는 거의 발견되지 않는다. 또한 대형의 괴사 부분과 PAS 양성의 멜라노마크로파아지센터도 발견되어 잉어의 난소종양과 마찬가지로 대규모의 조직의 변성과 탐식과정이 일어나고 있음을 의미한다.

어류의 생식소 종양의 원인은 특정하기 어렵지만 수질오염, 발암성물질 또는 내분비교란물질에 노출되었을 때 발병한다고 알려져 있다.

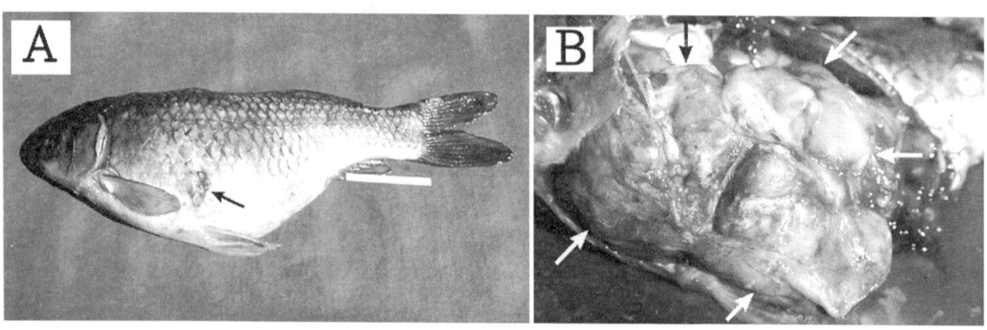

그림 7-37 **A:** 복부팽만, 피부의 출혈 및 몸통부의 궤양(화살표). **B:** 종양의 위치와 모양.

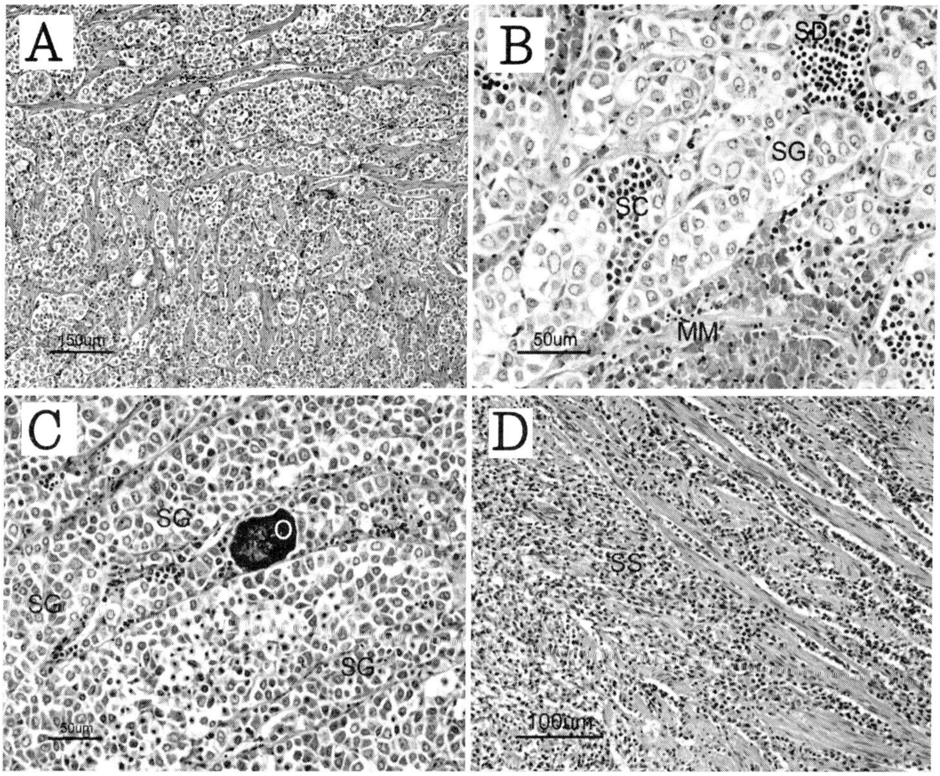

그림 7-38 **A:** Tubule 내에 증식한 종양세포. **B:** 정자 형성의 여러 단계. Spermatononia(SG), spermatocyte(SC), spermatid(SD) 및 멜라노마크로파아지센터. **C:** Tubule 내의 spermatogonia 모양의 종양세포(SG)와 oocyte세포(O). **D:** 확산된 형태의 발육을 보인 spindle-shaped cell(SS).

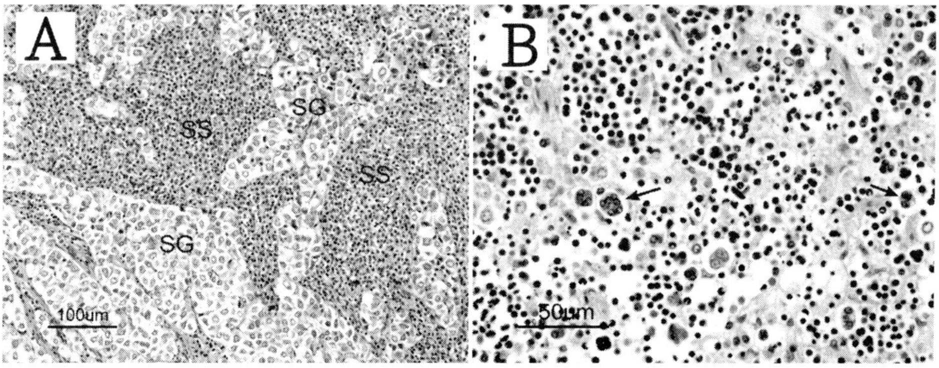

그림 7-39 **A:** Spermatogonia 모양의 종양세포가 들어 있는 붕괴된 종양성의 tubule과 spindle cell(SS)가 혼재. **B:** Spermatonogonic cell과 산재하는 다핵세포(화살표).

[참고문헌]

Fournie, U. W., Wolfe, M. J., Wolf, J. C., Courtney, L. A., Johnson, R. D., and Hawkins, W.E.(2005): Diagnostic criteria for proliferative thyroid lesions in bony fishes. Toxicol. Pathol., 33: 540-551.

Fregeneda-Grandes, J. M., Garcia-Iglesias, M. J., Perez-Martinez, C., and Aller-Gancedo, J. M. (2010): Mixed germ cell-stromal testicular neoplasia in a crucian carp (*Carassius carassius* L.): a case report. Bull. Eur. Ass. Fish Pathol., 30: 114-119.

Hanjavanit C. & Mulcahy M.I.F. (2004): Squamous cell carcinoma in rudd *Scardinius erythrophthalmus*: histopathology, ultrastructure, and transmission. Dis. Aquat. Org., 61: 215–226.

Ito, J., Fujimaki, Y., Hatai, K., and Isoda, M. (1984): A case of ovarian tumor colored carp. Bull. Nippon Vet. Zootech. Coll, 33: 151-155.

Jeronimo, D., Cruz, C., and Saraiva, A.(2011): Polycystic liver in farmed turbot, *Scopthalmusmaximus* (L.). J. Fish Dis., 34: 937-938.

Katagiri, T., Hosokawa, A., Maita, M., Hirai, M., Takagi, S., and Endo, M.(2007): A new disease in cultured yellowtail *Seriola quinqueradiata* characterized by encephalomyelitis. Fish Pathol., 42: 223-224.

Keller, M., Han, S., and Snekvik, K. (2011): Severe anisakiasis and cutaneous myxoma in a California yellowtail, *Seriola lalandi* Valenciennes. J. Fish Dis., 34: 635-639.

Knusel, R., Brandes, K., Lechleiter, S., and Schmidt-Posthaus, H.(2007): Two independent cases of spontaneously occurring branchioblastomas in koi carp (*Cyprinus carpi*). Vet. Pathol., 44: 237-239.

Lamas, J., Anadon, R., Devesa, S., and Toranzo, A. E.(1990): Visceral neoplasia and epidermalpapillomas in cultured turbot *Scophtalmus maximus*. Dis. Aquat. Org., 8: 179-187.

Marino, F., Lanteri, G., Manganaro, M., and Macri, F. (2010): European eel stomatopapillomatosis in the south Tyrrhenian sea: surgical excision and post surgical recovery. Bull. Eur. Ass. Fish Pathol., 30(1): 30-34.

Marino, F., Lanteri, G., Rapisarda, G., Perillo, A., and Macri, B.(2012): Spontaneous schwannoma in zebrafish, *Danio rerio* (Hamilton). J. Fish Dis., 35: 239-242.

Mellergaard, S. and Nielsen, E. (1997): Epidemiology of lymphocystis, epidermal papilloma and skin ulcers in common dab *Limanda limanda* along the west coast of Denmark. Dis. Aquat. Org., 30: 151-163.

Ottesen, O. H. and Strand, H. K. (1996): Growth, development, and skin abnormalities of halibut (*Hippoglossus hippoglossus* L.) juveniles kept on different bottom substrates. Aquaculture, 146: 17 –25.

Ottesen, O. H., Noga, E. J., andAmin, A. (2010): Histopathology of cultured-associated erosions and papillary hyperplasia of Atlantic halibut, *Hippoglossus hippoglossus* (L.). J. Fish Dis., 33: 489-496.

Ottesen, O. H., Noga, E. J., andSandaa, W. (2007): Effect of substrate on progression and healing of skin erosions and epidermal papillomas of Atlantic halibut, *Hippoglossus hippoglossus* (L.). J.

Fish Dis., 30: 43–53.

Ottesen, O.H., Noga, E. J., and Amin, A.(2010): Histopathology of culture-associated skin erosions and papillary hyperplasia of Atlantic halibut, *Hippoglossus hippoglossus* (L.). J. Fish Dis., 33: 489-496.

Ottesen, O.H., Noga, E.J., and Sandaa, W. (2007): Effect of substrate on progression and healing of skin erosions and epidermal papillomas of Atlantic halibut, *Hippoglossus hippoglossus* (L.). J. Fish Dis., 30: 42-53.

Rahmati-Holasoo H., Hobbenaghi R., Tukmechi A. & Morvaridi A. (2010): The case report on squamous cell carcinoma in Oscar (*Astronotus ocellatus*). Comp. Clin. Pathol., 19: 421–424.

Ramos, P., Victor, P., and Branco, S. (2013): Spontaneous melanotic lesions in axillary seabream, *Pagellus acarne* (Risso). J. Fish Dis., 36: 769-777.

Rezaie, A., Mousavi, S. M., Ahmadmoradi, E., and Mohammadi, F.(2012): Polycystic liver in goldfish, *Carassius auratus* (L.). J. Fish Dis., 35: 785-787.

Sharifpour, M.F., Hobbenaghi, R., Alyali, P., and Morvaridi, A. (2014): Squamous cell carcinoma in a black tetra, *Gymnocorymbus ternetzi* (Boulenger). J. Fish Dis., 37: 985-987.

Taylor, P., Smith, C. E., Blair, M. J. (2009): Polycystic lesions in the liver of the white sturgeon. J. Aquat. Anim. Health, 21: 57-59.